现代农业科技专著大系

中国鸡群
病毒性肿瘤病及防控研究

崔治中　著

中国农业出版社

与本书内容相关的主要研究项目

国家自然科学基金项目：

＃39070033 鸡马立克病病毒有关 91.1-93.12 基因的分离和克隆，1991—1993
＃39230310 起识别作用的糖质与家禽主要病毒病发生关系（MDV 部分），1992—1996（重点项目）
＃39470033 马立克病病毒 pp38 基因突变株的建立和比较研究 1994—1997
＃39570548 马立克病病毒肿瘤相关 38KD 磷蛋白在病毒致肿瘤中的作用，1995—1998
＃39870008 不同毒力型的马立克病病毒分子鉴别的探索，1999—2001
＃30040011 我国 J 亚群鸡白血病病毒的分离和分子鉴定，2000
＃300700544 鸡 MDV 的 38KD 磷蛋白生物学活性与分子结构关系，2001—2003
＃30270060 免疫选择压在禽反转录病毒遗传变异和分子演化中的作用 2003—2005
＃30330450 鸡群中免疫抑制性病毒多重感染及其与宿主的相互作用（重点项目），2004—2007
＃30671571 反转录病毒与 DNA 病毒在鸡体内的基因重组及其流行病学意义，2007—2009
＃31072149 REV-LTR 插入片段改变重组马立克氏病毒野毒株致病性和传播性的分子机制，2011—2013
＃31172330 鸡 J 亚群禽白血病病毒相关急性纤维肉瘤的分子生物学基础，2012—2014
＃U1131005 优质鸡遗传多样性与马立克氏病发病特点相关性的分子生物学基础，2012—2014

农业部、科技部的其他项目：

＃200803019 公益性行业（农业）科研专项经费项目：鸡白血病流行病学和防控措施的示范性研究，2008.6—2010.12
＃201203055 公益性行业（农业）科研专项经费项目：种鸡场禽白血病防控与净化技术的集成，2012.1—2015.12
＃2008FY130100 重大动物疫病病原及相关制品标准物质研究（科技部），2009.1—2013.12

山东省农业重大应用技术创新课题：

鸡群免疫抑制性疾病的综合防控技术研究，2008—2009

序

崔治中教授完成新著《中国鸡群病毒性肿瘤病及防控研究》，请我作序，我欣然答应。阅读书稿全文，感觉耳目一新。这是一本理论研究与疾病防控实践紧密结合、图文并茂、可读性强的好书。书中对鸡的三种病毒性肿瘤疾病的描述不是按照教科书和参考书作泛泛的介绍，也不是文献的罗列，而是融会作者及其团队20多年实验室研究、临床实践和疾病防控经验的结晶。全书对三个不同病毒诱发的肿瘤病的病原特点、发病规律、鉴别诊断和防控措施的叙述有分有合，很有逻辑地将它们联系起来，让读者能看到中国鸡群中这些病毒性肿瘤病严重危害的真实情况。书中不仅全面整合了我国鸡群中这三种肿瘤性病毒在过去十多年中的流行病学和分子流行病学资料的信息，也介绍了作者及其团队利用现代分子病毒学理论和技术对这三种病毒的中国流行株所作的深入研究。而且，还把对毒株的基因组水平的研究与经典的致病性研究紧紧结合在一起。

我和崔治中教授都在20世纪60年代先后毕业于苏北农学院（现扬州大学）兽医专业，在80年代又先后都在美国农业部禽病和肿瘤研究所做过研究工作。从美国回国后，还曾在扬州大学共事10多年。他大学毕业后，曾在基层做了十多年的临床兽医。十多年前，又从扬州大学到山东农业大学任教。山东省是我国规模化养鸡业最发达的省份之一，为他及其团队的研究提供了便利。他有兴趣将在美国留学期间学习掌握的分子病毒学技术与解决我国规模化养鸡业的病毒性肿瘤病问题结合起来，是一件很好的事情。该书内容的综合性和可读性均有助于在生产第一线的禽病工作者对鸡群病毒性肿瘤病及其鉴别诊断和预防控制有一个更深入的理解和掌握。另一方面，本书内容的深度和广度也达到兽医专业的本科生、预防兽医学专业研究生和其他有关科研人员参考的水平。

作为他二十多年在鸡病毒性肿瘤病方面的研究总结，崔治中教授在他繁忙的教学和科研工作之余，花费很多精力完成了这本书。我相信这本书的出版，对我国广大禽病工作者特别是专注鸡病毒性肿瘤病研究的青年学者将有所裨益。借此，我也衷心祝愿山东农业大学他所在的团队后继有人，能在鸡病毒性肿瘤病研究上继续发扬现有的优势和特色，为我国养鸡业的健康发展不断作出新的贡献。

中国工程院院士

扬州大学教授

刘秀梵

序

前　言

1961 年，我进入原苏北农学院（现扬州大学）兽医专业，毕业后在最基层做了十多年的临床兽医。每天要面对马、牛、羊、禽各类疾病，但我关注的是猪、禽的传染病。1983 年，在取得硕士学位后又去了美国留学。先是在北达科他大学畜牧系做研究，一年后在学兄刘秀梵院士推荐下，又去了位于密西根州立大学校园内的美国农业部禽病和肿瘤研究所。从此，开始了我在鸡的病毒性肿瘤病研究上的职业生涯。在那里连续六年，我从事的博士研究生内容及随后的博士后研究内容都是基础研究，分别涉及肿瘤性病毒相关的现代免疫学和分子生物学技术。1990 年我回国时，我国的规模化养鸡正开始蓬勃发展，病毒性肿瘤病已成为危害规模化养鸡业的重要疫病。这使我感觉到，应将在美国已学到的相关的现代病毒免疫学和分子生物学技术为我国的规模化养鸡业的发展服务。从那时到现在有二十多年了，我在继续从事鸡马立克氏病毒、禽白血病病毒、禽网状内皮增生病病毒这三个主要肿瘤性病毒的相关基础研究的同时，也注重帮助规模化养鸡企业解决在肿瘤病的鉴别诊断和防控措施方面的问题。为此，也有机会将现场遇到的各种典型病例材料带回实验室作更深入的分析研究。

在过去二十年中，本人在鸡的肿瘤性病毒相关领域先后主持研究了十三项国家自然科学基金项目，近几年又连续主持了两个鸡白血病方面的国家公益性行业专项。这极大地支持和推动了我在对我国鸡群病毒性肿瘤病、发病和流行特点及其防控措施方面的不间断的系统研究。鉴于此，我的一些同行朋友或现场兽医专家们都希望我在退休之前能把这方面的多年经验和领悟总结归纳编著成书，以为我国养鸡业和禽病界所共享。

本书在编写上有如下三个特点：一是强调这三种病毒性肿瘤病在中国鸡群中发生和流行的特点，而不仅仅按照教科书作泛泛描述；二是模仿在中国鸡群中实际发生的情况，以“病”为核心，将这三种病毒性肿瘤病联系在一起来分析它们的发生、流行、鉴别诊断和预防控制措施；三是附有大量的彩色病理剖检和病理组织切片照片，其中 2/3 以上的照片是从未公开过的。有的来自用确定的病毒作人工感染在实验室内复制出的典型病例，也有相当多的是我们在鸡场对实际病例（特别是白血病）拍摄的，而且这些病例是在随后的病原学研究中得到完全确证的。特别是，还有许多照片是把同一病例的不同脏器肿瘤的肉眼病变照片与其不同放大倍数的病理组织切片照片一一对应地成套公布出来，从而有助于对肉眼病变的病理性质的确认。这些都使本书显示出与涉及鸡群肿瘤病的国内外其他出版物的不同特点。

本书既可用作畜牧兽医专业的高校教师和研究机构专业人员从事教学或科研的参考书，也可作为兽医诊断实验室检测人员或鸡场兽医专家在对鸡的肿瘤类疾病作鉴别诊断时的工具书。对于教学科研人员来说，他们更感兴趣的是这三种病毒性肿瘤病在我国鸡群中的发病特点、流行病学（包括分子流行病学动态）等相对理论性的部分。通过了解我国鸡群病毒性肿瘤病发生、发展，可确定将要做什么。书中大量的病理照片，也让他们在专注从事病原学研究的同时还能间接地看到这些病毒在鸡群中引起的病变的真实模样。对于从事鸡病诊断的一线兽医专家来说，这些病理照片为他们识别现场临床病理变化提供了最直观的比较对象或比较依据，有助于他们对发生的疫病作出初步的临床判断。当然书中描述和推荐的鉴别诊断方法和预防控制措施，更可作为生产一线兽医专家的参考依据。

本书除第一章第一节的"一、鸡群肿瘤性病毒的多样性"是根据文献资料对三种肿瘤性病毒的病原学、流行病学、病理学等方面作的简要概述外，其余各章都是根据我们自己的观察研究和领悟所著，详细叙述这三种病毒性肿瘤病在我国鸡群中的发病、流行特点、共感染和相互作用、鉴别诊断方法及在我国条件下的针对性的防控措施。其内容除了我个人的直接经验外，更包括了在过去二十多年中我在扬州大学和山东农业大学分别指导的21个博士研究生及28个硕士研究生对相关病毒试验研究的原始资料。我要感谢他（她）们为本书作出的重要贡献。还应指出的是，在过去二十年中我与来自全国各地鸡场特别是种鸡场的兽医专家们先后做过100多次不同规模的交流活动，他（她）们提出的问题和提供的现场信息极大地推动了我的研究工作的深入。特别是，在过去十多年中，我们与山东益生种畜禽股份有限公司在鸡群病毒性肿瘤病防控措施和技术研究及其推广方面建立了长期紧密的合作关系，并得到部分赞助。其中，我们在"禽白血病流行病学及防控技术"方面的研究和推广成果在2010年和2011年先后获得了山东省科技进步一等奖和国家科技进步二等奖。

在鸡的肿瘤病的鉴别诊断中，病理剖检和病理组织学观察是很重要的一环。鸡的三种病毒性肿瘤病的病理组织学变化常常很类似，很难鉴别，而病理组织学又恰恰是我的弱项。为此，在过去几年中，对有些难以判定的病理组织切片，曾多次与美国农业部禽病和肿瘤研究所的前任和现任所长兽医病理专家Witter院士和Fadly博士交流讨论，也与扬州大学已退休的兽医病理学教研组的许益民教授作了多次讨论，听取和吸收了他们的指导意见，在此一并表示感谢。

崔治中

2012年10月3日于泰安

目　　录

第一章 鸡群病毒性肿瘤病概述

鸡是地球上饲养数量最大的温血动物，却又是最容易发生病毒性肿瘤的一种动物。在过去近百年里至少已有 3 种病毒在鸡群中引发肿瘤，如属反转录病毒科的禽白血病病毒（avian leukosis viruses，ALV）、禽网状内皮增生病病毒（reticuloendotheliosis viruses，REV）、属疱疹病毒科的马立克氏病病毒（Marek's disease viruses，MDV）等。

ALV 中的禽罗斯氏肉瘤病毒（RSV）是第一个证明可诱发肿瘤的病毒。Rous 在 1911 年从鸡的肿瘤中发现了 RSV，随后证明 RSV 感染鸡确可诱发肿瘤。这是第一次用实验直接证明病毒可以引起肿瘤，这一发现使 Rous 等在 1966 年获得了诺贝尔医学奖。当今生物学研究最主要的目标之一是攻克肿瘤，近二十年肿瘤学的基础研究中最重要的成就之一就是正常动物细胞基因组上的原癌基因（c-onc）的发现，而这也来自对鸡 RSV 的研究。在发现 RSV 中存在肿瘤基因 src（病毒肿瘤基因，v-onc）后，还证明这种病毒肿瘤基因来自正常鸡细胞。

REV 是禽的一种肿瘤病毒，对鸡的致病性上正在发生令人担忧的变化。20 世纪 90 年代前，REV 主要在火鸡和鸭群中引起肿瘤性疾病。20 世纪 90 年代后，在鸡群中出现了由 REV 引起的肿瘤性疾病的流行。

MDV 是第一个被证明能诱发肿瘤的疱疹病毒，广泛存在于鸡群中。在不经疫苗免疫的鸡场，MDV 自然感染可诱发高达 5%～40%的肿瘤发生率。为此，在过去 50 年中，研发并普遍推广应用了一系列预防 MDV 感染及其肿瘤的疫苗，开辟了用疫苗有效预防动物病毒性肿瘤病的成功先例。

全世界每年大约饲养有 200 多亿羽鸡，其中我国约占 1/3。发达国家利用其科学技术、资金和经营管理优势，从 20 世纪 80 年代起已将经典 ALV 从商业鸡群中消灭，在净化新型 J 亚群 ALV 感染的规划中也已取得很大进展。此外，已把 MDV 感染控制在很低水平，对 REV 感染也实现了有效控制。相比之下，我国鸡群肿瘤性病毒感染一直保持在较高水平，这对我国养禽业及禽病学家都是一个挑战。

第一节　鸡群病毒性肿瘤病的多样性

ALV、REV 及 MDV 可引发鸡群病毒性肿瘤病，这些肿瘤可能以不同的病理形态发生在鸡体表和不同内部脏器。而且，肿瘤发生过程可能表现为急性或慢性，由不同细胞类型形成不同形态的肿瘤。

一、鸡群肿瘤性病毒的多样性

（一）禽白血病病毒概述

禽白血病病毒（ALV）是属于反转录病毒科、α 反转录病毒属的一类病毒。一些家禽和野鸟能感染ALV，但从鸡和另外一些鸟类体内分离到的多种ALV在宿主特异性、抗原性和致病性上有很大差异。

1. 形态大小 病毒粒子呈圆球形（彩图1-1），直径80～145nm，但在干燥条件下容易改变形状。有囊膜，表面有直径约8nm的纤突。

2. 基因组组成 为单股正链RNA，长度为7～8kb。在每个有传染性的病毒粒子内有2条完全相同的单链RNA分子，在它们的5′-端以非共价键连接在一起。每个基因组分子有3个主要编码基因，即衣壳蛋白基因（gag）、聚合酶基因（pol）和囊膜蛋白基因（env），在基因组上的排列为5′gag-pol-env。在两端还分别有非编码区，其中有一段重复序列及5′-端独特序列或3′-端独特序列（图1-1）。但是，有一些急性致肿瘤ALV的基因组较短，其中部分gag基因、pol基因或env基因被某种肿瘤基因所取代，成为复制缺陷型病毒。迄今为止，已发现多种肿瘤基因整合进ALV基因组并取代部分病毒基因序列，如肿瘤基因src、fps、yes、ros、eyk、jun、qin、maf、crk、erbA、erbB、sea、myb、myc、ets、mil等，这些肿瘤基因多来自细胞染色体基因组，是与生长相关的基因或基因调控序列。

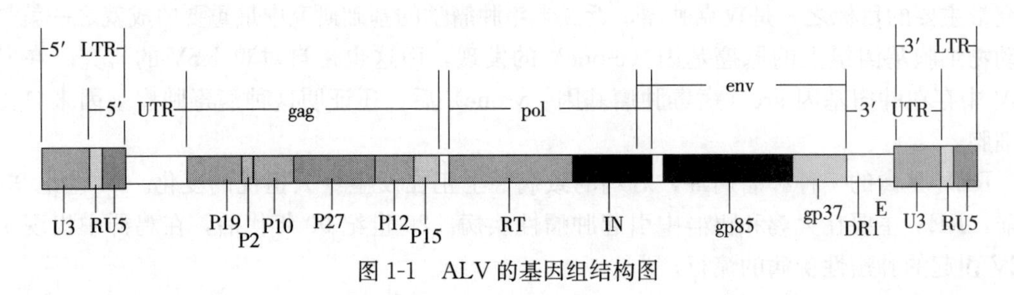

图1-1 ALV的基因组结构图

3. 蛋白质组成 由gag基因编码一些非糖基化蛋白p19、p10、p27、p12和p15。其中p19又称基质蛋白，而p27是衣壳蛋白，是禽白血病病毒的主要群特异性抗原［即gs抗原（又称Gag）］。另外，p12是核衣壳蛋白（NC），参与基因组RNA的剪辑和包装；p15是一种蛋白酶（又称PR），与病毒基因组编码的蛋白质前体的裂解相关。位于病毒粒子衣壳中的由pol基因编码的反转录酶是一个复合体蛋白，由α和β二个亚单位组成，它具有以RNA或DNA作为模板合成DNA的功能（即反转录的功能），还有对DNA：RNA杂合子特异性的核酸酶H的活性。它的β亚单位还有整合酶的功能，能将病毒DNA整合进宿主细胞染色体基因组中。囊膜基因编码糖基化的囊膜蛋白，它包括位于囊膜纤突表面的gp85（SU）和将纤突与囊膜连接起来的gp37（TM）。

4. 抗原型 病毒识别宿主细胞的特异性及病毒中和反应主要与囊膜蛋白gp85相关。根据gp85的特性，迄今为止将ALV分为A、B、C、D、E、F、G、H、I和J十个亚群。不同的鸟类可能感染不同亚群的ALV，但自然感染鸡群的只有A、B、C、D、E和J六个亚群。这六个亚群中，相对来说，J亚群与其他亚群间的抗原性差异最大，而且J亚群致病性和传染性最强。而E亚群对鸡是非致病性的或者致病性很弱。

5. 生长特性 ALV可以在多种鸟类细胞上复制，如鸡胚或其他鸟胚成纤维细胞。但是，不同亚群的ALV对细胞的易感性（即在细胞上的复制能力）与细胞来源禽的种类密切相关。即使都是来自鸡的六个亚群，不仅对不同种禽类细胞易感性不同，而且对不同遗传背景鸡的细胞的易感性也有很大差异。例如，表型为C/O的细胞，对鸡的所有六个亚群ALV

都易感。表型为C/E的细胞则只对A、B、C、D、J五个亚群ALV易感，但对E亚群ALV不易感，即E亚群ALV不能在表型为C/E的细胞上复制。例如，在实验室里常用的鸡胚成纤维细胞系DF1细胞的表型就是C/E，E亚群ALV不能在DF1细胞上复制。ALV在细胞培养上一般不引起细胞病变，因此，很难根据感染细胞的细胞形态变化来判断有无病毒复制。只有少数病毒分离株感染的细胞单层可能出现合胞体或其他轻度细胞病变。因此，对于大多数ALV分离株来说，必须用抗ALV的单克隆抗体或单因子血清作荧光抗体反应，或检测p27抗原后，才能显示细胞培养中是否有ALV感染和复制。

6. 复制型和复制缺陷型禽白血病病毒　如前所述，有一些急性致肿瘤性白血病病毒基因组的部分gag基因、整个pol基因和部分env基因被某种肿瘤基因所取代，成为复制缺陷型病毒。这些急性致肿瘤活性的复制缺陷型病毒由于基因组不完整，单独不能产生与病毒复制相关的全套蛋白质，因此，不能在任何细胞上单独生长复制，只有当有其他ALV作为辅助病毒存在时，才能复制。这时，缺陷型病毒的基因组被辅助病毒形成的所有病毒蛋白及病毒外壳所包装，随同辅助病毒释放到细胞外并识别和感染新的易感细胞。

7. 病毒基因组的复制过程及前病毒DNA　与其他反转录病毒一样，在ALV复制过程中，进入宿主细胞的病毒基因组正链单股RNA在病毒粒子的反转录酶的作用下反转录为双股DNA，即前病毒cDNA。在这过程中，原来的5′端和3′端的独特区序列（U5和U3）分别在另一端形成了一个重复区。因此，在前病毒cDNA分子上，两端都形成了相同的U3-R-U5序列，又称为LTR。然后，再在病毒的整合酶的作用下整合进细胞染色体基因组的某个位点。新的病毒基因组RNA将由整合进细胞基因组上的前病毒DNA序列转录产生。

8. 外源性白血病病毒和内源性白血病病毒　ALV与其他病毒不同的一个最大特点是，鸡的ALV还可分为外源性ALV和内源性ALV两大类。鸡的外源性ALV是指不会通过宿主细胞染色体传递的ALV，包括A、B、C、D和J亚群，致病性强的鸡ALV都属于外源性病毒。它们既可以像其他病毒一样在细胞与细胞间以完整的病毒粒子形式传播，或在个体与群体间通过直接接触或污染物发生横向传染，也能以游离的完整病毒粒子形式通过鸡胚由种鸡垂直传染给后代。内源性ALV是指前病毒cDNA可整合进宿主细胞染色体基因组，因而可通过染色体垂直传播的ALV。它可能只是基因组的不完全片断，不会产生传染性病毒，一般也与致病性无关。但也可能是全基因组因而能产生传染性病毒，不过这类病毒通常致病性很弱或没有致病性。目前发现的能产生传染性病毒的内源性ALV都属于E亚群。鸡细胞基因组某个特定位点含有（稳定地整合）能复制可传染性病毒粒子的E亚群ALV的全基因组，如性染色体Z上与决定快慢羽相关基因K紧密连锁的ev21位点。从这个ev21可产生传染性病毒EV21。E亚群内源性ALV通常没有致病性，但会干扰对白血病的鉴别诊断。种鸡群净化ALV，在现阶段主要是净化外源性病毒。我们了解鸡群有无ALV感染，在现阶段也仅是指外源性病毒感染。当然，在鸡的基因组上带有ev21等完整的或不完整的ALV-E基因组片断，并不代表就一定会表达，这决定于每一个鸡个体的多种遗传生理因素，甚至同一个体不同生理条件下也不一样。例如，海兰褐祖代的AB系、父母代的公鸡、商品代母鸡中的1/2个体都带有ev21，但一般都不表达p27，或至少表达的量低到检测不出的水平。在我们与美国海兰公司和艾维杰公司的专家在一起讨论时，他们都保证他们的祖代鸡的蛋清中可表达能检测出水平的p27的个体不到1%，这是在ALV净化过程中多年选择的结果。至于未经这种选择的其他品系，特别是我国的地方品系，鸡基因组上带有ev21等完整的或不完整的ALV-E基因组片断与表达p27的比例关系，则很可能不一样。目前还没有相关资料，这要我国的科学家来搞清楚。除了E亚群ALV基因组片段以外，在一些鸡的基因组上，也可能存在J亚群ALV的囊膜糖蛋白（gp85）的env基因的片段，甚至还有A亚群env的片段。

9. 致病性 白血病不仅仅表现为内脏肿瘤或体表皮肤血管瘤，更多的鸡表现为产蛋下降、免疫抑制或生长迟缓。实际上，因ALV感染后的亚临床病理作用带来的经济损失可能大于临床上显示肿瘤性死亡带来的损失。

可以说，在已知的多种不同的病毒感染中，ALV感染在鸡群引起的病理变化和表现是最为多种多样的，从免疫抑制、生长迟缓、产蛋下降等亚临床表现，直至典型的肿瘤发生和死亡。其中，对一些亚临床表现在鸡场是很难作出判断的，除非鸡场长期保持着系统的生产记录及有规律的定期血清检测记录，方便进行比较。值得注意的是，并不是每一只感染的鸡都表现同等的免疫抑制、生长迟缓和产蛋下降，这与感染的年龄、感染毒株的亚群与毒力及鸡的遗传背景密切相关。一般来说，越是早期感染，特别是垂直传染，其致病作用越强。这不仅适用于上述亚临床病理变化，对肿瘤发生也同样如此。对鸡白血病来说，一般肿瘤多在性成熟时才发生。更重要的是，ALV可引起鸡的多种内脏器官表现不同形式肿瘤。肝脏、脾脏、肾脏、心脏、卵巢都是常见的发病脏器。此外，法氏囊、胸腺、皮肤、肌肉、骨膜等也会发生肿瘤。有些肿瘤呈大块肿瘤结节，有的则呈弥漫性细小结节。有的形状规则，有的形状不规则。特别是发生肿瘤的细胞类型也不一样。如淋巴细胞瘤、髓样细胞瘤、成红细胞瘤、纤维肉瘤、血管内皮细胞瘤等，这主要与病毒的不同特性及鸡的遗传性相关。但一般来说，A、B亚群多引发淋巴细胞肿瘤，且形成较大的肿瘤块，而J亚群多引起髓样细胞瘤，多在肿大的肝脏中呈现大量弥漫性分布的、白色、细小的肿瘤结节。在其他脏器也会引发不规则的肿瘤。这可作为鉴别诊断的重要依据之一，但不是绝对的。虽然E亚群ALV感染本身并不会引起肿瘤，但是先天感染或出壳后鸡往往死淘率较高，对外源性ALV感染更易感。这可能与早期感染ALV-E后容易产生对ALV的免疫耐受性有关，从而在外源性ALV感染后不易产生相应特异性抗体。

10. 慢性致肿瘤和急性致肿瘤ALV及它们的致肿瘤机制 根据致肿瘤作用的快慢，可将ALV分为两大类：慢性致肿瘤ALV和急性致肿瘤ALV。

慢性致肿瘤ALV：大多数分离到的ALV野毒株都属于慢性致肿瘤病毒，即使是先天感染或出壳后早期感染，一般要经几个月的潜伏期才会有肿瘤发生。这是通过整合进宿主细胞染色体的ALV的前病毒cDNA插入到细胞原癌基因上游后，由于ALV前病毒DNA中的LTR具有启动子和增强子活性，激活了相关原癌基因产物的表达，改变了细胞生长或分化活性，从而使之转化为肿瘤细胞。

急性致肿瘤ALV：这类病毒接种鸡后只要几天或几周就能诱发肿瘤，如RSV。Bishop等正是从RSV发现了病毒带有肿瘤基因，而且就来源于鸡基因组上的原癌基因c-Src。在RSV基因组中，鸡的原癌基因取代了ALV的整个pol基因以及gag和env基因的部分片段。这种病毒感染细胞后，前病毒cDNA整合到细胞染色体基因组，肿瘤相关基因产物过量表达而诱发细胞转化为肿瘤细胞，因此，在感染鸡后很快诱发肿瘤。不过，这类病毒都是复制缺陷性的，需要有辅助性ALV同时感染一个细胞时才能复制。在自然发病的鸡群，急性白血病肿瘤比较少见。

11. ALV 的流行特点和传播途径　由于 ALV 对外界的抵抗力很弱，因此，ALV 的横向传播能力比其他病毒弱得多。特别是在夏天，对鸡舍中的 ALV，即使不作任何消毒措施，病毒也会很快失去传染性。该病毒对各种消毒剂非常敏感。ALV 主要是由种鸡通过鸡蛋（胚）向下一代垂直传播，即祖代鸡场直接传给父母代，父母代传给商品代，且逐代放大。经垂直传染、带病毒的雏鸡出壳后，在孵化厅及运输箱中高度密集状态下与其他雏鸡的直接接触，可造成严重的横向感染。此外，被 ALV 污染的弱毒疫苗也是重要的传播途径。

12. 感染鸡的免疫反应　ALV 感染鸡后，能诱发鸡的免疫反应，其发生规律与其他病毒感染后显著不同。由于 ALV 的垂直感染或出壳后不久的雏鸡感染 REV，均会造成严重的免疫抑制，这不仅抑制感染鸡对其他疫苗或抗原的抗体反应，也会显著抑制感染鸡对 ALV 自身的免疫反应。因此，垂直感染了 ALV 的雏鸡或在出壳后不久即被 ALV 感染的鸡，有些终生不产生对 ALV 的抗体反应，或抗体反应显著滞后，这导致这些鸡呈现持久的病毒血症甚至终身病毒血症。但是，随着年龄的增长，鸡的免疫功能逐渐成熟，鸡对 ALV 的抵抗力逐渐增强，在感染后大多数鸡均能逐渐产生抗体反应。但血清抗体维持的时间，不同的个体差异很大。

在鸡感染 ALV 后，病毒血症能否长期维持，与抗体反应密切相关。一般来说，根据有无病毒血症（V^+或V^-）或 ALV 血清抗体是否呈阳性（Ab^+或Ab^-），可将鸡群 ALV 感染状态分为四种类型，即V^+Ab^-、V^+Ab^+、V^-Ab^+、V^-Ab^-。在垂直感染鸡胚孵出的鸡，多表现为V^+Ab^-，即只有病毒血症而无抗体反应，称之为耐受性感染，且持续相当长时期甚至终生如此。这些鸡如果发育到性成熟，最容易引发下一代的垂直感染。在出壳后感染 ALV 的雏鸡，一部分表现为V^+Ab^-，另一部分表现为V^+Ab^+，随着年龄的增加。V^+Ab^+的比例增加，其中有的再进一步转为V^-Ab^+。那些没有被感染的鸡则呈现为V^-Ab^-。成年鸡感染 ALV 后，往往只表现很短暂的病毒血症（V^+），随即转为抗体阳性，表现为V^-Ab^+。但也有的鸡不会产生可被检测到的抗体反应。

（二）禽网状内皮增生病病毒概述

禽网状内皮增生病毒（REV）属于反转录病毒科、正反转录病毒亚科、γ 反转录病毒属。它包括一群血清学上密切相关的、从不同种家禽和野鸟分离到的病毒。它可感染多种家禽和野鸟，在不同的禽类可有不同的病变表现，如肿瘤、生长迟缓或免疫抑制综合征等。到目前为止，从不同鸟类分离到的 REV 在形态、抗原性和基因组机构及核酸序列等方面还没有发现显著差异。

1. 形态大小　REV 为圆球形病毒，直径约 100nm（彩图 1-2）。成熟的病毒有囊膜，在囊膜表面有许多向外突起的纤突。这些纤突直径约 10nm，长 6nm。

2. 基因组组成　病毒粒子基因组为长度约 9kb 的单股正链 RNA。与禽白血病病毒非常类似，每个病毒粒子中有 2 条完全相同的 RNA 分子在 5′端以非共价键连接在一起。有 3 个主要编码基因，即衣壳蛋白基因（gag）、聚合酶基因（pol）和囊膜蛋白基因（env），在基因组上的排列为 5′-gag-pol-env。此外，在两端还分别有非编码区，有一段重复序列及 5′端独特序列或 3′独特序列（类似于 ALV 结构模式图，见图 1-1）。但是，有一些急性致肿瘤的病毒的基因组只有 7kb 左右长，其中部分 gag 基因、整个 pol 基因和部分 env 基因被 0.8～1.5kb 大小的肿瘤基因 c-rel 所取代，成为复制缺陷型病毒。

3. 蛋白质组成　REV 的 gag 基因编码的结构蛋白有 p10、p12、pp18、pp20、p30，为

核衣壳的组成部分。env 基因编码的结构蛋白为囊膜蛋白，分为 gp90 和 gp20 糖蛋白。其中 gp90 位于病毒囊膜的表面及感染细胞细胞膜的表面，是引发宿主对病毒产生免疫反应的主要蛋白。gp20 为跨膜蛋白。pol 基因编码的是功能性蛋白，即反转录酶及其衍生的整合酶、蛋白酶等。这与 ALV 非常类似。

4. 抗原型 到目前为止，在过去 60 年中世界各国分离到的网状内皮增生病病毒仍属于同一个抗原型，但它们之间的抗原性有一定差异。根据对不同单克隆抗体的反应性和血清交叉病毒中和反应，可把一系列分离株分成不同的亚型，但这一分型的实际意义还不明显。

5. 生长特性 该病毒可以在各种鸟类特别是鸡的细胞培养上复制，如鸡胚成纤维细胞、鸡肾细胞等。也可以在某些哺乳动物细胞上生长。但是少数有急性致肿瘤活性的复制缺陷型病毒，不能在任何细胞上单独生长复制，只有当有其他 REV 作为辅助病毒存在时，才能复制。REV 在细胞培养上一般不引起细胞病变，因此，很难根据感染细胞的细胞形态变化来判断有无病毒复制。只有少数分离株感染的细胞单层可能出现合胞体或其他轻度细胞病变。因此，对于大多数 REV 分离株来说，必须用抗 REV 的单克隆抗体或单因子血清作荧光抗体反应，才能显示细胞培养中是否有 REV 感染和复制。

6. 复制型和复制缺陷型禽网状内皮增生病病毒 如前所述，有一些急性致肿瘤性 REV 的基因组的部分 gag 基因、整个 pol 基因和部分 env 基因被 0.8～1.5kb 大小的肿瘤基因 c-rel 所取代，成为复制缺陷型病毒。这些具有急性致肿瘤活性的复制缺陷型病毒由于基因组不完整，单独不能产生与病毒复制相关的全套蛋白质，因此，不能在任何细胞上单独生长复制，只有当有其他辅助性 REV 病毒存在时，才能复制。这时，缺陷型病毒的基因组被辅助病毒形成的所有病毒蛋白及病毒外壳所包装，随同辅助病毒释放到细胞外并识别和感染新的易感细胞。这一特点也与 ALV 非常类似。

7. 病毒基因组的复制过程及前病毒 DNA 与 ALV 一样，在 REV 复制过程中，进入宿主细胞的病毒基因组正链单股 RNA 在病毒自身反转录酶的作用下反转录为双股 cDNA，即前病毒 cDNA。在这过程中，原来的 5′端和 3′端的独特区序列（U5 和 U3）分别在另一端形成了一个重复区。因此，在前病毒 DNA 分子上，5′端和 3′端都形成了相同的 U3-R-U5 序列，又称为 LTR。然后，再在病毒的整合酶的作用下整合进细胞染色体基因组的某个位点。新的病毒基因组 RNA 将由整合进细胞基因组上的前病毒 cDNA 序列转录产生。

8. 致病性 少数带有 c-rel 肿瘤基因的急性致肿瘤性 REV 具有较强的致病性，在接种 1 日龄雏鸡后可诱发肿瘤并引起死亡。这些病毒是复制缺陷型，在自然感染的鸡群很少有这种病毒流行。大多数 REV 流行株致病性不强，不会引起急性肿瘤。垂直感染或出壳后不久感染的鸡可能发生肿瘤，但通常潜伏期很长，要在性成熟后才出现肿瘤。REV 感染鸡可诱发 B 淋巴细胞肿瘤、T 淋巴细胞瘤，或其他细胞类型的肿瘤，如网状细胞瘤等。REV 感染鸡多呈亚临床感染，表现为生长迟缓，在一个鸡群中个体差异很大，有些鸡羽毛发育不全。特别值得注意的是，REV 感染将严重影响鸡免疫器官组织和功能，导致其胸腺和法氏囊严重萎缩。REV 对鸡的致病性与感染年龄密切相关。在垂直感染的雏鸡或出壳后不久就感染 REV 的鸡，引起免疫抑制作用和对生长的抑制作用尤为严重。随着年龄的增长，REV 感染造成的免疫抑制或其他致病作用急骤下降。在 3 周龄以上鸡，即使人工接种大剂量 REV，其免疫抑制作用也很轻微，甚至完全检测不出来。不同毒株 REV 的致病性程度有一定差异，但不很显著。

REV对其他家禽和鸟类也有致病作用，实际上，REV的致病作用首先是在鸭发现并实验证明的。鸭感染REV可引起坏死性肝炎或类似免疫抑制的表现。1日龄雏鸭对人工接种REV非常易感，除了精神沉郁、生长迟缓外，可在2～4周内发生急性死亡。死后见肝脏呈现不同颜色的变性、坏死、显著肿大等表现。不论从鸭分离到的，还是从鸡分离到的REV，对鸭的致病性都很强。火鸡对REV也很易感，感染后表现很高的死淘率。除了家禽外，一些野鸟对REV也相当易感。例如，REV感染北美草原野鸡（prairie chicken）可造成很高的肿瘤发病率和死淘率，以至美国野生动物界人士担心由于REV感染会威胁这个鸟种的存在。

9. 传播途径 REV既可以横向传播，也可以通过鸡胚垂直传播，但对于REV持续在种群内的感染或不同地区种群间的感染来说，垂直传播更为重要。由于垂直传播，REV不仅会在同一种群一代一代传下去，而且也会随种蛋或雏鸡的调运向不同地区的鸡群传播。

另外，REV在鸡群中的传播途径还有：一是昆虫如蚊子可以在鸡群内个体间甚至同一鸡场不同鸡群间传播REV；二是某些禽痘病毒野毒株的基因组带有完整的REV的基因组，而且，这类禽痘病毒感染鸡后，在复制过程中也能同时产生有传染性的REV病毒粒子。

此外，使用被REV污染的弱毒疫苗，也是REV的传播途径。在过去二十年，这种传播途径对我国的养鸡业曾带来很大的危害。

10. 感染鸡的免疫反应 REV感染鸡后，能诱发鸡的免疫反应，其发生规律与ALV类似，但与其他病毒感染后显著不同。由于REV的垂直感染或出壳后不久的雏鸡感染REV，均会造成严重的免疫抑制，这不仅抑制感染鸡对其他疫苗或抗原的抗体反应，也会显著抑制感染鸡对REV自身的免疫反应。因此，垂直感染了REV的雏鸡或在出壳后不久即被REV感染的鸡，绝大多数终生不产生对REV的抗体反应或抗体反应显著滞后，这导致这些鸡可呈现持久的病毒血症甚至终身病毒血症。但是，随着年龄的增长，鸡的免疫功能逐渐成熟，鸡对REV的抵抗力逐渐增强，在感染后大多数鸡均能逐渐产生抗体反应。

在感染REV后，病毒血症能否长期维持，与抗体反应密切相关。一般来说，根据有无病毒血症（V^+或V^-）或对REV血清抗体是否阳性（Ab^+或Ab^-），可将鸡群REV感染状态分为四种类型，即V^+Ab^-、V^+Ab^+、V^-Ab^+、V^-Ab^-。在垂直感染鸡胚孵出的鸡，多表现为V^+Ab^-，即只有病毒血症而无抗体反应，称之为耐受性感染，且持续相当长时期甚至终生如此。这些鸡如果发育到性成熟，最容易引发下一代的垂直感染。在出壳后感染REV的雏鸡，一部分表现为V^+Ab^-，另一部分表现为V^+Ab^+，随着年龄的增加。V^+Ab^+的比例增加，其中有的再进一步转为V^-Ab^+。那些没有被感染的鸡则呈现为V^-Ab^-。成年鸡感染REV后，往往只表现很短暂的病毒血症（V^+），随即转为抗体阳性，表现为V^-Ab^+。成年鸡感染REV后很容易在2～3周内产生抗体反应，这一点与ALV不同。

（三）马立克氏病病毒概述

在禽病学上，马立克氏病病毒（MDV）有3个血清型，Ⅰ、Ⅱ、Ⅲ型。其中有致病作用的是Ⅰ型，即MDV1，国际病毒分类委员会现在已正式将它命名为Gallid herpes virus。它们分别属于疱疹病毒科、α疱疹病毒业科、马立克氏病病毒属的三个不同种。

1. 形态大小 在MDV1感染细胞的细胞核或细胞中的囊膜化的病毒直径为150～160nm（彩图1-3和彩图1-4），其二十面体的核衣壳直径为85～100nm。但在感染鸡的羽囊上皮细胞中也可见到273～400nm的不规则形态的病毒粒子。

2. 基因组组成 MDV1 的基因组为线性双股 DNA，长 170～180kb，具有典型的 α 疱疹病毒的基因组结构。即，分别有一段长独特区（UL）和短独特区（US）。在 UL 的两侧有反向重复序列，左侧的是长片段末端重复序列（TRL）、右侧是长片段内部重复序列（IRL）。在 US 两侧有反向重复序列，左、右两侧分别是短片段内部重复序列（IRS）和短片段末端重复序列。IRL 和 IRS 相连在一起。

迄今为止，对 MDV1 已识别出 70 多个编码基因，其中 66 个是单纯疱疹病毒（HSV）类似基因，即与 HSV 的相应基因有较高的同源性。实际上这些基因就是通过与 HSV 基因序列的同源性比较识别出来的。此外，还有 7 个仅为 MDV 特有，但其他疱疹病毒没有的编码基因。它们是 meq、v-IL6、v-LIP、v-TR、pp38、pp24、1.8kb mRNA 基因家族。前 4 个编码基因不是疱疹病毒基因类似物，但它们与鸡的某些基因有高度同源性。因此，只有 pp38/pp24 和 1.8kb mRNA 基因家族尚未在疱疹病毒或鸡的基因组发现同源类似基因。

3. 基因和蛋白质 与人单纯疱疹病毒（HSV）相似，根据在病毒复制周期中表达的次序，MDV1 的所有基因可分为三大类，即刻早期（immediately early，IE）基因、早期基因和晚期基因。其中 IE 基因产物多为重要的转录调控因子。研究得较多的 MDV1 的 IE 基因有 ICP4、ICPO、ICP22 和 ICP27，它们都是 HSV 的同源基因。

晚期表达的基因多为结构蛋白，研究得较多的是 MDV1 的囊膜糖蛋白，已识别的囊膜糖蛋白有 gB、gC、gD、gE、gI、gK、gL、gM 等。它们也都是 HSV 的同源蛋白，参与病毒囊膜的形成，并与病毒识别宿主细胞及与宿主细胞膜的相互作用相关。它们参与病毒感染细胞，参与病毒从一个细胞感染另一个细胞的过程，也与免疫反应相关。

v-LIP 编码的酯酶是一种早期表达糖蛋白，但它对 MDV1 的功能不清。

meq 是 MDV1 中研究得最多的一个蛋白质，这是与 MDV1 致肿瘤作用关系最密切的一个蛋白质。在 MDV1 基因组上有两个 meq 基因拷贝。细胞内 meq 多是以二聚体形式存在的。meq 蛋白由 339 个氨基酸组成，它含有一个类似于 jun/fos 肿瘤基因家族的亮氨酸拉链功能区，还有一个类似于 WT-1 肿瘤抑制因子基因的多脯氨酸重复区。meq 蛋白可在淋巴肉瘤细胞及肿瘤细胞系中持续表达。meq 蛋白上有一个功能区，可用于自我形式二聚体或与细胞内的肿瘤蛋白 jun 形成异二聚体。随着形成的二聚体状态不同，meq 可选择性地结合于不同的启动子上的不同序列（如 MEREI、MEREⅡ、AP-1 等位点），从而激活与细胞转化相关的不同基因的表达。在细胞上的研究已证明了，meq 有抗细胞凋亡作用。另一方面，将 MDV1 敲除了 meq 基因后，病毒仍能在细胞上和鸡体内复制，但完全失去其致肿瘤作用。

感染细胞中 vIL-8 表达能吸引 T 细胞趋向 MDV1 溶细胞感染期的 B 细胞，从而促进病毒转向感染 T 细胞。

另一个 MDV 特有的 pp38/pp24 基因分别编码 38kd 及 24kd 的磷蛋白，这种蛋白质在溶细胞感染期细胞中都很容易被检测到，但肿瘤细胞的细胞质中的表达量却不稳定。虽然早期研究认为它可能与肿瘤发生有关，对这个蛋白质也有不少研究，但其真正的生物学功能仍不清楚。

4. 免疫反应和抗原型 在感染 MDV 后，鸡体可产生相应的体液和细胞免疫反应。相应的抗体可分别通过琼脂扩散沉淀反应、间接荧光抗体反应和病毒中和反应等不同的方法检测出来。

MDV包括3个血清型，即有致病作用的Ⅰ型MDV（MDV1）、从鸡分离到的无致病作用的Ⅱ型MDV（MDV2）和从火鸡分离到的无致病作用的火鸡疱疹病毒（herpes virus of turkeys，HVT）。如前所述，这三个型的MDV基因组大小有明显差异，根据国际病毒分类委员会的命名，它们分属于马立克氏病病毒属的三个种。这三型病毒囊膜蛋白的氨基酸序列和抗原性有较大差异，但仍有相当程度的交叉反应。

MDV1感染后也会诱发鸡体的免疫抑制。

5. 生长和复制特性　在细胞培养上，MDV1最适宜在鸭胚成纤维细胞（DEF）、雏鸡肾细胞（CKC）上生长复制，但也能逐渐适应并在鸡胚成纤维细胞（CEF）上生长复制。但不适宜在鸡胚肾细胞上传代复制。病毒在成纤维细胞上可诱发细胞病变，当接种的病毒量不太多时，则可在DEF、CEF细胞单层上形成在显微镜下清晰可见的病毒蚀斑（彩图3-85至彩图3-97）。

在鸡体内，MDV1主要感染淋巴细胞并在其中复制，但也可在羽毛囊上皮细胞中大量复制。MDV复制的一个重要特点是，在细胞培养上或在鸡体内的淋巴细胞中复制时，呈严格的细胞结合性（cell-associated），即有传染性的病毒粒子不能释放到并游离于细胞外。病毒在细胞与细胞之间的传播，必须依靠细胞与细胞间的直接接触，这也就是为什么MDV在感染DEF或CEF单层后能形成清晰的病毒蚀斑，这也是为什么感染的细胞一旦死亡，其中的病毒也就失去传染性。

但是，在感染鸡的皮肤羽囊上皮细胞后，可产生大量的可游离于细胞外的有传染性的病毒粒子。而且这种病毒粒子能耐受干燥，在体外环境中仍能存活。

6. 传播途径和流行特点　在自然界特别是有鸡饲养的地方，MDV1是普遍存在的。羽毛和鸡舍垫料形成的灰尘都含有来自羽囊上皮细胞碎片中带有传染性的游离病毒粒子。这些都可以通过吸入的空气进入肺，并在肺泡上皮细胞复制后感染全身。

在未经免疫的易感鸡群，各种年龄鸡都可感染MDV1，且年龄越小，易感性越强。在未经免疫的鸡群自然流行时，随流行毒株的毒力及鸡的遗传背景不同，其发病率和死亡率变异为0～60%。但肿瘤发生高峰通常都在3～4月龄。

7. 致病性和致病型　MDV感染易感鸡后最特征性的病理变化是各种脏器和组织的淋巴细胞瘤。在此同时，还可诱发各种临床症状和病理变化。如神经病变引起的肢体麻痹、瞎眼，还可引起无特殊症状的急性死亡或一过性麻痹及神经症候等，还能引起免疫抑制。MDV1诱发的淋巴肉瘤是T淋巴细胞瘤，可呈块状或大小不一的灶状、点状肿瘤。根据病毒的毒力或致病性不同，MDV1可分为弱毒（mMDV）、强毒（vMDV）、超强毒（vvMDV）和特超强毒（vv+MDV）四个致病型。这不仅要根据对未经免疫鸡人工接种后的发病率、死亡率和肿瘤发生率来判断，还要根据它们对不同类型疫苗免疫后对保护性免疫的突破能力来判断。例如，vvMDV能突破HVT疫苗免疫的保护性，vv+MDV能突破HVT+SB1二价疫苗免疫的保护性。

8. 溶细胞性感染期和潜在感染期　MDV1感染鸡后先后可发生溶细胞性感染期（cytolytic phase）和潜在感染期（latent phase）。在溶细胞性感染期，病毒首先感染B淋巴细胞，在B淋巴细胞内复制并导致细胞死亡。感染的B淋巴细胞可产生一些细胞因子激活T淋巴细胞，病毒再感染被激活的T细胞并在其中复制导致T细胞死亡。此期间呈现较高水平的病毒血症，很容易从淋巴细胞分离到MDV。溶细胞性感染期持续1～2周后，进入潜在感染期，这时主要被感染的细胞是T淋巴细胞。这期间病毒血症水平显著下降。从被感染的T淋巴细胞不容易检测出有感染性的MDV，但MDV的基因组仍然存在。这些潜在感染MDV的T淋巴细胞可能发生细胞转化，进而发展为马立克氏病的淋巴细胞肉瘤。然而，在感染的不同阶段，MDV可同时感染皮肤羽囊上皮细胞，并随脱落的羽囊上皮不断排毒。

二、肿瘤形态及器官组织分布多样性

ALV、MDV、REV这三种病毒诱发的肿瘤可分布在鸡体表和体内的不同部位和内脏器官，并表现不同的肿瘤形态。有些部位和脏器主要限于某一种病毒诱发的肿瘤，但有些部位和脏器则分别发生不同病毒诱发的肿瘤。在肿瘤的形态上也多种多样，有时是相对独立、界限分明、形态规则的一个或若干个大肿瘤块，大小差异很大。有的则呈现弥漫性分布的细小点状的增生性肿瘤结节。但也有的肿瘤无固定形态，这时很容易与非肿瘤性的炎症、变性或坏死相混淆。

（一）在体表可见的肿瘤

对病鸡作临床观察时，或对死亡的鸡做检查时，在体表就可以看到如下多种肿瘤表现：

1. 头颅部的由ALV引发的头颅骨的髓细胞瘤，显著凸出于头颅表面（彩图1-5）。

2. 由不同类型禽白血病病毒引发的皮肤血管瘤，分别出现在脚爪部、翅翼区或胸部等体表不同部位（彩图1-6、彩图1-7、彩图1-8和彩图1-9）。

3. 由马立克氏病病毒引发的皮肤羽毛囊的淋巴细胞瘤结节，分布在全身皮肤不同部位（彩图1-10）。

4. 由马立克氏病病毒引发的胸肌内的淋巴细胞肉瘤块（彩图1-11）。

5. 由禽白血病病毒引发的骨硬化、骨肿大（彩图1-12），其中骨髓细胞在肿瘤后期死亡后钙化，呈骨硬化、色泽变黄（彩图1-13）。

6. 由急性致肿瘤性ALV诱发的纤维肉瘤，可出现于颈部、胸腹部或其他部位（彩图1-14）。

7. 由马立克氏病病毒诱发的单核细胞浸润导致一侧眼虹膜边缘不整齐，瞳孔缩小，由于局部单核细胞浸润所致（彩图1-15a、彩图1-15b）。

8. 马立克氏病毒感染诱发一侧坐骨神经淋巴细胞浸润导致一只脚麻痹，双脚呈劈叉状（彩图1-16）。

（二）不同内脏器官肿瘤

剖检病鸡或死亡鸡，可以在不同的内脏器官发现不同形态、不同大小的肿瘤。

肝脏是最容易发生和发现肿瘤的器官，既可出现1个或数个形态规则、边界清晰的较大的肉瘤块（直径可达1～3cm），也会呈现几个或几十个直径较小（直径<0.3cm）的肿瘤结节。这既可能是禽白血病病毒或马立克氏病病毒引起的淋巴细胞肿瘤（彩图2-29、彩图2-91、彩图2-99、彩图3-2、彩图3-6至彩图3-27），也可能是禽白血病病毒引起的纤维肉瘤（彩图2-84至彩图2-89）。在这种情况下，肿瘤发生区与肝脏正常组织界限清楚，正常部位肝脏大小、色泽、质地都正常。但在ALV-J引发髓细胞样肿瘤时，整个肝脏呈现弥漫性的细小的增生性白色结节（彩图2-1、彩图2-2、彩图2-14、彩图2-31），此时肝脏显著增大。此外，在肝脏也会出现不同大小的血管瘤（彩图2-2）。这些变化在我国鸡群中都出现了，

都与国外的报道相一致。用 REV 对雏鸡人工接种后，在肝脏也能诱发病变，其色泽也是黄白色或乳白色，但其形态不规则（彩图 4-5、彩图 4-22、彩图 4-28、彩图 4-38），肉眼看似乎是许多绿豆大小的肿瘤结节堆积。

肾脏是另一个易发肿瘤的器官，不论是白血病，还是马立克氏病，都容易在肾脏发生肿瘤。在这两种病，肿瘤块的形态都不规则，可能只诱发部分肾叶病变，也可能全部肾叶病变，严重程度差异很大。严重时，病变肾脏显著增大，表现为乳白色增生，虽然与正常的紫红色肾组织呈现明显反差，但二者界限不清（彩图 2-5、彩图 2-43）。在 ALV-J 感染鸡群中，偶尔也会发现肾脏呈现弥漫性分布的细小的增生性白色结节。

不论是 ALV，还是 MDV 感染时脾脏也常发生肿瘤性增生，主要表现为脾脏肿大，有时可见散在的白色增生性结节（彩图 2-39）。

白色增生性肿瘤结节也可发生在其他脏器，如心脏、肺脏、腺胃、卵巢或睾丸。此外，在 ALV-J 感染鸡，在肋骨内侧或胸骨内侧也会出现髓细胞样肿瘤性增生物（彩图 2-20、彩图 2-21）。在 ALV 感染时，肠系膜的不同部位可产生圆球形或不规则形肿瘤样增生物（彩图 2-90），也会出现在肠壁表面、输卵管表面、卵泡膜表面。

三、肿瘤细胞类型和形态的多样性

肿瘤组织的特点是在一个肿瘤结节甚至肿瘤块内的细胞类型非常一致，往往只有一种类型的细胞。如 MDV 引发的肿瘤仅限于 T 淋巴细胞，但其形态、大小并不均一（彩图 3-28 至彩图 3-78）。但是，ALV 诱发的肿瘤的细胞类型就呈现出多样性。这种多样性主要表现为，不同的 ALV 毒株在不同类型鸡的不同个体所诱发的肿瘤，往往是由不同类型细胞组成的。在过去近一百年中，在全世界各地发生并报道的鸡白血病肿瘤虽然都以淋巴细胞为主，但还有其他多种细胞类型，如成红细胞瘤、成髓细胞瘤、骨髓细胞瘤、上皮细胞瘤、内皮细胞瘤、纤维细胞肉瘤、组织细胞肉瘤等。

迄今为止，在我国鸡群中最常见的是 ALV-J 相关的髓细胞样肿瘤或成髓细胞样肿瘤（彩图 2-3、彩图 2-11、彩图 2-19、彩图 2-27），但还可见不同亚群 ALV 引发的淋巴细胞瘤（彩图 2-92、彩图 2-103）、纤维细胞肉瘤（彩图 2-29、彩图 2-30）。国外已报道 REV 可诱发典型的网状细胞瘤，在雏鸡使用污染了 REV 的其他弱毒疫苗后，可能诱发 B 淋巴细胞瘤或 T 淋巴细胞瘤。在我国，使用污染了 REV 的其他弱毒疫苗后，则通常引发生长迟缓和死亡率显著提高，或 MDV 疫苗免疫失败等问题。虽然迄今为止，我国鸡群中还没有 REV 诱发的肿瘤特别是淋巴肉瘤的报道。但在我们的人工造病试验中，的确也发现了 REV 诱发淋巴细胞瘤（彩图 4-8、彩图 4-11、彩图 4-13、彩图 4-27、彩图 4-44），也发现了难以鉴定细胞类型但类似网状内皮细胞的肿瘤（彩图 5-3 至彩图 5-8）。

同一只鸡同时感染 REV 和 MDV 时，可能会诱发不同类型细胞的肿瘤，不仅出现在同一只鸡同一组织，而且出现在同一肿瘤结节中（彩图 5-3 至彩图 5-13）。

四、肿瘤发生过程的多样性

鸡的病毒性肿瘤发生的进程，可分别表现为急性、亚急性和慢性肿瘤。由于 MDV 基因组带有致肿瘤 meq 基因，MDV 诱发的肿瘤多以急性和亚急性为主。未经免疫的鸡在自然感染状态下，3～4 月龄为肿瘤发病高峰期。但在人工感染条件下，人工接种后 1 个月内就可能开始发生肿瘤。但肿瘤发生高峰也在 2 个月后。

REV 感染发生的肿瘤多为慢性，一般要在 6 月龄以上鸡才会发生。在人工接种条件下也可呈亚急性状，但肿瘤发生率不会太高。虽然在火鸡早就发现带有肿瘤基因 rel 的复制缺陷型病毒，可在火鸡和鸡诱发急性肿瘤。但在我国鸡群的自然感染病例中，尚未发现致急性肿瘤的带肿瘤基因的缺陷型病毒。

ALV 诱发肿瘤的发生过程则显现出极大的多样性。在自然感染病例，从 30 日龄到 300 日龄期均有可能发生肿瘤。ALV 有两大类，即通常不带有肿瘤基因的自主复制型 ALV 和带有不同肿瘤基因的复制缺陷型 ALV。在鸡群中自然流行的 ALV 多为不带有肿瘤基因的自主复制型 ALV，因此，自然感染的鸡一般来说多呈慢性肿瘤。ALV-J 感染的鸡群多呈现慢性骨髓细胞瘤，在性成熟前后才发生。但有时也可在 1～2 月龄鸡出现典型的髓细胞瘤，即为亚急性肿瘤。

此外，在感染 ALV 的鸡如出现了带有不同肿瘤基因的复制缺陷型 ALV，则可能发生急性肿瘤，最快在 1 周内显出肿瘤。这类肿瘤可以表现为急性纤维肉瘤、成红细胞瘤或成红细胞肉瘤、急性成髓细胞瘤、急性内皮细胞瘤等。近几年来，我国鸡中出现了一些与 ALV-J 相关的带有 fps 肿瘤基因的复制缺陷型 ALV，它能诱发急性纤维肉瘤。在人工接种感染时，在 10d 左右即可诱发出纤维肉瘤，而且生长很快（见第二章）。

第二节　鸡是研究病毒性肿瘤病理发生的良好实验模型

鸡是地球上饲养数量最大的温血动物，却又是最容易发生病毒性肿瘤的一种动物。不论在自然感染状态下，还是在人工接种条件下，鸡的肿瘤发病率都很高，有很高的可复制性。而且，目前至少有三类病毒可诱发鸡的肿瘤。如前所述，肿瘤在鸡体内外的分布、细胞类型及肿瘤发生发展进程都显示高度的多样性。特别是 MDV 和 ALV，可诱发的肿瘤发病率很高，这使鸡可以作为研究病毒性肿瘤病理发生发展过程的良好的实验模型。

当今生物学研究最主要的目标之一是攻克肿瘤，近二十年肿瘤学的基础研究最重要的成就之一是正常动物细胞基因组上的原癌基因（c-onc）的发现，而这也来自对鸡 RSV 的研究。由于在 RSV 中发现了肿瘤基因 src（v-onc），而且还证明这种病毒肿瘤基因来自正常鸡细胞，即原癌基因（c-onc），为此该发现荣获了 1989 年度诺贝尔医学奖。ALV 中的 RSV 是第一个证明可诱发肿瘤的病毒。Rous 在 1911 年从鸡的肿瘤中发现了 RSV，随后发现 RSV 感染鸡确可诱发肿瘤。这是第一次用实验直接证明病毒可以引起肿瘤。这一发现使 Rous 等在 1966 年获得了诺贝尔医学奖。经典的 ALV 有 A、B、C、D 等多个亚群，普遍存在于未经净化的鸡群中，一般会诱发 1%～2%的肿瘤发病率。但是，这些经典 ALV 感染鸡后可在各种不同组织和脏器诱发不同细胞类型的肿瘤，如淋巴细胞瘤、成红细胞瘤、结缔组织纤维素性肉瘤、上皮细胞瘤、内皮细胞瘤、血管瘤、髓样细胞瘤等。20 世纪 80 年代新出现 J 亚群 ALV 有更强的致病性和致肿瘤性，可在肉用型鸡引发 5%～20%骨髓样细胞肿瘤死亡率，曾造成全球肉用型鸡重大灾难。该病毒现在还在困扰我国养鸡业，并在蛋用型鸡和我国地方品系鸡中同样引发很高的肿瘤发病率。近几年来，除了骨髓样细胞瘤外，ALV-J 又在蛋鸡中诱发了很高比例的血管瘤。

鸡马立克氏病毒是第一个被证明能诱发肿瘤的疱疹病毒。在不经疫苗免疫或未经净化的群体，一当感染就有可能在1～5个月内诱发高达5%～40%的肿瘤发生率。而且可能出现不同器官、不同组织发生淋巴性肿瘤。MDV可引起鸡的T淋巴细胞肿瘤，是鸡群中最易发生流行的一种致肿瘤性疱疹病毒。虽然疱疹病毒感染在人群中非常普遍［疱疹病毒中的Epstein-Barr病毒（EBV）也被认为与人的鼻咽癌有关］，但却是用MDV做人工攻毒试验首先证明了疱疹病毒可以引起肿瘤，据此研制出并在养鸡业中广泛推广了一系列预防MDV感染及其肿瘤的疫苗。

REV在致病性上发生的变化也是令人担忧的。20世纪90年代前，REV主要在火鸡和鸭群中引起肿瘤性疾病。90年代后，在鸡群中出现了由REV引起的肿瘤性疾病的流行。这些毒株不仅能引起T或B淋巴细胞肿瘤，而且在鸡群中显示出横向传播力。REV感染在我国鸡群中已相当普遍，这是对养禽业的又一潜在威胁。

全球约200多亿羽鸡的年饲养量中，我国约占1/3。发达国家利用其科学技术、资金和经营管理优势，经过几十年的持续净化，使其禽育种公司的商业鸡群已基本上消灭了各种亚群ALV。发达国家的养鸡业对鸡群MDV和REV感染也控制在很低水平。相比之下，我国鸡群肿瘤性病毒感染一直保持在较高水平。在过去十多年中，不仅存在着固有的A、B亚群ALV感染，而且自20世纪90年代随白羽肉鸡传入中国的J亚群ALV又进一步传入了蛋用型鸡，特别是我国固有的各种地方品种鸡。即使我们现在就花很大力气来清除它，也可能要十几、二十几年的长期努力才能实现。我国鸡群中MDV和REV的感染和发病状态也比发达国家严重得多。这些对我国养禽业及禽病学家都是一个挑战。但是，对于进一步深入研究病毒性肿瘤的多样性及其病理发生过程来说，这又是一种难得的自然资源。

第三节　我国鸡群病毒性肿瘤病高发的流行病学因素

在我国，不同亚群的致病性ALV仍在鸡群中流行。此外，我国鸡群中，每年也还都有MDV疫苗免疫失败的现象。近十年来，鸡群中REV感染的流行面不断扩展，感染率还有上升的趋势。这与我国养鸡及其经营管理的现状密切相关。我国养鸡业的结构及其管理模式构成了ALV在我国不同类型鸡群中不断流行的条件，也为有效预防控制MDV和REV感染增加了难度。

一、对进口种鸡ALV检疫监控不完善、不严格

近十多年，在我国不同类型鸡群中流行的白血病主要是由J亚群ALV引起。毫无疑问，ALV-J最初是由引进的白羽肉种鸡带入的。在我国还没有认识到ALV-J以前，固然没有对进口种鸡ALV-J的感染状态实施检疫。但20世纪末、21世纪初，国际上不同跨国公司的白羽肉种鸡群的ALV净化程度不同，有的公司已基本净化时，我国没有能及时采取选择性进口的措施。直至2003—2005年，还有些尚未净化的白羽肉种鸡被引进。

二、种鸡场管理不规范，不同类型不同来源种鸡混养现象普遍

过去二十多年中，以至现阶段，仍然有一些种鸡场同时饲养着不同类型的种鸡。如同时饲养白羽肉种鸡或蛋用型鸡或不同的地方品系鸡。即使是同一类型的鸡，往往也可能来源不

同。而且更为严重的是，有时还共用同一孵化厅，在一些小的种鸡场，甚至共用同一孵化器。这导致了 ALV 在不同类型鸡之间的传播。例如，使 ALV-J 从白羽肉种鸡传播至蛋用型鸡及我国固有的地方品种鸡。共用同一鸡场及同一孵化厅是最重要的原因之一。目前，我国各地的许多固有的地方品种鸡都已感染了 ALV-J，显然与此有关。

三、在改良品种过程中，盲目地引进未经检疫的种鸡

从 20 世纪 90 年代开始，我国许多省份都引进生长较快的白羽肉鸡的种鸡，通过与固有的本地品种鸡杂交，借以改良本地品种鸡的生产性能，使之兼有肉味较好和生长较快的优点，而且还保留一定的毛色。经这样改良培育形成的各种黄羽肉鸡，在我国已有相当大的饲养规模，年出栏量大约已达 30 亿只。但在这个过程中，盲目地引进未经检疫的种鸡进行改良培育，致使培育品种也都先后不同程度地感染了 ALV-J。

四、我国有的地方从来没有对 ALV 采取过检测和净化措施

ALV 是地球上长期存在着的一种亚临床感染病毒，只是我国禽病界一直没有认识到而已。ALV-J 是在 2005 年前随每年进口的白羽肉种鸡带入的，但我国固有的地方品系鸡中实际上一直存在着其他经典亚群的 ALV，如 A 和 B 亚群，甚至还有一些尚未鉴定的我国特有的亚群。但是，我国对这些鸡群从来没有采取过 ALV 净化措施。随着养殖规模的扩大和鸡的流动性增大，这些亚群的 ALV 感染也在我国鸡群中日趋严重流行开来，致病性也逐渐增强了。

五、弱毒疫苗污染 REV 和外源性 ALV

在相当一段时间内，我国用于生产弱毒疫苗的鸡胚并非来自 SPF 鸡群，这导致这些弱毒疫苗有可能污染 REV 或外源性 ALV。这些疫苗的跨地区广泛应用，也显著加重了我国鸡群对 REV 或 ALV 感染的普遍性和多样性。

第二章

我国鸡群白血病的流行及发病特点

第一节　我国鸡群中禽白血病病毒感染的普遍性

虽然全世界大多数养鸡业发达的国家都已基本消灭和控制了禽白血病在鸡群特别是规模化养鸡场的流行，但在我国鸡群中，ALV 感染仍然非常普遍。

一、我国鸡群中 ALV 感染发生发展的历史动态

在 1999 年以前，由于诊断技术上的限制，我国还一直没有鸡群感染 ALV 状态的报道。虽然，我们曾在 1987 年发表了鸡群禽白血病感染状况的调查，但那时仅根据对血清中 ALV 的 p27 抗原的检测来判断的，还不足以下结论。毫无疑问，在世界各国鸡群中曾普遍存在的 A、B 亚群 ALV，也早已存在于我国地方品种鸡群中了。只是由于过去在一家一户散养状态下，不大可能造成明显危害，也就一直被忽视了。近几年对血清中 ALV 特异性抗体检测的流行病学调查已显示，我国各种类型鸡群中都已普遍存在着不同亚群的 ALV 感染（表 2-1、表 2-2、表 2-5、表 2-6、表 2-7、表 2-8 和表 2-9）。即使很多边远山区相对封闭的鸡群中也都有一定比例鸡对 A、B 亚群 ALV 抗体呈现阳性（表 2-9）。这足以说明，A、B 亚群 ALV 感染确实早已存在于我国多种地方品系鸡群中。在 1988 年前后，英国首先从白羽肉鸡中发现了对鸡的致毒性更强的 J 亚群 ALV，主要引发各种脏器的骨髓细胞瘤，特别是肝脏。该病毒很快传入全世界几乎所有培育品系的白羽肉用型鸡。毫无疑问，在此同时我国也随每年引进的种鸡带入了病毒。实际上，我国一些白羽肉用型种鸡场已在这期间陆续发现了类似的病例，但一直弄不清楚是什么病。直到 1999 年，我们才首先从山东和江苏两地具有疑似病变的种鸡及市场上出售的商品代白羽肉鸡中分离鉴定到 ALV-J，最早的毒株分别定名为 SD9901、SD9902 和 YZ9901、YZ9902（杜岩等，1999）。在后来的几年里，又不断从其他不同的省份分离到 ALV-J（表 2-3 和表 2-4）。随后，ALV-J 又进一步传入我国自主培育的黄羽肉鸡、固有型地方品种鸡及蛋用型鸡。

2008—2009 年，鸡 ALV-J 造成的肿瘤/血管瘤给我国蛋鸡业带来了极大损失。据保守估计，在全国饲养的 12 亿～15 亿产蛋鸡中，一年至少因 ALV-J 肿瘤/血管瘤直接死亡 5 000 万～6 000万羽。当时，全国多个大型蛋用型种鸡公司因销售感染 ALV-J 的苗鸡而被许多客户投诉。

随着全球各个跨国育种公司先后对种鸡群实现了 ALV-J 净化，引进的白羽肉用型种鸡基本上不再带有 ALV-J，因此，从 2006 年后，白羽肉用型鸡场很少再有 ALV-J 的投诉。另一方面，随着蛋用型鸡父母代鸡场和商品代鸡场开始重视从无 ALV-J 感染的蛋鸡祖代鸡场引种并扩大繁殖后代，从 2010 年起，ALV-J 和其他 ALV 亚群感染在蛋鸡群中引发的肿瘤/血管瘤也日趋减少。但在少数蛋用型商品代鸡场，仍然有该病发生。

在我国各地培养的各种黄羽肉鸡和我国各地固有的地方品种中，ALV-J 和其他亚群 ALV 还将长期存在，如不采取有效措施，其危害将日趋严重。

表 2-1　我国不同类型鸡群 ALV 血清流行病学调查（2008.7—2009.7）

鸡群类型		A/B 亚群抗体检出率		J 亚群抗体检出率	
品种	代次	群数	个体数	群数	个体数
白羽肉鸡	祖代	9/23（39.1%）	14/1471（1%）	8/23（34.8%）	63/147（4.3%）
	父母代	5/7（71.4%）	26/408（6.4%）	6/7（85.7%）	54/447（12.1%）
	商品代	0/1（0）	0/100（0）	4/4（100%）	32/172（18.6%）
蛋用型鸡	祖代	4/17（23.5%）	77/1727（4.5%）	12/17（70.6%）	46/1727（2.7%）
	父母代	7/23（30.4%）	20/1711（1.2%）	12/24（50%）	65/1762（3.7%）
	商品代	1/6（16.7%）	9/313（2.9%）	3/7（42.9%）	15/289（5.2%）
我国培育型	核心群	4/6（66.7%）	4/396（1%）	4/6（66.7%）	12/396（3%）
	祖代 2	11/20（55%）	46/1227（3.7%）	11/20（55%）	31/1227（2.5%）
	祖代 1	3/16（18.8%）	6/791（0.8%）	0/16（0）	0/791（0）
我国地方品系	山东	18/26（69.2%）	180/2014（8.9%）	11/26（42.3%）	72/1961（3.7%）
	广东	14/22（63.6%）	63/3724（1.7%）	19/22（86.4%）	240/3728（6.4%）
	广西	12/20（60%）	24/640（3.8%）	11/20（55%）	84/3728（13.1%）
	江苏	1/1（100%）	4/105（3.8%）	2/3（66.7%）	6/145（4.1%）
	安徽	2/3（66.7%）	33/276（12%）	2/3（66.7%）	135/276（48.9%）
	海南	1/1（100%）	3/92（3.3%）	0/1（0）	0/90（0）
合　计		92/192（47.9%）	509/14995（3.4%）	105/199（52.8%）	855/15122（5.7%）

表 2-2　我国白羽肉用型鸡群 ALV-A/B 亚群和 ALV-J 亚群抗体阳性率检测（2008—2010）

类型	品种（系）	代次	省份个数	A/B 阳性鸡群数/检测鸡群数(阳性率)	A/B 阳性鸡只数/检测鸡只数(阳性率)	J 阳性鸡群数/检测鸡群数(阳性率)	J 阳性鸡只数/检测鸡只数(阳性率)
白羽肉鸡	白羽	祖代	3	4/12（33.3%）	15/1148（1.31%）	5/12（41.7%）	84/1135（7.4%）
		父母代	4	5/6（83.3%）	32/565（5.67%）	5/6（83.3%）	101/565（17.9%）
		商品代	2	1/4（25%）	5/178（2.81%）	3/4（75%）	33/178（18.5%）
	ROSS	祖代	3	7/13（53.8%）	30/1202（2.5%）	0/13（0）	1/1248（0.08%）
		父母代	1	1/2（50%）	6/162（3.7%）	0/3（0）	1/219（0.5%）
		商品代		—	—	3/3（100%）	30/72（41.7%）
	安卡	祖代	1	5/6（83.3%）	22/265（3.89%）	4/6（66.6%）	16/265（6%）
总计				23/43（43.5%）	110/3520（3.1%）	20/47（42.6%）	266/3682（7.2%）

注：一个鸡群中阳性率大于 2%且有 2 个阳性鸡以上者为阳性鸡群；—，未检测。

表 2-3　1999—2001 年从我国白羽肉鸡中分离到的 ALV-J 的来源和致病性（Cui 等，2003）

毒株	分离年份	样品来源病鸡背景					与单抗 JE9 的 IFA
		公司	类型	周龄	肿瘤表现	组织切片中髓样细胞	
YZ9901	1999.1	B?	C	7	从屠宰场取样，无病理表现	未检测	+
SD9901	1999.8	A	PS	45	肝、脾上有许多细小肿瘤结节	+	+
SD9902	1999.8	A	PS	45	肝、脾上有许多细小肿瘤结节	+	+
SD0001	2000.5	?	PS	30	肝、脾、肋骨、胸骨上有肿瘤结节	+	+

（续）

毒株	分离年份	样品来源病鸡背景					与单抗 JE9 的 IFA
		公司	类型	周龄	肿瘤表现	组织切片中髓样细胞	
SD0002	2000.8	A?	C	4～5	肝、脾上有许多细小肿瘤结节	+	+
HN0001	2000.11	C	PS	26	肝、脾上有许多细小肿瘤结节	+	+
SD0101	2001.2	B	PS	55	肝、脾上有许多细小肿瘤结节	+	+
NX0101	2001.4	A	PS	20	肝、脾、肋骨、胸骨上有肿瘤结节	+	+

注：1. 公司 A、B、C 表示白羽肉鸡品系背景很清楚的公司；A? 或 B? 表示品系背景是根据 gp85 和 3′LTR 序列推断出来的。

2. 类型 C 表示商品代肉鸡，PS 表示父母代种鸡。

表 2-4　我国 2002—2003 年 ALV-J 的来源和致病性（王增福、崔治中等，2005）

毒株	分离年份	公司	类型	周龄	肿瘤表现	与单抗 JE9 的 IFA
SD0201	2002	A	PS	?	肝、脾上有许多细小肿瘤结节	+
SD0301	2003	A	PS	42	肝、脾上有许多细小肿瘤结节	+
HB0301	2003	B	PS	36	肝、脾上有许多细小肿瘤结节	+
BJ0301	2003	B	PS	?	肝、脾上有许多细小肿瘤结节	+
BJ0302	2003	B	PS	?	无典型病变	+
BJ0303	2003	B	PS	?	无典型病变	+

注：1. A、B 表示鸡群品系背景很清楚的公司。

2. PS 表示父母代种鸡。

表 2-5　我国蛋用型鸡群 ALV-A/B 亚群和 ALV-J 亚群抗体阳性率检测（2008—2010）

类型	品种（系）	代次	省份	A/B 亚群阳性鸡群数/检测鸡群数（阳性率）	A/B 亚群阳性鸡只数/检测鸡只数（阳性率）	J 亚群阳性鸡群数/检测鸡群数（阳性率）	J 亚群阳性鸡只数/检测鸡只数（阳性率）
蛋用型鸡	海兰褐	祖代	5	4/34（11.8%）	73/3513（2.1%）	4/34（11.8%）	17/3513（0.48%）
		父母代	11	18/48（37.5%）	147/2867（3.8%）	19/52（36.5%）	206/4071（5.1%）
		商品代	4	15/50（30%）	76/1717（4.4%）	15/46（32.6%）	95/1462（6.5%）
	海兰灰	祖代	1	0/1（0）	0/80（0）	0/1（0）	0/80（0）
		父母代	1	1/1（100%）	6/60（10%）	0/1（0）	1/60（1.67%）
	尼克	祖代	1	1/3（33.3%）	76//1252（6.1%）	0/3（0）	6/1252（0.48%）
		父母代	1	2/2（100%）	5/588（0.85%）	1/2（50%）	2/588（0.34%）
		商品代	1	—	—	1/1（100%）	3/5（60%）
	伊莎	祖代	1	0/1（0）	0/68（0）	1/1（100%）	21/68（30.9%）
		父母代	2	2/6（33.3%）	9/360（2.5%）	4/7（57.1%）	13/380（3.4%）
		商品代	1	1/2（50%）	3/159（1.89%）	0/2（0）	0/119（0）
	罗曼	祖代	1	3/12（25%）	12/719（1.67%）	9/12（75%）	40/719（5.56%）
		父母代	2	3/8（37.5%）	7/464（1.51%）	6/8（75%）	24/464（5.17%）
		商品代	3	1/3（33.3%）	2/176（1.14%）	3/4（75%）	13/192（6.77%）
总计				51/141(36.2%)	416/9032（4.6%）	62/174（35.6%）	440/12972（3.4%）

注：一个鸡群中阳性率大于 2%且有 2 个阳性鸡以上者为阳性鸡群；—，未检测。

表 2-6　2009 年客户商品代蛋鸡发生肿瘤/血管瘤问题的父母代种鸡场血清抗体检测结果

鸡场	年月	周龄	A/B 亚群阳性率	J 亚群阳性率
A 父母代	2009.5	90	0/89	11/89
B 父母代	2009.5	47	1/90	1/90
C 父母代	2009.5	27	0/90	1/90
D 父母代	2009.6	40	0/30	10/30
E 父母代	2009.6	26	0/30	14/31
F 父母代	2009.8	23	0/80	11/80
H 父母代	2009.8	35	8/92	12/92
I 父母代	2009.8	35	7/20	1/20
J 父母代	2009.8	35	2/20	4/20
K 父母代	2009.9	20	21/30	0/30
L 父母代	2009.9	35	4/44	5/44

表 2-7　发生肿瘤/血管瘤问题的商品代蛋鸡场血清抗体检测结果

鸡场	年月	周龄	A/B 亚群阳性率	J 亚群阳性率
A1	2009.9	21～13	19/132	29/132
A2	2009.9	33～50	6/52	0/52
A3	2009.8	21～23	9/33	5/40
B1	2009.9	30	7/20	1/20
B2	2009.9	30	2/20	4/20

表 2-8　我国培育的黄羽肉用型鸡群 ALV-A/B 亚群和 ALV-J 亚群抗体阳性率检测（2008—2010）

类型	品种（系）	代次	省份数	A/B 亚群阳性鸡群数/检测鸡群数（阳性率）	A/B 亚群阳性鸡只数/检测鸡只数（阳性率）	J 亚群阳性鸡群数/检测鸡群数（阳性率）	J 亚群阳性鸡只数/检测鸡只数（阳性率）
地方改良品系	鲁禽	祖代	1	4/4（100%）	93/996（9.34%）	4/4（100%）	29/996（2.91%）
				1/4（25%）	5/354（1.41%）	2/4（50%）	10/354（2.82%）
	广东黄鸡	祖代	1	5/11（45.45%）	24/2303（1.04%）	8/11（72.73%）	34/2303（1.48%）
		父母代	1	2/5（40%）	40/1593（2.51%）	4/5（80%）	33/1593（2.07%）
	新兴黄	祖代	1	3/3（100%）	21/807（2.6%）	1/3（33.3%）	3/807（0.37%）
	农大三号	原种	1	0/2（0）	0/308（0）	0/2（0）	0/308（0）
	安徽黄鸡	祖代	2	4/6（66.7%）	49/607（8.1%）	6/6（100%）	182/607（30%）
	DHGDg5	祖代	1	1/1（100%）	6/80（7.5%）	1/1（100%）	8/80（10.0%）
		父母代	1	4/4（100%）	61/958（6.37%）	4/4（100%）	70/958（7.31%）
	DHGDe4	祖代	1	0/2（0）	0/319（0）	1/2（50%）	15/320（4.69%）
		父母代	1	3/3（100%）	19/1200（1.58%）	3/3（100%）	76/1200（6.33%）
	DHGDf2	祖代	1	0/2（0）	0/160（0）	0/2（0）	2/160（1.25%）
		父母代	1	1/1（100%）	4/159（2.52%）	1/1（100%）	6/160（3.75%）
		父母代	1	1/1（100%）	8/400（2%）	1/1（100%）	77/400（19.25%）
	DHGDf6	父母代	1	0/2（0）	1/317（0.32%）	0/2（0）	1/316（0.32%）
总计				29/51（56.%）	331/10561（3.1%）	36/51（70.6%）	546/10562（5.2%）

注：一个鸡群中阳性率大于 2%且有 2 个阳性鸡以上者为阳性鸡群。

表 2-9 我国各地地方品种鸡群 ALV-A/B 亚群和 ALV-J 亚群抗体阳性率检测（2008—2010）

品种（系）	代次	A/B 亚群阳性鸡群数/检测鸡群数（阳性率）	A/B 亚群阳性鸡只数/检测鸡只数（阳性率）	J 亚群阳性鸡群数/检测鸡群数（阳性率）	J 亚群阳性鸡只数/检测鸡只数（阳性率）
莱芜黑	祖代	4/5（80%）	45/645（7%）	3/5（60%）	10/645（1.55%）
	父母代	0/2（0）	2/392（0.51%）	1/2（50%）	5/392（1.27%）
芦花鸡	祖代	3/3（100%）	13/447（2.9%）	1/3（33.3%）	5/447（1.12%）
	父母代	0/3（0）	0/225（0）	0/3（0）	0/225（0）
百日鸡	祖代	1/4（25%）	21/369（5.69%）	2/4（50%）	21/369（5.69%）
寿光鸡	祖代	4/4（100%）	135/394（34.3%）	0/4（0）	0/341（0）
	父母代	1/2（50%）	64/162（39.5%）	0/2（0）	0/109（0）
琅琊鸡	祖代	2/2（100%）	15/527（2.85%）	2/2（100%）	23/527（4.36%）
石岐杂鸡	祖代	2/2（100%）	22/597（3.69%）	2/2（100%）	16/597（2.68%）
山东麻鸡	父母代	1/1（100%）	9/30（30%）	1/1（100%）	12/30（40%）
北京油鸡	祖代	1/1（100%）	119/1867（6.37%）	0/1（0）	0/1795（0）
广东麻鸡	祖代	1/3（33.3%）	28/298（6.71%）	2/3（66.7%）	20/298（6.71%）
岭南黄鸡	商品代	1/1（100%）	20/80（25%）	1/1（100%）	39/80（48.75%）
安徽麻鸡	祖代	2/2（100%）	35/382（9.16%）	2/2（100%）	161/382（42.1%）
狼山鸡	祖代	1/1（100%）	4/105（3.81%）	1/1（100%）	4/105（3.81%）
	商品代	—	—	1/1（100%）	2/22（9.1%）
肥西鸡	祖代	0/1（0）	0/92（0）	0/1（0）	0/92（0）
广西三黄鸡	祖代	1/1（100%）	2/184（1.1%）	0/1（0）	0/184（0）
	商品代	0/1（0）	0/92（0）	1/1（100%）	2/92（2.17%）
太湖鸡	商品代	—	—	1/1（100%）	12/184（6.52%）
宁国鸡	祖代	5/9（55.6%）	118/1061（11.1%）	4/9（44.4%）	105/978（10.7%）
	父母代	1/6（16.7%）	10/169（5.92%）	1/6（16.7%）	11/169（6.51%）
广西花鸡	祖代	1/3（33.3%）	1/67（1.49%）	0/3（0）	0/67（0）
	父母代	0/1（0）	0/23（0）	1/1（100%）	2/23（8.7%）
广西矮脚黄鸡	祖代	2/3（66.7%）	19/215（8.84%）	3/3（100%）	24/215（11.2%）
	父母代	3/5（60%）	11/177（6.21%）	2/5（40%）	15/177（8.47%）
	父母代	1/2（50%）	3/66（4.55%）	1/2（50%）	5/66（7.58%）
黄麻鸡	祖代	3/3（100%）	15/628（2.39%）	3/3（100%）	160/628（25.5%）
	父母代	1/2（50%）	3/73（4.11%）	2/2（100%）	31/73（42.5%）
铁脚麻鸡	祖代	—	—	3/3（100%）	340/1104（30.8%）
	父母代	1/3（33.3%）	3/138（2.17%）	4/4（100%）	27/158（17.1%）
瑶鸡	祖代	1/1（100%）	3/92（3.26%）	1/1（100%）	27/92（29.3%）
	父母代	0/2（0）	2/73（2.74%）	1/2（50%）	5/73（6.85%）
龙胜凤鸡	祖代	1/1（100%）	6/92（6.52%）	1/1（100%）	8/92（8.7%）
雪山草鸡	祖代	1/1（100%）	11/118（9.3%）	1/1（100%）	33/118（28%）
新扬州鸡	祖代	0/1（0）	1/59（1.67%）	1/1（100%）	6/59（10%）
肥西鸡	祖代	0/1（0）	0/184（0）	0/1（0）	0/184（0）
宣城鸡	祖代	1/1（100%）	33/184（17.9%）	1/1（100%）	135/184（73.4%）

（续）

品种（系）	代次	A/B亚群阳性鸡群数/检测鸡群数（阳性率）	A/B亚群阳性鸡只数/检测鸡只数（阳性率）	J亚群阳性鸡群数/检测鸡群数（阳性率）	J亚群阳性鸡只数/检测鸡只数（阳性率）
太湖鸡	祖代	—	—	1/1（100%）	10/172（5.8%）
昌山鸡	父母代	1/1（100%）	5/120（4.17%）	1/1（100%）	9/120（7.5%）
文昌鸡	父母代	0/1（0）	1/38（2.63%）	0/1（0）	1/38（2.63%）
大三黄	父母代	0/1（0）	1/24（4.17%）	0/1（0）	0/24（0）
合计		151/356（42.42%）	1600/35511（4.51%）	172/369（46.61%）	2539/38947（6.52%）

注：一个鸡群中阳性率大于2%且有2个阳性鸡以上者为阳性鸡群；—，未检测。

二、我国白羽肉用型鸡中ALV感染的来源、发生的历史和现状

我国商品代白羽肉鸡每年出栏量50亿～60亿只，为此，大约需饲养5 000万套父母代种鸡及100万套祖代种鸡。从20世纪80年代开始，我国白羽肉用型祖代种鸡全靠从欧美进口，主要从美国进口。20世纪末至2005年前，我国饲养的白羽肉鸡主要是原祖代引自美国，但已有我国自繁自养的爱维因（Avein）。此外，还有每年引进的祖代种鸡AA（或AA＋）、科宝、哈巴特等不同的品系。在全国各地饲养的这些品系都在引进种用苗鸡时带入了ALV-J，已分别造成了不同程度的损失。主要发病是在父母代种鸡，在开产前后开始出现的骨髓细胞瘤造成的肝、脾肿大或肋骨上有肉瘤样赘生物。肿瘤直接死淘率平均为3%～5%，个别父母代种鸡场在18～24周内肿瘤直接死淘率可达19.4%。但一开始，各养鸡公司都不认识该病，常误诊为马立克氏病。还有的种鸡场很可能把病情有意无意地保密，这更助长了ALV-J在我国肉鸡群中长期蔓延。1999—2005年，我们已分别从江苏、山东、河南、宁夏等省份分离到ALV-J（表2-3、表2-4）。ALV-J感染在祖代种鸡也会发生，但发病率和死亡率相对较低。ALV对商品代肉鸡主要引起生长迟缓，饲料利用率降低，但也有一部分商品代肉鸡群30日龄以后就开始发生急性骨髓细胞样细胞瘤，并造成5%～10%的死淘率。

进入21世纪，国际育种公司已在ALV-J净化方面取得了不同程度的进展。从2001年起，我们开始帮助国内一些白羽肉用型种鸡公司直接与提供祖代种鸡的国外育种公司交涉。如帮助饲养AA＋和Ross鸡的北京AA公司、山东益生公司及北京大风公司与提供种鸡的美国爱维杰公司（Aveigen）交涉，并通过病毒分离法对进口的鸡直接检疫。除了得到部分赔偿外，更重要的是国内这几个公司由此从美国爱维杰公司得到了提供ALV-J净化的种源的保证。因此，从2002年起，这几个公司销售的父母代种鸡中就不再有ALV-J感染及相关肿瘤的投诉。这一优势让这些公司迅速扩大了在国内市场上的份额，在此同时，使其他品系的种鸡不得不退出或让出国内大部分市场。这一市场效应使ALV-J净化度优势在市场份额竞争中发挥了主导作用，客观上也加快了我国白羽肉鸡中ALV-J的净化进程。从2006年后，在全国范围内，就不再有与ALV-J肿瘤相关的投诉和报道。但由于ALV-J早已传入我国其他类型系鸡群，如蛋用型鸡和黄羽肉鸡，ALV-J还可能再回到一些生物安全措施不严密的白羽肉种鸡场。实际上，在2008—2010年全国性的血清流行病学调查也证明，在一些白羽肉鸡群中仍存在着不同程度的ALV感染（表2-1、表2-2）。

迄今为止，除了ALV-J感染外，在我国白羽肉鸡群中还没有与其他亚群ALV感染相关的肿瘤病例报道，也没有从白羽肉鸡分离到其他亚群ALV的报道。但是，在血清学流行

病学调查中，我们也发现有些白羽肉鸡群对 A、B 亚群 ALV 抗体有一定的阳性率。这可能与少数鸡场同时饲养的其他类型鸡（蛋用型鸡甚至地方品系鸡）的横向感染有关。另一种可能性是曾经使用了不同亚群的外源性 ALV 感染的某种弱毒疫苗造成的。

三、我国蛋用型鸡群中 ALV 感染的来源、发生的历史和现状

我国各地饲养的蛋用型鸡的种源绝大部分是靠每年进口的祖代鸡繁育的后代。还有一些自繁自养的培育型蛋用型种鸡，也都是从进口的蛋用型鸡中选育出来的。虽然进口的蛋用型种鸡分别来自不同跨国育种公司的不同品系，如海兰鸡、罗曼鸡、尼克鸡、伊莎鸡等，但基本上都不带有外源性 ALV 感染。这是因为，这些跨国公司在 1987 年前就已实现了外源性 ALV 的净化，而且近二三十年来仍一直坚持严格的检测。当然，国内还有少数在我国本地品种基础上培育起来的蛋鸡，有可能会存在 A、B 亚群 ALV 感染。

ALV-J 在 20 世纪 90 年代在全球白羽肉鸡中普遍暴发，除个别市场份额很小的品种外，均被它感染。但在过去二十多年中，国外几乎没有蛋鸡发生 ALV-J 感染的报道。而且一般认为，蛋鸡即使感染 ALV-J，也不易发生肿瘤。但在我国的蛋鸡群中，最近几年中却发生了主要由 ALV-J 引起的肿瘤/血管瘤的广泛流行。最初是 2005 年由中国农业大学徐缤蕊等在河北省某蛋鸡群发现了典型的骨髓细胞瘤病例，并用我们的 ALV-J 特异性单克隆抗体 JE9 作免疫组织化学检测，证实了 ALV-J 抗原的存在。随后，我们从河北、山东、陕西、河南等省的多个蛋用型鸡场的典型的骨髓细胞样细胞瘤病鸡分离到 ALV-J（表 5-2、表 5-3、表 5-4、表 5-5）。随后，2008—2010 年的血清流行病学调查也进一步显示，我国不同品系的蛋用型鸡群已普遍感染了不同亚群的 ALV（表 2-5、表 2-6、表 2-7）。

在随后几年中，蛋用型鸡群中由 ALV 引发的白血病日趋增多，在发生骨髓细胞样细胞瘤的同时，还有较高比例的病鸡体表不同部位出现血管瘤，如脚爪部、翅及胸部。

直至 2008—2009 年，我国各地商品代蛋鸡鸡群在开产前后发生了 ALV 引起的肿瘤/血管瘤的大流行。主要发生在海兰褐鸡，但其他品系鸡如尼克鸡、罗曼鸡中也有发生。病原分离及血清学调查表明，这期间的肿瘤/血管瘤主要是由 ALV-J 引起的，但也有的鸡场是因 ALV-A、ALV-B 引起的。以我国主要的蛋用型鸡海兰褐为例，由于其客户鸡场发生了 ALV 相关的肿瘤/血管瘤，在全国 4 个主要的海兰褐祖代种鸡公司中，有 3 个祖代种鸡公司先后被投诉。由于在全国范围内广泛宣传了垂直传播在 ALV 流行中的作用，因此，在政府主管部门的监管下，各祖代和父母代种鸡公司及时淘汰了有问题的种鸡群，各父母代及商品代鸡场注意从 ALV 洁净度好的种鸡公司引种。从 2010 后，蛋鸡中 ALV 感染及其相关肿瘤/血管瘤发生率迅速下降。当然，局部地区的一些小型蛋鸡场仍然有该病发生，个别鸡群还比较严重。

四、我国自繁自养的地方品系鸡群中 ALV 感染的来源、发生的历史和现状

这里所谓地方品系鸡包括两大类：一类是我国各地固有的纯地方品种鸡即各种“土”鸡，另一类是用某种纯地方品种鸡通过与进口的快大型白羽肉鸡（一般用隐性白）杂交数代后培育出来的黄色或杂色的黄羽肉鸡。杂交过程大多是从 20 世纪 80 代末、90 年代初开始。现在已形成品系的这类培育品种鸡，现在已封闭育种。

几年前，我们对全国部分种鸡场做了血清流行病学调查。结果表明，在所调查的 9 个已

经审定的培育型黄羽肉鸡品种中，6 个品种既感染了 A、B 亚群 ALV，也感染了 J 亚群 ALV，只有一个品种被检测的血清样品对 ALV-A、ALV-B 和 ALV-J 抗体均为阴性（表 2-8）。在调查 6 个省的 28 个地方品种鸡中，有 22 个地方品种鸡 ALV-A、ALV-B 抗体呈阳性，23 个地方品种鸡对 ALV-J 抗体呈阳性，其中大多数对两类亚群 ALV 的抗体均为阳性。只有 1 个地方品种鸡的血清样品对 ALV-A、ALV-B 和 ALV-J 抗体均呈阴性（表 2-9）。即使是表现为抗体阴性的鸡群，也不能保证真正阴性，因为检测样品的数量有限，还有的采集血清样品时年龄偏小，感染后的抗体反应还未能显现出来。这说明，ALV 感染在我国自繁自养的各个品种鸡群中已非常普遍。

然而，对表现出肿瘤的地方品系鸡群做病毒学分离时，所鉴定到的病毒绝大多数都是 ALV-J，几乎没有分离到其他亚群。从临床上健康的地方品种鸡中，却也已分离到 ALV-A、ALV-B 和一些尚未鉴定的亚群。显然，在我国自繁自养的地方品系鸡群，仍然是 ALV-J 表现出较强的致病性。

早在 2005 年和 2006 年，我们就已多次从广东的地方品系黄羽肉鸡中分离到 ALV-J。对分离到的毒株的 gp85 基因及其 3′LTR 序列测定比较表明，其中有些毒株与 2000 年从白羽肉鸡分离到的毒株高度同源（Sun 和 Cui，2007），这表明，我国地方品系鸡中的 ALV-J 来自进口的白羽肉鸡。可以推测，这是在20世纪90年代开始用白羽肉鸡改良地方品种鸡用以培育黄羽肉鸡时，由于引进感染了 ALV-J 的白羽肉鸡的种鸡，进行杂交时，将 ALV-J 带进了鸡群。在以后育种繁育过程中，由于忽视 ALV 的净化，从而使其蔓延开来。再由于，培育型黄羽肉鸡与原有的本地鸡种饲养在同一鸡场，甚至共用同一孵化厅，导致进一步传入各地固有的地方品种鸡中（图 2-1）。

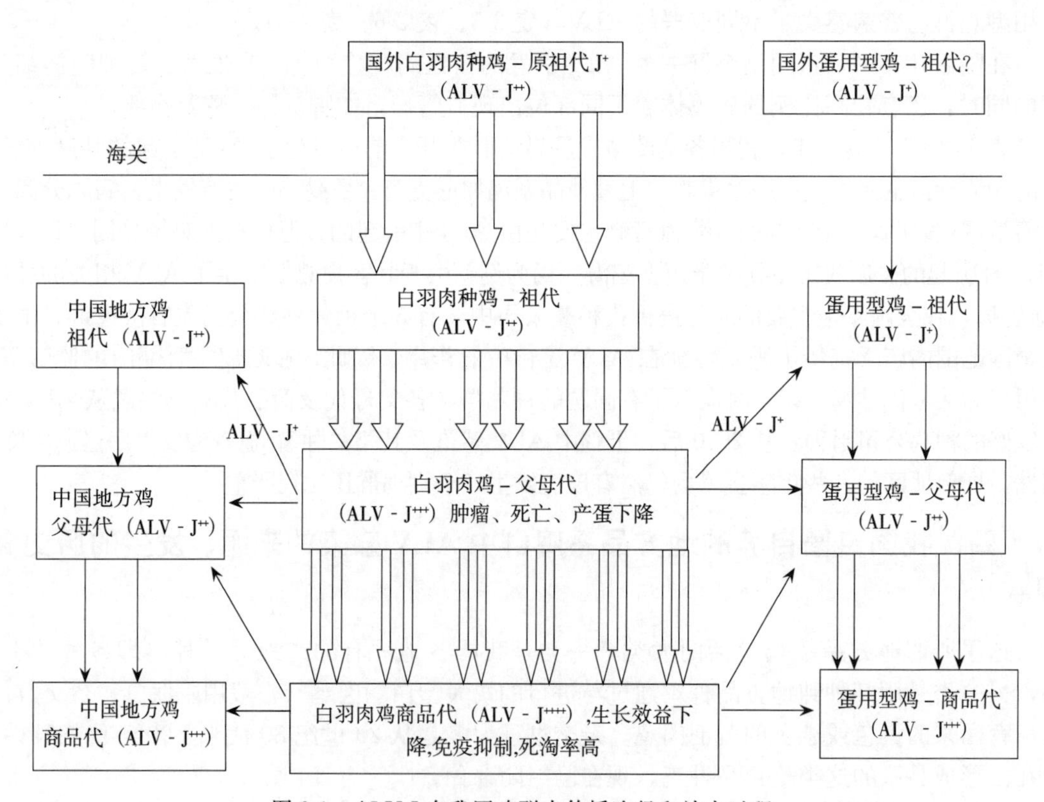

图 2-1　ALV-J 在我国鸡群中传播途径和放大过程

第二节　我国鸡群中 ALV 的多样性

如前所述，已报道的 ALV 有 A～J 10 个亚群，但与鸡相关的还只有 A、B、C、D、E 和 J 6 个亚群，其中 E 亚群属非致病性的内源性 ALV，而 C 和 D 亚群很少在临床病例样品中分离到。最近十多年对我国不同发病鸡群和临床健康鸡群病毒分离鉴定的结果表明，不同类型鸡群中引发禽白血病相关肿瘤/血管瘤的主要是 J 亚群，但也有 A 和 B 亚群。此外，还有的毒株的 gp85 序列显著不同于已知的 A、B、C、D、E、J 亚群，很可能属于一个新的亚群 K（图 2-2）。

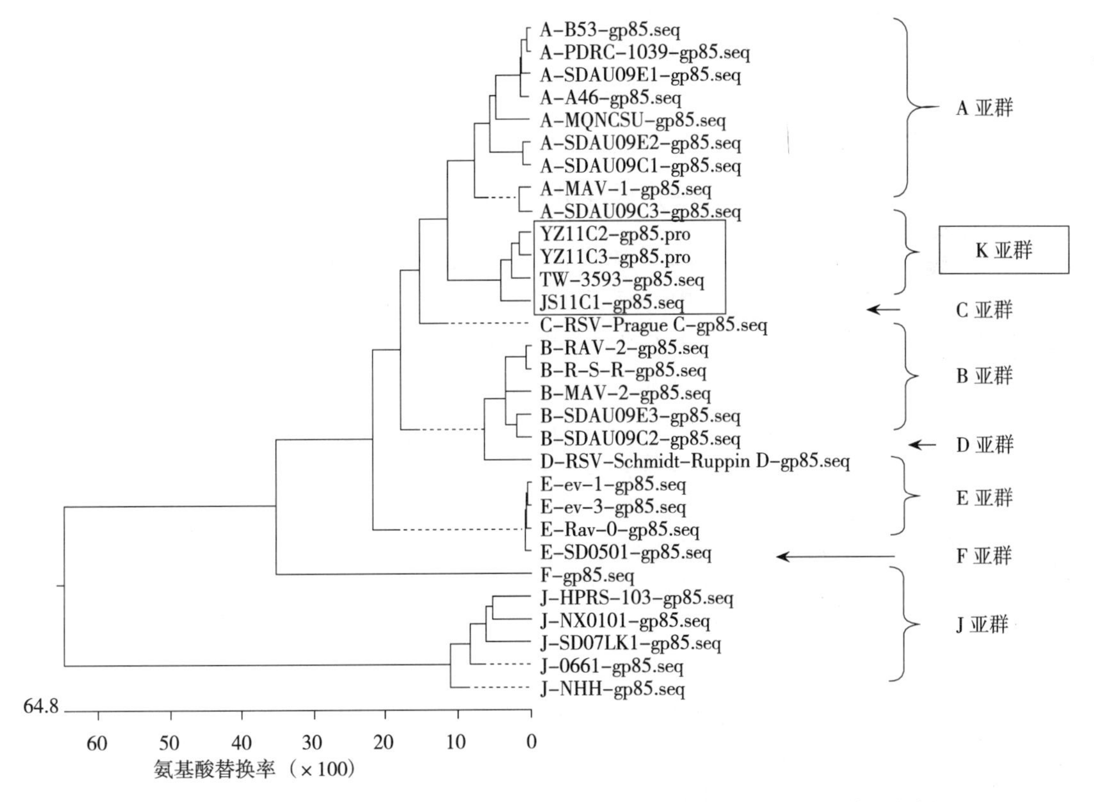

图 2-2　我国鸡群中不同来源的 ALV 毒株 gp85 推导氨基酸序列的遗传进化树

血清流行病学调查和病料中病毒分离鉴定分别可作为研究不同地区不同类型鸡群中不同亚群 ALV 感染状态的方法和手段。虽然血清流行病学调查结果与特定鸡群发病与否无直接关系，但血清学调查可覆盖的面大，能反映大范围内不同群体感染的真实状态。由于目前市场上能供应的血清抗体检测试剂盒，只能将经典 A、B（或包括 C、D 亚群）与 J 亚群区别开来，所以其结果相对粗放一点。从病料中分离和鉴定 ALV，可通过 gp85 基因序列比较，准确判定鸡群中所感染的 ALV 的亚群。但由于操作过程复杂，有一定技术难度，而且成本高，所检测的样品数有限，因此，其代表性受到限制。

一、我国鸡群 ALV 亚群多样性的血清流行病学调查

2008—2010 年实施农业“十一五”公益性行业科研专项经费项目——鸡白血病流行病

学和防控措施的示范性研究（以下简称“鸡白血病专项”）的过程中，分别对全国东南部主要养鸡省份不同类型不同代次的鸡群做了血清流行病学调查。从表 2-1 可见，在 2008—2009 年所调查 192 个鸡群中，对 ALV-A/B 抗体呈现阳性的有 92 个鸡群，占 47.9%；在 199 个鸡群中对 ALV-J 抗体呈阳性的鸡群 105 个，占 52.8%。表 2-2 至表 2-9，更是显示了 2008—2010 年在不同类型鸡群的更大范围血清学调查结果，都表明我国不同地区不同类型鸡的鸡群中都已有 A、B 亚群或 J 亚群 ALV 的感染。而且，不论是哪种类型的鸡，不论是连续进口种鸡群的品种，还是我国自繁自养的品种，从原祖代、祖代到父母代、商品代，都可能分别存在着 A、B 亚群或 J 亚群 ALV 感染，有相当比例的鸡场，同时存在着不同亚群 ALV 的感染。只有非常少量的品种和鸡群，在采样期间没有检出 ALV 抗体。

但正如上面所述，现有的血清抗体检测试剂盒只能将经典 A、B（或包括 C、D 亚群）与 J 亚群区别开来。因此，血清学调查的结果只是给我们描述我国 ALV 感染多样性的一个粗放状态，还不能准确涉及 ALV 的亚群多样性。

二、我国鸡群中分离到的 ALV 的亚群多样性

长期以来，ALV 是鸡群中普遍存在着的病毒。由于我国从来没有采取过对 ALV 的净化措施，我国各种地方品种鸡群中一直存在 ALV 感染也是很自然的。此外，在 1987 年各国大型商业化家禽育种公司宣布在主要商业化运作的种鸡中已实现了外源性 ALV 感染净化以前，我国引进的各种类型的不同品种种鸡中已带入了一些经典亚群的外源性 ALV，如 ALV-A 或 ALV-B。20 世纪 80 年代末期，在英国白羽肉鸡中新出现的 J 亚群 ALV（ALV-J）逐渐蔓延至全球，几乎所有白羽肉用型鸡群都被感染了。不容置疑，ALV-J 也随引进的种鸡被带进了我国鸡群。由于 ALV 可以垂直传播，虽然早在 20 世纪 80 年代我们实验室及其他实验室就有我国鸡群 ALV 感染的研究报道（崔治中等，1984），但只是血清学检测结果。由于技术的限制，在 1998 年前我国一直没有分离鉴定 ALV 的成功研究和报道。对 ALV 的亚群分类，主要根据其囊膜蛋白 gp85，如在第一章中已叙述了，该蛋白位于病毒表面，与病毒的抗原性、病毒中和反应及对宿主细胞的亲嗜性和识别密切相关。但是，ALV 基因组上的非编码区的 LTR 特别是其 U3 区也有很大变异。由于 U3 区片段中带有多个与基因表达和病毒复制密切相关的调控序列，它们很可能与病毒的致病性、致肿瘤性、复制能力等多种生物学活性相关。相对来说，不同亚群 ALV 的其他基因比较保守和稳定。

如前所述，ALV 的亚群与囊膜蛋白 gp85 相关。根据分离株的 gp85 的同源性比较，我国鸡群中流行的 ALV 已显示出亚群的多样性。在 2008—2010 年实施“鸡白血病专项”过程中，山东农业大学、中国农业大学、扬州大学、华南农业大学、广西大学、中国动物疫病预防与控制中心等课题组共分离到 119 株 ALV，对其中 97 株 env 基因进行扩增和测序，env 基因序列同源性比较表明，在 97 株确定亚群的 ALV 中大部分为 J 亚群，占 83 株，其余是 A 亚群 8 株，B 亚群 3 株，C 亚群 1 株，E 亚群 1 株，3 株未能确定亚群。

（一）J 亚群 ALV 是我国鸡群中最早分离鉴定到也是最主要的流行亚群

虽然其他亚群 ALV 早就存在于我国鸡群中，但自从 ALV-J 随引进的白羽肉鸡传入我国后，近二十年来 J 亚群 ALV 一直是引发我国各种类型鸡群白血病的主要亚群。

1. 白羽肉鸡中的 ALV-J 我们实验室在 1998 年从江苏和山东的商品代白羽肉鸡及疑似髓细胞样细胞瘤的肉用型白羽父母代种鸡中分离到 4 株 J 亚群 ALV，分别称之为 YZ9901、

YZ9902、SD9901 和 SD9902（杜岩等，1999，2000），并完成了用于鉴别亚群的 gp85 基因的扩增和测序。这是我国鸡群中最早的 ALV-J 分离鉴定。也是第一批 ALV。杜岩等利用分离到的 ALV-J 人工接种白羽肉鸡，可诱发典型的骨髓细胞样细胞瘤（杜岩等，2002）。在以后几年中，我们又不断从山东、宁夏、河南等省份患有典型骨髓细胞样细胞瘤的白羽肉用型种鸡及商品代肉鸡中分离鉴定到多株 ALV-J。在 2004 年前，我国仅从白羽肉用型鸡群中分离到 ALV，而且均为 J 亚群（杜岩等，1999，2000；Cui 等，2003；王增福等，2005）（表 2-3、表 2-4）。

2. 中国地方品系和黄羽肉鸡中的 ALV-J　从 2005 年起，我们又先后从中国地方品系的黄羽肉鸡分离到多株 ALV，但在 2008 年前也都仅限于 ALV-J，没有分离鉴定出其他亚群的 ALV（成子强等，2005；Sun 和 Cui，2007）。虽然近几年开始不断分离到其他亚群，但是从我国临床上显现鸡白血病的大部分地方品系和黄羽肉鸡鸡群分离到的病毒仍以 ALV-J 为主。

3. 蛋用型鸡中的 ALV-J　虽然早在 2004 年，中国农业大学就已报道了疑似蛋用型鸡与 ALV-J 相关的髓细胞样肿瘤，但直到 2006 年我们才从呈现典型髓细胞样肿瘤的蛋鸡体内分离鉴定到 ALV-J（王辉等，2008）。此后，蛋用型鸡群中 ALV-J 相关的以肿瘤/血管瘤为特征的白血病的发病率日趋升高。2008—2009 年，蛋用型鸡群特别是商品代蛋鸡群肿瘤/血管瘤白血病呈暴发流行趋势。在此期间，全国多个兽医实验室开始高度重视鸡白血病，纷纷从病鸡分离 ALV。根据我们的统计，分离到的 ALV 中绝大部分属于 J 亚群 ALV。

（二）我国鸡群中分离到的 A、B 亚群 ALV

2008—2010 年进行的大规模血清流行病学调查证明，对 ALV-A/B 亚群或 ALV-J 血清抗体呈现阳性的鸡群的比例均在 50%左右。特别是在 2009 年时，对 16 个出现肿瘤/血管瘤海兰褐蛋鸡群的血清学检测表明，多数表观典型肿瘤/血管瘤的鸡群对 ALV-A/B 或 ALV-J 抗体均呈现阳性。但也有的患病鸡群，仅对 ALV-A/B 抗体呈现阳性，而对 ALV-J 抗体呈现阴性。这表明，许多鸡群也感染了 ALV-A 或 ALV-B，甚至个别仅仅感染了 ALV-A 或 ALV-B，但并没有感染 ALV-J。然而，在此期间，国内其他实验室从肿瘤/血管瘤病鸡分离到几十株 ALV，报道的都是 ALV-J，几乎没有 A 或 B 亚群分离鉴定的报道。我们推测，在最初十年中，我们只分离到 ALV-J 而没有分离鉴定出 A 或 B 亚群 ALV，可能与检测方法有关。在 2009 年以前，仅仅用 ALV-J 特异性单抗做间接荧光抗体法（IFA）来识别 ALV，因而很可能把一些其他亚群 ALV 漏检了。为此，从 2009 年起，当用细胞培养法分离 ALV 时，除了用 ALV-J 特异性单抗做 IFA 来检测 ALV-J 以外，还同时用 ALV-p27 抗原 ELISA 检测试剂盒检测细胞上清液中的 p27。如果呈阳性，进一步利用 PCR 法扩增 env 基因。如扩增和克隆到 env 基因，通过序列比较来确定 ALV 分离株的亚群。用这一方法，我们实验室从有疑似病理表现的我国地方品系鸡群分离到了 B 亚群 ALV，从进口的白羽肉用型祖代鸡和中国地方品系鸡分离到 A 亚群 ALV。

（三）我国鸡群中内源性 E 亚群 ALV

虽然我国也已发表了有关内源性 E 亚群 ALV gp85 的序列，但这些相关 gp85 片段都是利用细胞基因组 DNA 做 PCR 扩增到的。这就很难区别这些片段究竟是来自游离的有传染性的 E 亚群 ALV 病毒粒子，还是来自细胞染色体基因组上固有的序列。我们也曾将一些 p27 呈阳性的中国地方品系鸡的原始鸡胚 CEF 培养液，接种 p27 呈阴性的 SPF 来源的 CEF

及DF1细胞，以此来分离鉴定能传染的游离E亚群ALV。理论上讲，在接种后如果DF1细胞上清液p27持续阴性，但最初p27阴性的SPF来源CEF转为p27阳性，就可判为有传染性的游离E亚群ALV。但到目前为止，还一直不太成功，相关研究还在进行中。

（四）中国地方品种鸡群中可能存在着其他“新”的亚群

在最近几年，在用DF1细胞培养法对一些地方鸡群做ALV感染状态检测时，也分离到一些ALV野毒株。它们相互之间gp85蛋白序列同源性很高，但很难把它们划归哪一类已知的亚群（图2-2），可能可划为一个新的亚群。根据发现先后的定名习惯，可定名为K亚群。由于我国饲养着许多地方品系鸡，这些鸡具有不同的遗传背景，而且从来没有做过任何净化工作，因此，在我国鸡群中分离鉴定出新的亚群ALV是很自然的现象，也是预期中的结果。

第三节　我国鸡群白血病病理变化的多样性

禽病文献中关于禽白血病的病理变化的报道已有100多年历史了。在过去几十年出版的不同禽病经典著作中，已描述了在鸡发生白血病时不同脏器、不同组织可能发生和出现的不同形态大小由不同类型细胞形成的肿瘤和其他相关病变。其中有些病变主要与ALV某个亚群相关，但多数肿瘤性病理变化并不局限于某个亚群。

长期以来，经典的A、B亚群ALV感染在我国鸡群中一直存在，但我国禽病专家过去却一直很少关注禽白血病。鸡场的临床兽医可能有时偶尔会见到相关的病理变化，但很容易与马立克氏病的肿瘤相混淆，因而也多被忽视了。直到20世纪90年代，由于ALV-J在白羽肉鸡中的流行，且出现了较高的肿瘤发病率和死淘率，从那时起对禽白血病的关注才逐渐增加。在过去二十年中，我国有关禽白血病的多种病理报道也不断增加，但主要局限于J亚群ALV诱发的病理变化。鉴于肿瘤发生的形态特征及细胞类型，既与病毒的亚群及毒株特点有关，也与发病鸡的类型和遗传背景有关，本书将分别描述禽白血病在我国不同鸡群中的发生和特点。下面将详细描述我国鸡群中白血病肿瘤病理变化的多样性。

一、我国鸡群ALV-J诱发的肿瘤的多样性及特点

ALV-J一直是我国鸡群中禽白血病的主要病因，但它的发展趋势显著不同于世界上其他地区。在20世纪80年代末期，英国的白羽肉用型鸡出现ALV-J，虽然在90年代中期已扩散至全世界几乎所有地区所有品系的白羽肉鸡中，但仅限于白羽肉鸡，并没有扩散到蛋用型及其他品系鸡。经过十多年对原种鸡群持续严密的ALV净化，到2005年前，全球大多数仍在商业运行的白羽肉鸡育种公司，均已将ALV-J基本净化。此后，国外很少再有ALV-J流行的报道。但在我国，ALV-J在20世纪90年代随引进的种鸡在白羽肉鸡中大流行后，又扩散至蛋用型鸡、我国各地培育的黄羽肉鸡及我国固有的许多地方品种鸡群。在个别地区，ALV-J的流行仍然很严重。

除了以ALV-J为主要病原引起的肿瘤外，也同样存在着A和B亚群诱发的不同肿瘤，这包括最常见的髓细胞样细胞瘤和血管瘤，也还有纤维肉瘤、淋巴细胞肉瘤及骨硬化症。而且常见的髓细胞样细胞瘤可见于多种不同脏器，如肝脏、脾脏、肾脏、心脏、肺脏、胸腺、法氏囊、肋骨、胸骨、骨髓等。血管瘤可见于体表不同部位，从头部到胸腹部、翅和脚爪

部，也发生于体内各种不同的脏器，包括肝脏、肾脏、肺脏等。另外，纤维肉瘤既有急性，也有慢性。可由 ALV-J 引起，也可由 ALV-A 诱发。

（一）白羽肉用型鸡的 ALV-J 肿瘤表现

从 20 世纪 90 年代起，随引进的白羽肉用型种鸡而带入的 ALV-J 在我国白羽肉鸡中的流行特点与其他国家发生的状况完全相同，而且病理表现也相同。

1999—2005 年，我们曾先后剖检 6 个省份的不同品系的父母代种鸡场的大量病鸡，发现其最基本的典型病变是髓细胞样细胞瘤，其主要的突出表现是肝脏显著肿大，弥漫地分布无数细小的白色增生性结节（彩图 2-2），其病理组织学病变为典型的髓细胞样细胞瘤，即肿瘤细胞来源于分化到某一阶段的髓细胞，其细胞形态类似于从髓细胞进一步分化来的嗜酸性粒细胞或嗜碱性粒细胞。其细胞核呈不规则形状且较疏松，明显小于细胞质部分。在细胞质内可见许多嗜酸性颗粒（彩图 2-3）。作为肿瘤组织一个特点，肿瘤结节内多由单一的髓细胞样肿瘤细胞组成。在一部分病鸡肿大的肝脏上，也会出现不同大小形态的血管瘤。由髓细胞样肿瘤细胞增生导致脾肿大是另一个常见的病理变化（彩图 2-4）。这种变化有时还可见于睾丸，睾丸显著肿大（彩图 2-6）。此外，由于髓细胞样细胞增生，还使骨髓色泽变黄（彩图 2-8），或在胸骨、肋骨上形成白色肿瘤性增生物（彩图 2-9、彩图 2-10）。

将分离到的 ALV-J 人工接种 1 日龄白羽肉鸡，也可诱发同样的髓细胞样肿瘤，在肿大的肝脏上布满细小的增生性结节，病理组织学观察也是呈现典型的髓细胞样细胞瘤（彩图 2-1）。同时，在肾脏、心肌、骨骼肌等组织也常可见到典型的髓细胞样肿瘤细胞（彩图 2-1、彩图 2-11）。其中肾脏是另一个常显现肿瘤病变的脏器，呈不同程度肿大，不同肾叶出现形态不规则的白色肿瘤块。在肾脏病理组织切片中也可见典型的髓细胞样肿瘤细胞结节。

（二）黄羽肉鸡的 ALV-J 肿瘤表现及其特点

我国各地的黄羽肉鸡有多个品种，它们多是在 20 世纪 90 年代前后用引进的生长较快、体型较大的白羽肉鸡与当地某个地方品种鸡杂交后逐渐培育而成的。因此，从培育的早期阶段就可能已带进了 ALV-J。

同白羽肉鸡一样，ALV-J 感染黄羽肉鸡后的主要病变为肝脏的髓细胞样细胞瘤，亦表现为肝脏显著肿大，其上布满许多细小的或绿豆大小的白色肿瘤结节（彩图 2-12、彩图 2-13），病理组织切片亦为髓细胞样细胞瘤。但是，在黄羽肉鸡肿大的肝脏，除了细小的肿瘤结节外，还有中等大小甚至更大的肿瘤结节（彩图 2-14、彩图 2-15、彩图 2-16）。此外，有时有的肿瘤区的视野中除了髓细胞样肿瘤细胞外，还有淋巴细胞浸润（彩图 2-17、彩图 2-18、彩图 2-19）。类似的肿瘤亦表现在脾脏、肾脏、胸骨和肋骨（彩图 2-20、彩图 2-21）。

然而，在黄羽肉鸡发生 ALV-J 感染的白血病时还有更多的病变，如中枢性免疫器官胸腺和法氏囊也会发生髓细胞样细胞瘤。在胸腺多数小叶已萎缩时，发生肿瘤的小叶显著肿大，病理组织切片中也是髓细胞样肿瘤细胞（彩图 2-22、彩图 2-23、彩图 2-24）。在发生病变的法氏囊黏膜上可见增生的白色肿瘤结节（彩图 2-25），在病理组织切片中也是单一的髓细胞样肿瘤细胞（彩图 2-26、彩图 2-27）。

同白羽肉鸡一样，在发生由 ALV-J 引发的髓细胞样肿瘤的肿大的肝脏也可能出现不同大小的散在的血管瘤。在已发生 ALV-J 诱发的髓细胞样肿瘤的黄羽肉鸡群，在一些并未表现典型髓细胞样肿瘤的鸡，肝脏上也会出现血管瘤。此外，在这些鸡群内，一些仍能正常采食的鸡，在脚爪部出现血管瘤或出血现象（彩图 2-28），但这样的比例不高，不会多于1%。

(三) 蛋用型鸡群中 ALV-J 感染诱发的肿瘤的多样性

近几年在我国蛋鸡群中ALV-J感染诱发的白血病的肿瘤病变表现出更大的多变性。与白羽肉鸡和黄羽肉鸡类似，蛋鸡群感染ALV-J后也会出现典型的肝脏的髓细胞样肿瘤，在整个肿大的肝脏布满了许多针尖大小或针头大小的白色增生性结节，在病理组织切片中也是呈现典型单一的髓细胞样肿瘤细胞结节。这种髓细胞样肿瘤也同样常见于脾脏、肾脏、心肌、睾丸等其他脏器。有时也见于头颈部，造成脑壳局部突起（彩图1-5）。此外，在胸骨也会出现肿瘤细胞增生形成的赘生物。然而，在最近5年发生ALV-J感染的蛋鸡群，还有相当比例的病鸡在体表出现显著的皮肤血管瘤，分别发生在脚爪部、翅膀及胸部（彩图1-6至彩图1-9），而且这类血管瘤常常在鸡死亡前持续数天。发生血管瘤的病鸡最后因出血不止而死亡。剖检发现，一部分死亡的鸡，在内脏特别是肝脏有ALV-J诱发的典型弥漫性髓细胞样肿瘤结节。另外，也有一部分死亡鸡的肝脏上看不出明显的病变，死亡的直接原因就是体表血管瘤破裂后出血不止造成的，或者仅在肝脏表面有数量不等、大小形状不一的血管瘤。

除了常见血管瘤外，ALV-J感染蛋用型鸡后还能诱发另外两种不同性质的肿瘤和病变。①骨硬化症：可见病鸡一侧腿骨明显变粗（彩图1-12），将其截开后，骨髓已硬化呈黄色（彩图1-13），完全失去了正常的骨髓结构。在有的鸡还可以看到骨硬化的早期过程。在同一只鸡的同一掌骨的剖面，一部分色泽正常，但有些区域已呈现粉红色或黄白色变性（详见后面），该区域组织切片中，有些视野为染色和结构仍正常的髓细胞样肿瘤细胞，有些视野内细胞染色很淡，失去了正常的细胞结构，但仍能大致看出髓细胞样肿瘤细胞的轮廓。②纤维肉瘤：我们曾从一群严重感染了ALV-J的海兰褐商品代蛋鸡中挑选30只较为消瘦的鸡，连续进行了1个月的临床病理观察，除了普遍出现典型的髓细胞瘤/血管瘤外，还有一只鸡肠系膜上出现了纤维肉瘤，呈多个大小不一的肉瘤块，游离于其他脏器（彩图2-29），对其做组织切片观察，确认为纤维细胞样肉瘤（彩图2-30）。从肉瘤组织仅分离到ALV-J，没有分离到A或B亚群，也没有REV共感染。类似的纤维肉瘤也出现在另一个海兰褐父母代种鸡场，均表现为颈部皮下的肉瘤块（彩图1-14），病理组织切片观察也是纤维肉瘤。此外，在腹腔其他部位也可出现不同大小的肉瘤样结构，经病理组织检查，也是纤维肉瘤。颈部纤维肉瘤块也见于饲养“817”肉杂鸡（白羽肉鸡公鸡与商品代蛋鸡杂交后代）的鸡场，发病和死淘率为5%左右，显示明显的传播性（见本节“四”）。

近两年，蛋用型鸡中发生ALV-J白血病的另一个特征是，一部分病鸡肿瘤发生的全身化。在一些鸡群，在连续死亡的病鸡中，常常有一定比例的病鸡，同一只鸡的许多不同脏器、组织都出现多个肿瘤块。这似乎表明，这些病鸡一旦在某一脏器形成肿瘤，肿瘤细胞可能在短期内转移到不同脏器组织内形成新的肿瘤块灶。下面列出了同一只商品代海兰褐蛋鸡不同脏器组织上产生的典型的髓细胞样肿瘤的肉眼变化及病理组织学变化。这些脏器组织包括肝（彩图2-31至彩图2-38）、脾（彩图2-39至彩图2-42）、肾（彩图2-43至彩图2-45）、肺（彩图2-46至彩图2-48）、胸腺（彩图2-49至彩图2-52）、肠系膜（彩图2-53至彩图2-56）、胸骨（彩图2-57至彩图2-60）、跖骨（彩图2-61至彩图2-69）和肋骨等。最值得注意的是，这只病鸡的同一胫骨骨髓呈现髓细胞样肿瘤病变的不同时期，可以推论，如果这只鸡其他脏器不发生肿瘤而只在胫骨发生肿瘤，因而能存活更多天数的话，整个胫骨骨髓最后都会经历髓细胞样肿瘤细胞化，随后再变性、钙化，直至胫骨逐渐肿大至如彩图 1-12 和彩图 1-13。

在同一群鸡中，还多次出现了在同一只病鸡多器官组织出现广泛肿瘤的病例（彩图 2-70 至彩图 2-73）。这一现现象表明，ALV-J 在我国蛋鸡群中流行多年后的致病性发生着变化，或者突变成急性致肿瘤性的概率增高了，或者其诱发的髓细胞样肿瘤细胞的转移性增强了。

此外，在同一只病鸡，在不同的脏器组织表现出不同类型细胞的肿瘤。如在肝脏中为典型的髓细胞样细胞瘤（彩图 2-75、彩图 2-76），而在脾脏和肠壁上却是纤维状细胞瘤（彩图 2-78 至彩图 2-83）。

近年来 ALV-J 除了可在同一只鸡诱发不同器官组织的髓细胞样肿瘤细胞结节外，有时在同一只鸡分别诱发血管瘤及纤维肉瘤（彩图 2-74）。

二、A 亚群 ALV 诱发的纤维肉瘤

十多年前，我们实验室和国内其他相关单位均还没有发现与 ALV-A 直接相关的肿瘤病例。我们推测，在地方品系鸡中一些偶然发生的与 ALV-A 相关的淋巴肉瘤由于技术原因而被忽略了。但我们实验室已从检疫的进口白羽肉用型祖代鸡及临床健康的中国地方品系鸡分离到 ALV-A。用其中一株做人工攻毒试验，在肝脏和肾脏上引发了很大的肿瘤块（彩图 2-84 至彩图 2-86）。该肿瘤在肉眼形态上与典型的 ALV-A 诱发的淋巴细胞肉瘤或马立克氏病的肿瘤非常类似，但病理组织切片检查表明，不论是肝脏还是肾脏肿瘤块都是纤维肉瘤（彩图 2-86 至彩图 2-89）。

三、B 亚群 ALV 诱发的淋巴细胞瘤

同样，十多年前，我们实验和国内其他实验室也均没有发现与 ALV-B 相关的肿瘤病例。但我们从中国地方品种芦花鸡中分离到一株 ALV-B（Zhao 等，2010），将其接种海兰褐蛋鸡的 5 日龄胚卵黄囊，30 周龄鸡肠系膜上出现由淋巴细胞浸润产生的多灶性肉瘤（彩图 2-90 至彩图 2-92）及由于大量弥漫性白色细小肿瘤结节造成的肝脏和脾脏肿大（彩图 2-93），经病理组织切片观察，也证明是淋巴细胞浸润性肿瘤性增生造成的肝脏肿大（彩图 2-94 至彩图 2-98）。此外，在肾脏和肺脏也出现了同样的淋巴细胞浸润性肿瘤变化（彩图 2-99 至彩图 2-103）。可以推测，在过去很多年中，由于病毒分离鉴定技术上的缺陷，导致在鸡场偶尔发生的与 ALV-B 相关的淋巴细胞肉瘤或其他肿瘤被忽略了。

同样，通过给 SPF 鸡群来源的 5 日龄鸡胚卵黄囊接种 ALV-B，分别在多只 20 周龄左右的鸡出现了体表不同部位及不同脏器的血管瘤。如头部（彩图 2-104、彩图 2-105）和腿部鸡肉（彩图 2-106），肺脏（彩图 2-107）、肾脏和肝脏（彩图 2-108、彩图 2-109）。有的鸡在发生典型的血管瘤的同时，肝细胞索间也开始出现淋巴细胞浸润（彩图 2-110）。

第四节　我国鸡群出现了新的急性致肿瘤性 ALV

对由带有肿瘤基因的 ALV 诱发的急性纤维肉瘤或黏液肉瘤的报道已有 100 多年历史了，后来又发现了成红细胞急性肉瘤等，但这都是零星散发，且近十几年来也很少再有报道。

近三四年来，ALV-J 在商品代蛋鸡中诱发的肿瘤/血管瘤广泛流行的同时，在一些育成

期蛋鸡群“817”肉杂鸡群中，诱发了一定比例的体表纤维肉瘤（彩图 1-14）。由于仅发生在 30～40 日龄的鸡，而且在同一个群体中有一定的发病率，因此，怀疑是急性肿瘤。利用不同鸡做人工造病试验，也能在接种肉瘤浸出液的滤过液后 10～14d 发生同样类型的肉瘤，证明确实是急性肉瘤。另外，产蛋鸡群发生的一例肠系膜纤维肉瘤（彩图 2-29），人工感染试验也证明是急性肉瘤。这似乎表明，这种急性纤维肉瘤可能由于某种原因早已在少数鸡群中呈局部流行。对“817”肉杂鸡发生的急性纤维肉瘤的提取液用相应的引物做 RT-PCR 时，扩增到 ALV 衣壳蛋白 gag 基因序列和 fps 肿瘤基因序列组成的嵌合体分子及由 fps 肿瘤基因序列和 ALV-J gp85 序列组成的嵌合体分子（图 2-3）。这证明了，在我国确实已出现了带有 fps 肿瘤基因的急性 ALV。但是，对引起成年海兰褐蛋鸡急性纤维肉瘤的 ALV 还未鉴别和扩增出相应的肿瘤基因。

一、青年鸡体表纤维肉瘤及其人工造病试验

如表 2-10 中所述，2009—2011 年，我国已有多个不同类型的鸡群发生体表纤维肉瘤的流行。

表 2-10　发生纤维肉瘤的 9 个不同鸡群的流行病学资料

鸡场	鸡群					分离病毒	肉瘤分布	肉瘤发生率	其他肿瘤
	类型	年龄（周）	群体数量	年份	地区				
A1	蛋鸡父母代	25～30	3 900	2009	JY	ALV-J	颈部皮下	7.6%	髓细胞样肿瘤，血管瘤死亡 15%
A2	蛋鸡父母代	20～21	4 000	2009	JY	ALV-J	颈部皮下	5/4 000	髓细胞样肿瘤
B	商品代蛋鸡	23-30	2 500	2010	XT	ALV-J	腹腔内	1/35	髓细胞样肿瘤，血管瘤死亡 20%
C	“817”肉杂鸡	3～6	2 000	2010	LW	ALV-J ALV-A	颈部皮下	5%	血管瘤死亡 25%
D	“817”肉杂鸡	3～6	2 000	2010	LW	ALV-J ALV-A	颈部皮下	3%	血管瘤死亡 20%
E	“817”肉杂鸡	3～6	3 000	2010	DZ	ND	颈部皮下	3%	血管瘤死亡 20%
F	蛋鸡父母代	11～18	10 000	2011	YC	ND	颈部皮下	1%	髓细胞样肿瘤死亡 8%
G	蛋鸡父母代	11～18	8 000	2011	HZ	ND	颈部皮下	1.5%	髓细胞样肿瘤死亡 6%
H	蛋鸡父母代	11～18	5 800	2011	JN	ND	颈部皮下	20/5 800	未见
I	蛋鸡父母代	23～27	10 000	2011	YZ	ND	颈部皮下	1%	髓细胞样肿瘤死亡 2%

注：1. 鸡群 I 位于江苏省，其余都在山东省。
2. ND 代表无资料。
3. A1 和 A2 为同一 A 鸡场的两个不同批次鸡群。
4. 在鸡场 B，在整个鸡群未发现肉瘤肿块，但在剖检 35 只呈现不同病理变化的髓细胞样肿瘤的病鸡时，发现 1 只腹腔出现纤维肉瘤。

（一）现场临床病例的纤维肉瘤

最早是在 2009 年 3 月发现这样的病例，那是来自一群 145 日龄刚开产的海兰褐父母代种鸡。4 000只鸡中已有 5 只颈部皮下出现同样的肉瘤。但该鸡场另一批 215 日龄的父母代鸡曾在开产后不久死亡 300 只，不同内脏出现肿瘤，包括颈部皮下同样的肉瘤（彩图 1-14）。将肿瘤剖开，已显示不同发育时期的肉瘤块，主要为乳白色。从肉瘤组织中分别分离到了

ALV-J（刘绍琼等，2010）。而几乎在同一时期，在山东不同地区饲养的40日龄左右的“817”肉杂鸡中也先后出现了类似的颈部皮下肉瘤，肉瘤组织切片也证明是纤维肉瘤（彩图2-115），而且还存在着少量典型的髓细胞样瘤细胞（彩图2-116）。

（二）纤维肉瘤的人工造病试验

取经冰冻保存的肿瘤病料融化后，研磨悬液，经0.45μm滤器过滤，将滤液接种DF1细胞后，用分别针对ALV-J和ALV-A的单抗做IFA，均呈阳性。说明在病料中存在着两个亚群ALV感染（刘绍琼等，2011）。将过滤液颈部皮下或腹腔接种1～3日龄的SPF鸡或“817”肉杂鸡，均能在接种后25d开始出现肉瘤，到45日龄时，最大的肉瘤可达156～170g，相当于总体重528～540g的30%。将上述新鲜肿瘤病料的研磨悬液经0.22μm滤器，将过滤液再次接种1日龄“817”肉杂鸡、SPF雏鸡或其他品种鸡，均可诱发类似的急性肉瘤，结果见表2-11、表2-12、表2-13和表2-14。从实验结果看，不同接种部位对肉瘤浸出液诱发急性肉瘤的比例影响不大，不同部位接种都能引发肉瘤，但以颈部皮下最易发。急性肉瘤的发生与剂量成正比关系。当接种剂量足够时，大多数鸡可在接种后12～14d内发生急性肉瘤。随着接种剂量的减少，肉瘤发生率也开始显著下降。人工造病诱发的肉瘤与鸡群中自然发生的肉瘤非常类似（彩图2-117至彩图2-125）。

表2-11　肉瘤浸出液不同部位接种1日龄“817”肉杂鸡急性纤维肉瘤发生统计

（李传龙、崔治中等，2012）

日龄	颈部皮下	胸肌	腹腔	对照
14	20/20	14/21	7/20	0/20
21	20/20	16/21	13/20	0/20
28	18/18	20/20	17/20	0/19
35	16/16	18/20	20/20	0/19

注：A/B形式数字，A表示纤维肉瘤发生鸡只数，B表示鸡只存活总数。

表2-12　不同品种1日龄雏鸡接种肉瘤浸出液后急性纤维肉瘤发生率

（李传龙，2012）

日龄	白羽肉鸡	海兰褐	“817”肉杂鸡	SPF鸡
14	10/23	8/19	7/20	10/20
21	18/22	10/19	13/20	16/20
28	18/22	12/19	17/20	18/20

注：1. 每只鸡颈部皮下注射0.2mL不同稀释度病料浸出液。
2. A/B形式数字，A表示不同日龄时纤维肉瘤发生鸡只数，B表示不同日龄时鸡只存活总数。

表2-13　不同剂量肉瘤浸出液接种1日龄“817”肉杂鸡急性纤维肉瘤发生动态

（李传龙、崔治中等，2012）

日龄	10^0	10^{-1}	10^{-2}	10^{-3}	10^{-4}	10^{-5}	对照
12	9/9	0/10	1/10	1/10	0/10	0/10	0/7
18	9/9	6/8	8/10	1/7	0/8	0/9	0/6
24	9/9	8/8	10/10	2/7	0/8	0/8	0/6
30	9/9	6/6	5/5	4/7	0/7	0/8	0/6

注：1. 每只鸡颈部皮下注射0.2mL不同稀释度病料浸出液。
2. A/B形式数字，A表示不同日龄时纤维肉瘤发生鸡只数，B表示不同日龄时鸡只存活总数。

表 2-14 不同剂量肉瘤浸出液接种 1 日龄 SPF 鸡急性纤维肉瘤发生动态

（李传龙、崔治中等，2012）

日龄	10^0	10^{-1}	10^{-2}	10^{-3}	10^{-4}	10^{-5}	对照
12	9/10	5/10	1/10	1/10	0/10	0/9	0/7
18	10/10	7/10	6/10	3/10	0/10	0/9	0/7
24	9/9	10/10	8/9	5/9	0/7	0/9	0/6
30	9/9	9/9	7/8	4/8	0/7	0/8	0/6

注：1. 每只鸡颈部皮下注射 0.2mL 不同稀释度病料浸出液。

2. A/B 形式数字，A 表示不同日龄时纤维肉瘤发生鸡只数，B 表示不同日龄时鸡只存活总数。

当用彩图 2-117 中的新鲜肉瘤浸出液再次接种 1 日龄“817”肉杂鸡时，又可在接种后 12～14d 在腹壁或腹腔内出现很大的在形态结构和细胞类型上完全类似的纤维肉瘤（彩图 2-126 至彩图 2-134）。

（三）肉瘤浸出液的细胞培养物的致病性

将肉瘤浸出液接种 DF1 细胞，可从肉瘤中再次检测出 ALV-J。不仅如此，用细胞培养的上清液接种 1 日龄雏鸡，也同样诱发完全相同的急性纤维肉瘤。但在细胞培养过程中，只有第一代细胞上清液诱发急性纤维肉瘤，第二代和第三代细胞培养上清液未能诱发肿瘤。在将经肉瘤浸出液接种的细胞培养的上清液接种 6 只 1 日龄鸡，除去 6d 内死亡 4 只外，剩下 2 只在 21d 后出现明显纤维肉瘤（彩图 2-135 至彩图 2-137）。其中一只鸡心脏和肌胃也出现肉瘤样病变。

二、成年产蛋鸡肠系膜纤维肉瘤及其人工造病试验

（一）现场临床病例腹腔中的纤维肉瘤

山东新泰某海兰褐商品代蛋鸡场饲养8 000余只海兰褐商品代蛋鸡，90 日龄开始发病死亡，许多鸡皮肤和脚趾部出现血管瘤，死后剖检可见肝肿大，呈典型髓细胞样细胞瘤的表现。至 240 日龄时仅剩6 000余只，死亡率为 25%左右。从发病鸡体内均分离到 ALV-J，但没有 ALV-A/B。其中有一只病鸡腹腔内腰椎下显现乒乓球大小的肉瘤块群，实际上该肉瘤块生长于肠襻肠系膜上（彩图 2-138、彩图 2-139、彩图 2-140、彩图 2-141）。对该肉瘤块的不同部位作组织切片观察，表明是典型的纤维肉瘤。其中除典型的细长的成纤维细胞外，不同的视野还可见不同形状的处于不同分化阶段的细胞，如圆形、锥形、梭形细胞等（彩图 2-142 至彩图 2-157）。其中，有些视野还可见血管瘤或个别髓细胞样肿瘤细胞（彩图 2-155、彩图 2-157、彩图 2-158）。肾脏和肝脏虽没有典型肉眼病变，但组织切片中显现不同大小的血管瘤（彩图 2-159 至彩图 2-161）。此外，这只病鸡两侧跖骨粗细不一，其骨髓中出现白色增生性结节（彩图 2-162、彩图 2-163）。

由于这只鸡已 240 日龄，病例本身不能显示其究竟是慢性还是急性纤维肉瘤。进一步的人工接种试验证明，该肉瘤可诱发急性纤维肉瘤。我们推测，ALV-J 的流行株在感染这只鸡的过程中，从鸡染色体基因组上获得了某个肿瘤基因（原癌基因），从而产生了能诱发类似 Rous 肉瘤的急性纤维肉瘤。

（二）纤维肉瘤的人工造病试验

为了判断该纤维肉瘤究竟是慢性还是急性肉瘤，将腹腔内纤维肉瘤研磨浸出液用

0.22μm 滤器过滤后，接种 1 日龄“817”肉杂鸡。接种后 2 周左右在接种部位颈部皮下出现了类似的纤维肉瘤（彩图 2-164 至彩图 2-167）。在肝脏表面及腹腔游离部位也出现了类似的肉瘤（彩图 2-164 至彩图 2-173）。

表 2-15 列出了不同品种的 1 日龄鸡接种后的发病情况。这些结果表明，对该急性纤维肉瘤的易感性与鸡的品种无关，所实验的品种都能在接种后 2 周左右出现类似的纤维肉瘤，而且肉瘤生长速度很快（表 2-16）。这种肉瘤不仅发生在注射部位，也可以转移至其他部位。除了纤维肉瘤外，还会发生血管瘤，也会影响到骨髓。

表 2-15　将肉瘤浸出物的滤过液接种 1 日龄海兰褐蛋鸡的急性肉瘤发生动态

（王鑫、崔治中等，2012）

观察项目	结　果
接种后最早出现肿瘤的天数	8
颈部肿瘤发生率	16/16
内脏肿瘤发生率	7/16
死亡率	16/16

注：所有鸡在 1 日龄于颈部皮下注射 0.2mL。

表 2-16　1 日龄海兰褐鸡颈部接种肿瘤研磨滤过液后肿瘤生长动态

（王鑫、崔治中等，2012）

鸡编号＼接种后日龄	7	9	11	13	15	16
1	－	＋	16.00	35.3	＃	
2	－	－	＋	10.20	23.16	＃
3	－	＋	11.64	19.86	27.68	＃
4	－	＋	15.68	31.18	＃	
5	－	＋	13.10	24.72	＃	
6	－	＋	16.70	25.50	37.04	＃
7	－	＋	12.52	18.90	30.06	＃
8	－	＋	11.18	22.8	34.58	＃

注：1. －：用手触摸没有感觉到明显的；＋：用手触摸可以感觉到米粒大小的颗粒；＃：病鸡已经死亡。
2. 表中数字代表肿瘤的直径（mm）。

将人工接种后发生的第一代纤维肉瘤，再次研磨制备浸出液，接种鸡，仍然能在接种部位诱发同样的肿瘤（彩图 2-174、彩图 2-175）。此外，还能转移至肝脏（彩图 2-176），在肝脏形成大的肿瘤块或血管瘤（彩图 2-177），在有的鸡还会引发肝脏多发性血管瘤。

（三）肿瘤细胞的传代系及其致肿瘤性

用彩图 2-164 中的新鲜肉瘤组织制备细胞悬液，接种细胞培养皿经 48h 后即可开始形成细胞单层，并缓慢复制。肿瘤组织的原代细胞单层中的细胞形态从椭圆形、梭形到成纤维细胞状，并可维持多天。将这样的细胞单层消化后可再次接种细胞培养皿并继续形成细胞单层，目前已成功地连续传了 35 代。细胞状态良好，但生长速度开始变慢。

取第 26 代细胞培养的上清液颈部皮下接种 9 周龄 SPF 鸡，或将细胞单层消化后用 1.25×10^6 个活细胞或同量的细胞裂解液颈部皮下接种 9 周龄 SPF 鸡，连续观察 40d。接种细胞培养上清液的 3 只鸡中有 2 只在 21d 后现出肉瘤，并于 10～15d 后死亡；接种活细胞或其裂解液的各 3 只鸡中都只有 1 只鸡在接种后 21～23d 出现肉瘤，并于 10d 内死亡。所出现肉瘤的眼观和病理组织学变化与原始的肉瘤完全相同（彩图 2-184、彩图 2-185、彩图 2-187 至彩图 2-193）。除了在接种部位的肉瘤外，内腔还出现由于肝血管瘤破裂产生的大量凝血块（彩图 2-186）。

从这一试验可看出，肉瘤细胞的 26 代培养物的上清液可以同其活细胞悬液或细胞裂解液一样引发同样的肉瘤。这说明，在该细胞培养物中，不仅在细胞中存在着可诱发急性肉瘤的病毒，而且这种急性致瘤性病毒还同样释放到细胞培养的上清液中。

在前面已叙述了，急性肉瘤的发生与带有肿瘤基因 fps 的急性致肿瘤性 ALV 有关。为此，我们已在大肠杆菌中表达了 fps 基因，并用浓缩纯化的表达产物反复免疫小鼠。用所得到的抗 fps 小鼠血清，对从肉瘤组织制备的原代细胞培养单层做 IFA，显示表现荧光的肿瘤基因 fps 表达产物。

三、急性致肿瘤 ALV 及其肿瘤基因的鉴定

既然以上两类纤维肉瘤的无细胞浸出液接种不同类型的鸡后都能在 7～14d 内诱发类似的纤维肉瘤，这表明，在青年鸡和成年产蛋鸡的体表和内脏中所见到的这两类纤维肉瘤都与带有肿瘤基因的急性致肿瘤性 ALV 相关。通过对来自“817”肉杂鸡肿瘤组织基因组的 DNA 用相应引物作 PCR，或对从肿瘤组织中提取的 RNA 用相应引物作 RT-PCR，分别扩增到由 ALV 的 gag 基因片段和 fps 肿瘤基因片段构成的嵌合体分子或由 fps 肿瘤基因的片段与 ALV 的 gp85 基因片段组成的嵌合体分子。这证明，与“817”肉杂鸡体表急性体表肉瘤相关的急性致肿瘤 ALV 基因组中携带的肿瘤基因是 v-fps（图 2-3）。从该图可见，在这种急性致肿瘤性 ALV 基因组中，fps 基因取代了 pol 基因、gag 基因和 gp85 基因部分片段，因而所形成的病毒基因组是一种复制缺陷型病毒的基因组。

根据对大量 PCR 产物的克隆作序列分析表明，在肿瘤组织中的缺陷型 ALV 的基因组中，与 gag 基因连接的 fps 基因的 5′端很稳定，但其与 gp85 基因连接的 3′端很不稳定，构成了许多带有不同缺失性突变因而呈现不同长度的“准种”分子。而且被取代的 gp85 基因片段大小也不一样。图 2-3 显示了几种主要的代表性“准种”。但究竟哪一个嵌合体分子与致肿瘤作用相关还不清楚，这有待构建有致肿瘤性的感染性克隆，并转化细胞后才能予以证实。

如前所述，从原始病料中既能分离到 ALV-J，也能分离到 ALV-A，但根据图 2-3，在纤维肉瘤中扩增出来的是 fps 肿瘤基因与 ALV-J 的 gp85 的基因片段的嵌合体分子。图 2-3 中的 5 个缺陷型 ALV 克隆 Fu-J1、Fu-J2、Fu-J3、Fu-J4 和 Fu-J5 中的 gp85 片段与 ALV-J 的一些参考株的 gp85 的同源性均在 88.2%～100%的范围内，其中与从本纤维肉瘤中分离到的 SD1005 株 ALV-J 的同源性高达 98.2%～99.6%。这表明，SD1005 株 ALV-J 不仅是与引发急性纤维肉瘤相关的缺陷型重组 ALV 的辅助病毒，而且也可能就是其来源的亲本病毒。也就是说，正是 SD1005 株 ALV 的 pol 等相关基因被 fps 肿瘤基因取代后，才形成有急性致瘤性的复制缺陷型病毒（表 2-17）。

利用在大肠杆菌中表达的 fps 基因产物免疫小鼠，由此得到了抗 fps 单因子血清。用该血清对相应的纤维肉瘤的组织切片做免疫组织化学检测，显示出肿瘤细胞中表达的肿瘤基因产物的特异性抗原。

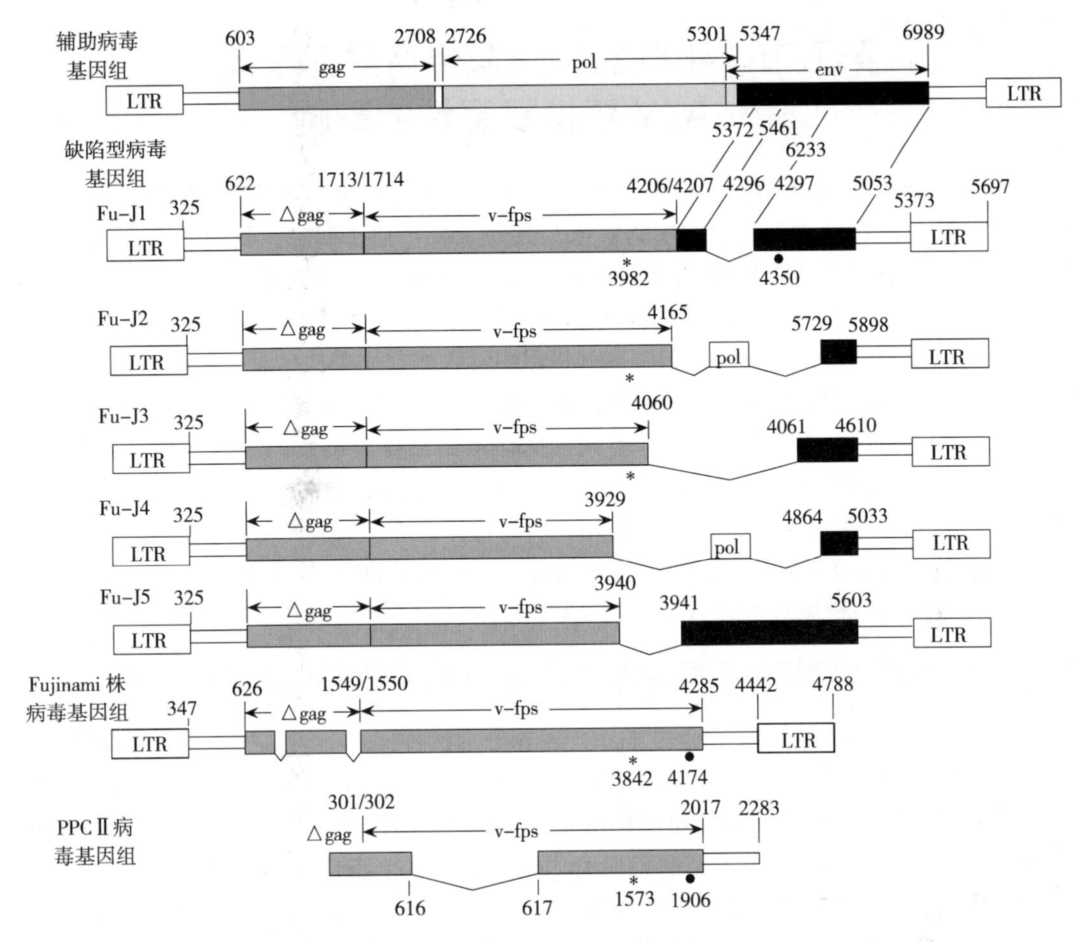

图 2-3　显示急性纤维肉瘤中可能与致肿瘤作用相关的缺陷型 ALV 的基因组结构

注：星号代表 fps 蛋白中磷酸化酪氨酸位点；圆点代表融合基因开放阅读框内的终止密码子。

表 2-17　可能与急性纤维肉瘤致肿瘤作用相关的缺陷性 ALV 的 gp85 基因片段与不同 ALV-J 的 gp85 基因氨基酸同源性比较（%）

同源性百分比（右上）；差异性程度（左下）

1	2	3	4	5	6	7	8	9	10	11	12	13	14	15	16	17		
	100.0	99.8	99.4	99.3	93.2	94.7	95.3	94.2	95.2	95.2	94.5	93.9	95.2	93.9	98.8	98.9	1	Fu-J1
0.0		100.0	99.4	100.0	95.3	94.7	97.6	96.5	97.1	96.5	95.3	92.4	97.1	92.4	100.0	98.8	2	Fu-J2
0.2	0.0		99.4	100.0	92.5	94.9	96.4	94.5	95.6	95.6	94.2	94.0	95.6	93.3	99.1	99.5	3	Fu-J3
0.6	0.6	0.6		99.4	95.9	94.1	97.1	95.9	95.5	95.9	94.7	91.8	96.5	91.8	99.4	98.2	4	Fu-J4
0.1	0.0	0.0	0.6		93.1	93.7	90.5	92.8	93.3	93.4	93.7	93.3	94.0	92.4	98.0	99.6	5	Fu-J5
6.1	4.9	7.2	4.3	6.3		93.9	89.3	94.4	93.2	93.5	94.0	91.8	95.0	93.6	93.6	93.0	6	HPRS103
4.8	5.6	5.2	6.2	5.9	5.3		89.8	93.6	95.4	95.8	94.0	92.9	96.0	92.1	93.5	93.7	7	YZ9902
4.2	2.4	3.6	3.0	8.9	10.2	9.2		87.8	88.3	88.2	88.7	88.1	89.3	88.4	90.3	90.5	8	ADOL-7501
5.2	3.6	5.4	4.3	6.7	5.5	5.4	11.7		93.9	94.0	93.2	91.1	94.9	92.0	92.7	92.8	9	NX0101
4.3	3.0	4.3	3.6	6.3	5.9	4.5	10.5	5.1		99.5	92.2	92.8	98.7	90.8	92.7	93.2	10	NM2002-1
4.3	3.6	4.4	4.3	6.1	5.7	4.2	10.1	4.9	0.5		92.5	93.1	98.6	91.1	93.0	93.4	11	JS-nt
4.9	4.9	5.5	5.5	6.0	5.9	5.6	10.9	6.7	6.9	6.6		91.9	93.5	92.9	92.6	93.7	12	SD07LK1
5.4	6.8	5.9	8.2	6.0	6.4	6.5	10.6	7.2	6.7	6.5	6.4		92.9	92.7	92.1	93.1	13	NHH
4.3	3.0	4.3	3.6	5.6	4.8	3.9	9.8	4.1	1.2	1.4	6.3	6.5		92.1	93.7	93.9	14	HAY013
5.4	8.1	6.5	8.8	6.4	5.6	6.0	10.3	7.1	7.0	6.8	6.5	5.4	6.0		93.0	92.4	15	SCDY1
0.6	0.0	0.9	0.6	1.9	6.1	5.8	9.2	6.8	6.6	6.4	7.1	6.8	5.8	5.9		97.8	16	JS09GY6
0.5	1.2	0.5	1.8	0.4	6.5	6.0	9.0	6.8	6.5	6.3	6.1	6.2	5.8	6.4	2.2		17	SD1005

第五节　不同品种鸡遗传背景对不同ALV毒株易感性的影响

不同遗传背景的不同品种鸡对ALV的致肿瘤性往往有不同的易感性，但国内外都缺少系统的比较数据。在这方面，我们实验室已对此做了一些初步研究。我们分别从A、B、J亚群ALV中选择1～2个毒株在SPF来航鸡、AA白羽肉鸡、尼克蛋鸡及中国地方品种鸡芦花鸡等不同品种鸡做了致病性比较，以此来观察不同遗传背景鸡对不同亚群不同毒株ALV的易感性。当然，在ALV对鸡的致病作用中，人们首先关注的是ALV感染造成的最特征性的肿瘤的发病率。然而，对大多数品种鸡来说，ALV感染诱发的肿瘤发生率都比较低，在有限的试验鸡，很难看到ALV不同毒株在不同品种鸡诱发的肿瘤发生率的显著差异。但是，ALV的致病作用不仅仅局限于诱发肿瘤，实际上在感染鸡群，更多地表现出亚临床病变，如生长迟缓、免疫抑制等。此外，病毒特异性抗体反应的动态、排毒动态也都可以作为ALV与感染鸡之间相互作用的客观指标。下面将分别从ALV致病作用的不同方面来观察和比较不同品种鸡对不同ALV的易感性。

一、经胚卵黄囊接种不同毒株ALV的不同品种鸡的肿瘤发生率

用3 000个$TCID_{50}$剂量的3个亚群的不同毒株分别接种4个不同品种鸡的5日龄胚卵黄囊，待雏鸡出壳后每天观察，对自然死亡鸡进行剖检，记录肿瘤发生情况。到27周龄时全部扑杀后剖检观察病变。所有被感染的鸡，在20周龄后才开始出现肿瘤。从表2-18的统计结果可以看出，有些品种的鸡，在感染所有3个亚群的4个毒株后都会发生不同比例的肿瘤，但芦花鸡在感染J亚群的NX0101和B亚群的SDAU09C2后在27周内没有一只鸡发生肿瘤。显然，相比之下，芦花鸡对这些ALV毒株的致肿瘤作用比其他品种鸡有较强的抵抗力。

表2-18　三株ALV在不同品种鸡诱发的肿瘤发生率比较

品种	接种毒株	肿瘤发生数	肿瘤发生率*
白羽肉鸡	对照鸡	0	0/41 (0)
	SDAU09C1	1	1/39 (2.5%)
	SDAU09C3	1	1/46 (2.2%)
	NX0101	2	2/44 (4.5%)
尼克蛋鸡	对照鸡	0	0/43 (0)
	SDAU09C1	1	1/43 (2.3%)
	SDAU09C3	0	0/45 (0)
	SDAU09C2	1	1/18 (5.6%)
	NX0101	0	0/45 (0)
来航鸡	对照鸡	0	0/45 (0)
	SDAU09C1	5	5/47 (10.6%)
	SDAU09C3	1	1/46 (2.2%)
	SDAU09C2	2	2/23 (8.7%)
	NX0101	3	3/46 (6.5%)

（续）

品种	接种毒株	肿瘤发生数	肿瘤发生率*
芦花鸡	对照鸡	0	0/28（0）
	NX0101	0	0/20（0）
	SDAU09C2	0	0/22（0）

注：* 数据表示发生肿瘤鸡只数/鸡只总数。

二、经胚卵黄囊接种不同毒株 ALV 后对不同品种鸡生长的影响

ALV 感染雏鸡特别是垂直感染的鸡，往往生长性能受到不良影响。用3 000个 $TCID_{50}$ 剂量的 3 个亚群的不同毒株分别接种 4 个不同品种鸡的 5 日龄胚卵黄囊，连续测定体重。表 2-19 和图 2-4 显示了 3 株不同 ALV 感染 3 个不同品种鸡对其产生的生长抑制作用。由表 2-19 可见，这 2 株 ALV-A 及 1 株 ALV-J 在 1～15 周内对尼克蛋鸡和来航鸡的生长均有抑制作用，但对白羽肉鸡的抑制作用仅仅表现在其生长的早期。

表 2-19　三株 ALV 经鸡胚接种对 3 个不同品种鸡生长的抑制作用（$\overline{X}\pm SD$）

单位：g

品种	周龄	接种毒株			
		对照鸡	SDAU09C1（A 亚群）	SDAU09C3（A 亚群）	NX0101（J 亚群）
白羽肉鸡	1	103±9（39）^{a}	106±11（37）^{a}	107±15（44）^{a}	100±13（41）^{a}
	3	570±56（37）^{a}	497±67（36）^{b}	436±93（44）^{b}	426±75（41）^{b}
	5	1089±126（35）^{a}	925±148（35）^{b}	1044±154（43）^{a}	836±164（39）^{b}
	8	1561±229（23）^{a}	1544±207（30）^{a}	1541±275（37）^{a}	1452±311（33）^{a}
	11	1988±522（23）^{a}	1977±384（29）^{a}	2058±337（37）^{a}	2058±617（33）^{a}
	15	2755±409（23）^{a}	2467±630（29）^{a}	2726±680（37）^{a}	2789±635（32）^{a}
尼克蛋鸡	1	79±7（41）^{a}	78±7（39）^{a}	68±8c（42）^{b}	76±8（42）^{a}
	3	237±21（40）^{a}	224±17（38）^{b}	206±19（41）^{b}	217±29（41）^{b}
	5	416±82（39）^{a}	383±42（38）^{bc}	356±28（41）^{b}	410±47（41）^{ac}
	8	739±82（28）^{a}	614±76（33）^{b}	591±62（35）^{b}	666±79（36）^{c}
	11	1068±126（28）^{a}	875±99（33）^{b}	780±113（35）^{c}	996±100（34）^{a}
	15	1411±214（28）^{a}	1291±171（31）^{b}	1183±145（35）^{c}	1206±102（33）^{b}
SPF 来航鸡	1	46±4（43）^{a}	37±4（44）^{b}	38±3（44）^{b}	39±4（43）^{c}
	3	146±17（41）^{a}	114±22（42）^{b}	120±17（43）^{b}	118±25（43）^{b}
	5	307±32（40）^{a}	217±43（42）^{b}	250±30（43）^{c}	234±54（43）^{b}
	8	543±69（28）^{a}	404±79（37）^{b}	465±56（35）^{c}	384±97（37）^{b}
	11	793±119（28）^{a}	673±147（35）^{b}	722±106（34）^{c}	662±184（35）^{b}
	15	1133±181（28）^{a}	878±231（35）^{b}	1021±137（33）^{c}	857±257（33）^{b}

注：1. 表中数字为平均体重±标准差（鸡数）。
2. 同一横行中数字后的小写英文字母，如果不同，表示差异显著（$P<0.05$），如果有相同字母，表示差异不显著。

SDAU09C2 株 ALV-B 和 NX0101 株 ALV-J 对 3 个品种鸡（白来航 SPF 鸡、尼克蛋鸡

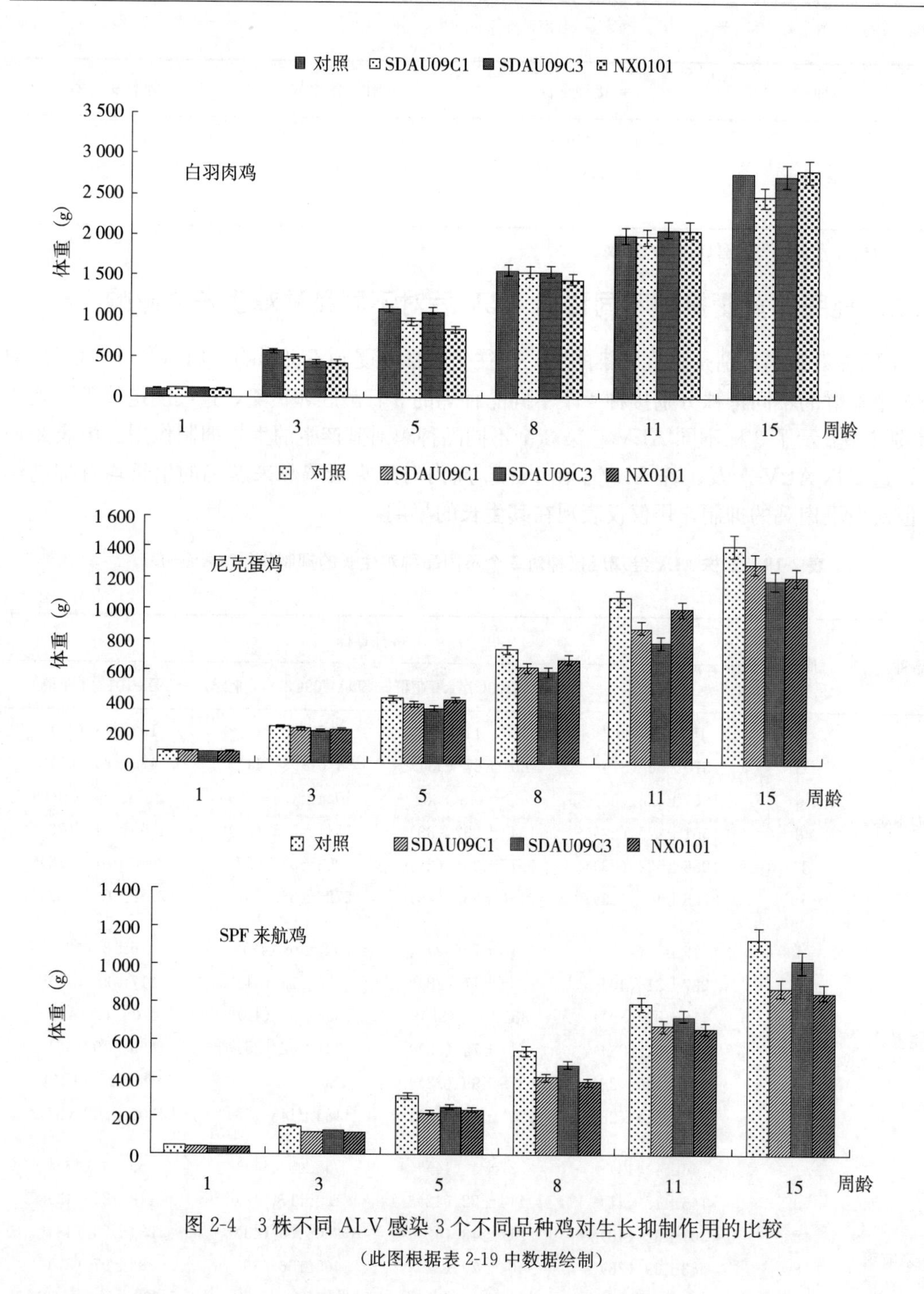

图 2-4　3 株不同 ALV 感染 3 个不同品种鸡对生长抑制作用的比较

（此图根据表 2-19 中数据绘制）

和芦花鸡）的增重均有抑制作用（表 2-20，图 2-5）。在尼克蛋鸡中，SDAU09C2 株对体重增重的抑制作用强于 NX0101 株（$P<0.05$）。但是在 SPF 来航鸡中，SDAU09C2 对增重的抑制作用则弱于 NX0101 株（$P<0.05$）。在地方品系芦花鸡中，SDAU09C2 对体重的抑制作用略强于 NX0101，但统计学差异不显著（$P>0.05$），而且这 2 株病毒对芦花鸡增重的抑制均弱于在另外 2 种鸡中的抑制作用。

表 2-20　经胚卵黄囊接种 ALV-B 和 ALV-J 对 3 个不同品种鸡增重的影响

单位：g

鸡品种	接种病毒	周龄					
		1	3	5	8	11	15
SPF来航鸡	对照	46±4.23(30)^{a}	147±17.74(29)^{a}	308±32.61(28)^{a}	543±69.02(27)^{a}	793±119.60(25)^{a}	1134±181.63(25)^{a}
	NX0101	39±4.30(34)^{b}	119±25.86(33)^{b}	234±54.44(32)^{b}	384±97.86(28)^{b}	663±184.81(25)^{b}	857±256.98(24)^{b}
	SDAU09C2	44±5.13(32)^{c}	139±18.43(32)^{a}	271±30.05(30)^{c}	490±72.62(25)^{c}	820±143.00(25)^{a}	1001±187.10(25)^{c}
尼克蛋鸡	对照	79±7.70(30)^{a}	238±21.52(30)^{a}	430±42.84(30)^{a}	739±82.75(26)^{a}	1068±126.70(25)^{a}	1411±214.00(24)^{a}
	NX0101	76±8.24(32)^{a}	217±27.99(31)^{b}	414±46.43(31)^{a}	673±78.76(28)^{b}	1007±97.28(23)^{b}	1206±98.18(20)^{b}
	SDAU09C2	58±9.38(33)^{b}	188±32.69(32)^{c}	343±54.30(29)^{b}	563±71.99(24)^{c}	928±135.89(24)^{c}	1164±185.81(20)^{b}
芦花鸡	对照	33±5.64(30)^{a}	124±20.53(30)^{a}	225±36.10(29)^{ab}	452±52.31(25)^{a}	676±125.48(24)^{a}	953±177.36(23)^{a}
	NX0101	37±5.59(37)^{ab}	93±17.07(36)^{b}	241±48.57(35)^{b}	445±75.67(32)^{a}	642±116.02(27)^{b}	946±210.95(23)^{a}
	SDAU09C2	35±5.90(31)^{ab}	91±14.46(30)^{b}	209±38.44(30)^{a}	435±60.99(27)^{a}	616±91.23(22)^{b}	942±173.08(22)^{a}

注：1. 表中数据表示平均值±标准差（检测鸡只总数）。

2. 数据右上角不同小写字母表示差异显著（$P<0.05$），相同字母表示差异不显著（$P>0.05$）。

3. ALV-J 为 NX0101 株，ALV-B 为 SDAU09C2 株。

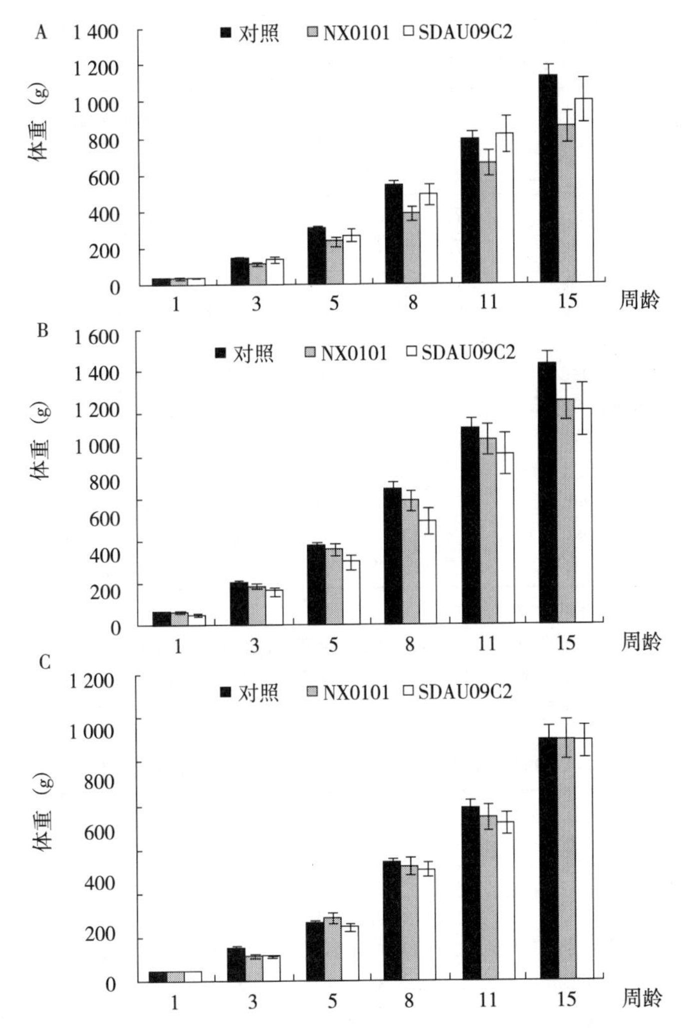

图 2-5　不同品种鸡接种 B 亚群 SDAU09C2 和 J 亚群 NX0101 株对增重的抑制作用比较

注：图中 3 个品种鸡分别是白来航 SPF 鸡（A）、尼克蛋鸡（B）和芦花鸡（C）。

三、经胚卵黄囊接种不同毒株 ALV 后对不同品种鸡的免疫抑制比较

免疫抑制是 ALV 感染对鸡的另一种致病作用，这种致病作用在临床上是看不出来的，但大多数感染鸡特别是早期感染 ALV 的鸡都会呈现不同程度的免疫抑制。鸡的品种和毒株特性都会显著影响这种免疫抑制作用，对这种免疫抑制作用作出判断的最好依据，就是对灭活疫苗免疫后的抗体反应动态的检测。

（一）经胚卵黄囊接种不同毒株 ALV 对新城疫病毒的抗体反应动态的影响

表 2-21 和表 2-22 列出了接种 ALV 的 SDAU09C1（A 亚群）、SDAU09C2（B 亚群）、SDAU09C3（A 亚群）和 NX0101（J 亚群）后不同品种鸡对新城疫病毒的抗体反应的抑制作用。分别是在 SPF 来航鸡、AA 白羽肉鸡、尼克蛋鸡和中国地方品系芦花鸡测定了用新城疫疫苗免疫后的 HI 抗体动态。与对照鸡相比，不同 ALV 感染的 4 个不同品种鸡都没有呈现非常显著的免疫抑制。

表 2-21　不同毒株 ALV 对不同品种鸡经新城疫灭活疫苗免疫后 HI 抗体滴度动态的影响（$\overline{X}\pm SD$，$\log_2$）

鸡品种	毒株	免疫后 HI 抗体滴度		
		3 周	4 周	5 周
SPF 来航鸡	对照	7.83±0.91（35）[a]	8.75±1.30（35）[a]	9.03±1.21（35）[a]
	SDAU09C1	7.55±0.85（35）[b]	8.39±1.14（35）[a]	9.61±1.17（34）[a]
	SDAU09C3	7.58±0.73（37）[a]	8.17±1.47（37）[a]	9.20±0.95（37）[a]
	NX0101	7.03±0.77（36）[c]	8.22±2.04（35）[a]	9.00±1.22（36）[a]
白羽肉鸡	对照	7.84±1.03（30）[a]	8.32±1.00（25）[a]	9.80±1.26（25）[a]
	SDAU09C1	7.17±1.79（26）[a]	7.42±1.47（28）[ac]	8.04±1.97（28）[bc]
	SDAU09C3	6.83±1.48（34）[b]	7.14±2.00（36）[bc]	9.15±2.58（36）[ac]
	NX0101	7.38±2.15（33）[a]	7.35±2.08（32）[ac]	8.21±2.41（32）[bc]
尼克蛋鸡	对照	7.28±0.53（29）[a]	8.23±0.94（30）[a]	9.39±0.79（28）[a]
	SDAU09C1	7.64±0.71（39）[a]	8.19±1.09（26）[a]	9.33±0.99（29）[a]
	SDAU09C3	6.96±0.62（48）[a]	8.16±0.53（33）[b]	9.40±0.87（32）[a]
	NX0101	7.33±.093（36）[a]	8.15±1.06（33）[a]	8.71±1.27（33）[b]

注：1. 表中数字为平均数±标准差（样品数）。

2. 右侧不同小写字母表示差异显著（$P<0.05$），带有相同字母表示差异不显著（$P>0.05$）。

3. 所有品种鸡都是在 5 日龄胚卵黄囊接种3 000$TCID_{50}$个不同毒株 ALV，在 1 日龄全部用 La Sota 株活疫苗滴鼻，1 周龄时接种灭活的新城疫病毒油乳剂疫苗。

表 2-22　NX0101 和 SDAU09C2 株 ALV 对鸡新城疫病毒 HI 抗体滴度的影响（$\overline{X}\pm SD$，$\log_2$）

鸡品种	接种病毒	免疫后 HI 滴度		
		21d	28d	35d
SPF 来航鸡	对照	8.03±0.91（29）[a]	8.69±1.20（29）[ab]	9.81±0.49（29）[a]
	NX0101	8.81±0.71（33）[b]	9.26±1.05（33）[b]	9.56±0.65（32）[a]
	SDAU09C2	9.06±0.83（31）[b]	8.58±1.11（30）[ab]	9.12±0.99（26）[b]
尼克蛋鸡	对照	8.34±0.67（29）[a]	9.70±0.53（29）[a]	9.83±0.38（29）[a]
	NX0101	8.32±0.91（31）[a]	9.67±0.74（30）[a]	9.65±0.98（30）[a]
	SDAU09C2	8.93±0.78（30）[b]	9.75±0.69（30）[a]	9.88±0.42（29）[a]

（续）

鸡品种	接种病毒	免疫后 HI 滴度		
		21d	28d	35d
芦花鸡	对照	8.20±1.47 (30)[a]	9.33±0.71 (30)[a]	9.10±0.80 (29)[a]
	NX0101	7.97±1.40 (35)[a]	8.92±1.09 (35)[ab]	8.83±1.13 (35)[ab]
	SDAU09C2	8.19±1.80 (30)[a]	8.90±1.47 (30)[ab]	8.14±1.94 (28)[b]

注：1. 表中数据表示平均值±标准差（检测鸡只总数）。

2. 右上角不同小写字母表示差异显著（$P<0.05$），相同字母表示差异不显著（$P>0.05$）。

（二）对 AIV-H9 疫苗免疫后 HI 抗体反应的抑制作用

表 2-23 和表 2-24 列出了不同毒株感染鸡在用 H9-AIV 灭活疫苗免疫后的 HI 抗体反应动态。从表可见，不同毒株感染不同品种鸡后对 AIV-H9 抗体反应的抑制作用有一定差异。A 在 SPF 来航鸡和 AA 白羽鸡，经 AIV-H9 疫苗免疫后 4～5 周，A 亚群的 SDAU09C1 对 AIV-H9 的抗体反应表现明显的抑制作用，但在尼克蛋鸡不显著。在 SPF 来航鸡，SDAU09C3 和 NX0101 都显示出免疫抑制作用，但 SDAU09C2（B 亚群）没有引起明显的抑制作用。在尼克蛋鸡，只有 J 亚群的 NX0101 株显示明显的抑制作用，其他 3 株病毒不明显。在芦花鸡，NX0101 和 SDAU09C2 均没有产生明显免疫抑制作用。

表 2-23　不同毒株 ALV 感染不同品种鸡对 AIV-H9 HI 抗体滴度的影响（$\overline{X}\pm SD$，$\log_2$）

鸡品种	毒株	免疫后		
		3 周	4 周	5 周
白羽肉鸡	对照	6.48±1.58 (38)[a]	7.52±1.64 (25)[a]	8.84±1.31 (25)[a]
	SDAU09C1	5.96±1.76 (29)[a]	6.33±2.16 (28)[bc]	7.96±1.89 (28)[b]
	SDAU09C3	5.78±1.73 (37)[a]	6.89±1.73 (36)[ac]	8.71±1.47 (36)[a]
	NX0101	6.69±1.80 (34)[a]	7.07±2.05 (32)[ac]	8.81±1.18 (32)[a]
尼克蛋鸡	对照	7.97±1.48 (29)[a]	8.4±1.69 (30)[a]	9.11±0.31 (28)[a]
	SDAU09C1	7.78±1.25 (31)[a]	8.44±1.58 (30)[a]	9.15±0.61 (29)[a]
	SDAU09C3	7.94±0.93 (34)[a]	8.14±1.11 (33)[a]	9.13±0.99 (32)[a]
	NX0101	6.94±1.55 (33)[b]	7.21±1.45 (33)[b]	8.65±0.92 (31)[b]
SPF 来航鸡	对照	8.03±1.09 (35)[a]	8.72±1.71 (35)[a]	9.93±0.53 (35)[a]
	SDAU09C1	7.70±1.16 (35)[a]	8.31±1.63 (33)[a]	8.61±0.76 (34)[b]
	SDAU09C3	7.55±0.99 (37)[a]	8.68±1.31 (37)[a]	9.26±1.02 (36)[c]
	NX0101	7.66±1.74 (36)[a]	8.37±2.29 (35)[a]	9.25±1.38 (34)[c]

注：1. 表中数据表示平均值±标准差（检测鸡只总数）。

2. 右上角不同小写字母表示差异显著（$P<0.05$），相同字母表示差异不显著（$P>0.05$）。

表 2-24　NX0101 和 SDAU09C2 株 ALV 感染不同品种鸡对 AIV-H9 HI 抗体的影响（$\overline{X}\pm SD$，$\log_2$）

鸡品种	接种病毒	免疫后		
		3 周	4 周	5 周
SPF 来航鸡	对照	9.00±1.04 (29)[a]	8.59±1.55 (29)[a]	9.66±0.48 (29)[a]
	NX0101	8.56±1.61 (33)[a]	8.23±2.14 (33)[a]	9.47±1.11 (32)[a]
	SDAU09C2	9.25±0.98 (31)[a]	8.55±1.34 (30)[a]	9.67±0.48 (26)[a]

（续）

鸡品种	接种病毒	免疫后		
		3周	4周	5周
尼克蛋鸡	对照	9.94±1.37 (29)[a]	9.07±1.41 (29)[a]	9.79±0.49 (29)[ab]
	NX0101	8.93±1.55 (31)[a]	8.15±1.35 (30)[a]	9.92±0.28 (30)[b]
	SDAU09C2	8.29±1.24 (30)[a]	8.97±1.2 (30)[a]	9.64±0.83 (29)[ab]
芦花鸡	对照	5.58±1.47 (30)[ab]	8.78±1.65 (30)[a]	8.89±1.66 (29)[a]
	NX0101	4.69±2.11 (35)[a]	7.56±1.49 (35)[a]	8.50±1.72 (35)[a]
	SDAU09C2	5.63±1.84 (30)[a]	7.68±1.64 (30)[a]	8.21±1.07 (28)[a]

注：1. 表中数据表示平均值±标准差（检测鸡只总数）。

2. 右上角不同小写字母表示差异显著（$P<0.05$），有相同字母表示差异不显著（$P>0.05$）。

（三）ALV 对 AIV-H5 疫苗免疫后 HI 抗体反应的抑制作用

表 2-25 及表 2-26 分别列出了不同品种鸡经不同亚群不同毒株 ALV 感染后对 AIV-H5 抗体反应动态的影响。与感染的对照鸡相比，在不同品种鸡感染不同毒株 AIV 后，对 H5-AIV 的 HI 抗体受抑制的程度是明显不同的。由表 2-25 和表 2-26 可见，只有 SDAU09C1 和 SDAU09C2 感染的白羽肉鸡及 SDAU09C1 感染的 SPF 来航鸡受抑制的程度是统计学上显著的。

表 2-25　鸡胚接种不同毒株 ALV 诱发鸡对 AIV-H5 疫苗免疫后 HI 抗体滴度的影响（$\overline{X}\pm SD$，log_2）

鸡品种	接种毒株	免疫后		
		3周	4周	5周
白羽肉鸡	对照	4.04±1.90 (30)[a]	4.48±2.06 (25)[a]	5.80±1.87 (25)[a]
	SDAU09C1	1.88±1.65 (28)[b]	2.92±2.10 (26)[b]	4.17±1.97 (28)[b]
	SDAU09C3	2.83±1.68 (32)[b]	2.95±2.12 (36)[b]	4.45±3.14 (35)[b]
	NX0101	2.66±2.35 (34)[b]	4.04±2.58 (32)[a]	5.36±2.08 (32)[a]
尼克蛋鸡	对照	4.90±1.99 (29)[a]	5.33±1.94 (30)[a]	8.52±2.02 (28)[a]
	SDAU09C1	4.51±1.82 (31)[a]	5.38±2.09 (30)[a]	8.15±1.84 (26)[a]
	SDAU09C3	4.54±1.92 (34)[a]	5.31±2.06 (31)[a]	8.50±1.71 (32)[a]
	NX0101	4.91±2.13 (33)[a]	5.36±2.21 (33)[a]	7.53±2.63 (30)[a]
SPF 来航鸡	对照	4.21±2.53 (35)[a]	5.13±2.37 (35)[a]	7.55±2.30 (35)[a]
	SDAU09C1	3.12±2.38 (33)[a]	4.58±2.65 (33)[a]	6.55±2.22 (32)[b]
	SDAU09C3	3.86±2.49 (36)[a]	5.17±2.04 (36)[a]	7.33±2.18 (36)[a]
	NX0101	3.89±2.79 (36)[a]	4.48±2.68 (35)[a]	7.06±3.39 (32)[a]

注：1. 表中数据表示平均值±标准差（检测鸡只总数）。

2. 右上角不同小写字母表示差异显著（$P<0.05$），相同字母表示差异不显著（$P>0.05$）。

表 2-26　NX0101 和 SDAU09C2 感染不同品种鸡对 ALV-H5 的 HI 抗体滴度的影响（$\overline{X}\pm SD$，log_2）

鸡品种	接种病毒	免疫后		
		21d	28d	35d
SPF 来航鸡	对照	4.88±2.01 (29)[ab]	6.52±1.83 (29)[a]	7.81±2.69 (29)[a]
	NX0101	4.67±2.37 (33)[a]	6.13±2.19 (33)[a]	7.64±2.42 (32)[a]
	SDAU09C2	4.80±1.73 (31)[ab]	6.59±1.67 (30)[a]	7.88±2.01 (26)[a]

（续）

鸡品种	接种病毒	免疫后		
		21d	28d	35d
尼克蛋鸡	对照	4.93±2.02 (29)[a]	6.33±1.94 (29)[a]	7.92±2.00 (29)[a]
	NX0101	5.00±0.21 (31)[a]	6.74±1.77 (30)[a]	7.44±2.52 (30)[a]
	SDAU09C2	5.46±2.22 (30)[a]	6.16±2.52 (30)[a]	7.96±2.34 (29)[a]
芦花鸡	对照	4.21±1.86 (30)[ab]	6.38±1.96 (30)[c]	6.21±2.04 (29)[a]
	NX0101	2.83±1.44 (35)[a]	4.12±1.93 (35)[a]	6.15±2.44 (35)[a]
	SDAU09C2	3.67±1.88 (30)[ab]	4.19±2.10 (30)[ab]	6.46±2.25 (28)[a]

注：1. 表中数据表示平均值±标准差（检测鸡只总数）。

2. 右上角不同小写字母表示差异显著（ $P<0.05$），相同字母表示差异不显著（ $P>0.05$）。

四、不同品种鸡经胚卵黄囊接种不同毒株 ALV 后病毒血症动态比较

鸡感染 ALV 后病毒血症的动态与发病过程密切相关。一般来说，病毒血症出现越早，持续时间越长，就越容易发生临床病理变化。不同品种鸡群感染不同毒株 ALV，其病毒血症动态差异很大。这表现在以下几个参数上：可检出病毒血症的早晚、群体中可检出病毒血症的比例、病毒血症持续时间等。表 2-27 和表 2-28 分别显示了不同品种鸡感染不同毒株 ALV 后的病毒血症动态。例如，给 SPF 来源来航鸡的 5 日龄胚经卵黄囊接种 A 亚群的 SDAU09C1 和 SDAU09C3 后，几乎所有鸡从孵出后 1 周龄起即全部表现出病毒血症，而且持续 21 周以上（表 2-27）。此外，接触的来航鸡也都从 2 周龄开始出现病毒血症。但同样病毒以同样方法接种白羽肉鸡鸡胚后，由其孵出的小鸡直到 8 周龄才开始被检出病毒血症（个别鸡），且不能持续。尼克蛋鸡则介于两者之间。而从白羽肉鸡分离出的 J 亚群 NX0101 经卵黄囊接种 5 日龄鸡胚后，白羽肉鸡从 1 周龄起即可被检出病毒血症，但以同样方法接种的 SPF 来航鸡则只有部分表现病毒血症。用 B 亚群 SDAU09C2 以同样方式接种后，绝大多数孵出的来航鸡和尼克蛋鸡都先后出现病毒血症，且持续很多周，但在芦花鸡却只有少数鸡呈现短暂病毒血症（表 2-28）。这些结果都表明，病毒血症作为病毒与宿主间的相互作用的结果，受不同品种的遗传差异影响很大，同时也受不同毒株特性的影响，而且在不同品种鸡的表现也不尽相同。

表 2-27　不同品种鸡不同途径感染不同毒株 ALV 后病毒血症动态（1）

品种	毒株	感染途径	出壳后周龄						
			1	3	5	8	11	15	21
SPF 来航鸡	对照		0/6	0/6	0/6	0/6	0/6	0/6	0/6
	SDAU09C1	鸡胚接种	4/10	10/10	10/10	9/10	9/10	9/10	8/10
		接触感染	0/2	2/2	2/2	1/2	0/2	0/2	0/2
	SDAU09C3	鸡胚接种	10/10	10/10	10/10	10/10	10/10	10/10	10/10
		接触感染	0/2	2/2	2/2	0/2	0/2	1/2	0/2
	NX0101	鸡胚接种	5/10	7/10	8/10	7/10	7/10	7/10	4/10
		接触感染	0/2	1/2	1/2	0/2	0/2	2/2	0/2

（续）

品种	毒株	感染途径	出壳后周龄						
			1	3	5	8	11	15	21
尼克蛋鸡	对照		0/6	0/6	0/6	0/6	0/6	0/6	0/6
	SDAU09C1	鸡胚接种	0/10	9/10	9/10	9/10	5/10	3/10	4/10
		接触感染	0/2	0/2	0/2	1/2	0/2	0/2	0/2
	SDAU09C3	鸡胚接种	2/10	3/10	7/10	6/10	4/10	1/10	1/10
		接触感染	0/2	0/2	0/2	1/2	1/2	0/2	0/2
	NX0101	鸡胚接种	2/10	5/10	2/10	2/10	1/10	1/10	1/10
		接触感染	0/2	0/2	0/2	0/2	0/2	1/2	0/2
白羽肉鸡	对照		0/6	0/6	0/6	0/6	0/6	0/6	0/6
	SDAU09C1	鸡胚接种	0/10	0/10	0/10	1/10	2/10	0/10	0/10
		接触感染	0/2	0/2	0/2	0/2	0/2	0/2	0/2
	SDAU09C3	鸡胚接种	0/10	0/10	0/10	0/10	0/10	0/10	0/10
		接触感染	0/2	0/2	0/2	0/2	0/2	0/2	0/2
	NX0101	鸡胚接种	4/10	7/10	10/10	7/10	3/10	4/10	3/10
		接触感染	0/2	1/2	2/2	0/2	0/2	0/2	0/2

注：表中数据表示阳性样品数/检测总样品数。

表 2-28　不同品种鸡不同途径感染 ALV 不同毒株后病毒血症动态（2）

品种	毒株	感染途径	出壳后周龄						
			1	3	5	8	11	15	21
SPF 来航鸡	对照		0/6	0/6	0/6	0/6	0/6	0/6	0/6
	NX0101	鸡胚接种	5/6	8/11	8/10	7/10	8/10	7/10	5/12
		接触感染	0/2	0/2	1/2	0/2	0/2	2/2	1/2
	SDAU09C2	鸡胚接种	2/6	9/10	5/7	7/10	8/10	7/10	13/15
		接触感染	0/2	3/4	3/3	2/2	1/2	2/2	1/2
尼克蛋鸡	对照		0/6	0/6	0/6	0/6	0/6	0/6	0/6
	NX0101	鸡胚接种	1/11	5/14	2/14	2/14	1/14	1/13	2/16
		接触感染	0/2	0/2	0/2	0/2	0/2	1/2	0/3
	SDAU09C2	鸡胚接种	0/12	3/21	8/21	21/21	12/16	13/16	11/20
		接触感染	0/2	0/2	0/2	0/2	0/2	1/2	0/2
芦花鸡	对照		0/6	0/6	0/6	0/6	0/6	0/6	0/6
	NX0101	鸡胚接种	0/5	0/10	3/12	4/10	2/10	3/10	0/10
		接触感染	0/2	0/2	1/2	2/2	0/2	1/2	0/2
	SDAU09C2	鸡胚接种	0/2	0/9	2/12	0/10	0/10	0/10	1/10
		接触感染	0/2	0/2	0/2	0/2	0/2	0/2	0/2

注：表中数据表示阳性样品数/检测总样品数。

五、不同品种鸡经胚卵黄囊接种不同毒株 ALV 后抗体反应动态比较

在感染 ALV 后，鸡对 ALV 的抗体反应程度也与发病程度有关，因为抗体反应有助于病毒血症的消退。但是，鸡群在感染 ALV 不同毒株后的抗体反应动态既与品种遗传背景决定的反应性相关，又与感染特定病毒株病毒的复制能力相关。如果一特定品种鸡对某一毒株易感性不高因而不易复制，那么抗体反应也可能很低。表 2-29 和表 2-30 列出了

4 个不同品种鸡感染不同毒株 ALV 后的抗体反应动态。另一方面，鸡胚感染及早期感染 ALV 有可能诱发免疫耐受性感染。此时，许多鸡表现持续性的病毒血症，但却始终没有抗体反应。如比较表 2-27 和表 2-29 就可发现，对 SPF 来航鸡 5 日龄胚卵黄囊接种 A 亚群 SDAU09C3 株病毒后，所孵出的鸡从 1 周龄起全部表现病毒血症，且所有鸡在 21 周内都呈现持续性的病毒血症。然而，这些鸡中在 21 周内没有一只鸡对该病毒显现特异性抗体，表现了非常典型的免疫耐受性病毒血症。显然，鸡群感染 ALV 后，对抗体反应动态的影响是很复杂的。不能简单地用有无抗体反应来判断鸡对感染的抵抗力，必须同时关注病毒血症动态。

表 2-29　不同品种鸡经胚卵黄囊接种不同毒株 ALV 后抗体反应动态（1）

品种	毒株	感染途径	周龄				
			4	8	11	15	21
SPF 来航鸡	对照		0/42	0/30	0/30	0/30	0/20
	SDAU09C1	鸡胚接种	0/35	4/30	8/30	5/30	6/28
			(0)	(13.3%)	(26.7%)	(16.7%)	(21.4%)
		接触感染	0/9	6/9	4/6	3/7	3/6
	SDAU09C3	鸡胚接种	0/37	0/30	0/29	0/28	0/21
			(0)	(0)	(0)	(0)	(0)
		接触感染	0/9	5/7	6/7	6/7	6/7
	NX0101	鸡胚接种	0/36	2/31	3/29	8/28	7/21
			(0)	(6.5%)	(10.3%)	(28.6%)	(33.3%)
		接触感染	0/9	0/8	1/8	1/8	1/8
尼克蛋鸡	对照		0/41	0/30	0/30	0/30	0/20
	SDAU09C1	鸡胚接种	1/31	4/26	9/26	7/25	8/19
			(3.2%)	(15.4%)	(34.6%)	(28%)	(42.1%)
		接触感染	0/9	0/9	5/9	5/9	6/7
	SDAU09C3	鸡胚接种	0/34	3/28	13/28	11/28	8/24
			(0)	(10.7%)	(46.4%)	(39.3%)	(33.3%)
		接触感染	0/9	0/9	2/9	3/9	3/8
	NX0101	鸡胚接种	0/34	1/29	2/27	3/26	6/23
			(0)	(3.4%)	(7.4%)	(11.5%)	(26.1%)
		接触感染	0/9	1/9	1/9	0/9	0/9
白羽肉鸡	对照		0/38	0/25	0/25	0/25	0/20
	SDAU09C1	鸡胚接种	0/29	0/23	3/22	3/22	0/19
			(0)	(0)	(13.6%)	(13.6%)	(0)
		接触感染	0/9	0/9	1/9	1/9	0/8
	SDAU09C3	鸡胚接种	0/36	2/30	5/30	0/30	0/25
			(0)	(6.7%)	(16.7%)	(0)	(0)
		接触感染	0/9	0/9	0/9	0/9	0/7
	NX0101	鸡胚接种	1/33	2/27	19/27	15/26	17/21
			(3%)	(7.4%)	(70.4%)	(57.7%)	(81%)
		接触感染	0/9	1/8	1/8	2/8	3/6

注：1. 分数代表抗体阳性率，分子为阳性鸡只数，分母为试验鸡只总数。
2. 括号内数字为鸡胚接种的阳性率。

表 2-30　不同品种鸡经胚卵黄囊接种不同毒株 ALV 后抗体反应动态（2）

毒株	鸡品种	感染途径	周龄				
			5	8	11	15	21
NX0101	SPF 来航鸡	对照	0/35	0/30	0/30	0/30	0/20
		鸡胚接种	0/28	2/28	3/25	6/24	6/21
		接触感染	0/8	0/8	1/8	0/8	1/8
	尼克蛋鸡	对照	0/41	0/30	0/30	0/30	0/20
		鸡胚接种	0/28	1/28	3/23	3/20	4/16
		接触感染	0/7	0/7	0/7	2/7	0/7
	芦花鸡	对照	0/20	0/20	0/20	0/20	0/20
		鸡胚接种	0/23	0/23	0/23	1/23	1/20
		接触感染	0/2	0/2	0/2	0/2	0/2
SDAU09C2	SPF 来航鸡	对照	0/35	0/30	0/30	0/30	0/20
		鸡胚接种	1/30	4/25	6/25	4/25	4/23
		接触感染	0/2	1/2	1/2	1/2	1/2
	尼克蛋鸡	对照	0/41	0/30	0/30	0/30	0/20
		鸡胚接种	0/24	6/24	4/24	4/20	7/18
		接触感染	0/7	1/6	1/7	2/7	2/4
	芦花鸡	对照	0/20	0/20	0/20	0/20	0/20
		鸡胚接种	0/22	0/22	1/22	1/22	1/22
		接触感染	0/2	0/2	0/2	0/2	0/2

注：表中数据表示阳性样品数/检测总样品数。

六、不同品种鸡经胚卵黄囊接种不同毒株 ALV 后泄殖腔棉拭子 p27 检出率动态

鸡感染 ALV 后泄殖腔棉拭子中 p27 抗原的检出率可反映带毒和排毒状态，因此，鸡感染 ALV 后泄殖腔棉拭子 p27 检出动态也是不同品种鸡对不同毒株易感性差异的一个指标。实际上，这一指标往往是与病毒血症动态并行的。表 2-31 和表 2-32 列出了经鸡胚卵黄囊接种不同毒株的不同品种鸡孵出后，胎粪及不同年龄泄殖腔棉拭子 p27 检出率的动态，及同一隔离器内接触感染鸡的 p27 检出动态。当某一品种鸡对某一毒株 ALV 易感时，在感染后，其 p27 检出率高且维持时间长，即被感染的鸡对该病毒抵抗力差，不易排除病毒。相反，如果某品种鸡对某一毒株有抵抗力，很容易从体内去除感染，那么不仅 p27 检出率低，而且持续时间短。在芦花鸡则显出一定的特殊性，在经卵黄囊接种感染芦花鸡时，其对两个 ALV 毒株的病毒血症都很低（表 2-26），但是都在棉拭子检出了 p27，而且可持续很长时间，虽然也只是间隙性排毒。此外，在 2 周后在接触感染鸡体内也检出了 p27。

表 2-31　不同品种鸡感染 ALV 后泄殖腔棉拭子 p27 检出率动态比较（1）

鸡品种	毒株	感染途径	周龄							
			胎粪	1	3	5	8	11	15	21
白羽肉鸡	对照		0/41	0/41	0/39	0/37	0/25	0/25	0/25	0/20
	SDAU09C1	鸡胚接种	0/30 (0)	7/30 (23.3%)	2/29 (7%)	0/28 (0)	0/23 (0)	3/22 (13.6%)	7/22 (31.8%)	0/19 (0)
		接触感染	0/9	0/9	1/9	0/9	0/9	1/9	1/9	0/8
	SDAU09C3	鸡胚接种	1/37 (2.7%)	11/37 (30%)	3/37 (8%)	0/36 (0)	1/30 (3.3%)	2/30 (6.7%)	2/30 (6.7%)	0/25 (0)
		接触感染	0/9	5/9	2/9	0/9	0/9	0/9	1/9	0/7
	NX0101	鸡胚接种	4/34 (11.8%)	22/34 (61.8%)	18/34 (52.9%)	15/32 (46.9%)	17/27 (63%)	15/27 (55.6%)	10/26 (38.5%)	5/21 (23.8%)
		接触感染	0/10	4/9	2/9	5/9	1/8	1/8	1/8	1/6
尼克蛋鸡	对照		0/43	0/43	0/42	0/41	0/30	0/30	0/30	0/20
	SDAU09C1	鸡胚接种	4/34 (11.8%)	11/32 (34.4%)	11/31 (35.5%)	24/31 (77.4%)	21/26 (80.7%)	16/26 (61.5%)	14/25 (56%)	10/19 (52.6%)
		接触感染	0/9	1/9	1/9	1/9	1/9	0/9	0/8	0/7
	SDAU09C3	鸡胚接种	3/36 (8.3%)	10/35 (28.6%)	16/34 (47.1%)	12/34 (35.3%)	20/28 (71.4%)	12/28 (42.9%)	10/28 (35.7%)	9/24 (37.5%)
		接触感染	0/9	1/9	1/9	1/9	1/9	0/9	0/9	0/8
	NX0101	鸡胚接种	6/35 (17.1%)	6/35 (17%)	9/34 (26.5%)	9/34 (26.5%)	6/29 (20.7%)	13/27 (48.1%)	6/26 (23.1%)	5/23 (21.7%)
		接触感染	0/10	1/9	1/9	1/9	1/9	1/9	1/9	0/7
SPF 来航鸡	对照		0/45	0/45	0/43	0/42	0/30	0/30	0/30	0/20
	SDAU09C1	鸡胚接种	23/37 (62.2%)	23/37 (62.2%)	29/35 (82.9%)	32/35 (91.4%)	26/30 (86.7%)	25/30 (83.3%)	24/30 (80%)	23/28 (82.1%)
		接触感染	0/10	0/9	3/9	5/9	5/9	5/7	5/7	4/6
	SDAU09C3	鸡胚接种	31/38 (81.6%)	36/38 (94.7%)	36/37 (97.3%)	37/37 (100%)	30/30 (100%)	29/29 (100%)	28/28 (100%)	21/21 (100%)
		接触感染	0/8	1/8	1/8	2/8	3/7	3/7	2/7	2/7
	NX0101	鸡胚接种	8/37 (21.6%)	20/36 (55.6%)	21/36 (58.3%)	23/36 (63.9%)	18/31 (58%)	16/29 (55.2%)	12/27 (44.4%)	11/21 (52.4%)
		接触感染	0/9	0/9	0/9	1/9	1/8	1/8	1/8	1/8

注：1. 分数代表 p27 阳性率，分子为阳性鸡只数，分母为试验鸡只总数。
2. 括号内为阳性百分比。

表 2-32　不同品种鸡感染 ALV 后泄殖腔棉拭子 p27 检出率动态比较（2）

品种	毒株	感染途径	周龄							
			胎粪	1	3	5	8	11	15	21
SPF 来航鸡	对照		0/30	0/30	0/29	0/28	0/27	0/25	0/25	0/21
	NX0101	鸡胚接种	8/35 (22.9%)	19/34 (55.9%)	20/33 (60.6%)	20/32 (62.5%)	15/28 (53.6%)	13/25 (52.0%)	12/24 (50.0%)	11/21 (53.8%)
		接触感染	0/10	0/9	0/7	1/8	1/8	1/8	1/8	1/8
	SDAU09C2	鸡胚接种	10/36 (27.8%)	15/32 (46.9%)	18/32 (56.3%)	22/30 (73.3%)	21/25 (84.0%)	19/25 (76.0%)	21/25 (84.0%)	20/23 (87.0%)
		接触感染	0/10	0/9	1/7	2/3	2/2	2/2	1/2	1/2

（续）

品种	毒株	感染途径	周龄							
			胎粪	1	3	5	8	11	15	21
尼克蛋鸡	对照		0/30	0/30	0/30	0/30	0/26	0/25	0/24	0/18
	NX0101	鸡胚接种	12/35 (34.3%)	4/32 (12.5%)	8/31 (25.8%)	9/31 (29.0%)	9/28 (32.1%)	12/23 (52.2%)	5/20 (25.0%)	4/16 (25.0%)
		接触感染	0/10	3/10	4/10	3/6	1/7	0/4	1/4	0/3
	SDAU09C2	鸡胚接种	0/33 (0)	12/33 (36.4%)	7/32 (21.9%)	8/29 (27.6%)	16/24 (66.7%)	19/24 (79.2%)	14/20 (70.0%)	14/18 (74.4%)
		接触感染	0/10	5/10	2/9	1/9	6/8	5/7	2/7	0/6
芦花鸡	对照		0/30	0/30	0/30	0/29	0/25	0/24	0/23	0/23
	NX0101	鸡胚接种	8/38 (21.1%)	9/37 (24.3%)	13/36 (36.1%)	15/35 (42.9%)	19/32 (59.4%)	16/27 (59.3%)	8/23 (34.8%)	5/20 (25.0%)
		接触感染	0/10	8/10	3/10	1/10	3/10	3/10	3/10	3/12
	SDAU09C2	鸡胚接种	11/34 (32.4%)	9/31 (29.0%)	10/30 (33.3%)	8/30 (26.7%)	6/27 (22.2%)	7/22 (31.8%)	3/22 (13.6%)	3/22 (13.6%)
		接触感染	0/10	7/10	3/10	1/10	3/10	2/7	1/7	1/10

注：表中数据表示阳性样品数/检测总样品数。

第六节　我国鸡群中 ALV 分子流行病学特点

ALV 基因组的基本结构是由 gag、pol 和 env 三个编码基因及两端的非编码序列 5′UTR 和 3′UTR 组成的。gag 基因编码的是衣壳蛋白，pol 基因产物是功能蛋白，二者都比较稳定。env 基因编码的囊膜糖蛋白与宿主易感性、病毒中和反应密切相关，是 ALV 亚群分类的基础，也是比较容易发生变异的基因。env 基因产物多分为两部分 gp85 和 gp37，位于病毒粒子表面的 gp85 蛋白更容易发生变异。ALV 的 5′UTR 和 3′UTR 及由其组成的 LTR 是另一个容易发生变异的区域，虽然不编码任何蛋白质，但它与 ALV 的前病毒 cDNA 的合成及整合进宿主细胞基因组过程密切相关。LTR 的变异与其生物学特性密切相关。

一、囊膜蛋白 gp85 的多样性及其变异趋势

gp85 是 ALV 基因组上最容易发生变异的基因，它是决定 ALV 亚群的基础。在鸡的已经正式认定的 6 个亚群中，A～E 5 个亚群之间的同源性都在 75%以上，但 J 亚群与其他亚群的同源性都很低，只有 30%～40%。最近我们在中国地方品系鸡中分离到的新的 K 亚群，其 gp85 基因与 A、B、C、D、E 及 J 亚群的同源性程度约为 75%。然而，J 亚群不同毒株之间变异却很大。下面将分别比较不同类型鸡群中 ALV-gp85 的变异及其同源性关系，重点放在 ALV-J 上，这是因为在过去二十年中，我国不同类型鸡群白血病的主要病原是 ALV-J。

（一）中国白羽肉鸡中 ALV-J 不同毒株及其与国外参考株 gp85 的同源性关系

表 2-33 和表 2-34 列出了在 1999—2003 年从我国主要白羽肉鸡产区的不同品系白羽肉鸡中分离到的 14 株 ALV-J 野毒的 gp85 之间的同源性关系及其与英国和美国参考株之间的同

源性关系。这 14 个毒株与 ALV-J 的原型毒 HPRS-103 英国最早在 1988 年分离到 gp85 的同源性在 88.2%～95.8%的范围内，而与美国不同年份分离到的 5 个参考株 gp85 的同源性在 82.8%～94.2%范围内。如果将不同年份的分离毒分别与英国在 1988 年分离到的原型毒 HPRS-103 相比，在最初两年，这种同源性似乎有下降的趋势，即逐渐偏离原型毒 HPRS-103。但随后几年的分离株与 HPRS-103gp85 的同源性又有所升高。看来，这种同源性差异的发生是随机的，并没有越来越偏离原型毒（表 2-35）。

表 2-33　1999—2002 年从我国白羽肉鸡分离到的 ALV-J 的 8 个代表株与 ALV-J 原型株 HPRS-103 及 5 个美国参考株之间 gp85 氨基酸序列同源性比较（%）（Cui 等，2003）

1	2	3	4	5	6	7	8	9	10	11	12	13	14	毒株
	92.5	87.8	95.5	89.3	84.4	89.9	94.2	93.8	91.6	92.5	89.2	88.9	90.3	1 HPRS—103
		88.2	90.2	87.6	85.7	90.9	91.1	89.9	89.6	89.9	88.9	89.5	89.9	2 Hcl
			88.2	88.8	82.6	88.5	89.1	88.5	88.2	88.5	88.8	89.5	86.2	3 0661
				90.2	84.7	88.6	92.9	93.2	92.9	93.2	87.9	87.9	89.0	4 4817
					84.0	87.3	90.9	91.5	91.9	90.9	91.2	89.2	88.3	5 6683
						82.8	84.1	84.1	86.0	84.4	85.9	84.6	82.1	6 6827
							92.2	91.9	90.3	91.6	88.6	92.8	89.9	7 YZ9901
								95.8	92.9	95.5	89.9	91.2	93.2	8 SD9901
									93.8	98.4	90.5	90.8	92.2	9 SD9902
										94.2	91.5	90.5	89.9	10 SD0001
											90.2	90.5	91.9	11 SD0002
												89.2	87.6	12 HN0001
													88.2	13 SD0101
														14 NX0101

注：表中不同毒株前的编号 1～14 是按分离到的年份先后排列的。其中 1 为 1988 年分离的英国原型毒株，2～6 为 1993—1997 年美国分离到的毒株，7～14 为 1999—2001 年从中国分离到的毒株。

表 2-34　1999—2003 年从我国白羽肉鸡分离的 14 株 ALV-J 与原型株 HPRS-103 gp85 氨基酸序列同源性比较（%）

毒株	SD9901	SD9902	YZ9901	SD0001	SD0002	HN0001	SD0201	NX0101	SD0201	SD0301	HB0301	BJ0301	BJ0302	BJ0303
HPRS-103	94.2	92.9	89.6	91.6	92.2	89.2	88.9	90.3	91.2	95.8	90.2	94.1	91.6	91.6
SD9901		94.8	91.9	92.9	95.1	89.9	91.2	93.2	91.9	94.5	89.6	90.6	90.3	90.3
SD9902			90.6	93.8	98.7	89.9	89.9	91.2	90.6	93.2	89.3	91.5	89.6	89.6
YZ9901				89.9	90.9	88.2	92.5	89.6	88.7	90.3	86.6	87.3	89.4	89.4
SD0001					93.8	91.5	90.5	89.9	91.9	91.6	89.9	92.2	90.3	90.3
SD0002						89.9	90.2	91.6	90.9	93.5	89.6	90.9	89.6	89.6
HN0001							89.5	87.6	86.9	88.2	89.5	90.2	89.9	89.9
SD0102								88.2	87.9	89.2	87.6	88.6	87.6	87.6
NX0101									89.3	93.2	87.9	88.6	88.6	88.6
SD0201										91.6	88.3	89.6	87.4	87.4
SD0301											90.2	93.2	90.9	90.9
HB0301												91.2	90.2	90.2
BJ0301													95.4	95.4
BJ0302														100

表 2-35 不同年份分离的 ALV-J 野毒株及其与原型毒 HPRS-103 gp85 氨基酸序列同源性平均值（%）

	1999 年	2000 年	2001 年	2002 年	2003 年
HPRS-103	92.23	91.00	89.60	91.2	92.66
1999 年	92.43	92.14	91.26	90.4	90.1
2000 年		91.73	89.88	89.9	90.35
2001 年			88.2	88.6	88.75
2002 年					88.86
2003 年					92.76

（二）中国黄羽肉鸡与白羽肉鸡 ALV-J 分离株 gp85 的同源性关系

全球 ALV-J 都有一个共同来源，即某个白羽肉鸡品系。比较黄羽肉鸡分离到的 ALV-J gp85 基因与白羽肉鸡分离株的同源性关系，有助于阐明黄羽肉鸡 ALV-J 的来源。我国黄羽肉鸡中的 ALV-J 最早是在 2005 年和 2006 年分离到的。表 2-36 显示了不同黄羽肉鸡群分离到的 ALV-J 与不同品系白羽肉鸡分离株 gp85 的同源性关系。由表 2-36 可见，从华南地区黄羽肉鸡分离到的 GD0512 株与 2000 年从河南白羽肉鸡分离到的 HN0001 株的 gp85 的同源性高达 96.1%。由表 2-36 看出，HN0001 与广东黄羽肉鸡中分离到的 8 株 ALV-J gp85 的同源性均在 91.8%～96.1%范围内，而与我国其他地区白羽肉鸡分离到的 ALV-J gp85 的同源性仅在 89.2%～93.1%范围内，都显著低于 96.1%。这表明，这些黄羽肉鸡群的 ALV-J，特别是 GD0512 株与白羽肉鸡的 HN0001 株有共同的来源。系谱进化树更清楚地显示了这一点（图 2-8），在几十个 ALV-J 野毒株中，从华南地区黄羽肉鸡分离到的 GD0512 株与 2000 年从河南白羽肉鸡分离到的 HN0001 株紧紧地靠在一起。

2009 年后，在广西、广东、江苏、山东等地又从培育的黄羽肉鸡及一些地方品种鸡分离到若干株 ALV-J，它们与 2005—2006 年分离的 ALV-J 及白羽肉鸡来源的典型毒株的 gp85 同源性见表 2-38。从表可以看到，在 2009 年后从几个省份黄羽肉鸡和地方品种鸡分离到的 12 株 gp85 的同源性在 88.4%～97.7%范围内。而与 2000 年从白羽肉鸡分离到的 HN0001 gp85 同源性为 90.3%～95.2%，但与其他白羽肉鸡来源的 8 个毒株 gp85 同源性为 86.9%～96.3%，显示很大的变异范围。与 2006 年前从广东分离到的 8 株 ALV-J gp85 的同源性为 88.9%～95.2%。这不仅显示同源性变异范围增大，而且没有规律。这表明，我国不同地区不同黄羽肉鸡的 ALV-J 来源已随着流行时间的延长，呈现更大的多源性，而且相关交叉（图 2-9），已很难追踪其相互之间的关系。

（三）我国蛋用型鸡群 ALV-J 与其他来源 ALV-J 的 gp85 同源性比较

自 20 世纪 80 年代末从白羽肉鸡发现 ALV-J 以来，ALV-J 一直只见于白羽肉鸡。当在 2008—2009 年我国各地蛋鸡群中发生以髓细胞样肿瘤/血管瘤为主要病变的 ALV-J 感染大流行时，不仅让国际蛋用型种禽公司感到担忧，也让世界禽病界感到惊讶。2010—2011 年多个国际学术期刊纷纷发表了中国学者在蛋鸡 ALV-J 方面的研究报告。大家自然会关注，中国蛋鸡群中 ALV-J 从何而来？分析 gp85 基因的遗传进化树是其中一个重要手段，实际上，

表 2-36　1999—2006 年从我国白羽和黄羽肉鸡中分离到的 ALV-J 与国外参考株 gp85 同源性比较（%）

同源性百分比

差异性程度

1	2	3	4	5	6	7	8	9	10	11	12	13	14	15	16	17	18	19	20	21	22	23	24	25	26	27		
	91.1	94.8	90.6	89.3	87.3	87.0	93.5	86.7	91.5	91.8	89.6	92.8	90.2	91.5	91.8	91.2	89.9	95.8	96.4	93.2	91.6	93.8	90.8	94.5	93.2	92.2	1	SD0301ZB. pro
9.5		91.4	91.8	91.4	86.1	85.5	90.8	86.2	92.8	92.7	89.8	92.1	91.4	90.8	93.1	91.7	91.4	91.4	91.4	89.8	91.8	92.1	91.4	92.8	92.1	92.1	2	0661gp85. pro
5.4	9.1		90.9	90.9	87.9	86.6	91.2	88.0	91.2	92.2	88.6	91.2	89.9	91.9	90.2	91.2	89.5	95.5	97.4	89.0	92.9	93.2	89.5	92.9	93.2	90.9	3	4817gp85. pro
10.1	8.7	9.7		94.8	88.2	85.3	90.5	87.6	92.2	92.5	92.5	93.2	91.2	90.2	92.2	91.1	93.5	91.2	90.6	89.9	91.2	92.2	90.8	91.9	92.8	90.2	4	5701gp85. pro
11.6	9.1	9.7	5.4		87.9	85.9	89.5	86.6	92.5	92.2	89.9	92.5	92.8	90.5	90.8	90.5	92.2	89.9	89.6	88.9	92.5	91.5	89.9	91.5	92.2	89.5	5	6683gp85. pro
14.0	15.4	13.2	12.8	13.2		93.8	87.3	94.8	88.6	88.2	86.3	88.6	87.9	87.9	86.9	88.5	87.9	88.6	87.9	86.3	89.3	87.9	86.6	87.6	88.3	85.9	6	6803gp85. pro
14.4	16.2	14.7	16.4	15.6	6.5		86.9	93.2	87.6	87.2	85.6	88.2	87.5	86.6	86.6	86.9	86.6	86.3	87.0	84.0	87.9	86.3	85.6	86.0	86.0	85.6	7	6827gp85. pro
6.8	9.8	9.4	10.2	11.3	14.0	14.4		86.0	91.9	90.2	89.2	91.5	89.8	90.2	91.1	90.9	90.2	93.5	92.5	90.9	90.6	90.9	90.2	92.2	90.9	91.9	8	ADOL-HC1 gp85. pro
14.7	15.3	13.1	13.6	14.7	5.4	7.2	15.5		87.9	87.6	86.6	87.9	86.3	87.6	86.9	88.6	87.9	88.0	88.0	85.1	88.3	88.3	86.6	87.7	88.6	86.6	9	AF88gp85. pro
9.0	7.6	9.4	8.2	7.9	12.4	13.6	9.4	13.2		98.4	92.2	93.5	93.5	92.5	93.8	93.1	94.4	91.9	92.2	89.3	93.2	93.2	90.8	93.5	93.5	91.2	10	GD0510Agp85. pro
8.7	7.7	8.3	7.9	8.3	12.9	14.1	10.6	13.6	1.6		91.8	93.8	93.1	92.5	93.8	92.4	93.1	91.5	92.8	88.9	93.1	93.1	90.5	93.1	92.8	90.8	11	GD0510Bgp85. pro
11.3	11.0	12.4	7.9	10.9	15.2	16.0	11.7	14.7	8.3	8.7		92.2	92.2	90.5	92.5	92.1	96.1	89.9	89.3	88.9	90.9	90.6	89.5	906	90.9	90.2	12	GD0512gp85. pro
7.5	8.4	9.4	7.2	7.9	12.4	12.8	9.0	13.2	6.8	6.5	8.3		94.4	91.8	95.1	92.1	92.5	91.2	91.9	92.2	93.2	93.8	92.2	93.5	93.5	91.8	13	GD06LGgp85. pro
10.5	9.1	10.9	9.4	7.6	13.3	13.7	10.9	15.2	6.9	7.2	8.3	5.8		92.1	94.4	93.1	91.8	89.2	89.2	90.2	91.8	90.5	90.8	91.5	90.8	91.1	14	GD06SL1 gp85. pro
9.0	9.8	8.6	10.5	10.2	13.2	14.8	10.5	13.6	7.9	8.0	10.2	8.7	8.3		92.8	94.1	92.1	91.2	92.5	88.6	92.2	91.9	89.9	91.2	90.9	89.9	15	GD06SL2gp85. pro
8.7	7.3	10.5	8.3	9.8	14.5	14.9	9.4	14.4	6.5	6.5	7.9	5.1	5.8	7.6		93.1	93.1	90.5	90.8	90.8	91.5	91.5	90.8	91.8	91.5	91.1	16	GD06SL3gp85. pro
9.4	8.8	9.4	9.4	10.2	12.5	14.5	10.5	12.4	7.2	8.0	8.3	8.3	7.3	6.1	7.2		93.1	91.5	92.2	89.9	92.5	92.5	90.8	92.2	92.2	91.2	17	GD06SL4gp85. pro
10.9	9.1	11.3	6.9	8.3	13.3	14.9	10.6	13.2	5.8	7.2	4.0	7.9	8.7	8.3	7.2	7.3		90.8	90.5	89.2	93.1	91.8	89.8	91.5	92.2	90.5	18	HN0001gp85. pro
4.3	9.1	4.7	9.4	10.9	12.4	15.1	6.8	13.1	8.6	9.0	10.9	9.4	11.7	9.4	10.2	9.0	9.8		97.1	90.3	91.6	92.5	90.5	94.2	93.8	92.2	19	HPRS-103gp85. pro
3.7	9.1	2.6	10.1	11.3	13.2	14.4	7.9	13.1	8.3	7.6	11.6	8.6	11.7	7.9	9.8	8.3	10.2	3.0		90.3	93.8	94.2	90.8	93.8	94.2	92.2	20	line0gp85. pro
7.2	11.0	12.0	10.9	12.0	15.1	18.0	9.7	16.7	11.6	12.1	12.0	8.3	10.5	12.4	9.8	10.9	11.7	10.5	10.5		89.9	91.9	89.9	93.2	92.2	92.2	21	NX0101 gp85. pro
9.0	8.7	7.5	9.4	7.9	11.6	13.2	10.1	12.7	7.2	7.2	9.7	7.2	8.7	8.3	9.0	7.9	7.2	9.0	6.4	10.8		94.2	92.2	92.9	93.8	92.5	22	SD0001 gp85. pro
6.4	8.4	7.2	8.3	9.0	13.2	15.1	9.7	12.7	7.2	7.2	10.1	6.5	10.2	8.6	9.0	7.9	8.7	7.9	6.1	8.6	6.1		92.2	95.5	98.4	93.8	23	SD0002gp85. pro
9.8	9.1	11.3	9.8	10.9	14.9	16.1	10.5	14.8	9.8	10.2	11.3	8.3	9.8	10.9	9.8	9.8	10.9	10.2	9.8	10.9	8.3	8.3		92.8	92.5	94.4	24	SD0101gp85. pro
5.7	7.6	7.5	8.6	9.0	13.6	15.5	8.3	13.5	6.8	7.2	10.1	6.8	9.0	9.4	8.7	8.3	9.0	6.1	6.4	7.2	7.5	4.7	7.6		95.8	94.5	25	SD9901gp85. pro
7.9	8.4	7.2	7.5	8.3	12.8	15.5	9.7	12.4	6.8	7.6	9.7	6.8	9.8	9.7	9.0	8.3	8.3	6.4	6.1	8.9	6.4	1.6	7.9	4.3		94.1	26	SD9902gp85. pro
8.3	8.4	9.7	10.5	11.3	15.6	16.0	8.6	14.7	9.4	9.8	10.5	8.7	9.4	10.9	9.4	9.4	10.2	8.3	8.3	8.3	7.9	6.5	5.8	5.8	6.1		27	YZ9901 gp85. pro

注：表中 GD 开头的 8 株是从广东黄羽肉鸡分离到的，SD 开头 6 株从山东白羽肉鸡分离到的，YZ9901、HN0001、NX0101 三株分别是从江苏、河南和宁夏的白羽肉鸡分离到的，HPRS-103 为最早 ALV-J 的原型毒，从英国白羽肉鸡分离到的，其余是从美国白羽肉鸡分离到的。

表 2-37 3 个分离毒株与其他鸡源 ALV 亚群 gp85 氨基酸序列同源性比较（%）

亚群	A	B	C	D	E	J	K?
A	88.2～98.5	77.4～81.1	83.1～85.5	82.4～85.0	82.2～85.0	33.9～36.3	81.1～83.7
B		91.6～98.8	80.1～82.0	87.2～89.6	79.5～83.5	35.0～36.8	77.7～82.1
C			*	84.0	83.6－84.8	35.1～36.6	83.2～84.6
D				*	84.5～85.4	35.4%～36.9	80.9～82.4
E					97.9～99.4	36.1%～38.5	81.9～84.2
J						90.3%～91.4	34.2～36.5
K?							91.9～97.0

注：＊迄今为止，C 和 D 亚群都仅有一个毒株的序列发表。

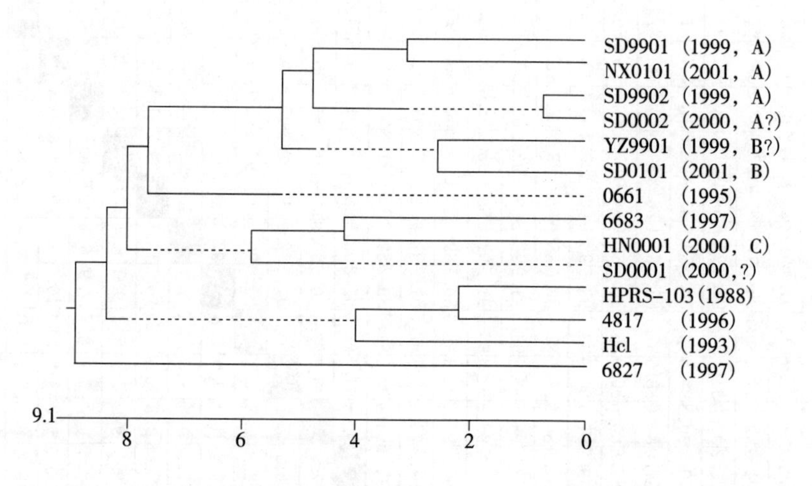

图 2-6 最早从我国白羽肉鸡中分离的 8 个 ALV-J 代表株与早年报道的 ALV-J 国际参考株 gp85 氨基酸序列同源性关系比较

注：HPRS-103 为最早的原型毒，0661、6683、4817、Hc1 和 6827 为美国分离株。各株名后括号中的数字表示病毒株分离年份，A、B、C 分别表示来自不同品系的白羽肉鸡，来源详见表 2-3（Cui 等，2003）。

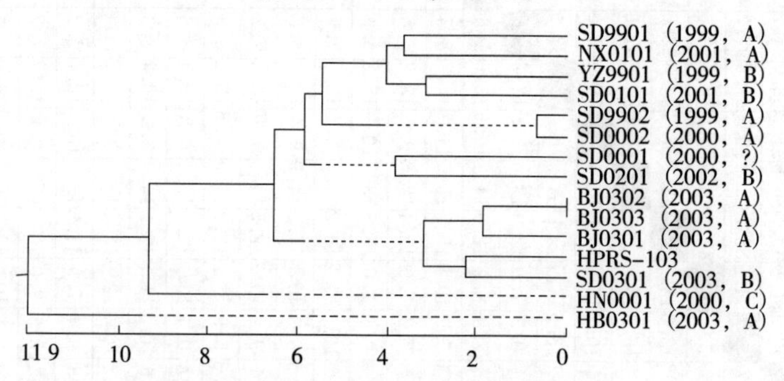

图 2-7 1999—2003 年从我国白羽肉鸡中分离的 14 个 ALV-J 代表株与早年报道的 ALV-J 原型毒 HPRS-103 gp85 氨基酸序列同源性关系比较

（资料来源：王增福等，2005）

表 2-38　2009 年后从地方品种鸡和黄羽肉鸡分离到的 ALV-J 与 2006 年前黄羽肉鸡和白羽肉鸡分离株 gp85 同源性比较（%）

同源性百分比（右上）；差异性程度（左下）

1	2	3	4	5	6	7	8	9	10	11	12	13	14	15	16	17	18	19	20	21	22	23	24	25	26	27	28		
	90.6	90.1	92.3	90.9	92.6	91.2	91.8	90.6	96.0	90.3	93.8	94.0	90.3	93.8	90.9	90.0	92.9	90.1	89.8	90.3	92.9	90.1	90.6	90.9	91.5	93.5	92.3	1	4817gp85. pro
9.0		91.5	92.8	92.3	91.5	92.8	92.0	93.2	90.9	88.8	92.3	92.0	89.8	92.3	89.2	90.5	93.8	91.8	90.1	89.2	90.3	88.9	88.9	91.2	92.9	91.5	92.8	2	GD0510Agp85. pro
12.0	8.3		93.2	92.9	91.5	93.2	92.9	96.3	90.9	90.1	92.0	91.5	90.3	91.5	90.1	92.0	93.5	93.2	90.6	90.1	90.1	90.1	90.9	92.6	94.0	90.3	92.3	3	GD0512gp85. pro
9.0	6.8	8.3		94.9	92.6	95.5	92.9	93.2	92.0	92.9	94.0	94.3	92.6	94.0	91.5	92.6	94.6	94.0	89.5	90.3	91.5	92.3	89.5	93.5	94.3	94.3	93.5	4	GD06LGgp85. pro
10.5	8.9	8.3	5.8		92.8	95.2	93.5	92.3	90.1	90.9	92.8	91.2	91.2	92.0	90.8	92.8	94.0	92.8	90.1	89.2	90.1	90.1	88.9	92.9	94.0	91.8	93.2	5	GD06SL1gp85. pro
8.6	7.6	9.8	8.3	8.0		93.2	94.6	92.6	92.0	89.8	92.9	92.6	90.9	92.0	90.3	91.1	94.0	91.8	89.5	89.8	89.8	89.8	88.9	92.6	94.6	92.3	94.3	6	GD06SL2gp85. pro
10.2	6.5	7.9	5.1	5.8	7.2		93.2	93.5	91.2	91.5	92.3	92.0	91.2	92.3	90.6	91.4	93.5	93.8	89.5	88.9	90.1	90.6	89.5	92.9	94.3	91.8	93.5	7	GD06SL3gp85. pro
9.4	7.9	8.3	8.3	7.9	6.1	7.9		93.5	99.0	90.6	99.9	99.9	91.5	92.6	91.9	91.1	95.2	91.9	89.8	89.5	90.6	91.9	89.2	99.9	94.6	99.3	94.8	8	GD06SL4gp85. pro
10.9	5.8	4.0	7.9	8.7	8.0	7.2	7.2		91.5	90.1	93.8	92.3	90.3	92.0	90.1	92.8	94.3	94.0	91.5	90.9	90.9	90.3	90.9	93.5	95.2	91.5	93.2	9	HN0001gp85. pro
4.7	8.6	10.9	9.4	11.7	9.4	10.2	9.0	9.8		91.5	92.6	93.5	91.2	94.9	92.0	88.8	93.2	90.3	89.8	90.6	92.6	90.3	90.3	91.2	91.8	93.2	93.8	10	HPRS-103gp85. pro
12.0	11.6	12.0	8.3	10.5	12.4	9.8	10.9	11.7	10.5		91.2	92.9	90.6	94.0	92.0	88.8	91.5	90.1	88.6	88.9	89.2	89.8	86.9	90.3	91.2	93.5	92.0	11	NX0101gp85. pro
7.5	6.8	9.4	6.8	8.3	8.3	8.7	7.9	6.9	9.0	10.8		94.9	92.6	93.8	92.3	91.4	94.0	92.0	91.8	89.8	92.0	90.6	89.2	93.2	94.3	93.8	93.2	12	SD0001gp85. pro
7.2	7.2	10.1	6.5	10.2	8.6	9.0	7.9	8.7	7.9	8.6	6.1		92.6	96.0	93.5	91.7	95.5	90.9	90.3	90.1	91.2	91.2	88.9	92.0	93.2	95.7	93.2	13	SD0002gp85. pro
11.3	9.4	10.9	8.0	9.5	10.9	9.5	9.8	10.6	10.2	10.9	8.3	8.3		93.2	94.0	90.5	92.6	89.5	88.6	88.6	89.8	90.6	87.8	92.3	93.2	93.5	92.6	14	SD0101gp85. pro
7.5	6.8	10.1	6.8	9.0	9.4	8.7	8.3	9.0	6.1	7.2	7.5	4.7	7.6		94.0	90.8	94.0	90.3	90.1	90.9	91.5	91.5	89.5	92.0	93.5	96.3	93.5	15	SD9901gp85. pro
9.7	9.4	10.5	8.7	9.4	10.9	9.4	9.4	10.2	8.3	8.3	7.9	6.5	5.8	5.8		90.0	91.5	88.4	89.2	88.1	91.5	91.2	87.2	90.9	91.8	93.8	91.5	16	YZ9901 gp85. pro
11.8	8.4	8.8	8.0	7.3	9.9	g.2	9.6	7.3	13.4	13.4	9.9	9.5	11.1	10.6	10.3		92.6	91.4	89.1	90.3	90.0	91.1	90.3	94.6	94.6	91.7	91.7	17	GXSH02gp85. pro
8.3	5.4	7.9	6.5	6.9	6.5	7.6	5.4	6.5	7.9	10.1	6.8	5.1	8.0	6.8	8.7	8.0		93.2	90.6	91.2	91.8	91.5	90.6	94.0	95.2	94.0	95.9	18	GDXX gp85. pro
11.7	7.6	7.9	6.9	8.3	9.1	6.9	10.2	7.2	11.3	11.7	9.0	10.5	11.8	11.3	12.5	9.2	7.9		88.9	89.5	89.2	89.5	90.1	92.9	93.5	90.6	92.0	19	HN gp85. pro
12.0	9.7	10.5	12.0	10.9	12.0	11.7	11.3	9.0	12.0	13.5	9.3	11.2	12.8	11.6	11.3	12.2	10.5	12.4		90.9	90.6	88.4	90.6	91.5	90.6	89.5	90.9	20	JQS gp85. pro
10.9	9.8	10.9	10.6	11.8	11.3	12.1	11.4	9.5	10.5	12.8	11.7	11.3	13.3	10.2	12.5	11.1	9.4	11.4	10.1		91.5	89.8	93.8	92.3	91.5	90.1	91.8	21	NHB gp85. pro
7.2	7.9	10.5	8.7	10.2	10.9	10.2	9.4	9.1	7.5	12.0	8.3	9.4	10.6	9.0	9.7	10.3	8.3	11.3	9.4	8.7		92.3	91.5	92.6	92.3	91.5	91.2	22	SCAU-0901 gp85. pro
10.5	9.4	10.2	7.2	9.8	10.6	9.1	8.4	9.5	10.2	10.9	9.8	9.0	9.8	8.7	9.7	9.9	8.3	10.6	12.1	10.6	8.2		89.5	92.9	93.2	91.5	91.2	23	SZ-08 gp85. pro
9.1	8.7	8.4	10.2	10.8	11.0	9.9	10.3	8.0	9.4	14.1	10.9	11.3	12.9	10.8	12.1	9.8	8.7	9.1	9.0	8.1	7.2	9.5		92.3	91.2	88.8	91.2	24	XG-09 gp85. pro
10.2	7.2	7.6	6.5	6.9	7.6	6.9	6.9	6.2	9.8	10.9	7.2	8.7	8.3	8.7	8.7	6.2	5.8	6.9	9.4	8.7	6.5	7.2	7.2		97.7	92.6	94.6	25	XX1-09 gp85. pro
9.8	5.4	6.2	5.8	5.8	5.4	5.5	5.1	4.4	9.4	10.2	6.1	7.6	7.6	7.2	8.0	6.6	4.7	6.5	10.2	9.4	7.2	7.2	8.4	2.3		93.8	95.7	26	XX2-09 gp85. pro
7.9	7.9	11.8	8.5	9.4	9.0	9.4	8.7	9.8	8.2	7.9	7.5	5.0	7.2	4.3	8.1	9.5	8.8	10.9	12.4	11.3	9.0	8.7	11.7	7.9	8.9		93.5	27	HAY01 3. pro
9.0	6.1	8.7	7.2	7.2	6.1	6.9	5.4	7.2	7.2	9.4	7.9	7.9	8.7	7.5	8.7	9.9	5.1	8.7	10.1	9.4	9.0	9.4	8.7	5.8	4.7	7.5		28	CAUGX01-gp85. pro

注：1 号为美国的参考株，10 号 HPRS-103 为从英国白羽肉鸡分离到的最早 ALV-J 的原型毒，2～8 号为 2005—2006 年从广东黄羽肉鸡分离到的毒株，9 号和 11～16 号为 1999—2003 年从山东、江苏、河南和宁夏的白羽肉鸡分离到的毒株，17～28 号为 2009 年后华南农业大学、扬州大学、广西大学及中国农业大学从不同省份黄羽肉鸡或地方品种鸡分离到的 ALV-J。

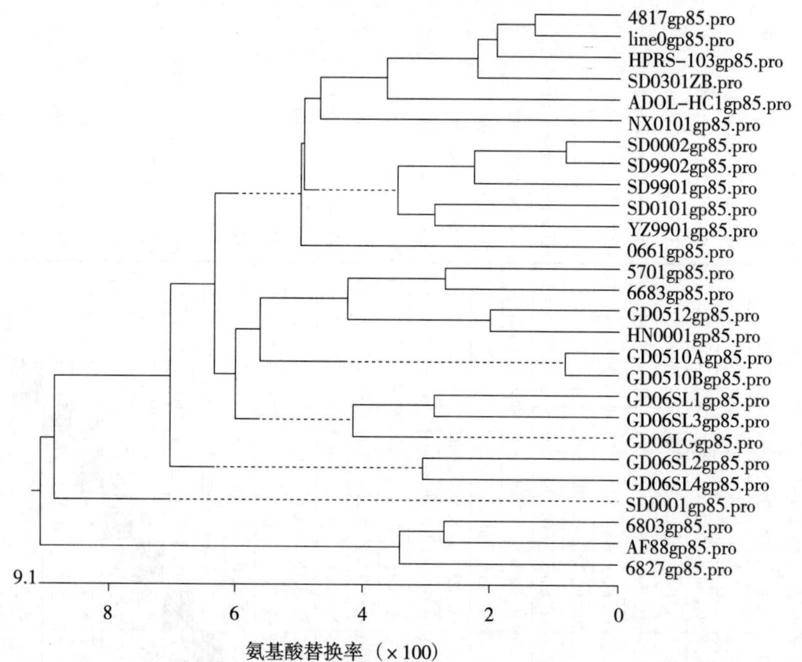

图 2-8　1999—2006 年从我国白羽和黄羽肉鸡中分离到的 ALV-J 与国外参考株 gp85 系谱关系

注：图中 GD 开头的 8 株是从广东黄羽肉鸡分离到的，SD 开头 6 株是从山东白羽肉鸡分离到的，YZ9901、HN0001、NX0101 三株分别是从江苏、河南和宁夏的白羽肉鸡分离到的，HPRS-103 是最早 ALV-J 的原型毒，从英国白羽肉鸡分离到的，其余是从美国白羽肉鸡分离到的。

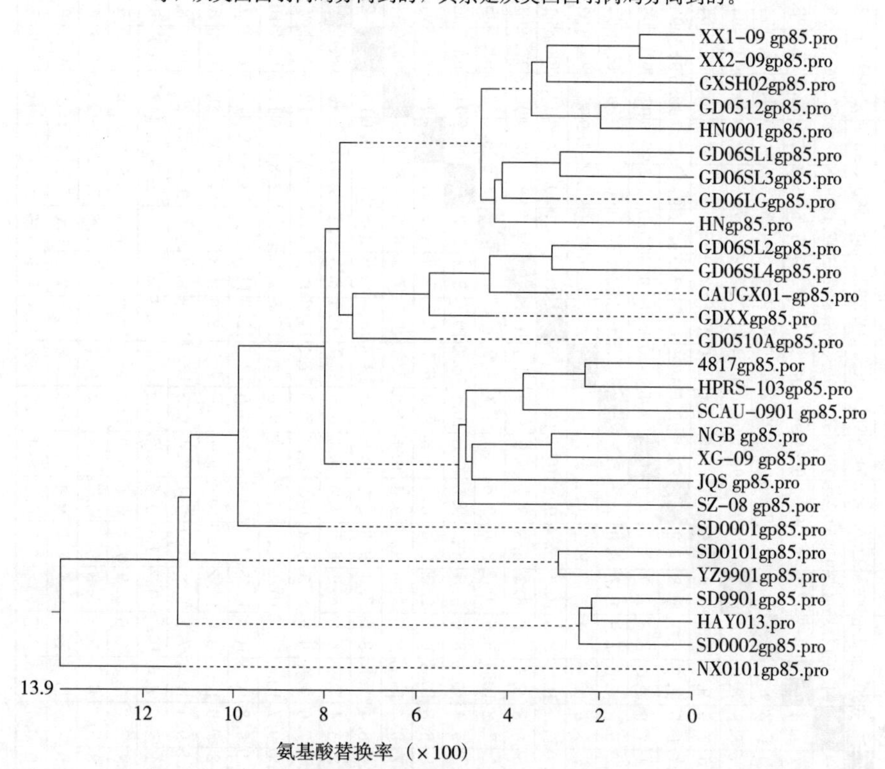

图 2-9　2009 年后从地方品种鸡和黄羽肉鸡分离到的 ALV-J 与 2006 年前黄羽肉鸡和白羽肉鸡分离株 gp85 的系谱关系

早在 2004—2005 年，中国农业大学徐缤蕊等已报道了蛋鸡中典型的髓细胞样肿瘤病变，并用针对 ALV-J 的单抗 JE9 作特异性免疫组织化学试验，从中检出 ALV-J 特异性抗原，证明病原是 ALV-J。随后我们实验室在 2006 年又进一步从河北、山东蛋用型鸡分离到了 ALV-J，但其 gp85 已与以往从白羽肉鸡及黄羽肉鸡分离到的 ALV-J 有了很大的偏离（图 2-10），与 5 株国际参考株之间的同源性平均为 86.0%（83.5%～83.7%），其中与 HPRS-103 的同源性最高，也仅为 87.3%。与来自白羽肉用型鸡的 8 株国内参考株的同源性平均为 87.8%（86.4%～88.9%），而国内 8 株参考株相互之间的同源性平均为 91.5%（87.6%～95.8%）（王辉等，2008，2009）。显然，当时从蛋鸡分离到的这两株 ALV-J 的 gp85 基因已发生了很大的变异，很难根据同源性关系找出其来源（图 2-10）。

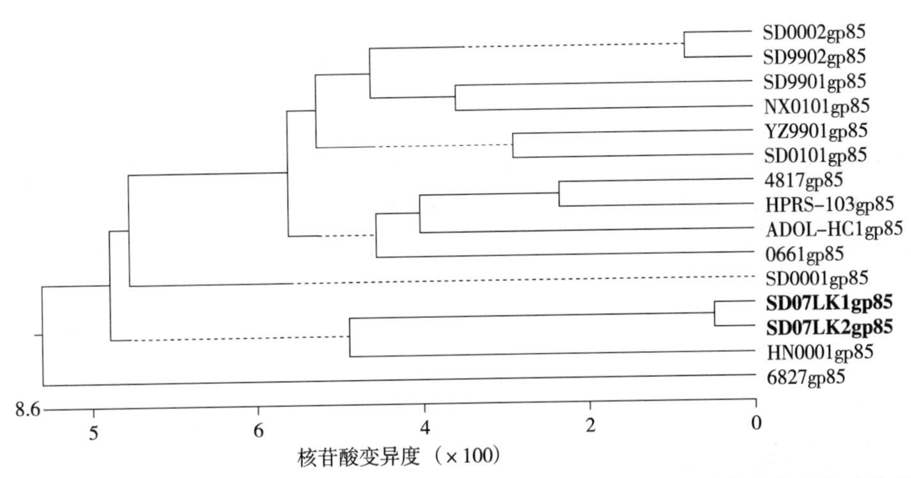

图 2-10　2007 年蛋鸡分离毒 SD07LK1 和 SD07LK2 株与 2002 年前国内外从白羽肉鸡分离到的其他毒株 gp85 系谱关系（王辉等，2009）

在实施我们主持的“十一五”鸡白血病专项过程中，山东农业大学等 6 个单位从患肿瘤/血管瘤蛋鸡体内分离到大量 ALV-J 毒株。2007—2010 年从蛋鸡分离到的 ALV-J 的 25 个毒株与原型毒 HPRS-103 的 gp85 的同源性为 87.9%～96.7%；而与 1999—2001 年从不同省份白羽肉鸡分离到的 4 个代表株的 gp85 同源性为 87.0%～99%，其变异范围大于相对于原型毒的变异范围。其中，2001 年从宁夏白羽肉鸡分离到的 NX0101 与 2009 年从江苏蛋鸡分离到的 JS09GY2 和 JS09GY3 之间的同源性最低，仅有 87%。但 2008 年从江苏蛋鸡分离到的 HA08 株与 1999 年从山东白羽肉鸡分离到的 SD9901 的 gp85 的同源性高达 99%，表明二者来源的年份、省区和鸡的类型不相同，但系谱关系很密切（图 2-11）。这说明，ALV-J 在过去十多年在我国不同类型鸡群中的传播过程中，一方面在变异，一方面原有的毒株仍然在鸡群中继续流行着。

2007—2010 年从多省蛋鸡（分别来自海兰、罗曼和尼克三个品系）分离到的 25 株 ALV-J 的相互比较还表明，它们的 gp85 同源性也介于 87.6%～99%这一范围。也就是说，蛋鸡来源的 ALV-J 相互之间的差异性并不小于蛋鸡来源与白羽鸡来源之间的差异性。我国蛋鸡来源 ALV-J 与我国白羽肉鸡来源 ALV-J 的差异性也不小于蛋鸡 ALV-J 与最早的英国原型毒 HPRS-103 之间的差异性。虽然过去多年在蛋鸡的流行过程中，ALV-J 的 gp85 发生了很大变异，但这种变异也并不是向一个方向上越来越偏离在 1988 年分离到的原型毒 HPRS-103 株，而是在一定的范围内多方向变异。

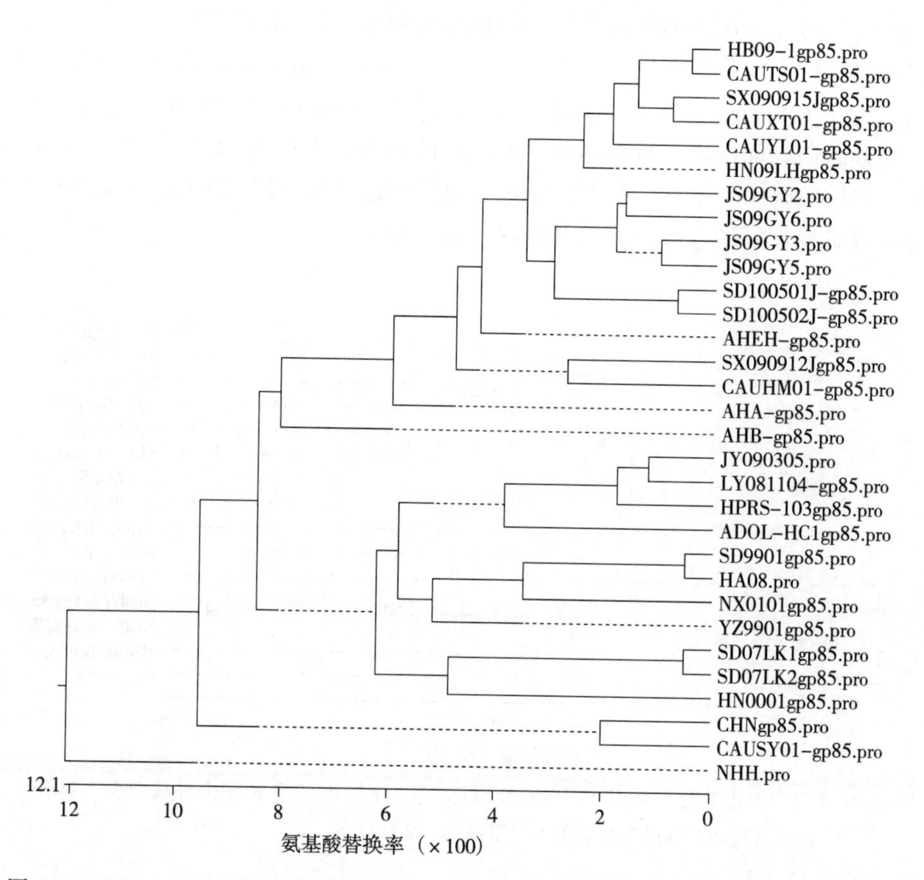

图 2-11　2007—2010 年从蛋鸡分离到的 ALV-J 与 2001 年前白羽肉鸡分离株 gp85 的系谱发生树

注：从白羽肉鸡分离到的毒株分别是 SD9901、YZ9901、HN0001、NX0101 及 HPRS-103（英国）和 ADOL-Hcl（美国）。其余均是从蛋鸡分离到的。

（四）ALV-J 中国流行毒株 gp85 演变趋势

从 20 世纪 80 年代末出现 ALV-J，到 2002—2005 年各跨国育种公司的原种鸡群先后实现 ALV-J 净化，现在已很少再能分离到 ALV-J 了。但在我国，ALV-J 也在 20 世纪 90 年代初随引进种鸡进入中国鸡群，前后已二十多年，且流行面越来越广。ALV-J 不仅分布于全国各地白羽肉鸡，而且已传入我国改良培育的黄羽肉鸡、中国纯地方品种鸡及相当多的祖代、父母代特别是商品代蛋鸡群。因此，病毒发生演变的程度也更高。在前面几个小节中已分别对从我国白羽肉鸡、黄羽肉鸡及地方品种鸡和蛋用型鸡群中分离到的 ALV-J 的 gp85 氨基酸序列作了同源性比较。这里再进一步把从 1999—2012 年从白羽肉鸡分离到的 7 株、黄羽肉鸡及地方品种鸡分离到的 7 株和蛋用型鸡群中分离到的 12 株 ALV-J 的 gp85 氨基酸序列同源性作了全面比较，以阐明在过去十多年中 ALV-J 的 gp85 基因变异规律或变异趋势。表 2-36 列出了不同年代从不同地区不同类型鸡群中分离到的 ALV-J 的代表株的 gp85 同源性比较。从表 2-36、图 2-9 至图 2-11 的分析结果可以看出，虽然过去十多年在我国不同地区不同类型鸡群的流行过程中，ALV-J 的 gp85 发生了很大变异，但这种变异也并不是向一个方向上越来越偏离的原型毒 HPRS-103，而是在一定的范围内多方向变异。但其变异的程度缓慢地增大，相互之间的偏离程度的增大比对原始毒偏离的程度还要大。

（五）中国鸡群的 ALV-A gp85 与国际参考株的同源性比较

对于 ALV 亚群的鉴定，经典方法是根据病毒在细胞培养上的干扰试验或病毒中和反应，但这些方法都比较复杂，还需有已知亚群的 ALV 参考株。鉴于 ALV 的亚群是基于病毒囊膜蛋白的 gp85，因此，近几年来国内外都开始根据 gp85 的同源性比较来确定亚群。我国最初分离鉴定的 4 株 ALV-J（SD9901、SD9902、YZ9901、YZ9902），最初就是用这个方法来确定的。但对大量可疑样品盲目作 PCR，并对 PCR 产物克隆和测序，要浪费大量人力和财力。在我们研发出 ALV-J 特异性单抗 JE9（Qin 等，2001）后，在过去十多年中，我们实验室及国内其他实验室都先将可疑病料接种细胞培养，然后用 ALV-J 特异性单抗 JE9 做 IFA。在证明分离到的病毒确是 ALV-J 后，再做 PCR 及测序。如果，呈现 IFA 阴性，就认为没有 ALV-J 感染，同时也不再做进一步研究。用这一方法，在过去十多年国内已分离和报道了 100 多株 ALV-J。在 2010 年前，就一直没有其他亚群 ALV 的报道。但是，血清流行病学调查表明，我国有近半数鸡群可检出 ALV-A/B 抗体阳性（见本章第一节），特别是有些发生疑似白血病肿瘤的鸡群，呈现 ALV-J 抗体阴性而 ALV-A/B 抗体阳性。我们推测，由于十年来一直用 ALV-J 特异性单抗 JE9 做 IFA 进行第一步检测，这很容易把 ALV-J 检测出来，但很可能却把其他亚群 ALV 忽略了。

1. A 亚群 ALV 中国分离株的鉴定　当我们将可疑病料接种细胞培养后，在用单抗 JE9 做 IFA 的同时，还检测细胞培养上清液中的 p27 抗原。如果呈现 IFA 阴性，p27 阳性，就对细胞提取 DNA，并用不同亚群 ALV 的 gp85 序列作为引物做 PCR，将 PCR 产物克隆后测序。用这个方法，我们分别从白羽肉鸡和我国培育型黄羽肉鸡中分离鉴定出 4 株 ALV-B（SDAU09C1、SDAU09C3、SDAU09E1、SDAU09E2）（张青婵等，2010）。

表 2-39 显示了这 4 株病毒的 gp85 与各亚群参考株的同源性，这一结果表明这 4 个分离株的 gp85 氨基酸序列与过去几十年中从美国鸡群中分离鉴定的 ALV-A 参考株的同源性最高（88.3%～98.5%），显著高于与 ALV-B、C、D（77.9%～85.3%）或 ALV-E（82.1%～85%）的同源性，更显著高于与 ALV-J 的同源性（30.9%～39.3%）。对前病毒基因组 DNA 的扩增序列拼接结果显示，毒株 SDAU09C1、SDAU09C3、SDAU09E1、SDAU09E2 的基因组大小分别是 7 469 bp、7 498 bp、7 251 bp、7 392 bp。它们的 env 基因大小依次为 1 827bp、1 839bp、1 830bp、1 806bp。其中 SDAU09C1 的 gp85 基因大小为 1 017bp，编码相应的氨基酸序列大小是 339aa；SDAU09C3 的 gp85 基因大小为 1 032bp，编码相应的氨基酸序列大小是 344aa；SDAU09E1 的 gp85 基因大小为 1 020bp，编码氨基酸序列大小是 340aa；SDAU09E2 的 gp85 基因大小为 1 017 bp，编码相应的氨基酸序列大小是 339aa 和 197aa。将它们的 gp85 氨基酸序列与不同亚群参考株进行同源性比较，结果显示（表 2-39），SDAU09C1 与 10 株 A 亚群参考株的同源性为 89.1%～91.5%，与 ALV-B、C、D、E 参考株的同源性为 78.8%～85.2%；SDAU09C3 与 10 株 A 亚群参

考株的同源性为 87.7%～97.4%，与 ALV-B、C、D、E 参考株的同源性为 76.9%～83.8%；SDAU09E1 与 10 株 A 亚群参考株的同源性为 88.3%～98.5%，其中与已知的疫苗污染毒株 PDRC-1039、PDRC-3246、PDRC-3249 和 RSA 的同源性最高（97.4%以上），与 ALV-B、C、D、E 参考株的同源性为 77.7%～83.8%；SDAU09E2 与 10 株 A 亚群参考株的同源性为 89.4%～91.2%，与 ALV-B、C、D、E 参考株的同源性为 77.9%～84%。4 个分离株与 ALV-J 参考株的同源性平均仅为 38%左右。表明分离株 SDAU09C1、SDAU09C3、SDAU09E1 和 SDAU09E2 属于 A 亚群禽白血病病毒。系统发生分析也显示分离株 SDAU09C1、SDAU09C3、SDAU09E1 和 SDAU09E2 与 ALV-A 参考株的遗传关系最近（图 2-12）。

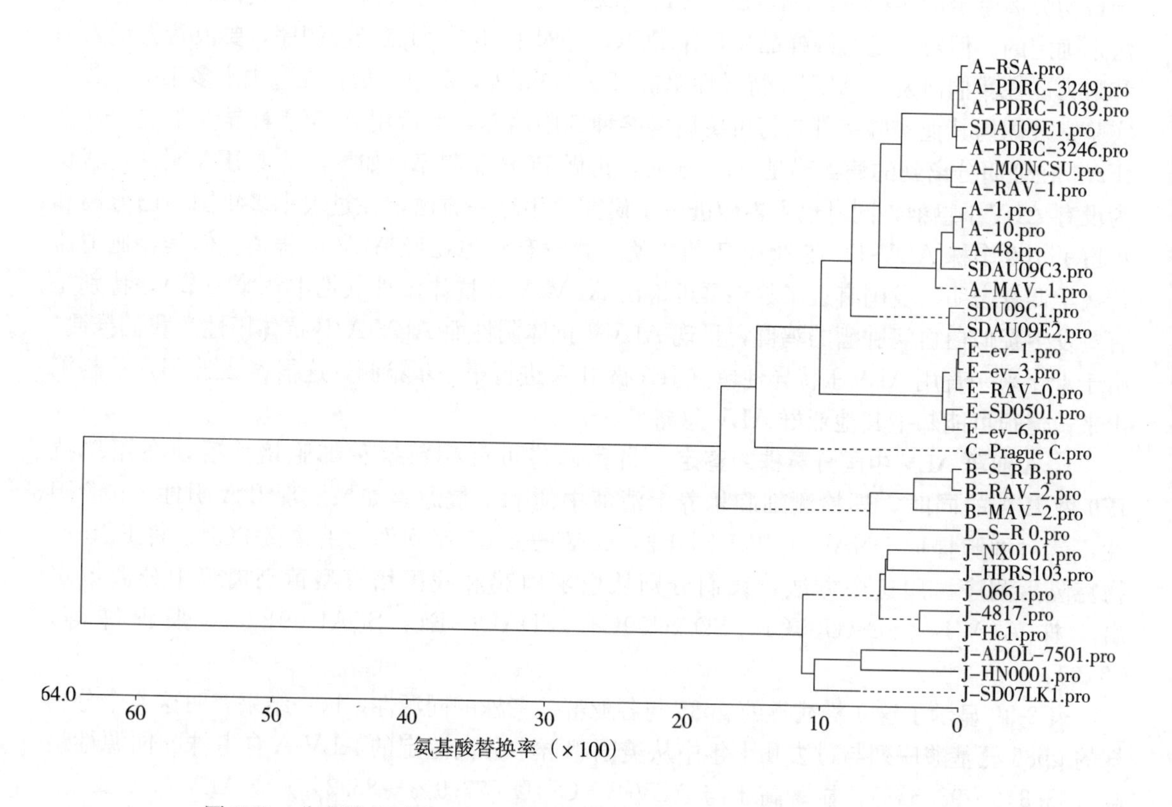

图 2-12　分离株 SDAU09C1、SDAU09C3、SDAU09E1 和 SDAU09E2 gp85 氨基酸序列与各亚群参考株的进化树分析

2. A 亚群 ALV 中国分离株的致病性　在本章第三节中已列出了 2 株 ALV-A 中国分离株 SDAU09C1、SDAU09E1 对不同遗传背景的不同品系鸡的致病性。其中，SDAU09E1 是从山东某地自行培育的黄羽肉鸡的种蛋蛋清中分离到的，而 SDAU09C1 则是从进口的某白羽肉鸡的祖代鸡群分离到的（张青婵等，2010）。所实验的这 2 个 ALV-A 中国分离株对鸡的致病性特别是致肿瘤性并不强，二者在对鸡的致病性强度方面无明显差别。但也确实可以引发某种肿瘤，如纤维肉瘤或血管瘤（彩图 2-84 至图 2-89）。然而，当比较 SDAU09E1 和 SDAU09C1 这两株 ALV-A 的病毒血症动态时，则显

表 2-39　A 亚群分离株 SDAU09C1、SDAU09C3、SDAU09E1 和 SDAU09E2 的 gp85 氨基酸序列与各亚群参考株的同源性比较（%）

差异性程度

1	2	3	4	5	6	7	8	9	I0	11	12	13	14	15	16	17	18	19	20	21	22	23	24	25	26	27	28	29	30	31	32		
	90.6	88.9	97.9	89.1	91.2	90.9	90.6	91.5	89.1	89.1	89.4	90.0	90.3	78.9	80.7	78.8	85.3	84.6	84.7	84.4	84.6	84.0	85.2	37.8	38.6	38.8	36.9	38.6	39.4	37.8	38.5	1	SDAU09C1. pro
		88.0	90.0	88.3	97.1	96.8	96.5	97.4	87.7	88.3	88.9	89.1	88.5	77.6	78.7	76.9	83.8	82.3	83.0	83.3	83.5	82.4	83.6	38.3	39.5	39.3	37.7	39.4	40.2	38.3	39.3	2	SDAU09C3. pro
			89.7	97.7	88.9	88.6	88.3	89.5	91.2	98.2	98.5	97.4	91.2	78.4	78.6	77.7	82.9	81.7	83.2	82.9	83.1	82.8	83.8	37.1	38.3	38.1	36.6	38.3	39.4	37.5	38.5	3	SDAU09E 1. pro
				89.4	90.9	90.6	90.3	91.2	89.7	89.4	89.7	90.3	90.3	79.5	80.7	78.8	85.5	83.7	85.0	84.7	84.9	84.3	85.5	38.1	39.0	39.1	37.2	38.9	39.7	38.1	38.8	4	SDAU09E2. pro
					89.1	88.9	88.6	90.3	91.5	99.4	98.5	99.1	90.9	78.3	78.9	77.9	83.2	82.2	83.8	83.5	83.7	83.4	84.0	37.1	38.0	38.1	36.2	38.3	39.1	37.5	38.1	5	A-RSA. pro
						99.7	98.6	98.6	88.6	89.2	89.8	90.0	89.4	78.2	79.3	77.4	84.4	83.2	83.9	84.2	84.4	83.3	84.5	38.3	39.5	39.3	37.4	39.4	40.2	38.3	38.9	6	A-1. pro
							98.3	98.3	88.3	88.9	89.5	89.7	89.1	77.9	79.0	77.2	84.1	82.9	83.6	83.9	84.1	83.0	84.2	38.3	39.5	39.3	37.4	39.4	40.2	38.3	38.9	7	A-10. pro
								97.7	88.0	88.6	89.2	89.4	88.8	78.2	79.0	77.4	84.1	82.9	83.9	84.2	84.4	83.3	84.5	38.3	39.5	39.3	37.1	39.4	39.9	38.3	38.9	8	A-48. pro
									89.2	90.4	90.4	91.2	89.4	78.5	79.6	77.7	85.0	83.5	84.2	84.5	84.7	83.6	84.8	38.3	39.1	39.3	37.1	39.4	39.9	38.3	38.9	9	A-MAV- 1. pro
										91.5	92.4	91.2	97.9	78.4	78.6	78.3	82.9	80.5	83.2	83.5	83.7	82.8	83.8	37.8	38.6	38.8	36.9	38.9	39.4	38.1	38.1	10	A-MQNCSU. pro
											99.1	99.1	91.2	78.1	78.6	77.4	83.2	82.0	83.8	83.5	83.7	83.4	84.1	36.8	37.6	37.8	35.9	37.9	38.7	37.1	37.8	11	A- PDRC-1039. pro
												98.2	92.1	78.7	79.2	78.0	83.5	82.6	84.4	84.1	84.3	84.0	84.7	37.1	38.0	38.1	36.2	38.3	39.1	37.5	38.1	12	A-PDRC-3246. pro
													90.6	78.6	79.2	78.2	84.1	83.1	84.7	84.4	84.6	84.0	84.9	37.1	38.0	38.1	36.2	38.3	39.1	37.5	38.1	13	A-PDRC-3249. pro
														79.5	79.1	78.9	83.4	81.0	82.8	82.8	83.0	82.4	83.2	37.9	39.1	38.9	37.0	39.1	39.9	38.3	38.3	14	A-RAV-1. pro
															93.9	98.8	80.6	88.2	80.4	80.4	80.9	80.0	81.2	38.3	38.5	39.3	36.5	39.5	39.3	38.7	39.0	15	B-S-R 8. pto
																93.3	81.8	88.4	81.8	81.8	82.4	81.8	83.0	39.3	39.1	40.6	37.4	40.7	40.5	39.6	39.6	16	B-MAV- 2. pro
																	79.9	87.5	80.0	80.3	80.8	79.6	80.6	38.8	38.6	39.5	36.9	39.6	39.7	39.1	39.5	17	B-RAV- 2. pro
																		83.9	84.2	84.8	84.7	83.9	85.4	38.9	39.1	40.3	37.4	40.1	40.2	38.9	39.6	18	C-PragueC. pro
																			84.1	84.1	84.6	83.5	85.0	38.1	38.0	38.8	36.9	38.9	39.1	38.1	38.5	19	D-S-R D. pro
																				98.3	97.7	97.7	98.5	37.4	37.6	38.1	35.9	37.9	38.3	37.7	38.1	20	E-SD0501. pro
																					99.4	97.7	99.1	37.4	37.6	38.1	35.9	37.9	38.3	37.7	38.1	21	E-ev- 1. pro
																						97.7	99.1	37.0	37.5	38.3	35.8	38.1	38.3	37.3	38.0	22	E-ev-3. pro
																							98.2	36.7	37.2	37.4	34.5	37.9	36.6	36.4	36.7	23	E-ev-6. pro
																								36.5	37.0	37.8	35.3	37.6	37.8	36.8	37.5	24	E-RAV- O. pro
																									88.8	89.3	80.8	91.2	87.9	90.3	87.6	25	J-NX0101. pro
																										92.8	83.9	92.4	90.8	91.4	89.5	26	J-0661. pro
																											83.4	94.5	91.2	90.9	91.2	27	J-4817. pro
																												82.1	87.3	83.7	84.4	28	J-ADOL-7501 . pro
																													89.2	90.6	88.6	29	J-Hcl . pro
																														90.5	90.8	30	J-HN0001 . pro
																															88.9	31	J-HPRS103. pro
																																32	J-SD07LK1. pro

示了显著差别。

从表 2-40 可看出，1 日龄 SPF 来航鸡经腹腔接种 SDAU09C1 后，从第 2 周开始，42.8%的攻毒鸡检测到泄殖腔 p27 抗原，第 5 周攻毒鸡 100%呈现泄殖腔 p27 抗原阳性，并且一直持续到第 14 周。检测的 8 只攻毒鸡，在第 2 周有 1 只出现病毒血症，在第 3 周全部出现病毒血症，并且在较高水平持续至 14 周以上。在这一组内用于监测横向感染的鸡，有 1 只在第 7 周、9 周、11 周时检测到泄殖腔 p27，而且在第 7 周时检测到病毒血症。所有攻毒鸡在 14 周内均为抗体阴性，而 8 只横向感染的鸡到第 14 周时有 5 只呈现抗体阳性。这表明 1 日龄 SPF 鸡腹腔接种 SDAU09C1 病毒后能够引起耐受性病毒血症，而且产生横向传播的能力较强。

在 1 日龄 SPF 鸡腹腔接种 SDAU09E1 后，第 3 周有 1 只攻毒鸡呈现泄殖腔 p27 抗原阳性，到第 7 周时 p27 阳性率达到高峰（62%），此后开始下降，到第 14 周时降为 5%。用于检测病毒血症的 8 只攻毒鸡在第 5 周有 2 只出现病毒血症，在第 7 周有 5 只出现病毒血症，到第 9 周时病毒血症全部消失。攻毒鸡仅有 1 只在第 9 周、第 11 周时出现抗体阳性。在这一组内用于监测横向感染的鸡均没有检测到泄殖腔 p27 抗原、病毒血症和抗体。这表明 1 日龄 SPF 鸡腹腔接种 SDAU09E1 后只引起一过性病毒血症，横向感染能力较弱。

表 2-40　2 株 ALV-A 腹腔接种 1 日龄 SPF 鸡后病毒血症、泄殖腔 p27 抗原、抗体的动态

检测指标	接种病毒	感染方式	感染后周数							
			1	2	3	5	7	9	11	14
病毒血症	对照组		0/12	0/12	0/12	0/12	0/12	0/12	0/12	0/12
	SDAU09C1	注射	0/8	1/8	8/8	8/8	8/8	8/8	8/8	8/8
		接触感染	0/4	0/4	0/4	0/4	1/4	1/4	0/4	0/4
	SDAU09E1	注射	0/8	0/8	0/8	2/8	5/8	0/8	0/8	0/8
		接触感染	0/4	0/4	0/4	0/4	0/4	0/4	0/4	0/4
泄殖腔 p27	对照组		0/20	0/20	0/20	0/20	0/20	0/20	0/20	0/20
	SDAU09C1	注射	0/30	12/28	18/24	20/20	20/20	19/19	19/19	17/17
		接触感染	0/10	0/10	0/10	0/10	1/8	1/8	1/8	0/8
	SDAU09E1	注射	0/30	0/30	1/27	5/21	13/21	6/20	5/18	1/18
		接触感染	0/10	0/10	0/9	0/8	0/8	0/8	0/7	0/7
抗体	对照组				0/20	0/20	0/20	0/20	0/20	0/20
	SDAU09C1	注射			0/24	0/20	0/20	0/19	0/19	0/17
		接触感染			0/10	0/10	0/8	2/8	3/8	5/8
	SDAU09E1	注射			0/27	0/21	0/21	1/20	1/18	0/18
		接触感染			0/9	0/8	0/8	0/8	0/7	0/7

注：表中数字代表病毒血症、泄殖腔 p27 抗原、抗体阳性率，分子为阳性鸡只数，分母为检测鸡只总数。

（六）中国鸡群 ALV-B gp85 与国际参考株的同源性比较

与 ALV-A 类似，在2010年前的十多年中，我国鸡群中的 ALV-B 也可能由于技术原因被忽略了。同样，在将从有肿瘤表现的几只芦花鸡采集的血浆接种于DF1细胞后7d，从1份细胞培养上清液中检出ALV p27抗原，表明该鸡体内存在外源性ALV感染。在用针对多个亚群ALV的gp85基因序列的引物作PCR并克隆、测序后，确定分离到的ALV属B亚群，命名为SDAU09C2。

SDAU09C2前病毒全基因组全长7 718bp。其主要基因起止位点和长度分别为：gag基因相当于碱基位604～2 709，长2 106bp；pol基因相当于碱基位3 036～5 414，长2 379bp；env基因相当于碱基位5 278～7 104，长1 827bp。两端相同的长末端重复序列（LTR）全长为327bp，其中U3相当于碱基位1～225和7 393～7 617，长225bp，R相当于碱基位226～246和7 618～7 638，长21bp，U5相当于碱基位227～306和7 639～7 718，长80bp。

SDAU09C2的gp85基因的开放阅读框大小为1 038 bp，编码346个氨基酸残基。其氨基酸序列与GenBank中已发表的禽白血病病毒各亚群参考株的氨基酸序列同源性比较表明，该毒株与B亚群的参考毒株RSR B、RAV-2、MAV-2、Prague B的gp85氨基酸同源性最高，分别为92.5%、92.5%、95.1%、94.9%。而与A亚群毒株MQNCSU、MAV-1、RSA-A、RAV-1、A46、B53的gp85氨基酸同源性分别为78.9%、79.5%、79.4%、79.5%、79.7%、78.9%，与C、D亚群的gp85的氨基酸同源性分别为82.0%和89.9%，与E亚群RAV-0、ev-1、ev-3、SD0501的同源性分别为83.3%、82.9%、83.4%、82.6%，与J亚群HPRS-103、NX0101、SD07LK1、ADOL-7501、ADOL-Hc-1的同源性最低，分别只有37.1%、38.4%、38.7%、37.1%、38.7%（表2-41）。尽管ALV的gp85基因很容易发生变异，但一般认为同一亚群ALV的gp85氨基酸序列的同源性应在90%左右。SDAU09C2的gp85氨基酸序列与国际上已发表的仅有4株B亚群白血病病毒序列的同源性达到92.5%以上，而与其他亚群相应序列的同源性都不足90%（89.9%～37.1%），因此，可以确定该分离毒株属于B亚群。不同亚群参考株间gp85氨基酸序列遗传进化树分析也支持了这一结论（图2-13）。

（七）ALV-J gp85基因的准种多样性及其在抗体免疫选择压作用下的演变

1. 长期带毒鸡体内ALV-J的准种多样性　禽白血病病毒（ALV）是RNA病毒，属于反转录病毒科，其在反转录过程中，病毒RNA聚合酶缺乏严密的校读功能，使ALV在复制过程中很容易发生变异。这些突变体在体内不同的选择压机制（如免疫选择压）影响下，很可能产生基因组高度异质性的病毒群体，即准种群。

我们以一只人工接种ALV-J分离株NX0101的感染性克隆后长期带毒鸡为模型，详细比较分析了从其不同脏器分离到的病毒的gp85基因扩增产物的多个克隆序列，证明了在同一只鸡体内确实存在着高度的准种多样性，即使最初人工接种的是相对均一的感染性克隆ALV-J的细胞培养液。为了确定用于接种鸡的病毒的准种均匀度，将NX0101的感染性克隆（张纪元等，2005）经细胞培养连续传5代后，提取细胞基因组中的ALV-J前病毒DNA，并以其为模板扩增gp85基因，将PCR产物克隆后随机挑取10克隆测序。表2-42表明，该病毒在细胞上连传5代增殖后，其gp85基因的同源性仍很高，与原始的质粒克隆序列的同源性达99.2%～99.9%，而它们相互之间的同源性为99.0%～99.9%。当以该传代病毒接种鸡胚卵黄囊时，孵出的鸡在几个月内都能显示病毒血症，在21周龄后几乎都呈现ALV-J抗体阳性。其中一只在25周龄扑杀，肝脏、肺脏和肾脏都显现肿瘤。分别从不同脏器采集样品接种细胞培养分离病毒，并分别扩增和克隆gp85基因，各测定10个独立克隆的序列。将从不同脏器肿瘤中分离到的ALV-J的gp85克隆分别与接种病毒的原始序列一一做了同源性比较。结果表明，从左肾大块肿瘤分离到的病毒的gp85基因与原始毒株NX0101gp85

表 2-41　ALV-B 亚群中国分离株 SDAU09C2 与不同亚群 ALV 参考株 gp85 同源性比较（%）

1	2	3	4	5	6	7	8	9	10	11	12	13	14	15	16	17	18	19	20	21	22		
	78.9	79.5	79.4	79.5	79.7	78.9	92.5	92.5	95.1	94.9	82.0	89.9	83.3	82.9	83.4	82.6	37.1	38.4	38.7	37.1	38.7	1	SDAU09C2
		89.7	91.7	97.9	91.4	91.8	78.9	78.3	79.2	78.8	83.4	81.0	83.8	83.4	83.6	83.4	37.5	38.9	38.6	37.5	39.2	2	A-MQNCSU
			90.6	89.4	91.4	90.6	78.3	77.7	79.6	78.2	84.9	83.4	84.8	85.0	85.2	84.4	38.2	39.9	39.9	38.2	39.9	3	A-MAV-1
				90.9	99.1	99.4	78.5	77.9	79.2	78.4	83.4	82.4	84.0	83.7	83.9	83.7	36.5	38.2	38.2	36.5	38.9	4	A-RSA-A
					90.6	90.9	79.5	78.9	79.2	78.8	83.4	81.0	83.2	82.8	83.0	82.8	37.5	38.9	38.6	37.5	39.5	5	A-RAV-1
						99.1	78.8	78.2	79.5	78.7	84.3	83.3	84.9	84.6	84.8	84.6	36.5	38.2	38.2	36.5	38.9	6	A-A46
							78.0	77.4	78.9	77.8	83.4	82.2	84.1	83.7	83.9	83.7	36.9	38.6	38.6	36.9	39.2	7	A-B53
								98.8	93.9	94.3	80.5	88.1	81.2	80.9	81.3	80.6	37.1	38.4	39.1	37.1	38.7	8	B-RSR B
									93.4	93.7	79.9	87.5	80.6	80.3	80.8	80.0	37.4	38.7	39.4	37.4	38.7	9	B-RAV-2
										96.1	81.8	88.4	83.0	82.4	82.8	82.1	36.8	38.4	38.7	36.8	38.7	10	B-MAV-2
											82.0	88.3	82.7	82.0	82.6	81.7	36.3	37.0	37.3	36.3	37.3	11	B-Prague B
												83.8	85.4	85.3	85.2	84.4	38.9	40.5	40.5	38.9	40.8	12	C-Prague C
													85.0	84.6	85.1	84.3	37.4	38.4	38.7	37.4	38.7	13	D-RSR D
														99.1	99.1	98.5	36.7	38.7	38.4	36.7	39.0	14	E-RAV-0
															99.4	98.6	37.4	39.7	39.4	37.4	39.3	15	E-ev-1
																98.0	37.3	39.3	39.0	37.3	39.6	16	E-ev-3
																	37.1	39.4	39.1	37.1	39.0	17	E-SD0501
																		80.8	82.4	100.0	82.4	18	J-HPRS-103
																			89.3	80.8	90.9	19	J-NX0101
																				82.4	89.9	20	J-SD07LK1
																					82.4	21	J-ADOL-7501
																						22	J-ADOL-Hc-1

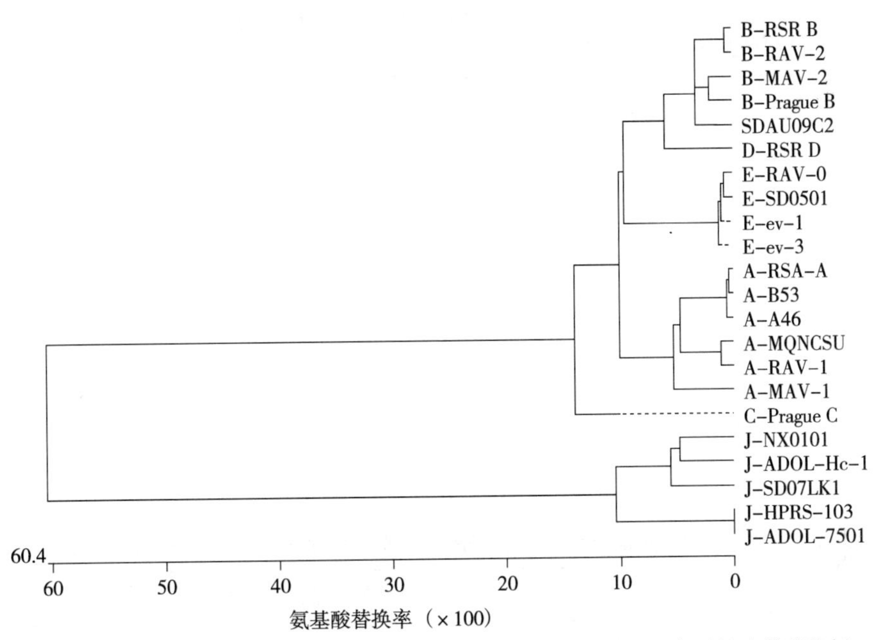

图 2-13　SDAU09C2 与鸡的不同亚群 ALV 参考株 gp85 氨基酸序列的遗传进化树

基因的同源性为 94.9%～95.9%，平均同源性为 95.6%（表 2-43）。从没有明显肿瘤变化的右肾分离到的病毒的 gp85 基因与原始毒株 NX0101 gp85 基因的同源性为94.9%～96%，平均同源性为 95.7%（表 2-44）。从肝脏分离病毒的 gp85 基因与原始毒株 NX0101 gp85 基因的同源性为 94.1%～95.8%，平均同源性为 94.9%（表 2-45）。从肺脏分离病毒的 gp85 基因与原始毒株 NX0101 gp85 基因的同源性为 94.1%～95%，平均同源性为 94.4%（表 2-46）。从以上结果可知，J 亚群禽白血病病毒 NX0101 在机体内的长期感染过程中，病毒 gp85 基因发生了很大变异，其中与原始毒株 NX0101 差异最大的是肺脏分离毒株（表 2-46）。对来自各脏器的 gp85 基因克隆序列的分析表明，来自同一脏器的 10 个 gp85 克隆序列之间差异最大的是肝脏（表 2-47），器官与器官之间病毒 gp85 基因同源性差异也很大（表 2-48 和表 2-49）。

表 2-42　传代毒株 gp85 自身阳性克隆间及与原始毒株 NX0101 gp85 同源性比较（%）

克隆	NX0101	传代毒株（5 代）cDNA PCR 产物克隆									
		N1	N2	N3	N4	N5	N6	N7	N8	N9	N10
NX0101		99.2	99.9	99.8	99.9	99.7	99.8	99.8	99.9	99.9	99.6
N1			99.7	99.1	99.3	99.2	99.5	99.5	99.1	99.6	99.5
N2				99.0	99.9	99.1	99.1	99.1	99.7	99.2	99.1
N3					99.3	99.2	99.5	99.5	99.1	99.6	99.5
N4						99.5	99.7	99.7	99.3	99.8	99.7
N5							99.5	99.6	99.2	99.7	99.6
N6								99.8	99.5	99.9	99.8
N7									99.5	99.9	99.8
N8										99.6	99.5
N9											99.9
N10											

表 2-43　呈现大块肿瘤的左侧肾脏中病毒 gp85 克隆间及与原始毒株 NX0101 gp85 同源性比较（%）

克隆	NX0101	呈现大块肿瘤的左侧肾脏病毒 cDNA PCR 产物克隆									
		Z1	Z2	Z3	Z4	Z5	Z6	Z7	Z8	Z9	Z10
NX0101		95.4	94.9	95.4	95.7	95.7	95.7	95.8	95.4	95.9	95.8
Z1			96.7	99.1	99.3	99.2	99.5	99.5	99.1	99.6	99.5
Z2				99	98	98.1	98.1	99.1	98.7	99.2	99.1
Z3					99.3	99.2	99.5	99.5	99.1	99.6	99.5
Z4						99.5	99.7	99.7	99.3	99.8	99.7
Z5							99.5	99.6	99.2	99.7	99.6
Z6								99.8	99.5	99.9	99.8
Z7									99.5	99.9	99.8
Z8										99.6	99.5
Z9											99.9
Z10											

表 2-44　右侧肾脏中病毒 gp85 自身克隆间及与原始毒株 NX0101 gp85 同源性比较（%）

克隆	NX0101	右侧肾脏病毒 cDNA PCR 产物克隆									
		S1	S2	S3	S4	S5	S6	S7	S8	S9	S10
NX0101		95.3	96	95.8	94.9	95.9	95.7	96	95.8	95.9	95.9
S1			99	99.5	99.1	99.6	99.6	99.7	99.5	99.3	99.5
S2				98.8	98.6	98.9	98.9	99	98.8	98.8	98.8
S3					98.2	99.7	99.5	99.8	99.6	99.6	99.6
S4						98.4	98.1	97.4	98.2	97.2	98.2
S5							99.6	99.9	99.7	99.7	99.7
S6								99.7	99.5	99.5	99.5
S7									99.8	99.8	99.8
S8										99.6	99.6
S9											99.6
S10											

表 2-45　肝脏中病毒 gp85 自身克隆间及与原始毒株 NX0101 gp85 同源性比较（%）

克隆	NX0101	肝脏病毒 cDNA PCR 产物克隆									
		G1	G2	G3	G4	G5	G6	G7	G8	G9	G10
NX0101		94.5	95.8	94.9	95.7	94.1	94.6	94.2	95	95.3	94.9
G1			97.7	98.8	97.6	98.4	99.5	98.9	98.1	98.4	97.4
G2				97.9	99.7	98.5	98.9	98.9	98.1	97.9	99.2
G3					97.8	98.5	98.9	99.4	98.5	99.5	98.7
G4						99.4	98.7	98.7	98.9	98.8	99.1
G5							98.5	98.8	98.5	98.5	99.2
G6								99	98.5	98.7	98.7
G7									98.6	99.3	99.3
G8										99.3	98.4
G9											98.5
G10											

表 2-46　肺脏中病毒 gp85 自身克隆间及与原始毒株 NX0101 gp85 同源性比较（%）

克隆	NX0101	肺脏病毒 cDNA PCR 产物克隆									
		F1	F2	F3	F4	F5	F6	F7	F8	F9	F10
NX0101		94.1	93.9	94.8	95	94.2	94.5	94.5	94.7	94.2	94.4
F1			98.7	98.5	98.7	98.4	99	98.7	98.7	98.7	98.7
F2				99.4	99	98.9	99.6	99	99.1	99.4	99.5
F3					99.2	98.9	98.4	98.8	99.1	99.3	97.6
F4						99.2	98.9	99.2	99.4	99.5	99.4
F5							98.9	99.2	98.9	98.2	98.7
F6								98.6	98.9	99.2	99
F7									98.6	98.3	99.1
F8										99.3	99
F9											98.9
F10											

表 2-47　各脏器内病毒阳性克隆之间 gp85 的同源性范围和平均同源性（%）

各脏器内病毒阳性克隆之间 gp85	左肾大肿瘤	肝脏	右肾	肺
同源性范围	96.7～99.9	97.4～99.7	97.4～99.9	97.6～99.6
平均同源性	99.3	98.7	99.2	98.9

表 2-48　各器官分离毒株、传代毒株与原始攻毒株 gp85 的同源性范围和平均同源性（%）

	左肾大肿瘤分离毒株与原始毒株 NX0101	肝脏分离毒株与原始毒株 NX0101	右肾分离毒株与原始毒株 NX0101	肺分离毒株与原始毒株 NX0101	传代毒株（5 代）与原始毒株 NX0101
同源性范围	94.9～95.9	94.1～95.8	94.9～96	93.7～95	99.1～99.9
平均同源性	95.6	94.9	95.7	94.4	99.75

表 2-49　不同脏器分离病毒 gp85 的同源性范围和平均同源性（%）

器官间	左肾大肿瘤与肝脏	左肾大肿瘤与右侧肾脏	左肾大肿瘤与肺脏	肝脏与右肾	肝脏与肺脏	右肾与肺脏
同源性范围	95.8～99.3	96.6～99.8	94.9～98	95.8～99.6	95.1～97.9	95.4～99.9
平均同源性	96.1	98.1	96	96.3	96.5	95.8

以上结果说明，ALV-J 感染白羽肉鸡后，经过一个长期的感染过程，即使在同一个体内也已经不再是单一的病毒，而是病毒的 gp85 基因发生不同变异的病毒准种群。这说明即使个体感染单一亚群禽白血病病毒，也再不是一个匀质的病毒群，而是复杂多样的同一亚群禽白血病病毒异质准种群。既然用感染性克隆株 NX0101 接种后在同一个体内变异已那么复杂多样，那么在不同来源、不同鸡场、不同鸡舍的个体之间，将更是复杂多样。如此多的准

种多样性是与反转录病毒基因组 RNA 在复制过程中易发生突变相关的，但同时也与机体内存在的免疫选择压作用密切相关（包括体液免疫和细胞免疫），特异性免疫反应对原有的毒株表现出抑制作用，但又有助于使抗原表位发生突变的新的准种成为新的优势准种。

2. 同一感染鸡群内 ALV-J 的准种多样性 从一群患有严重肿瘤/血管瘤的 40 周龄商品代海兰褐蛋鸡中挑选出 10 只临床病鸡，采血接种细胞分离病毒。在培养 6d 后，用 ALV-J 特异性单抗做 IFA 证明存在 ALV-J 后，提取细胞基因组 DNA 扩增 ALV-J gp85 基因。从每只鸡分离的病毒均取 2～3 个 PCR 产物的克隆测序，以比较同一鸡群中感染的 ALV-J 的准种多样性。从表 2-50 可看出，同一群体同一时期分离到的这 10 株病毒的 gp85 虽然有一定的同源性，但是都有不同程度的差异，显示出高度的准种多样性。从不同个体分离到的 ALV-J 的 gp85 相互之间的同源性最低的仅有 79%，表明差异大，甚至不亚于这么多年来从不同地区不同类型鸡群中分离到的代表株之间的最大差异。而且，即使是从同一只鸡分离到的病毒样品，对其同一次 PCR 产物的不同克隆作序列比较，也都显示同一个体中感染的 ALV-J gp85 的准种多样性。

将表 2-50 与表 2-43 至表 2-49 的结果比较后我们可以看出，我们过去在对 ALV-J 的分子流行病学研究时，仅分析随机来自一只鸡的 ALV-J 的一个克隆甚至仅仅是一个鸡群的一个克隆的序列作为代表，这显然是不够的，容易得出片面的结论。

表 2-50 同一感染鸡群内 ALV-J 的 gp85 准种多样性（%）

同源性百分比（右上）；差异性程度（左下）

1	2	3	4	5	6	7	8	9	10		
	94.2	90.6	89.1	91.1	88.7	89.9	87.4	96.8	95.5	1	SDAU 12-735gp85. pro
6.1		89.3	90.3	90.9	90.0	91.8	85.5	96.4	97.1	2	SDAU 12-237gp85. pro
10.0	11.6		93.9	95.1	95.8	89.7	80.3	90.3	90.3	3	SDAU 012-722 g p85. pro
11.8	10.4	6.4		93.1	91.0	89.2	79.0	89.2	90.8	4	SDAU 012 -727 g p85. pro
9.5	9.7	5.0	7.3		92.3	88.2	80.0	90.8	91.4	5	SDAU 12-729gp85 pro
12.3	10.8	4.3	9.6	8.2		90.1	79.7	88.7	89.4	6	SDAU 12-730gp85 pro
10.9	8.7	11.1	11.7	12.9	10.6		81.0	90.2	91.9	7	SDAU 12-731 gp85 pro
13.8	16.1	22.9	24.7	23.3	23.7	21.9		87.5	84.7	8	SDAU 12-732gp85 pro
3.3	3.7	10.4	11.7	9.9	12.3	10.5	13.8		96.2	9	SDAU 12-733gp85 pro
4.6	3.0	10.4	9.9	9.2	11.5	8.6	17.1	3.9		10	SDAU 12-734gp85 pro

3. ALV-J 在抗体免疫选择压作用下变异的细胞培养模拟试验 在带有抗 ALV-J 抗体的鸡胚成纤维细胞上做连续传代试验表明，在抗体免疫选择压的作用下，ALV-J 中国分离株 NX0101 的 gp85 基因发生了有规律的变化。在经过 30～50 代连续传代后，在有抗体的 3 个独立细胞培养系列，都诱发了 ALV-J 高变区的同样位点几个氨基酸的改变（图 2-14）。这一氨基酸改变导致的抗原表位的变化，这有可能帮助 ALV-J 逃逸抗体的病毒中和作用（王增福等，2006；Wang 等，2007）。

表 2-51 和表 2-52 分别显示了原代病毒 NX0101 在培养基含有和不含有 ALV-J 特异性抗体的条件下连续传代过程中 gp85 基因的变异。从表 2-51 可见，原代病毒与第 10 代、20 代和 30 代病毒的平均同源性分别为 98.37%、98.3%和 98.5%，最低同源性仍高达 97.7%。

```
108 C S M C Y K E N N N S R V C H NX-0
108 . . . . . . . . . . . . . . . A1-10
108 . . . . . . . . . . . P . . . A1-20
108 . . . . . . . . . . . S . . . A1-30
108 . . V . . R . . . . . T . . . A2-10
108 . . . . . R . . . . . T A . . A2-20
108 . . . . . . . . . R . T A . . A2-30
108 . . . . . . . . . . . A . . . A3-10
108 . . V . . R . . . . . A . . . A3-20
108 . . . . . . . . . . . A . . . A3-30
108 . . . . . A . . . R R ~ A . . B1-10
108 . . . . . T . . . R R ~ . . . B1-20
108 . . . . . A . . . R R ~ . . . B1-30
108 . . . . . T . . . . A ~ . W . B2-10
108 . . . . . I . . . S A ~ . . . B2-20
108 . . . . . I . . . S A ~ . . . B2-30
108 . . . . . T . . . S T ~ . . D B3-10
108 . . . . . T . . . R T ~ . . . B3-20
108 . . . . . T . . . R T ~ A . . B3-30
```

(a)

```
139 R D L I A K W G K G D P R I R NX-0
139 . . . . . . . . . . . . . . . A1-10
139 . . . . . . . . . . . . . . . A1-20
139 . . F . . . . . . . . . . . . A1-30
139 . . . . . . . . . . . . . . . A2-10
139 . . . . . . . . . . . . . . . A2-20
139 . . . . . . . . . . . . . L . A2-30
139 . . . . . . . . . . . . . . . A3-10
139 . . . . . . . . . . . . . . . A3-20
139 . . . V . . . . . . . . . . . A3-30
138 . . . . . . . R S D . . L . . B1-10
138 . . . . . . . R S D . . . . . B1-20
138 . . . . . . . R S D . . . . . B1-30
138 . . . . . . . T G D . L . . . B2-10
138 . . . . . . . K S D . . . . . B2-20
138 . . . . . . . K S D . L . . . B2-30
138 . . . . . . S K . D . . . . . B3-10
138 . . . . . . S K S D . . L . . B3-20
138 . . . . . . S K S D . . L . . B3-30
```

(b)

```
187 Y Y E G N F S N W C NX-0
187 . . . . . . . . . . A1-10
187 . . . . . . . . . . A1-20
187 . . . . . . . . . . A1-30
187 . . . . . L . . . . A2-10
187 . . R A . L . . . . A2-20
187 . . . . . . . . . . A2-30
187 . . . . . . . . . . A3-10
187 . . . . . . . . . . A3-20
187 . . . . . L . . . . A3-30
186 . . R A . L . . . . B1-10
186 . . R A . L . . . . B1-20
186 . . T A I L . S . . B1-30
186 . . R A . L . . . . B2-10
186 . . S T D P . S . . B2-20
186 . . S T . P . . . . B2-30
186 . . R A . L . . . . B3-10
186 . . T A I L . . . . B3-20
186 . . T S I L . . . . B3-30
```

(c)

图 2-14 在无抗体（A）和有抗体（B）的细胞培养上连续传代过程中 NX0101 株 ALV-J gp85 的高变区中氨基酸的变异

注：左、中、右三块分别代表 gp85 的不同片段：(a) 位于高变区 hr1 内的亚高变区；(b) 位于高变区 hrl1 内的亚高变区；(c) 位于高变区 hr2 内的亚高变区。最上面一行大写英文字母表示 NX0101 原始毒（NX-0）的氨基酸序列，每段左侧数字表示第一个氨基酸在 gp85 序列上的位点，这些字母黑斜体部分是根据已发表资料及试验中 NS 与 S 的比例推测出的高变区。在传代过程中，凡是与 NX-0 相比发生变异的氨基酸，在下面各行中用相应氨基酸的字母表示，"黑点"代表该位点没有发生变异。每一块右侧的大写字母及其后的数字分别代表组（A/B）-独立传代系列-代次。

表 2-51 原代 NX0101 与无抗体组不同传代系列的 gp85 蛋白氨基酸同源性比较（%）

	NX-0	A1-10	A1-20	A1-30	A2-10	A2-20	A2-30	A3-10	A3-20	A3-30
NX-0		97.7	98.7	99.7	98.7	98.1	97.7	98.7	98.1	98.1
A1-10			98.7	97.4	96.8	96.1	95.8	96.8	96.4	96.4
A1-20				98.7	97.7	97.1	96.8	97.7	97.1	97.1
A1-30					98.4	97.7	97.4	98.4	97.7	97.7
A2-10						98.7	97.1	97.7	98.4	97.7
A2-20							97.1	97.1	97.1	97.1
A2-30								96.8	96.1	96.1
A3-10									98.7	98.1
A3-20										98.1
A3-30										

尽管无抗体组的 3 个不同传代系列之间也出现了一定程度上的变异，但这些变异都是随机分布在整个 gp85 蛋白上。从系统进化树可以看出，无抗体组 3 个独立系列没有呈现出规律性，而且 3 个独立系列与原代病毒在系统进化树上存在相互交叉现象（图 2-15）。但是在有特异性抗体的条件下，有抗体组 3 个独立传代系列与原代病毒的 gp85 蛋白氨基酸序列的同源性明显低于无抗体组与原代病毒 gp85 蛋白氨基酸序列的同源性，最高同源性为 96.1%，最低同源性为 93.8%。原代病毒与 B 组第 10 代、20 代和 30 代病毒的平均同源性分别为 96%、94.70%和 94.36%（表 2-52），有逐渐降低的趋势。从系统进化树也可以看出，在有抗体的 3 个传代系列，同一个独立传代系列的不同代次病毒却总是在一个系统进化树的分支上。而

且，在含抗体组中第 20 代病毒总是与第 30 代病毒关系比较近，但与第 10 代病毒关系远。这表明，在抗体不变的条件下，这一变异趋势逐渐变缓。另外，从表 2-51 还可以看出，在有抗体组的一些不同传代系列之间的同源性小于它们与原代病毒之间的同源性，如 B1-30 与 B2-30 的同源性为 93.2%，而 B2-20 与 B3-30 的同源性为 92.2%。这就说明，在免疫选择压作用下 ALV-J 的变异呈现出多样性的趋势，与不含抗体的细胞上连续传代相比，有抗体的存在不仅造成了 3 个高变区氨基酸变异增多，而且还造成 144～147 氨基酸的 4 个位点上出现了完全不同的氨基酸（图 2-14）。图 2-14 列出了 gp85 上的 3 个高变区域及其相对位置，在有抗体的 B 组的变异明显大于无抗体的 A 组。这些变异主要集中在 3 个高变区：110～120、141～151 和 189～194 氨基酸位点。在有抗体的 B 组的 3 个高变区上大多数变异在低代次出现后，在高代次还继续维持。这说明这些稳定的变异不是随机变异，而是在特异性抗体作用下有规律的变异。尽管在无抗体的 A 组也发生了 11 处碱基位点的变异，但 6 处为仅发生在某个独立传代系列中的变异，仅有一处变异是在第 20 代和 30 代同时出现。有一些变异尽管在第 10 代和第 20 代同时出现，但第 30 代并未维持相应的变异，这说明这些变异是随机变异，不稳定。

表 2-52　原代 NX0101 与有抗体组不同传代系列的 gp85 蛋白氨基酸同源性比较（%）

	NX-0	B1-10	B1-20	B1-30	B2-10	B2-20	B2-30	B3-10	B3-20	B3-30
NX-0		96.7	95.7	94.5	96.1	95.2	95.5	94.8	94.1	93.8
B1-10			98.1	96.8	95.8	93.5	94.8	95.5	96.1	95.1
B1-20				98.1	95.8	93.2	94.5	95.5	95.5	93.8
B1-30					93.8	93.5	93.2	93.5	94.8	93.5
B2-10						94.8	96.8	95.8	95.1	93.5
B2-20							96.8	94.2	93.5	92.2
B2-30								95.5	95.1	94.5
B3-10									96.8	95.8
B3-20										98.4
B3-30										

进一步分析还发现，原代病毒与无抗体组的 3 个传代系列的差异性平均值为（1.61±0.63）%，而原代病毒与有抗体组的 3 个传代系列差异性平均值为（4.87±0.87）%。当组内比较时，无抗体传代组各系列各代次之间的平均变异为（2.59±0.81）%，而有抗体组为（4.94±1.52）%。这说明抗体免疫选择压的作用显著加大了病毒的变异程度（表 2-53）。

表 2-53　在有抗体与无抗体条件下不同传代系列 gp85 变异程度比较（$\overline{X}$±SD）

	与原代 NX-0 的差异性（%）	组内相互之间的差异性（%）
无抗体 A 组	1.61±0.63	2.59±0.81
有抗体 B 组	4.87±0.87	4.94±1.52
差异比较	$P<0.01$	$P<0.01$

gp85 基因上高变区核苷酸序列中有义突变（NS）与无义突变（S）的比例显著升高，是免疫选择压发挥作用的一个重要的参数指标。表 2-54 中分别列出了无抗体和有抗体条件下的传代过程中在整个 gp85 基因上以及 110～120、141～151 和 189～194 氨基酸位点三个高变区域上 NS/S 的值。在整个 gp85 基因上，无论是有抗体组还是无抗体组均没有显示出免疫选择压的作用。有抗体组在整个 gp85 上 NS/S 的值为 1.53（49/32），而无抗体组在整个 gp85 上 NS/S 的值为 0.93（28/30），差异不大。但在高变区差别就很明显。无抗体组在上述 3 个高变区域上 NS/S 的值分别为 2（8/4）、1（3/3）和 1.3（4/3），而有抗体组在上述 3 个高变区域上 NS/S 的值分别为 4.1（13/3）、4.7（14/3）和 3.6（11/3），均显著高于无抗体组。从 NS/S 的比值结果可以看出，免疫选择压的作用并不是对整个 gp85 都起作用，只是使 ALV-J 高变区 hr1 和 hr2 中 3 个亚高变区域的 NS/S 的值明显增大。这说明，这些区域是受特异性抗体即免疫选择压作用的区域，或者说这些区域是形成 gp85 蛋白上与病毒中和反应相关的抗原表位的核心区域。

由图 2-15 也可看出免疫选择压作用。在有抗体的 3 个系列（B）细胞上连续培养过程中，20 代毒都是与 30 代毒更接近，而与 10 代毒较远，表明在连续传 20 代后，病毒在同一抗体作用下已渐趋稳定。但在无抗体组（A）就看不出这一规律。

表 2-54　无抗体与有抗体传代毒相对于原代 NX0101 gp85 上高变区有义突变与无义突变的比例

区　域	无抗体 A 组			有抗体 B 组		
	有义突变	无义突变	二者比例	有义突变	无义突变	二者比例
整个 gp85 基因	28	30	0.93	49	32	1.53
110～120 氨基酸位点（hr1）	8	4	2	13	3	4.1
141～151 氨基酸位点（hr1）	3	3	1	14	3	4.7
189～194 氨基酸位点（hr2）	4	3	1.3	11	3	3.6

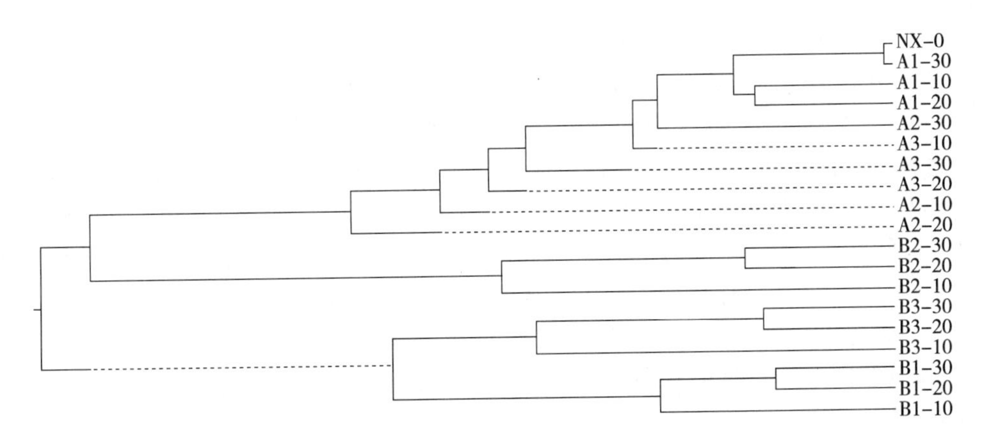

图 2-15　NX0101 原代与 A、B 两组传代病毒 gp85 蛋白氨基酸序列系谱关系

我们对 ALV-J 的另一毒株 HN0001 所作的类似研究也证明了，在添加特异

性抗体的细胞培养上连续传代过程中，HN0001 gp85 的高变区的氨基酸发生了有规律的变异，导致抗原表位发生变化（图 2-16）。

虽然上面只是实验室的结果，但在某种程度上也是对鸡体内实际发生的免疫选择压作用的一种模拟。由这一结果可以合理地推测，在鸡体感染 ALV-J 后产生的抗体反应，会导致长期带毒鸡体内病毒及其 gp85 基因的突变和演化。

```
182 E T R Y Y G G N S S D W C S S HN-0
182 . . . . . . . . . . . . . . . A1-10
183 . . . . . . . . . . . . . . . A1-20
182 . . . . . . . . . . . . . . . A1-30
182 . . . . . . . . . . . . . . . A2-10
183 . . . . . . . . . . . . . . . A2-20
183 . . . . . . . . . . . . . . . A2-30
183 . . . . . . . . . . . . . . . A3-10
183 . . . . . . . . . . . . . . . A3-20
183 . . . . . . . . . . . . . . . A3-30
182 . . . . . . . . . . . . . . . B1-10
184 . . . . . R . D L . N . . G . B1-20
183 . . . . . R . D L . N . . . . B1-30
183 . . . . . . . . . . . . . . . B2-10
183 . . . . . R . D L . N . . . . B2-20
183 . . . . . R . D L . N . . . . B2-30
183 . . . . . . . . . . . . . . . B3-10
183 . . . . . R . D L . N . . . . B3-20
183 . . . . . R . D L . N . . . . B3-30
```

图 2-16 在无抗体（A）和有抗体（B）的细胞培养上连续传代过程中 HN0001 株 ALV-J gp85 的高变区中氨基酸的变异

（李艳、崔治中等，2007）

注：最上面一行大写英文字母表示 HN0001 的原始毒（HN-0）的氨基酸序列，每段左侧数字表示第一个氨基酸在 gp85 序列上的位点，这些字母是根据已发表资料以及试验中 NS 与 S 的比例推测出的高变区。在传代过程中，凡是与 HN-0 相比发生变异的氨基酸，在下面各行中用相应氨基酸的字母表示，“黑点”代表该位点没有发生变异。右侧的大写字母及其后的数字分别代表组（A/B）-独立传代系列-代次。

二、中国鸡群不同鸡群 ALV 囊膜蛋白 gp37 的同源性比较

囊膜蛋白的另一部分 gp37 是 ALV 囊膜蛋白基因的跨膜段，通常并不暴露在病毒的粒子表面，因此，它与病毒识别或接合宿主细胞表面受体关系不密切，与病毒中和反应的关系也不密切。通常 gp37 比较稳定，它也不作为 ALV 的亚群分群的分子基础。

图 2-17 列出了我们实验室在 1999—2012 年从我国不同地区的白羽肉鸡、黄羽肉鸡及蛋鸡中分离到的 27 株 ALV-J 与 5 株美国参考株和英国的 HPRS-103 的 gp37 的同源性均在 88.9%～99.5%的范围内。其中与 1988 年英国分离到的原型毒株 HPRS-103 相比，同源性比较均匀，在90.4%～95.9%的范围内。但是美国 1995 年分离的 4817 株与已有毒株的同源性都较低，在 88.9%～92.3%的范围内，其中 4817 株与我国安徽某地黄羽肉鸡分离到的 WN100401 和 WN100402 株的同源性最低，为 88.9%。另一方面，在 2001 年从宁夏及 2003 年从山东的白羽肉鸡分离到的两株病毒 NX0101 及 SDD301ZB 之间同源性高达 99.5%。特别有趣的是，2000 年从河南白羽肉鸡及 2005 年从广东黄羽肉鸡分离到的 HN0001 及 GD0512 之间同源性也高达 99.5%。在前面也介绍了这两个毒株 gp85 的同源性也高达 99.5%（表 2-38，图 2-8 和图 2-9），证明在系谱上高度同源，虽然这两个毒株是在不同年份从不同地区不同类型鸡分离到。

虽然习惯上都以 gp85 作为不同毒株间系谱关系的最常用依据，但是上述分析表明，在严格判定两个毒株之间的系谱关系时，也要比较 gp37。图 2-17 显示了来自不同类型鸡群的 33 株 ALV-J 在 gp37 基因方面的系谱关系。从该图可以看出，不同毒株的 gp37 的系谱关系

在分布上虽然与其分离地点和鸡的类型不是完全一致，但是在有些情况下，其相关程度还是比较高的。例如，同时从广东黄羽肉鸡分离到的16～22号都集中在一起。不过，在同一时期从同一地区同一类型鸡群分离到的另一株病毒，即编号为23的GD0512却与白羽肉鸡来源的毒株紧密地分布在同一区。此外，不同省份但同时来自蛋鸡的4个毒株（编号28、29、30、33）也是集中在一起的。

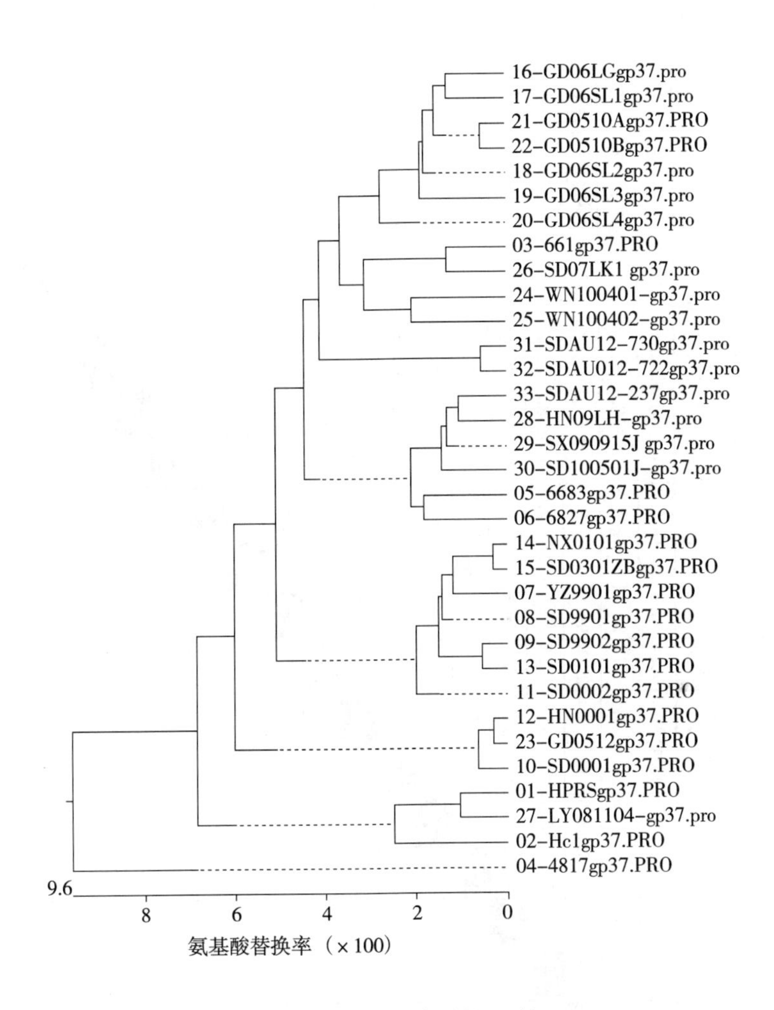

图2-17 来自不同类型鸡群的33株ALV-J在gp37基因方面的系谱关系

图中编号01为1988年从英国白羽肉鸡分离的HPRS-103，02～06为1997年前从美国白羽肉鸡分离到的参考株，07～15为1999—2003年从我国白羽肉鸡分离到的毒株，16～27分别为2005—2010年从广东、安徽的黄羽肉鸡分离到的毒株。28～33为2006—2012年从我国山东、河南、陕西等地蛋鸡分离到的毒株。

我们也将4株A亚群、1株B亚群、4株J亚群ALV的中国分离株分别与不同亚群ALV的国际参考株的gp37同源性做了比较（表2-55和表2-56），结果表明，A、B、C、D、E亚群的所有比较毒株的gp37的同源性都很高，在亚群间无明显差异。

表 2-55　不同亚群 ALV 的 gp37 氨基酸序列与各亚群参考株的同源性比较（%）

1	2	3	4	5	6	7	8	9	10	11	12	13	14	15	16	17	18	19	20	21	22	23	24	25	26		
	97.5	89.7	90.9	89.1	90.3	89.6	90.6	90.1	91.1	90.6	90.4	90.3	89.7	91.6	91.6	91.6	92.1	58.5	58.2	54.2	56.4	57.1	57.7	56.4	56.6	1	SDAU09C1. pro
		91.1	92.4	89.6	91.8	91.1	91.1	90.6	91.6	90.1	91.9	91.8	90.1	92.1	92.1	92.1	92.6	57.9	58.2	54.2	57.4	57.1	58.7	56.4	57.7	2	SDAU09C3. pro
			94.4	93.1	94.4	94.6	96.1	95.6	96.6	93.1	94.4	93.9	93.6	97.1	97.0	97.0	97.0	56.4	57.1	53.4	55.9	55.6	57.1	55.4	56.6	3	SDAU09E1. pro
				92.3	95.9	93.9	94.9	94.4	95.4	92.9	95.9	95.4	92.9	95.4	95.4	95.4	95.9	58.5	59.6	56.3	58.0	58.0	59.6	57.0	59.1	4	SDAU09E2. pro
					92.3	96.1	94.1	93.6	94.6	98.0	92.3	91.8	97.5	95.1	95.1	95.1	95.1	57.4	58.2	54.7	56.9	56.6	58.2	56.4	57.7	5	A-RSA. pro
						93.9	94.9	94.4	95.4	92.9	99.0	96.4	92.9	95.4	95.4	95.4	95.9	59.1	60.1	57.1	58.5	58.5	60.1	58.0	59.6	6	A-MAV-1. pro
							94.6	94.1	95.1	96.1	93.9	94.4	96.6	95.6	95.6	95.6	95.6	57.4	58.2	54.7	56.9	56.6	58.2	56.4	57.7	7	A-MQNCSU. pro
								99.5	99.5	94.1	94.9	94.4	94.6	98.0	98.0	98.0	98.0	57.4	58.7	55.2	57.4	56.6	58.2	56.9	58.2	8	A-PDRC-1039. pro
									99.0	93.6	94.4	93.9	94.1	97.5	97.5	97.5	97.5	56.9	58.2	55.7	57.4	57.1	57.7	57.4	58.2	9	A-PDRC-3246. pro
										94.6	95.4	94.9	95.1	98.5	98.5	98.5	98.5	57.9	58.7	55.2	57.4	57.1	58.7	56.9	58.2	10	A-PDRC-3249. pro
											92.9	92.3	97.5	95.1	95.1	95.1	95.1	58.5	59.2	55.4	56.9	57.7	58.2	57.4	57.7	11	B-S-R B. pro
												96.4	92.9	95.4	95.4	95.4	95.9	59.1	60.1	56.9	58.5	58.5	60.1	58.0	59.6	12	B-MAV-2. pro
													92.3	94.9	94.9	94.9	95.4	58.5	59.6	56.6	58.0	58.0	59.6	57.5	59.1	13	C-Prague C. pro
														95.6	95.6	95.6	95.6	57.4	58.2	54.4	56.9	56.6	58.2	56.4	57.7	14	D-S-R D. pro
															99.0	99.0	99.0	57.4	58.2	54.4	56.9	56.6	58.2	56.4	57.7	15	E-SD0501. pro
																100.0	99.0	57.4	58.2	54.7	56.9	56.6	58.2	56.4	57.7	16	E-ev-1. pro
																	99.0	57.4	58.2	54.7	56.9	56.6	58.2	56.4	57.7	17	E-ev-3. pro
																		57.9	58.7	55.2	57.4	57.1	58.7	56.9	58.2	18	E-ev-6. pro
																			94.9	90.9	94.4	96.4	94.9	93.4	94.4	19	J-NX0101. pro
																				90.9	93.4	95.5	94.9	92.9	96.0	20	J-0661. pro
																					91.4	92.4	93.4	89.3	91.4	21	J-4817. pro
																						94.4	94.9	91.9	94.9	22	J-ADOL-7501. pro
																							96.0	95.9	96.5	23	J-Hc1. pro
																								92.4	96.0	24	J-HN 0001. pro
																									94.4	25	J-HPRS103. pro
																										26	J-SD07LK1. pro

表 2-56　B 亚群中国分离株 SDAU09C2 与不同亚群 ALV 参考株 gp37 氨基酸序列同源性比较（%）

1	2	3	4	5	6	7	8	9	10	11	12	13	14	15	16		
	94.4	96.4	92.9	94.6	93.4	96.4	95.9	93.4	95.9	95.9	95.9	56.1	57.7	56.6	56.6	1	SDAU09C2
		93.9	96.1	93.5	96.1	93.9	94.4	96.6	95.6	95.6	95.6	56.6	57.7	57.1	57.1	2	A-MQNCSU
			93.2	92.9	99.0	96.4	92.9	95.4	94.5	95.0	57.7	58.7	58.2	58.2	58.2	3	A-MAV-1
				92.9	98.0	92.4	91.9	97.5	95.1	95.1	95.1	56.6	57.7	57.1	57.1	4	A-RSA-A
					92.9	93.2	92.5	92.9	97.4	97.4	97.4	50.7	50.0	50.0	49.3	5	A-PDRC-1039
						92.9	92.4	97.5	95.1	95.1	95.1	57.7	58.7	58.2	57.1	6	B-RSR B
							96.4	92.9	95.4	94.5	95.0	57.7	58.7	58.2	58.2	7	B-MAV-2
								92.4	94.9	94.9	94.9	57.1	58.2	57.7	57.7	8	C-Prague C
									95.6	95.6	95.6	56.6	57.7	57.1	57.1	9	D-RSR D
										100.0	99.0	56.6	57.7	57.1	57.1	10	E-ev-1
											98.5	56.6	57.7	57.1	57.1	11	E-ev-3
												56.6	57.7	57.1	57.1	12	E-SD0501
													93.9	94.4	92.3	13	J-HPRS-103
														94.4	94.9	14	J-NX0101
															93.9	15	J-SD07LK1
																16	J-ADOL-7501

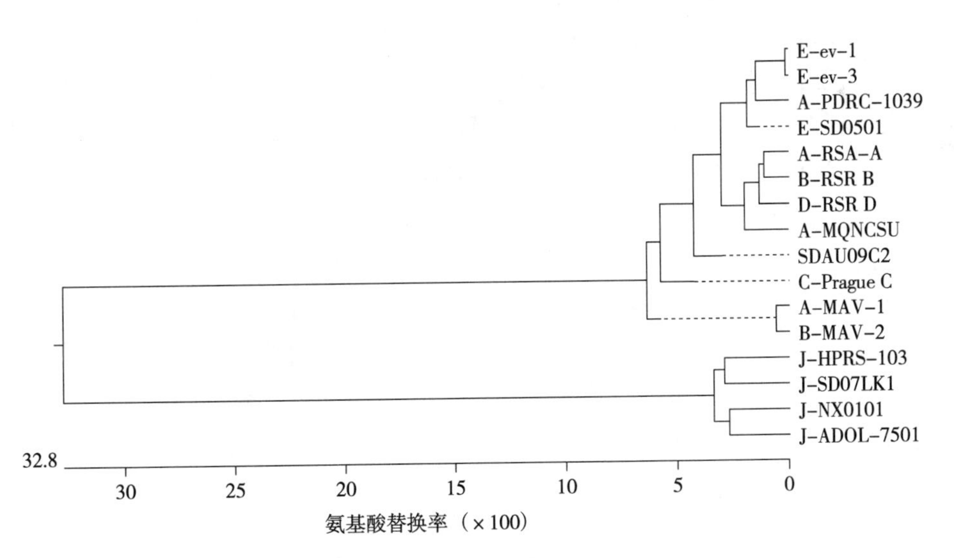

图 2-18　B 亚群中国分离株 SDAU09C2 与鸡的不同亚群 ALV 参考株间 gp37 氨基酸序列遗传进化树

三、中国鸡群中 ALV 的 gag 基因同源性比较

如第一章所述，ALV 的衣壳蛋白是病毒的结构蛋白，是由 gag 基因编码的。衣壳蛋白与 ALV 的亚群分类无关，已有不同亚群 ALV 的衣壳蛋白都具有相同的抗原性。从表

2-57 可见，在不同亚群的 ALV 的代表株之间，gag 基因编码的蛋白质的氨基酸序列非常保守，其变异也与亚群无关。表 2-57 列出了 3 个 A 亚群 ALV、1 个 B 亚群 ALV 和 2 个 J 亚群 ALV 的中国分离株与 A、B、C、D、E 和 J 的 14 参考株之间 gag 氨基酸的同源性程度。不论属于那个亚群，所有比较的毒株在 gag 基因编码的蛋白质的氨基酸序列上的同源性都在 95%以上。正因为如此，也就没有必要一一比较大量中国分离株的 gag 基因的同源性关系。

表 2-57　不同亚群 ALV 毒株之间 gag 氨基酸序列的同源性比较（%）

1	2	3	4	5	6	7	8	9	10	11	12	13	14	15	16	17	18	19	20		
	98.2	97.7	98.0	98.3	98.0	97.9	98.1	97.7	97.9	97.8	97.9	98.1	97.9	97.9	97.9	98.6	98.3	98.4	97.3	1	SDAU09C1. pro
		98.2	98.1	98.5	98.1	97.9	98.3	97.9	98.3	98.2	98.0	98.2	98.4	98.2	98.4	98.7	98.6	98.3	97.4	2	SDAU09C3. pro
			98.0	98.9	97.9	98.4	98.7	97.6	98.9	98.3	98.1	98.4	99.6	99.1	99.3	98.4	98.6	98.4	97.1	3	SDAU09E1. pro
				98.2	98.1	97.7	97.9	97.9	98.4	97.9	97.6	97.9	98.2	97.8	98.0	98.3	98.5	98.6	97.3	4	SDAU09E2. pro
					98.6	98.4	98.7	98.4	99.1	99.4	98.5	98.7	99.1	99.1	99.1	99.2	98.6	98.7	97.6	5	A-RSA. pro
						97.7	97.9	99.5	98.4	98.2	97.8	98.0	98.2	98.2	98.2	98.8	98.3	99.1	98.3	6	A-MAV-1. pro
							98.7	97.7	98.0	97.9	97.9	98.1	98.7	98.7	98.7	98.3	97.9	98.1	96.9	7	A-MQNCSU. pro
								97.6	98.2	98.3	98.0	98.2	98.7	98.7	98.7	98.4	98.2	98.2	97.1	8	B-S-R B. pro
									98.1	98.0	97.6	97.7	98.0	98.0	98.0	98.4	97.9	98.7	97.9	9	B-MAV-2. pro
										98.8	97.9	98.1	99.1	98.7	98.9	98.4	98.6	98.7	97.4	10	C-Prague C. pro
											97.9	98.1	98.5	98.5	98.5	98.6	98.1	98.4	97.3	11	D-S-R D. pro
												99.7	98.2	98.2	98.2	98.4	98.1	97.9	96.7	12	E-SD0501. pro
													98.5	98.5	98.5	98.6	98.4	98.1	97.0	13	E-ev-1. pro
														99.6	99.8	98.8	98.9	98.6	97.4	14	E-PDRC-1039. pro
															99.6	98.8	98.5	98.4	97.4	15	E-PDRC-3246. pro
																98.8	98.6	98.4	97.4	16	E-PDRC-3249. pro
																	99.0	99.0	98.7	17	J-SD07LK1. pro
																		98.7	97.6	18	J-ADOL-7501. pro
																			97.7	19	J-HPRS103. pro
																				20	J-NX0101. pro

四、中国鸡群中 ALV 的 pol 基因同源性比较

也如第一章所述，ALV 的 pol 基因编码反转录酶及其他功能蛋白都非常保守。从表 2-58 可见在不同亚群的 ALV 的代表株之间，pol 基因编码的蛋白质的氨基酸序列非常保守，其变异也与亚群无关。表 2-58 列出了 3 个 A 亚群 ALV、1 个 B 亚群 ALV 和 2 个 J 亚群 ALV 的中国分离株与 A、B、C、D、E 和 J 的 14 参考株之间 pol 氨基酸的同源性程度。不论属于那个亚群，所有比较的毒株在 pol 基因编码的蛋白质的氨基酸序列的同源性都在 97%以上。

表 2-58　不同亚群 ALV 毒株之间 pol 蛋白氨基酸序列的同源性比较（%）

1	2	3	4	5	6	7	8	9	10	11	12	13	14	15	16	17	18	19	20		
	98.2	97.7	98.0	98.3	98.0	97.9	98.1	97.7	97.9	97.8	97.9	98.1	97.9	97.9	97.9	98.6	98.3	98.4	97.3	1	SDAU09C1. pro
		98.2	98.1	98.5	98.1	97.9	98.3	97.9	98.3	98.2	98.0	98.2	98.4	98.2	98.4	98.7	98.6	98.3	97.4	2	SDAU09C3. pro
			98.0	98.9	97.9	98.4	98.7	97.6	98.9	98.3	98.1	98.4	99.6	99.1	99.3	98.4	98.6	98.4	97.1	3	SDAU09E1. pro
				98.2	98.1	97.7	97.9	97.9	98.4	97.9	97.6	97.9	98.2	97.8	98.0	98.3	98.5	98.6	97.3	4	SDAU09E2. pro
					98.6	98.4	98.7	98.4	99.1	99.4	98.5	98.7	99.1	99.1	99.1	99.2	98.6	98.7	97.6	5	A-RSA. pro
						97.7	97.9	99.5	98.4	98.2	97.8	98.0	98.2	98.2	98.2	98.8	98.3	99.1	98.3	6	A-MAV-1. pro
							98.7	97.7	98.0	97.9	97.9	98.1	98.7	98.7	98.7	98.3	97.9	98.1	96.9	7	A-MQNCSU. pro
								97.6	98.2	98.3	98.0	98.2	98.7	98.7	98.7	98.4	98.2	98.2	97.1	8	B-S-R B. pro
									98.1	98.0	97.6	97.7	98.0	98.0	98.0	98.4	97.9	98.7	97.9	9	B-MAV-2. pro
										98.8	97.9	98.1	99.1	98.7	98.9	98.4	98.6	98.7	97.4	10	C-Prague C. pro
											97.9	98.1	98.5	98.5	98.5	98.6	98.1	98.4	97.3	11	D-S-R D. pro
												99.7	98.2	98.2	98.2	98.4	98.1	97.9	96.7	12	E-SD0501. pro
													98.5	98.5	98.5	98.6	98.4	98.1	97.0	13	E-ev-1. pro
														99.6	99.8	98.8	98.9	98.6	97.4	14	E-PDRC-1039. pro
															99.6	98.8	98.5	98.4	97.4	15	E-PDRC-3246. pro
																98.8	98.6	98.4	97.4	16	E-PDRC-3249. pro
																	99.0	99.0	98.7	17	J-SD07LK1. pro
																		98.7	97.6	18	J-ADOL-7501. pro
																			97.7	19	J-HPRS103. pro
																				20	J-NX0101. pro

五、中国鸡群中 ALV 基因组 3′末端序列的多样性及其演变

（一）根据 3′末端缺失区追踪中国鸡群中 ALV-J 来源的遗传标志

对 1999—2005 年从我国白羽肉鸡分离到 ALV-J 的 LTR 的分析表明，虽然它们之间在 gp85 有较大的差异，在 LTR 的一些区域也有许多变异，但都在 E 位点有一个共同的 127bp 的缺失性突变。而且，这一缺失性突变与美国在 1995 年分离到的 ALV-J 的 4817 株完全相同。图 2-19 显示了从中国和美国白羽肉鸡分离到的 ALV-J 相对于 ALV-J 的原型毒 HPRS-103 的 3′末端的缺失性突变，其中 1999—2001 年分离到的 8 株中国株与 1996 年前美国株 4817 之间有一完全相同的大片段缺失性突变序列（图 2-20）。由于大片段的缺失性突变一旦发生，相对是较为稳定的，可以作为一种遗传标志。在这样大片段缺失性突变范围内序列都完全一致，这就说明，我国 1999—2005 年分离到的这些毒株与美国的 4817 株有着非常密切的遗传关系。这一结果是与这期间及此前多年我国主要从美国进口白羽肉鸡种鸡这一事实相符。

如前所述，2005—2006 年从华南地区黄羽肉鸡分离到的 GD0512 株 ALV-J 与 2000 年从河南白羽肉鸡分离到的 HN0001 株的 gp85 和 gp37 均有高度的同源性（图 2-8、图 2-17）。对它们的 3′末端分析也表明，它们具有与 HN0001 非常类似的两个缺失性突变区（图 2-21），这更说明，这批黄羽肉鸡分离到的 ALV-J 与 HN0001 有共同的来源。

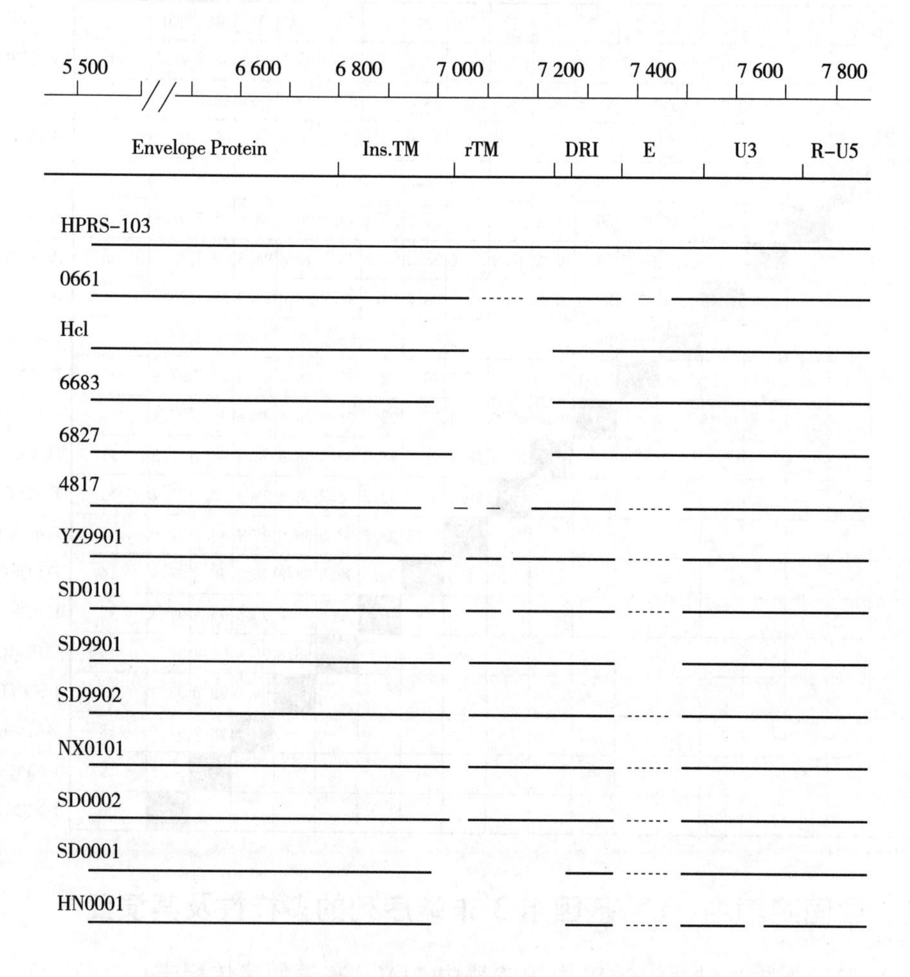

图 2-19　白羽肉鸡的中国分离株与国外参考株 ALV-J 基因组 3′末端比较

注：图中间断粗线之间的空白处代表有大片段缺失性突变，
在空白处的虚线表示还有一些短的不连续 DNA 序列。

然而，利用同样的比较方法，我们在 2006 年从患有典型髓细胞样肿瘤的蛋用型鸡群分离到的两株 ALV-J 的 LTR 中，表现出另一位点的缺失性突变（图 2-22）。这也显示了这两个毒株与上述毒株有不同的传染来源。

（二）不同亚群 ALV 不同毒株间 LTR 序列同源性比较

LTR 又称长末端重复序列，是在 ALV 基因组 RNA 反转录形成前病毒 cDNA 过程中形成的两个拷贝，分别位于前病毒基因组的两端。如图 1-1 所示，LTR 是有 U3-R-U5 三部分组成。R 和 U5 区在各个亚群间高度保守，尤其是 R 区，有时在不同亚群之间的同源性可达 100%。U3 区有多种重要的转录调控元件，在病毒复制和转录过程中起调控作用，但很容易在病毒复制传播过程中发生变异。不同毒株之间不仅有点突变的差异，更有一小段一小段序列的缺失性突变。4 个 A 亚群中国分离株与不同亚群的不同毒株之间在整个 LTR 片段及其在 U3-R-U5 不同区域的同源性比较见表 2-59。

```
7335                                                        7394   Strains
GCGGATAGGAATCCCCTCAGGACAATTCTGCTTGAAATATGATGGCACCTTCCCTATTGT   HPRS-103
GCGGATAGGAATCCCCTCAGGACAATTCTGCTTGAAATATGGT-----------------   0661
GCGGATAGGAATCCCCTCAGGACAATTCTGCTTGAAATATGATGGCACCTTCCCTGTTTT   Hc1
GCGGATAGGAATCCCCTCAGGACAATTCTGCTTGAAATATGGTAACACCTTCCCTGTTTT   6683
GCGGATAGGAATCCCCTCAGGACAATTCTGCTTGAAATATGATGACACCTTCCATGTTTT   6827
GCGGTTAGGAGTCCCCTCAGGA---------------TATAGT-----------------   4817
GCGGTTAGGAGTCCCCTCAGGA---------------TATAGT-----------------   YZ9901
GCGGTTAGGAGTCCCCTCAGGA---------------TATAGT-----------------   SD0101
GCGGTTAGGAGTCCCCTCAGGA---------------CATAGT-----------------   SD9901
GCGGTTAGGAGTCCCCTCAGGA---------------TATAGT-----------------   SD9902
GCGGTTAGGAGTCCCCTCAGGA---------------TATAGT-----------------   NX0101
GCGGTTAGGAGTCCCCTCAGGA---------------TATAGT-----------------   SD0002
GCGGTTAGGAGTCCCCTCAGGA---------------TATAGT-----------------   SD0001
GCGGATAGGAGTCCCCTCAGGA---------------TATAGT-----------------   HN0101

7395                                                        7454
GCCCTTAGACTATTCAAGTTGCCTCTGTGGATTAGGACTGGAGGCAGCTCGGATGGTCTG   HPRS-103
---------------------------------------------------------CTG   0661
GCCCTTAGACTATTCAAGTTGCCTCTGTGGATTAGGACTGGAGGCAGCTCGGATGGCCTG   Hc1
GCCCTTAGACTATTCAAGTTGCCTCTGTGGATTAGGACTGGAGGCAGCTCAGATGGTCTG   6683
GCCCTTAGACTATTCAAGTTGCCTCTGTGGATTAGGACTGGAGGCAGCTCGGATGGTCTG   6827
----------------AGTTG---------------------------------------   4817
----------------AGTTG---------------------------------------   YZ9901
----------------AGTTG---------------------------------------   SD0101
----------------AGTTG---------------------------------------   SD9901
----------------AGTTG---------------------------------------   SD9902
----------------AGTTG---------------------------------------   NX0101
----------------AGTTG---------------------------------------   SD0002
----------------AGTTG---------------------------------------   SD0001
----------------AGTTG---------------------------------------   HN0101

7455                                                        7514
ATGGCCAAATAGAGCAAGCTAGATAGGTAACTGCGAAATACGCTTTTGCATAGGGAGGGG   HPRS-103
ATGGCCAAATAGAGCAAGCTAGATAGGTAACTGCGAAATACGCTTTTGCATAGGGAGGGG   0661
ATGGCCAAATAGAGCAAGCTAGATAGGTAACTGCGAAATACGCTTTTGCATAGGGAGGGG   Hc1
ATGGCCAAATAGAGCAAGCTAGATAGGTAACTGCGAAATACGCTTTTGCATAGGGAGGGG   6683
ATGGCCAAATAGAGCAAGCTAGATAGGTAACTGCGAAATACGCTTTTGCATAGGGAGGGG   6827
----------------------------------------CGCTTTTGCATAGGGGGGGG   4817
----------------------------------------TGCTTTTGCATAGGGGGGGG   YZ9901
----------------------------------------TGCTTTTGCATAGGGGGGGG   SD0101
----------------------------------------TGCTTTTGCATAGGGGGGGG   SD9901
----------------------------------------TGCTTTTGCATAGGGGGGGG   SD9902
----------------------------------------TGCTTTTGCATAGGGGGGGG   NX0101
----------------------------------------TGCTTTTGCATAGGGGGGGG   SD0002
----------------------------------------TGCTTTTGCATAGGGGGGGG   SD0001
----------------------------------------TGCTTTTGCATAGGGGGGGG   HN0101
```

图 2-20 显示上一图中 DR1 与 E 区间的全部序列

注：相对于 HPRS-103 发生缺失性突变的序列用虚线表示。

序列两侧的数字代表在 HPRS-103 全基因组上的碱基位点。

```
                                                rTM
6967                                            └→

TATCATAGAATTAGGGAGCAGCTGTA-GGTTCCGAACGCG HPRS-103
TATCATAGAATTAGGGAGCAGCTGTA-GGTTCCGAACG-- ADOL-7501
TATCATAGAATTATGGAGCAGCTGTAAG-TTCCGAACGCG GD0510A
TATCATAGAATTAGGGAACAGCTGTA-GGTTCCGAACGCG GD0512
TATCATAGAATTAGGGAACAGCTGTA-GGTTCCGAACGCG HN0001
TATCATAGAATTAGGGAGCAGCTGTAAGGTTCCGAACGTA YZ9901
TATCATAGAATTAGGGAGCAGCTGTAAGGTTCCGAACGCA SD0002
TATCATAGAATTAGGGAGCAGCTGTAAGGTTCCGAACGCA SD9902
TATCATAGAATTAGGGAGCAGCTGTA-GGTTCCGAACGTA NX0101

ATGTGACGGGAGGCTGCGAGGGATATCCGGAGGAATAGGA HPRS-103
---------------------------------------- ADOL-7501
ATGTGACGGGAGGCTGC----------------------- GD0510A
ATGTAACGGG------------------------------ GD0512
ATGTAACGGG------------------------------ HN0001
ATGTAACGGGAGGCTGCGAGGGATATTCG----------A YZ9901
ATGTAACGGGAGGCTGCGAGGGATATTCG----------A SD0002
ATGTAACGGGAGGCTGCGAGGGATATTCG----------A SD9902
ATGTAACGGGAGGCTGCGAGGGATATTCG----------A NX0101

GAATGGGCCGTTCATTTGCTGAAAGGACTGCTTTTGGGGC HPRS-103
----------------------------------TGGAGC ADOL-7501
---------------------------------------- GD0510A
---------------------------------------- GD0512
---------------------------------------- HN0001
GA--GGACTGCT--TTTGGGGCTTGTAGTTATTTTGTTGC YZ9901
GA--GGACTGCT--TTTGGGGCTTGTAGTTATTTTGTTGC SD0002
GA--GGACTGCT--TTTGGGGCTTGTAGTTATTTTGTTGC SD9902
GA--GGACTGCT--TTTGGGGCTTGTAGTTATTTTGTTGC NX0101

TTGTGGTAATGTGCCTGCCTTGCCTTTTGCAATTTGTGTC HPRS-103
T--------------------------------------- ADOL-7501
---------------------------------------- GD0510A
---------------------------------------- GD0512
---------------------------------------- HN0001
T---AGTAGTATGCCT----TGCCTTTTGCAATTTGTGTC YZ9901
T---AGTAGTGTGCCTGCCTTGCCTTTTGAAATTTGTGTC SD0002
T---AGTAGTGTGCCTGCCTTGCCTTTTGCAATTTGTGTC SD9902
T---AGTAGTGTGCCTGCCTTGCCTTTTGCAATTTGTGAC NX0101

CAGTAGCATCCGAAGGAGTATTAATAATTCAATCAGCTAT HPRS-103
---------------------------------------- ADOL-7501
---------------------------------------- GD0510A
---------------------------------------- GD0512
---------------------------------------- HN0001
CAGTAGCGTCCGAAGGACGATTGATAATTCAATCAGCTAT YZ9901
CAATAGCATCCGAAAGATGATTAATAATTCAATCAGCTAT SD0002
CAATAGCATCCGAAAGATGATTAATAATTCAATCAGCTAT SD9902
CAGTAGCGTCCGAAGGACGATTAATAATTCAATCAGCTAT NX0101
```

```
CACACGGAATATAAGAAGTTGCAAAAGGCTTGTAGGCAGC HPRS-103
---------------------------------------- ADOL-7501
CACG--------------------------TGTAGG---- GD0510A
---------------------------------------- GD0512
---------------------------------------- HN0001
CACACG---------AGGTTGTAAAAGGCTTGTAGGCAGC YZ9901
CACGCGGAATATAAGAAGTTGCAAAAGGCTTGTAGGCAGC SD0002
CACGCGGAATATAAGAAGTTGCAAAAGGCTTGTAGGCAGC SD9902
CACACG---------AGGTTGTAAAAGGCTTGTAGGCAGC NX0101

CCAAAAATGGGGCAATGTAAAGCAGTGCATGGGTAGGGGT HPRS-103
-------------------------------GGTAGGGGT ADOL-7501
--------------------------------------GT GD0510A
---------------------------------------- GD0512
---------------------------------------- HN0001
CCGAAAATGGGGCAGTATAAAACAGTGCACGGGTAGGGGT YZ9901
CCGAAAATGGAGCAGTGTAAAGCAGTACGAGGGTGGTGGT SD0002
CCGAAAATGGAGCAGTGTAA-GCAGTACGAGGGTGGTGGT SD9902
CCGAAAATGGGGCAGTATAAAACAGTGCACGGGTAGGGGT NX0101
```

rTM

```
ATGAAACTTGCGAATCGGGCTGTAACGGGGCAAGGCTTGA HPRS-103
ATGAAACTTGCGAATCGGGCTGTGACGGGGCAAGGCTTGA ADOL-7501
ATGAAACTTGCGAATCGGGCTGTAACGGGGCAAGGCTTGA GD0510A
-----------------------------GCAAGGCTTGA GD0512
-----------------------------GCAAGGCTTGA HN0001
ATGAAACTTGCGAATCGGGCTGTAACGGGGCAAGGCTTGA YZ9901
ATGAAACTTGCGAATCGGGCTGTACCGGGGCAAGGCTTGA SD0002
ATGAAACTTGCGAATCGGGCTGTAACGGGGCAAGGCTTGA SD9902
ATGAAACTTGCGAATCGGGCTGTAACGGGGCAAGGCTTGA NX0101

CTGAGGGGACTGCAGCATGTATAGGCGCTGGGCGGGGCTT HPRS-103
CTGAGGGGACCATACTATGTATAGGCGCTGGGCGGGGCTT ADOL-7501
CTGAGGGGACAGCGGCATGTATAGGCGGAAAGCGGGGCTT GD0510A
CTGAGGGGACCATAGTATGTATAGGCGAAAAGCGGGGCTT GD0512
CTGAGGGGACCATAGTATGTATAGGCGAAAAGCGGGGCTT HN0001
CTGAGGGGACCATAGTATGTATAGGCGAAAGGCGGGGCTT YZ9901
CTGAGGGGACCATAGTATGTATAGGCGAAAGGCGGGGCTT SD0002
CTGAGGGGACCATAGTATGTATAGGCGAAAGGCGGGGCTT SD9902
CTGAGGGGACCATAGTATGTATAGGCGAAAGGCGGGGCTT NX0101

CGGTTGTACGCGGATAGGAATCCCCTCAGGACAATTCTGC HPRS-103
CGGTTGTACGCGGATAGGAATCCCCTCAGGACAATTCTGC ADOL-7501
CGGTTGTACGCGGTTAGGAGTCCCCTCAGGA--------- GD0510A
CGGTTGTACGCGGTTAGGAGTCCCCTCAG-A--------- GD0512
CGGTTGTACGCGGTTAGGAGTCCCCTCAG-A--------- HN0001
CGGTTGTACGCGGTTAGGAGTCCCCTCAGGA--------- YZ9901
CGGTTGTACGCGGTTAGGAGTCCCCTCAGGA--------- SD0002
CGGTTGTACGCGGTTAGGAGTCCCCTCAGGA--------- SD9902
CGGTTGTACGCGGTTAGGAGTCCCCTCAGGA--------- NX0101

TTGAAATATGATGGCACCTTCCCTATTGTGCCCTTAGACT HPRS-103
TTGAAATATGATGACACCTTCCATGTTTTGCCCTTAGACT ADOL-7501
------TATAGT---------------------------- GD0510A
------TATAGT---------------------------- GD0512
------TATAGT---------------------------- HN0001
------TATAGT---------------------------- YZ9901
------TATAGT---------------------------- SD0002
------TATAGT---------------------------- SD9902
------TATAGT---------------------------- NX0101
```

```
ATTCAAGTTGCCTCTGTGGATTAGGACTGGAGGCAGCTCG HPRS-103
ATTCAAGTTGCCTCTGTGGATTAGGACTGGAGGCAGCTCG ADOL-7501
-----GGTTAC----------------------------- GD0510A
-----AGTTGC----------------------------- GD0512
-----AGTTGC----------------------------- HN0001
-----AGTTGT----------------------------- YZ9901
-----AGTTGT----------------------------- SD0002
-----AGTTGT----------------------------- SD9902
-----AGTTGT----------------------------- NX0101

GATGGTCTGATGGCCAAATAGAGCAAGCTAGATAGGTAAC HPRS-103
GATGGTCTGATGGCCAAATAGAGCAAGCTAGATAGATAAC ADOL-7501
---------------------------------------- GD0510A
---------------------------------------- GD0512
---------------------------------------- HN0001
---------------------------------------- YZ9901
---------------------------------------- SD0002
---------------------------------------- SD9902
---------------------------------------- NX0101

TGCGAAATACGCTTTTGCATA-GGGAGGGGGAAATGTAGT HPRS-103
TGCGAAATACGCTTTTGCATA-GGGAGGGGGAAATGTAGT ADOL-7501
----------GCTTTCGCATA-GGGAGGGGGAAATGTAGT GD0510A
----------GCTTTTGCATA-GGGGGGGGGAAATGTAGT GD0512
----------GCTTTTGCATA-GGGGGGGGGAAATGTAGT HN0001
----------GCTTTTGCATA-GGGGGGGGGAAATGTAGT YZ9901
----------GCTTTCGCATA-GGGGGGGGGAAATGTAGT SD0002
----------GCTTTTGCATAAGGGGGGGGGAAATGTAGT SD9902
----------GCTTTTGCATA-GGGAGGGGGAAATGTAGT NX0101

GTTATGCAATACTCTTATGTAACGATGAAACAGCAATATG HPRS-103
GTTATACAATACTCTTATGTAACGATGAAACAGCAATATG ADOL-7501
GTTATGCAGTACTATTATGTAACGATGAAACAGCAATATG GD0510A
----------ACTCTTATGTAACGATGAAACAGCAATATG GD0512
----------ACTCTTATGTAACGATGAAACAGCAATATG HN0001
GTTATGCAGTACTCTTATGTAACGATGAAACAGCAATATG YZ9901
GTTATGCAGTACTCTTATGTAACGATGAAACAGCAATATG SD0002
GTTATGCAGTACTCTTATGTAACGATGAAACAGCAATATG SD9902
GTTATGCAGTACTCTTGTGTAACGATGAAACAGCAATATG NX0101
```

图 2-21　从广东黄羽肉鸡分离到的 ALV-J 野毒株 GD0510A 和 GD0512 与国内外从白羽肉鸡分离到的 ALV-J 基因组 3′末端核酸序列比较

注：图中的-代表缺失的碱基。rTM 代表位于囊膜基因 env 下游的相当于囊膜蛋白跨膜区（TM）的重复序列。

B 亚群中国分离株 SDAU09C2 株 U5 序列长为 80bp。将其序列与 GenBank 中已发表的禽白血病病毒各亚群参考毒株进行核苷酸序列同源性比较，SDAU09C2 U5 区域与 A 亚群毒株 MQNCSU、MAV-1、RSA-A、RAV-1 的同源性分别为 95.0%、92.3%、98.8%、96.2%；与 B 亚群毒株 RSR B、MAV-2 的同源性分别为 97.5%、97.4%；与 C、D 亚群毒株 Prague C、RSR D 的同源性分别为 91.2%、90.0%；与 J 亚群毒株 HPRS-103、NX0101、SD07LK1、ADOL-7501 的同源性分别为 93.8%、93.8%、95.0%、95.0%，但与内源性 E 亚群毒株 ev-1、ev-3、SD0501 的同源性却分别只有 87.5%、87.2%、85.9%（表 2-60）。显然，内源性和外源性 ALV 在 U5 区差别较大。

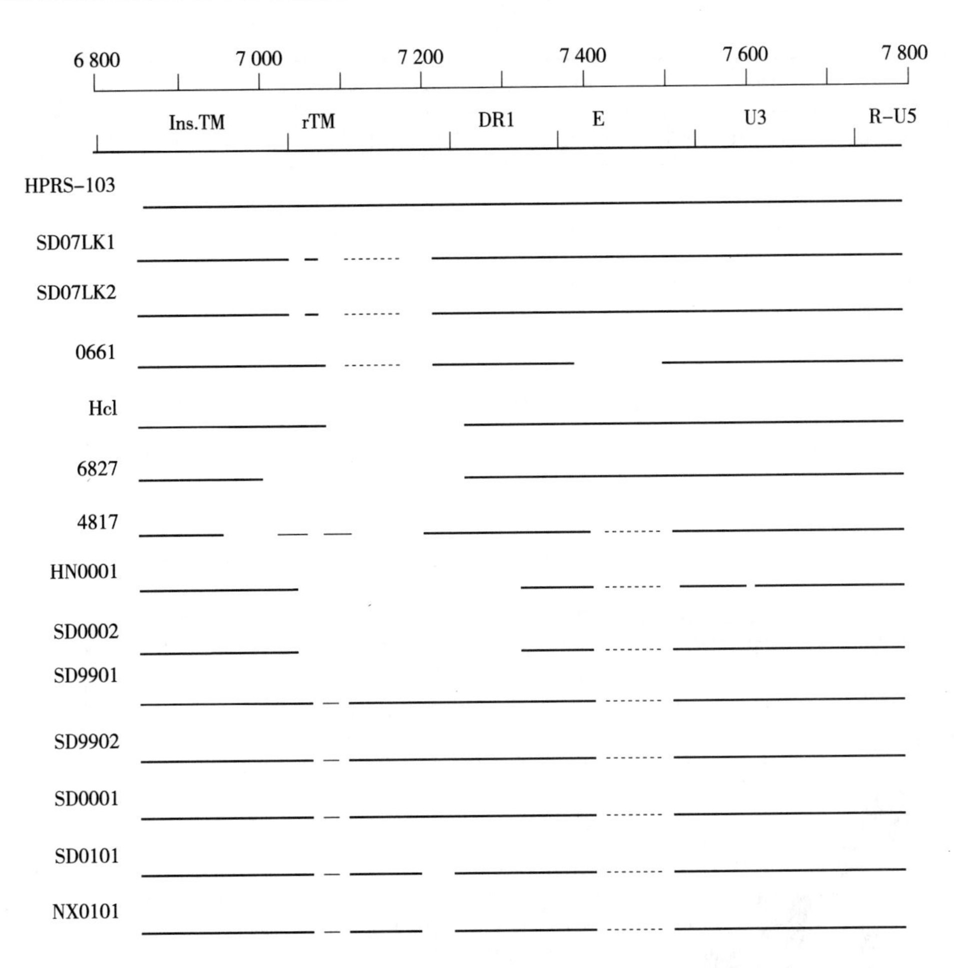

图 2-22　蛋鸡 2 个 ALV-J 分离株 SD07LK1 和 SD07LK2 与其他毒株 3′末端比较

注：图中间断粗线之间的空白处代表有大片段缺失性突变，在空白处的虚线表示还有一些短的不连续 DNA 序列（王辉等，2009）。

表 2-59　4 株 A 亚群中国分离毒与不同亚群禽白血病病毒参考株 LTR 区核苷酸的同源性比较（%）

不同亚群参考株	SDAU09C1				SDAU09C3				SDAU09E1				SDAU09E2			
	LTR	U3	R	U5	LTR	U3	R	U5	LTR	U3	R	U5	LTR	U3	R	U5
SDAU09C1																
SDAU09C3	91.4	92.5	90.5	88.8												
SDAU09E1	66.5	48.6	95.2	87.5	67.3	48.6	95.2	92.5								
SDAU09E2	85.9	88.2	85.7	81.2	85	85.8	85.7	85	65.7	50.6	90.5	83.8				
A-RSA	89	89	100	85	87.7	87.6	90.5	86.2	65.1	47.1	95.2	86.2	86.5	83.7	85.7	96.2
A-MQNCSU	87.3	87.7	90.5	85	88.9	87.6	100	88.8	64.4	46.5	95.2	86.2	90.4	91	85.7	92.5
B-S-R B	88.5	89.2	100	83.8	87.6	88.3	90.5	85	65.5	49.4	95.2	85	87	84.8	85.7	95
B-RAV-2	86.9	87.3	100	85	85.9	86.3	90.5	86.2	65.4	48.6	95.2	86.2	85.8	82.4	85.7	96.2
C-Prague C	90.5	88.7	95.2	92.5	89.8	87.3	95.2	93.8	68	48.9	100	91.2	85.3	84.4	90.5	88.8
D-S-R D	90.1	89.2	100	88.8	88.8	88.3	90.5	88.8	66.2	47.1	95.2	91.2	84.3	84	85.7	87.5
E-ev-1	69.1	50.9	90.5	90	70.5	51.5	100	95	92.8	90.3	95.2	97.5	67.5	52.9	85.7	85
E-ev-3	69.1	50.9	90.5	90	70.5	51.5	100	95	93.1	90.9	95.2	97.5	67.5	52.9	85.7	85

（续）

不同亚群参考株	SDAU09C1				SDAU09C3				SDAU09E1				SDAU09E2			
	LTR	U3	R	U5	LTR	U3	R	U5	LTR	U3	R	U5	LTR	U3	R	U5
E-ev-6	69.5	51.5	90.5	90	70.9	52.1	100	95	92.8	90.3	95.2	97.5	67.9	53.5	85.7	85
A-PDRC-1039	70.2	51.5	95.2	90	70.9	52.1	95.2	95	93.5	90.9	100	97.5	68.6	53.5	90.5	85
A-PDRC-3246	69.1	50.9	90.5	90	70.5	51.5	100	95	92.4	89.7	95.2	97.5	67.5	52.9	85.7	85
A-PDRC-3249	69.5	50.9	95.2	90	70.2	51.5	95.2	95	92.8	89.7	100	97.5	67.9	52.9	90.5	85
E-SD0501	69.1	51.5	90.5	88.8	70.5	52.1	100	93.8	91.3	88.6	95.2	96.2	66.8	52.3	85.7	83.8
J-SD07LK1	88.5	89.6	81	86.2	86.9	86.8	90.5	85	63	49.2	85.7	82.5	88.9	86.5	95.2	92.5
J-ADOL-7501	88.5	90.6	81	81.2	88.2	88.2	90.5	83.8	64.8	50.3	85.7	82.5	89.2	87.4	95.2	90
J-HPRS-103	88.9	91.5	81	82.5	87.6	88.2	90.5	83.8	63.7	50.8	85.7	82.5	90.7	88.8	95.2	93.8
J-NX0101	88.5	90.1	81	83.8	86.6	85.8	90.5	85	64.1	52.5	85.7	83.8	90.1	87.9	95.2	95

表 2-60　A 亚群 SDAU09C2 与鸡的不同亚群 ALV 参考株 U5 序列同源性比较（%）

1	2	3	4	5	6	7	8	9	10	11	12	13	14	15	16		
	95.0	92.3	98.8	96.2	97.5	97.4	91.2	90.0	87.5	87.2	85.9	93.8	93.8	95.0	95.0	1	SDAU09C2
		93.6	96.2	93.6	95.0	97.4	92.5	88.8	88.8	88.5	87.2	93.8	95.0	95.0	96.2	2	A-MQNCSU
			93.6	91.0	92.3	94.9	96.2	91.0	89.7	89.7	88.5	92.3	94.9	92.3	94.9	3	A-MAV-1
				97.4	98.8	98.7	92.5	91.2	88.8	88.5	87.2	95.0	95.0	96.2	96.2	4	A-RSA-A
					98.7	96.2	89.7	88.5	85.9	85.9	84.6	92.3	92.3	93.6	93.6	5	A-RSV-1
						97.4	91.2	90.0	87.5	87.2	85.9	93.8	93.8	95.0	95.0	6	B-RSR B
							93.6	89.7	87.2	87.2	85.9	96.2	96.2	97.4	97.4	7	B-MAV-2
								95.0	93.8	93.6	92.3	90.0	92.5	91.2	93.8	8	C-Prague C
									93.8	93.6	92.3	86.2	87.5	87.5	88.8	9	D-RSR D
										100.0	98.7	83.8	86.2	85.0	87.5	10	E-ev-1
											98.7	83.3	85.9	84.6	87.2	11	E-ev-3
												82.1	84.6	83.3	85.9	12	E-SD0501
													95.0	93.8	93.8	13	J-HPRS-103
														93.8	96.2	14	J-NX0101
															95.0	15	J-SD07LK1
																16	J-ADOL-7501

SDAU09C2 株 R 序列长为 21bp。将其序列与 GenBank 中已发表的禽白血病病毒各亚群参考毒株进行核苷酸序列同源性比较，SDAU09C2 R 区域与 A 亚群毒株 MQNCSU、MAV-

1、RSA-A、RAV-1 的同源性分别为 90.5%、81.0%、100.0%、100.0%；与 B 亚群毒株 RSR B、MAV-2 的同源性分别为 100.0%、80.0%；与 C、D 亚群毒株 Prague C、RSR D 的同源性分别为 95.2%、100.0%；与 E 亚群毒株 ev-1、ev-3、SD0501 的同源性分别为 90.5%、90.5%、90.5%；与 J 亚群毒株 HPRS-103、NX0101、SD07LK1、ADOL-7501 的同源性分别为 81.0%、81.0%、81.0%、81.0%（表 2-61）。显然，R 区的同源性与内源性和外源性 ALV 或不同的亚群之间没有密切关系。

表 2-61 SDAU09C2 与鸡的不同亚群 ALV 参考株 R 序列同源性比较（%）

1	2	3	4	5	6	7	8	9	10	11	12	13	14	15	16		
	90.5	81.0	100.0	100.0	100.0	80.0	95.2	100.0	90.5	90.5	90.5	81.0	81.0	81.0	81.0	1	SDAU09C2
		81.0	90.5	90.5	90.5	80.0	95.2	90.5	100.0	100.0	100.0	90.5	90.5	90.5	90.5	2	A-MQNCSU
			81.0	81.0	81.0	100.0	85.7	81.0	81.0	81.0	81.0	90.5	90.5	90.5	90.5	3	A-MAV-1
				100.0	100.0	80.0	95.2	100.0	90.5	90.5	90.5	81.0	81.0	81.0	81.0	4	A-RSA-A
					100.0	80.0	95.2	100.0	90.5	90.5	90.5	81.0	81.0	81.0	81.0	5	A-RSV-1
						80.0	95.2	100.0	90.5	90.5	90.5	81.0	81.0	81.0	81.0	6	B-RSR B
							85.0	80.0	80.0	80.0	80.0	90.0	90.0	90.0	90.0	7	B-MAV-2
								95.2	95.2	95.2	95.2	85.7	85.7	85.7	85.7	8	C-Prague C
									90.5	90.5	90.5	81.0	81.0	81.0	81.0	9	D-RSR D
										100.0	100.0	90.5	90.5	90.5	90.5	10	E-ev-1
											100.0	90.5	90.5	90.5	90.5	11	E-ev-3
												90.5	90.5	90.5	90.5	12	E-SD0501
													100.0	100.0	100.0	13	J-HPRS-103
														100.0	100.0	14	J-NX0101
															100.0	15	J-SD07LK1
																16	J-ADOL-7501

SDAU09C2 株 U3 序列长为 225bp。将其序列与 GenBank 中已发表的禽白血病病毒各亚群参考毒株进行核苷酸序列同源性比较，SDAU09C2 U3 区域与 A 亚群毒株 MQNCSU、RSA-A、RAV-1、MAV-1、RSR A、PDRC-1039 及本实验室自行分离毒株 SDAU09C1、SDAU09E1 的同源性分别为 91.1%、82.4%、84.6%、37.3%、82.1%、51.0%、86.8%、49.7%；与 B 亚群毒株 RSR B、MAV-2 的同源性分别为 84.0%、36.1%；与 C、D 亚群毒株 Prague C、RSR D 的同源性分别为 82.6%、82.6%；与 E 亚群毒株 ev-1、ev-3、SD0501 的同源性分别为 50.3%、50.3%、49.0%；与 J 亚群毒株 HPRS-103、NX0101、SD07LK1 的同源性分别为 87.4%、86.5%、85.3%（表 2-62）。显然，SDAU09C2 株 U3 与内源性 E 亚群 ALV 的同源性都很低，但与其他亚群比较则有高有低，没有规律。这说明了什么，有待研究。

表 2-62　SDAU09C2 与鸡的不同亚群 ALV 参考株 U3 序列同源性比较（%）

1	2	3	4	5	6	7	8	9	10	11	12	13	14	15	16	17	18	19	20		
	91.1	82.4	84.6	37.3	82.1	51.0	86.8	49.7	84.0	36.1	82.6	82.6	50.3	50.3	49.0	87.4	86.5	85.3	87.9	1	SDAU09C2
		85.5	85.3	40.7	85.1	52.5	87.6	51.0	86.0	39.4	85.7	86.7	52.5	52.5	50.4	85.0	85.0	82.8	86.9	2	A-MQNCSU
			93.8	38.4	99.6	47.1	89.0	46.0	97.4	38.6	96.1	99.5	47.2	47.1	46.5	88.5	87.1	86.7	87.6	3	A-RSA-A
				38.6	94.4	47.7	89.2	46.0	95.9	38.8	92.2	95.5	47.1	47.7	47.1	89.6	87.7	87.4	88.7	4	A-RAV-1
					38.5	58.3	40.7	57.1	38.8	98.3	39.4	38.5	58.3	58.9	57.1	40.5	41.9	39.5	41.0	5	A-MAV-1
						46.3	88.7	45.2	97.0	38.7	95.7	99.1	45.7	46.3	45.7	88.3	86.3	86.4	87.3	6	A-RS R A
							50.7	90.9	47.6	58.4	47.5	47.4	97.1	97.7	95.4	49.3	48.7	46.7	50.0	7	A-PDRC-1039
								49.3	89.2	39.9	89.2	89.2	50.0	50.7	49.3	92.5	91.9	90.1	89.7	8	A-SDAU09C1
									46.5	57.2	46.4	46.2	90.3	90.9	88.8	48.1	48.1	46.1	50.6	9	A-SDAU09E1
										39.0	94.8	96.9	47.6	47.6	47.0	88.8	86.6	86.7	87.9	10	B-RSR B
											39.6	38.8	58.4	59.0	57.2	40.7	41.1	39.7	41.1	11	B-MAV-2
												96.0	47.2	47.5	46.9	88.3	86.3	86.4	86.4	12	C-Prague C
													47.4	47.4	46.8	88.7	86.8	86.9	87.7	13	D-RSR D
														99.4	98.3	48.7	48.7	46.7	49.3	14	E-ev-1
															97.7	49.3	48.7	46.7	50.0	15	E-ev-3
																48.7	46.7	47.3	48.0	16	E-SD0501
																	95.9	95.5	94.2	17	J-HPRS-103
																		93.3	91.9	18	J-NX0101
																			91.5	19	J-SD07LK1
																				20	J-ADOL-7501

（三）4 个中国分离株的复制特性与其 LTR 序列的相关性

4 个中国分离株 ALV 在 DF1 细胞培养上的复制动态比较表明，病毒 SDAU09C1 复制能力最强，SDAU09E2 次之，SDAU09E1 最慢。这是否与它们基因组中 U3 区的序列差异，特别是其中带有的转录调控元件有关，也是有待研究的目标。

第七节　不同亚群 ALV 之间及其他病毒的共感染

在 21 世纪初刚分离鉴定出 ALV-J 时，我们就已注意并发现了我国鸡群中 ALV-J 与网状内皮增生病病毒（REV）的共感染问题。实际上同一鸡群甚至同一鸡个体对不同病毒的共感染是很普遍的现象。本章仅讨论 ALV 与其他肿瘤性病毒的共感染问题。

一、不同亚群 ALV 之间的共感染

从 1999 年以来，我们每年都从不同鸡群分离到 J 亚群的 ALV。由于技术上的原因，对 J 亚群以外其他亚群 ALV 的分离鉴定工作开始得较晚。直到我们研发了 ALV-A 特异性单抗，我们才在 2010 年在同一只鸡同一份肿瘤病料中同时分离鉴定出 ALV-J 和 ALV-A（刘绍琼等，2011），见第五节。但是，根据血清学调查，同一群鸡同时感染 ALV-J 和 ALV-A/B 的现象非常普遍。2008—2010 年，我们曾对全国各地不同类型鸡群做了血清流行病学调查。在所调查的大约 200 个鸡群中，有 92 个（47.9%）鸡群的血清对 A/B 亚群抗体呈阳

性，105个鸡群的血清（52.8%）对J亚群抗体呈阳性（表2-1），但从这个数字我们无法判断是否有的鸡群对两大类亚群同时呈现阳性。当我们把上述调查结果中来自每一次独立采样的原始数据仔细分析，即分析表2-2、表2-5、表2-6、表2-7、表2-8和表2-9中的数据时，就可确信，确实有一定比例的鸡群同时对A/B及J亚群抗体呈阳性反应。例如，表2-2显示6个安卡祖代鸡群中分别有5和4个群体对A/B和J亚群抗体呈阳性，这表明这6群鸡中至少有3群同时有A/B亚群及J亚群ALV感染。同一表中6个白羽肉鸡父母代鸡群中分别有5个对A/B和J亚群ALV抗体呈阳性反应，也说明至少有4个群体同时有两种亚群ALV感染。

当我国培育型黄羽肉鸡和地方固有品种鸡群也有类似现象时，这种呈现两类亚群ALV抗体阳性的鸡群更是普遍（表2-8和表2-9）。

此外，在2009年对11个与白血病相关的肿瘤/血管瘤的父母代蛋用型种鸡群的血清学调查也证明，其中至少5个鸡群同时对A/B和J亚群抗体呈阳性反应。在有肿瘤表现的5个商品代蛋鸡群中，也有4个鸡群同时被检出A/B和J亚群ALV抗体（表2-6、表2-7）。当然，血清学检测的结果只能对鸡群中不同亚群ALV共感染的状态作出一个粗略的判断。直接的证据还有待于从同一只鸡体内分离到或检测出不同亚群ALV来获得。在过去十多年中，由于技术的原因，更多地注意分离检测ALV-J，而忽视了对其他亚群外源性ALV的分离鉴定。从2009年以来，随着发现我国鸡群A/B亚群ALV的抗体阳性率也很高，我们开始注重从同一只鸡同时分离鉴定不同亚群ALV。例如，2010年，当我们对一些“817”肉杂鸡颈部出现的肉瘤作病原学研究时，就从同一份病料中同时分离到ALV-J和ALV-A。虽然后来又进一步证明，在其中起急性致肿瘤作用的是ALV-J，但在细胞和鸡体连续传代过程中，ALV-A仍继续被检出，只是逐渐减少，最后很难检出了（李传龙等，2012）。

二、ALV-J与REV的共感染

网状内皮增生病病毒（REV）是鸡群中的一种致肿瘤性病毒（见第一章及第四章）。REV感染在我国鸡群中很普遍，在大多数情况下，REV感染都呈亚临床感染。但是在感染雏鸡后，则易诱发免疫抑制。在过去十多年中，当我们从患有典型髓细胞样肿瘤鸡群分离到ALV-J的同时还分离到了REV。表5-2列出了1999—2008年从患有典型J亚群白血病的白羽肉鸡、黄羽肉鸡和蛋鸡分离病毒的情况和鉴定情况。从表5-2可以看出，在将近10年期间的38个病例中，有11个存在ALV-J和REV共感染，有21个仅分离到ALV-J，2个仅分离到REV。考虑到技术上的原因，有些共感染可能会被漏检了，如仅分离到REV的2个病例。既然这2只鸡发生了典型的髓细胞样肿瘤，那肯定应该有ALV-J感染。由此可见，在十年中所调查的这些病例中，约占1/3的病例存在ALV-J与REV共感染。即使在一些没有发生典型髓细胞样肿瘤的疑似感染鸡群，也有24例检出ALV-J，有11例同时检出REV（表5-2）。除了从肿瘤病鸡检出ALV-J与REV的共感染外，在几个发生肿瘤的黄羽肉鸡种鸡群，从种蛋中检出ALV-J的同时，也有一定比例的鸡表现为ALV-J与REV的共感染。从表5-3可见，将从患有J亚群白血病的4个黄羽肉鸡父母代收集的72个种蛋孵化后，逐一制备鸡胚成纤维细胞培养，再分别用针对ALV-J的单抗做IFA，检出了ALV-J或REV，其中有3个胚同时检出了ALV-J和REV。这说明，在白血病病鸡，不仅存在着ALV-J与

REV 的共感染，还可发生这两种病毒的共垂直感染。

三、ALV-J 与 MDV 的共感染

2008 年后，我国蛋鸡中普遍发生了 ALV-J 诱发的肿瘤、血管瘤的流行。在此期间，我们从典型的髓细胞样细胞瘤的病例分离到 ALV-J 的同时，也有分离到一定比例的 MDV，详见第五章（表 5-4）。

第三章

我国鸡群马立克氏病的流行及发病特点

第一节　我国鸡群中马立克氏病流行的表现和特点

一、不同地区不同鸡群发病率的不均一性

在过去二十多年中，马立克氏病一直在我国鸡群中流行，但随地区和鸡群不同，其发病率呈现高度的不均匀性。这既与我国地域广阔且各地地理经济环境不同有关，更与我国在不同的饲养模式下饲养着多种不同类型的鸡群相关。其中最重要的直接影响因素是所用的马立克氏病疫苗的保护性免疫力水平。

1990 年以来，国内外有三大类马立克氏病疫苗被广泛应用：即Ⅲ型火鸡疱疹病毒（HVT）疫苗（冻干型或液氮保存的细胞结合型）、HVT＋Ⅱ型的 SB1 细胞组成苗和必须液氮保存的Ⅰ型 CVI988/Rispens 株细胞结合型疫苗。其保护性免疫效果依次增强。HVT 疫苗特别是冻干型成本低易于保存运输，适合于偏僻地区又交通不便的小型种鸡场。Ⅰ型 CVI988/Rispens 株细胞结合型疫苗的保护性免疫力显著好于其他两种，已被交通方便的所有大型鸡场所采用。因此，在过去二十年中，我国实际上广泛应用的只是Ⅲ型 HVT 和Ⅰ型 CVI988/Rispens 疫苗。随着鸡群广泛应用疫苗免疫，MDV 野毒株的致病性也在逐渐增强。用Ⅲ型 HVT 疫苗免疫的鸡群已不能有效抵抗在我国已普遍流行的超强毒 MDV（vvMDV）感染及其致病作用。即使 70～80 日龄的商品代黄羽肉鸡群，Ⅲ型 HVT 疫苗免疫后仍然会出现较高的 MDV 诱发的肿瘤发病率和死淘率。在我国各地已普遍存在Ⅰ型 vvMDV 流行的情况下，只有用Ⅰ型 CVI988/Rispens 疫苗才能显示可靠的保护性免疫。在过去二十年中，我们一直在关注我国是否也像欧美国家那样出现了特超强毒 MDV（vv＋MDV）流行株。可幸的是，迄今为止，仅发现了 vvMDV 的流行株，还没有可靠的证据显示已出现 vv＋MDV 流行株。

由于不同地区不同类型鸡场选用不同类型的疫苗，或者在使用疫苗过程中免疫技术差异很大，这使得 MDV 诱发的肿瘤发病率和死淘率在不同地区和不同类型鸡群中有极大的差别。总的来看，在过去二十年中，在祖代种鸡场及大型父母代鸡场或由大型种鸡场供应苗鸡的商品蛋鸡场，很少发生 MDV 诱发的肿瘤。自 1999 年以来我们实验室也不断收到来自大型种鸡场特别是白羽肉鸡种鸡场送检的疑似肿瘤病鸡，但经实验室病理学和病毒学检测，都确诊为由 J 亚群白血病病毒诱发的髓细胞样肿瘤，还有些是由鸡戊肝病毒引起的、在病理变化上有类似肿瘤表现的鸡大肝大脾病。在过去十多年中，本实验室分离到的Ⅰ型 MDV 野毒株或确诊为 MDV 诱发的肿瘤的病例，大多数来自交通不便的小型种鸡场的鸡群。

二、我国白羽商品代肉鸡中的MDV感染

由于MDV诱发的肿瘤有一定的潜伏期，鸡群内脏肿瘤的高发期在12～16周龄，因而在6～7周龄的白羽商品代肉鸡很少会出现典型的特征性肿瘤。因此，我国的白羽肉鸡公司很少实施马立克氏病疫苗免疫。但实际上，白羽肉鸡群也很容易感染MDV，而在感染后7～10d内产生溶细胞性病毒血症的高峰，造成一定程度的免疫抑制并影响生长速度和饲料利用率。此外，MDV感染鸡还容易在皮肤上诱发与淋巴细胞增生相关的羽毛囊肿大或羽毛囊肿瘤（图1-2-1-6），而欧美国家，肉鸡屠宰场有严格的肉食品安全检查程序，一当发现肉鸡皮肤羽毛囊肿瘤样肿大，必须将整只鸡废弃，不得作为肉食用。因此，在美国，从20世纪70年代起，几乎所有的商品代肉鸡都在出壳后或在18日龄接种HVT疫苗。实践证明，对商品代肉鸡用HVT疫苗实施免疫，可显著降低屠宰时商品代肉鸡羽毛囊肿瘤样肿胀的废弃率。更重要的是，也可大大降低商品代肉鸡MDV感染率，减弱对环境的污染程度。

但在我国，对绝大多数商品代白羽肉鸡群都没有实施MDV疫苗免疫。实际上，现在我国所有商品代肉鸡群都有不同程度的MDV感染，有些多年饲养肉鸡的鸡场和地区，MDV感染率已相当高，在我国实施山东省农业重大应用技术创新课题项目——鸡群免疫抑制性疾病的综合防控技术研究（2006—2009）期间，用Ⅰ型特异性MDV核酸探针作斑点杂交试验，对全省商品代肉鸡群的MDV感染状态作了大量的流行病学调查。结果表明，肉鸡群中MDV感染率比过去显著上升。在我们从白羽肉鸡屠宰车间随机采集的200只鸡的脾脏样品中，用Ⅰ型MDV特异性核酸探针作斑点杂交试验显示，有123份样品（61.5%）被MDV野毒感染。

一些国际疫苗公司或用于鸡胚疫苗接种的设备公司曾在我国商品代肉鸡群中做了HVT疫苗免疫的推广试验。我们实验室也对此做了跟踪。实验室检测结果表明，经HVT免疫的肉鸡群，在出栏时羽毛囊中Ⅰ型MDV的检出率显著低于未经免疫的鸡群，同一鸡场经连续3批鸡的免疫后，几乎从羽毛囊中检不出Ⅰ型MDV的核酸。但是，由于我国在屠宰肉鸡的食品安全检测方面，没有对皮肤羽毛囊肿瘤样肿胀实施废弃的严格规定，再加上MDV感染诱发的免疫抑制和生长迟缓是非特异性的，很难在临床上显现出来，因此，我国大多数商品代肉鸡公司没有兴趣对商品代肉鸡实施MDV疫苗免疫。这导致了MDV野毒在我国各地鸡群中的流行越来越普遍，环境中MDV污染的程度也越来越严重。

三、与其他病毒共感染的普遍性

虽然单独MDV感染就会诱发典型的特征性T淋巴细胞瘤，但在对疑似MDV肿瘤的临床病例的实验室检测中，常常发现同时存在着其他病毒的共感染，如网状内皮增生病病毒（REV）、禽白血病病毒（ALV）或鸡传染性贫血病毒（CAV）。例如，2001—2003年，在对来自6个不同省的7个鸡群的疑似病鸡采血分离病毒时，在分离到18株MDV野毒的同时分离到6株REV（见第五章表5-1）。REV感染既可能是由于自然感染，又可能与使用的弱毒疫苗污染REV相关（见本节“四”）。可以推测，REV的共感染减弱了感染鸡的免疫功能，增强了MDV感染后的发病率（详见第五章）。此外，还在疑似禽白血病的病鸡体内同时分离到MDV（表5-4和表5-5）。

在人工造病时，观察MDV和REV共感染导致的肿瘤的组织切片，甚至可同时见到不

同类型的肿瘤，即 MDV 诱发的典型的淋巴细胞瘤和与 REV 感染相关的非淋巴细胞肿瘤结节（见第五章彩图 5-3 至彩图 5-13）。

在商品代肉鸡，由于生长期太短，MDV 感染鸡不容易发生肿瘤，但会影响生长或造成免疫抑制。在一些出现这类临床表现的鸡群，也常常见到 MDV 和 CAV 共感染（见第五章表 5-6、表 5-8）。

四、MDV 疫苗中的外源病毒污染与免疫失败的相关性

在出壳后立即应用 MDV 活毒疫苗特别是细胞结合型的 CVI988/Rispens 疫苗作免疫注射，是预防马立克氏病肿瘤的非常有效的措施。但是，对 MDV 的保护性免疫的效果与疫苗质量密切相关。其中，是否有外源病毒污染仍是影响疫苗质量和效果的最重要因素。MDV 疫苗中的外源病毒污染主要来自用于生产疫苗病毒用的 SPF 鸡胚细胞。比较常见的主要是能垂直传播的几种病毒，如禽网状内皮增生病病毒（REV）、禽白血病病毒（ALV）、鸡传染性贫血病毒（CAV）及禽呼肠孤病毒（ARV），这些病毒一旦感染雏鸡，就会诱发不同程度的免疫抑制。这既会影响 MDV 疫苗本身的保护性免疫效果，又会诱发继发性细菌感染或继发性病毒感染。

根据过去近二十年我们所见的实例及相关的实验室检测结果，在我国鸡群中应用的 MDV 疫苗中，最常见的污染是 REV，其次是外源性 ALV。应用被 REV 污染的 MDV 疫苗是我国鸡群中发生 MDV 疫苗免疫失败的最常见原因之一，特别是当一些鸡场在免疫后仍暴发马立克氏病相关肿瘤时，多数是由于疫苗污染 REV 所引起的。

第二节　马立克氏病病毒中国流行株的致病性比较

一、MDV 中国流行株的致病型分布

根据 MDV 流行株对易感鸡或 HVT 疫苗免疫鸡的致病性，MDV 可分为弱毒（mMDV）、强毒（vMDV）、超强毒（vvMDV）及特超强毒（vv＋MDV）四个致病型（见第一章第一节）。到目前为止，美国和欧洲已报道从局部地区分离到 vv＋MDV，这是 MDV 野毒株对鸡群疫苗免疫后在免疫选择压作用下发生的适应性变异。这种 vv＋MDV 能突破 CVI988/Rispens 疫苗免疫对鸡的保护性免疫。我国从 1995 年后开始应用 CVI988/Rispens 疫苗，2000 年后即已在全国大多数种鸡场广泛应用。因此，我国禽病界也一直在关注，我国是否也已出现了能突破 CVI988/Rispens 疫苗保护性免疫力的 vv＋MDV 流行株。在 20 世纪 90 年代后期及 21 世纪早期，我们曾比较研究了一些分离株的致病性。例如，从广西分离到的一株 MDV 属于 vMDV 致病型，还有 2001 年分离到的 GX0101 属于超强毒株。但还没有真正有力的实验数据证明我国已有 vv＋MDV 致病型流行株。从 CVI988/Rispens 疫苗近二十年来在种鸡场广泛应用后的临床效果看，也没有真正能突破 CVI988/Rispens 疫苗保护性免疫力，发生大流行的报道或投诉。

二、中国流行毒 GX0101 株 MDV 与不同致病型国际参考株的致病性比较

GX0101 是 2001 年从广西一个蛋鸡场分离到的（第五章表 5-1），该鸡群已经被 CVI988/Rispens 疫苗免疫，但仍然发生马立克氏病肿瘤。为了阐明该鸡群免疫失败是否与

vv+MDV致病型的流行相关，我们利用SPF鸡进行动物试验，比较了该株病毒与vMDV致病型国际参考株GA株及vvMDV致病型参考株Md5的致病性。

在未经免疫的SPF鸡，GX0101的致死率和致肿瘤率显著高于vMDV参考株GA，但略低于vvMDV参考株Md5（表3-1）。在经HVT疫苗免疫的SPF鸡，GX0101同Md5一样仍能突破HVT疫苗的保护性免疫力，能诱发较高的死亡率和肿瘤发生率，不过还是低于Md5（表3-2）。这说明GX0101株的致病型还只能属于vvMDV，即超强毒。

表3-1 GX0101株与vMDV和vvMDV国际参考株在未经免疫的SPF鸡的致病性比较

实　验	接种病毒	死亡率[1]	肿瘤发生率[1]
Ⅰ组	GX0101	34/50（68%）[a]	24/50（48%）[a]
	vMDV GA	10/30（33.3%）[b]	7/30（23.3%）[a]
	对照鸡	0/30[c]	0/30[c]
Ⅱ组	GX0101	12/16（75%）[a]	4/16（25%）[a]
	vvMDV Md5	13/16（81.2%）[a]	4/16（25%）[a]
	对照鸡	0/16[b]	0/16[b]

注：1. 表中的数字为死亡鸡数/接种鸡数（死亡率百分比）或肿瘤发生数/接种鸡数（肿瘤发生百分比）。

2. 在1日龄攻毒后，实验鸡分别饲养90d（Ⅰ组）或80d（Ⅱ组）。

3. 在每组实验的同一列的数字右上角不同英文字母表示差异显著，相同字母表示差异不显著。

表3-2 GX0101株与vvMDV国际参考株在经HVT免疫的SPF鸡的致病性比较

接种病毒	死亡率[1]	肿瘤发生率[1]
GX0101	24/84（28.6%）[a]	6/84（7.1%）[a]
vvMDV Md5	53/84（63.1%）[b]	16/84（19.1%）[b]
对照鸡	0/30[c]	0/30[c]

注：1. 同表3-1。

2. 同表3-1。

3. 同表3-1。

GX0101和vvMDV Md5接种SPF鸡导致的死亡率差异显著，$P<0.01$，肿瘤发生率的差异也显著，$P<0.05$。

三、中国流行毒GX0101株MDV和超强毒国际参考株诱发的病理剖检变化比较

在对SPF鸡的人工造病试验中，中国流行株GX0101与vvMDV国际参考株Md5和RB1B诱发的病理变化非常类似。GX0101也可以在肝脏、脾脏、肾脏等不同的脏器诱发不同大小的不同形状的肿瘤块或肿瘤结节（彩图3-1至彩图3-11）。彩图3-12显示中国分离株GD0202在接种1日龄SPF来航鸡后在38日龄死亡后的脾脏和肾脏上的肿瘤。

作为比较，我们也分别用vvMDV国际参考株Md5和RB1B接种SPF来航鸡。彩图3-13至彩图3-27显示了这些超强毒引发的肝脏、脾脏、肾脏、睾丸、胸肌等不同脏器和组织的不同形状不同大小的肿瘤。

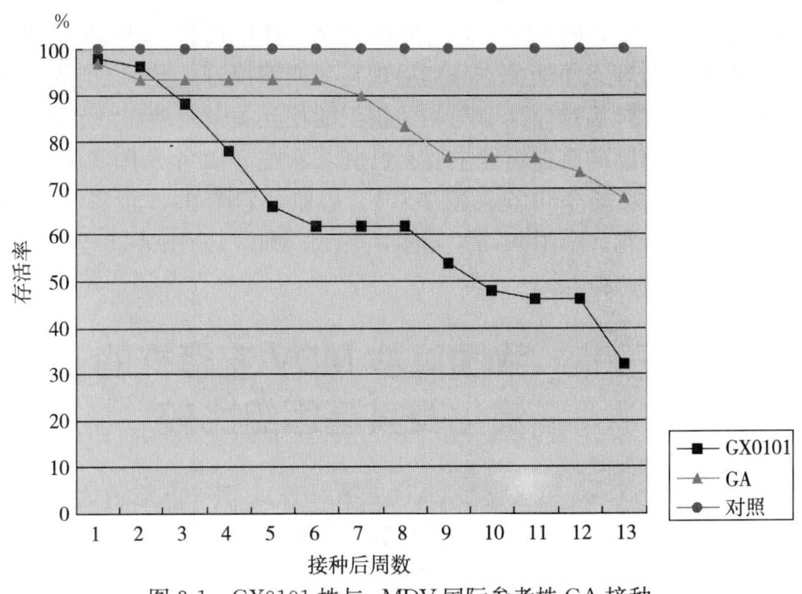

图 3-1 GX0101 株与 vMDV 国际参考株 GA 接种未经免疫的 1 日龄 SPF 鸡的死亡曲线

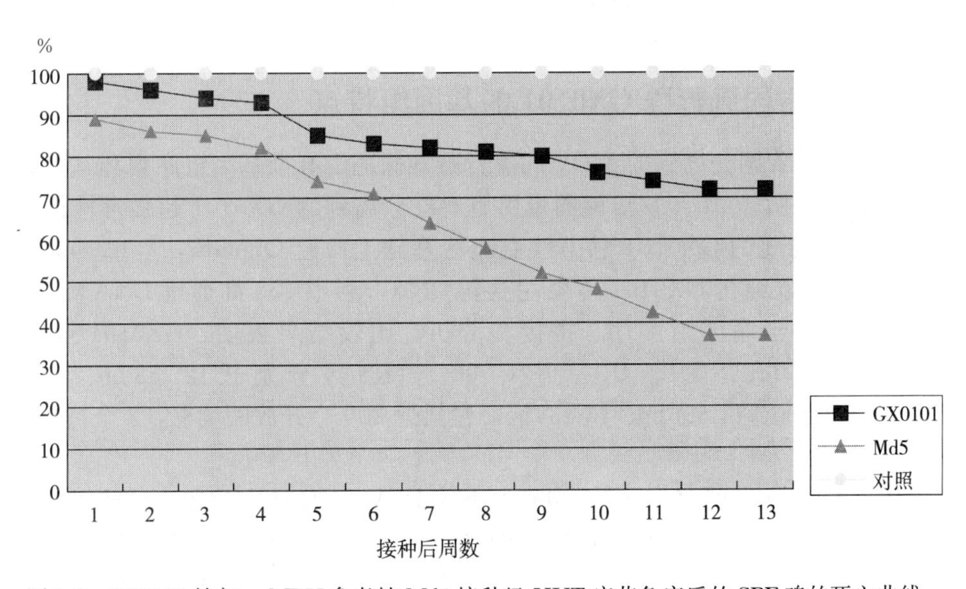

图 3-2 GX0101 株与 vvMDV 参考株 Md5 接种经 HVT 疫苗免疫后的 SPF 鸡的死亡曲线

四、中国流行毒 GX0101 株和超强毒国际参考株诱发的病理组织学变化比较

用 MDV 的中国流行株 GX0101、GD0202 及超强毒 MDV 的国际参考株 Md5 接种 1 日龄 SPF 来航鸡后观察至 93 日龄，剖检取有关的肿瘤病变的肝、肾、心等器官组织做组织切片。病毒观察表明，中国分离株在肝脏、肾脏、心脏等组织诱发的淋巴细胞肿瘤结节（彩图 3-28 至彩图 3-34）与超强毒参考株 Md5 诱发的肿瘤完全相同，都是由形态大小不一的淋巴

细胞组成的（彩图 3-35 至彩图 3-60）。

为了更清楚地看出 MDV 诱发的肿瘤的典型变化，这里再将 Md5 接种 SPF 来航鸡后在不同脏器诱发的肿瘤的病理组织切片，分别呈现在一典型视野，显示不同放大倍数的淋巴细胞肿瘤结节的形态特点，包括肿瘤结节与相关组织的相互关系及肿瘤结节内的清晰的淋巴细胞形态。这里讲的诱发肿瘤的脏器组织主要有肝脏（彩图 3-61 至彩图 3-64）、脾脏（彩图 3-65 至彩图 3-67）、肾脏（彩图 3-68 至彩图 3-70）、心肌（彩图 3-35 至彩图 3-39）、肺脏（彩图 3-71 至彩图 3-73）、睾丸（彩图 3-74、彩图 3-75）、卵巢（彩图 3-76 至彩图 3-78）及迷走神经（彩图 3-79 至彩图 3-82）等。

第三节　我国鸡群 MDV 流行株的演化及其基因组比较

MDV 基因组为全长 175kb 的双股 DNA（见第一节），其中包含有大约 100 个基因或编码区，全面分析流行株的基因组特点及演化趋势是很困难的。随着现代分子生物学技术的改进，国际上对 MDV 基因组研究也有了相当大的进展。迄今为止，全世界已完成 11 株Ⅰ型 MDV 的全基因组序列测定，其中包括两个中国分离株，即中国特有的弱毒疫苗株 814 和上述提到我们实验室已在生物学和分子生物学的不同方面做了系统研究的 GX0101。对其他中国流行毒株，也比较了部分基因变异。

一、MDV 中国流行株 GX0101 的基因组特点

迄今为止，对我国分离到的 MDV 的流行野毒株还没有全基因组序列和基因组结构的系统报道。我们已对 2001 年从广西的蛋用型鸡群分离到的 GX0101 超强毒株构建了细胞染色体克隆，在构建的 GX0101 感染性克隆的基础上，经 QIAGEN ® Plasmid Maxi Kit (German) 大量提取纯化 GX0101 传染性克隆 DNA，利用 454 高通量 DNA 测序仪测序，完成了 GX0101 的全基因组测序、拼接和分析。比较结果表明，GX0101 全基因组长 178 101bp，其中 TRL、UL、IRL、IRS、US、TRS 区分别长 12 758 bp、113 572 bp、12 741bp、12 700bp、11 695bp、13 134bp，包括近 200 个开放阅读框，2 个拷贝的 132bp 重复片段。

GX0101 基因组中只含有一个 538bp 大小的 REV-LTR 插入片段，位于基因组 US 区 sorf2 基因的上游 267bp 的 sorf1 基因中，相当于 bp＃152721～＃153258 的碱基位点（相对于 Md5 基因组的 bp＃153175～153176）。与我们的 GX0101 不同，RM1 株中 REV-LTR 插入片段整合于 IRS 区 sorf1 上游 832bp 处，sorf2 基因上游 1163bp（1789bp）（相当于 GX0101 基因组的 bp＃151736～＃151737）。在 GX0101 基因组中的 REV-LTR 具有遗传稳定性，但 RM1 在细胞培养上的传代过程中，在基因组 TRS 区又可形成一个同样的 REV-LTR 重复片段。而且，如果将 REV-LTR 片断插入 Md5 基因组中相同的位置后，拯救的重组病毒在细胞培养上稳定，但在鸡体内不稳定，在传代过程中很容易失去 REV-LTR 插入片段。这是 GX0101 作为一个在鸡体内自然形成的重组病毒的一个很大的特点。与已发表的 10 株 MDV 相比，GX0101 在基因组结构上还有另一个重要特点，在 GX0101 基因组的 TRS 区域的 97.3～97.6ORF 中，出现了 5 个连续的 217bp 碱基的重复，而其他

MDV毒株对这一序列只有1～2个拷贝的重复。在GX0101基因组的IRS区域的86.4ORF中，这一同样的217bp序列有3个连续的重复，而其他10个毒株在这一位点只有1～2个拷贝的重复。

鉴于GX0101在致病性、横向传播性及基因组结构上的上述特性，对GX0101的全基因组序列进行分析，既有助于阐明与致病性、传播性相关的基因，也有助于揭示其与不同地域间MDV毒株的遗传变异和演化关系。

二、中国流行株与国际参考株在MDV的几个主要基因上的同源性比较

如第一节所述MDV基因组包含有100个左右阅读框架（ORF），这些基因大多与人的单纯疱疹病毒（HSV）有相当高的同源性，分别称之为HSV同源基因，但也有一些基因是MDV特有的，如meg肿瘤基因、pp38基因等。为了阐明MDV的中国野毒株与一些国际参考株之间基因组水平的相关性，早在20世纪90年代，我们就已分别对几个中国流行株与国际参考株的若干个结构基因或功能性基因作了比较。

（一）囊膜糖蛋白基因比较

MDV有7个囊膜糖蛋白基因，它们分别是gB、gC、gD、gE、gH、gI和gK。我们已分别将部分中国流行株与国际参考株的相应基因做了一一比较。结果表明，MDV的囊膜糖蛋白基因都非常保守，在氨基酸水平的同源性都保持在97.5%以上。特别是gB、gC、gH和gK更为保守，所有毒株之间的同源性都在99%以上甚至99.9%。中国流行株与不同致病型的国际参考株之间也没有明显差异（表3-3、表3-4、表3-5、表3-6、表3-7、表3-8、表3-9）。

表3-3　MDV中国株与不同致病型国际参考株在gB蛋白上的同源性关系（%）

1	2	3	4	5	6	7	8	9	10	11		
	99.8	99.8	99.8	99.8	99.8	99.8	99.8	99.8	99.8	99.8	1	584-gB. pro
		99.9	99.9	99.9	99.9	99.9	99.9	99.9	99.9	99.9	2	648-gB. pro
			99.9	99.9	99.9	99.9	99.9	99.9	99.9	99.9	3	CU2-gB. pro
				99.9	99.9	99.9	99.9	99.9	99.9	99.9	4	Md5-gB. pro
					99.9	99.9	99.9	99.9	99.9	99.9	5	Md11-gB. pro
						99.9	99.9	99.9	99.9	99.9	6	RB1 B-gB. pro
							99.9	99.9	99.9	99.9	7	pC12130-10-gB. pro
								99.9	99.9	99.9	8	PC12130-15-gB. pro
									99.9	99.9	9	CVI988-gB. pro
										99.9	10	814-gB. pro
											11	GX0101-gB. pro

注：CVI988株以上为欧美国家分离到的参考株，814株以下为我国分离株。

表 3-4　MDV 中国株与不同致病型国际参考株在 gC 蛋白上的同源性关系（%）

同源性百分比

差异性程度

1	2	3	4	5	6	7	8	9	10	11	12		
	99.3	98.9	99.3	99.3	98.9	99.3	99.3	99.3	98.9	98.6	99.3	1	584-gC. pro
0.4		99.3	99.6	99.6	99.3	99.6	99.6	99.6	99.3	98.9	99.6	2	648-gC. pro
0.7	0.4		99.3	99.3	99.6	99.3	99.3	99.3	99.6	99.3	99.3	3	CU2-gC. pro
0.4	0.0	0.4		99.6	99.3	99.6	99.6	99.6	99.3	98.9	99.6	4	Md5-gC. pro
0.4	0.0	0.4	0.0		99.3	99.6	99.6	99.6	99.3	98.9	99.6	5	Md11-gC. pro
0.7	0.4	0.0	0.4	0.4		99.3	99.3	99.3	99.6	99.3	99.3	6	RB1B-gC. pro
0.4	0.0	0.4	0.0	0.0	0.4		99.6	99.6	99.3	98.9	99.6	7	GA-gC. pro
0.4	0.0	0.4	0.0	0.0	0.4	0.0		99.6	99.3	98.9	99.6	8	pC12130-10-gC. pro
0.4	0.0	0.4	0.0	0.0	0.4	0.0	0.0		99.3	98.9	99.6	9	PC12130-15-gC. pro
0.7	0.4	0.0	0.4	0.4	0.0	0.4	0.4	0.4		99.3	99.3	10	CVI988-gC. pro
1.1	0.7	0.4	0.7	0.7	0.4	0.7	0.7	0.7	0.4		98.9	11	814-gC. pro
0.4	0.0	0.4	0.0	0.0	0.4	0.0	0.0	0.0	0.4	0.7		12	GX0101-gC. pro

注：CVI988 株以上为欧美国家分离到的参考株，814 株以下为我国分离株。

表 3-5　MDV 中国株与不同致病型国际参考株在 gD 蛋白上的同源性关系（%）

同源性百分比

差异性程度

1	2	3	4	5	6	7	8	9	10	11		
	99.8	99.8	99.8	99.8	98.3	99.3	99.3	98.8	98.3	99.0	1	584-gD. pro
0.0		99.8	99.8	99.8	98.3	99.3	99.3	98.8	98.3	99.0	2	648-gD. pro
0.0	0.0		99.8	99.8	98.3	99.3	99.3	98.8	98.3	99.0	3	CU2-gD. pro
0.0	0.0	0.0		99.8	98.3	99.3	99.3	98.8	98.3	99.0	4	Md5-gD. pro
0.0	0.0	0.0	0.0		98.3	99.3	99.3	98.8	98.3	99.0	5	RB1B-gD. pro
1.5	1.5	1.5	1.5	1.5		98.8	98.8	99.3	99.8	99.0	6	GA-gD. pro
0.5	0.5	0.5	0.5	0.5	1.0		99.8	98.3	98.8	99.5	7	pC12130-10-gD. pro
0.5	0.5	0.5	0.5	0.5	1.0	0.0		98.3	98.8	99.5	8	PC12130-15-gD. pro
1.0	1.0	1.0	1.0	1.0	0.5	1.5	1.5		99.3	98.5	9	CVI988-gD. pro
1.5	1.5	1.5	1.5	1.5	0.0	1.0	1.0	1.5		99.0	10	814-gD. pro
0.7	0.7	0.7	0.7	0.7	0.7	0.2	0.2	1.3	0.7		11	GX0101-gD. pro

注：CVI988 株以上为欧美国家分离到的参考株，814 株以下为我国分离株。

表 3-6　MDV 中国株与不同致病型国际参考株在 gE 蛋白上的同源性关系（%）

同源性百分比

差异性程度

1	2	3	4	5	6	7	8	9	10	11	12	13	14	15	16		
	99.4	99.6	99.6	99.6	99.6	99.6	98.4	98.4	99.6	98.8	98.4	98.8	98.6	99.6	98.8	1	584-gE. pro
0.4		99.6	99.6	99.6	99.6	99.6	98.4	98.4	99.6	98.8	98.4	98.8	98.6	99.6	98.8	2	648-gE. pro
0.2	0.2		99.8	99.8	99.8	99.8	98.6	98.6	99.8	99.0	98.6	99.0	98.8	99.8	99.0	3	CU2-gE. pro
0.2	0.2	0.0		99.8	99.8	99.8	98.6	98.6	99.8	99.0	98.6	99.0	98.8	99.8	99.0	4	Md5-gE. pro
0.2	0.2	0.0	0.0		99.8	99.8	98.6	98.6	99.8	99.0	98.6	99.0	98.8	99.8	99.0	5	Md11-gE. pro
0.2	0.2	0.0	0.0	0.0		99.8	98.6	98.6	99.8	99.0	98.6	99.0	98.8	99.8	99.0	6	RB1B-gE. pro
0.2	0.2	0.0	0.0	0.0	0.0		98.6	98.6	99.8	99.0	98.6	99.0	98.8	99.8	99.0	7	GA-gE. pro
1.4	1.4	1.2	1.2	1.2	1.2	1.2		99.8	98.6	99.0	99.8	99.0	100.0	98.6	99.0	8	pC12130-10-gE. pro
1.4	1.4	1.2	1.2	1.2	1.2	1.2	0.0		98.6	99.0	99.8	99.0	100.0	98.6	99.0	9	PC12130-15-gE. pro
0.2	0.2	0.0	0.0	0.0	0.0	0.0	1.2	1.2		99.0	98.6	99.0	98.8	99.8	99.0	10	CVI988-gE. pro
1.0	1.0	0.8	0.8	0.8	0.8	0.8	0.8	0.8	0.8		99.0	99.8	99.2	99.0	99.8	11	814-gE. pro
1.4	1.4	1.2	1.2	1.2	1.2	1.2	0.0	0.0	1.2	0.8		99.0	100.0	98.6	99.0	12	GX0101-gE. pro
1.0	1.0	0.8	0.8	0.8	0.8	0.8	0.8	0.8	0.8	0.0	0.8		99.2	99.0	99.4	13	G2gE. PRO
1.4	1.4	1.2	1.2	1.2	1.2	1.2	0.0	0.0	1.2	0.8	0.0	0.8		98.8	99.2	14	HB0203-gE. pro
0.2	0.2	0.0	0.0	0.0	0.0	0.0	1.2	1.2	0.0	0.8	1.2	0.8	1.2		99.0	15	HB0204-gE. pro
1.0	1.0	0.8	0.8	0.8	0.8	0.8	0.8	0.8	0.8	0.0	0.8	0.2	0.8	0.8		16	NgE. pro

注：CVI988 株以上为欧美国家分离到的参考株，814 株以下为我国分离株。

表 3-7　MDV 中国株与不同致病型国际参考株在 gH 蛋白上的同源性关系（%）

同源性百分比

差异性程度

1	2	3	4	5	6	7	8	9	10	11	12		
	99.9	99.6	99.8	99.8	99.8	99.5	99.6	99.6	99.8	99.8	99.6	1	584-gH. pro
0.0		99.6	99.8	99.8	99.8	99.5	99.6	99.6	99.8	99.8	99.6	2	648-gH. pro
0.2	0.2		99.8	99.8	99.8	99.5	99.6	99.6	99.8	99.8	99.6	3	CU2-gH. pro
0.1	0.1	0.1		99.9	99.9	99.6	99.8	99.8	99.9	99.9	99.8	4	Md5-gH. pro
0.1	0.1	0.1	0.0		99.9	99.6	99.8	99.8	99.9	99.9	99.8	5	Md11-gH. pro
0.1	0.1	0.1	0.0	0.0		99.6	99.8	99.8	99.9	99.9	99.8	6	RB1B-gH. pro
0.4	0.4	0.4	0.2	0.2	0.2		99.5	99.5	99.6	99.6	99.5	7	GA-gH. pro
0.2	0.2	0.2	0.1	0.1	0.1	0.4		99.9	99.8	99.8	99.9	8	pC12130-10-gH. pro
0.2	0.2	0.2	0.1	0.1	0.1	0.4	0.0		99.8	99.8	99.9	9	PC12130-15-gH. pro
0.1	0.1	0.1	0.0	0.0	0.0	0.2	0.1	0.1		99.9	99.8	10	CVI988-gH. pro
0.1	0.1	0.1	0.0	0.0	0.0	0.2	0.1	0.1	0.0		99.8	11	814-gH. pro
0.2	0.2	0.2	0.1	0.1	0.1	0.4	0.0	0.0	0.1	0.1		12	GX0101-gH. pro

注：CVI988 株以上为欧美国家分离到的参考株，814 株以下为我国分离株。

表 3-8 MDV 中国株与不同致病型国际参考株在 gI 蛋白上的同源性关系（%）

同源性百分比

差异性程度

1	2	3	4	5	6	7	8	9	10	11	12	13	14		
	99.7	99.7	99.7	99.7	99.7	98.0	98.0	98.0	99.7	98.3	97.8	97.7	98.6	1	584-gI. pro
0.0		99.7	99.7	99.7	99.7	98.0	98.0	98.0	99.7	98.3	97.8	97.7	98.6	2	648-gI. pro
0.0	0.0		99.7	99.7	99.7	98.0	98.0	98.0	99.7	98.3	97.8	97.7	98.6	3	CU2-gI. pro
0.0	0.0	0.0		99.7	99.7	98.0	98.0	98.0	99.7	98.3	97.8	97.7	98.6	4	Md5-gI. pro
0.0	0.0	0.0	0.0		99.7	98.0	98.0	98.0	99.7	98.3	97.8	97.7	98.6	5	Md11-gI. pro
0.0	0.0	0.0	0.0	0.0		98.0	98.0	98.0	99.7	98.3	97.8	97.7	98.6	6	RB1B-gI. pro
1.7	1.7	1.7	1.7	1.7	1.7		99.2	99.2	98.0	99.4	98.9	98.9	99.7	7	GA-gI. pro
1.7	1.7	1.7	1.7	1.7	1.7	0.6		99.7	98.0	99.4	99.4	99.4	99.7	8	pC12130-10-gI. pro
1.7	1.7	1.7	1.7	1.7	1.7	0.6	0.0		98.0	99.4	99.4	99.4	99.7	9	PC12130-15-gI. pro
0.0	0.0	0.0	0.0	0.0	0.0	1.7	1.7	1.7		98.3	97.8	97.7	98.6	10	CVI988-gI. pro
1.4	1.4	1.4	1.4	1.4	1.4	0.3	0.3	0.3	1.4		99.2	99.2	100.0	11	814-gI. pro
2.0	2.0	2.0	2.0	2.0	2.0	0.9	0.3	0.3	2.0	0.6		99.2	99.4	12	GX0101-gI. pro
2.3	2.3	2.3	2.3	2.3	2.3	1.1	0.6	0.6	2.3	0.9	0.9		99.2	13	GX0102-gI. pro
1.4	1.4	1.4	1.4	1.4	1.4	0.3	0.3	0.3	1.4	0.0	0.6	0.9		14	JingI-gI. pro

注：CVI988 株以上为欧美国家分离到的参考株，814 株以下为我国分离株。

表 3-9 MDV 中国株与不同致病型国际参考株在 gK 蛋白上的同源性关系（%）

同源性百分比

差异性程度

1	2	3	4	5	6	7	8	9	10	11	12		
	99.7	99.7	99.7	99.7	99.4	99.7	99.4	99.4	99.4	99.2	99.4	1	584-gK. pro
0.0		99.7	99.7	99.7	99.4	99.7	99.4	99.4	99.4	99.2	99.4	2	648-gK. pro
0.0	0.0		99.7	99.7	99.4	99.7	99.4	99.4	99.4	99.2	99.4	3	CU2-gK. pro
0.0	0.0	0.0		99.7	99.4	99.7	99.4	99.4	99.4	99.2	99.4	4	Md5-gK. pro
0.0	0.0	0.0	0.0		99.4	99.7	99.4	99.4	99.4	99.2	99.4	5	Md11-gK. pro
0.3	0.3	0.3	0.3	0.3		99.4	99.7	99.7	99.7	99.4	99.7	6	GA-gK. pro
0.0	0.0	0.0	0.0	0.0	0.3		99.4	99.4	99.4	99.2	99.4	7	RB1B-gK. pro
0.3	0.3	0.3	0.3	0.3	0.0	0.3		99.7	99.7	99.4	99.7	8	pC12130-10-gK. pro
0.3	0.3	0.3	0.3	0.3	0.0	0.3	0.0		99.7	99.4	99.7	9	PC12130-15-gK. pro
0.3	0.3	0.3	0.3	0.3	0.0	0.3	0.0	0.0		99.4	99.7	10	CVI988-gK. pro
0.6	0.6	0.6	0.6	0.6	0.3	0.6	0.3	0.3	0.3		99.4	11	814-gK. pro
0.3	0.3	0.3	0.3	0.3	0.0	0.3	0.0	0.0	0.0	0.3		12	GX0101-gK. pro

注：CVI988 株以上为欧美国家分离到的参考株，814 株以下为我国分离株。

在一些发生多个位点变异的基因上，这些变异位点在不同毒株之间也非常固定。如 gC 蛋白第 243 氨基酸位点 S 和 A 的变异，gD 蛋白在第 29、207、258、286、295 位点的 I 和 T、E 和 G、I 和 N、F 和 L、D 和 N 的互变，gE 蛋白第 23、28、370、392、453、455、469 位的 H 和 R、A 和 V、V 和 I、I 和 L、D 和 G、T 和 A、A 和 D 的互变，gI 蛋白第 3、112、142、165 和 223 位的 L 和 V、D 和 G、S 和 A、A 和 V、I 和 V 的互变。而且这些变异在一些毒株之间具有共同性（图 3-3、图 3-4、图 3-7）。相比之下，中国流行株在 gI 基因

```
20                30
I L I I C L L L G I G
I L I I C L L L G I G
I L I I C L L L G I G
I L I I C L L L G I G
I L I I C L L L G I G
I L I I C L L L G T G
I L I I C L L L G I G
I L I I C L L L G I G
I L I I C L L L G T G
I L I I C L L L G T G
I L I I C L L L G T G

    210                 220                 230                 240
K E T C S F S R R G I K D N K L C K P F S F F V N G T T R L L D M V G   584-gD.pro
K E T C S F S R R G I K D N K L C K P F S F F V N G T T R L L D M V G   648-gD.pro
K E T C S F S R R G I K D N K L C K P F S F F V N G T T R L L D M V G   CU2-gD.pro
K E T C S F S R R G I K D N K L C K P F S F F V N G T T R L L D M V G   Md5-gD.pro
K E T C S F S R R G I K D N K L C K P F S F F V N G T T R L L D M V G   RB1B-gD.pro
K G T C S F S R R G I K D N K L C K P F S F F V N G T T R L L D M V R   GA-gD.pro
K E T C S F S R R G I K D N K L C K P F S F F V N G T T R L L D M V G   pC12130-10-gD.
K E T C S F S R R G I K D N K L C K P F S F F V N G T T R L L D M V G   PC12130-15-gD.
K G T C S F S R R G I K D N K L C K P F S F F V N G T T R L L D M V R   CVI988-gD.pro
K G T C S F S R R G I K D N K L C K P F S F F V N G T T R L L D M V R   814-gD.pro
K E T C S F S R R G I K D N K L C K P F S F F V N G T T R L L D M V G   GX0101-gD.pro

        260
L E R I G G K H L P I
L E R I G G K H L P I
L E R I G G K H L P I
L E R I G G K H L P I
L E R I G G K H L P I
L E R N G G K H L P I
L E R I G G K H L P I
L E R I G G K H L P I
L E R N G G K H L P I
L E R N G G K H L P I
L E R I G G K H L P I

      290                 300                 310                 320
S Y F K S P D D D K Y D D V K M T S A T T N N I T T S V D G Y T G L T N R   584-gD.pro
S Y F K S P D D D K Y D D V K M T S A T T N N I T T S V D G Y T G L T N R   648-gD.pro
S Y F K S P D D D K Y D D V K M T S A T T N N I T T S V D G Y T G L T N R   CU2-gD.pro
S Y F K S P D D D K Y D D V K M T S A T T N N I T T S V D G Y T G L T N R   Md5-gD.pro
S Y F K S P D D D K Y D D V K M T S A T T N N I T T S V D G Y T G L T N R   RB1B-gD.pro
S Y L K S P D D D K Y N D V K M T S A T T N N I T T S V D G Y T G L T N R   GA-gD.pro
S Y L K S P D D D K Y N D V K M T S A T T N N I T T S V D G Y T G L T N R   pC12130-10-gD.
S Y L K S P D D D K Y N D V K M T S A T T N N I T T S V D G Y T G L T N R   PC12130-15-gD.
S Y F K S P D D D K Y D D V K M T S A T T N N I T T S V D G Y T G L T N R   CVI988-gD.pro
S Y L K S P D D D K Y N D V K M T S A T T N N I T T S V D G Y T G L T N R   814-gD.pro
S Y L K S P D D D K Y N D V K M T S A T T N N I T T S V D G Y T G L T N R   GX0101-gD.pro
```

图 3-3　GX0101 等 MDV 中国分离株与不同致病型的国际参考株 gI 蛋白的氨基酸变异位点比较

注：CVI988 株以上为欧美国家分离到的参考株，814 株以下为我国分离株。

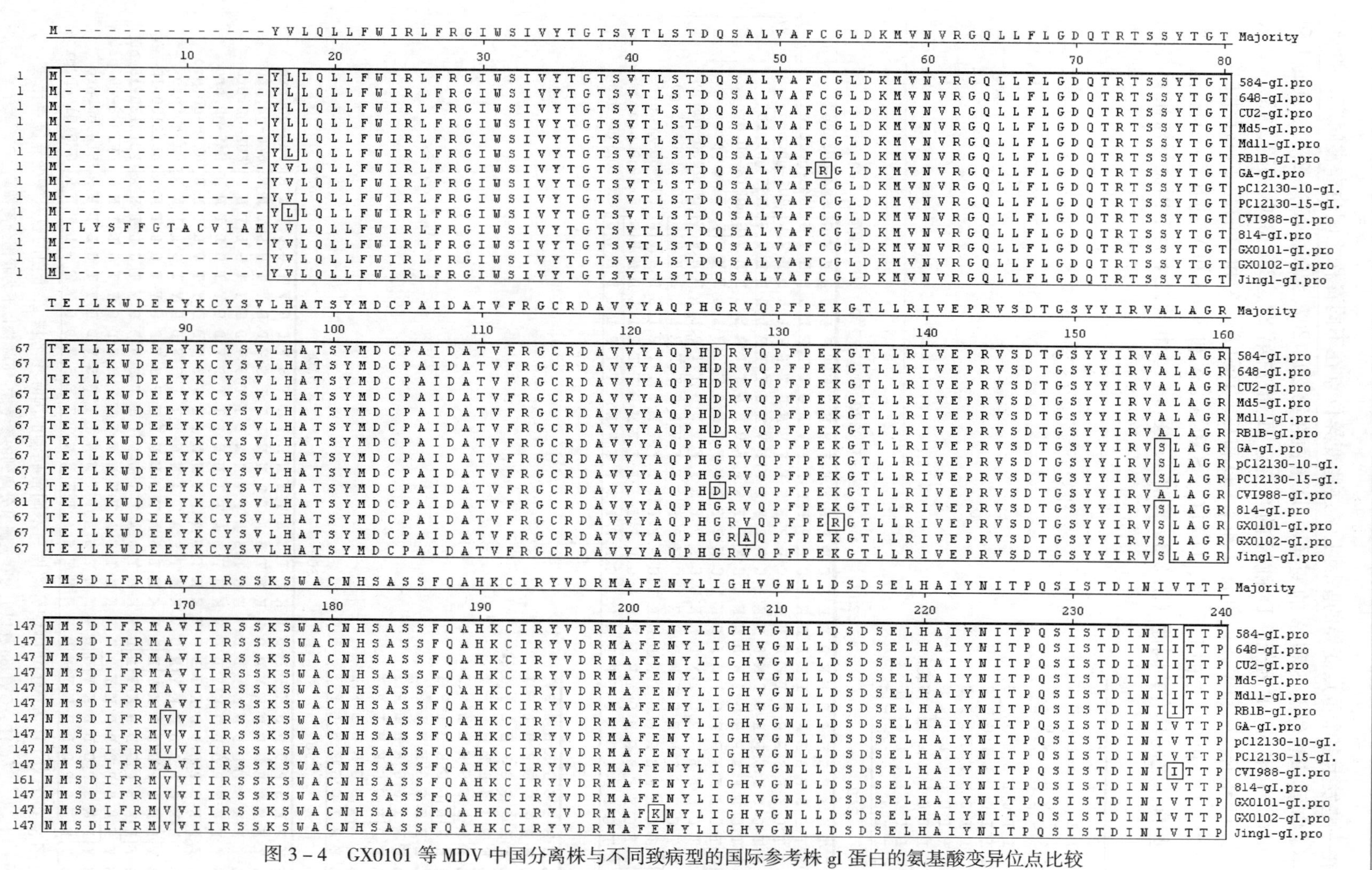

图 3－4　GX0101 等 MDV 中国分离株与不同致病型的国际参考株 gI 蛋白的氨基酸变异位点比较

注：CV1988 株以上为欧美国家分离到的参考株，814 株以下为我国分离株。

上与国外参考株之间的差异较大，如中国分离毒 GX0101 和 GX0102 与国际不同致病型的多个参考株之间的同源性都只有 97.7%～97.8%（表 3-8）。

(二) 肿瘤 meq 基因的比较

表 3-10 显示了部分中国分离株与不同致病型的国际参考株的肿瘤 meq 蛋白质在氨基酸水平上的同源性关系。从表 3-10 可见，不同毒株之间有一定的差异，但还看不出这些差异与致病型及来源地区的相关性。很奇怪的是，美国的 584 株 vvMDV 的 meq 蛋白质序列与其他毒株差别很大。

表 3-10　MDV 中国株与不同致病型国际参考株在 meq 蛋白上的同源性关系（%）

同源性百分比（右上）；差异性程度（左下）

1	2	3	4	5	6	7	8	9	10	11	12	13	14	15	16	17	18	19	20		
	58.8	58.7	59.7	59.7	58.8	58.8	58.8	58.8	57.5	58.7	59.1	59.1	59.3	58.9	59.1	58.7	59.3	59.3	59.1	1	584-meq. pro
44.1		96.5	97.6	97.6	97.9	96.5	96.5	97.9	96.2	95.9	97.1	96.8	96.4	94.0	97.4	95.6	97.1	97.1	97.7	2	648-meq. pro
43.9	2.4		97.4	97.4	98.2	97.4	97.4	98.2	98.5	99.2	97.1	97.6	96.7	95.3	97.6	97.0	97.1	97.1	98.3	3	CU2-meq. pro
41.8	2.1	1.5		99.7	98.8	97.4	97.4	98.8	97.1	96.8	97.6	97.6	96.7	94.0	98.2	96.3	97.6	97.6	98.3	4	MdS-meq. pro
41.8	2.1	1.5	0.0		98.8	97.4	97.4	98.8	97.1	96.8	97.6	97.6	96.7	94.0	98.2	96.3	97.6	97.6	98.3	5	Md11-meq. pro
43.5	1.8	0.6	0.9	0.9		98.2	98.2	99.7	97.9	97.6	97.9	98.5	97.6	95.0	98.5	97.0	97.9	97.9	99.0	6	RB1B-meq. pro
42.9	3.3	1.5	2.4	2.4	1.5		99.7	98.2	97.1	96.8	98.2	97.1	96.1	93.3	98.2	97.3	98.2	98.2	97.3	7	PC12130-10-meq. pro
42.9	3.3	1.5	2.4	2.4	1.5	0.0		98.2	97.1	96.8	98.2	97.1	96.1	93.3	98.2	97.3	98.2	98.2	97.3	8	PC12130-15-meq. pro
43.5	1.8	0.6	0.9	0.9	0.0	1.5	1.5		97.9	97.6	97.9	98.5	97.6	95.0	98.5	97.0	97.9	97.9	99.0	9	GA-meq. pro
52.8	2.8	0.3	1.7	1.7	1.0	2.1	2.1	1.0		97.9	96.8	97.3	96.1	94.6	97.3	96.6	96.5	96.5	98.0	10	CVImeq. pro
43.9	3.0	0.5	2.1	2.1	1.2	2.1	2.1	1.2	0.9		97.1	98.2	97.3	96.0	97.6	97.0	97.1	97.1	97.7	11	814-meq. pro
42.9	2.7	1.8	2.1	2.1	1.8	1.5	1.5	1.8	2.1	1.8		97.4	97.0	94.0	99.1	98.7	99.7	99.7	97.3	12	GX0101-meq. pro
43.5	3.0	1.2	2.1	2.1	1.2	2.7	2.7	1.2	1.7	0.6	2.4		98.2	95.7	97.9	96.3	97.3	97.3	97.7	13	BJ1D-meq. pro
42.9	2.4	1.2	2.1	2.1	1.2	2.7	2.7	1.2	1.7	0.6	1.8	0.6		95.3	97.0	95.0	96.7	96.7	96.0	14	BJ1E-meq. pro
39.7	3.4	2.7	3.4	3.4	2.4	4.2	4.2	2.4	3.4	2.0	3.4	1.7	0.7		94.3	94.0	94.0	94.13	95.6	15	BJ0201meq. pro
42.4	2.4	1.2	1.5	1.5	1.2	1.5	1.5	1.2	1.4	1.2	0.6	1.8	1.8	3.1		98.0	99.1	99.1	98.0	16	G2meq. pro
52.1	3.4	2.0	2.7	2.7	2.0	1.7	1.7	2.0	2.4	2.0	0.3	2.7	2.1	3.8	1.0		98.3	98.3	97.7	17	GD0202meq. pro
42.5	3.0	2.1	2.4	2.4	2.1	1.8	1.8	2.1	2.4	2.1	0.3	2.7	2.1	3.5	0.9	0.7		100.0	97.0	18	GD0203meq. pro
42.5	3.0	2.1	2.4	2.4	2.1	1.8	1.8	2.1	2.4	2.1	0.3	2.7	2.1	3.5	0.9	0.7	0.0		97.0	19	HB0302meq. pro
42.8	1.4	0.7	1.0	1.0	0.0	1.7	1.7	0.0	1.1	1.4	1.7	1.4	1.0	1.8	1.4	1.9	2.0	2.0		20	HN0204meq. pro

注：CVI 株以上为欧美国家分离到的参考株，814 株以下为我国分离株。

(三) pp38 基因比较

pp38 基因是 MDV 的最早被鉴定和克隆出来的几个基因之一，而且迄今为止仍是仅为 MDV 特有而其他疱疹病毒没有的一个特殊基因（见第一章），因此，对它的关注较多。表 3-11 显示了不同毒株之间 pp38 基因的同源性非常高，也说明该基因很保守。依据系谱树，也看不出与分离株来源地分布的关系（图 3-5）。

不同毒株之间最值得注意的 pp38 基因变异是氨基酸的第 107 位的 Q 与 R、第 109 位的 G 与 E 的变异（图 3-6）。这代表了分别被两个不同的单克隆抗体 H19 和 T65 识别的两个抗原表位位点。当 107 位的 Q 被 R 取代后就失去了被单抗 H19 识别的抗原表位（如

CVI988)，而 109 位的 E 被 G 取代后，就失去了被单抗 T65 识别的抗原表位。但这一现象与致病性之间并无直接相关性（图 3-5）。

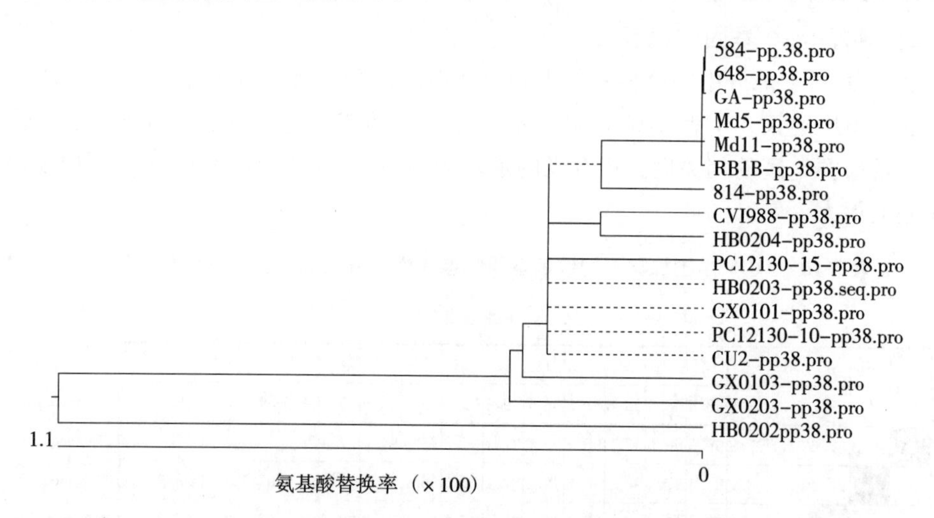

图 3-5　MDV 中国株与不同致病型国际参考株 pp38 氨基酸序列同源性关系系谱树

注：CVI988 株以上为欧美国家分离到的参考株，814 株以下为我国分离株。

表 3-11　MDV 中国株与不同致病型国际参考株在 pp38 蛋白上的同源性关系（%）

同源性百分比

差异性程度

1	2	3	4	5	6	7	8	9	10	11	12	13	14	15	16	17		
	99.7	99.3	99.7	99.7	99.7	99.7	99.3	99.3	99.0	99.3	99.3	99.0	99.0	96.6	99.3	98.6	1	584-pp38. pro
0.0		99.3	99.7	99.7	99.7	99.7	99.3	99.3	99.0	99.3	99.3	99.0	99.0	96.6	99.3	98.6	2	648-pp38. pro
0.3	0.3		99.3	99.3	99.3	99.3	99.7	99.7	99.3	99.7	99.7	99.3	99.3	96.9	99.7	99.0	3	CU2-pp38. pro
0.0	0.0	0.3		99.7	99.7	99.7	99.3	99.3	99.0	99.3	99.3	99.0	99.0	96.6	99.3	98.6	4	GA-pp38. pro
0.0	0.0	0.3	0.0		99.7	99.7	99.3	99.3	99.0	99.3	99.3	99.0	99.0	96.6	99.3	98.6	5	Md5-pp38. pro
0.0	0.0	0.3	0.0	0.0		99.7	99.3	99.3	99.0	99.3	99.3	99.0	99.0	96.6	99.3	98.6	6	Md11-pp38. pro
0.0	0.0	0.3	0.0	0.0	0.0		99.3	99.3	99.0	99.3	99.3	99.0	99.0	96.6	99.3	98.6	7	RB1B-pp38. pro
0.3	0.3	0.0	0.3	0.3	0.3	0.3		99.7	99.3	99.7	99.7	99.3	99.3	96.9	99.7	99.0	8	PC12130-10-pp38. pro
0.3	0.3	0.0	0.3	0.3	0.3	0.3	0.0		99.3	99.7	99.7	99.3	99.3	96.9	99.7	99.0	9	PC12130-15-pp38. pro
0.7	0.7	0.3	0.7	0.7	0.7	0.7	0.3	0.3		99.3	99.3	99.0	99.0	96.6	99.3	99.3	10	CVI988-pp38. pro
0.3	0.3	0.0	0.3	0.3	0.3	0.3	0.0	0.0	0.3		99.7	99.3	99.3	96.9	99.7	99.0	11	814-pp38. pro
0.3	0.3	0.0	0.3	0.3	0.3	0.3	0.0	0.0	0.3	0.0		99.3	99.3	96.9	99.7	99.0	12	GX0101-pp38. pro
0.7	0.7	0.3	0.7	0.7	0.7	0.7	0.3	0.3	0.7	0.3	0.3		99.7	95.3	99.3	98.6	13	GX0103-pp38. pro
0.7	0.7	0.3	0.7	0.7	0.7	0.7	0.3	0.3	0.7	0.3	0.3	0.0		96.2	99.3	98.6	14	GX0203-pp38. pro
2.5	2.5	2.1	2.5	2.5	2.5	2.5	2.1	2.1	2.5	2.1	2.1	3.1	1.8		96.9	96.2	15	HB0202pp38. pro
0.3	0.3	0.0	0.3	0.3	0.3	0.3	0.0	0.0	0.3	0.0	0.0	0.3	0.3	2.1		99.0	16	HB0203-pp38. seq. pro
1.0	1.0	0.7	1.0	1.0	1.0	1.0	0.7	0.7	0.3	0.7	0.7	1.0	1.0	2.8	0.7		17	HB0204-pp38. pro

注：CVI988 株以上为欧美国家分离到的参考株，814 株以下为我国分离株。

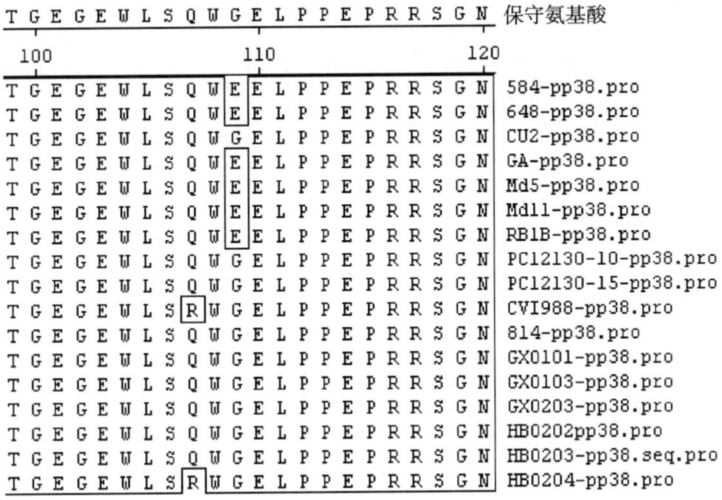

```
T G E G E W L S Q W G E L P P E P R R S G N  保守氨基酸
100                 110                 120
T G E G E W L S Q W E E L P P E P R R S G N  584-pp38.pro
T G E G E W L S Q W E E L P P E P R R S G N  648-pp38.pro
T G E G E W L S Q W G E L P P E P R R S G N  CU2-pp38.pro
T G E G E W L S Q W E E L P P E P R R S G N  GA-pp38.pro
T G E G E W L S Q W E E L P P E P R R S G N  Md5-pp38.pro
T G E G E W L S Q W E E L P P E P R R S G N  Md11-pp38.pro
T G E G E W L S Q W E E L P P E P R R S G N  RB1B-pp38.pro
T G E G E W L S Q W G E L P P E P R R S G N  PC12130-10-pp38.pro
T G E G E W L S Q W G E L P P E P R R S G N  PC12130-15-pp38.pro
T G E G E W L S R W G E L P P E P R R S G N  CVI988-pp38.pro
T G E G E W L S Q W G E L P P E P R R S G N  814-pp38.pro
T G E G E W L S Q W G E L P P E P R R S G N  GX0101-pp38.pro
T G E G E W L S Q W G E L P P E P R R S G N  GX0103-pp38.pro
T G E G E W L S Q W G E L P P E P R R S G N  GX0203-pp38.pro
T G E G E W L S Q W G E L P P E P R R S G N  HB0202pp38.pro
T G E G E W L S Q W G E L P P E P R R S G N  HB0203-pp38.seq.pro
T G E G E W L S R W G E L P P E P R R S G N  HB0204-pp38.pro
```

图 3-6　MDV 中国株与不同致病型国际参考株
pp38 特定抗原表位的氨基酸变异

注：CVI988 株以上为欧美国家分离到的参考株，814 株以下为我国分离株。

三、MDV 中国流行株 gE 基因上的地域性遗传标志

同 MDV 的其他囊膜糖蛋白基因一样，gE 基因的序列也是非常保守的。我们的研究表明，不同致病型的 7 个国际参考株及 6 个中国野毒分离株的 gE 基因的核苷酸序列同源性为 99.1%～100%（表 3-6）。如前已提到的，gE 蛋白第 23、28、370、392、453、455、469 位的 H 和 R、A 和 V、V 和 I、I 和 L、D 和 G、T 和 A、A 和 D 的互变。但更值得注意的是，这些变异可看作是 MDV 中国流行株 gE 基因上的一种地域性遗传标志。

在我们已完成 gE 基因测序的 6 个中国分离株中，有 5 个分离株的 gE 基因显示出这一特有的遗传标志。即，在 gE 相当于编码序列的第 900、957、984、1174、1282、1362 和 1406 位碱基共 7 个碱基位点与欧美国家分离的 7 个参考株完全不同。在这 7 个位点，7 个国际参考株完全相同。然而，同样在这 7 个位点，1983—2002 年我国华东、华北、华南地区分离到的不同致病型的 814 株（弱毒疫苗株）、N 株（强毒株）、GX0101 株（超强毒株）、G2 株及 HB0203 株相互之间却完全相同。其中天然Ⅰ型弱毒 814 株是 1984 年以前我国分离到的，而那时 CVI988/Rispens 疫苗株还没有引进中国。虽然二者都是弱毒并可用作疫苗用，但我国的 814 株 gE 基因的这些位点的碱基与 CVI988/Rispens 疫苗株完全不同（图 3-7）。弱毒 814 株与 2003 年前的其他 MDV 中国流行株 gE 基因上的这 7 个位点完全相同，而与欧美株不同。显然，相对于欧美参考株，中国流行株这 7 个位点的共同的碱基突变代表了中国流行株的区域性遗传标志，而与毒株的致病型无关。而且，这也说明，在过去许多年中，地理的相隔限制了 MDV 在地球上不同地域之间的传播。

但是，在我国也确实出现了具有欧美株遗传标志的 MDV 野毒株。在 2002 年分离到的 HB0204 株的 gE 基因的这 7 个位点与所有测试的中国流行株完全不同，而与欧美的 7 个参考株完全相同。实际上，gE 基因核苷酸序列同源性比较也显示，中国分离株 HB0204 与美国的三个参考株 Md5、RBIB 和 GA 的同源性为 100%。根据 gE 基因的系统发生树也可看

出，中国分离株 HB0204 与我国其他 5 株 MDV 的遗传关系相隔很远（图 3-8）。

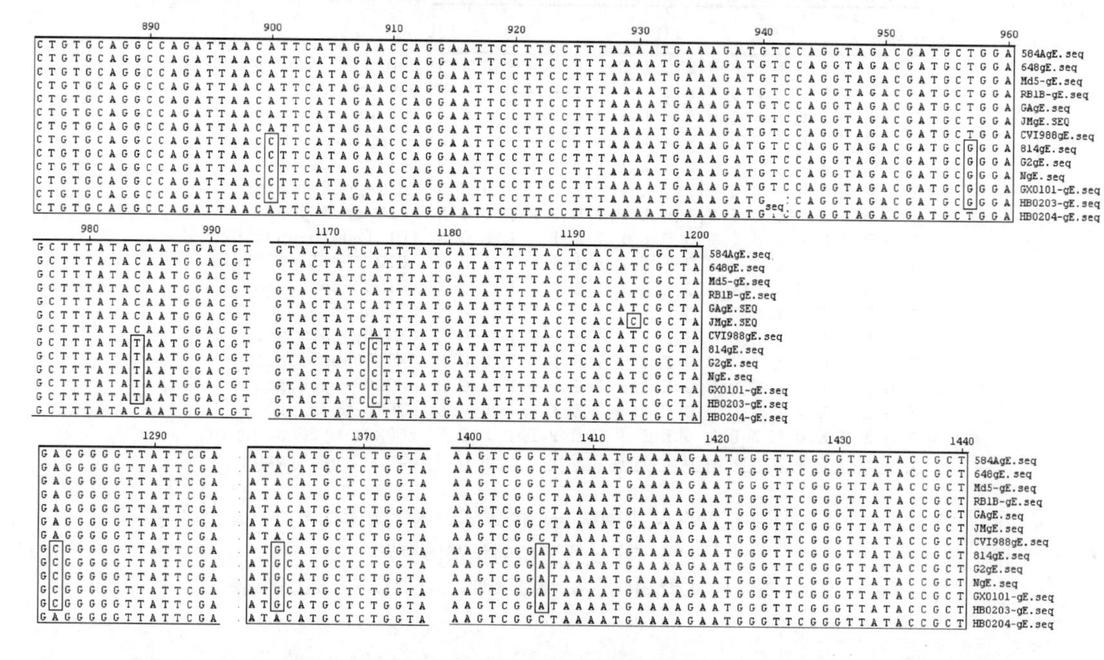

图 3-7　MDV 的中国分离株与不同致病型的国际参考株 gE 基因上的稳定的变异位点

注：为了简单明了地显示整个 gE 基因上的变异位点，该图中仅列出了整个 gE 基因编码序列中与稳定变异位点相近部分的序列。

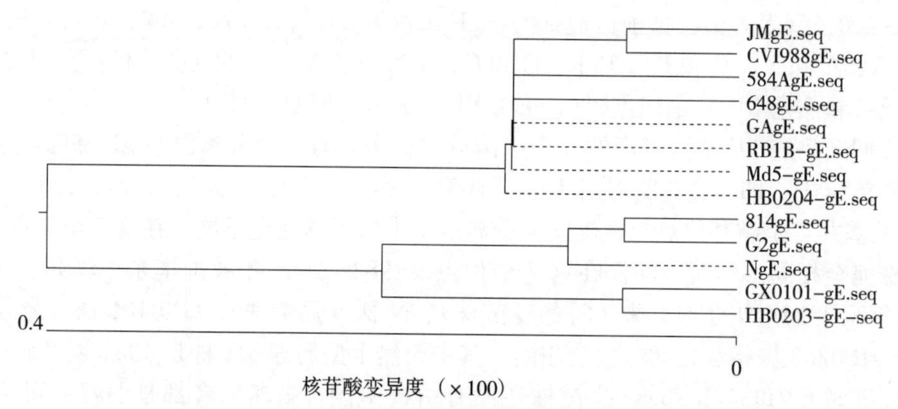

图 3-8　MDV 的中国分离株与不同致病型的国际参考株的 gE 基因系谱树

注：Md5 以上为欧美国家分离到的参考株，HB0204 以下为我国分离株。

根据对这种遗传标志的分析，我们可以推测，HB0204 可能是由于近些年来从欧美国家引进种鸡或鸡肉产品而带入我国的。

由此我们也可以推测，由于我国每年进口大量种鸡和鸡肉产品，已在欧美国家有所报道的 vv+MDV 也存在着传入的可能性。

四、MDV 的中国流行毒株在细胞培养上形成病毒蚀斑的速度和形态比较

虽然经典教科书上都提及，用 CEF 直接从病鸡分离 MDV 相对比较困难，当从病鸡分

离野毒株病毒时，需要将血浆样品先接种鸭胚成纤维细胞（DEF）。但在过去十多年中，我们分离到的 MDV 中国野毒株，实际上都是直接接种 CEF 分离到的。只是在将全血或血浆样品接种 CEF 后，即使经 5～7d 培养仍看不到第一代细胞的病毒蚀斑，也还要将细胞再继续盲传 2 代，如果还没有出现蚀斑，才将细胞废弃。

不同致病型的 MDV 虽然最终都能适应 CEF 并形成病毒蚀斑，但蚀斑形成的速度及大小均不相同。彩图 3-85 至彩图 3-99 分别显示了 4 种不同致病型的国际参考株及一些中国分离株在感染 CEF 不同天数后形成的典型的蚀斑。

五、中国鸡群中出现了带有 REV 基因组的重组野毒株 MDV

如第一章概述中已描述的，早在 20 世纪 90 年代初，就已发现，当 MDV 在被 REV 污染细胞上连续传代时，会出现 MDV 与 REV 的基因组重组。主要是 REV 的长末端重复序列（LTR）可能整合进 MDV 基因的不同部位。鉴于我们已发现，在我国鸡群中普遍存在着 MDV 与 REV 的共感染（详见第五章表 5-1），这自然会激发我们去研究在自然感染的鸡群中能否分离到类似的重组 MDV 野毒株，以及由此产生的重组 MDV 的致病性及其对疫病流行的影响。

（一）从我国鸡群中分离到带有 REV-LTR 的重组 MDV 流行株

早在 20 世纪 90 年代末期及 21 世纪早期，我们的研究发现，在用 MDV 疫苗免疫后仍高发肿瘤的鸡群中，不仅能分离到 MDV，而且大多数病例存在着 MDV 和 REV 的共感染（详见第五章表 5-1）。这一现象促使我们进一步从这些鸡体内分离和鉴定整合有 REV 基因组序列的 MDV 天然重组野毒株。虽然共感染是 MDV 和 REV 发生重组的条件，但在具体病例中，MDV 和 REV 共感染又会干扰对重组 MDV 野毒株的鉴定。可幸的是，在分离到的 19 株 MDV 野毒株中，只有 7 株在细胞培养上显示 REV 共感染。通过斑点分子杂交试验和 PCR 发现，在没有 REV 感染的 12 个 MDV 野毒株中，有 5 个带有 REV 的 LTR。我们对其中 2 株野毒株 GX0101 和 GD0202 进行了较详细的研究。这是国内外首次报道从肿瘤病鸡体内分离到整合有 REV 的 LTR 的天然 MDV 野毒株。

GX0101 是 2001 年从广西某蛋鸡场分离到的，GD0202 是 2002 年从广东某肉用型三黄鸡种鸡场分离到的。两个鸡场之间没有任何联系，但分离的这两个 MDV 野毒株基因组中整合进的 REV 基因组的核酸序列完全相同，在 MDV 基因组上的整合位点也完全一致。显然，这两个重组野毒株很可能是来自同一个原始重组病毒。

对 GX0101 的感染性克隆的质粒 DNA 测序表明，GX0101 基因组只有一个 583bp 的 REV-LTR 插入片段。其插入位点相当于参考株 Md5 株基因组 bp＃153175～＃153176，这位于 sorf2 基因的阅读框架的起始密码子上游 267 bp 的 sorf1 基因内（图 3-9）。该 REV-LTR 插入片段及其插入位点两侧的 MDV 基因组序列见图 3-10。序列比较表明，该 REV-LTR 插入片段的序列与 REV 的不同野毒株的 LTR 高度同源（图 3-11）。

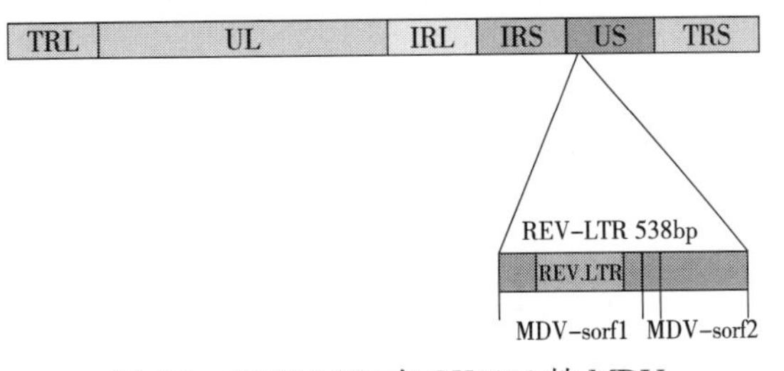

图 3-9　REV-LTR 在 GX0101 株 MDV 基因组中的插入位点示意图

从我们分离到的 19 株 MDV 中已证实

至少有两株是插入了相同 REV-LTR 的重组病毒，这说明它们已成为具有一定优势的流行毒株。由于不同种病毒之间基因重组频率非常低，至少在万分之一甚至十万分之一以下，因此，插入 REV-LTR 的重组病毒能成为比较容易被分离到的流行株，并在鸡群流行的 MDV 中占有相当的比例，表明其一定有某种竞争优势。为此，我们又从其他方面研究了这种重组病毒的竞争优势。

```
  1 A C T G A C A C G G T C C A A G C G A A A C T C G A A A A A A A A G G G G G G G G G G G G G G A G A A T A T T C T G T A Md5
  1 A C T G A C A C G G T C C A A G C G A A A C T C G A A A A A A A A A G G G G G G G G G G G - - A G A A T A T T C T G T A GA
  1 A C T G A C A C G G T C C A A G C G A A A C T C G A A A A A A A A - - - - G G G G G G G G G G A G A A T A T T C T G T A GX0101

 61 G G A C C G G C A G A A C T T C T C A A G G C A G A G G A A A G A T A C A C A T T A T T T T T T T G T T A G A T T T A G Md5
 59 G G A C C G G C A G A A C T T C T C A A G G C A G A G G A A A G A T A C A C A T T A T T T T T T - G T T A G A T T T A G GA
 57 G G A C C G G C A G A A C T T C T C A A G G C A G A G G A A A G A T A C A C A T T A T T T T T T - G T T A G A T T T A G GX0101

                                                                          *
121 G C A A G T T T T G C A G A A C C T G C A G G G A A T G T A T A C A C C - - - - - - - - - - - - - - - - - - - - - - - - Md5
118 G C A A G T T T T G C A G A A C C T G C A G G G A A T G T A T A C A C C - - - - - - - - - - - - - - - - - - - - - - - - GA
116 G C A A G T T T T G C A G A A C C T G C A G G G A A T G T A T A C A C C C A T T G T G G G A G G G A G C T C C G G G G G GX0101

157 - - - - - - - - - - - - - - - - - - - - - - - - - - - - - - - - - - - - - - - - - - - - - - - - - - - - - - - - - - - - Md5
154 - - - - - - - - - - - - - - - - - - - - - - - - - - - - - - - - - - - - - - - - - - - - - - - - - - - - - - - - - - - - GA
176 A A T G T G G G A G G G A G C T C C G G G G G G A A T A G C G C T G G C T C G C T A A C T G C C A T A T T A G C T T C T GX0101

157 - - - - - - - - - - - - - - - - - - - - - - - - - - - - - - - - - - - - - - - - - - - - - - - - - - - - - - - - - - - - Md5
154 - - - - - - - - - - - - - - - - - - - - - - - - - - - - - - - - - - - - - - - - - - - - - - - - - - - - - - - - - - - - GA
236 G T A G T C A T G C T T G C T T G C C T T A G C C G C C A T T G T A C T T G A T A T A T T T C G C T G A T A T C A T T T GX0101

157 - - - - - - - - - - - - - - - - - - - - - - - - - - - - - - - - - - - - - - - - - - - - - - - - - - - - - - - - - - - - Md5
154 - - - - - - - - - - - - - - - - - - - - - - - - - - - - - - - - - - - - - - - - - - - - - - - - - - - - - - - - - - - - GA
296 C T C G G A A T C G G C A T C A A G A G C A G G C T C A T A A A C C C A T A A A A G G A A A T G T T T G T T G A A G G C GX0101

157 - - - - - - - - - - - - - - - - - - - - - - - - - - - - - - - - - - - - - - - - - - - - - - - - - - - - - - - - - - - - Md5
154 - - - - - - - - - - - - - - - - - - - - - - - - - - - - - - - - - - - - - - - - - - - - - - - - - - - - - - - - - - - - GA
356 A A G C A T C A G A C C A C T T G C A C C A T C C A A T C A C G A A C A A A C A C G A G A T C G A A C C A T C A T A C T GX0101

157 - - - - - - - - - - - - - - - - - - - - - - - - - - - - - - - - - - - - - - - - - - - - - - - - - - - - - - - - - - - - Md5
154 - - - - - - - - - - - - - - - - - - - - - - - - - - - - - - - - - - - - - - - - - - - - - - - - - - - - - - - - - - - - GA
416 G A G C C A A T G G T T G T A A A G G G C A G A T G C T A T C C T C C A A T G A G G G A A A A T G T C A T G C A A C A T GX0101

157 - - - - - - - - - - - - - - - - - - - - - - - - - - - - - - - - - - - - - - - - - - - - - - - - - - - - - - - - - - - - Md5
154 - - - - - - - - - - - - - - - - - - - - - - - - - - - - - - - - - - - - - - - - - - - - - - - - - - - - - - - - - - - - GA
476 C C T G T A A G C G G C T A T A T A A G C C A G G T G C A T C T C T T G C T C G G G G T C G C C G T C C T A C A C A T T GX0101

157 - - - - - - - - - - - - - - - - - - - - - - - - - - - - - - - - - - - - - - - - - - - - - - - - - - - - - - - - - - - - Md5
154 - - - - - - - - - - - - - - - - - - - - - - - - - - - - - - - - - - - - - - - - - - - - - - - - - - - - - - - - - - - - GA
536 G T T G T G A C G T G C G G C C C A G A T T C G A A T C T G T A A T A A A A G C T T T T T C T T C T A T A T C C T C A G GX0101

157 - - - - - - - - - - - - - - - - - - - - - - - - - - - - - - - - - - - - - - - - - - - - - - - - - - - - - - - - - - - - Md5
154 - - - - - - - - - - - - - - - - - - - - - - - - - - - - - - - - - - - - - - - - - - - - - - - - - - - - - - - - - - - - GA
596 A T T G G C A G T G A G A G G A G A T T T T G T T C G T G G T G T T G G C T G G C C T A C T G G G T G G G G T A G G G A GX0101

                                                                            *
157 - - - - - - - - - - - - - - - - - - - - - - - - - - - - - - - - - - - - A T C A A A T C T A C T C G A C T T A T T G C T Md5
154 - - - - - - - - - - - - - - - - - - - - - - - - - - - - - - - - - - - - A T C A A A T C T A C T C G A C T T A T T G C T GA
656 T C C G G A C T G A A T C C G T A G T A T T T C G G T A C A A C A A C C A T C A A A T C T A C T C G A C T T A T T G C T GX0101
```

图 3-10　GX0101 株 MDV 基因组中插入的 REV-LTR 序列及其插入部位两侧的 MDV 基因组序列

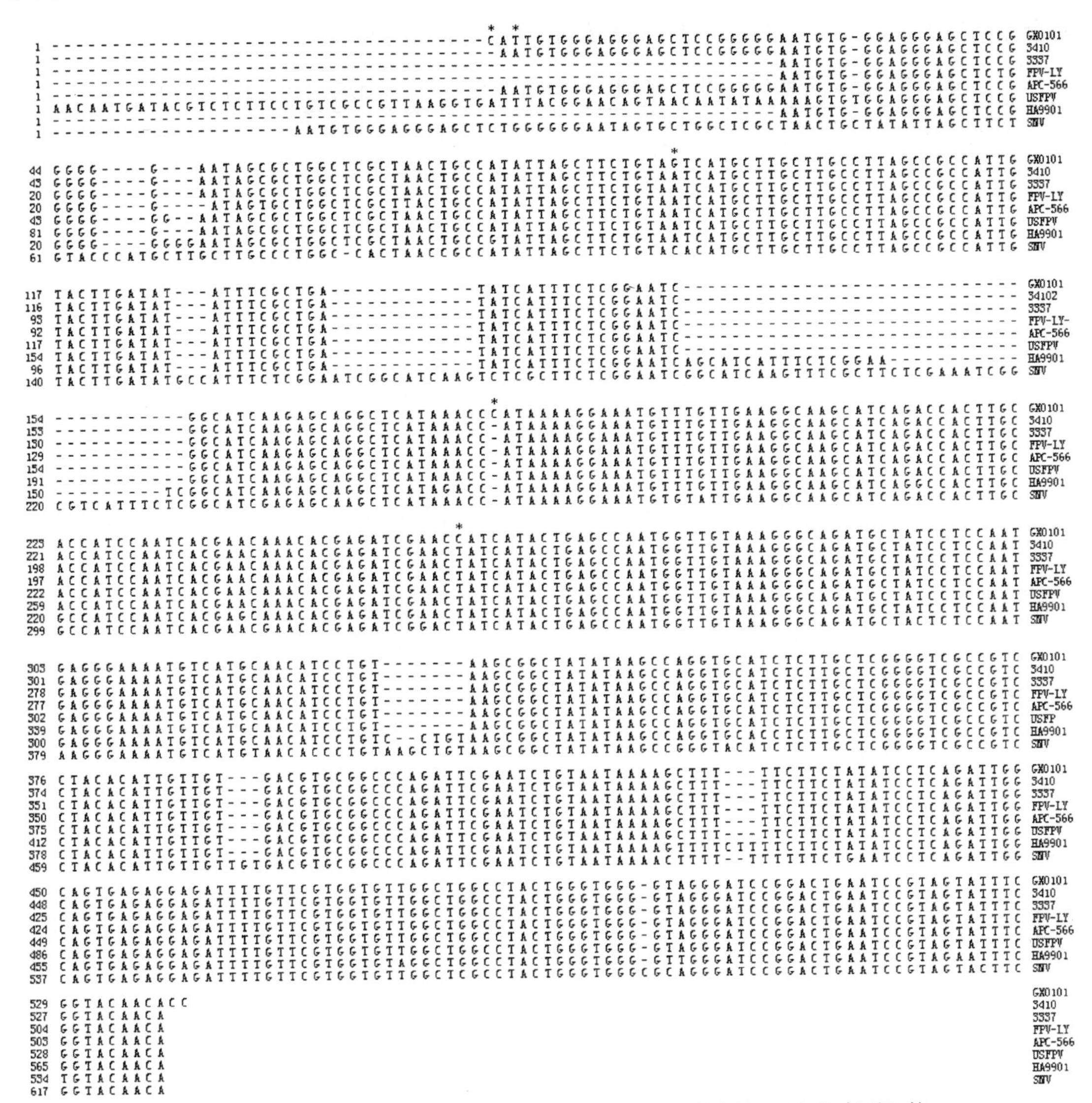

图 3-11　GX0101 中插入的 REV-LTR 与其他 REV 野毒株 LTR 的序列比较

(二) 带有 REV-LTR 的重组 MDV 流行株 GX0101 的致病性比较

由于 GX0101 是从已经 CVI988/Rispens 疫苗免疫后的鸡群分离到的，按常规的思维逻辑，最先推测其竞争优势是提高了致病性。但比较结果表明，GX0101 对鸡的致病性和致肿瘤性显著高于强毒 MDV（vMDV）参考株 GA，能突破 HVT 疫苗的保护性免疫力，因此，应属于 vvMDV。但是，相比之下，仍低于超强毒（vvMDV）国际参考株 Md5（表 3-12 和表 3-13）。另一个类似的重组病毒 GD0202 的致病性则降低，只相当于 GA 株，属 vMDV。显然，致病性提高与否，与 GX0101 或其类似的重组病毒 GD0202 的竞争性优势无关。实际上，用细菌染色体克隆技术将 GX0101 分子克隆化后，制备敲除了 REV-LTR 的突变株 bac-GX0101△LTR，进行造病试验。在 SPF 鸡的试验表明，敲除了 REV-LTR 的突变株对鸡的致病性与其原始亲本株 GX0101 相比有所提高，这表现在死亡率、生长抑制活性及免疫抑制活性等方面都是这样（表 3-14、表 3-15、表 3-16）。这也进一步证明了，致病性提高与否，不能作为重组病毒 GX0101 的选择性竞争优势。

表 3-12 重组病毒 GX0101 与 vMDV 和 vvMDV 参考株对未免疫 SPF 鸡的致病性比较

实验	接种病毒	死亡率	肿瘤发生率
Ⅰ组	GX0101	34/50 (68%)[a]	24/50 (48%)[a]
	GD0202	19/50 (38%)[b]	
	vMDV GA	10/30 (33.3%)[b]	7/30 (23.3%)[a]
	不接种	0/30[c]	0/30[c]
Ⅱ组	GX0101	12/16 (75%)[a]	4/16 (25%)[a]
	vvMDV Md5	13/16 (81.2%)[a]	4/16 (25%)[a]
	不接种	0/16[b]	0/16[b]

注：1. 1 日龄 SPF 鸡分别接种1 000pfu 的不同毒株，连续观察 94d 后扑杀。
2. 在每组实验的同一列的数字右上角不同小写英文字母表示统计学差异显著，否则差异不显著。

表 3-13 重组病毒 GX0101 与 vvMDV 参考株 Md5 对经 HVT 疫苗免疫的 SPF 鸡的致病性比较

接种毒株	死亡率	肿瘤发生率
GX0101	24/84 (28.6%)*	6/84 (7.1%)
vvMd5	53/84 (63.1%)	16/84 (19.1%)
不接种	0/30	0/30

注：1. 1 日龄 SPF 鸡分别接种 HVT 疫苗，在 5 日龄时接种1 000pfu 的不同毒株，连续观察 90d 后扑杀。
2. * GX0101 的死亡率和肿瘤发生率均显著小于 vvMDV 参考株 Md5（$P<0.05$）。

表 3-14 重组病毒 GX0101 与其敲除了 REV-LTR 的突变株的分子克隆毒对经 HVT 疫苗免疫的 SPF 鸡的致病性比较

毒株	死亡率	肿瘤发生率
bac-GX0101	9/32 (28.13%)	3/32 (9.3%)
bac-GX0101△LTR	14/32 (43.75%)	4/32 (12.5%)
不接种	0/16 (0)	0/16 (0)

注：1. 1 日龄 SPF 鸡分别接种 HVT 疫苗，在 5 日龄时接种1 000pfu 的不同毒株，连续观察 90d 后扑杀。
2. 敲除了 REV-LTR 的突变株 bac-GX0101△LTR 的死亡率和肿瘤发生率均高于原始病毒，但统计学差异不显著（$P>0.05$）。

表 3-15 重组病毒 GX0101 与其敲除了 REV-LTR 的突变株的分子克隆毒接种 SPF 鸡对其生长的影响的比较

接种后天数	接种病毒		
	bac-GX0101△LTR	bac-GX0101	对照
10	75.65±9.29 (31)[b]	78.39±9.33 (28)[b]	87.19±8.94 (16)[a]
14	102.58±13.89 (31)[b]	112.78±13.82 (27)[c]	124.69±9.39 (16)[a]
21	164.67±17.81 (30)[b]	183.46±20.73 (26)[a]	192.33±13.47 (15)[a]
28	233.52±25.41 (27)[b]	244.81±34.54 (26)[b]	285.31±18.83 (16)[a]
35	308.52±44.43 (27)[b]	349.04±48.10 (26)[c]	387.18±29.61 (16)[a]
42	385.65±63.35 (23)[b]	441.35±81.23 (26)[c]	477.50±49.59 (16)[a]
56	588.04±125.57 (23)[b]	670.83±156.27 (24)[c]	800.00±84.17 (16)[a]

注：1. 1 日龄 SPF 鸡接种1 000pfu 的不同毒株，表中数字为平均体重±标准差（鸡数）。
2. 数字右上角不同小写英文字母表示差异极显著（$P<0.01$）。

表 3-16 重组病毒 GX0101 与其敲除了 REV-LTR 的突变株的分子克隆毒接种对 SPF 鸡免疫反应影响的比较

接种毒株	对不同病毒的 HI 抗体滴度（log_2）	
	新城疫病毒（NDV）	119 亚型禽流感病毒（AIV-H9）
bac-GX0101	7.63±1.87（24）^{b}	5.58±1.14（24）^{b}
bac-GX0101△LTR	7.16±2.41（25）^{b}	5.26±1.17（25）^{b}
不接种	9.31±1.32（16）^{a}	6.63±0.88（16）^{a}

注：1. 1 日龄 SPF 鸡接种1 000pfu 的不同毒株，1 周后用 NDV 或 AIV-H9 灭活疫苗免疫，在 5 周后采集血清检测抗体滴度。

2. 表中数字为平均体重±标准差（鸡数），数字右上角不同小写英文字母表示差异极显著（$P<0.01$），相同字母表示差异不显著（$P>0.05$）。

（三）REV-LTR 插入序列提高了 GX0101 在鸡群中的横向传播性——有效的竞争性优势

对 GX0101 竞争性优势的另一个合乎逻辑的推测是其横向传播性，利用我们自行研发的地高辛标记的 I 型 MDV 特异性核酸探针，利用斑点分子杂交试验来检测羽毛囊中的 MDV 特异性核酸。由于 MDV 是细胞结合病毒，MDV 感染羽毛囊上皮细胞后可产生游离的传染性病毒粒子，因此，检测羽毛囊中 MDV 核酸，可推断 MDV 的横向传播性。

从表 3-17 可见，虽然 GX0101 的致病性比 vvMDV 株 Md5 弱（表 3-11 和表 3-12），但其在鸡与鸡之间的横向传播性却优于 Md5。将 GX0101 和 Md5 接种 SPF 鸡，1 周后，可从其羽毛囊中检出 MDV 核酸。但与 GX0101 接种鸡同一个隔离罩中饲养的未接种鸡，被检出 MDV 核酸的时间，比与 Md5 接种鸡同罩饲养的鸡早 7d。

表 3-17 重组野毒 GX0101 与 vvMDV 参考株 Md5 横向传播性比较

重复试验	攻毒后天数	同一隔离罩中接触感染鸡羽毛囊中检出 MDV 的鸡数							
		接种 GX0101			接种 Md5			不接种 MDV	
		HVT^{+} GX^{+}	HVT^{+} GX^{-}	HVT^{-} GX^{-}	HVT^{+} Md5^{+}	HVT^{+} Md5^{-}	HVT^{-} Md5^{-}	HVT^{+} GX^{-}	HVT^{-} Md5^{-}
Ⅰ组	10	0/10^{a}	0/4	0/4	5/10	0/4	0/4	0/5	0/5
	14	4/10^{b}	0/4	0/4	8/10	0/4	0/4	0/5	0/5
	21	4/10	0/4	0/4	8/10	0/4	0/4	0/5	0/5
	35	6/10	1/4	2/4	7/10	0/4	0/4	0/5	0/5
	57	4/10	2/8	4/8	5/10	2/8	4/8	0/5	0/5
Ⅱ组	10	0/14	0/8	0/8	2/14	0/8	0/8	0/10	0/10
	14	8/14	0/8	0/8	13/14	0/8	0/8	0/10	0/10
	21	9/15	0/20	0/16	15/15	0/20	0/16	0/10	0/10
	28	10/20	0/20	6/15	15/20	0/20	0/14	0/15	0/15
	35	6/20	0/20	6/15	12/20	0/20	2/14	0/15	0/15

注：1. 数字表示羽毛囊中检出 MDV 的鸡数/总检出鸡数。

2. 方框表示该组鸡羽毛囊中最早检出 MDV 的天数。

3. HVT^{+}表示在 1 日龄接种 HVT 疫苗的鸡，HVT^{-}表示不接种 HVT 疫苗的鸡，GX^{+}或 Md5^{+}表示在 7 日龄用 GX0101 或 Md5 接种的鸡；GX^{-}或 Md5^{-}表示没有接种 GX0101 或 Md5。

为了排除GX0101和Md5两株病毒基因组上其他差异可能对横向传播性带来的影响，我们利用细菌人工染色体（BAC）克隆技术构建了GX0101株的BAC克隆。在此基础上敲除了GX0101基因组中的REV-LTR，构建了一对分子克隆化的病毒GX0101和GX0101△LTR。由此构建的这两个克隆病毒之间除了一个带有REV-LTR插入片段，另一个病毒中的REV-LTR已被敲除外，两个病毒的其他基因甚至整个基因组完全相同。利用SPF鸡作人工接种试验表明，敲除REV-LTR后虽然致病性有所提高（表3-14），但其横向传播性下降了（表3-18）。即，接种了敲除REV-LTR的bac-GX0101△LTR株病毒后，在28d时才从其同一隔离罩饲养的接触感染鸡的羽毛囊中检出MDV，比原始毒GX0101晚了7d。因此，这确实地证明了，REV-LTR插入片段显著提高了GX0101的横向传播性。

表3-18 重组病毒GX0101与其敲除了REV-LTR的突变株的分子克隆毒横向传播性比较

毒株	接种与否	在接种后不同天数从病鸡羽毛囊中检出MDV的比例					
		7d	10d	14d	21d	28d	35d
GX0101△LTR	+	0/20	0/20	[8/20]	[15/20]	17/20	17/20
	−	0/15	0/15	0/15	0/15	[4/15]	5/15
GX0101	+	0/20	0/20	[7/20]	14/20	16/20	16/20
	−	0/15	0/15	0/15	[2/15]	8/15	8/15
control	−	0/10	0/10	0/10	0/10	0/10	0/10

注：1. 数字表示羽毛囊中检出MDV的鸡数/总检出鸡数。

2. 方框表示该组鸡羽毛囊中最早检出MDV的天数。

3. +表示接种了病毒的鸡，−表示同一隔离罩饲养的没有接种病毒的有待通过接触横向感染的鸡。

（四）REV-LTR插入片段提高了GX0101在鸡体内的复制能力

将GX0101和GX0101△LTR分别接种SPF鸡后的病毒血症动态比较表明，接种了同样剂量病毒后，GX0101接种鸡的病毒血症水平一直显著高于GX0101△LTR，REV-LTR插入片段提高了GX0101在鸡体内的复制活性。

表3-19 重组病毒GX0101与其敲除了REV-LTR的突变株的分子克隆毒在鸡体内复制能力比较（$n=6$）

接种病毒后天数	病毒血症水平（pfu/mL）	
	bac-GX0101	bac-GX0101△LTR
7	252.0±179.2 (6)[a]	0 (6)[b]
14	715.2±368.8 (6)[a]	100.0±47.2 (6)[b]
21	1560.0±716.2 (6)[a]	406.6±210.0 (6)[b]
28	4065.0±673.6 (6)[a]	230.0±127.2 (6)[b]
38	1186.6±507.2 (6)[a]	210.0±132.2 (6)[b]
76	973.4±422.6 (6)[a]	175.0±50.0 (6)[b]
94	990.0±390.0 (6)[a]	160.0±66.6 (6)[b]

注：1. 1日龄SPF鸡接种1 000pfu的不同毒株，表中数字为平均数±标准差（鸡数）。

2. 数字右上角不同小写英文字母表示差异极显著（$P<0.01$），相同字母表示差异不显著（$P>0.05$）。

(五) 我国首先分离报道了 MDV 与 REV 在鸡体内的基因重组

以上（三）和（四）证明了在非常稀少的 MDV 与 REV 间基因重组事件发生后 GX0101 能成为我国鸡群中的具有一定代表性的流行毒株的竞争性优势是插入的 REV-LTR 增强了 GX0101 在鸡体内的复制能力及通过羽毛囊的横向传播性。然而，我们还必须关注的一点是，为什么首先从我国的鸡群中分离到带有 REV 基因组片段的 MDV 的重组野毒株？实际上类似的研究工作在美国和以色列比我们要早 5～10 年。正如本节一开始叙述的，是因为我们一开始就发现我国鸡群中 MDV 与 REV 的共感染很普遍，所以才有意识地从鸡体内寻找或鉴定带有 REV 基因组片段的 MDV 野毒株。因此，最合理的解释是，由于我国鸡群中多年来一直普遍存在着 MDV 与 REV 的共感染，这就大大提高了这两种病毒在鸡体内发生随机重组的概率，也就显著促进了产生具有这种选择性竞争优势的毒株，并在鸡群感染病毒中的比例逐渐增加，最终成为一种容易被分离和鉴定出来的流行毒株。在第五章将会详细叙述我国鸡群中 MDV 与 REV 及其他病毒之间的共感染状态。

第四节　我国不同地方品种鸡对马立克氏病的易感性比较

鸡群在 MDV 感染后的发病率、死亡率、肿瘤发生率、肿瘤发生的组织器官分布及发病的动态不仅与 MDV 毒株的致病性相关，也与鸡群的遗传背景相关。这方面最典型的例子已在第一章中已有叙述，即美国农业部禽病和肿瘤研究所培育的 line 6 纯系 SPF 来航鸡对 MDV 高度敏感，而 line 7 纯系 SPF 来航鸡却对 MDV 有较强的抵抗力。我国大量饲养的进口品种的蛋用型鸡或白羽肉型鸡，大多对 MDV 易感，易发肿瘤。这与在长期选育过程中，只关注鸡的生长性能，忽视抗病性能密切相关。但与此同时，我国还保存和饲养着大量我国特有的地方品种鸡。它们不仅在外型、毛色和生长性能上有很大差别，很可能对不同疫病的易感性也不一样，其中包括对 MDV 感染和致肿瘤作用的易感性。我国一些兽医专家根据临床观察，也发现某些中国地方品种鸡对 MDV 的致肿瘤作用特别易感，但均没有系统地比较研究。因此，我们用超强毒（vvMDV）的国际参考株 Md5 作为攻毒株，在以无母源抗体的 SPF 来航鸡作为对照鸡的同时，分别在 1 日龄和 7 日龄腹腔注射接种 3 个遗传背景完全不同的我国特有的地方品种鸡，即汶上芦花鸡、寿光黑鸡和济宁百日鸡（成年鸡的外形特征见彩图 3-100、彩图 3-101、彩图 3-102、彩图 3-103）。人工接种 Md5 后，其死亡率动态见表 3-20、彩图 3-132 和彩图 3-133。由这些表和图可见，这 3 个品种鸡对 Md5 的易感性有很大差异。其中以寿光黑鸡最易感，而汶上芦花鸡和济宁百日鸡的抵抗力较强，二者之间差异显著，特别是寿光黑鸡的早期死亡数要比汶上芦花鸡和济宁百日鸡高得多。从这些图、表都可看到，有母源抗体的寿光黑鸡对 Md5 株 MDV 感染几乎与没有母源抗体的 SPF 来航鸡一样易感。这种对 MDV 感染的高易感性不仅表现在观察期内有更高的发病率和肿瘤发生率，还表现在发病和死亡的动态上。不论在 1 日龄还是 7 日龄接种后，寿光黑鸡的发病、死亡及肿瘤发生都比另外两个品种的鸡早得多。但在横向感染的条件下，这种差异并不明显。汶上芦花鸡在横向感染后，仍然会产生严重的肿瘤病变（彩图 3-104 至彩图 3-131）。在感染诱发的免疫抑制效应方面，这 3 个品种之间差异不明显。

表 3-20 四个不同品种鸡在不同日龄接种 Md5 株 vvMDV 后的死亡率

品 种	接种日龄和剂量	
	1 日龄 500pfu	7 日龄 1 500pfu
汶上芦花鸡	16/32 (50%)[a]	22/31 (71%)[a]
济宁百日鸡	20/31 (64.5%)[a]	22/34 (64.7%)[a]
寿光黑鸡	31/36 (86.1%)[b]	32/37 (86.5%)[b]
♯4 SPF 来航鸡	25/27 (92.6%)[b]	24/26 (92.3%)[b]

注：1. 将接种病毒后 7d 内死亡鸡数从总数中剔除，饲养观察到 100 日龄。不同品种鸡死亡动态见彩图 3-137 和彩图 3-133。

2. 数字分子为死亡数，分母为总观察数。

3. 数字右上角不同英文字母表示两个品种鸡的差异显著，相同字母表示差异不显著。

4. 在 60d 后死亡鸡均有一定比例出现肉眼可见的肿瘤，但不同品种之间差异不显著。

第四章

我国鸡群禽网状内皮增生病病毒的流行病学和发病特点

禽网状内皮增生病病毒（REV）是一种可诱发鸡群肿瘤的病毒，可感染多种其他家禽和野鸟并引发肿瘤。实际上，REV 对火鸡或鸭的自然感染性和致病性更强，而 REV 在鸡群中的自然传播率并不高，其诱发的鸡的肿瘤也很少见。近二十多年来，REV 在我国鸡群中的传播面越来越广，这多与使用了污染 REV 的弱毒疫苗有关。

第一节　我国鸡群中禽网状内皮增生病流行特点

在教科书中，对禽网状内皮增生病的叙述都非常类似，即最早是在 20 世纪 50 年代从火鸡发现的，发生的肿瘤表现为网状细胞瘤，分离到了 REV 的原型株即 T 株 REV。如前所述，T 株 REV 是带有肿瘤基因 rel 的复制缺陷型病毒，它的复制还有赖于有自我复制能力的辅助病毒 A 株 REV，但 A 株 REV 并没有致肿瘤作用。REV 诱发肿瘤或其他病变的报道主要集中在火鸡、鸭或某些野鸟（如美国的草原野鸡）。在鸡群中除了由于使用被 REV 污染的活疫苗等人为因素造成的感染以外，目前还很少有自然发病的报道。

血清学调查证明，虽然我国鸡群中普遍存在着不同比例的 REV 感染，但还没有发生与 REV 相关的肿瘤病例的报告。

一、血清调查表明，我国鸡群 REV 感染越来越普遍

血清学和病原学方法都能用于 REV 感染状态的流行病学调查。其中血清学调查虽然不能用于阐明感染与发病的关系，但由于被检的数量大，更能反映全国各地鸡群中 REV 的感染状态。

为了了解禽网状内皮增生病病毒（REV）、传染性贫血病毒（CAV）和呼肠弧病毒（ARV）在我国白羽肉用型鸡中的感染状态，2003—2004 年，对来自 5 个省份 8 个公司不同年龄鸡群的血清样品同时检测了 3 种病毒的抗体状态。结果表明，在送检的 75 个鸡群中，对 REV、CAV 和 ARV 呈现抗体阳性的鸡群分别有 36（48%）、64（85.3%）和 74 个（96%）。在总共检测的1 764份血清样品中，3 个病毒的平均抗体阳性率分别为 9.8%、51.4%和 75.1%。1 日龄雏鸡，对 CAV 和 ARV 的平均母源抗体阳性率可达 100%和 81.1%，但对 REV 的平均母源抗体阳性率仅为 7.4%（表 4-1、表 4-2）。抗体阳性率随年龄变化的动态分析表明，对 REV 和 ARV 的母源抗体在雏鸡出壳后 2～3 周内消失，而对 CAV 的母源抗体则可持续 3～4 周。对 CAV 和 ARV 的抗体从 5 周龄起就开始再次出现，到 20 周龄时，平均阳性率为 90%以上。但只有近一半送检鸡群对 REV 呈现抗体阳性，而且抗体阳性率普遍较低，即使在鸡群达到开产年龄后，仍还有很高比例鸡为抗体阴性（图

4-1)。对父母代种鸡及其后代血清中 REV 及其他两种病毒的抗体阳性率的比较也表明，二者之间有很高的相关性，种鸡群母源抗体阳性率高时，其后代雏鸡的母源抗体阳性率也高（表 4-3)。

值得注意的是：在调查中，北京地区以南各省份不同鸡群 REV 的感染状态基本类似，但是，东北地区大部分鸡群呈现 REV 抗体阴性。在所调查的来自吉林和辽宁的 23 个商品代和父母代肉鸡群中，只有 5 个鸡群（21.7%）对 REV 抗体呈现阳性而且阳性率也不高（表 4-1 和表 4-2)。这些鸡群感染 CAV 和 ARV 的情况显著不同，除了个别鸡群外，几乎所有被调查的鸡群都已开始对这 2 个病毒呈现血清抗体阳性。当时推测，这一差异可能与气温因素有关。由于蚊血或其他昆虫可以作为 REV 的传播媒介（见第一章)，而东北地区气候较低，蚊虫或其他相关昆虫相对较少，因而 REV 在鸡群中传播的机会也较少。然而，在 2011 年以后所做的一次血清学调查中，我国鸡群 REV 抗体阳性率已显著升高，见表 4-6 和表 4-7。特别是在原来 REV 感染率很低的东北地区，许多鸡群也已呈现 REV 抗体阳性反应，而且有的鸡群的阳性率还很高。这是出乎意料的。可以推测，这可能与这些鸡群曾应用被 REV 污染的疫苗相关（见后)。

表 4-1　2004—2005 年白羽商品代肉鸡 CAV、REV 和 ARV 感染状态的血清学调查

省市	公司鸡群	日龄	检测数	CAV（+）	REV（+）	ARV（+）
吉林	A1	1	16	16 (100%)	1 (6.3%)	13 (81.3%)
吉林	A2	1	19	19 (100%)	3 (15.8%)	15 (79%)
吉林	A3	1	18	18 (100%)	0 (0)	15 (83.3%)
吉林	A4	37	30	7 (23.3%)	0 (0)	6 (20%)
吉林	A5	45	29	29 (100%)	0 (0)	17 (58.6%)
吉林	A6	35	32	1 (3.1%)	0 (0)	11 (34.4%)
吉林	A7	37	30	0 (0)	0 (0)	25 (83.3%)
吉林	A8	37	30	3 (10%)	5 (16.7%)	9 (30%)
吉林	A9	37	30	5 (16.7%)	1 (3.3%)	7 (23.3%)
山东	B1	39	46	0 (0)	13 (28.3%)	28 (60.9%)
山东	B2	39	45	0 (0)	0 (%)	26 (57.8%)
山东	C3	49	30	5 (16.7%)	9 (30%)	14 (46.7%)
山东	C4	49	30	19 (63.3%)	2 (6.7%)	8 (26.7%)
山东	C5	49	30	1 (3.3%)	1 (3.3%)	22 (73.3%)
山东	D1	42	30	0 (0)	3 (10%)	28 (93.3%)
山东	D2	42	30	0 (0)	1 (3.3%)	2 (6.7%)
山东	D3	42	30	0 (0)	0 (0)	28 (93.3%)
北京	E1	35	40	0 (0)	0 (0)	31 (77.5%)
北京	F2	35	20	20 (100%)	0 (0)	8 (40%)
北京	F3	35	30	30 (100%)	17 (56.7%)	28 (93.3%)
北京	F4	35	20	12 (60%)	1 (5%)	10 (50%)
河南	G1	38	41	0 (0)	0 (0)	21 (51.2%)
河南	G2	38	40	0 (0)	0 (0)	12 (30%)
河南	G3	38	40	0 (0)	0 (0)	32 (80%)
辽宁	H1	10	19	17 (89.5%)	0 (0)	4 (21.1%)
辽宁	H2	20	15	2 (13.3%)	0 (0)	0 (0)
总计	26		770	106 (13.8%)	58 (7.5%)	420 (54.5%)

表 4-2　2004—2005 年白羽肉用型种鸡 CAV、REV 和 ARV 感染状态的血清学调查

地区	公司鸡群	年龄	份数	CAV（+）	REV（+）	ARV（+）
吉林	A1	39 周龄	26	26（100%）	0（0）	22（84.6%）
吉林	A2	40 周龄	28	28（100%）	0（0）	27（96.4%）
吉林	A3	20 周龄	30	30（100%）	0（0）	28（93.3%）
吉林	A4	41 周龄	25	25（100%）	0（0）	24（96%）
吉林	A5	10 周龄	29	8（27.6%）	0（0）	5（17.2%）
吉林	A6	10 周龄	29	1（3.4%）	2（6.9%）	19（65.5%）
吉林	A7	11 周龄	30	22（73.3%）	0（0）	30（100%）
吉林	A8	11 周龄	30	28（93.3%）	0（0）	29（96.7%）
吉林	A9	20 周龄	30	30（100%）	0（0）	25（83.3%）
山东	B1	27 周龄	15	15（100%）	10（66.7%）	15（100%）
山东	B2	46 周龄	30	29（96.7%）	1（3.3%）	26（86.7%）
山东	B3	21 周龄	30	30（100%）	4（13.3%）	30（100%）
山东	B4	27 周龄	30	30（100%）	3（10%）	30（100%）
山东	B5	43 周龄	30	30（100%）	5（16.7%）	30（100%）
山东	B6	28 周龄	15	15（100%）	8（53.3%）	15（100%）
山东	B7	27 周龄	15	15（100%）	5（33.3%）	13（86.7%）
山东	B8	28 周龄	15	14（96.7%）	7（46.7%）	15（100%）
山东	B9	42 周龄	30	30（100%）	0（0）	30（100%）
山东	B10	22 周龄	30	30（100%）	9（30%）	30（100%）
山东	B11	21 周龄	30	30（100%）	0（0）	27（90%）
山东	B12	30 周龄	30	29（96.7%）	9（31%）	29（96.7%）
山东	B13	24 周龄	30	30（100%）	11（36.7%）	30（100%）
山东	C1	22 周龄	35	33（94.3%）	1（2.9%）	35（100%）
山东	D1	9 周龄	30	0（0）	0（0）	30（100%）
山东	D2	40 周龄	30	30（100%）	1（3.3%）	30（100%）
山东	D3	20 周龄	30	27（90%）	5（16.7%）	30（100%）
北京	F1	10 日龄	25	22（88%）	1（4.5%）	2（9%）
北京	F2	20 周龄	30	30（100%）	0（0）	30（100%）
北京	F3	30 周龄	40	40（100%）	26（65%）	37（93.3%）
河南	G1	42 周龄	10	9（90%）	1（10%）	10（100%）
河南	G2	27 周龄	10	10（100%）	1（10%）	10（100%）
河南	G3	27 周龄	10	10（100%）	1（10%）	10（100%）
河南	G4	41 周龄	22	22（100%）	1（4.5%）	20（90.9）
河南	G5	41 周龄	3	3（100%）	0（0）	3（100%）
河南	G6	42 周龄	4	4（100%）	0（0）	4（100%）
河南	G7	42 周龄	5	5（100%）	0（0）	5（100%）
河南	G8	43 周龄	4	4（100%）	0（0）	4（100%）
河南	G9	28 周龄	5	5（100%）	0（0）	5（100%）
河南	G10	10 周龄	8	6（75.5%）	0（0）	7（87.5%）
河南	G11	11 周龄	8	4（50%）	0（0）	7（87.5%）
河南	G12	11 周龄	10	8（80%）	0（0）	8（80%）
河南	G13	11 周龄	9	8（88.9%）	0（0）	8（88.9%）
河南	G14	28 周龄	5	5（100%）	0（0）	5（100%）
河南	G15	28 周龄	5	5（100%）	0（0）	2（40%）
河南	G16	28 周龄	5	5（100%）	2（40%）	5（100%）
河南	G17	28 周龄	5	5（100%）	2（40%）	5（100%）
辽宁	H1	25 周龄	20	20（100%）	0（0）	20（100%）
辽宁	H2	40 周龄	20	20（100%）	0（0）	14（70%）
辽宁	H3	10 周龄	19	1（5.3%）	0（0）	19（100%）
总计	49		994	800（80.5%）	114（11.7%）	904（90.9%）

表 4-3　白羽肉鸡的父母代与商品代肉鸡血清抗体对应比较

	代次	年龄	抗体阳性率		
			CAV	REV	ARV
北京某公司	父母代	30 周龄	40/40	26/40	37/40
	商品代	10 日龄	22/25	1/25	2/25
大连某公司	父母代	40 周龄	20/20	0/20	14/20
	商品代	10 日龄	17/19	0/19	4/15
	商品代	20 日龄	2/15	0/15	0/15

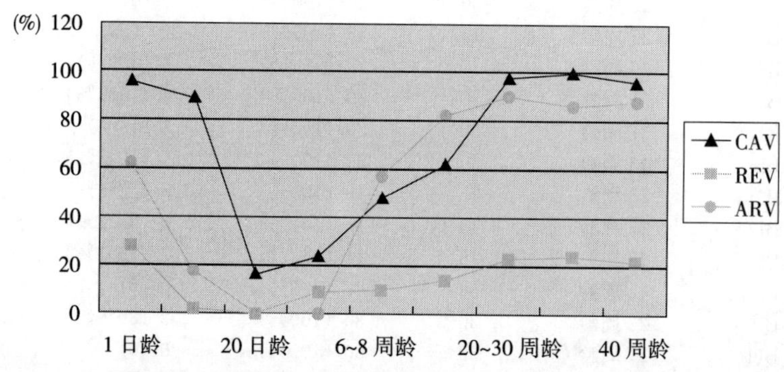

图 4-1　不同年龄白羽肉鸡群血清 REV 和 CAV、ARV 抗体阳性率的动态

在同一时期对我国南方的地方品系黄羽肉鸡的血清学调查也证明 REV 感染非常普遍，在调查的 16 个商品代黄羽肉鸡群和 13 个黄羽肉鸡种鸡群中，几乎所有鸡群都已感染 REV，而且差不多有 1/2 鸡群 REV 抗体阳性率为 50%以上，最高达到 80%以上（表 4-4 和表 4-5）。

表 4-4　三黄鸡商品代肉鸡 CAV、REV 和 ARV 感染状态的血清学调查

地区	鸡场	日龄	血清份数	CAV（+）	（%）	REV（+）	（%）	ARV（+）	（%）
广西	1	1	19	15	78.9	16	84.2	10	52.6
广西	2	1	6	6	100	4	66.7	6	100
广西	3	1	6	6	100	0	0	0	0
广西	4	10	10	10	100	10	100	9	90
广西	5	11	13	9	69.2	10	76.9	6	46.2
广西	6	19	10	3	30	5	50	7	70
广西	7	20	10	2	20	7	70	5	50
广西	8	59	32	0	0	5	15.6	32	100
广西	9	62	35	0	0	3	8.6	34	97.1
广西	10	63	41	11	26.8	18	43.9	39	95.1
广西	11	70	34	34	100	3	8.8	34	100
广西	12	78	30	28	93.3	4	13.3	24	80
广西	13	82	38	36	94.7	10	10.5	32	84.2
广西	14	80	38	8	21.1	10	10.5	27	71.1
广西	15	104	36	36	100	18	50	33	91.7
广西	16	104	35	32	91.4	27	77.1	29	90.6

表 4-5　三黄鸡种鸡 CAV、REV 和 ARV 感染状态的血清流行病学调查

地区	鸡场	日龄	份数	CAV（+）	（%）	REV（+）	（%）	ARV（+）	（%）
广西	13	140	26	26	100	16	61.5	10	38.5
广西	14	140	23	23	100	18	78.3	21	91.3
广西	15	146	12	10	83.3	7	58.3	9	75
广西	16	161	13	13	100	4	30.8	6	46.2
广西	17	279	14	14	100	12	85.7	14	100
广西	18	282	14	14	100	14	100	11	78.6
广西	19	290	35	35	100	6	17.1	19	54.3
广西	20	305	36	32	88.9	14	38.9	28	77.8
广西	21	343	19	19	100	14	73.7	16	84.2
广西	22	344	19	13	68.4	8	42.1	17	89.5
广东	#1	70	31	29	93.5	1	3.2	28	90.3
广东	#2	77	30	28	93.3	1	3.3	26	86.7
广东	#3	280	30	29	96.6	3	10	29	96.7

在2011年，我们也对山东某市的6个县区的53个小型商品代蛋鸡群（均在开产后）的 REV 感染状态做了血清学调查，有16个鸡群为阴性，37个鸡群感染了 REV，其抗体阳性率高低不一，有5个鸡群 REV 抗体阳性率高达100%，分别从这5个鸡群的51、49、30、24、24只鸡采集血清，检测发现全部鸡呈现 REV 抗体阳性。在同一时期在这么小的地理范围内的同一类型的鸡群，有的全部阴性，有的 REV 抗体阳性率高达100%，自然要考虑到是否有某种与气候、季节、地理等自然条件无关的因素在传播 REV 中发挥了作用，其中首先要怀疑的是疫苗污染。这是因为，在过去十多年中鸡的弱毒疫苗中污染 REV 的事件，曾在我国多次发生。

不仅在商品代蛋鸡，而且在蛋用型种鸡场，REV 感染也很普遍（表 4-6 和表 4-7）。其中表 4-6 列出了 2011 年对全国各个品系的蛋用型祖代鸡场 REV 感染状态的血清流行病学调查。从表中可以看出，即使是祖代鸡场，仍普遍有 REV 感染。不论是位于南方的上海、江苏，还是位于北方的辽宁，大多数鸡场都发生了 REV 感染。但是，在所调查的 39 个鸡群中，有 14 个祖代鸡群呈现 REV 抗体阴性（表 4-6）。这些种鸡场分布在南北 5 个不同的省份，这些鸡群都属于那些生物安全管理措施非常严密的大型种鸡场。这表明，在不同的地理和气候条件下，只要生物安全管理到位，是能够避免 REV 感染的。相反，如果生物安全管理措施不严格，不论是南方还是北方，都可能有 REV 感染发生。

表 4-6　2011 年全国蛋用型祖代鸡场不同鸡群 REV 抗体阳性率

省市	鸡　群　数		鸡群阳性率范围（%）
	鸡群数	阳性数	
辽宁	2	1	0～62.3
北京	10	6	0～43.3
宁夏	1	1	44.1
河北	13	9	0～36
山东	2	2	23.3～47
河南	2	2	1.1～1.5
江苏	5	1	0～53.7
上海	4	3	0～13.3
合计	39	25	

注：REV 抗体呈阴性的 14 个鸡群分布在从南到北的 5 个不同省份，属于 5 个不同品系的鸡群，来自大型种鸡场。检测取样量很大，1 000～3 000只。

表 4-7　山东某蛋用型种鸡场 150 日龄鸡血清 REV 抗体阳性率

品系	阳性比率
FA	27/41
HA	22/30
FB	32/50
HB	39/50
C	30/50
D	15/50
合计	165/271（60.9%）

二、病原学调查表明，REV 感染多表现为与其他病毒的共感染

从 1999 年以来的十多年中，我们已从全国不同地区不同类型鸡群中分离到 50 多株 REV，但这些毒株或者是从表现为生长迟缓、继发性细菌感染或免疫抑制等非特征性临床病理表现的鸡群中分离到，或是从临床上怀疑是马立克氏病或白血病的病鸡分离到。而且从分离到 REV 的鸡特别是同一鸡群，还同时分离到或检出其他一种或两种病毒，如马立克氏病病毒、鸡白血病病毒、鸡传染性贫血病毒、传染性法氏囊病病毒或禽痘病毒等（表 5-6），很少是单独分离或检测到 REV。这一结果表明，在感染 REV 后，或者很容易再感染其他病毒或细菌，同时显现多种非特异性的临床表现或病理变化，甚至主要表现为其他病毒或细菌引发的特征性病变，或者在产生抗 REV 抗体后就不表现明显的临床或病理变化。那些只有 REV 单独感染的鸡，由于没有表现特殊的病理表现，因而很容易被忽略了。

禽网状内皮增生病病毒虽然也能诱发不同鸟类的肿瘤，但在我国鸡群中，至今仍很少有疑似网状内皮增生病病毒相关的肿瘤的报道或投诉。即使分离到 REV，也是从临床上判断为其他病的病料分离其他病毒（如马立克氏病病毒或白血病病毒等）时才被检测出来的，而同一发病群体的其他个体仍同时分离到 MDV 或 ALV（表 5-1、表 5-2、表 5-3）。而且，从某些个体仅仅单独分离到 REV 而没有分离到 MDV 或 ALV，这也可能与每种病毒的分离结果不稳定有关。

三、疫苗污染是我国鸡群中 REV 广泛传播的主要原因

在我国鸡群中应用的一些弱毒疫苗，特别是在雏鸡出壳后不久或几日龄内应用的马立克氏病疫苗或禽痘疫苗，被 REV 污染的问题或纠纷时而发生。这显然与 REV 感染的细胞通常不发生细胞病变且对 REV 的检测技术不成熟相关。而且，我国注册的疫苗企业有几十家，甚至可能还有一些未经注册的企业也在生产和销售某些相关的弱毒疫苗，兽医主管部门很难对市场上所用的疫苗都实施严格的检测。因此，在过去二十年中，常常发生鸡群由于应用了 REV 污染的弱毒疫苗带来的经济纠纷。

鉴于我国家禽疫苗企业不断受到来自养殖业有关 REV 污染疫苗的投诉，国内某大型动物疫苗厂家曾委托我们实验室协助对其不同疫苗产品做有无 REV 污染的自查。用我们自行研制的 REV 的 pol 基因特异性核酸探针，对不同疫苗产品中提取的 DNA 的 PCR 扩增产物

进一步做斑点分子杂交，试验结果表明，在所检测的 CVI988 细胞结合苗、HVT 冻干苗、鸡痘疫苗、新城疫弱毒疫苗和鸡传染性支气管炎病毒疫苗 5 种疫苗的 38 个不同批次产品中，有 13 个为强阳性，表明 REV 污染程度较重。这些疫苗应用于雏鸡后可能会造成显著免疫抑制。有 16 个样品为弱阳性，表明存在 REV 轻微污染。这些疫苗如接种雏鸡，也可能会造成轻度免疫抑制。有 9 个样品完全没有检出 REV 污染。作为对照，来自 8 个 SPF 鸡胚细胞的 DNA 样品均为阴性，对 PCR 产物做斑点分子杂交的结果如图 4-2 所示。

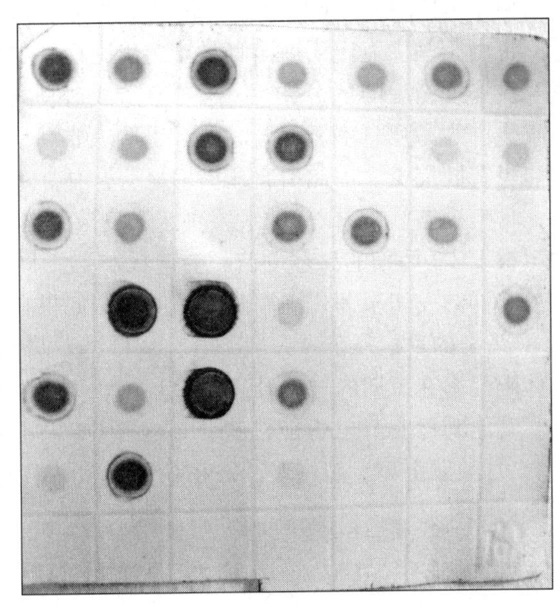

图 4-2　用 REV-pol 基因特异性核酸探针对疫苗提取的 DNA 的 PCR 扩增产物进行斑点分子杂交（其中颜色深浅代表污染严重的程度）

此外，我们用饲养在隔离罩中的 1 日龄 SPF 鸡进行接种试验，在随机从市场上购到的有批号的禽痘弱毒疫苗中分离到一株 REV 病毒 NJ0809。对其 env 基因扩增克隆测序表明，该株与已有 REV 的同源性均达 96%以上（表 4-8）。

表 4-8　从禽痘疫苗中分离到的 NJ0809 株 REV 的 env 基因同源性比较（%）

同源性百分比

1	2	3	4	5	6	7	8	9	10	11	12		
	96.0	97.6	99.7	99.5	99.8	99.8	99.5	99.8	99.7	97.3	99.8	1	NJ0809-env. jsp. seq
4.1		94.4	96.1	96.0	95.8	96.0	95.8	96.1	95.9	94.9	96.1	2	SNV-env. seq
2.5	5.9		97.6	97.2	97.4	97.6	97.3	97.6	97.4	97.1	97.7	3	HA9901-ENV. seq
0.3	4.0	2.4		99.5	99.7	99.8	99.6	99.9	99.7	98.1	99.9	4	APC-566（env）. seq
0.5	4.2	2.8	0.5		99.3	99.5	99.4	99.6	99.4	97.9	99.6	5	pc（r92）-Texas-env. seq
0.4	4.3	2.7	0.3	0.7		99.8	99.5	99.8	99.6	97.8	99.7	6	3122（03）-taiwan-env.
0.2	4.1	2.5	0.2	0.5	0.2		99.7	99.9	99.8	97.9	99.9	7	3337（05）-taiwan-env. seq
0.5	4.4	2.7	0.4	0.6	0.5	0.3		99.7	99.5	97.3	99.7	8	HLJ071-env. seq
0.2	4.1	2.4	0.1	0.4	0.2	0.1	0.3		99.8	97.9	99.9	9	JSRD0701-env. seq
0.3	4.2	2.8	0.3	0.8	0.4	0.2	0.5	0.2		97.8	99.8	10	ZD0708-env. seq
2.7	5.3	3.0	1.9	2.2	2.2	2.2	2.7	2.2	2.4		98.1	11	FPV-vac-（REV-env）. seq
0.2	4.0	2.4	0.1	0.4	0.3	0.1	0.3	0.1	0.2	1.9		12	FPV-field-（REV-env）. seq

差异性程度

（王景艳硕士学位论文，2009）

由于 REV 感染雏鸡后可引起严重的免疫抑制（见本章第三节），而且年龄越小，越易感，也由于马立克氏病疫苗都是雏鸡出壳后在孵化场立即接种，因此，应用 REV 污染的马立克氏病疫苗后的危害最大。除了会造成对马立克氏病的免疫失败，导致鸡群在 8～12 周龄后发生肿瘤和死亡率显著升高外，还造成雏鸡早期就出现生长迟缓、继发性细菌感染诱发的心包炎、肝周炎，由此引起死淘率显著升高。

禽痘疫苗污染 REV 的危害决定于疫苗的接种日龄。如果在 10 日龄内特别是 1 周龄内接种了被 REV 污染的禽痘疫苗，会造成鸡群不同程度的免疫抑制及相关的继发性细菌感染，并使鸡群的发病率和死淘率升高。但是，如果在 1 月龄以上鸡特别是成年鸡，即使接种了有 REV 污染的禽痘疫苗，一般不会在鸡群诱发明显的临床表现和病理变化，但会使鸡群 REV 抗体阳性率在短期内显著升高。

其他弱毒疫苗也可能污染 REV，但如果不是采用注射或划刺法，或者在较大日龄鸡（如 1 月龄以上鸡）施用，往往在临床上看不出危害，只是可能使一些鸡在感染后诱发抗体反应。

四、鸭群 REV 感染状态及其对鸡群的影响

如第一节所述，REV 可感染多种家禽和鸟类，但在我国，究竟有哪些家禽和野鸟感染了 REV，有关的血清学调查、病毒分离研究和报道都很少。我们实验室曾在 2004—2005 年，对来自山东省不同地区鸭场的 5～40 日龄送检病（死）鸭分别随机采集肝脏、脾脏、法氏囊等组织样品，分别用病毒分离、组织样品 REV 特异性核酸探针斑点分子杂交、PCR 及巢式 PCR 来检测 REV。用 90 份样品的提取液接种 CEF 细胞，但均未分离到病毒。从 220 份组织提取 DNA，用 REV 特异性核酸探针直接对提取的组织 DNA 作斑点分子杂交，也均为阴性。以提取的 220 份组织 DNA 为模板，从 REV 的 env 基因中选择一对保守序列为引物做常规 PCR，也没有一份样品出现与预期条带大小一致的目的片段，即均为阴性。

但是，当再以常规 PCR 扩增产物为模板，用相应引物进一步做巢式 PCR 时，有 121 份组织样品扩增出大小为 402bp 的 env 基因片段，部分样品巢式 PCR 产物的电泳结果见图 4-3。而且，对巢式 PCR 产物分别用 REV 特异性核酸探针作斑点分子杂交，证明其中大部分巢式 PCR 产物确实是 REV 特异性的核酸序列（图 4-4）。

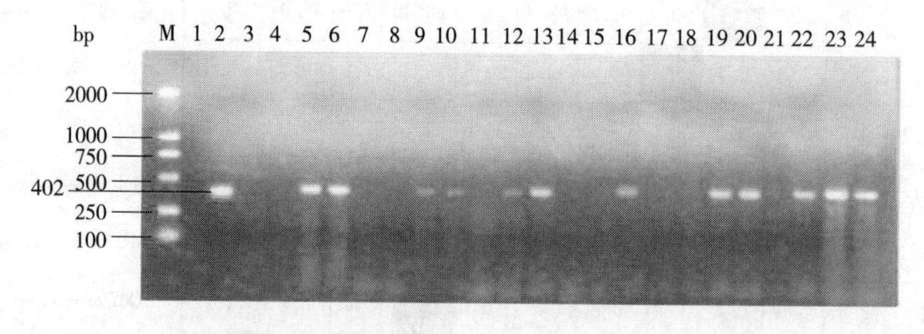

图 4-3　以来自鸭的不同器官组织 DNA 为模板的巢式 PCR 产物电泳图
（倪楠、崔治中等，2008）

分别用不同方法对不同地区、不同器官 REV 检测结果比较见表 4-9。用巢式 PCR 检

测，YN、LQ、BZ 三个地区鸭群 REV 的检出率分别为 72%、54%、46%。肝脏、脾脏、法氏囊 REV 的检出率分别为 33%、64%、90%，其中以法氏囊中 REV 的检出率最高，统计学差异显著。

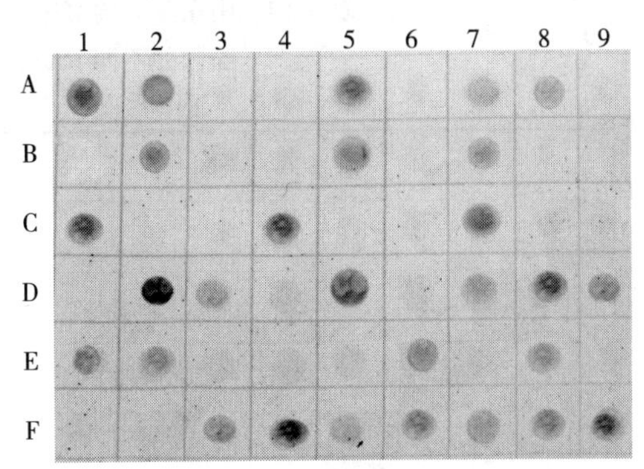

图 4-4　鸭脾脏 DNA 的巢式 PCR 产物与 REV 特异性核酸探针的斑点分子杂交
（倪楠、崔治中等，2008）

为了进一步确证所用的巢式 PCR 检测的可靠性，分别将从 3 个不同地区来源鸭的组织 DNA 的巢式 PCR 产物克隆并随机选择一个测序。结果表明，在扩增出的这一 env 基因片段，来自 YN、LQ、BZ 三个地区的代表克隆与国内外从鸡和鸭分离到的 REV 的相应片段的同源性都在 93.5%以上，特别是来自 LQ 的克隆，与国内外不同 REV 株的同源性为 97.5%～100%（表 4-10）。图 4-5 显示了 3 个鸭场来源的 REV 与国内外不同 REV 毒株在 env 基因上的同源性关系的系谱树，由该图可见，来自 BZ 和 YN 两个鸭场的样品与从美国的鸭分离到的 SNV 株的系谱关系最近，而来自 LQ 鸭场的样品则与美国的 TX-01 和 FA 株的系谱关系最近。从这一现象，我们可以推测，鸭场的 REV 更可能是随引进的种鸭带入的。

表 4-9　从山东不同地区收集的病鸭不同器官 REV 的检出率（倪楠、崔治中等，2008）

样品组织	来源地区	检测方法及检出比例				
		病毒分离	斑点分子杂交	PCR	巢式 PCR	阳性率（%）
肝脏	YN	0/30	0/20	0/20	10/20	50
	LQ		0/45	0/45	13/45	29
	BZ		0/32	0/32	9/32	28
	小计		0/97	0/97	32/97	33[a]
脾脏	YN	0/30	0/18	0/18	15/18	83
	LQ		0/37	0/37	25/37	68
	BZ		0/29	0/29	14/29	48
	小计		0/84	0/84	54/84	64[b]
法氏囊	YN	0/30	0/8	0/8	8/8	100
	LQ		0/18	0/18	16/18	89
	BZ		0/13	0/13	11/13	85
	小计		0/39	0/39	35/39	90[c]
合计		0/90	0/220	0/220	121/220	55

注：阳性率后的不同小写字母表示相互之间统计学差异显著（$P<0.05$）。

既然鸭群 REV 感染率如此高，鉴于我国有些地区鸡、鸭群混养，鸭与鸡群之间 REV 的相互感染是完全可能的。

表 4-10　山东不同地区来源鸭 REV-env 基因扩增产物克隆与国内外不同 REV 毒株同源性比较（%）

同源性百分比

差异性程度

1	2	3	4	5	6	7	8	9	10	11	12	13	14	15		
	96.8	99.3	93.8	96.5	96.8	96.5	94.0	94.0	96.5	93.5	93.8	99.8	95.3	96.8	1	YN-1
3.1		96.5	97.5	99.5	100.0	99.5	97.8	97.8	99.8	97.3	97.5	97.0	99.0	100.0	2	LQ-1
0.8	3.3		93.5	96.3	96.5	96.3	93.8	93.8	96.3	93.3	93.5	99.5	95.0	96.5	3	BZ-1
5.5	2.3	5.8		97.0	97.5	97.0	99.8	99.8	97.3	99.3	99.5	940.	97.8	97.5	4	Am9606
3.3	0.5	3.6	2.8		99.5	99.5	97.3	97.3	99.3	96.8	97.0	96.8	98.5	99.5	5	CSV
3.1	0.0	3.3	2.3	0.5		99.5	97.8	97.8	99.8	97.3	97.5	97.0	99.0	100.0	6	FA
3.3	0.5	3.6	2.8	0.6	0.5		97.3	97.3	99.3	96.8	97.0	96.8	98.5	99.5	7	GD0203
5.2	2.0	5.5	0.2	2.5	2.0	2.5		100.0	97.5	99.5	99.8	94.3	98.0	97.8	8	HA9901
5.2	2.0	5.5	0.3	2.5	2.0	2.5	0.0		97.5	99.5	99.8	94.3	98.0	97.8	9	REV-A
3.3	0.2	3.6	2.5	0.8	0.2	0.8	2.3	2.3		97.0	97.3	96.8	96.8	99.8	10	RZ0406
5.8	2.6	6.0	0.8	3.1	2.5	3.1	0.5	0.5	2.8		99.3	93.8	97.5	97.3	11	SD0303
5.5	2.3	5.7	0.5	2.8	2.3	2.8	0.2	0.2	2.5	0.8		94.0	97.8	97.5	12	SD9901
0.3	2.8	0.5	5.2	3.1	2.8	3.1	4.9	4.9	3.1	5.5	5.2		95.5	97.0	13	SNV
4.1	1.0	4.4	1.8	1.5	1.0	1.5	1.5	1.5	1.3	2.0	1.8	3.9		99.0	14	TA
3.1	0.0	3.3	2.3	0.5	0.0	0.5	2.0	2.0	0.2	2.6	2.3	2.8	1.0		15	TX-01. USA

注：除 YN、LQ、BZ 代表不同鸭场来源的 PCR 扩增产物外，该表中列出的 HA9901、SD9901、SD0303、RZ0406 是本实验室从我国鸡群中分离到的 REV，其余毒株都为美国报道的毒株。

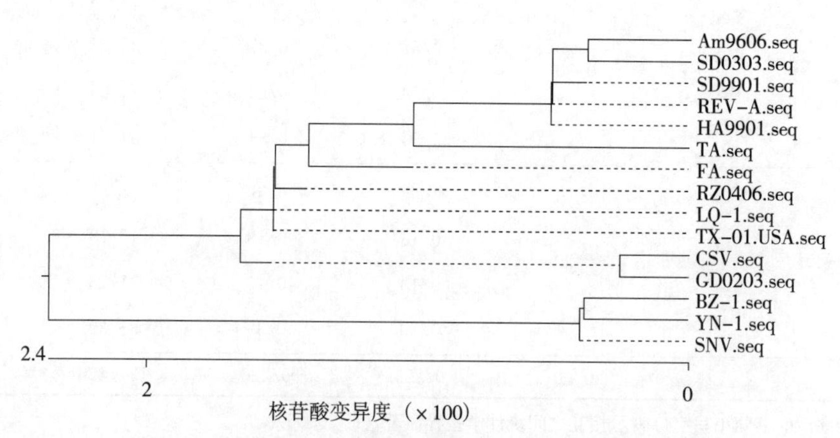

图 4-5　山东不同地区来源鸭 REV-env 基因扩增产物与国内外不同 REV 毒株同源性关系的系谱树

第二节 我国鸡群中 REV 的传播途径

一、横向传播

毫无疑问，REV 也能在鸡群中横向传播，但相对于其他病毒，REV 的横向传播能力比较弱。从图 4-1 可以看出，当一个鸡群 REV 母源抗体消退后，在很长一段时期内（如 4～5 个月），鸡群 REV 抗体的阳性率上升很慢，甚至到 10 月龄时，发生 REV 感染的鸡群 REV 抗体阳性率才达到 20%。显然，这要比其他病毒如鸡传染性贫血病毒和鸡呼肠孤病毒诱发抗体的速度慢得多，阳性率也低得多。

为了比较 REV 在鸡群中的横向传播能力，我们对在隔离罩饲养的 10 周龄的 SPF 鸡，用不同株 REV 做了人工接种后试验。如表 4-11 所示，虽然所有接种病毒的鸡均很快对 REV 产生了持续的抗体反应，但分离不到病毒。从同一隔离罩中饲养的未接种鸡体内亦分离不到病毒。从这一结果可以看出，在成年鸡，部分人工接种 REV 后，在同一隔离罩中饲养的未接种鸡也很难被横向感染，不仅分离不到病毒，而且在观察的 3 个月内也没有一只鸡血清中出现抗体反应。但是，当从隔离罩中移出后仅 1 个多月，原来未经接种 REV 的抗体阴性的鸡，全都出现了抗体反应，而且与人工接种 REV 的鸡的平均抗体滴度类似。显然，进入自然环境后，有某种传染媒介起到了传染作用，如蚊子或某种痘病毒等（见下面“四”）。鉴于这些鸡在被移出隔离罩后都发生了鸡痘，可以推想在这次感染中，鸡痘感染可能是重要的传染媒介，即这些鸡感染了能传播 REV 的带有 REV 全基因组的禽痘病毒野毒。

表 4-11 10 周龄 SPF 鸡接种 REV 后及其同隔离鸡对 REV 的抗体动态

隔离群	接种 REV 毒株	组别	接种 REV 后不同天数对 REV 的 ELISA 检测值								
			24	30	37	47	58	77	89	132	169
A		接 种	4.7	5.6	6.1	6.2	5.4	4.9	4.8	4.4	3.8
		不接种	—	—	—	—	—	—	—	5.8	4.4
B		接 种	5.0	6.3	6.1	5.4	4.3	3.8	3.5	4.1	3.1
		不接种	—	—	—	—	—	—	—	4.0	3.3
C		接 种	4.7	6.2	4.7	6.2	4.9	4.6	4.2	4.2	3.6
		不接种	—	—	—	—	—	—	—	2.3	3.1

注：每个隔离罩中接种 6 只鸡，另有 4 只鸡不接种病毒，在接种后第 89 天从隔离罩中移出，在常规环境下饲养，在不同的间隔天数从所有鸡采血接种细胞分离病毒。

二、垂直传播

REV 可以通过种蛋垂直传播，从表 5-3 就可以清楚地看出，如果种鸡在开产后有 REV 的病毒血症，则可能从其种蛋中分离到 REV。

三、传播媒介传播

早有文献报道蚊子和某些昆虫可传播 REV。随地理气候不同，蚊子和昆虫的种类差异很大，并不是每种蚊子和昆虫都能传播 REV 的。然而，相关的详细研究也很少。2005 年，我们尝试了从泰安地区的白色库蚊分离 REV。我们从山东农业大学农场的动物实验区的鸡舍中先后采集了8批蚊子，每批约20只。将这些蚊子研磨液用PBS稀释后经0.22μm孔径的滤器过滤后接种CEF，培养7d。将接种了样品的CEF在经2代盲传后，用针对REV的单抗11B118作IFA检测REV。结果在采集8批白色库蚊中，有一批蚊子浸出液接种的CEF经IFA显示REV感染阳性（图4-6）。而且，这批蚊子是从饲养REV人工感染试验鸡的实验室内捕捉到的。基因扩增和测序表明，所分离到的病毒与我们用于人工感染的REV的囊膜蛋白基因有99%以上的同源性。很可能，这些蚊子是在叮咬人工接种REV的鸡后被感染上的（孟姗姗等，2006）。当然，我们还不清楚，白色库蚊叮咬REV感染鸡后，是机械带毒，还是病毒可在白色库蚊体内复制，并在叮咬其他鸡时将REV再传播给其他鸡。

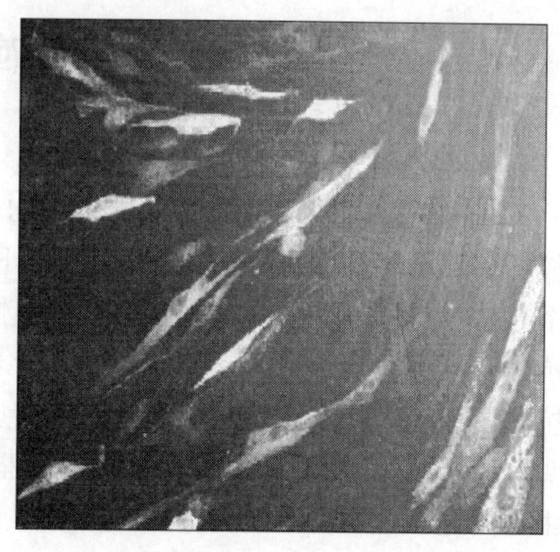
图4-6 用蚊子浸出液过滤后接种CEF培养3周后用REV特异单抗11B118作IFA显示REV感染细胞

除了蚊子以外，在我国是否还有其他昆虫也能传播REV，这还有待进一步研究。

四、我国鸡群中已出现可作为传播媒介的带有REV全基因组的重组禽痘病毒

文献中已有报道，某些禽痘病毒的野毒株可能带有REV的全基因组，在感染鸡后亦能产生有感染性的REV病毒粒子（见第一章）。与此类似，我们也尝试了从我国鸡群中分离带有REV全基因组的禽痘病毒的野毒株。利用巢氏PCR，我们已从多株禽痘病毒野毒株扩增出REV的全基因组。将其中一株在加入抗REV血清的CEF上经5～6次传代，仍然带有REV的全基因组。而且，我们也扩增到含有禽痘病毒基因组序列和REV基因组两个末端序列的嵌合体分子，说明这个禽痘病毒的野毒株很有可能是带有REV全基因组并能产生REV传染性病毒粒子的重组病毒。我们对这种重组禽痘病毒的基因组分析表明，从我国鸡群中分离到的重组禽痘病毒中REV的全基因组序列与国外报道的重组禽痘病毒中REV的基因组序列高度同源，而且插入位点也几乎相同（于立娟硕士学位论文，2006）。为此可以推测，这种重组禽痘病毒是国外传入的。但传入的时间、途径无法查考。至于这种重组禽痘病毒对鸡的致病性和传染性是否比普通的禽痘病毒更强，还有待进一步研究。

第三节 鸡群禽网状内皮增生病病毒感染后的发病特点

虽然血清流行病学调查表明，我国许多鸡群中都存在REV感染，特别是近几年来，REV的感染率有明显上升趋势（见第一节和第二节）。但是，在成年鸡甚至只要是3周龄以上的鸡，感染REV后多没有任何临床表现，更很少有自然发生肿瘤的报道。但是，如果是垂直感染或早期感染，就会表现明显的致病作用，其中最主要的致病作用是诱发严重的免疫抑制。然而早期感染REV的鸡，在耐过免疫抑制带来的一系列继发性疾病后，只有少数可

能出现肿瘤样的病变。

一、免疫抑制是早期感染 REV 的主要临床病理表现

鸡群 REV 感染诱发的主要临床表现为生长迟缓、精神沉郁，整个鸡群个体大小不一。鸡群经鸡新城疫疫苗或其他疫苗免疫后抗体反应受到显著抑制，而且抗体效价的个体差异显著增大。从 2～3 周龄开始，死亡率逐渐增加。除了出现继发性细菌感染诱发的气囊炎、肝周炎、心包炎（彩图 4-2、彩图 4-3、彩图 4-4）外，最特征性的病理变化是胸腺和法氏囊的发育显著萎缩（彩图 4-1）。

只有鸡群对 REV 的感染达到一定比例时，这种临床和病理变化才会被鸡场管理人员注意到。在我国，这种情况最常见的原因是雏鸡出壳后或小日龄鸡（如 10 日龄以内）被施用了 REV 污染的马立克氏病疫苗或禽痘疫苗所致。另外，也可能是来自种鸡的垂直感染。最近几年以来，养鸡公司对疫苗的 REV 污染问题越来越关注，政府兽医主管部门对疫苗中 REV 污染的监管也日趋严格，由此造成的鸡群的 REV 感染带来的免疫抑制逐渐减少。然而，血清学调查显示，我国鸡群 REV 的感染率仍在上升（见第一节），其中疫苗污染 REV 仍可能是重要的原因之一。

二、自然典型肿瘤病例较少且易被其他肿瘤病掩盖

在所有禽病教科书中，REV 是鸡群中三个肿瘤性病毒之一。而且，在其他家禽和野鸟中都不断有 REV 诱发肿瘤的报道。20 世纪 90 年代美国也报道了鸡群中 REV 诱发的肿瘤问题。但是，迄今为止我国还一直没有鸡群发生 REV 肿瘤的报道。如前所述，在过去多年中，我国不断发生由于应用了被 REV 污染的马立克氏病疫苗或禽痘疫苗而带来的鸡群的高死淘率，但都认为是免疫失败造成的马立克氏病肿瘤引起的死亡，并没有去考虑是否存在 REV 相关的肿瘤性致病作用。

很可能，使用了 REV 污染的马立克氏病疫苗后发生免疫失败的鸡群，在发生马立克氏病肿瘤的同时，也会发生 REV 诱发的肿瘤，甚至有些鸡会有两种肿瘤共存。但是，由于技术上的原因，这种由 REV 诱发的肿瘤很可能被忽视了，MDV 诱发的肿瘤掩盖了 REV 诱发的肿瘤。

近几年来，我国各地鸡群中，因 ALV 诱发的肿瘤也非常普遍，且有 1/3 的病例同时分离到 REV 和 ALV-J（见第五章表 5-1）。在怀疑有 J 亚群白血病的鸡群，特别是在一些超过 6 月龄的鸡群，并不是每只表现疑似肿瘤病理表现的死亡鸡或剖检鸡都在肝脏出现典型的 J 亚群特征性的髓细胞样肿瘤病变的。这表明，在这些鸡群，有些 REV 相关的肿瘤也可能被忽略了。

三、在人工接种试验中 REV 对雏鸡的致病作用

根据大量血清学流行病学调查资料及不同表现的临床病例的病毒分离资料，REV 感染在我国鸡群中是非常普遍的（见第二节）。然而，我国却很少有 REV 诱发的临床病例和病理变化的报道。在比较大量疑似 REV 感染病例临床表现和病理变化的同时，我们通过人工接种雏鸡试验，观察比较了 REV 对雏鸡的致病作用及其在不同时期诱发的主要临床和病理变化，以此来确证 REV 感染的致病作用。

（一）生长迟缓综合征是典型的临床表现

在对1～7日龄无母源抗体的鸡接种不同剂量的REV后，最常见的非特异性临床表现就是生长迟缓。而且，REV感染对生长的抑制作用与感染量成正比，感染得越早，其抑制作用也就越严重（表4-12）。

表4-12　1日龄SPF鸡接种不同剂量REV后对生长的抑制作用（g）

日龄	REV（10^4 $TCID_{50}$/0.2mL）	REV（10^3 $TCID_{50}$/0.2mL）	对照
23	110.0±19.3（13）[a]	120.4±34.0（24）[a]	195.4±35.4（17）[b]
30	160.8±32.6（12）[a]	175.9±52.8（22）[a]	287.0±47.9（17）[b]
37	202.7±63.0（11）[a]	217.0±76.9（22）[a]	390.3±58.3（17）[b]
45	264.6±66.0（11）[a]	294.3±108.5（21）[a]	492.9±59.3（17）[b]

注：1.1日龄SPF鸡接种REV-C99-C3感染的CEF培养上清液（REV感染组）或未感染CEF的培养液（阴性对照），分别在不同周龄称重。

2.数字代表平均数±标准差（样品数）。

3.数字右上方小写字母不同，表示差异极显著（$P<0.01$）。字母相同者，表示差异不显著（$P>0.05$）。

（二）胸腺和法氏囊萎缩是最常见的病变

在对1～7日龄无母源抗体的鸡接种不同剂量的REV后，最早出现的病理变化不是肿瘤，而是中枢性免疫器官胸腺和法氏囊的萎缩，其萎缩程度与接种的年龄和剂量密切相关。接种年龄越小，剂量越大，造成的胸腺和法氏囊的萎缩就越显著（表4-13）。而且，在同样日龄接种相同剂量REV后，不同鸡的法氏囊与胸腺萎缩的程度有很大的个体差异性（彩图4-1）。

表4-13　1日龄SPF鸡接种REV对其45日龄时中枢免疫器官的影响（%）

接种剂量	胸腺/体重（%）	法氏囊/体重（%）
REV（10^4 $TCID_{50}$）	0.337±0.188（7）[a]	0.098±0.021（7）[a]
REV（10^3 $TCID_{50}$）	0.395±0.219（7）[a]	0.127±0.074（7）[a]
control	0.619±0.08（5）[b]	0.341±0.161（5）[b]

注：右上方小写字母不同，表示差异极显著（$P<0.01$）。字母相同者，表示差异不显著（$P>0.05$）。

（三）持续性的免疫抑制作用

雏鸡接种REV后，除引起中枢性免疫器官胸腺和法氏囊显著萎缩之外，对鸡只的免疫反应也造成很强的持续性的免疫抑制作用。在1～15日龄接种REV，可显著抑制鸡只在接种新城疫病毒、H5亚型和H9亚型禽流感病毒灭活油乳苗后的抗体反应。同样，这种免疫抑制作用与接种的日龄和剂量密切相关。接种的日龄越早、剂量越大，其诱发的免疫抑制作用也越强（表4-14、表4-15和表4-16）。

由于免疫抑制，常常继发细菌性感染引起的肝周炎（彩图4-2、彩图4-3）或心包炎（彩图4-4）。

表4-14　1日龄SPF鸡接种不同剂量REV后对新城疫病毒的HI抗体滴度的影响（log_2）

免疫后周数	REV（10^4 $TCID_{50}$）	REV（10^3 $TCID_{50}$）	对照
3	4.27±1.49（11）[a]	4.86±2.53（22）[a]	8.59±1.12（17）[b]
4	4.55±1.63（11）[a]	5.36±2.74（22）[a]	9.35±1.17（17）[b]
5	4.83±2.86（11）[a]	6.22±2.86（18）[a]	9.06±1.64（17）[b]

注：表中数字为平均数±标准差（样本数）。数字右上角两个字母不同，表示差异显著（$P<0.05$）。

表 4-15 1 日龄 SPF 鸡接种不同剂量 REV 后对 H9 亚型禽流感病毒 HI 抗体滴度的影响（$\log_2$）

免疫后周数	REV（10^4 TCID$_{50}$）	REV（10^3 TCID$_{50}$）	对照
3	0（11）[a]	0.86±2.34（22）[a]	7.18±1.85（17）[b]
4	0.55±1.04（11）[a]	1.91±3.44（22）[a]	8.47±1.23（17）[b]
5	0.91±1.45（11）[a]	2.22±3.35（18）[a]	9.35±1.27（17）[b]

注：表中数字为平均数±标准差（样本数）。数字右上角两个字母不同，表示差异显著（$P<0.05$）。

表 4-16 1 日龄 SPF 鸡接种不同剂量 REV 后对 H5 亚型禽流感病毒的 HI 抗体滴度的影响（$\log_2$）

免疫后周数	REV（10^4 TCID$_{50}$）	REV（10^3 TCID$_{50}$）	对照
3	0（11）[A]	0.91±1.57（22）[A]	4.35±0.93（17）[B]
4	0.36±0.81（11）[Aa]	1.59±1.89（22））[Ab]	4.82±0.64（17）[B]
5	0.91±1.04（11）[A]	1.06±1.40（18）[A]	3.82±0.53（17）[B]

注：表中数字为平均数±标准差（样本数）。数字右上角两个字母不同，表示差异显著（$P<0.05$）。

进一步的比较研究表明，因接种日龄和病毒剂量的不同，REV 诱发的免疫抑制作用可持续不同的时间（表 4-17、表 4-18）。如果是在 1 日龄接种，不论是接种 100 个 TCID$_{50}$，还是1 000个 TCID$_{50}$，其免疫抑制作用至少持续 4 个月。从表 4-17 可看出，对 1 日龄 SPF 鸡接种 100 个或1 000个 TCID$_{50}$的 SNV 株 REV 后，于 12 周龄做了第三次免疫后 4 周，这些鸡对 H5 亚型禽流感病毒的 HI 抗体水平还仍然显著低于对照鸡，甚至也显著低于在 8 日龄接种同样剂量 REV 的鸡。这说明了，1 日龄感染 REV 后诱发的免疫抑制至少能维持 4 个月。用 H5N1 高致病性禽流感病毒做人工攻毒试验也证明，1 日龄接种 REV 的鸡，即使在 3 个月内经 2～3 次 H5 亚型禽流感病毒灭活疫苗免疫，在 3 个月内仍有相当比例的鸡死于人工感染（表 4-19 和表 4-20）。

表 4-17 不同日龄 SPF 鸡接种不同剂量 REV 对两次重复免疫 H5 亚型禽流感病毒灭活疫苗后的 HI 抗体滴度的影响（Sun 和 Cui 等，2009）

组别	REV 接种		HI 抗体滴度（$\log_2$）			
	剂量（TCID$_{50}$）	日龄	2 周龄第一次免疫后			8 周龄第 2 次免疫后
			3 周	4 周	5 周	3 周
1	1 000	1	0.20±0.61（30）[a]	0.26±0.86（27）[a]	0.62±1.47（26）[a]	2.09±3.30（11）[a]
2	100	1	1.54±2.16（26）[b]	2.48±2.76（25）[b]	4.09±3.22（23）[b]	5.33±2.35（9）[b]
3	1 000	15	2.43±2.46（30）[b]	3.04±2.98（27）[b]	5.77±2.82（26）[bc]	6.69±2.02（13）[b]
4	对照	/	4.19±1.74（31）[b]	4.60±2.16（30）[c]	6.25±2.05（28）[c]	6.69±1.44（13）[b]

注：表中数字为平均数±标准差（样本数）。数字右上角两个字母不同，表示差异显著（$P<0.05$）。

表 4-18　不同日龄 SPF 鸡接种不同剂量 REV 对三次重复免疫 H5 亚型禽流感病毒灭活疫苗后的 HI 抗体滴度的影响（Sun 和 Cui 等，2009）

组别	REV 接种		HI 抗体滴度（log_2）						
	日龄	剂量（$TCID_{50}$）	2 周龄第一次免疫后			7 周龄第二次免疫后		12 周龄第三次免疫后	
			3 周	4 周	5 周	3 周	5 周	3 周	4 周
1	1	1 000	0.21±0.56(29)^{a}	0.10±0.31(29)^{a}	0.13±0.43(31)^{a}	2.44±2.75(27)^{a}	4.15±3.18(13)^{a}	3.75±3.28(8)^{a}	4.86±3.21(14)^{a}
2	1	100	0.23±1.06(35)^{a}	0.50±1.76(32)^{a}	0.93±2.20(29)^{a}	3.50±2.73(22)^{b}	4.71±4.06(14)^{a}	6.33±3.62(21)^{b}	5.48±2.99(21)^{a}
3	8	1 000	2.73±3.38(30)^{b}	4.36±3.76(28)^{b}	4.10±3.50(28)^{b}	6.74±3.39(27)^{c}	9.09±1.84(35)^{b}	8.75±1.46(32)^{c}	7.55±1.95(31)^{b}
4	8	100	4.73±3.10(33)^{b}	5.88±3.29(34)^{b}	6.51±2.57(35)^{b}	8.94±2.62(33)^{c}	8.85±2.40(41)^{b}	9.23±1.55(35)^{c}	7.42±1.67(38)^{b}
5	对照	/	7.29±2.10(34)^{c}	8.47±1.54(34)^{c}	8.52±1.48(34)^{c}	9.35±2.66(34)^{c}	9.34±2.32(32)^{b}	9.32±1.25(22)^{c}	8.75±0.87(12)^{b}

注：表中数字为平均数±标准差（样本数）。数字右上角两个字母不同，表示差异显著（$P<0.05$）。

表 4-19　不同日龄 SPF 鸡接种不同剂量 REV 后经 1～2 次 H5 亚型禽流感病毒灭活疫苗免疫后对高致病性禽流感病毒攻毒的保护性免疫力的比较

组别	REV 接种		攻毒后 8d 内的死亡率	
	日龄	剂量（$TCID_{50}$）	2 周龄第一次免疫后 5 周	8 周龄第二次免疫后 3 周
1	1	1 000	11/11^{a}	9/10^{a}
2	1	100	11/12^{ab}	5/9^{a}
3	15	1 000	5/12^{b}	2/13^{b}
4	/	经免疫 SPF 鸡	7/13^{b}	1/13^{b}
5	/	未免疫 SPF 鸡	10/10^{a}	9/10^{a}

注：1. 在 2 周龄和 8 周龄分别用 H5 亚型禽流感病毒灭活疫苗免疫后 5 周和 3 周，每只鸡用 10^6 个鸡 LD_{50} 的 A/chicken/ZW/06（H5N1）株高致病性禽流感病毒肌内接种。

2. 不同组死亡率用 X^2 法做统计学分析。数字右侧有相同字母，表示差异不显著；不同字母，表示差异显著（$P>0.05$）。

表 4-20　不同日龄 SPF 鸡接种不同剂量 REV 后经 2～3 次 H5 亚型禽流感疫苗灭活病毒免疫后对高致病性禽流感病毒攻毒的保护性免疫力的比较（Sun 和 Cui 等，2009）

组别	REV 接种		攻毒后 8d 内的死亡率	
	日龄	剂量（$TCID_{50}$）	7 周龄第二次免疫后 5 周	12 周龄第三次免疫后 4 周
1	1	1 000	2/13	6/15
2	1	100	2/9	6/11
	1	总计	4/22^{a}	12/26^{a}
3	8	1 000	0/14	3/17
4	8	100	0/14	/
	8	总计	0/28^{b}	3/17^{ab}
5	/	经免疫 SPF 鸡	0/14^{b}	1/13^{b}
6	/	未免疫 SPF 鸡	10/10^{c}	8/8^{c}

注：1. 本实验与表 4-19 为同一批实验鸡，在相应周龄随机取其中部分鸡送国家批准的 P3 实验室做攻毒试验。

2. 在 7 周和 12 周龄分别用 H5 亚型禽流感病毒灭活疫苗免疫后 5 周和 4 周，每只鸡用 10^6 个鸡 LD_{50} 的 A/chicken/ZW/06（H5N1）株高致病性禽流感病毒肌内接种。

3. 不同组死亡率用 X^2 法做统计学分析。数字右侧有相同字母，表示差异不显著；不同字母，表示差异显著（$P>0.05$）。

根据我们多年来大量人工接种 SPF 鸡的试验结果推测，相对于其他几种鸡群中常见的免疫抑制性病毒，REV 的免疫抑制作用是最强的。

(四) 淋巴细胞瘤和其他类型细胞肿瘤

1 日龄鸡接种 REV 后，由于严重的免疫抑制，在 3～6 周内就可死于继发性细菌感染，即使不死亡，在 7 周后剖检时也没有发现肿瘤。但我们也保留了一部分耐过的鸡继续饲养观察，在长期观察的 100 多只鸡中，有若干只鸡出现了肿瘤。其中主要是淋巴细胞瘤（彩图 4-5 至彩图 4-44）。

鉴于在过去十多年中，我们还一直没有遇到由 REV 诱发的肿瘤。因此，当我们在研究 REV 对雏鸡的免疫抑制作用试验时，也特别注意观察有无肿瘤发生。在我们用 SPF 鸡或商品代肉鸡（1 000多个样本）所做的人工感染试验中，在通常 6～7 周的观察期内，没有一只鸡死于肿瘤。但是，在随后的继续饲养观察期，3 月龄以后少数死亡鸡出现内脏的肿瘤样病变。有的鸡同时在肝脏、腺胃、胸腺等脏器同时出现肿瘤样增生性病变，有的鸡仅出现在一种或两种脏器（彩图 4-5、彩图 4-14、彩图 4-17、彩图 4-22、彩图 4-23）。病理组织学检查表明，肿瘤组织多是由大小差异很大的多形态性单核样的细胞组成（彩图 4-5 至彩图 4-44）。很可能还是淋巴细胞，但究竟是 T 淋巴细胞还是 B 淋巴细胞，仅根据常规的病理组织学检查还不易判断。在这些肿瘤切片的很多视野中，常常有很多浸润的淋巴样细胞，特别是大淋巴细胞呈现一种致密或浓缩的细胞核，颜色也特别深（彩图 4-8、彩图 4-9、彩图 4-11、彩图 4-16、彩图 4-21、彩图 4-27、彩图 4-37、彩图 4-44）。这与在组织中的肿瘤细胞比其他正常组织细胞更容易发生自溶现象相关。此外，在一些视野中也可看到对称的两个核，即细胞正处在有丝分裂状态（彩图 4-21），这也是组织切片中细胞肿瘤化的一个特点。

四、鸡对 REV 的抵抗力随日龄增长显著增强

虽然 REV 对雏鸡有显著的致病性，从很强的免疫抑制作用到继发细菌性感染致死，到实质性器官的炎性变性坏死，直到肿瘤，但是在 3 周龄以上的鸡，即使人工接种大量病毒，也不容易引发明显的临床症状，甚至连免疫抑制这样的功能性障碍都不明显了。

由于成年鸡在感染 REV 后很快就产生明显的抗体反应，因此，REV 病毒血症只会持续很短的时间，一般不会造成临床明显的病理变化，更不会诱发肿瘤。这也可以解释，为什么我国鸡群中，有时血清 REV 抗体阳性率很高，但这样的鸡群却没有任何临床表现。

在我们对 18～20 周龄的白羽肉用型种鸡接种 REV 后 10d，所有接种鸡呈现血清 REV 抗体阳性，而同舍饲养的鸡却仍为阴性，即使在 80d 后也仍然全部阴性。这说明，在成年鸡感染 REV 后不仅很快产生抗体，而且也很难对同群饲养的鸡造成横向感染（表 4-21）。

表 4-21　18～20 周龄白羽肉用型鸡接种 REV 后的血清抗体反应动态

组　别	REV 注射前	REV 注射后 10d	REV 注射后 80d
注射 REV 组（按鸡号采样）	3/60*	60/60	60/60
同舍饲养未注射组（随机采样）	0/10	0/10	0/20

注：* 这 3 只阳性鸡，测定时 OD 值分别为 0.174、0.205、0.174，仅能勉强判为阳性（该实验中可判为阳性的最低值为 0.165）。

五、母源抗体有效预防雏鸡感染 REV

一些从雏鸡阶段就形成免疫耐受性感染的鸡（见第一节），终生表现持续的病毒血症且不产生抗体，其中少数鸡仍能正常发育到性成熟并产生能正常孵化的受精种蛋。这些鸡可导致垂直传播。还有一些种鸡在开产前后才感染 REV，也可能会有短暂的病毒血症，在此期间也可能发生垂直感染，这种垂直感染是 REV 在鸡群中保持自然感染状态的重要传播途径。

如前面所述，雏鸡人工接种 REV 后能诱发严重的免疫抑制，并可引起相当比例鸡死于继发细菌性感染。然而，我们的实验又证明了，如果雏鸡带有母源抗体，即可有效地保护雏鸡免于 REV 感染。在有母源抗体的雏鸡，即使 1 日龄接种 REV，不仅不产生病毒血症，也不会发生明显的免疫抑制作用（表 4-22）。

试验证明，没有母源抗体的商品代肉鸡在 1 日龄接种 REV 原始毒后，不仅产生持续性的病毒血症，而且严重地干扰和破坏了 CVI988 株马立克氏病疫苗的保护性免疫作用。这些鸡在用 MDV 强毒株攻毒后仍产生持续性的 MDV 病毒血症。但在有 REV 母源抗体的雏鸡，即使在 1 日龄接种 REV 原始毒，CVI988 疫苗免疫鸡仍能有效地抵抗 MDV 强毒的攻击，不仅抗 MDV 抗体水平较高，而且在 MDV 强毒攻毒后不会产生持续性的 MDV 病毒血症（表 4-22）。在有母源抗体的雏鸡，在接种 REV 后，不仅不产生病毒血症，而且随后对 REV 的抗体反应也比没有母源抗体的雏鸡高得多（表 4-23），同样对 MDV 疫苗株 CVI988 接种后的抗体反应也要高得多（表 4-24）。此外，母源抗体还可以保护雏鸡免受人工接种 REV 后诱发的免疫抑制作用［特别是对其他常见病毒灭活疫苗免疫后的抗体反应的抑制，如对 NDV 和 AIV（表 4-25、表 4-26 和表 4-27）］。

表 4-22 有 REV 母源抗体的商品代肉鸡感染 REV 及强毒 MDV 后病毒血症的比较

（庄国庆、崔治中等，2006）

组别	母源抗体或免疫状态		接种病毒		病毒血症（pfu/mL）	
	REV-Ab	CVI988	REV	MDV	REV	MDV
1	+	+	+	+	0±0[a]	0±0[a]
2	−	+	+	+	1 441.7±1 136.0[b]	41.67±33.7[b]
3	+	−	+	接触感染	133.3±326.6[c]	376.8±79.2[c]
4	−	−	+	接触感染	1 808.3±1 413.7[b]	398.33±132.3[c]

注：1 组和 3 组鸡有 REV 母源抗体，2 组和 4 组没有 REV 母源抗体。1 组和 2 组鸡在 1 日龄均接种了抗 MDV 的 CVI988 疫苗，3 组和 4 组未接种 CVI988 疫苗。所有肉鸡在 2 日龄接种 REV 低代毒，并模仿自然状态将所有 4 组鸡饲养在同一房间。1 组和 2 组在 8 日龄接种强毒 MDV，3 组和 4 组通过横向感染 MDV。在第 5 周龄时检测对两种病毒的病毒血症。同一列中肩注有相同小写字母者，表示差异不显著（$P>0.05$）；不同大写字母者，差异显著（$P<0.01$）。病毒血症用平均值±标准差表示，每组为 6 只鸡的平均数。

表 4-23 母源抗体对 REV 和 MDV 共感染鸡的 REV 特异性抗体反应的影响（$n=6$）

（庄国庆，崔治中等，2006）

组别	母源抗体或免疫状态		接种病毒		REV 抗体滴度（$\log_{10}$）
	REV-Ab	CVI988	REV	MDV	
1	+	+	+	+	4.5±1.4[b]
2	−	+	+	+	1.8±0.8[a]

（续）

组别	母源抗体或免疫状态		接种病毒		REV 抗体滴度（log_{10}）
	REV-Ab	CVI988	REV	MDV	
3	+	−	+	接触感染	3.3±1.2[a]
4	−	−	+	接触感染	1.8±1.5[a]
5	+	−	+	+	4.2±1.2[b]
6	−	−	+	+	1.7±1.9[a]
7	+	+	+	接触感染	5.7±0.8[b]
8	−	+	+	接触感染	3.3±0.8[a]

注：同表 4-22，5～8 组是类似于 1～4 组的不同组合。在 5 周龄时通过 IFA 检测对 REV 抗体滴度。

表 4-24　母源抗体对 REV 和 MDV 共感染鸡的 MDV 特异性抗体反应的影响（$n=6$）

（庄国庆，崔治中等，2006）

组别	免疫状态		接种病毒		MDV 抗体滴度（log_{10}）
	REV-Ab	CVI988	REV	MDV	
1	+	+	+	+	3.8±0.8[b]
2	−	+	+	+	1.8±1.0[a]
3	+	−	+	接触感染	1.5±0.6[a]
4	−	−	+	接触感染	1.0±0.6[a]
5	+	−	+	+	1.8±0.8[a]
6	−	−	+	+	1.5±1.1[a]
7	+	+	+	接触感染	4.2±1.0[b]
8	−	+	+	接触感染	2.3±1.6[a]

注：同表 4-23。

试验证明，没有母源抗体的商品代肉鸡在 1 日龄接种 REV 原始毒，不仅生长迟缓，而且对鸡新城疫、禽流感灭活疫苗（H9、H5）免疫后的抗体反应显著下降。但在有 REV 母源抗体的雏鸡，用同样 REV 攻毒后，生长速度及对多种疫苗免疫后的抗体反应均显著高于没有母源抗体的雏鸡，而与未经 REV 感染的对照鸡无显著差异（表 4-25 至表 4-27）。

表 4-25　REV 接种鸡母源抗体对 NDV 疫苗免疫后抗体滴度的影响

（孙淑红、崔治中等，2006）

母源抗体	灭活苗免疫后 3 周		灭活苗免疫后 4 周	
	对照鸡	REV 感染鸡	对照鸡	REV 感染鸡
+	5.22±1.20（9）[Aa]	3.88±1.62（24）[Ba]	4.50±1.85（8）[Aa]	3.36±2.04（22）[Ba]
−	4.08±1.85（13）[Aa]	2.76±1.90（25）[Bb]	4.40±2.17（10）[Aa]	1.58±1.69（24）[Bb]

注：表中数字为平均数±标准差（样本数）。同一横栏差异显著性比较用大写字母表示，同一竖栏差异显著性比较用小写字母表示。同一字母表示差异不显著（$P>0.05$），不同字母表示差异显著（$P<0.05$），两个不同字母表示差异极显著（$P<0.01$）。下同。

表 4-26 REV 接种鸡母源抗体对 H9 亚型禽流感病毒疫苗免疫后抗体滴度的影响

（孙淑红、崔治中等，2006）

母源抗体	免疫后 3 周		免疫后 4 周	
	对照	REV	对照	REV
+	4.56±1.59 (9)[Aa]	4.00±3.12 (24)[Aa]	6.62±1.85 (8)[Aa]	6.27±3.87 (22)[Aa]
−	2.92±2.29 (13)[AAa]	0.76±1.01 (25)[BBbb]	6.20±3.55 (10)[Aa]	0.71±1.60 (24)[Bb]

注：同表 4-25。

表 4-27 REV 接种鸡母源抗体对 H5 亚型禽流感病毒疫苗免疫后抗体滴度的影响

（孙淑红、崔治中等，2006）

母源抗体	免疫后 3 周		免疫后 4 周	
	对照	REV	对照	REV
+	3.11±2.5 (9)[Aa]	3.79±2.9 (24)[Aaa]	7.00±2.5 (8)[Aa]	6.72±3.9 (22)[Aaa]
−	1.83±2.8 (12)[Aa]	0.28±1.2 (25)[Bab]	7.10±2.8 (10)[Aa]	0.54±1.4 (24)[Bb]

注：同表 4-25。

六、我国鸡群中 REV 感染与发病相关性分析

总的来说，REV 对鸡群是一种温和病毒。除了可在雏鸡诱发严重的免疫抑制外，在3周龄以上的鸡，即使人工接种 REV，也不会诱发明显的临床表现和致病作用。虽然在我国鸡群中 REV 感染很常见，但还没有发现致病作用特别强的毒株。另一方面，REV 感染的几个流行病学特点，使 REV 在鸡群中保持着较低水平的自然感染状态，即：垂直感染、部分垂直感染鸡可产生免疫耐受性感染状态、免疫功能成熟（约3周龄）的鸡很容易产生对 REV 的抗体反应并长期维持，母源抗体可保护雏鸡免于感染。多年来，我国鸡群中每次严重的 REV 感染及相关的高死淘率，几乎都与在雏鸡期间使用了被 REV 污染的其他疫苗所致，特别是马立克氏病疫苗和禽痘疫苗。但是，即使一个鸡场及一个地区内大批鸡群使用了污染的疫苗而导致感染 REV，REV 的感染状态也会逐年下降，并在2～3年内几乎恢复到原有低感染率状态。

第四节　我国鸡群中禽网状内皮增生病病毒的变异性

在过去十多年中，我们已从我国呈现不同病理表现的鸡群中分离到 30 多株禽网状内皮增生病病毒。对这些代表株的致病性和基因组的分析，表明我国鸡群中的 REV 的基因组和生物学特性都是比较稳定的，这与禽白血病病毒（ALV）不同。而且与国外的分离株和其他鸟类的分离株也没有太大差异。

一、我国鸡群 REV 分离株基因组比较

（一）囊膜蛋白基因比较

相对于同属反转录病毒的 ALV 囊膜蛋白基因（env）的多变性（见第二章），REV 的囊膜蛋白基因比较稳定。将我们在 1999—2008 年从我国鸡群或污染的疫苗中分离到的 16 株

表 4-28　REV 的中国分离株与不同来源的其他参考株囊膜蛋白氨基酸序列同源性比较（%）

同源性百分比（右上）；差异性程度（左下）

1	2	3	4	5	6	7	8	9	10	11	12	13	14	15	16	11	18	19	20	21	22	23		
	95.2	99.1	99.8	99.8	96.1	97.3	96.1	95.6	94.5	95.9	99.3	98.8	98.6	99.3	94.6	94.9	98.6	99.8	98.7	99.7	99.3	99.7	1	FA. pro
4.9		94.4	95.1	95.1	92.7	93.5	92.5	92.0	99.3	92.3	94.6	94.4	93.9	94.6	99.3	99.7	93.9	95.1	94.5	94.9	94.6	94.9	2	SNV. pro
0.9	5.8		99.0	99.0	95.2	96.4	95.2	94.7	93.7	95.1	98.5	98.0	97.8	98.8	93.7	94.0	98.0	99.0	98.4	98.8	98.5	98.8	3	CSV. pro
0.2	5.1	1.0		100.0	95.9	97.1	95.9	95.4	94.3	95.7	99.5	99.0	98.8	99.5	94.6	94.7	98.8	100.0	99.0	99.8	99.5	99.8	4	3337-05. pro
0.2	5.1	1.0	0.0		95.9	97.1	95.9	95.4	94.3	95.7	99.5	99.0	98.8	99.5	94.5	94.7	98.8	100.0	99.0	99.8	99.5	99.8	5	3410-06. pro
4.0	7.7	4.9	4.2	4.2		97.6	99.7	99.1	91.9	99.5	95.4	95.2	94.7	95.4	92.0	92.3	94.7	95.9	96.8	95.7	95.4	95.7	6	Am9606. pro
2.8	6.8	3.7	3.0	3.0	2.4		97.6	97.1	92.8	97.4	96.6	96.4	95.9	96.6	92.8	93.2	95.9	97.1	96.8	96.9	96.6	96.9	7	REV-A. pro
4.0	7.9	4.9	4.2	4.2	0.3	2.4		99.1	91.8	99.5	95.4	95.2	94.7	95.4	91.8	92.2	94.7	95.9	96.8	95.7	95.4	95.7	8	HA9901. pro
4.6	8.5	5.5	4.8	4.8	0.9	3.0	0.9		91.2	99.0	94.9	94.7	94.2	94.9	91.3	91.6	94.2	95.4	96.1	95.2	94.9	95.2	9	SD9901. pro
5.7	0.7	6.6	5.9	5.9	8.6	7.6	8.8	9.3		91.6	93.8	93.7	93.2	93.8	98.6	99.0	93.2	94.3	94.4	94.2	93.8	94.2	10	HA-pA3env. pro
4.2	8.1	5.1	4.4	4.4	0.5	2.6	0.5	1.0	8.9		95.2	95.1	94.5	95.2	91.6	92.0	94.5	95.7	96.8	95.6	95.2	95.6	11	SD0303. pro
0.7	5.7	1.5	0.5	0.5	4.8	3.5	4.8	5.3	6.4	4.9		98.5	98.3	99.0	94.0	94.2	98.3	99.5	99.0	99.3	99.0	99.3	12	RZ0406. pro
1.2	5.8	2.1	1.0	1.0	4.9	3.7	4.9	5.5	6.6	5.1	1.5		97.8	98.5	93.9	94.0	97.8	99.0	97.7	98.8	98.5	98.8	13	XT0013. pro
1.4	6.4	2.2	1.2	1.2	5.5	4.2	5.5	6.0	7.2	5.7	1.7	2.2		98.3	93.4	93.5	98.6	98.8	97.7	98.6	98.3	98.6	14	JN0001. pro
0.7	5.7	1.2	0.5	0.5	4.8	3.5	4.8	5.3	6.4	4.9	1.0	1.5	1.7		94.0	94.2	98.3	99.5	98.7	99.3	99.0	99.3	15	GD0203. pro
5.7	0.7	6.6	5.7	5.7	8.5	7.5	8.7	9.3	1.4	8.9	6.2	6.4	7.0	6.2		99.0	93.4	94.5	94.5	94.4	94.0	94.4	16	GD0510A. pro
5.3	0.3	6.2	5.5	5.5	8.1	7.2	8.3	8.9	1.0	8.5	6.0	6.2	6.8	6.0	1.0		93.5	94.7	93.8	94.6	94.2	94.6	17	GD06LG1. pro
1.4	6.4	2.1	1.2	1.2	5.5	4.2	5.5	6.0	7.2	5.7	1.7	2.2	1.4	1.7	7.0	6.8		98.8	98.7	98.6	98.3	98.6	18	fV5. pro
0.2	5.1	1.0	0.0	0.0	4.2	3.0	4.2	4.8	5.9	4.4	0.5	1.0	1.2	0.5	5.7	5.5	1.2		99.0	99.8	99.5	99.8	19	FPV-LY. pro
1.3	5.7	1.6	1.0	1.0	3.3	3.3	3.3	4.0	5.8	3.3	1.0	2.3	2.3	1.3	5.7	6.4	1.3	1.0		99.4	99.7	99.4	20	vac-NJ970. seq. pro
0.3	5.3	1.2	0.2	0.2	4.4	3.1	4.4	4.9	6.1	4.6	0.7	1.2	1.4	0.7	5.8	5.7	1.4	0.2	13.7		99.7	100.0	21	vac-nj-env，pro
0.7	5.7	1.6	0.5	0.5	4.8	3.5	4.8	5.3	6.4	4.9	1.0	1.5	1.7	1.0	6.2	6.0	1.7	0.5	0.3	0.3		99.7	22	vac-nj-env-bo. pro
0.3	5.3	1.2	0.2	0.2	4.4	3.1	4.4	4.9	6.1	4.6	0.7	1.2	1.4	0.7	5.8	5.7	1.4	0.2	0.7	0.0	0.3		23	vac-nj-sh. pro

注：表中第 10～23 号，均为我们实验室分离的 REV 毒株，其中，第 19 号的 FPV-LY 株病毒是禽痘病毒野毒携带的 REV，第 20～23 号是从我国市场上的疫苗中分离到的 REV。第 1 号 FA 株是美国从痘病毒分离到的，第 2 号 SNV、第 3 号 CSV 和第 6 号 Am9606、第 7 号 REV－A 分别是美国从鸭、鸡、火鸡分离到的 REV。第 4 和 5 号是从我国台湾的鹅体内分离到的 REV。

REV 的 env 基因序列比较表明，所有经比较的 REV 的中国分离株的 env 基因的同源性都在 91.2%以上（表 4-28），它们之间的系谱关系见图 4-7。进一步对 23 株不同来源的 REV 的囊膜蛋白氨基酸序列比较表明，REV 所有毒株都相对比较保守，同源性为 89.9%～100%。这些毒株中大多数是从鸡分离到的，也有从鸭和鹅分离到的，还有从禽痘病毒或疫苗中分离到的。其中既有从我国的台湾分离到的，也有从美国分离到的。毒株的同源性关系与来源禽的种类无关，表明 REV 很容易在不同种的禽类中相传递。REV env 蛋白的同源性与地域无关，说明 REV 已随种鸡苗鸡的全球流通，已在多个国家发生了交流。REV env 蛋白的同源性与分离年份也无密切关系，说明 REV 比较保守，不容易发生变异。

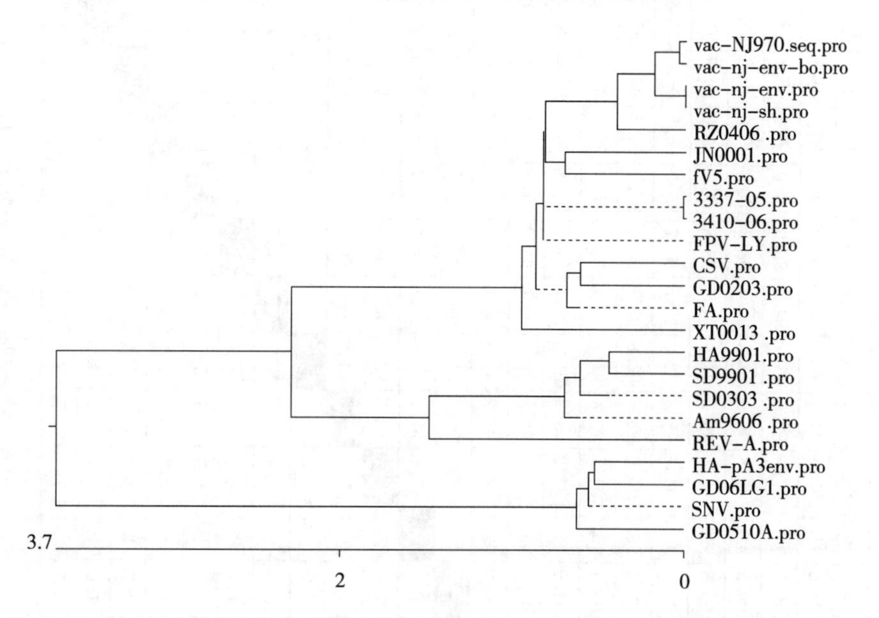

图 4-7 REV 的中国分离株与不同来源的其他参考株之间囊膜蛋白基因的系谱关系树

(二) REV 的基因组长末端重复序列 (LTR) 比较

在 REV 基因组的两端，分别有末端重复序列（LTR），称为 3′-LTR 和 5′-LTR。表 4-29 和表 4-30 分别比较了 3 个不同来源的中国株 REV 的 3′-LTR 及 5′-LTR 的同源性及它们之间的系谱关系（图 4-8 和图 4-9）。对不同感染鸡只来源的 LTR 片段的比较也表明，REV 的 LTR 片段的同源性也很高。但从禽痘病毒的 FA 及 FPV-LY 株分离到 REV 株的 3′-LTR 与自然感染禽的 REV 株有较大差异，这是与来自痘病毒的 REV 的 3′-LTR 较短有关。

表 4-29 REV 的中国分离株与不同来源的其他参考株之间 3′-LTR 同源性比较（%）

同源性百分比（右上）；差异性程度（左下）

1	2	3	4	5	6	7	8		
	92.3	62.6	94.2	94.2	94.2	81.1	93.9	1	1SNV-3′LTR. seq
8.2		64.6	97.1	97.1	97.1	85.9	96.7	2	2HA9901-3′LTR. seq
52.3	48.2		68.0	64.0	68.0	100.0	67.7	3	3USFA-3′LTR. seq
6.0	2.9	41.9		85.6	100.0	92.7	98.7	4	APC-566-3′LTR. seq
6.0	2.9	49.2	15.9		85.6	67.0	95.7	5	GEESE-GENONE3′LTR. seq
6.0	2.9	41.9	0.0	15.9		92.7	98.7	6	GEESE-GENONE23′LTR. seq
22.1	15.8	0.0	7.7	43.5	7.8		86.9	7	REV-FPV-LY3′LTR. seq
6.4	3.4	42.3	1.3	4.4	1.3	14.4		8	GX-insert-REV-LTR1. seq

表 4-30　REV 的中国分离株与不同来源的其他参考株之间 5′-LTR 同源性比较（%）

同源性百分比（右上）；差异性程度（左下）

1	2	3	4	5	6	7		
■	87.7	86.0	88.2	90.1	90.5	88.4	1	1SNV-5′LTR. seq
13.4	■	97.7	97.9	97.3	97.9	97.9	2	2HA9901-5′LTR. seq
15.5	2.4	■	96.5	99.2	99.8	96.5	3	3USFA-5′LTR. seq
12.9	2.1	3.6	■	99.5	99.8	99.8	4	APC-566-5′LTR. seq
10.6	2.8	0.8	0.5	■	99.4	99.4	5	FPV-LY-5′LTR. seq
10.2	2.2	0.2	0.2	0.6	■	100.0	6	GEESE-GENONE5′LTR. seq
12.7	2.2	3.6	0.2	0.6	0.0	■	7	GEESE-GENONE25′LTR. seq

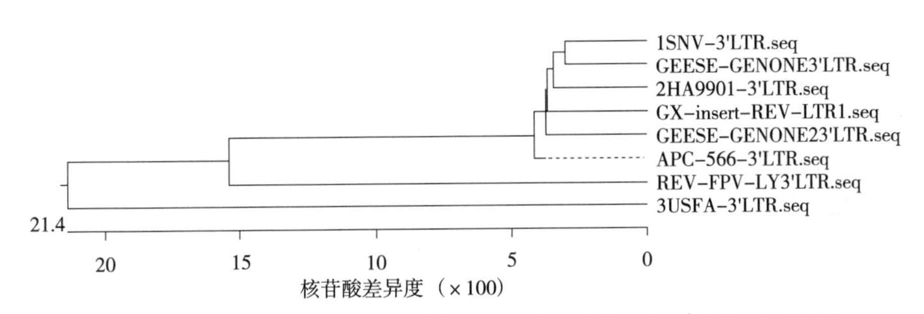

图 4-8　REV 的中国分离株与不同来源的其他参考株之间 3′-LTR 的系谱树

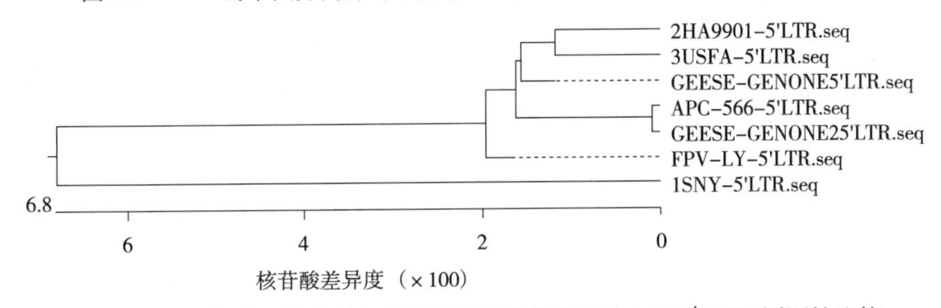

图 4-9　REV 的中国分离株与不同来源的其他参考株之间 5′-LTR 同源性比较

(三) 中国鸡群 REV 分离株与鸭群 REV 的 env 基因序列比较

虽然现在还没有从我国鸭群分离到 REV，但以 REV 的特异性引物对鸭脾脏提取的基因组 DNA 作 PCR 扩增了囊膜蛋白基因（env），对其序列比较表明，中国的鸡群 REV 分离株鸭群 REV 的 env 基因的同源性很高（图 4-3）。

(四) 选择压对 REV 的 env 基因变异的影响

如同第二章中研究免疫选择压对 ALV 的 env 基因变异的影响，我们利用基因碱基突变中非同义性突变（nonsynonymous，即造成氨基酸变异的碱基突变）和同义突变（synonymous，即不发生氨基酸变异的碱基突变）（NS/S）的比值法，对 1999—2004 年连续 6 年间在我国分离的 7 株 REV 与 5 个国外分离株（包括 A 株与经典 SNV 株）env 基因氨基酸序列的变异进行比较，以初步确定宿主免疫选择压或诸如宿主亲嗜性等选择压是否已经对其发挥作用及其可能的作用位点，结果见表 4-31 和图 4-10。图 4-10 仅显示了 REV 的 env

蛋白最易变异的氨基酸的前110个氨基酸。如表4-31可见，NS/S值最高达7.5的是在#8～70氨基酸位点，这是REV env蛋白的高变区，可能与免疫选择压或宿主选择压的作用相关。图4-10中SNV、fv5、Am9606、FA和A等5株为美国参考株，其余7株为中国分离株。从图4-10可看出，这一高变区的变异与毒株来源的地域差异关系不密切，这一结果与表4-31的结果非常类似。这再次表明，由于REV的垂直传播性和我国20多年来从世界各地引进大量种用雏鸡使世界各地的REV进入我国鸡群，导致了我国REV分离株与其他国家分离株之间无地域差异。

表4-31　12株REV的env基因不同氨基酸区碱基突变的NS/S比分析

位　点	碱基变异数		
	非同义突变（N）	同义突变（S）	NS/S比值
env全基因	169	109	1.04
gp90	138	84	1.64
#8～85氨基酸位点	52	17	3.1
#8～70氨基酸位点	45	6	7.5
#10～175氨基酸位点	42	12	3.5
#245～318氨基酸位点	30	13	2.3
gp20	31	25	1.2
#400～426氨基酸位点	9	2	4.5
#508～553氨基酸位点	18	4	4.5

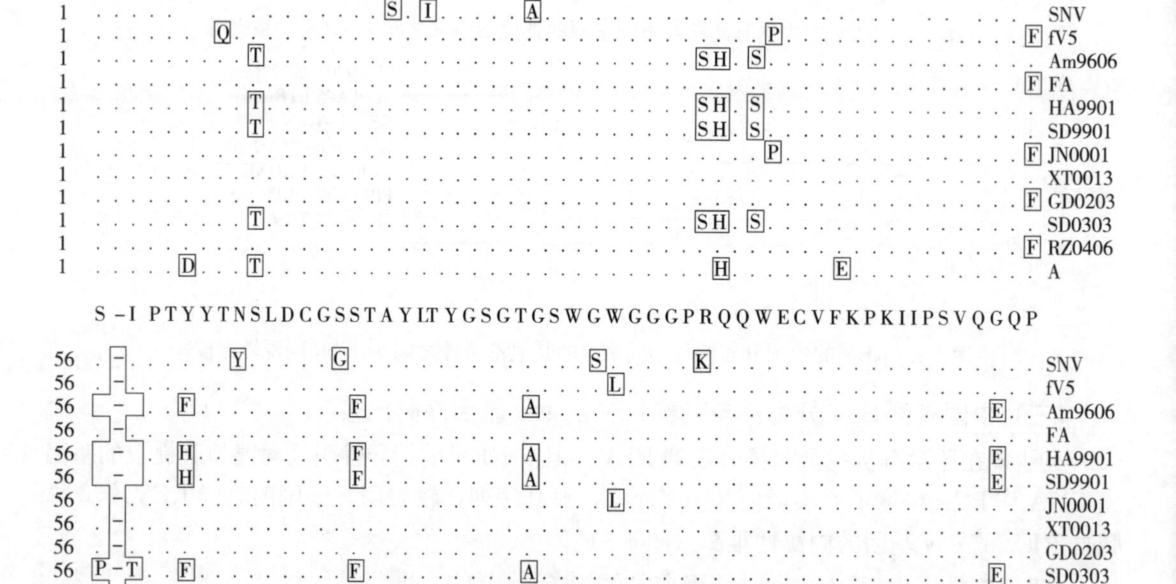

图4-10　比较12株REV的囊膜蛋白的高裂区中的易变氨基酸位点

二、REV中国鸡源代表株与其他来源参考株的致病性比较

我们分别比较了从我国鸡群分离到的两个REV毒株HA9901和SD9901的致病性。这两株REV是2009年从江苏和山东两个表现为免疫抑制的5周龄左右白羽肉鸡父母代种鸡群

分离到的。这两个鸡群从3周龄起就表现为鸡群生长迟缓，特别是个体大小差异很大，鸡群普遍食欲下降、精神不振。新城疫病毒疫苗免疫后抗体滴度很低且个体差异大。血清抗体检测有的鸡完全没有抗体反应。随后开始陆续死亡。剖检后，发现病鸡不同程度的心包炎、肝周炎、气囊炎，多数死亡鸡胸腺和法氏囊萎缩。取多数鸡的脾脏病料接种细胞后分离到REV，同时还能检测出鸡传染性贫血病毒的核酸。

根据对SPF雏鸡的致病性特别是免疫抑制性的比较表明，REV的中国鸡源毒HA9901株和SD9901株与美国从鸡和鸭分离到的代表株CSV和SNV无显著差别，都能诱发显著的免疫抑制作用，表现为诱发中枢免疫性器官胸腺和法氏囊的萎缩，以及显著抑制对其他病毒灭活疫苗(如鸡新城疫病毒)免疫后的抗体反应(表4-32)。进一步的实验还表明，即使只用400个$TCID_{50}$的HA9901株REV接种1日龄SPF鸡，也能诱发显著的免疫抑制，包括诱发胸腺和法氏囊萎缩，以及在用新城疫病毒和H9亚型禽流感病毒灭活苗免疫后对抗体反应的抑制作用(见第五章表5-13、图5-1、彩图5-2)。

REV不同毒株对鸡的免疫抑制作用比较如前所述，REV对雏鸡的致病性主要表现为生长迟缓、免疫抑制作用等。虽然REV也可以诱发肿瘤，但肿瘤发生率很低。因此，为了比较不同毒株对雏鸡的致病性，只能比较它们对雏鸡的免疫抑制作用程度。

我们比较了6株REV，其中3株是20世纪80年代从国外引进的，其余毒株都是我们在不同年份从我国鸡群中分离到的。实验结果表明，所有这些毒株在接种1日龄SPF鸡后都能诱发显著的免疫抑制作用。不论接种哪一株REV，接种鸡经新城疫病毒灭活疫苗免疫后的抗体滴度都比对照鸡低得多(表4-32)。它们之间在程度上也有差别，但由于鸡的个体差异很大，不同毒株REV诱发免疫抑制的程度在统计学上差异不显著。

表4-32　REV不同毒株感染1日龄SPF鸡对疫苗免疫的免疫抑制作用比较

毒　株	鸡新城疫疫苗免疫后不同时间HI抗体滴度(log_2)		
	3周	4周	5周
HA9901	1.6±3.1(19)[a]	2.8±3.8(19)[a]	3.4±4.5(19)[a]
SD9901	1.0±2.9(18)[a]	2.5±3.7(18)[a]	3.3±4.0(17)[a]
CSV	1.7±3.1(13)[a]	3.8±3.4(13)[a]	4.5±4.1(13)[a]
REV - FPV05F1	0.1±0.5(14)[a]	1.5±2.1(11)[a]	2.3±3.2(10)[a]
SNV-ori	2.5±4.0(11)[a]	2.5±3.9(15[a]	2.7±4.1(14)[a]
REV-C99-p3	1.0±2.7(22)[a]	1.6±3.6(15)[a]	1.6±3.8(15)[a]
control	7.8±1.9(25)[b]	9.8±1.4(25)[b]	10.3±1.2(25)[b]

注：表中数字为平均数±标准差(样本数)。数子右上角两个字母不同；表示差异显著($P<0.05$)。

第五节　鸡源REV中国代表株HA9901的全基因组分析

一、HA9901株前病毒cDNA基因组序列及其结果

如前所述，HA9901是1999年从江苏海安一个表现为生长迟缓和免疫抑制的40日龄白羽肉鸡父母代鸡群分离到，并且对它的致病性作了一些比较研究。作为我国REV的一个代表株，我们对它的前病毒cDNA基因组作了测序。

我们以感染细胞的基因组DNA为模板，设计了6对引物作PCR扩增，以获得相互覆盖的

6个片段。对6个PCR片段克隆的测序结果进行剪辑和拼接，所完成的HA9901前病毒cDNA全基因组的核苷酸序列表明，整合进感染细胞的全基因组序列全长8 295 bp（GenBank accession No. AY842951）。经与已发表REV相应序列中不同基因的比较，其3个主要ORF编码的基因序列的核苷酸起止位点和长度分别为：gag相当于碱基位941～2 443，长1 503bp；pol相当于碱基位2 567～6 025，长3 459bp；env相当于碱基位5 967～7 716，长1 755bp。LTR全长550bp，其中U3相当于碱基位1～368和7 746～8 113，长368bp；R相当于碱基位369～448和8 114～8 193，长80bp；U5相当于碱基位449～550和8 194～8 295，长102bp。在5′LTR与gag接口处启动全基因组RNA转录的RNA聚合酶结合位点PBS leader序列为碱基位551～940，长390bp。以上各结构片段的具体核苷酸序列见图4-11。

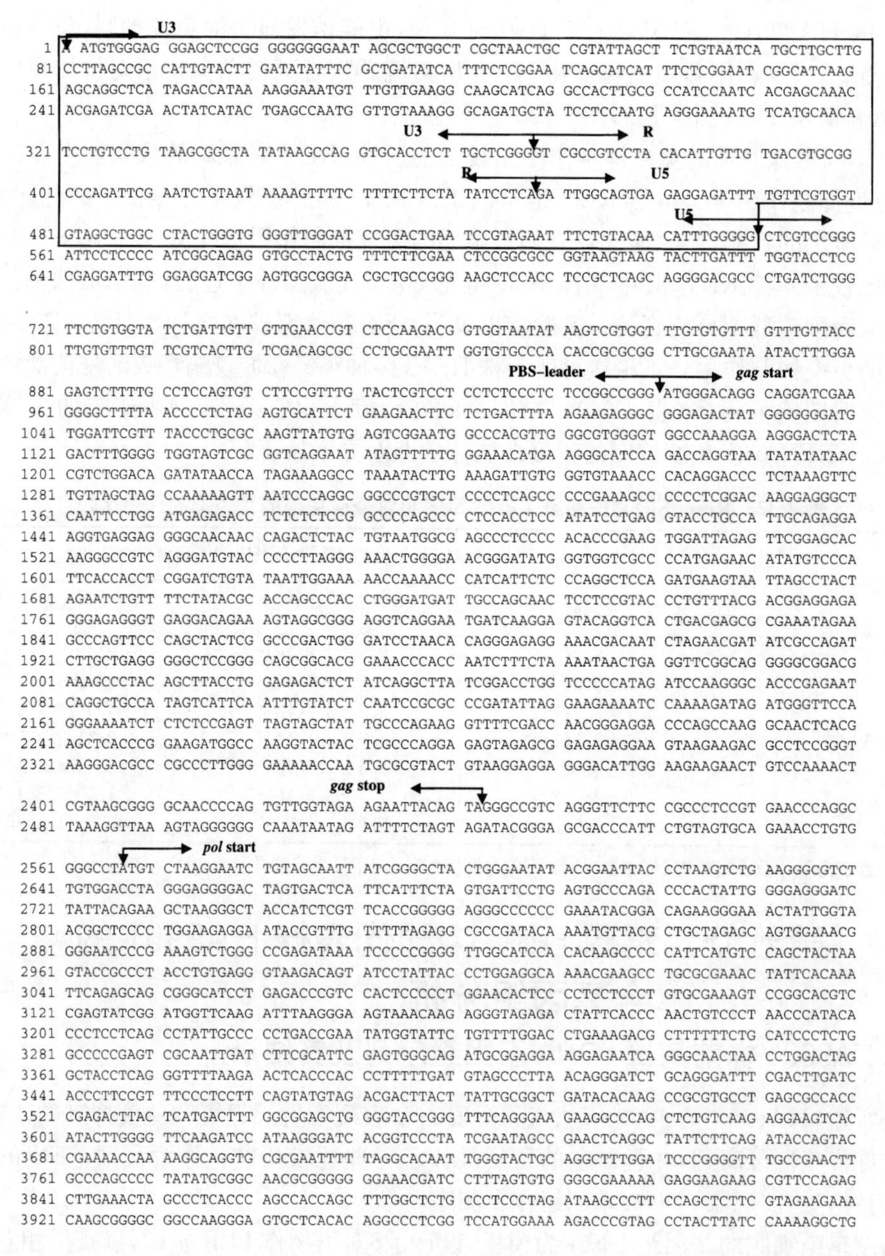

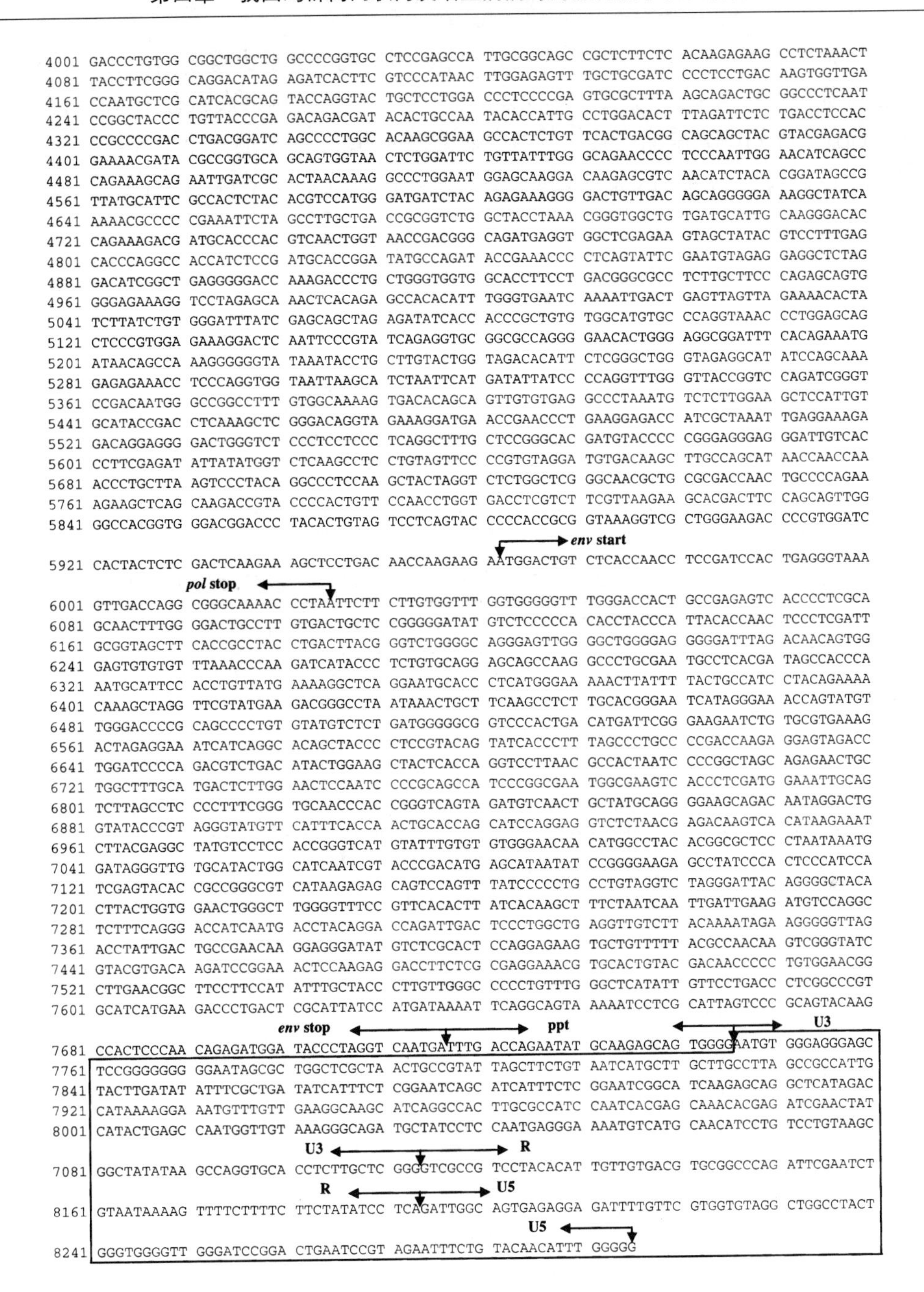

图 4-11　鸡源 REV 中国代表株 HA9901 前病毒全基因组 cDNA 的核苷酸序列

注：两端方框内的 550bp 表示相同的 5′LTR 和 3′LTR 序列。箭头标识各段序列的起止位点。ppt 是聚嘌呤通道。

二、HA9901 株与其他株 REV 的各段基因同源性比较

比较表明，在核苷酸水平，虽然 REV 的不同毒株之间在基因组上 5 个主要基因或基因片段上都有差别，但在比较的 3 个美国参考株中，HA9901 更接近 FA 株。不同基因的变异程度不大，但其中以 LTR 和 env 基因的变异最大（表 4-33）。但在氨基酸水平，这种变异就显得更

大一点。在囊膜蛋白 env 上的变异要比 gag 和 pol 蛋白的变异要大得多(表 4-34)。显然,env 蛋白是更容易发生变异的一个基因产物,这显然与该蛋白位于病毒表面有关,在对宿主的适应性及免疫选择压作用的关系上比其他基因产物更为密切。

表 4-33 HA9901 与 REV 的 3 个美国参考株主要基因或片段核苷酸序列大小及同源性

基因或片段	REV 美国参考毒株		
	REV-A	SNV	FA
LTR	97.3%(545bp)	93.3%(633bp)	96.7%(519bp)
U3	97.5%(365bp)	92.7%(449bp)	97.6%(340bp)
3′PBS leader	—	94.6%(400bp)	98.0%(390bp)
gag	—	95.5%(1 500bp)	98.2%(1 500bp)
3′pol*	97.6%(1 413bp)	94.7%(1 413bp)	97.9%(1 413bp)
pol	—	95.3(3 459bp)	98.3%(3 459bp)
env	97.4%(1 749bp)	94.5%(1 761bp)	97.7%(1 761bp)

注:—表示此项未作比较;* 表示 pol 基因 3′端部分(计1 413bp)核苷酸序列。

表 4-34 HA9901 与 REV 3 个美国参考株主要基因氨基酸序列大小及同源性

基因或片段	REV 美国参考毒株		
	REV-A	SNV	FA
gag	—	96.2(499aa)	98.0(499aa)
3′pol*	89.0(471aa)	95.6(471aa)	98.1(471aa)
pol	—	96.6(1152aa)	98.4(1152aa)
env	80.2(583aa)	92.3(586aa)	95.9(586aa)

注:—表示此项未作比较;* 表示 pol 基因 3′端部分(计 471aa)氨基酸序列。

第五章

中国鸡群中三种肿瘤性病毒的共感染及其相互作用

在过去十多年中，在我国鸡群中，不仅禽白血病病毒（ALV）、鸡马立克氏病病毒（MDV）及禽网状内皮增生病病毒（REV）感染普遍存在，而且这三种病毒常常两种或三种同时感染同一个鸡群甚至同一只鸡。本章在总结它们之间不同组合共感染的流行病学特点的同时，也总结概括了我们对这些病毒共感染时的相互作用的研究结果。

第一节　我国鸡群中不同肿瘤性病毒共感染的流行病学调查

一、MDV 与 REV 的共感染

早在十年前我们就已发现，在从疑似马立克氏病病鸡血液中分离 MDV 时，对细胞培养看到 MDV 特有蚀斑的同时，如果用 REV 特异性单克隆抗体做间接免疫荧光抗体反应，有相当高比例的分离物中还能同时检测到 REV 感染。从表 5-1 可见，在 2001—2003 年从我国 6 个省份分离到的 19 个 MDV 野毒株中，有 7 个存在着 REV 的共感染。我们推测，这与相应鸡群有 REV 感染导致免疫抑制，从而引起马立克氏病疫苗免疫失败相关，还不能排除与相应鸡群应用了被 REV 污染的马立克氏病疫苗后导致免疫失败相关。总而言之，REV 诱发的免疫抑制促使鸡群更易发生马立克氏病，而应用了 REV 污染的疫苗也大大增加了鸡群中 REV 和 MDV 共感染的概率。

表 5-1　2001—2003 年 MDV 的中国分离株中 REV 的共感染

MDV 分离株	用 MDV 单抗做 IFA		用 REV 单抗做 IFA	
	BA4	H19	11B118	11B154
HB0201	+	+	−	−
HB0202	+	+	−	−
HB0203	+	+	−	−
HB0204	+	+	−	−
GD0202	+	+	−	−
GD0203	+	+	+	+
GX0101	+	+	−	−
GX0102	+	+	+	+
GX0103	+	+	−	−
BJ0201	+	+	+	+
BJ0202	+	+	+	+
NH0201	+	+	−	−
HN0202	+	+	−	−
HN0301	+	+	−	−

（续）

MDV 分离株	用 MDV 单抗做 IFA		用 REV 单抗做 IFA	
	BA4	H19	11B118	11B154
HN0302	+	+	−	−
HN0303	+	+	−	−
SD0301	+	+	+	+
SD0302	+	+	+	+
SD0303	+	+	+	+
vGA	+	+	−	−
CV1988	+	−	−	−
REV-SD9901	−	−	+	+
CEF	−	−	−	−

注：1. 单克隆抗体 BA4 为Ⅰ型 MDV-gB 特异性，单抗 H19 识别所有已检测的Ⅰ型 MDV，但不与疫苗毒 CVI988 株反应；单抗 11B118 和 11B154 可识别所有 REV 株。

2. vGA 为美国的强毒 MDV 参考株。

二、ALV 与 REV 的共感染

从 1999 年以来，我们先后从全国各地的白羽肉用型鸡、蛋用型鸡、黄羽肉鸡及地方品种鸡分离到近百株 ALV，甚至在从相当高比例的分离物中分离鉴定出 J 亚群的同时，还能用 REV 特异性抗体作间接免疫荧光反应(IFA)检测出 REV 感染（表 5-2）。在流行病学上更要值得注意的是，从表现有典型 J 亚群白血病病理变化的种鸡群收集的种蛋中，也同时分离鉴定到 ALV-J 和 REV（表 5-3）。这一现象说明，一部分同时感染了 ALV-J 和 REV 的种鸡，可以发育到性成熟，并能正常产蛋。由这些种蛋孵出的雏鸡就会同时有 ALV-J 和 REV 先天性共感染，即垂直感染。这些雏鸡不论今后能否长期存活，至少在从孵化厅运输到饲养场这 1～2d 内，在拥挤的运输箱内，可导致相当比例的同一箱内的雏鸡发生横向感染。

表 5-2　具有不同临床病理变化的病鸡中 ALV-J 和 REV 的感染和共感染

年份	省区	鸡的类型	周龄	肉眼病变	仅 ALV-J	仅 REV	ALV-J 和 REV
1999	江苏	白羽肉种鸡	6	生长迟缓	0/4	2/4[A]	0/4
1999	山东	白羽肉种鸡	6	生长迟缓	0/4	4/4[C]	0/4
1999	江苏	商品肉鸡	7	髓细胞样细胞瘤	2/2	0/2	0/2
1999	山东	白羽肉种鸡	40	髓细胞样细胞瘤	1/2	0/2	1/2
2000	山东	白羽肉种鸡	27	髓细胞样细胞瘤	1/3	0/3	2/3
2000	海南	白羽肉种鸡	26	髓细胞样细胞瘤	0/1	0/1	1/1
2001	山东	白羽肉种鸡	55	髓细胞样细胞瘤	1/2	0/2	1/2
2001	宁夏	白羽肉种鸡	20	髓细胞样细胞瘤	1/1	0/1	0/1
2001	山东	商品肉鸡	6	髓细胞样细胞瘤	1/1	0/1	0/1
2002	山东	白羽肉种鸡	30	髓细胞样细胞瘤	1/1	0/1	0/1
2004	山东	白羽肉种鸡	25	髓细胞样细胞瘤	2/2	0/2	0/2
2005	山东	白羽肉种鸡	30	髓细胞样细胞瘤	1/1	0/1	0/1
2005	广东	三黄鸡	25	髓细胞样细胞瘤	3/4	0/4	0/4
2005	广东	三黄鸡	27	髓细胞样细胞瘤	3/4	0/4	1/4
2007	山东	海兰褐蛋鸡	35	髓细胞样细胞瘤	0/6	1/6	2/6
2007	山东	海兰褐蛋鸡	30	髓细胞样细胞瘤	4/7	1/7	2/7

（续）

年份	省区	鸡的类型	周龄	肉眼病变	仅 ALV-J	仅 REV	ALV-J 和 REV
2008	山东	海兰褐蛋鸡	32	髓细胞样细胞瘤	0/1	0/1	1/1
	小计				21/38	2/38	11/38
2008	山东	海兰褐蛋鸡	20	腺胃肿大	0/2	0/2	2/2
2008	山东	地方品种鸡	18	腺胃肿大	2/2	0/2	0/2
2008	山东	尼克蛋鸡	20	腺胃肿大	6/10	0/10	4/10
2008	山东	罗曼蛋鸡	10	腺胃肿大	2/8	1/8	5/8
2008	海南	海兰褐蛋鸡	21	腺胃、脾、肝肿大	2/2	0/2	0/2
	小计				12/24	1/24	11/24
2009	北京	海兰褐蛋鸡	19	非典型肿瘤	$1/3^{D}$	$2/3^{B}$	0/3
	合计				34/73	11/73	22/73

注：A 和 C：同时检测出鸡传染性贫血病毒；B 和 D：同时检测和分离到 MDV。

表 5-3　从不同种鸡群收集的种蛋中检测 ALV-J 和 REV 的垂直感染和共垂直感染

鸡场	省份	鸡类型	周龄	仅 REV	仅 ALV-J	REV+ALV-J
A	广东	三黄鸡	27	2/14	2/14	1/14
B	广东	三黄鸡	35	5/17	1/17	0/17
C	广东	三黄鸡	25	2/12	5/12	1/12
D	广东	三黄鸡	30	5/29	3/29	1/29
小计				14/72	11/72	3/72
E	山东	蛋鸡	28	1/50	0/50	0/50
F	山东	蛋鸡	28	0/30	0/30	0/30
小计				1/80	0/80	0/80

注：1. 鸡场 A、B、C、D 在收集蛋时有很高的肿瘤发病死淘率，鸡场 E、F 无肿瘤发生。
2. 表中数字为检出病毒胚数/总检测胚数。

三、MDV 与 ALV 的共感染

相对于 REV 与 MDV 或 ALV 的共感染，MDV 与 ALV 的共感染相对少一点。但 MDV 与 ALV 在我国鸡群中的感染是非常普遍的，从一些肿瘤病鸡也能同时分离到 MDV 和 ALV。在 2006 年，我们从来自山东 3 个不同的海兰褐蛋鸡场的 7 只有髓细胞样细胞瘤的病鸡中，分离到 ALV-J（有 6 只病鸡），还分离到 Ⅰ 型 MDV（2 只病鸡）。在 2011—2012 年，我们对 3 个患有髓细胞样肿瘤的海兰褐商品代蛋鸡群做了连续的病毒分离观察，证明这些鸡群有很高比例的 ALV-J 病毒血症，同时还有一定比例鸡同时有 MDV 的病毒血症，但都没有分离到 REV（表 5-4 和彩图 5-1）。

表 5-4　2011—2012 年对 3 个患有髓细胞样肿瘤鸡群的 3 种肿瘤病毒的分离率

鸡群来源	ALV	MDV	REV	ALV-J+MDV
章丘 A 场	8/8(100%)	1/8(12.5%)	0/8	1/8
章丘 B 场	12/13(92.3%)	5/13(38.5%)	0/13	5/13
肥城	8/10(80%)	1/10(10%)	0/10	0/10
总计	28/31(90.3%)	7/31(22.6%)	0/31	6/31

注：这 3 个鸡群分别是 35～40 周龄的海兰褐商品代蛋鸡群，开产后曾有 15%～30%的肿瘤死亡率。

四、鸡群中三种肿瘤性病毒的共感染

这3种病毒同时感染同一鸡群也是常见的。当我们对来自同一鸡群的多只疑似病鸡采集血液样品接种细胞分离病毒时，常常从同一个鸡群检测分离到3种病毒，有时是同一只鸡只检出一种病毒，有时同一只鸡同时检出两种病毒。但迄今为止，从同一只鸡同时检测并分离到这3种病毒的病例还只有一例。在2006—2010年，对来自6个鸡场临床上判断患有J亚群髓细胞样细胞瘤并有2只或以上病鸡的鸡群同时作了3种病毒的分离鉴定（表5-5）。在我们另一次对更多数量样品的检测中，则只发现ALV-J和MDV的共感染（表5-4）。当然这还不能代表这种现象的真正比例，临床上实际比例有多高，还有待今后多给予关注了。

表5-5　临床表现肿瘤的蛋用型鸡场3种肿瘤病毒的分离鉴定

年份	鸡场	类型	鸡	病毒分离检测结果			备注
				MDV	ALV-J	REV	
2006	QD	父母代	1	−	+	+	
			3	−	+	−	
2006	LK	父母代	1	−	+	−	
			2	+	+	−	
			3	−	−	−	
2006	ZP	父母代	1	−	+	−	
			2	+	+	−	
2007	XT	父母代	1		+		
			2		−		
			3		+		
			4		−		
			5		+		
			6		−		
2009	DQY	商品代	1	+	+	−	
			2	+	−	+	
			3	+	−	+	
2010	WS	商品代	1	+	+	+	
			2	+	+	−	

从送检病鸡采血浆接种CEF，在7～14d后分别用REV及ALV-J的单克隆抗体做间接免疫荧光抗体试验（IFA）。如出现MDV样病毒蚀斑，再用致病性MDV特异性的单抗H19和BA4做IFA。

五、肿瘤性病毒与其他病毒的共感染

除了ALV、MDV、REV这三种肿瘤病毒相互之间的共感染外，在临床病例中还常可以发现处于亚临床感染状态的其他病毒感染。在过去十几年中，我们比较关注的是这些病毒与鸡传染性贫血病毒（CAV）、鸡传染性法氏囊病病毒（IBDV）和鸡呼肠孤病毒（ARV）的共感染。当同时针对不同的病毒采取相应既特异又灵敏的方法时，则可发现更多的不同组合的共感染。例如，用针对不同病毒的特异性核酸探针对疑似传染性法氏囊病病鸡法氏囊的基因组DNA做斑点分子杂交，我们发现了鸡群中不同病毒不同组合的共感染（表5-6）。

表5-6　疑似传染性法氏囊病病鸡法氏囊中不同病毒的检出率

感染组合	病毒	检出数
单一感染	IBDV	22
	MDV	6
	CAV	1
	REV	0
二重感染	IBDV+CAV	3
	REV+IBDV	1
	MDV+CAV	1
	MDV+REV	1
三重感染	MDV+REV+IBDV	4
	REV+CAV+IBDV	1
	MDV+CAV+IBDV	11
四重感染	MDV+CAV+IBDV+REV	6
样品总数		57

同时结合病毒分离、斑点分子杂交和PCR，还从呈现免疫抑制的育成期白羽肉鸡父母代种鸡中检出了REV与CAV的共感染（表5-7）。也从肿瘤样品中同时检出了MDV、REV和CAV的共感染（表5-8）。

表5-7　2个表现免疫抑制的育成种鸡群3种病毒的检测

鸡群	待检病毒	检测方法		
		斑点分子杂交	PCR	病毒分离
A	REV	1/8	1/8	4/4
	CAV	7/8	7/8	—
	ALV-J	—	—	1/4
B	REV	2/14	8/14	2/4
	CAV	14/14	14/14	—
	ALV-J	—	—	0/4

注：1. 这两群鸡均为40日龄左右的育成期白羽肉用型父母代种鸡，均显示免疫抑制和生长迟缓。均采集脾脏用于检测。

2. 表中数字为阳性数/检测数。

表5-8　用斑点分子杂交检测肿瘤组织中3种病毒

鸡场	MDV病毒分离	斑点分子杂交		
		MDV	REV	CAV
A	5/9	10/10	3/10	10/10
B	1/5	2/8	2/8	4/8

当鸡群在发生ALV、MDV、REV感染，但当还没有发病、死亡时，也完全有可能发生其他急性型病毒感染（如鸡新城疫病毒、禽流感病毒、鸡传染性支气管炎病毒等），但这时，往往更多关注这些能引起典型临床病理表现的急性型病毒感染，不太会去关注尚未显现临床表现且检

测较困难的肿瘤性病毒感染。

第二节　不同病毒共感染的相互作用

REV、ALV-J、MDV三种肿瘤病毒能诱发肿瘤，但除了临床上比较少见的带有肿瘤基因的缺陷型急性致病性的ALV或REV外(见第二章第一节、第四章第一节)，多数肿瘤病毒感染鸡后，肿瘤发生都有2～3个月或4～5个月的潜伏期。然而，这三种病毒感染的早期，都能诱发不同程度的免疫抑制。因此，本章在论述这三种病毒的不同组合共感染时的相互作用时，主要是观察和比较它们在免疫抑制方面的协同作用，观察和比较一种病毒感染对另一种病毒感染的特异性抗体反应及病毒血症的影响。至于在致肿瘤方面的相互作用，则不太好评估。但是，由于肿瘤的发生与否及肿瘤发生的快慢，均与鸡体的免疫功能密切相关。因此，研究共感染时免疫抑制方面的相互作用，也可用以推测对肿瘤发生的相互作用。

一、REV和ALV-J共感染相互之间对病毒血症和抗体反应的影响

(一)REV和ALV-J共感染相互之间对抗体反应的影响

在感染REV或ALV-J后，经过不同潜伏期，一部分鸡会逐渐产生对相应病毒的特异性抗体。当在两种病毒共感染时，REV的共感染会显著影响同一群鸡对ALV-J感染后的抗体反应。相对于ALV-J单独感染鸡，在有REV共感染的鸡群，在7周内没有一只出现ALV-J抗体，表明这些鸡对ALV-J感染的抗体反应被显著抑制或延缓了(表5-9)。但反过来，ALV-J的共感染对同一群鸡的REV特异性抗体反应的发生和动态没有显著影响(表5-10)。

表5-9　有REV共感染时对ALV-J感染后血清抗体反应的影响

感染组合	不同周龄鸡群ALV-J抗体阳性率			
	2	3	5	7
REV＋ALV-J	0/7	0/15	0/16	0/10
仅ALV-J	0/8	0/16	5/16	5/30
对照	0/10	0/15	0/16	0/30

注：1. 1日龄SPF鸡同时接种REV和ALV-J或仅接种ALV-J，用IDEXX的ALV-J抗体ELISA检测试剂盒检测血清抗体。

2. 表中数字为血清抗体阳性鸡数/总检测鸡数。

表5-10　有ALV-J共感染时对REV感染后血清抗体反应的影响

感染组合	不同周龄鸡群ALV-J抗体阳性率			
	2	3	5	7
ALV-J＋REV	0/7	3/15	9/16	6/10
仅REV	0/8	7/16	9/16	4/8
对照	0/10	0/15	0/16	0/16

注：1. 1日龄SPF鸡同时接种REV和ALV-J或仅接种REV，用IDEXX的REV抗体ELISA检测试剂盒检测血清抗体。

2. 表中数字为血清抗体阳性鸡数/总检测鸡数。

(二)REV 和 ALV-J 共感染相互之间对病毒血症动态的影响

REV 和 ALV-J 共感染时，对相互之间的病毒血症动态有不同的影响。相对于 ALV-J 单独感染的鸡，在有 REV 共感染的鸡，REV 感染在抑制抗 ALV-J 抗体反应的同时，致使鸡的 ALV-J 病毒血症持续更长的时期，如表 5-11。但另一方面，ALV-J 的共感染对同一只鸡的 REV 病毒血症没有明显影响(表 5-12)。可以推测，这与 ALV-J 共感染对同一只鸡的 REV 特异性抗体反应无抑制作用有一定的关系(表 5-10)。

表 5-11　ALV-J 单独感染及其与 REV 共感染时对 ALV-J 病毒血症动态比较(pfu/mL)

病毒组合	2 周龄	3 周龄	5 周龄	7 周龄
REV+ALV-J	0^{a} (0,n=6)	3.72 ± 1.28^{a} (2.50～4.12,n=6)	3.89 ± 1.26^{a} (1.88～5.41,n=6)	2.95 ± 1.08^{a} (1.88～5.21,n=6)
ALV-J	0.57 ± 0.32^{b} (0～0.83,n=6)	1.81 ± 0.79^{a} (0.41～2.29,n=6)	2.88 ± 0.50^{a} (2.08～3.54,n=6)	3.61 ± 0.88^{a} (2.50～5.00,n=6)
对照	0^{a} (0,n=6)	0^{b} (0,n=6)	0^{b} (0,n=6)	0^{b} (0,n=6)

注：1. 同一周龄同列肩注不同小写字母者，差异显著($P<0.05$)，有相同字母者或者未标字母者，差异不显著($P>0.05$)。

2. 数据用 $\overline{X} \pm SD$ 表示，$\overline{X}$ 为平均数，SD 为标准差，n 为样品数量，括号中前面的数据表示计数数值变化范围。

表 5-12　REV 单独感染及其与 ALV-J 共感染时病毒血症动态比较(pfu/mL)

	2 周龄	3 周龄	5 周龄	7 周龄
REV+ALV-J	0.52 ± 0.82^{a} (0～2.29,n=6)	2.08 ± 1.10^{a} (0.42～3.54,n=6)	3.51 ± 1.07^{a} (1.88～5.41,n=6)	1.18 ± 0.52^{a} (0.41～1.88,n=6)
REV	0.35 ± 0.19^{a} (0～2.08,n=6)	1.56 ± 0.88^{a} (0.63～3.33,n=6)	2.57 ± 1.68^{a} (0.63～5.00,n=6)	0.73 ± 0.20^{a} (0.41～1.04,n=6)
对照	0^{b} (0,n=6)	0^{b} (0,n=6)	0^{b} (0,n=6)	0^{b} (0,n=6)

注：1. 每次从每组取 6 只鸡采血分离病毒。

2. 同一周龄同列肩注不同小写字母者，差异显著($P<0.05$)，有相同字母者或者未标字母者，差异不显著($P>0.05$)。

3. 数据用 $\overline{X} \pm SD$ 表示，$\overline{X}$ 为平均数，SD 为标准差，n 为样品数量，括号中前面的数据表示计数数值变化范围。

二、REV 与 ALV-J 共感染时在致病性上的相互作用

REV 和 ALV-J 这两种病毒单独感染雏鸡后都能引起不同程度的生长迟缓和免疫抑制，包括中枢免疫器官胸腺和法氏囊萎缩及对不同抗原的抗体反应下降。

(一)REV 与 ALV-J 共感染在抑制增重方面的协同作用

虽然 REV 或 ALV-J 单独感染雏鸡后都分别能引起不同程度的生长迟缓，但在这两种病毒共感染同一只鸡时，在抑制生长方面能表现协同作用。如图 5-1 所示，相对于 1 日龄单独接种 REV 或 ALV-J，从 3 周龄起两种病毒共感染鸡的平均体重不仅显著低于对照鸡，也显著低于 REV 或 ALV-J 单独感染鸡。

(二)REV 与 ALV-J 共感染在诱发中枢免疫器官萎缩方面的协同作用

REV 和 ALV-J 单独感染 1 日龄 SPF 鸡后，都能诱发中枢免疫器官胸腺和法氏囊的萎缩。

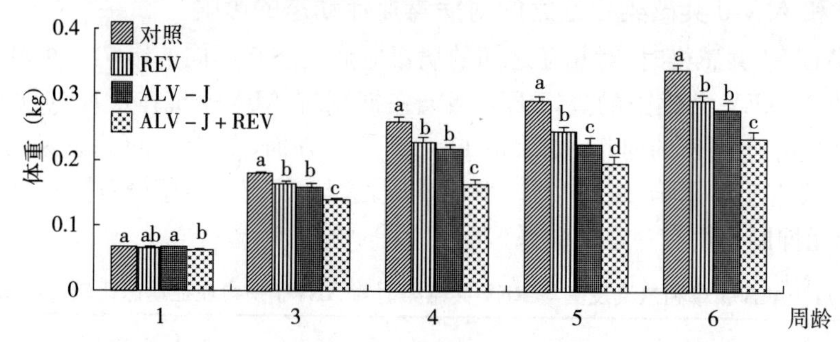

图 5-1　单独接种 REV 或 ALV-J 1 日龄 SPF 鸡及同时接种两种病毒鸡的生长动态比较

注：每组有 30 只鸡，REV 接种剂量为每只 400 个 $TCID_{50}$，ALV-J 的接种剂量为3 000个 $TCID_{50}$。图中同一日龄的组间不同英文字母表示统计学差异显著（$P<0.05$）（董宣、崔治中）。

当这两种病毒共感染时能诱发胸腺和法氏囊更为明显的萎缩，如彩图 5-2。由于这一作用的个体差异非常大，很难用数量和统计学方法来分析。但是，从彩图 5-2 的许多个体的样品比较中，确实也能看出共感染能诱发更严重的中枢免疫器官萎缩的趋势。

(三)REV 与 ALV-J 共感染在免疫抑制反应方面的协同作用

REV 或 ALV-J 的单独感染都能抑制鸡对各种疫苗的体液免疫反应，但在共感染鸡，对 NDV 和 H9-AIV 灭活疫苗的免疫后的抗体反应的抑制更明显，表明这两种病毒共感染在抑制鸡体对疫苗的免疫反应上也有协同作用（表 5-13 和表 5-14）。

表 5-13　1 日龄 SPF 鸡共感染 REV 和 ALV-J 对新城疫病毒灭活苗免疫后抗体滴度的影响

接种病毒	1 周龄免疫后 HI 抗体滴度（log_2）		
	3 周	4 周	5 周
对照	9.7±0.32(35)[a]	10.4±0.33(35)[a]	11.2±0.36(35)[a]
ALV-J	10.2±0.26(42)[a]	10.0±0.22(41)[a]	9.6±0.27(39)[b]
REV	7.5±0.57(51)[b]	8.6±0.48(50)[b]	9.1±0.52(50)[b]
REV＋ALV-J	4.9±0.66(47)[c]	7.6±0.66(37)[c]	6.7±0.73(34)[c]

注：表中数为平均值±标准差（样本数），每组数右上角相同字母代表差异不显著，不同字母表示两组间差异显著（$P<0.05$）。

表 5-14　1 日龄 SPF 鸡共感染 REV 和 ALV-J 对 H9 亚型禽流感病毒灭活苗免疫后抗体滴度的影响

接种病毒	1 周龄免疫后 HI 抗体滴度（log_2）		
	3 周	4 周	5 周
对照	7.1±0.15(35)[a]	8.2±0.18(35)[a]	9.1±0.19(35)[a]
ALV-J	7.1±0.24(42)[a]	8.3±0.15(41)[a]	7.8±0.18(39)[b]
REV	4.7±0.44(51)[b]	7.1±0.47(50)[b]	7.3±0.38(50)[b]
REV＋ALV-J	3.3±0.45(47)[c]	5.6±0.58(37)[c]	6.1±0.53(34)[c]

注：表中数为平均值±标准差（样本数），每组数右上角相同字母代表差异不显著，不同字母表示两组间差异显著（$P<0.05$）。

此外，由于两种病毒共感染造成的非特异性死亡率也明显提高。在如图 5-1 和彩图 5-2

的同一批试验鸡中，在整个6周试验期内，REV或ALV-J单独感染组中鸡的死亡率分别是5/55或12/51，但共感染组的死亡数是26/61。

三、MDV和REV共感染时相互之间对抗体反应和病毒血症的影响

（一）MDV和REV共感染时相互之间对抗体反应的影响

在感染REV或MDV后，经过不同潜伏期，一部分鸡会逐渐产生对相应病毒的特异性抗体。当在两种病毒共感染时，REV的共感染会显著影响同一只鸡对MDV感染后的抗体反应。相对于MDV单独感染鸡，有REV共感染的鸡对MDV的抗体反应显著低于MDV单独感染鸡，表现为上升慢而下降很快。但反过来，MDV共感染对同一只鸡的REV特异性抗体反应的影响较小，仅仅在开始时抗体水平较低，但随后二者之间的差异很快缩小（表5-15）。

表5-15　SPF鸡单独接种MDV与REV及共感染鸡的抗体反应动态

接种病毒	检测抗体	IFA抗体（$\log_2$）			
		攻毒后7d	攻毒后14d	攻毒后28d	攻毒后42d
MDV	MDV	3.75±0.96	8.17±2.04	9.67±2.07	10.83±1.33
MDV、REV	MDV	2.67±0.52	6.6±2.19	9.67±2.08	8.4±2.7
MDV、REV	REV	4.00±0.96	9.00±1.22	10.17±1.17	11.5±0.55
REV	REV	5.71±2.14	9.00±0.71	11.2±1.79	11.6±0.55

注：1.5日龄SPF鸡用vvMDV的RB1B毒株接种1 000 pfu/只，REV毒株接种10^3 $TCID_{50}$/只，每组取30只鸡采血。

2. 表中数为平均值±标准差（样本数）。

（二）MDV和REV共感染相互之间对病毒血症的影响

REV和MDV共感染时，对相互之间的病毒血症水平和动态都有显著影响。相对于MDV单独感染的鸡，在有REV共感染的鸡，REV感染在抑制抗MDV抗体反应的同时（表5-15），致使鸡的MDV的病毒血症出现得更早，病毒血症的水平极为显著地高于MDV单独感染鸡（5～6倍），如表5-16。同样，MDV的共感染也使同一批鸡的REV病毒血症水平显著升高。与REV共感染影响MDV病毒血症稍有不同的是，MDV的共感染不仅使REV的病毒血症显著高于REV单独感染鸡，而且还使病毒血症持续的期间延长（表5-16）。显然，在MDV和REV共感染时，两种病毒可相互增强其在同一只感染鸡的致病作用。

表5-16　SPF鸡单独接种MDV与REV及共感染鸡病毒血症动态比较

接种病毒	检测病毒	病毒血症水平			
		攻毒后7d	攻毒后14d	攻毒后28d	攻毒后42d
MDV	MDV	0	36.2±8.1	99.67±62.5	31.75±5.85
MDV、REV	MDV	19±7.8	225±85.6	564±90.5	118.5±51.76
MDV、REV	REV	7.8±1.5×10^4	2510±150	3.1±1.5×10^4	0
REV	REV	2.2±7.4×10^3	231±82	0	0

注：1.5日龄SPF鸡用vvMDV的RB1B毒株接种1 000pfu/只，REV毒株接种10^3 $TCID_{50}$/只。

2. MDV病毒血症的定量单位为pfu/mL，REV病毒血症的定量单位为10^3 $TCID_{50}$/mL。

3. 每次从每组取6只鸡采血分离病毒。

4. 表中数为平均值±标准差（样本数）。

四、肿瘤性病毒与其他病毒共感染对鸡致病性的相互作用

如前所述，在鸡群中除了ALV、MDV、REV三种肿瘤性病毒会发生共感染外，还可能与其他免疫抑制性病毒如CAV发生共感染（表5-6、表5-7和表5-8）。我们的研究表明，当这种共感染发生时，也会在某些致病性上表现出协同作用。

（一）ALV-J和CAV共感染在致病性上的协同作用

我们在SPF鸡的试验表明，当ALV-J和CAV共感染时，其对鸡的增重和法氏囊的发育的抑制作用都比单独感染ALV-J或CAV要明显增强（表5-17和表5-18）。此外，虽然ALV-J和CAV分别感染能降低鸡的白细胞数总数、红细胞数及红细胞压积，但是在ALV-J和CAV共感染鸡，其白细胞数、红细胞数及红细胞压积更低（表5-19）。这些都显示了这两种病毒共感染在抑制生长发育及抑制造血系统方面表现出协同作用。

进一步的比较还表明，ALV-J和CAV在单独感染1日龄雏鸡后都有不同程度的免疫抑制作用，但在共感染时，这两种病毒在免疫抑制方面显示协同作用（表5-20）。

表5-17 CAV与ALV-J分别单独感染及共感染SPF鸡对其体重的影响(g)

采样日龄	对照鸡	接种病毒		
		ALV-J	CAV	CAV+ALV-J
14	103.6±13.11[a]	92.8±9.58[b]	79±12.08[c]	80±12.42[c]
21	153.6±15.85[a]	136.8±15.60[b]	129.6±24.11[c]	115.8±17.89[d]
28	220.6±18.28[a]	191.8±20.25[b]	183.8±34.44[c]	168±22.82[d]
38	291.6±32.56[a]	260.8±34.18[b]	249.4±40.81[b]	236.6±32.7[c]

注：1. 每组25只SPF鸡，分别饲养于SPF动物饲养隔离罩中。1日龄SPF雏鸡，每只分别肌内接种10^3 $TCID_{50}$的CAV，腹腔接种含有10^3 $TCID_{50}$的ALV-J，或同时接种10^3 $TCID_{50}$的CAV和10^3 $TCID_{50}$的ALV-J。对照组接种灭菌生理盐水，每组接种0.1mL。

2. 表中数为平均值±标准差（样本数），每组数右上角相同字母代表差异不显著，不同字母表示两组差异显著（$P<0.05$）。

表5-18 CAV与ALV-J分别单独感染及共感染SPF鸡对其法氏囊发育的影响

组别	法氏囊重(g)	法氏囊/体重(%)
对照	1.25±0.31[a]	0.43±0.09[a]
ALV-J	1.02±0.23[a]	0.39±0.06[a]
CAV	1.02±0.27[b]	0.4±0.06[ab]
CAV+ALV-J	0.9±0.19[c]	0.38±0.06[b]

注：1. 每组25只SPF鸡，分别饲养于SPF动物饲养隔离罩中。1日龄SPF雏鸡，每只分别肌内接种10^3 $TCID_{50}$的CAV，腹腔接种含有10^3 $TCID_{50}$的ALV-J，或同时接种10^3 $TCID_{50}$的CAV和10^3 $TCID_{50}$的ALV-J。对照组接种灭菌生理盐水，每组接种0.1mL。在35日龄时每组各取10只鸡采样。

2. 表中数为平均值±标准差（样本数），每组数右上角相同字母代表差异不显著，不同字母表示两组差异显著（$P<0.05$）。

表 5-19　CAV 与 ALV-J 分别感染及共感染 SPF 鸡对其白细胞数、红细胞数及红细胞压积的影响(n=15)

日龄	组别	白细胞数(10^9/L)	红细胞数(10^9/L)	红细胞压积(%)
14	对照	201.91±8.59[a]	2.55±0.12[a]	29.93±1.26[a]
	ALV-J	202.68±8.71[a]	2.47±0.14[b]	29.19±0.99[b]
	CAV	123.59±30.63[b]	1.41±0.30[c]	15.25±2.94[c]
	CAV+ALV-J	97.39±27.04[c]	1.31±0.28[d]	13.99±3.28[d]
21	对照	210.65±8.89[a]	2.66±0.11[a]	30.59±1.19[a]
	ALV-J	210.93±16.45[a]	2.78±0.17[b]	29.50±1.27[b]
	CAV	159.57±23.56[b]	1.97±0.34[c]	23.13±3.54[c]
	CAV+ALV-J	130.29±20.85[c]	1.50±0.18[d]	16.48±1.79[d]
28	对照	214.40±11.30[a]	2.70±0.12[a]	31.21±1.74[a]
	ALV-J	211.21±11.21[a]	2.82±0.13[b]	30.09±1.21[b]
	CAV	183.31±22.67[b]	2.31±0.29[c]	24.61±2.99[c]
	CAV+ALV-J	151.27±24.88[c]	1.80±0.23[d]	19.89±2.40[d]
35	对照	233.62±16.51[a]	2.78±0.08[a]	30.77±8.01[a]
	ALV-J	222.05±14.08[b]	2.85±0.19[a]	30.61±1.63[a]
	CAV	200.75±22.68[c]	2.47±0.18[b]	26.4±1.33[b]
	CAV+ALV-J	169.48±24.36[d]	2.01±0.23[c]	21.87±2.58[c]

注:1. 每组 25 只 SPF 鸡,分别饲养于 SPF 动物饲养隔离罩中。1 日龄 SPF 雏鸡,每只分别肌内接种 10^3 $TCID_{50}$的 CAV,腹腔接种含有 10^3 $TCID_{50}$的 ALV-J,或同时接种 10^3 $TCID_{50}$的 CAV 和 10^3 $TCID_{50}$的 ALV-J。对照组接种灭菌生理盐水,每组接种 0.1mL。每个时期每组各取 15 只鸡的采血。

2. 表中数为平均值±标准差,同一日龄各组相比,小写字母相同表示差异不显著(P>0.05),小写字母不同表示差异显著(P<0.05)。

表 5-20　CAV 与 ALV-J 单独感染及共感染鸡对 3 种病毒灭活苗免疫后 HI 抗体滴度的影响(log_2)

病毒抗原	接种病毒			
	对照	MDV	CAV	CAV+MDV
NDV	7.32±0.85[a]	6.12±1.37[b]	5.92±1.23[b]	5.04±1.21[c]
AIV-H5	7±0.85[a]	5.24±1.23[b]	4.92±1.53[b]	4.04±1.81[c]
AIV-H9	6.08±0.76[a]	5.12±1.01[b]	4.76±1.36[c]	3.88±1.30[d]

注:1. 1 日龄时,各组鸡点眼滴鼻 0.1mL NDV(La Sota 株)低毒力活疫苗;7 日龄时,各组鸡只分别胸肌接种 0.3mL 的 AIV(H5 和 H9)灭活油乳苗,同时颈部皮下接种 0.3mL 的 NDV 灭活油乳苗。在 28 日龄采血清检测 HI 抗体滴度。

2. 表中数为平均值±标准差,每组样本为 25 只鸡。每组数右上角相同字母代表差异不显著,不同字母表示两组差异显著(P<0.05)。

(二)MDV 和 CAV 感染和共感染在致病性上的协同作用

我们在 SPF 鸡的试验表明,MDV 和 CAV 单独感染,都对鸡的增重和法氏囊的发育有一定程度的抑制作用,也能显著降低白细胞数、红细胞数及红细胞压积。但是这两种病毒共感染,对鸡的增重和法氏囊的发育的抑制作用都比单独感染 ALV-J 或 CAV 要明显增强(表 5-

21 和表 5-22)，导致白细胞数、红细胞数及红细胞压积更低(表 5-23)。这些都显示了这两种病毒共感染在抑制生长发育及抑制造血系统方面表现出协同作用。

表 5-21　CAV 与 MDV 单独感染及共感染 SPF 鸡对其体重的影响(g)

采样日龄	接种病毒			
	对照	MDV	CAV	CAV+MDV
14	103.6±13.11[a]	81.4±10.46[b]	79±12.08[bc]	78.2±10.5[b]
21	153.6±15.85[a]	121.2±23.51[b]	129.6±24.11[c]	112.61±15.14[d]
28	220.6±18.28[a]	172.6±42.01[b]	183.8±34.44[b]	154.25±13.31[c]
35	291.6±32.56[a]	240.2±52.05[b]	249.4±40.81[b]	221.25±26.25[c]

注：1. 1 日龄 SPF 鸡 100 只，随机分为 4 组，每组 25 只，分别饲养于 SPF 动物饲养隔离罩中。分别肌内接种 10^3 $TCID_{50}$ 的 CAV，腹腔接种含有 500pfu 的 MDV，或同时接种 10^3 $TCID_{50}$ 的 CAV 和 500pfu 的 MDV。对照组每只接种 0.1mL 灭菌生理盐水。

2. 表中数为平均值±标准差。每组数右上角相同字母代表差异不显著，不同字母表示两组差异显著($P<0.05$)。

表 5-22　CAV 与 MDV 单独感染及共感染 SPF 鸡对其法氏囊发育的影响(35 日龄)

组别	法氏囊重(g)	法氏囊/体重(%)
对照	1.25±0.31[a]	0.43±0.09[a]
MDV	0.92±0.27[b]	0.38±0.07[b]
CAV	1.02±0.27[b]	0.4±0.06[b]
CAV+MDV	0.53±0.18[c]	0.24±0.06[c]

注：同表 5-21。

表 5-23　CAV 与 MDV 分别感染及共感染 SPF 鸡对其白细胞数、红细胞数及红细胞压积的影响($n=5$)

日龄	组别	白细胞数(10^9/L)	红细胞数(10^9/L)	红细胞压积(%)
14	对照	201.91±8.59[a]	2.55±0.12[a]	29.93±1.26[a]
	ALV-J	163.16±31.17[b]	1.95±0.35[b]	21.28±4.16[b]
	CAV	123.59±30.63[c]	1.41±0.30[c]	15.25±2.94[c]
	CAV+ALV-J	60.31±27.35[D]	0.83±0.35[D]	8.95±3.75[D]
21	对照	210.65±8.89[a]	2.66±0.11[a]	30.59±1.19[a]
	ALV-J	183.95±28.13[b]	2.17±0.43[b]	23.61±4.28[b]
	CAV	159.57±23.56[c]	1.97±0.34[c]	23.13±3.54[b]
	CAV+ALV-J	98.42±35.12[D]	1.06±0.27[D]	11.72±2.98[c]
28	对照	214.40±11.30[a]	2.70±0.12[a]	31.21±1.74[a]
	ALV-J	190.11±20.32[b]	2.40±0.31[b]	25.77±3.15[b]
	CAV	183.31±22.67[c]	2.31±0.29[b]	24.61±2.99[b]
	CAV+ALV-J	123.75±34.16[D]	1.46±0.12[c]	16.13±1.23[c]
35	对照	233.62±16.51[a]	2.78±0.08[a]	30.77±8.01[a]
	ALV-J	197.11±15.50[b]	2.43±0.31[b]	26.4±3.32[b]
	CAV	200.75±22.68[b]	2.47±0.18[b]	26.4±1.33[b]
	CAV+ALV-J	170.87±33.15[c]	1.93±9.84[c]	20.72±3.02[c]

注：1. 1 日龄 SPF 鸡 100 只，随机分为 4 组，每组 25 只，分别饲养于 SPF 动物饲养隔离罩中。分别肌内接种 10^3 $TCID_{50}$ 的 CAV，腹腔接种含有 500pfu 的 MDV，或同时接种 10^3 $TCID_{50}$ 的 CAV 和 500pfu 的 MDV。对照组每只接种 0.1mL 灭菌生理盐水。

2. 表中数为平均值±标准差。每组数右上角相同字母代表差异不显著，不同字母表示两组差异显著($P<0.05$)。

动物试验还表明，MDV 和 CAV 在单独感染 1 日龄雏鸡后对 NDV、AIV-H5 和 AIV-H9 的灭活疫苗免疫后的抗体反应都有不同程度的免疫抑制作用，但在共感染时，鸡体对 NDV、AIV-H5、AIV-H9 抗原的抗体反应更低，表明这两种病毒的共感染也能在免疫抑制方面显示协同作用（表 5-24）。

表 5-24 CAV 与 MDV 分别单独感染及共感染 SPF 鸡对 3 种病毒灭活苗免疫后 HI 抗体滴度的影响（log_2）

病毒抗原	接种病毒			
	对照	MDV	CAV	CAV+MDV
NDV	7.32 ± 0.85^a	5.2 ± 1.61^b	5.92 ± 1.23^b	4.45 ± 0.79^c
H5	7 ± 0.85^a	5 ± 1.41^b	4.92 ± 1.53^b	3.8 ± 1.24^c
H9	6.08 ± 0.76^a	4.24 ± 1.79^b	4.76 ± 1.36^b	3.15 ± 1.53^c

注：1. 1 日龄时，各组鸡点眼滴鼻 0.1mL NDV（La Sota 株）低毒力活疫苗；7 日龄时，各组鸡分别胸肌接种 0.3mL 的 AIV（H5 和 H9）灭活油乳苗，同时颈部皮下接种 0.3mL 的 NDV 灭活油乳苗。于 35 日龄采集血清检测对 3 种病毒的 HI 抗体。

2. 表中数为平均值±标准差，每组样本为 25 只鸡。每组数右上角相同字母代表差异不显著，不同字母表示两组差异显著（$P<0.05$）。

第三节 不同肿瘤病毒感染鸡诱发的混合性肿瘤

在前几节中血清流行病学调查及病原分离鉴定资料所提供的大量数据都表明，不同肿瘤病毒感染同一只鸡在鸡群中是一个普遍现象，特别是 ALV 与 REV 的共感染及 MDV 与 REV 的共感染。但在对临床肿瘤样品的检测中，却很少发现或报道由不同病毒引发的混合性肿瘤。这既与接受病理组织切片检测的数量有限有关，也与过去的诊断技术不成熟有关。在人工接种 1 日龄 SPF 鸡的动物试验中，我们在经 ALV 与 REV 共感染及 MDV 与 REV 共感染后发生肿瘤的鸡，均发现了由两种病毒诱发的混合性肿瘤。

一、MDV 与 REV 诱发的混合型肿瘤

我们用从发生肿瘤的鸡群分离到的污染 REV 的 MDV 毒株 GD0203（表 5-1）接种 1 日龄 SPF 鸡后，在 100 日龄左右扑杀，在呈现肿瘤的肝脏组织切片中，可观察到非常典型的淋巴细胞增生性肿瘤结节，即 MDV 诱发的肿瘤结节。但在其周围还包围着多层尚不能确定类型的细胞（彩图 5-3、彩图 5-5）。这些细胞细胞质多，呈粉红色，细胞核的比例较小、形态不规则，显著不同于淋巴细胞，也不同于肝细胞。这些细胞形态大小非常一致，显然这也是尚不能确定细胞类型的一类肿瘤细胞。

特别有鉴别意义的是，当用针对 REV 的单克隆抗体 11B118 对组织切片的连续切片做间接荧光抗体试验时，不仅肿瘤结节周边的肝细胞为阴性，而且位于肿瘤结节中大部分的淋巴样细胞也都不被着色，说明这些淋巴细胞肿瘤结节与 REV 无关。而在 HE 染色的组织切片中，淋巴细胞结节周围的、伊红着色的细胞质比例较大的、不确定类型的浸润细胞中，布满非常清晰的荧光颗粒（细胞质中）。这表明这些细胞都是带有 REV 抗原感

染的细胞，即这些肿瘤细胞是由 REV 感染细胞转化来的(彩图 5-4、彩图 5-6)。

当用 vMDV GA 株和 REV SD9901 株共同接种 1 日龄 SPF 鸡后，约 10 周死亡的鸡，在其肝脏肿瘤的切片中也出现类似的混合型肿瘤(彩图 5-7、彩图 5-8)。但在另一只同样感染这两株病毒的死亡鸡，对同一个肝肿瘤组织的两张切片分别用 REV 特异单抗 11B118 和 MDV 特异单抗 BA4 做 IFA 后，又各自显示出 REV 或 MDV 特异性荧光阳性的肿瘤细胞结节(彩图 5-9、彩图 5-10、彩图 5-11)，说明在同一只鸡的肝脏肿瘤组织中同时存在着 REV 及 MDV 诱发的肿瘤结节。像这样显出两种类型肿瘤细胞的混合型肿瘤的脏器，除了肝脏外，还有腺胃等(彩图 5-12、彩图 5-13)。

这里还要专门指出的一点是，在我们多次单独用 REV 接种 1 日龄 SPF 鸡的试验中，也有少数鸡发生肿瘤，但多为淋巴细胞肿瘤，在形态上很难与 MDV 诱发的肿瘤结节相区别(见第四章)，而不是本节所提到的这种细胞质占较大比例的以伊红着色为主的与 REV 相关的肿瘤结节。其原因还不清楚。

二、ALV 和 REV 诱发的混合性肿瘤

在 ALV 和 REV 共感染的鸡，我们没有看到典型的混合型肿瘤。但是在对表现典型髓细胞样肿瘤的同一只病鸡肝脏的触片分别做间接荧光抗体试验时，显示出了分别被 ALV-J 单抗 JE9 或 REV 单抗 11B118 所识别的肿瘤细胞结节的荧光。这也间接证明了在同一只鸡的同一组织中同时存在着这两种病毒诱发的肿瘤，即两种肿瘤的混合存在(彩图 5-14、彩图 5-15)。

第四节 我国鸡群中 MDV 与 REV 共感染产生的重组病毒

早在 20 世纪 90 年代早期，美国就已报道，当将 MDV 在被 REV 污染的细胞上培养连续传代时，会发生 MDV 与 REV 基因组之间的基因重组，并产生了在基因组上带有 REV 的长末端重复序列(LTR)的重组 MDV。在不同的重组 MDV 中，REV-LTR 可插入 MDV 基因组的不同部位。鉴于 MDV 与 REV 在同一只鸡的共感染在我国鸡群中很常见(见本章第二节)，很自然地我们会尝试从我国鸡群中分离鉴定出与上述类似的天然重组 MDV 野毒株。

在我们 2002 年及以前分离到的 13 个 MDV 野毒株中，只有 4 株的原始培养物中有 REV 共感染，其余 9 株是 MDV 单一感染。而从这 9 株中检出了 2 株是带有 REV-LTR 的 MDV 的重组野毒株，即 GX0101 和 GD0202。这 2 株重组野毒株 MDV 都是来自有 REV 共感染的鸡群。

迄今为止，我们已对 GX0101 株重组 MDV 的致病性等生物学特性及基因组特性作了很深入的研究，相关结果已在第三章做了详细描述。一系列研究也证明了，插入了 REV-LTR 的重组 GX0101 是一株 vvMDV 野毒株，但并不是由于插入 REV-LTR 而增强的致病性和致肿瘤性。插入 REV-LTR，只是增强了重组病毒 GX0101 的横向传播能力。横向传播能力的增强，从而使它作为在病毒群体中频率极低的重组病毒逐渐变为容易被分离到的流行株。与此同时，也使易感鸡群一旦感染这种病毒，就更容易流行开来。

由于 MDV 与 REV 在我国鸡群中的共感染现在仍然很普遍，因此，我们需考虑在鸡群中

是否还在继续发生 MDV 与 REV 之间的这种重组现象。而且，在我国鸡群中还存在着 MDV 和 ALV 的共感染，它们在感染的鸡体内是否也会发生基因重组。这些可能在继续发生着的病毒之间的重组现象是否会导致产生横向传播能力和致病性都增强的毒株。这是我们今后要关注的流行病学问题。

第六章 鸡的不同病毒性肿瘤病的鉴别诊断

鸡群中绝大多数肿瘤病都是由不同病毒引发的群发性传染病，因此，对鸡的肿瘤病的诊断不仅是对个例的鉴别诊断，更重要的是对群体感染和发病状态的鉴别诊断。这就不仅要通过临床表现、剖检变化和病理组织学变化来对每一只病鸡作出诊断，更还要根据对鸡群发病的流行病学、血清学和病原学研究，对整个鸡群、鸡场甚至一个特定地理区域内鸡群感染和发病状态作出判断。

由于鸡群中肿瘤病多是病毒诱发的传染病，考虑到养鸡业的产业需求，疾病鉴别诊断的主要目的是为采取有效防控措施提供科学依据。因此，在对鸡群肿瘤病的鉴别诊断中，病原学诊断显得更为重要。为此，在过去近二十年中，我们也在研发新的检测诊断试剂和实验室方法上做了很多研究，有些研究成果已得到推广应用。

第一节　我国鸡群肿瘤病鉴别诊断的挑战性

对于禽病专家来说，不同病毒诱发的肿瘤病的鉴别诊断本来就是难度最大的。这是因为这三种病毒引发的肿瘤都存在着多样性，而且一些表现又常常是类似的。然而，对于中国禽病专家来说，在我国鸡群病毒性肿瘤病的鉴别诊断方面，面临更大的挑战性。这是由于我国饲养的鸡群的遗传背景极为多种多样，而且不同饲养模式和规模的鸡群存在同一地区，再加上鸡群的流动性大，使得我国大多数鸡群中同时存在着多种病毒性和细菌性感染。

一、多重感染带给病毒性肿瘤病鉴别诊断的挑战

(一)鸡群肿瘤性病毒的多重感染

由于我国特殊的饲养环境和产业结构模式，在我国不同地区不同类型的鸡群中，在同一群鸡以至同一只鸡中，不同病原微生物的多重感染都是相当普遍的。

前面几章已分别描述了鸡群中常见的三种不同的肿瘤性病毒，在同一鸡群甚至同一只鸡存在着二重感染或三重感染(详见第五章)。在不同病毒感染同一只鸡时，在同一组织中还可显示混合性肿瘤(见第五章第三节)，这都大大增加了鉴别诊断的复杂性。但在现场更常遇到的问题是，这三种病毒诱发的肿瘤，有时在眼观变化甚至组织切片观察方面都非常类似。在第一章、第二章和第三章中已分别描述了 ALV、MDV、REV 三种病毒诱发的肿瘤的眼观和显微病变，有些病变主要是由某一种病毒所诱发的，如 ALV 诱发的髓细胞样肿瘤或骨硬化(见第二章第三节)。但也有很多这样的病理变化，如三种病毒都常引发淋巴细胞瘤。这就需要非常有经验的兽医病理专家才能作出判断，甚至有时连非常专业的家禽肿瘤病理专家，也很难仅靠病理变化来作出判断。

(二)肿瘤性病毒与其他病毒的共感染

肝、脾、肾是 ALV、MDV、REV 诱发的肿瘤比较常见的脏器，但还有一些其他病毒感染也

会诱发这些脏器的肿胀、炎症、变性。这对于鸡场现场兽医专家来说，有时是很容易混淆的。例如，鸡群中发生鸡戊肝病毒(chicken hepatitis E virus，cHEV)感染时，有时会从开产前后开始，持续性发生产蛋鸡的零星死亡，主要病理表现为肝和脾脏的炎性肿大、变性，亦称大肝大脾病。肾脏也出现红白相间的变性变化。我国很多禽病专家对这一病还不太熟悉，常常误诊为某种肿瘤(彩图 6-1 至彩图 6-9)。如第五章所述，我国鸡群中肿瘤性病毒与其他病毒的共感染也是常见的(如 CAV、IBDV、ARV 等)，而且也会诱发免疫抑制，就像这三种肿瘤病毒会诱发亚临床状态的免疫抑制一样。但从病理变化角度看，不太容易与肿瘤病相混淆。

此外，一些肿瘤性病毒感染也会引发单纯的肝、脾、肾等脏器炎性肿胀和坏死的表现，但不一定有肿瘤。

由于 ALV、MDV、REV 这三种肿瘤性病毒在早期感染后，还会诱发非特异性的免疫抑制，从而一些感染鸡会出现因免疫抑制进一步诱发的继发性细菌感染导致的肝周炎、心包炎或腹膜炎。这些病理变化往往是死亡的直接原因，在这时如不做仔细全面检查，就会忽略肿瘤性病毒感染的存在。

二、我国鸡群中肿瘤表现的多样性

第二章、第三章和第四章已分别描述了 ALV、MDV 和 REV 感染在我国鸡群中所呈现的不同脏器、不同组织细胞类型的肿瘤。这些肿瘤在脏器分布、形态大小和细胞类型上有的差异很大，有的又很类似，这大大增加了根据临床病理变化及病理组织切片来鉴别诊断肿瘤病因的难度。此外，还要注意与非肿瘤性病毒鸡戊肝病毒感染引起的大肝大脾病的病理变化的区别（彩图 6-1 至图 6-9）。但是，对于一个有经验的禽病专家来说，如果他（她）已长期从事鸡的病毒性肿瘤病临床观察并结合深入的病原学和病理学研究，在遇到鸡场中具体的病例时，还是能够作出大致正确的判断的。

在本书的第二、三、四章中，我们已列出了三种病毒性肿瘤的眼观病理变化及病理组织切片变化的大量照片。现场病例的表现，有的很典型，但大多数不典型。本书中既列出了非常典型的照片，也列出了不太典型的照片。其中很多照片似乎有点重复，但对于临床经验和病理组织切片观察经验还不太丰富的禽病工作者来说，更能增加现场实际遇到的病例的病理表现多样性的真实感。还要特别强调的是，这些照片都来自人工造病的病鸡或者是在病原学上很确定的现场病例，是确实可靠的某一种病毒诱发的病变，而不是“像”什么病或“推测”是什么病。读者如果反复比较观察这些照片，就能弥补现场和实验室直接观察经验的不足。

三、个体鉴别诊断和群体鉴别诊断

对于现代的规模化经营的养鸡业来说，我们鉴别诊断的主要目的是为了群体疫病的预防控制。然而，对肿瘤病的诊断，不论是病理学还是病原学方法，都得一只一只做。鉴于鸡群中可能存在不同病毒分别诱发的肿瘤，一只鸡的鉴别诊断，即使是病理学和病原学方面都做了完整的检测，也不能代表全群或全鸡场的状态。这就必须要有一定的数量，这也大大增加了对群体病毒性肿瘤病的感染和发病状态作出科学判断的工作量和工作难度。

正由于我们禽病专家要面对的是群体病的诊断，因此，除了必须对一定数量病鸡分别作出病原学和病理学检测外，还必须了解鸡群发病的流行病学特点和血清学状态。只有全面深入地掌握发病鸡群的相关信息，才有可能为制订预防措施提出科学的判断。

四、鸡群病毒性肿瘤病的鉴别诊断

当鸡群发生不同病毒引起的肿瘤病时，相应的对策和预防控制措施不尽相同。例如，如确定是 MDV 诱发的肿瘤，重要的是确定免疫失败的原因，防止下一批鸡再发生。如果确定是由 ALV 或 REV 引发的肿瘤，这一方面说明提供这批鸡的种鸡可能有 ALV 感染，今后需选择净化的种源。或者是由于在雏鸡阶段使用了被致病性 ALV 或 REV 污染的疫苗。此外，如果发生 ALV 或 REV 诱发的肿瘤的是种鸡群，还涉及 ALV 或 REV 的垂直传播，这就需要考虑该群鸡能否继续作种鸡用的问题。因此，对鸡群病毒性肿瘤病的鉴别诊断必须确凿可靠，有充分的科学依据。

最后要再次强调的是，为了对群体的病毒性肿瘤病作出确凿诊断，需要对发病鸡群和鸡场从流行病学、临床病理学、群体血清学和病原学检测等各方面收集资料和信息，在对所有数据和信息全面比较和科学分析的基础上作出的判断才是科学、合理的，才能真正有效地指导相关疫病的防控。

第二节　血清抗体检测在诊断上的应用

检测一只鸡的血清抗体阳性与否并没有诊断价值。这是因为，在鸡只感染了 ALV、MDV 或 REV 后，不一定会发病，但可能会产生相应病毒的抗体。这种抗体既可用商品化的酶联免疫吸附试验（ELISA）试剂盒检测，也可用相应病毒感染的细胞作为抗原作间接免疫荧光抗体试验（IFA）检测。对 MDV，甚至还可以用已知含 MDV 的羽囊作为抗原，用琼脂扩散沉淀反应来检测。但是，不论鸡感染哪种病毒后，抗体阳性与否，都与是否已发生肿瘤没有直接关系。相反，因 ALV 或 REV 诱发了肿瘤的鸡，都往往呈现抗体阴性。还有一些鸡，表现为免疫耐受性病毒血症，即可以分离到病毒但不产生抗体反应。而且，凡是感染后有病毒血症但不发生抗体反应的个体，反而容易发生肿瘤或亚临床感染状态的免疫抑制(见第二、四章)。

然而，从群体疫病预防控制的角度来看，鸡群抗体检测不仅是有价值的，而且也是必需的，特别是对 ALV 感染。近十几年来，在我国鸡群中 ALV 诱发的肿瘤还很普遍的。现实条件下，鸡群特别是种鸡群的 ALV 抗体检测显得尤为必要。

一、ALV 血清抗体检测的方法及诊断意义

从群体防控角度来看，对鸡群的 ALV 抗体检测是必要的，这可以用来评估鸡群是否有外源性 ALV 感染。对于蛋用型鸡和白羽肉鸡来说，要求供应苗鸡的种鸡场没有外源性 ALV 感染。这是因为世界上主要的家禽育种跨国公司都能保证他们提供的种鸡没有外源性 ALV 感染，因此，对我国相应的父母代种鸡场及商品代鸡场提出这种要求是切合实际的。农业部也已制定了标准，要求提供这类鸡的种鸡场的成年鸡 ALV-A/B 或 ALV-J 的血清抗体阳性率不得高于 2%。但对于我国自繁自养的黄羽肉鸡来说，目前还不能将它作为标准，这是因为，我国黄羽肉鸡的种鸡场中外源性 ALV 净化才刚刚开始，还要等几年后才能见成效，届时才能在黄羽肉鸡中仿照蛋鸡和白羽肉鸡实施同样标准。

(一) 酶联免疫吸附试验 (ELISA)

为了检测鸡群中的 ALV 抗体状态，需使用分别针对 A、B、C、D 亚群和 J 亚群的 ELISA 抗体检测试剂盒，这一方法适合于大批量样品的检测。其中 A、B、C、D 亚群 ALV 的囊膜蛋白有很高的交叉反应性，可以用同一个试剂盒。然而，在用这类试剂盒检测时，有时也会遇到假阳性问题或难以判定的问题。例如，当只有个别样品为阳性时，是否能排除技术操作过程的误差带来的假阳性？又如，如果若干个样品的 ELISA 读数及相应的 S/P 值非常接近判定阳性的基底线时，这时对群体如何作出判断？在这种情况下，或者对样品作重复检测，而且要增加每个样品的重复检测的孔数，或者增加对同一鸡群采集的样品的数量。

鉴于这一方法已非常普及，本书不再对具体方法做详细叙述。

(二) 间接免疫荧光抗体试验 (IFA)

当用已知的 A/B 亚群或 J 亚群 ALV 感染的 DF1 细胞作为抗原时，可用 IFA 来检测每只鸡血清 ALV-A/B 或 ALV-J 抗体反应。在这种情况下，分别在 A/B 或 J-亚群 ALV 感染的 96 孔细胞培养板的相应孔或培养皿中的盖玻片(飞片)上滴加一定稀释度的待检鸡血清作为第一抗体，随后按规定程序孵化和洗涤，再加入商品化的通用抗鸡 IgG 的荧光素(如 FITC)标记的兔(山羊)血清作为第二抗体。再按操作程序孵化和洗涤后，在荧光显微镜下观察。

这一方法一般要人工操作、人工判断，不适合大批量样品（如 100 份以上）的检测。但它的结果可靠，在显微镜下同一视野中的有 ALV 感染或未感染的细胞可分别作为阳性及阴性对照。如彩图 6-10 所示，被特异性抗体所识别的 ALV 抗原所呈现的荧光多在细胞质中，而细胞核仍不着色。我们的比较表明，用 ELISA 和 IFA 检测的抗体效价有很好的平行关系（图 6-1 和表 6-1），两种方法的判定结果全部吻合。

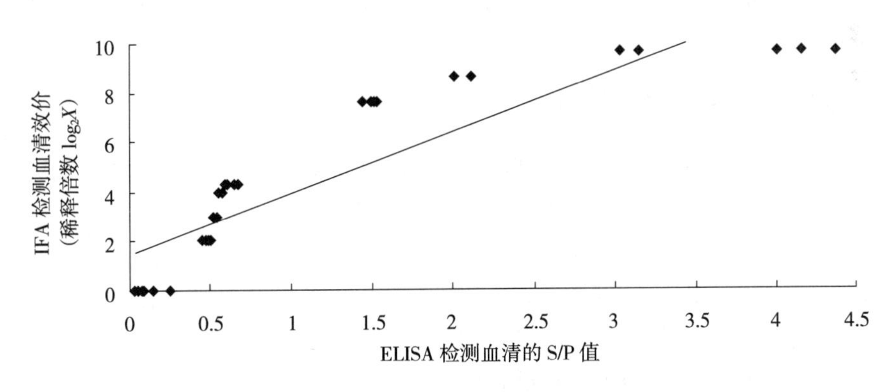

图 6-1 ELISA 检测血清 ALV-A/B 抗体的 S/P 值与 IFA 检测的血清效价的相关性分析

注：ELISA 与 IFA 检测 ALV-A/B 的血清效价之间呈显著正相关（r=0.974 35；$P<0.0001$；$n=30$）。

这一方法在以下几种情况下可选用：

(1) 当对 ELISA 抗体检测试剂盒的质量及其判定结果有疑问时。商品化的试剂盒偶尔也会出现质量问题，或者对于已知感染状态的鸡群，当怀疑 ELISA 试剂盒检测的阳性率过高或过低时，这时可选择 ELISA 读值处在不同范围的部分血清样品用 IFA 来验证。

(2) 当鸡群中有很低比例的样品呈现阳性或可疑，而且 ELISA 中 S/P 值在临界线的上下时，可用 IFA 对相应样品来验证。

表 6-1 检测不同鸡血清 ALV-A/B 抗体的 ELISA 和 IFA 结果吻合性比较

ELISA（S/P 值）范围（样品数）	IFA 效价
3.03～4.38（4）	1∶800
2.01～2.12（2）	1∶400
1.43～1.53（4）	1∶200
0.60～0.67（3）	1∶20
0.55～0.58（2）	1∶16
0.51～0.54（2）	1∶8
0.45～0.50（4）	1∶4
0.03～0.28（7）（阴性）	<1∶1

注：在此次试验中，ELISA 中 S/P 值 0.4 为判定阳性的基底值。

（3）当样品数量较少，不值得用做一次 ELISA 检测时，可用 IFA 来检测。

（三）对 ALV 抗体检测的诊断意义

必须再一次强调，对 ALV 抗体的检测只有在用于判定鸡群特别是种鸡群是否有外源性 ALV-A/B 或 ALV-J 感染时才有诊断意义。抗体检测阳性与否不能用来判定一只发生肿瘤的鸡是否是由 ALV 引起。这是因为，一方面发生了 ALV 肿瘤的鸡的抗体不一定呈阳性反应，另一方面对 ALV-A/B 或 ALV-J 或二者的抗体呈现阳性的鸡不一定发生肿瘤，而且在多数情况下都没有肿瘤发生。但是，如果对一个鸡群大批量样品（200 份血清样品以上）ALV-A/B 及 ALV-J 抗体的检测结果均为阴性时，该鸡群正在出现的肿瘤就不大可能是由 ALV 引起的。这是因为，有些鸡出现 ALV 感染诱发的肿瘤时，肯定还有一部分鸡在感染后不发病，但会出现抗体反应。

至于 SPF 鸡群，则是另一个标准。凡是 ALV 抗体阳性，就代表鸡群已有 ALV 感染，但不考虑是否发病的问题。

二、MDV 血清抗体检测的方法和诊断意义

可以分别用琼脂扩散沉淀反应及间接免疫荧光抗体试验来检测鸡血清 MDV 的抗体反应，但在实际生产中对 MDV 抗体检测的诊断意义和价值不大。

在禽病诊断中，已很少有人检测鸡群的 MDV 血清抗体了。实际上，对鸡群的 MDV 抗体检测，对了解致病性 MDV 的感染动态及改进预防控制措施也没有帮助。这是因为，所有需要关注 MDV 感染及其相关肿瘤的鸡群，在 1 日龄都已免疫了疫苗。虽然这不能保证每一只鸡都呈现 MDV 抗体阳性，但很多鸡已是阳性了。

（一）琼脂扩散沉淀反应（AGP）

这是在 50 年前 MDV 刚刚被确定为鸡马立克氏病的病原时就采用的方法。可在琼脂凝胶上按一定的排列打出若干个孔（如 1 个中央孔、周围 6 个孔的梅花状），当在分别加入 MDV 抗原（来自被 MDV 感染鸡的羽毛囊）和鸡血清的两个相邻空间出现一条沉淀线，而与对照孔（来自 SPF 鸡的羽毛囊或血清）不产生沉淀线时，就可判定血清 MDV 抗体为阳性。但这种反应有时也与Ⅰ型和Ⅲ型火鸡疱疹病毒（HVT）感染后的鸡血清发生交叉反应。

（二）间接免疫荧光抗体试验（IFA）

用已知的Ⅰ型 MDV 感染 96 孔细胞培养板或盖玻片上的鸡胚成纤维细胞单层作为抗原，

将待检鸡血清作为第一抗体，以荧光素（如 FITC）标记的抗鸡 IgG 的兔或山羊血清为第二抗体（商品化试剂供应），先后加在细胞表面，按规定的操作程序相互作用和洗涤后，在荧光显微镜下观察。如对 MDV 抗体阳性，可以见到呈荧光的 MDV 形成的病毒蚀斑及组成的感染细胞。而蚀斑周边未被感染的细胞则不显荧光。

（三）诊断意义

如前所述，对 MDV 的抗体检测的诊断意义不大。

三、REV 血清抗体检测的方法及诊断意义

检测鸡群血清中 REV 抗体的阳性率，可以用来评估鸡群是否曾经被 REV 感染，但对显现肿瘤的病鸡无诊断价值。

（一）ELISA

类似于 ALV 抗体 ELISA 检测试剂盒，但 REV 只有一个抗原型，因此，用于检测鸡血清 REV 抗体的只有一类商品化的试剂盒。

（二）IFA

也与 ALV 非常类似。

IFA 对血清抗体检测的优缺点及适用条件也与 ALV 类似。

（三）诊断意义

在我国鸡群，普遍存在着 REV 感染。因此，在鸡群中出现一定比例抗体阳性的个体是很常见的。在我国，目前还没有把种鸡场是否有 REV 感染列入监管范围。但是对于 SPF 鸡场，则属于高度关注的一项指标。虽然在呈现 REV 抗体阳性的鸡不一定能分离到 REV，但由于对 SPF 鸡场是抽样检测，一旦检测到有一只鸡呈现 REV 抗体阳性，就意味着这群 SPF 鸡已被 REV 感染。这群鸡中某些个体就可能有病毒血症，并向种蛋中垂直传播 REV。

通常，REV 在鸡群中横向传播的能力很弱。在自然感染情况下，鸡群 REV 的阳性率可能随着年龄的增长而有所升高，但这种升高趋势很缓慢。在一般情况下，自然感染的鸡群，即使在成年后，甚至到 12 月龄时，REV 抗体的阳性率也仅为 20%～35%或更低。如果一个鸡群 REV 抗体的阳性率突然升高或抗体阳性率超过 60%甚至 70%，则应该怀疑有某种特殊诱因。最常见的是在不久前使用了被 REV 污染的活疫苗，特别是那些通过注射方式接种的活疫苗。另一个可能的原因是一种携带 REV 全基因组的禽痘病毒感染了鸡群。如第四章第二节所述，这种重组的禽痘病毒野毒株在复制的同时也同时产生 REV 感染性粒子。

第三节 病原学检测技术在肿瘤病诊断上的应用及其研发

病原学检测在病毒性肿瘤的鉴别诊断中起着重要作用。虽然不能说只要分离到哪种病毒或检出哪种病毒就可作出鉴别诊断的结论，但是要作出鉴别诊断的结论时，一定要有从血清中或肿瘤组织中检测出某种病毒的实验室证据。这包括直接分离鉴定出相应病毒，或从肿瘤组织检出病毒特异性抗原或核酸。

一、病原学检测技术在禽白血病鉴别诊断上的应用和研发

（一）ALV的分离、鉴定和检测

分离到特定亚群的外源性ALV是对禽白血病肿瘤作出鉴别诊断的最重要病原学依据。为了分离外源性ALV，可分别将可疑鸡的血液或病料组织悬液过滤液接种鸡胚成纤维细胞或传代细胞系DF1细胞上。由于ALV在细胞培养上通常不产生细胞病变，必须用特异性抗原检测法或核酸检测法来发现和鉴定所分离到的病毒。可用ALV-p27抗原ELISA检测试剂盒、ALV特异性单克隆抗体或单因子血清做IFA来确证病毒的存在，最后可用特异性引物以感染细胞基因组DNA为模板扩增env基因，在测序后最终确定亚群。

1. ELISA检测ALV-p27抗原 可用商品化的ALV-p27抗原ELISA检测试剂盒来检测细胞培养上清液或其细胞裂解物来确定是否在细胞培养中有ALV感染，或是否已分离到ALV。但是，该试剂盒不仅不能区别不同亚群ALV，也不能区分外源性和内源性ALV。因此，如果是通过检测p27抗原来确定是否分离到外源性ALV，则必须用DF1细胞而不能用常规的鸡胚成纤维细胞。

2. ALV-J特异性单克隆抗体及IFA 在20世纪90年代末，我们利用DNA重组技术，以昆虫杆状病毒为载体在昆虫细胞中表达了ALV-J的囊膜蛋白，以此作为免疫原免疫小鼠，研发和制备了ALV-J特异性单克隆抗体。在IFA中，这种单克隆抗体可特异性地识别所有J亚群ALV，但与其他亚群ALV均不反应（彩图6-11）。利用这种单抗，我们首先从国内的肉鸡群中分离鉴定出若干株ALV-J，随后又从蛋用型鸡和黄羽肉鸡中分离鉴定出多个ALV-J的流行毒株。在过去十多年中，这种单抗不仅是我们实验室最常用的诊断试剂，而且也帮助全国多个实验室从蛋鸡和黄羽肉鸡中分离鉴定出ALV-J。利用这种单抗做IFA，当将病鸡的病料样品接种细胞后，最快可在接种后2～3d显示ALV-J特异性的感染细胞。在这种情况下，不论这种细胞的比例多低，甚至在一个或几个视野中只有一个感染细胞时，也能肯定地确认出来。这是因为，与这种单抗发生反应的ALV-J感染细胞，其荧光可呈现比较完整的细胞轮廓和形态，不论是梭形还是长长的纤维状细胞，都能很清楚地显现出来，与周边的未感染细胞形成鲜明的对比。而且，细胞核一般不显荧光，呈暗色的不定型结构，可以确认IFA的特异性（彩图6-11）。利用单抗JE9对ALV-J的不同毒株感染细胞做IFA时的效价可达到1∶5 000～40 000。

3. 其他亚群ALV的单因子血清及IFA 由于从鸡分离到的ALV的A、B、C、D等经典亚群在血清学上有较高的交叉反应性，目前还没有一套可稳定且特异地识别每一个亚群的单克隆抗体普遍用于病原学诊断。我们用在大肠杆菌中表达的ALV-A的重组囊膜蛋白免疫小鼠，所得到的小鼠单因子血清在IFA中既能识别ALV-A感染的细胞，也能识别ALV-B感染的CEF（彩图6-12至彩图6-14）。然而，小鼠的单因子血清数量有限，很难推广应用。为此，我们又用在大肠杆菌中表达的ALV-A和ALV-B的重组囊膜蛋白分别免疫兔，所得到的2种兔单因子血清在IFA中既能识别ALV-A感染的细胞，也能识别ALV-B感染的细胞（彩图6-15至彩图6-20），但与ALV-J感染细胞不发生反应。必须注意，在用兔血清作为IFA的第一抗体时，第二抗体是荧光素标记的抗兔IgG山羊或其他动物的血清。

在应用这一方法确证ALV的存在后，还需用PCR扩增env基因，待测序后确定其亚群。

4. ALV 特异性抗体及免疫组织化学　为了直接显示肿瘤细胞中的 ALV，可应用上述 ALV 特异性单克隆抗体或单因子血清对肿瘤组织的切片做免疫组织化学反应。利用这一技术，就可以在显微镜下，在看到肿瘤细胞基本形态的同时，还能直接看到在细胞质里的 ALV 抗原（彩图 6-21）。对确认某一脏器中的特定细胞类型肿瘤究竟是哪种病毒或哪个亚群的病毒引起的来说，这一方法是最直接、最有效的。只是这一方法比较繁琐且操作技术难度大，只能选择有限样本进行。一般仅在一个鸡群甚至一个鸡场需要对这一次暴发的肿瘤病的原因作全面、确切的鉴定时，才需要用这么复杂的技术。对一般鸡场制订防控措施来说，只要用上述其他两种方法检测确认某种亚群 ALV 感染是否存在及其感染率就可以了。

（二）核酸技术检测致病性外源性 ALV

为了确定病料中是否有 ALV，不仅可以用免疫学方法做 ALV 特异性抗原检测，也可以直接检测 ALV 病毒粒子中的基因组 RNA 或整合进感染细胞基因组中的前病毒 cDNA。此外，在用 ALV 单因子血清确认有外源性 ALV 存在时，还必须利用核酸技术来进一步确定其亚群。

1. env 基因的扩增、序列比较和亚群鉴定　如第二章第一节所述，迄今为止，从鸡群可分离到 A、B、C、D、E 和 J 六个亚群 ALV。我们最近又从中国地方品种鸡中分离到若干株 ALV，根据 env 基因序列，似乎是不同于 A、B、C、D、E 的一个新亚群。虽然在 ALV 研究的早期，科学家们分别利用病毒交叉中和反应等经典病毒学试验来区分不同的亚群，然而用这些方法来对分离到的野毒株一一确定亚群是不现实的，或不具有可操作性。随着分子病毒学技术的改进，近二十年来用囊膜蛋白基因 env 序列比较来确定野毒株的亚群，已取代了经典病毒学的方法。利用分子病毒学的基因序列比较来确定亚群，即使面对几十个野毒株，也是很容易实现的（详见第二章）。在确定 ALV 亚群的同时，实际上也确证了外源性 ALV 感染的存在。

2. 用 RT-PCR 和核酸探针分子杂交技术检测外源性 ALV 特异性核酸　除了分离病毒外，也可以用核酸技术来直接检测疑似病鸡血液和肿瘤组织中的外源性 ALV。然而，ALV 有内源性和与致病性相关的外源性病毒之分。在鸡的许多个体的基因组上都存在内源性 ALV 全基因或部分片段。虽然内源性与外源性 ALV 的 env 基因或其 LTR 片段的核苷酸序列有所不同，但同源性往往在 80%以上。对 PCR 或 RT-PCR 的产物，如果不作系统的序列比较，是很难避免来自内源性 ALV 基因组序列的非特异性干扰作用的。为此，我们研发了一种 PCR 或 RT-PCR 产物结合特异性核酸探针做分子杂交来确定外源特异性 ALV 的实验室诊断技术。这一技术的核心是利用 PCR（RT-PCR）提高灵敏度，即将样品中很低量的外源性 ALV 基因组核酸扩增，再用 A/B 或 J 亚群 ALV 特异性的核酸探针作斑点分子杂交来确定其特异性。由于核酸分子间杂交的强度既取决于分子间的同源性程度，也取决于分子杂交过程中洗涤液的离子强度与温度。当将温度提高到某一临界点时，只有同源性很高的分子间才会发生杂交反应并呈色，而同源性低的分子间就不会发生杂交反应或杂交反应大大减弱。因此，可以将 J 亚群和 A/B 亚群外源性 ALV 的 LTR 与内源性 E 亚群 ALV 的 LTR 区分开来。这一方法既可用于对肿瘤的鉴别诊断，也可用于种鸡群外源性 ALV 净化过程中对大量样品的检测。主要操作步骤见下面附件 3。

二、病原学检测技术在马立克氏病鉴别诊断上的应用和研发

（一）细胞培养、分离马立克氏病毒（MDV）

取疑似病鸡的血液或死亡不久鸡的肿瘤组织细胞悬液接种鸡胚成纤维细胞（CEF）是最基本、也是最有效的病原学诊断方法。由于 MDV 是严格的细胞结合病毒，除了可以从羽毛囊上皮分离到游离病毒外，从血液或其他组织分离病毒时都有赖于血液细胞或组织细胞的活性。因此，必须在疑似病鸡存活时就应采集抗凝血作为分离 MDV 的样品。如果病鸡刚刚死亡，也可趁组织细胞还存活时做成悬液接种细胞，或立即保存于液氮中。根据我们的经验，采集的抗凝血在 4℃下保存 2d 内，仍有可能分离到病毒。

如果有 MDV 存在，在接种 CEF 7d 左右，即可在细胞单层上看到 MDV 感染细胞后诱发细胞病变形成的蚀斑（详见第三章，彩图 3-1 至彩图 3-13）。其他两种肿瘤病毒 ALV 和 REV 感染 CEF 后一般不会形成蚀斑。在大多数情况下，如果发现蚀斑，很有可能是Ⅰ型致病性 MDV 引起的。有时，将病料接种 CEF 后 7d，不一定能看到蚀斑，这时应将接种的细胞消化后，再接种一块新鲜的平皿，再培养7d，并可再重复一次。这样会大大提高病毒的分离率。

然而，看到病毒蚀斑还不能作出分离到Ⅰ型致病性 MDV 的结论。还需要排除非致病性的Ⅱ型 MDV 甚至Ⅲ型 HVT 疫苗病毒，更需要对Ⅰ型致病性毒株与疫苗毒株作出鉴别诊断。如下所述，需要用相应的单克隆抗体做 IFA 或核酸技术来完成鉴别诊断。

（二）Ⅰ型 MDV 特异性单克隆抗体及 IFA

用以昆虫杆状病毒为载体在昆虫细胞中表达的Ⅰ型 MDV 的囊膜糖蛋白 gB 作为免疫原，我们筛选到能分别针对 gB 上不同抗原表位的两株杂交瘤细胞 BA4 和 BD8 制备的单克隆抗体。前者能识别所有Ⅰ型 MDV 的 gB 囊膜蛋白上的一个共同抗原表位，而与Ⅱ和Ⅲ型 MDV 不发生反应。而 BD8 则可识别在 gB 上的一个为所有Ⅲ型 MDV 所共有的抗原表位，即与所有型 MDV 都发生反应（表 6-2）。最近我们又引进了能识别除疫苗株 CVI988 以外的所有Ⅰ型 MDV 的单克隆抗体 H19。如第三章已叙述的，我们证明了，由于 CVI988 株的 pp38 基上的第 107 碱基的突变，使第 107 位氨基酸“E”变为“R”，使其失去了能被单克隆抗体 H19 所识别的抗原表位。利用这三个单克隆抗体对在 CEF 上形成的病毒蚀斑做 IFA，就可能确定是否是Ⅰ型 MDV，以及究竟是Ⅰ型 MDV 野毒株还是所用的疫苗株 CVI988（彩图 3-98 和彩图 3-99，彩图 6-22 和彩图 6-23）。

表 6-2　单抗 BA4 及 BD8 与不同致病主型 MDV 毒株的反应效价

病毒株		MDV 单抗	
		BA4	BD8
Ⅰ型	vGA	$>10^3$	$>10^3$
	vJM	$>10^3$	$>10^3$
	vvMd11	$>10^3$	$>10^3$
	vvRBIB	$>10^3$	$>10^3$
	vv^{+}648A	$>10^3$	$>10^3$
	vv^{+}584A	$>10^3$	$>10^3$
	CVI988	$>10^3$	$>10^3$

（续）

病毒株		MDV单抗	
		BA4	BD8
Ⅱ型	SB1	<10	$>10^3$
	30IB	<10	$>10^3$
Ⅲ型	HVT	<10	$>10^3$

注：所用单抗均为1995年制备的第一批。表中“V”表示强毒MDV；“VV”表示超强毒MDV，“VV^+”表示特超强毒MDV。

（三）核酸技术检测Ⅰ型致病性MDV

用Ⅰ型MDV特异性核酸探针作斑点分子杂交，可检测病鸡羽毛囊中Ⅰ型MDV。由于MDV的pp38基因是Ⅰ型MDV特异性的，在未经CVI988疫苗株免疫的鸡群，如在中国饲养量极大的商品代白羽肉鸡，利用地高辛标记的核酸探针可在斑点杂交中检出羽毛囊上皮细胞基因组DNA中的Ⅰ型MDV特异的pp38。这一反应特异、灵敏（检出灵敏度为每点1pg）（图6-2和图6-3）。

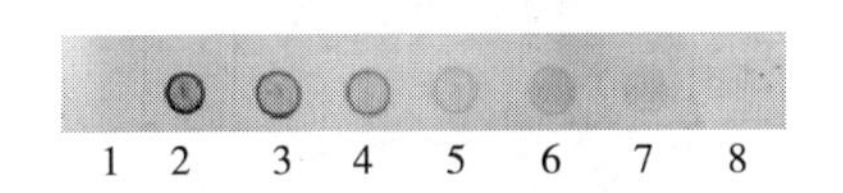

图6-2　MDV pp38基因核酸探针斑点分子杂交检测结果的灵敏度

注：1：空白对照；2～8：分别加10pg、6pg、5pg、3pg、2pg、1pg、0.5pg的MDV pp38质粒DNA。滴加1pg阳性DNA的第7点仍显色呈阳性。

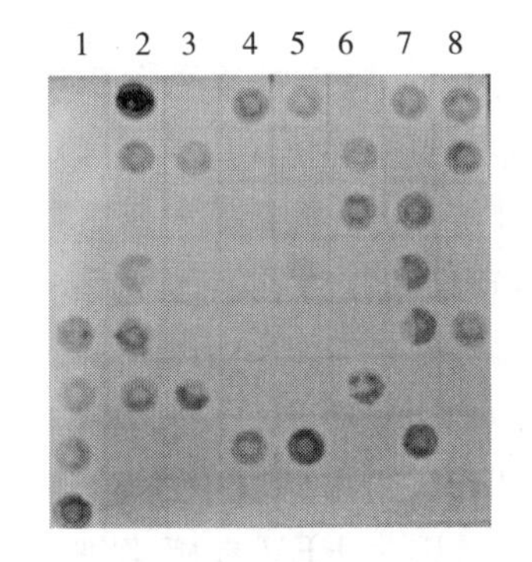

图6-3　部分羽毛囊样品MDV pp38基因核酸探针斑点分子杂交检测结果

注：顶行第1点为正常CEF基因组DNA，作为阴性对照；第2点为MDV pp38基因DNA，作为阳性对照；底行第7和8点不加样品，作为阴性对照。其余各点为从不同鸡的羽毛囊提取的DNA样品。

（四）MDV特异性单克隆抗体及免疫组织化学

取MDV诱发的病鸡肿瘤组织作成切片后，再用Ⅰ型MDV特异性单抗BA4或H19，做免疫组织化学研究，可以在肿瘤结节的淋巴细胞瘤细胞中显示出MDV的gB抗原或pp38抗原（彩图6-24）。

三、病原学检测技术在网状内皮增生病鉴别诊断上的应用和研发

（一）网状内皮增生病病毒（REV）的分离、鉴定和检测

采集疑似病鸡血浆或血清，或采集疑似肿瘤组织研磨成细胞悬液经细胞滤器过滤后接种CEF培养。与ALV类似，大多数REV野毒株并不引起感染细胞显现细胞病变。为了确定是否有REV感染，需要用REV特异性抗体作IFA。当样品中REV感染率很低时，需将接种的细胞在5～7d后消化，再接种于新的平皿，如此传2～3代，可提高分离率。

（二）REV特异性单克隆抗体及IFA

早在三十多年前，我们就用纯化的REV病毒粒子作为抗原免疫小鼠，制备出一套针对REV的杂交瘤细胞分泌的单克隆抗体，其中用小鼠腹水中制备的11B118和11B154两个单

克隆抗体，在作 1∶5 000稀释后，仍能与感染细胞中的 REV 抗原反应，一直用于我国鸡群中 REV 的分离和鉴定，且可以识别所有来源的 REV。利用这两个单抗作 IFA，就可以识别出被 REV 感染的 CEF。与 ALV 一样，单克隆抗体 11B118 和 11B154 所识别的 REV 抗原都位于感染细胞的细胞质中。被荧光素着色的感染细胞的轮廓，都可以被黄绿色的荧光显现出来。也与 ALV 感染细胞一样，在 IFA 中细胞核不着色，相对于发出荧光的细胞质，细胞核为暗色（彩图 6-25 和彩图 6-26）。当同一视野中还存在未感染细胞时，感染细胞呈现的荧光非常清晰。同一视野中的未感染细胞就成为明显的阴性对照。

当将肿瘤组织的切片用单抗做 IFA 时，也可以在肿瘤细胞内显出 REV 特异性荧光。当与连续切片的 HE 染色的切片同时比较观察时，更能对比出是哪种肿瘤细胞中存在着被 REV 特异性单克隆抗体所识别的抗原，从而确定肿瘤细胞转化的病因是 REV 还是其他病毒（彩图 5-3 至彩图 5-9）。

（三）REV 特异性单克隆抗体和免疫组织化学

对肿瘤组织的切片用单克隆抗体做免疫组织化学染色时，也能在显现肿瘤细胞的形态结构的同时，确定肿瘤细胞中是否存在 REV 感染（彩图 6-27）。

（四）核酸技术在 REV 检测中的应用

利用我们研发的用地高辛标记的 REV 特异性核酸探针，对从疑似病鸡病料提取的 DNA 做斑点分子杂交，可直接检出病料中的感染细胞的 REV 特异性核酸。这是因为 REV 在感染细胞过程中，一定会形成前病毒 cDNA 并整合进宿主细胞基因组，这是病毒复制的必经阶段。当将从可疑病料提取的 DNA 点在硝酸纤维膜或尼龙膜上后做分子杂交时，REV 特异性核酸探针分子就能与膜上的 REV 特异性 DNA 相结合。当再用抗地高辛的酶标抗体与之作用后，加入底物，就能显色。这一反应特异性、灵敏度都很高。REV 特异性核酸探针与鸡的其他病毒无任何交叉反应。通常点在膜上一个点的 DNA 中，只要含有 1～2pg 的 REV 特异性 DNA，即可被检测出来（图 6-4 和表 6-3）。如果先对从病料提取的 DNA 用 REV 特异性引物作 PCR 扩增，再对 PCR 产物做斑点分子杂交，又可将灵敏度提高至少1 000倍（图6-5和表6-4）。

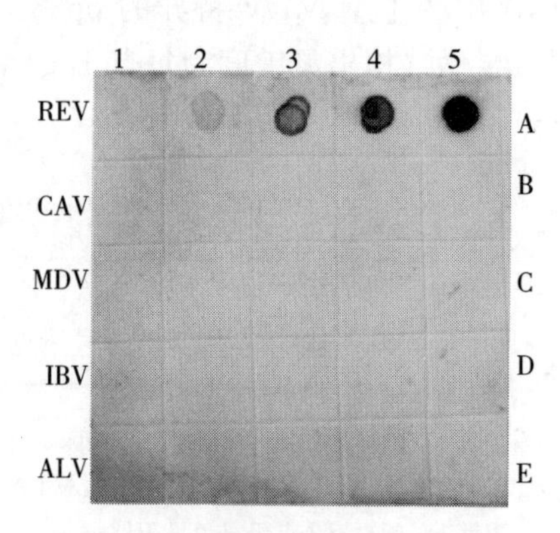

图 6-4 REV 特异性核酸探针在斑点分子杂交中的特异性和灵敏度

注：样品 DNA 的病毒来源：A1～A5，REV-pol 同源 DNA；B1～B5，CAV-vp3 基因；C1～C5，MDV-pp38 基因；D1～D5：IBV-N 基因；E1～E5：ALV-LTR。各点加样量：从第 1 列到第 5 列，分别为 0.1pg、1pg、10pg、100pg、1 000pg。

表 6-3 REV 特异性核酸探针在斑点分子杂交中的特异性和灵敏性

病毒	0.1pg	1pg	10pg	100pg	1 000pg
REV	－	＋	＋＋	＋＋＋	＋＋＋＋
CAV	－	－	－	－	－
MDV	－	－	－	－	－
IBV	－	－	－	－	－
ALV	－	－	－	－	－

注：＋＋＋＋：信号极强，显色极其明显；＋＋＋：信号较强，显色很明显；＋＋：信号较好，显色明显；＋：有信号，呈肉眼可见的褐色斑点；－：没有信号，不显色。

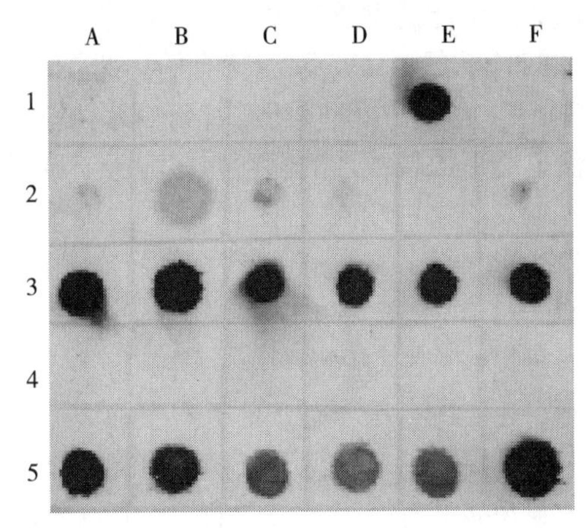

图 6-5　部分样品 DNA 和样品 PCR 产物斑点分子杂交结果

注：A1：双蒸水；B1：SPF 鸡胚组织 DNA，作为阴性对照；C1：TE buffer；D1/F1：不加任何物质的空白膜对照；E1：未标记的 REV 探针 DNA，作为阳性对照；A2～F2 和 A4～F4：样品 DNA 直接斑点杂交结果；A3～F3 和 A5～F5：对应样品 PCR 产物斑点杂交结果。

表 6-4　PCR 产物电泳＋斑点分子杂交与其他方法对可疑样品中 REV 检出率比较

	PCR 产物电泳	斑点分子杂交	PCR 产物电泳＋斑点分子杂交
检出阳性样品数	0	10	18
检出阴性样品数	0	0	13

注：检测阳性样品数总计为 18 个，检测阴性样品数总计为 13 个。

第四节　病理学观察比较的诊断意义

在第二、三、四章中，已分别对 ALV、MDV 及 REV 可能诱发的剖检病理变化及病理组织学病变作了非常详细的描述。由于三种病毒诱发的肿瘤既有各自的特性，又常常是非常相似，因此，很难说只看一两个病例就作出判断，更不可能下结论。但是，全面细致的病理学检查及比较研究仍可为鉴别诊断提供非常重要的线索。

一、三种病毒性肿瘤病的剖检病理病变比较

淋巴细胞瘤是鸡群最常见的一种肿瘤类型，MDV 仅诱发淋巴细胞肉瘤，但另外两种病毒可在诱发其他类型细胞肿瘤的同时诱发淋巴细胞肉瘤。这三种病毒诱发的淋巴肉瘤都可以发生于不同的器官组织。在形态上既可形成数量有限的较大的肿瘤块，也可表现为不规则分布、数量较多的、大小不一的肿瘤结节（分别见第二、三、四章的相关彩图）。在这种情况下，是很难根据眼观的肿瘤病变来区别究竟是哪一种病毒引起的。虽然 MDV 诱发的肿瘤发病高峰较早，一般在 3～4 月龄时，而其他两种病毒诱发的肿瘤较晚，一般在性成熟时，但这也不是绝对的。ALV 诱发的纤维肉瘤，其眼观病变很难与淋巴肉瘤相区别（彩图 2-84 至彩图 2-89）。但是，ALV 还会诱发一些特征性的肿瘤表现，如 ALV-J 诱发骨髓细胞样瘤时，肝脏肿大，表面呈现大量弥漫性均匀分布的针头大小的白色肿瘤结节。这在其他两种病毒甚至其他亚型 ALV 感染鸡都是很少见到的（彩图 2-1、彩图 2-2、彩图 2-12、彩图 2-14、彩图

2-31）。此外，不同亚群ALV还都能诱发骨髓硬化。胫骨肿大（彩图1-12、彩图1-13），骨髓硬化、色泽黄色（彩图2-62），也是ALV肿瘤特有的。此外，ALV还可在体表与内脏诱发血管瘤（彩图1-6至彩图1-9，彩图2-28、彩图2-74、彩图2-105）。在ALV-J感染时，一部分病鸡在颅骨或肋骨表面也会形成特征性的髓细胞样肿瘤，显著突出于头颅的表面（彩图1-5）。

为了全面了解发病鸡发生的肿瘤，一定要观察全身所有的脏器组织，包括胸腺、法氏囊、坐骨神经和三叉神经等。对于MDV和REV感染鸡，有时会出现坐骨神经肿胀，但在MDV感染情况下，坐骨神经肿大往往是一侧性的（彩图1-20）。

在剖检发现疑似肿瘤时，还要注意是否有其他可产生肿瘤样病变但不是肿瘤的其他病毒引起的病变。如在本章第一节已提到的鸡戊型肝炎病毒感染的母鸡，容易在开产前后表现大肝大脾病，其肝、脾、肾的眼观病变有时很难与肿瘤相区别（彩图6-1至彩图6-9）。

二、三种病毒性肿瘤的病理组织学比较

ALV、MDV和REV这三种病毒感染的鸡，都能发生淋巴细胞肉瘤。淋巴细胞肉瘤是病毒性肿瘤中最常见的类型，可能为T淋巴细胞瘤，也可能为B淋巴细胞瘤。ALV诱发的淋巴细胞肉瘤基本上都是B淋巴细胞瘤，而MDV诱发的淋巴细胞肉瘤都是T淋巴细胞瘤。发生白血病时，典型的B淋巴细胞瘤中的淋巴细胞往往大小、形态比较均匀一致（彩图2-92至彩图2-103），而马立克氏病肿瘤中T淋巴细胞往往大小、形态不一（彩图3-61至彩图3-82），但这一差异不是绝对的，即使是很有经验的人，有时判断起来也很困难。对于REV感染鸡后诱发的肿瘤，则既可能是B淋巴细胞瘤，也可能是T淋巴细胞瘤。这又进一步给肿瘤的诊断带来难度。特别是，当病鸡死亡后，肿瘤细胞很快会发生自溶，由此而导致肿瘤细胞的形态和大小会发生变化。肿瘤细胞的这种自溶作用发生得要比同一组织中的正常组织细胞要早，因此，在同一切片的同一视野中，即使正常的组织细胞并没有发生自溶，但肿瘤细胞已自溶了，这就给鉴别诊断带来不少困难。因此，为了得到好的组织切片，必须在病鸡死亡后尽快剖检，而且尽快处理组织块。如果在疑似肿瘤的病鸡的病理切片中发现大量的淋巴细胞，还要注意是否有其他可产生肿瘤样病变但不是肿瘤的其他病毒引起的病变。如鸡戊型肝炎病毒感染的母鸡，也容易在开产前后表现大肝大脾病，其肝、脾、肾的眼观病变有时很难与肿瘤相区别（见本节前段），而在病理组织切片中有时也显出大量的淋巴细胞浸润（彩图6-28至彩图6-33）。这时特别要注意，在浸润的淋巴细胞间，还可能有其他不同形态的炎性细胞，而且相关的组织细胞也有变性的变化，这是不同于肿瘤性淋巴细胞浸润的。在这种情况下，病毒的分离鉴定就显得非常重要了。

当然，如果采用针对T淋巴细胞和B淋巴细胞特征性表面抗原的抗体做免疫组织化学检查，可最终鉴别是T淋巴细胞瘤，还是B淋巴细胞肿瘤。但这一方法的操作技术难度较大、试剂也很贵。除了为了研究目的外，从预防控制角度考虑，这一方法还不能被普遍采用。

在ALV感染的鸡群发生其他细胞类型的肿瘤时，则比较有鉴别诊断意义。例如，骨髓细胞样肿瘤细胞是鸡白血病所特有的，特别是在ALV-J感染鸡，这种细胞类型的肿瘤最常见，也最容易鉴别。其细胞核形态不一、较淡染，相对于细胞质所占的比例较小。而且在细胞质中有特征性的嗜酸性或嗜碱性颗粒（详见第二章，彩图2-3、彩图2-31至彩图2-69）。但是，对这种髓细胞样肿瘤细胞，也要与炎性中性粒细胞浸润相区别。在后一种情况下，在

一个病灶上积聚的炎性中性粒细胞数量有限，而且还同时有其他炎性细胞（如淋巴细胞等）。

在ALV感染鸡，还可能发生纤维细胞肉瘤（彩图1-14、彩图2-111至彩图2-119、彩图2-138至彩图2-143）或其他细胞类型的肉瘤。J亚群或其他亚群的ALV都有可能引发这类细胞类型的肿瘤。仅靠形态学观察是很难鉴别的。

REV感染鸡除了能诱发T淋巴细胞瘤和B淋巴细胞瘤以外，也不排除诱发其他细胞类型肿瘤的可能性（彩图5-3至彩图5-11）。

综上所述，鸡的不同病毒诱发的肿瘤，既有各自的特点，又有共同点。对于大多数临床病例，特别是死亡后一定时间，肿瘤细胞已发生自溶，更难仅仅根据病理变化来确定肿瘤的病因。但是，为了确定是否病毒性肿瘤，在从可疑鸡分离和鉴定病原的同时，进行病理组织学观察仍然是鉴别诊断不可缺少的。这是因为，如果仅仅分离到病毒，但并没有肿瘤的病理学变化，那只能说明有肿瘤性病毒感染，但不一定有病毒性肿瘤病发生。感染和发病还是有区别的。

三、不同病毒诱发的混合性肿瘤

当两种肿瘤病毒同时感染一只鸡时，虽然不同病毒都有可能诱发肿瘤，但由于不同病毒诱发肿瘤的潜伏期不同，当一种病毒先诱发了肿瘤，等不及另一种病毒诱发肿瘤，发病鸡就已死亡了。因此，在同一只鸡同时观察到不同病毒诱发的肿瘤的机会是不多的。但是，这种现象确实是存在的。不过，这种现象只有通过病理组织切片的观察才能确定。

例如，在MDV和REV共感染的鸡，我们观察到分别由MDV诱发的淋巴细胞瘤和REV诱发的一种不能确定细胞类型的肿瘤细胞组成的混合性肿瘤（彩图5-3至彩图5-13）。这种混合性肿瘤发生在同一只鸡的肝脏组织切片中。在同一个肿瘤细胞病灶中，病灶的中心都是细胞核很大的淋巴细胞，而在其四周则是一种不能确定类型的细胞。这种细胞的细胞质占的比例很大，呈粉红色，而细胞核较小，着色较淡，而且形态不规则。将组织块做连续切片，对同一肿瘤灶的连续切片用REV单克隆抗体做间接免疫荧光反应，在该肿瘤灶周边的细胞都被REV单抗识别，并在细胞质中显示大量荧光颗粒，即REV抗原。但在病灶中央浸润的肿瘤性淋巴细胞则不被着色，这是MDV转化的淋巴细胞瘤，其周围的则是由REV诱发的肿瘤细胞。

用类似的方法，我们也曾在ALV-J和REV共感染的发生了典型髓细胞样肿瘤的病鸡同一肝脏触片的不同视野中观察到分别被ALV-J或REV单克隆抗体识别的显示荧光的肿瘤细胞团块（彩图5-14和彩图5-15）。但由于是用细胞触片做间接免疫荧光反应，因此，不能判定细胞类型，也不能判定两个肿瘤灶的位置关系。但这已经表明在同一只鸡的同一肝脏部位，同时存在着分别由REV和ALV-J诱发的肿瘤结节。

附件1 禽白血病诊断技术*（GB/T 26436—2010）

引言

禽白血病病毒（avian leukosis viruses，ALV）为反转录病毒科的n反转录病毒属，可

* 因篇幅限制，将附录A～H均省略。

诱发鸡不同组织的良性和恶性肿瘤，是鸡群中除马立克氏病病毒（MDV）和禽网状内皮增生症病毒（REV）外的又一类重要的致肿瘤病毒。禽白血病是一类由ALV相关的反转录病毒引起鸡的不同组织良性和恶性肿瘤病的总称。随发生肿瘤的主要细胞成分不同，分别称之为不同名称的肿瘤。ALV可分为A～J 10个亚群，其中仅A亚群、B亚群、C亚群、D亚群、E亚群、J亚群病毒与鸡相关。A亚群、B亚群、C亚群、D亚群、J亚群属外源性ALV，与禽白血病的不同类型肿瘤发病相关。E亚群病毒基因组可完整地整合进感染鸡的染色体基因组并稳定地遗传下去，也可从中再复制出传染性病毒颗粒，因而称之为内源性病毒。此外，在一些鸡的染色体的不同部位，还可能带有一些ALV的基因组片段。E亚群ALV的致病性很低或没有致病性，不属于净化对象，但很多鸡群中包括一些无特定病原(SPF)鸡群都可能带有E亚群内源性ALV，它的感染不会给鸡群带来不良影响，但会干扰检测。

目前，该病对我国养鸡业的危害很大。在国际种禽贸易中，外源性白血病病毒感染是最主要的检测对象之一。

1 范围

本标准规定了病料中ALV特异血清抗体和外源性ALV的检测方法。

本标准适用于判断鸡群或病料中是否有外源性ALV感染。

2 临床症状和病理变化

ALV主要引起感染鸡在性成熟前后发生肿瘤死亡，感染率和发病死亡率高低不等，死亡率最高可达20%。一些鸡感染后虽不发生肿瘤，但可造成产蛋性能下降甚至免疫抑制。淋巴样白血病是最为常见的经典型白血病肿瘤，肿瘤可见于肝、脾、法氏囊、肾、肺、胸腺、心、骨髓等器官组织，肿瘤可表现为较大的结节状（块状或米粒状），或弥漫性分布细小结节。肿瘤结节的大小和数量差异很大，表面平滑，切开后呈灰白色至奶酪色，但很少有坏死区。在成红细胞性白血病、成髓性细胞白血病、髓细胞白血病中，多使肝、脾、肾呈弥漫性增大。J亚群ALV感染主要诱发髓细胞样肿瘤，它最常见的特征性变化主要为肝脾肿大或布满无数的针尖、针头大小的白色增生性肿瘤结节。在一些病例中，还可能在胸骨和肋骨表面出现肿瘤结节。

单纯苏木精伊红染色（HE染色）的病理组织切片观察在诊断上有一定参考意义。在表现为淋巴样细胞肿瘤结节时，要注意与马立克氏病病毒（MDV）和禽网状内皮增生症病毒（REV）诱发的肿瘤相区别；在表现为髓样细胞瘤时，既要与REV诱发的类似肿瘤细胞相区别，也要与中性粒细胞浸润性炎症相区别，如鸡戊型肝炎病毒感染引起的肝局部炎症。最终的鉴别诊断以肿瘤组织中的病毒抗原检测或病毒分离鉴定为最可靠依据。

3 病毒的分离培养、检测和鉴定

3.1 试剂和仪器

3.1.1 试剂 DMEM液体培养基（pH7.2）、0.25%胰酶、磷酸盐缓冲液（0.01mol/L PBS，pH7.2）、抽提缓冲液、青霉素（10万U/mL）、链霉素（10万U/mL）、抗ALV单抗、抗ALV单因子鸡血清、异硫氰酸荧光素（FITC）标记的山羊抗小鼠IgG抗体、ALV-p27抗原酶联免疫吸附试验（ELISA）检测试剂盒、聚合酶链式反应（PCR）试剂、

RT-PCR试剂、生理盐水（0.9%氯化钠）、无水乙醇（分析纯）、丙酮（分析纯）、甘油（分析纯）、75%酒精、碘酒、细胞生长液（含有5%胎牛血清或小牛血清的DMEM液体培养基）、细胞维持液（含有1%胎牛血清或小牛血清的DMEM液体培养基）、大肠杆菌（TGl）、蛋白酶K、70%冷乙醇、乙酸钠（分析纯）、三氯甲烷（分析纯）、异戊醇（分析纯）、异丙醇（分析纯）、10×加样缓冲液、琼脂糖、DL2000 DNA Marker、TAE电泳缓冲液、氯化钙（0.1mol/L）、氨苄西林（100mg/mL）、双蒸水、LB液体培养基、TE缓冲液、RNase、细胞裂解液、0.1%的DEPC（焦碳酸乙二酯）水等（除特殊说明外，上述试剂均为分析纯）。

3.1.2　仪器　锥形瓶、荧光显微镜、恒温培养箱、冰冻台式离心机（≥12 000r/min）、−20℃冰箱、−80℃冰箱、Eppendorf管（离心管）、棉棒、载玻片、盖玻片、细胞培养平皿、37℃数显恒温水浴锅、37℃摇床、96孔培养板、SPF隔离器、紫外光凝胶成像分析仪、微量移液器、低温恒温水槽（16℃）、吸水纸。

3.2　分离病毒用细胞

3.2.1　鸡胚成纤维细胞（CEF）　鸡胚成纤维细胞制备方法见附录A。

3.2.2　鸡胚成纤维细胞自发永生株（DFl）细胞　DFl细胞培养基制备方法见附录B。

3.3　病料的采集与处理

3.3.1　全血、血清或血浆　取疑似病鸡的全血、带有白细胞的血浆或血清，无菌接种于长成单层的CEF或DFl，置于含5%二氧化碳的37℃恒温培养箱中培养。

3.3.2　脏器　采集疑似病鸡的脾脏、肝脏、肾脏，按脏器质量的1～2倍加入灭菌生理盐水（含青霉素和链霉素各1 000U/mL）研磨，直至成匀浆液。将悬液移至离心管中充分摇振后，4℃，10 000r/min离心5min，收集上清液。按3.4.1.1中的方法接种培养或−70℃保存备用。

3.3.3　疫苗样品　疫苗样品处理后接种CEF培养扩增病毒。但为了鉴别是否是外源性ALV，应接种DFl细胞或其他抗E亚群白血病鸡细胞（C/E）鸡来源的细胞。

3.3.4　咽喉、泄殖腔棉拭子　取咽喉棉拭子时，将棉拭子深入喉头口及上腭裂来回刮3～5次取咽喉分泌液；取泄殖腔棉拭子时，将棉拭子深入泄殖腔转3圈并沾取少量粪便；将棉拭子头一并放入盛有1.5mL磷酸盐缓冲液的无菌离心管中（含青霉素和链霉素各1 000 IU/mL），盖上管盖并编号，10 000r/min离心5min后取上清液备用。

3.4　病毒的分离培养与鉴定

3.4.1　病毒的分离培养

3.4.1.1　接种培养　病料接种细胞单层后，置于37℃培养箱中培养2h。然后吸去细胞生长液，换入细胞维持液，继续培养5～7d。

3.4.1.2　细胞传代　将3.4.1.1培养的细胞传代于加有盖玻片的平皿中，培养5～7d。

3.4.2　病毒的鉴定

3.4.2.1　间接免疫荧光抗体反应（IFA）

3.4.2.1.1　固定　将盖玻片上的单层细胞，在自然干燥后滴加丙酮-乙醇（6∶4）混合液室温固定5min，待其自然干燥，用于IFA，或置于−20℃保存备用。设未感染的细胞单层为阴性对照。

3.4.2.1.2　加第一抗体　用0.01mol/L磷酸盐缓冲液（pH7.4）将单克隆抗体（如

抗 ALV-J 亚群特异性单克隆抗体）或抗 ALV 单因子鸡血清（抗 ALV 单因子鸡血清的制备见附录 C）稀释到工作浓度，在 37℃水浴箱作用 40min，然后用磷酸盐缓冲液洗涤 3 次。

3.4.2.1.3 加 FITC 标记二抗　按商品说明书用磷酸盐缓冲液稀释 FITC 标记的山羊抗小鼠 IgG 抗体或山羊抗鸡 IgY 抗体（当第一抗体为 ALV 特异性单克隆抗体，选用 FITC 标记的山羊抗小鼠 IgG 抗体作为第二抗体；当第一抗体为鸡抗 ALV 单因子血清，则选用 FITC 标记的山羊抗鸡 IgY 抗体作为第二抗体）。37℃水浴箱作用 40min，用磷酸盐缓冲液洗涤 3 次。

3.4.2.1.4 加甘油　滴加少量 50%甘油磷酸盐缓冲液于载玻片上，将盖玻片上的样品倒扣其上。在荧光显微镜下观察。

3.4.2.1.5 结果观察与判定　被感染的 CEF 细胞内呈现亮绿色荧光，周围未被感染的细胞不被着色或颜色很淡。在放大 200×～400×时，可见被感染细胞胞浆着色，判为 ALV 阳性，无亮绿色荧光者判为阴性。

3.4.2.2 ALV-p27 抗原 ELISA 检测

3.4.2.2.1 抗原样本制备　将病料同 3.4.1.1 和 3.4.1.2 所述方法接种细胞，培养7～14d 后取上清液直接检测；也可取细胞培养物冻融后检测；或用从泄殖腔采集的棉拭子。

3.4.2.2.2 p27 抗原 ELISA 检测　ALV-p27 抗原可用商品试剂盒检测，对不同来源的样品，按厂家的说明书操作。当样本在 DFl 细胞或 CEF（C/E 品系）上检测出 ALV-p27 抗原时，判为外源性 ALV 阳性，否则判为阴性。直接用泄殖腔棉拭子样品检测出 p27，说明有 ALV，但不能严格区分外源性或内源性。

3.5 ALV 亚群鉴定

3.5.1 利用 J 亚群 ALV 特异性单克隆抗体进行 IFA 检测，可以鉴定 J 亚群 ALV，但不能鉴别其他 ALV 亚群如 A 亚群、B 亚群、C 亚群、D 亚群。

3.5.2 对分离到的病毒用 RT-PCR（上清液中的游离病毒）或 PCR（细胞中的前病毒 cDNA）扩增和克隆囊膜蛋白 gp85 基因，测序后与基因序列数据库（GeneBank）中的已知 A 亚群、B 亚群、C 亚群、D 亚群的 gp85 基因序列做同源性比较，即可对病毒进行分群。ALV 病毒分群方法见附录 D。

3.6 荧光定量 PCR 扩增 ALV-J

该方法适用于鸡群的检疫或 ALV-J 感染的净化，可在较短时间内完成大量样品的特异性检测。血浆或泄殖腔棉拭子样品可直接用于检测，见附录 E。

4 血清特异性抗体的检测

4.1 仪器和试剂

4.1.1 试剂　磷酸盐缓冲液洗液、禽白血病抗体 ELISA 检测试剂盒、FITC 标记的山羊抗鸡 IgY 抗体、甘油。

4.1.2 仪器　酶标仪、荧光显微镜、37℃恒温培养箱。

4.2 样品的采集

样品的采集见 3.3。

4.3 抗体的检测

4.3.1　ELISA检测　可选用禽白血病A亚群、B亚群及J亚群抗体ELISA检测试剂盒，严格按商品提供的说明书操作和判定。

4.3.2　IFA检测

4.3.2.1　抗原　抗原制备方法见附录F。

4.3.2.2　操作步骤　在相应的盖玻片上或抗原孔中加入用磷酸盐缓冲液（1∶50）稀释的待检鸡血清，在37℃下作用40min，用磷酸盐缓冲液洗涤3次。再加入工作浓度的FITC标记的山羊抗鸡IgY抗体（第二抗体），在37℃作用40min，用磷酸盐缓冲液洗涤3次，加少量50%甘油磷酸盐缓冲液后在荧光显微镜下观察。

4.3.2.3　结果的判定　结果的判定方法同3.4.2.1.5。不论是商品鸡群还是SPF鸡群，只要检出A亚群、B亚群及J亚群抗体阳性的鸡，就表明该群体曾经有过外源性ALV感染。

附件2　禽网状内皮增生病诊断技术
（NY/T 1247—2006）

前言

禽网状内皮增生病病毒（reticuloendotheliosis viruses，REV）是一群不同于禽白血病病毒（avian leukosis viruses，ALV）的反转录病毒，它包括一群血清学上密切相关的从不同种禽类分离到的病毒。代表毒株有：从患有肿瘤的火鸡分离到的T株、鸭坏死性肝炎病毒（SNV）、鸡合胞体病毒（CSV）、鸭传染性贫血病毒（DIAV）。以后又不断从不同的家禽和野禽分离到该类病毒，就不再单独命名，只给予病毒株名。

REV属C-型反转录病毒，有囊膜，呈球形，直径80～110 μm。其病毒粒子中的基因组是由两条相同的单股RNA以非共价键连接在一起组成的，每条链长约8～9kb核苷酸。

REV被列为鸡群中除马立克氏病病毒（MDV）和ALV外的第三类致肿瘤病毒。由于REV可感染不同禽类，分别引起从亚临床感染到生长迟缓、免疫抑制和肿瘤等不同的临床和病理变化，很容易与其他引起类似症状和病理变化的疾病相混淆，在现场对该病的鉴别诊断就比较困难。人们注意到REV常常污染活疫苗（如马立克氏病和禽痘的活疫苗），但对其自然感染造成的经济损失还一直估计不足。

近几年来，血清学的流行病学调查和现场病例实验室诊断发现，REV感染在我国各地已非常普遍，在表现为生长迟缓或免疫抑制或肿瘤的现场病例中，检出REV共感染的比例越来越高。因此，养禽业对REV感染的鉴别诊断的需求越来越迫切。

本标准的编制参考了世界动物卫生组织（OIE）的《诊断试验和疫苗标准手册》（2000版）有关章节。本标准适用于禽网状内皮增生病病毒感染诊断。

1　范围

本标准规定了禽网状内皮增生病诊断的技术要求。它包括两方面：

（1）对禽网状内皮增生病病毒（REV）特异血清抗体的检测。

（2）病料及生物制品中传染性REV的检测。

本标准适用于：

（1）检测REV的特异性抗体，用以判断禽群体（场）或个体是否感染过REV；特别适用于 SPF 鸡场中是否存在 REV 感染的大批样品的抽检。

（2）检测疑似病禽的病料或某些弱毒疫苗中是否存在传染性 REV。

2 疾病的流行病学和致病作用

禽网状内皮增生病的病原 REV 可感染鸡、火鸡、鹌鹑、鸭和鹅等多种家禽及一些野生鸟类。该病毒既可水平感染，也可通过鸡（禽）胚垂直感染。当种禽在开产后才感染 REV 时，会有一短暂的病毒血症期，此期间可造成垂直感染。此外，部分个体在感染后可呈现耐受性病毒血症，即持续性的病毒血症。这些个体血清中可能产生抗体，但也可能不产生抗体。这些鸡（禽）不一定表现临床症状，但它们更是鸡（禽）群体中造成垂直感染的主要来源。垂直感染的禽或在出壳后不久感染 REV 的个体（如由于应用了污染了 REV 的疫苗），最容易产生耐受性病毒血症。

REV 感染鸡群后，虽然可分别引起生长迟缓、免疫抑制或肿瘤发生，诱发完全不同的临床表现和病理变化，但在过去几十年中，并没有造成严重的流行。只是在 REV 污染的活病毒疫苗大面积使用时，才会造成严重的经济损失。

当 REV 感染雏鸡群后，可在一部分鸡引起无特殊临床表现的生长迟缓和免疫抑制。剖检时可见法氏囊和胸腺不同程度的萎缩，并导致对某些疫苗（如新城疫疫苗）免疫反应的显著下降。REV 引起的肿瘤既可见于 6 月龄以上的成年鸡，也可见于 2～3 月龄鸡。既可引发网状细胞或其他非淋巴细胞类细胞的肿瘤，也可诱发淋巴细胞肿瘤（T 淋巴细胞肿瘤或 B 淋巴细胞肿瘤）。因此，除非做病原学鉴定，仅根据流行病学、临床表现和病理变化是很难与鸡的马立克氏病或白血病肿瘤相鉴别的，也很难与其他免疫抑制性病毒（如鸡传染性贫血病毒）感染相区别。

近两年来，在我国所做的血清流行病学调查和现场病例实验室诊断结果分析表明，在 60％以上的鸡群（场）已有 REV 感染。在病理上诊断为马立克氏病肿瘤或 J-亚型白血病肿瘤的现场样品中，在分离到马立克氏病病毒（MDV）或 J-亚型白血病病毒（ALV-J）的同时，也有近 50％的样品同时分离到 REV。在表现为生长迟缓及免疫抑制的青年鸡群中，也常常证明存在着 REV 与鸡传染性贫血病毒的共感染。显然，在鸡群感染 REV 时，其发病作用往往是在与其他病毒共感染过程中，以相互协同作用的形式表现出来的。正因为 REV 感染时还经常发生其他病毒的多重感染，使现场病例的鉴别诊断变得更为复杂。因此，对 REV 感染的实验室诊断显得更为重要。

3 病毒的分离培养和鉴定

3.1 病料的采集

疑似病鸡的血清或血浆，采集后经处理立即用于接种鸡胚成纤维细胞（CEF）培养或置于－70℃保存备用。疑似病鸡的脾脏、肝脏、肾脏，采集后立即研磨成悬浮液供接种 CEF，或立即置于－70℃保存。疑似污染 REV 的活病毒疫苗，在用于分离病毒前必须保存在相应疫苗规定的条件下。

3.2 分离病毒用细胞

可选用需新鲜制备的原代或次代 CEF 单层，也可用悬浮培养的细胞系 MSB_1 细胞。

3.2.1 CEF 细胞单层　按中国农业出版社 2001 年版《中华人民共和国兽用生物制品

质量标准》附录“细胞制备方法”介绍的方法进行（见附录A)。

从SPF鸡胚制备的原代或次代CEF悬液，接种于细胞培养瓶（皿）中形成细胞单层。为便于连续检测病毒，可在培养皿中加入数片盖玻片。

3.2.2 MSB_1细胞 为马立克氏病肿瘤细胞系，可连续悬浮培养，所用培养液为加5%～10%胎牛血清的DMEM培养液（见附录B)。

3.3 待检样品的处理与接种

3.3.1 血清或血浆 置于小离心管中，在10 000r/min转速下离心5min后，取上清液经0.45 μm滤器过滤后，取0.1～0.2mL接种于面积约$30cm^2$的含有CEF单层培养瓶（皿）中，或约含3mL MSB_1细胞悬液的培养瓶（皿）中。将细胞置于含5%二氧化碳的37℃恒温箱中继续培养。

3.3.2 脏器标本 将不同脏器充分研磨后，逐渐加入少量灭菌生理盐水继续研磨直至成匀浆，然后按脏器重量的1～2倍加入生理盐水。将悬液移至小离心管中充分摇震后，在10 000r/min下离心5min。将上清液用0.45 μm滤器过滤，按3.3.1方法和接种的量接种CEF单层或MSB_1细胞悬液。将细胞置于含5%二氧化碳的37℃恒温箱中继续培养。

3.3.3 疫苗样品

3.3.3.1 马立克氏病细胞结合疫苗 从液氮中取出后，在含疫苗的细胞悬液中加入9～10倍量的灭菌注射用水，将细胞悬液移入小试管混匀，在4℃下放置10min，让细胞在低渗下裂解死亡。按3.3.1方法和接种量接种于含CEF单层的培养瓶（皿）中。在37℃孵育2h后，吸去细胞培养液，换入新鲜的细胞培养液。将细胞置于5%二氧化碳的37℃恒温箱中继续培养。

3.3.3.2 其他病毒冻干活疫苗 将冻干活疫苗用无菌注射用水按每羽份加入0.2mL进行稀释。取0.2mL疫苗悬液与0.2mL抗相应疫苗毒株的单因子血清（必须来自REV的SPF鸡）混合，在4℃下作用60min后，接种于面积约$30cm^2$的已长成CEF单层的细胞培养瓶（皿）中。在37℃下孵化2h后，倾去细胞培养液，换入新鲜的含3%单因子鸡血清的细胞培养液继续培养。如相关疫苗病毒在细胞培养上不易产生细胞病变，则不需加血清进行中和。

3.4 接种后细胞培养的维持

3.4.1 CEF 接种后，将细胞培养瓶（皿）置于37℃培养箱中培养2h。然后吸去培养液，换入新鲜培养液，以后每2～3d更换一次培养液。从第4天起，可每隔1d取出一片盖玻片供间接免疫荧光抗体反应（IFA）检测病毒用。REV感染CEF后通常不产生细胞病变也不影响CEF的生长复制。如果细胞密度过大，细胞单层有脱落的可能，可将细胞单层再次用0.25%胰酶溶液消化成细胞悬液后离心，悬浮于新鲜培养液中，将1/2～1/3的细胞再接种于另一新的已置入盖玻片的空白细胞培养瓶（皿）中，继续培养。由于REV复制较慢，当原始病料中病毒滴度很低时，接种病料的CEF至少维持培养和观察10d。

3.4.2 MSB_1细胞悬液 接种样品后，每天观察细胞的密度，细胞密度控制在5×10^5个/mL左右。当细胞密度明显升高时，去掉一半细胞悬液，加入一半新鲜细胞培养液。一般每天观察和处理一次。从第4天开始，每隔1d取一滴细胞悬液于载玻片上，任其自然干燥，备作IFA检测。

3.5 用特异性抗体作间接免疫荧光抗体反应（IFA）鉴定病毒

3.5.1　细胞的固定　将盖玻片上的 CEF 或滴在载玻片上的 MSB_1 细胞，在自然干燥后滴加丙酮∶乙醇（6∶4）混合液固定 5min，待其自然干燥后，立即用于 IFA，或置于－20℃保存备用。

3.5.2　REV 特异性抗体　作为第一抗体，可用 REV 单克隆抗体，如杂交瘤细胞 11B154 或 11B118 的细胞培养上清液的冻干物（暂由山东农业大学动物科技学院提供）或用经鉴定没有其他病毒混合感染的 REV 参考株（如分子克隆化的 SNV）接种 SPF 鸡产生的抗 REV 单因子鸡血清。REV 单因子鸡血清的制备见附录 C。

3.5.3　FITC 标记抗体　如第一抗体为 REV 特异性单克隆抗体，则选用市售的 FITC 标记的抗小鼠 IgG 山羊血清作为第二抗体（如 JS 公司或 Sigma 公司提供）。如第 1 抗体为抗 REV 单因子鸡血清，则选用市售的 FITC 标记的抗鸡 IgY 兔或山羊血清为第二抗体（如 JS 公司或 Sigma 公司提供）。

3.5.4　间接免疫荧光抗体试验（IFA）操作过程　在固定有 CEF 细胞的盖玻片或 MSB_1 的载玻片上，分别滴加一滴第一抗体，即用 pH7.4 的 PBS 作 1∶50～100 稀释的工作浓度的单克隆抗体 11B118 或 11B154，或抗 REV 单因子鸡血清，在含 100％相对湿度的 37℃培养箱中作用 40min，然后用 PBS 洗涤 3 次。再加入第二抗体，即用 PBS 作 1∶100 稀释（或按厂家说明书规定的工作浓度）的 FITC 标记的抗小鼠 IgG 或鸡 IgY 的兔或山羊血清，在 37℃继续作用 40min，用 PBS 洗涤 3 次。在样品上加少量 50％甘油水后将盖玻片上的样品倒扣于载玻片上，或在载玻片的样品上，加盖一张盖玻片。在荧光显微镜下用 510nm 波长的紫外线观察。同时，设未感染的 CEF 或 MSB_1 细胞作为阴性对照，及对检测样品设 SPF 血清做阴性对照。

3.5.5　结果的判定　被感染梭状的 CEF 细胞内呈现黄绿色荧光，周围未被感染的细胞不被着色或颜色很淡。在放大 200×～400×时，可见被感染细胞胞浆着色，细胞核不易着色。因此，在一部分感染细胞中，可见荧光着色的细胞质使细胞呈梭状，而其中的细胞核很暗，不着色。被 REV 感染的 MSB_1，显示黄绿色的荧光，细胞质着色，而细胞核不着色。由于 MSB_1 细胞的细胞核较大，有的阳性细胞显示出一圈黄绿色的荧光，周围尚未被感染的细胞可显出细胞轮廓。在隔日连续取样过程中，阳性细胞的比例明显增加。一般情况下，两种细胞在接种阳性病料 5～7d 后，呈现荧光染色阳性的细胞比例应在 70％以上。

4　血清特异性抗体的检测

检测鸡(禽)群(场)的 REV 抗体是否阳性或阳性率程度可用于以下几个流行病学研究的目的:①该鸡群(场）是否已有 REV 感染，SPF 鸡群必须定期检测其中是否出现抗体阳性的群体。②根据种鸡开产前后对 REV 抗体阳性率的变化趋势，判断种鸡产生垂直感染的可能性大小。③雏鸡出壳后，检测母源抗体存在与否及阳性率，可判断其对水平感染的易感性。

4.1　样品的采集

可采集不同年龄鸡全血置于 1.5mL 的已编号的 eppendoff 离心管中，在室温下放置 20min，待血液自然凝固后，在台式离心机中以10 000r/mim 离心 5min。吸取血清，置于另一已编号的离心管中，于－20℃冰箱中冻存备用。

4.2　抗体的检测方法

取决于实验室设备条件，既可采用 ELISA 也可选用 IFA。如选用 ELISA，现有商品化试剂盒供应，检测时需用特定型号的酶标仪，可电脑读数，适于大批量样品，但成本较高且现在只能定性；IFA 可用来比较个体抗体水平，检测时需用自制抗原，在荧光显微镜下人工判读，不适于大批量样品，但成本较低。

4.2.1　ELISA　可选用进口的试剂盒（如 IDEXX 公司），严格按厂家提供的说明书操作。

4.2.2　IFA

4.2.2.1　抗原　为固定在盖玻片或载玻片上（适用于少量样品）或 96 孔细胞培养板上（适用于大量样品，特别是需确定抗体滴度时）的 REV 感染的 CEF 或 MSB_1 细胞（制备方法见附录 D）。若同时用两种细胞比较，更能提高判断的准确性。盖玻片适宜于高放大倍数观察细胞（如 400×），在 96 孔培养板上的 IFA 结果只能在 100×～200×下观察。

4.2.2.2　操作过程　在相应的盖玻片上或抗原孔中加入用 PBS 作不同滴度稀释的血清，在 37℃下作用 40min，用 PBS 洗涤 3 次。再加入用 PBS 作 1∶100 稀释（或按厂家说明）的 FITC 标记的抗鸡 IgY 兔血清（第二抗体），在 37℃作用 40min，用 PBS 洗涤 3 次，加少量 50%甘油水后在荧光显微镜下观察。

4.2.2.3　结果的判定　同 3.5.5。

附录 A　（标准的附录）鸡胚成纤维细胞（CEF）的制备

选择 9～10 日龄发育良好的 SPF 鸡胚。先用碘酒棉再用酒精棉消毒蛋壳气室部位，无菌取出鸡胚，去头、四肢和内脏，放入灭菌的玻璃器皿内，用汉克氏液洗涤胚体。用灭菌的剪刀剪成米粒大的小组织块，再用汉克氏液洗 2～3 次，然后加 0.25%胰酶溶液（每个鸡胚约加 4mL），在 37.5～38.5℃水浴中消化 20～30min。吸出胰酶溶液消化产生的悬液，再加入适量的营养液（用含 5%～10%犊牛血清的汉克氏液，加适宜的抗生素适量）吹打，用 4～6 层纱布滤过。取少量过滤后的细胞悬液做细胞计数，其余在2 000r/min 下离心 5min。将细胞沉淀再混悬于细胞培养液中，制成每毫升含活细胞数 100 万～150 万的细胞悬液，分装于培养瓶（皿）中，进行培养。形成单层后备用（一般在 24h 内应用）。

附录 B　（标准的附录）MSB_1 细胞培养基配制

商品化的 DMEM 液（如 Invitrogen corporation，Lot NO. 114 1059，或其他公司），加 5%胎牛血清，pH7.6。青、链霉素：各 250U/mL。

培养条件：37℃，5%CO_2。

附录 C　（标准的附录）抗 REV 单因子鸡血清的制备

选择经鉴定无任何其他潜在病毒的 REV 参考株作为种毒（如经 REV 的参考株 SNV 的

全基因组cDNA克隆质粒DNA转染SPF来源CEF产生的分子克隆化的SNV株REV)，接种CEF后复制和扩增病毒。CEF在接种病毒后，继续培养，每隔1～2d换一次培养液，在第三次换液后48h收取上清液（通常可达到最高病毒效价），分装在小试管中，每支1mL，于－70℃冰箱保存。2～3d后，取出一支，用细胞培养液作10倍系列稀释后，分别接种于含有新鲜配制的CEF单层（细胞覆盖面应70%）96孔培养板上，每个稀释度8孔。在37℃下培养6d后，弃上清液，用PBS洗一次后，加入丙酮-乙醇（6∶4）固定。待干燥后，用抗REV的单克隆抗体11B118或11B154进行IFA（见3.5），以IFA的结果来判定病毒感染的终点，测定其中REV的$TCID_{50}$量。

选用3周龄以上SPF鸡，隔离器饲养。每只鸡皮下接种10^4个$TCID_{50}$的REV悬液。3周后采集血清。IFA抗体滴度应≥1∶200。

附录D　（标准的附录）IFA法抗体检测用REV感染细胞的制备

REV-CEF：在$10cm^2$CEF单层细胞瓶（皿）中加入10^3 $TCID_{50}$的REV悬液，隔1d换液。换液2d后将细胞单层用胰酶（见附录A）溶液消化分散成悬液，经离心后，重新悬浮于新鲜细胞培养液中。将细胞浓度调至每毫升5×10^5个细胞。在加入盖玻片的培养皿（直径$10cm^2$）中加入10mL细胞悬液，或在96孔培养板上每孔加入100 μL细胞悬液。在37℃继续培养3d。将盖玻片从培养皿中取出，在PBS中漂洗后，滴加丙酮-乙醇（6∶4）固定液固定5min。弃去96孔板中培养液，用PBS洗一次后，滴加丙酮-乙醇（6∶4）固定液固定5min。干燥后，用塑料薄膜包裹后置－20℃保存。

REV-MSB_1：在含有10mL MSB_1细胞悬液（～10^5/mL）的细胞培养瓶（皿）中，接种10^4 $TCID_{50}$ REV悬液。每天观察细胞悬液中细胞密度，当细胞密度增大时，加入等量新鲜培养液，混匀后分至两块培养瓶（皿）中，继续培养。在接种病毒后5～6d，取少量细胞悬液按3.5方法做IFA，观察IFA阳性细胞比率，当阳性细胞达到50%时，即可收获细胞。将细胞悬液滴加于96孔板中，每孔100 μL。将96孔板在相应离心机上离心使细胞沉底贴壁，弃去上清液，加入50 μL丙酮∶乙醇（6∶4）混合液固定细胞。或将细胞悬液滴加于盖玻片上或载玻片上，任其自然干燥，再加丙酮∶乙醇固定液固定5min。干燥后用薄膜包裹后于－20℃保存。

附件3　鸡致病性外源性禽白血病病毒特异性核酸探针斑点杂交检测试剂盒

一、概述

迄今为之，在DF1细胞培养上分离病毒还是确证外源性白血病毒感染的最可靠方法。但这一方法不仅依赖有细胞培养的实验条件，而且周期较长，一般要半个月的时间。如果用普遍采用的PCR扩增和克隆env基因，再加上测序，也要半个月时间。对于临床样品的日常检测来说，希望有更简单的方法。对于疫苗企业检测ALV污染，特别是对于原祖代种鸡群的外源性ALV净化来说，更希望有一个从血液样品直接检测外源性ALV的方法。我们研究的这个试剂盒，提取病料组织样品的核酸后，分别用四种不同特异性的 U3 核酸探针作交叉分子杂交反应，斑点分子杂交可在 24～36h 内完成检测并报告结果。如将同一样品的核酸提取物分别点在 4 张膜上，通过不同特异性的对照 U3 片段 DNA 的比较即可鉴别性地检测出样品中的致病性的外源性 ALV。在 1 张 8cm×8cm 大小的硝酸纤维膜或尼龙膜上可同时检测约 80 份病料的核酸样品。如果用 PCR 做交叉分子杂交反应，则可在不影响特异性的条件下把检测的灵敏度提高 100 倍以上，一些 PCR 产物，即使在电泳中看不到条带，也能在分子杂交反应中显示出来。

该试剂盒已获国家发明专利（图 6-6）。发明名称：鸡致病性外源性白血病病毒特异性核酸探针交叉斑点杂交检测试剂盒。专利号 ZL 2010 1 0230292. X，证书号第 804214 号，授权公告日：2011 年 07 月 06 日。

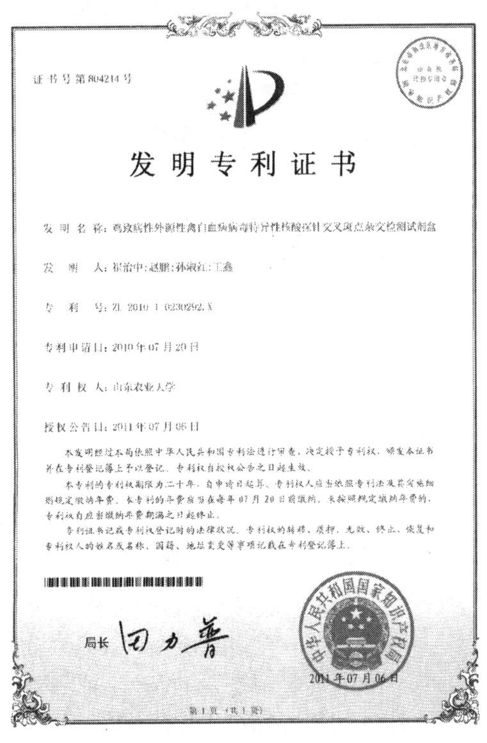
证书号第804214号

发明专利证书

发明名称：鸡致病性外源性禽白血病病毒特异性核酸探针交叉斑点杂交检测试剂盒

发明人：崔治中；赵鹏；孙淑红；王鑫

专利号：ZL 2010 1 0230292. X

专利申请日：2010年07月20日

专利权人：山东农业大学

授权公告日：2011年07月06日

本发明经过本局依照中华人民共和国专利法进行审查，决定授予专利权，颁发本证书并在专利登记簿上予以登记。专利权自授权公告之日起生效。

本专利的专利权期限为二十年，自申请日起算。专利权人应当依照专利法及其实施细则规定缴纳年费。本专利的年费应当在每年07月20日前缴纳。未按照规定缴纳年费的，专利权自应当缴纳年费期满之日起终止。

专利证书记载专利权登记时的法律状况。专利权的转移、质押、无效、终止、恢复和专利权人的姓名或名称、国籍、地址变更等事项记载在专利登记簿上。

局长　田力普

中华人民共和国国家知识产权局

2011年07月06日

第1页（共1页）

图 6-6　鸡致病性外源性白血病病毒特异性核酸探针交叉斑点杂交检测试剂盒专利证书

二、试剂盒的操作方法

1. 核酸样品的制备

1.1　样品核酸直接斑点分子杂交　检测的样品即怀疑有病毒感染的动物的不同组织或细胞，按常规的方法提取其基因组 DNA，即作为检测的样品。

1.2　样品核酸的 PCR 产物的斑点分子杂交　将 1.1 中提取的样品核酸，分别用 2 对特异性不同的引物（试剂管 9 和 10 以及试剂管 11 和 12），按如下程序作 PCR。

表 6-5　PCR 反应体系

组　　分	体积（μL）
ddH_2O	15.5
10×Buffer（Mg^{2+} free）	2.5
$MgCl_2$（15mmol/L）	2
dNTPs（2.5mmol/L）	2
Forword Primer（25pmol/μL）	1
Reverse Primer（25pmol/μL）	1
Taq enzyme（5U/μL）	0.5
模板 p-SDAU09E1-LTR DNA（约 100ng/μL）	0.5
总体积	25

注：10×Buffer（Mg^{2+} free）成分：100mmol/L Tris-Cl pH 8.0，500mmol/L KCl，1%明胶。

将上述成分加入灭菌的PCR管中，混合均匀后，离心后置于PCR扩增仪。按照以下扩增程序进行反应。

PCR扩增程序为：

首先：95℃，4min预变性。

其次：95℃，40s，55℃，40s，72℃，1min，进行30个循环。

最后：72℃，延伸5min。

置4℃保存。

2. 斑点分子杂交检测步骤

(1) 一张适当大小的NC膜或尼龙膜，划好格子，长和宽各8mm，做好标记。

(2) 分别在膜的预先标记点上添加1μL试剂盒中提供的已知的不同亚群毒株U3片段DNA作为阴性和阳性对照。

(3) 吸取1.0μL待检核酸样品（约1μg待检样品或待检样品DNA的PCR产物，所有PCR产物不作电泳直接点样）点于膜上各个格子的中央。

(4) 将NC膜或尼龙膜（点样面朝上）放于已用变性液（0.5mol/L NaOH；1.5mol/L NaCl）饱和的双层滤纸上变性10min，再放于已用中和液（0.5mol/L Tris-Cl；3.0mol/L NaCl，pH7.4）饱和的双层滤纸上中和5min。

(5) NC膜室温干燥30min，然后在80℃干烤2h固定DNA。

(6) 将NC膜放于预杂交液［5×SSC，0.2%SDS，2%封闭试剂Blocking Reagent，0.1%（*W/V*）N-Lauroylsarcosine］于65～68℃反应2h，期间经常摇动NC膜容器。

(7) 将探针于沸水中变性10min，取出立即置于预先冰冻的无水乙醇中速冻5min（防止探针变性后复性）。

(8) 将变性的探针倒入预杂交液中，充分混匀即成杂交液，使NC膜在其中于65～68℃杂交6h以上，最好过夜（杂交后回收杂交液，可用3次）。

(9) 将NC膜放于洗液Ⅰ（2×SSC，0.1%SDS）中于室温洗涤15min，2次。

(10) 将NC膜放于洗液Ⅱ（0.5×SSC，0.1%SDS）中于68℃（视待检样品核酸与探针的同源性程度调整温度，如60～65℃，这非常重要）洗涤15min，2次。

(11) 置NC膜于缓冲液Ⅰ（0.1mol/L Tris-C1，0.15mol/L NaCl，pH7.5）中洗1min。

(12) 置NC膜于缓冲液Ⅱ（缓冲液Ⅰ+2%封闭试剂Blocking Reagent）中反应30min，再用缓冲液Ⅰ洗1min。

(13) 在20mL缓冲液Ⅱ中加入4 μL抗地高辛抗体的碱性磷酸酶标记物（用之前离心5min，1 000r/min），置于适当大小（略大于NC膜，为了有效利用试剂）的容器中，将膜放于其中于37℃浸泡30min（不要超过这一时间，以免影响酶活性）。

(14) 缓冲液Ⅰ洗涤：5min×5次。

(15) 置NC膜于缓冲液Ⅲ（0.1mol/L Tris-C1，0.1mol/L NaCl，0.05mol/L $MgCl_2$，pH9.5）中反应浸泡2min。

(16) 在适当大小（为了有效利用试剂）的容器中加入10mL缓冲液Ⅲ和100 μL（NBT和BCIP混合物），将NC膜放入其中显色一定时间（2～18h）；（避光，不要摇动）。

(17) 加入TE缓冲液（pH8.0）终止显色反应。

3. 结果的判定

3.1　四个探针特异性的确定

当杂交温度为 70℃时，各探针之间彼此独立，特异性较好。见图 6-7。

由图表明，在此温度下各探针只和自身的 DNA 有斑点反应。但在 70℃条件下做斑点分子杂交时，灵敏度会显著下降。为此可适当降低斑点杂交温度，以提高灵敏度。

但在 65～68℃做点杂交反应时，则表现不同程度的交叉反应，这决定于相互之间的同源性程度。

3.2　交叉分子杂交有效性的确定

当滴加了相同样品的 4 张模分别用 4 个不同的 U3 探针作分子杂交后，首先观察各个添加有 4 个不同 U3 对照 DNA 的加样点的呈色反应。如果每一个探针对照 DNA 显色深度的相互关系如下表，则反应成立。

如果有一项明显不符合，则反应不成立，需重做。

3.3　样品特异性的判定

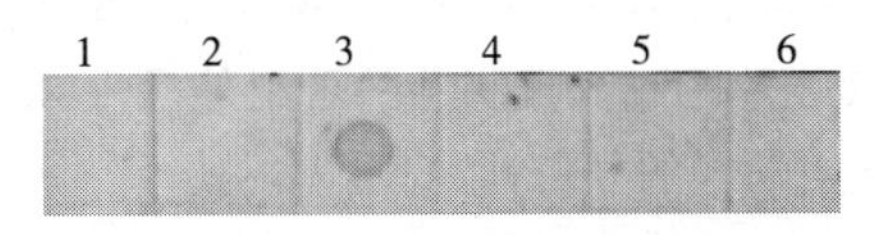

用 J 亚群－NX0101－U3－探针做点杂交

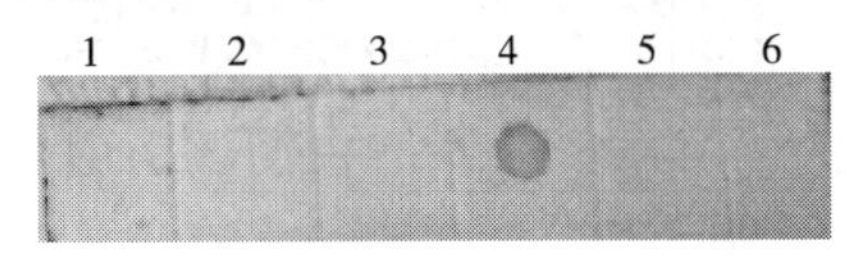

用外源性 B 亚群 SDAU09C2－U3－探针做点杂交

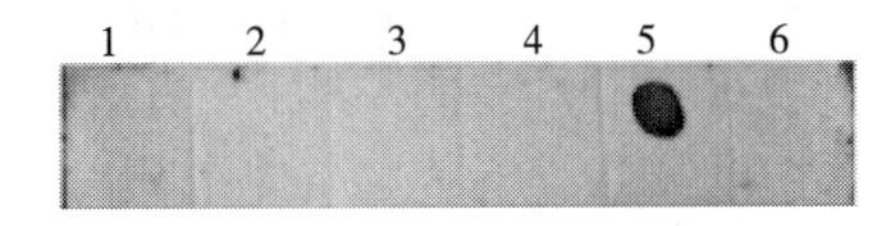

用外源性但是低致病性 SDAU09E1－U3－探针做点杂交

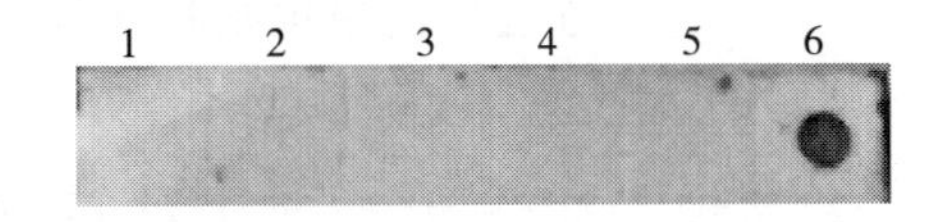

用内源性 E 亚群 BJ01C1－U3－探针做点杂交

图 6-7　不同亚群 ALV 特异性的已知 LTR-U3 片段 DNA 样品与各个亚群 LTR-U3 特异性核酸探针的点杂交反应

注：各图中加上的不同亚群 ALV 特异性的已知 LTR-U3 片段 DNA 样品 1：双蒸水；2：SPF 组织；3：NX0101-U3-DNA；4：SDAU09E1-U3-DNA；　5：SDAU09C2-U3-DNA；6：BJ01C1-U3-DNA。

如果在用探针＃1 或探针＃2 做杂交反应的膜上，任一样品点的呈色反应的程度接近或达到甚至高于对照 DNA＃1 或＃2，或至少显著高于对照 DNA＃3 和＃4，即可判定为检测出有致病性的外源性 ALV 的 U3 片段，即该样品核酸来源的细胞呈致病性的外源性 ALV 感染阳性。如果不显颜色反应或只相当于对照 DNA＃3 和＃4 的呈色反应，则判为没有检测出致病性外源性 ALV 的 U3 片段，即致病性外源性 ALV 感染阴性。如果显色反应仅略高于对照 DNA＃3 和＃4，则判定为可疑。

表 6-6　判断交叉分子杂交是否有效的结果对照表

		对照 DNA＃1	对照 DNA＃2	对照 DNA＃3	对照 DNA＃4
所用探针	＃1	＋＋＋～＃	＋～＋＋＋	－或＋	－或＋
	＃2	＋～＋＋＋	＋＋＋～＃	－或＋	－或＋
	＃3	－或＋	－或＋	＋＋＋～＃	＋～＋＋＋
	＃4	－或＋	－或＋	＋～＋＋＋	＋＋＋～＃

如果在用探针＃3 或探针＃4 做杂交反应的膜上，任一样品点的呈色反应的程度接近或达到甚至高于对照 DNA＃3 或＃4，即可判定为检测出内源性 ALV 的 U3 片段或低致病性的重组外源性 ALV 的 U3 片段核酸。但不能做出有或无能呈致病性的外源性 ALV 感染的判定。

如果某一加样点，对4个核酸探针都能呈现不同程度的显色反应，表明即存在着内源性ALV的U3片段或低致病性的重组外源性ALV的U3片段核酸，但其核酸来源细胞也确实存在着有致病性的外源性ALV感染。

附件4 禽网状内皮增生病病毒pol基因地高辛标记的核酸探针检测试剂盒

一、概述

不论是对临床病例的鉴别诊断还是检测疫苗中的REV污染，都要靠病原学检测。为此目的，在过去20年中，我们一直采用将病料或疫苗样品接种于鸡胚成纤维细胞（CEF）培养，然后再用对REV的单克隆抗体作IFA来检测。参见本章附件2禽网状内皮增生病诊断技术。然而，我们同时也研发了REV核酸探针技术，通过斑点分子杂交来检测样品中的REV病毒核酸。这一方法更简单也很特异很灵敏（见本章第三节，图6-4、图6-5、表6-4和表6-5）。下面具体介绍该试剂盒的操作方法。

二、禽网状内皮增生病病毒狄可辛标记的核酸探针斑点分子杂交操作方法

1. 样品制备

1.1 样品DNA的提取

取检测样品，每份样品取0.1g研磨后，加入0.5mL抽提缓冲液（100mmol/L NaCl，10mmol/L Tris-Cl pH 8.0，0.25mmol/L EDTA pH8.0，0.5%SDS）和终浓度为100μg/mL的蛋白酶K于55℃消化过夜。加入等体积苯酚/氯仿溶液（苯酚：氯仿：异戊醇为25：24：1），充分振荡混匀后，12 000r/min离心5min，上清液移至另一离心管中，再加入1mL 70%的无水乙醇洗涤一次，沉淀溶解于适量TE缓冲液（10mmol/L Tris-Cl，0.1mmol/L EDTA pH8.0）中，即为样品DNA。

1.2 样品DNA为模板用PCR扩增REV-pol

用4.1引物，以4.5.1.1中提取的组织全基因组DNA为模板，采用25μL反应体系进行PCR扩增。扩增条件为：预变性95℃5min；变性95℃40s，退火55℃ 50s，延伸72℃ 1min，共30个循环；最后延伸7min。保留此PCR产物，用于斑点杂交检测。

2. 斑点分子杂交试验的操作

（1）取一张试剂盒中的尼龙膜（不分正反面），划好格子（0.75cm×0.75cm），做好标记。

（2）把试剂盒中的#1～#9各取1μL和提取的样品DNA各取2μL分别点到尼龙膜上。

（3）用镊子把尼龙膜（点样面朝上）放于已用变性液饱和的滤纸上（滤纸提前放于玻璃平皿中）变性10min，再用镊子取出放于已用中和液饱和的滤纸上（滤纸提前放于玻璃平皿中）中和5min。

（4）将膜用镊子取出，放于平皿中（点样面朝上）；尼龙膜室温干燥10min（膜表面没有明显的水珠即可），然后在电热恒温鼓风干燥箱中，80℃干烤2h。

（5）取出平皿，倒入预杂交液（20mL），在电热恒温水槽中65℃反应2h，期间每

15min 摇动一次尼龙膜。

（6）预杂交 1h 后，准备冰浴盒。1.5h 后，取 50mL 的塑料离心管，加入 20mL 的预杂交液和 10μL 试剂盒中的 #1 探针，将离心管插入浮漂板中，放置于沸水浴中变性 10min，取出后立即放于冰浴中 5min，即准备好杂交液；塑料离心管放－20℃冰箱保存。

（7）将平皿中的预杂交液倒掉，把准备好的杂交液倒入平皿中（盖过尼龙膜为最佳），使 NC 膜在其中 65℃杂交 6h 以上。

（8）取出平皿，把杂交液倒入（6）中的塑料离心管中，于－20℃冰箱保存杂交液（此杂交液可以重复使用至少 3 次）。

（9）将平皿中加入洗液Ⅰ（15mL），在水平摇床上，室温洗涤 15min×2 次。

（10）将平皿中加入洗液Ⅱ（15mL），在电热恒温水槽中，65℃洗涤 15min×2 次，期间每 5min 摇动一次尼龙膜。

（11）将平皿中加入缓冲液Ⅰ（15mL），室温条件下洗涤 1min。

（12）将平皿中加入缓冲液Ⅱ（20mL），在生化培养箱中，37℃反应 30min。

（13）在 20mL 缓冲液Ⅱ中加入 2～4μL 抗 Digoxiaenin 抗体（碱性磷酸酶标记物，用之前12 000r/min 离心 5min），将膜放于其中，37℃生化培养箱中，反应 30min。

（14）将平皿中加入缓冲液Ⅰ（20mL），在水平摇床上，室温洗涤 5min×5 次。

（15）将平皿中加入缓冲液Ⅲ（20mL）中，室温反应 2min。

（16）在平皿中加入 20mL 缓冲液Ⅲ和 100μL 显色底物，避光显色 2～10h，观察显色结果。

（17）倒掉显色液，加入蒸馏水反复冲洗，及时终止显色（及时拍照记录结果）。

3. 结果的判定

＋＋＋＋：信号极强显色极其明显，有很深的褐黑色斑点；＋＋＋：信号较强显色很明显，有较深的褐色斑点；＋＋：信号较好显色明显，有明显褐色斑点；＋：有信号呈肉眼可见的褐色斑点；－：没有信号不显色。

4. 注意事项

（1）样品组织 DNA 提取时，所取的样品不能太大。同时加入苯酚氯仿抽提时，样品要在涡旋振荡器中充分振荡。

（2）斑点杂交试验过程中，点样后，待尼龙膜表面没有明显的水珠，才能进行下一步的干烤。

（3）洗膜时要充分，洗液Ⅱ洗涤期间，要充分晃动洗液。

（4）加入显色液时，要充分离心（12 000r/min，5min）放置于 25℃左右避光显色，观察显色程度，在底色比较干净，样品充分显色时，及时终止。

第七章 我国鸡群病毒肿瘤病的防控策略

鸡群中由三种不同病毒诱发的肿瘤，常常会表现有类似病理变化，给现场鉴别诊断带来困难。而且在一个具体的鸡场、鸡群甚至同一个体，也确实存在着这三种肿瘤性病毒的共感染。当两种病毒在同一只鸡发生共感染时，在致病性上相互之间还有协同作用，有时甚至还会同时诱发不同的肿瘤（详见第五章）。因此，在对鸡群病毒性肿瘤病采取预防控制措施时，必须同时考虑这三种不同的病毒。更何况，对这三种肿瘤性病毒感染的最主要的预防措施都与种鸡场相关。这是因为，ALV 和 REV 都可以通过种蛋垂直传播。因垂直传播而被感染的鸡，其发病率高、危害性大。为了预防 MDV 感染，必须对出壳后 1 日龄雏鸡立即接种马立克氏病疫苗，这也是由种鸡公司负责实施的。更何况，在过去二十年中，马立克氏病疫苗中污染 REV 或 ALV 的纠纷在我国时有发生，这更增加了种鸡公司在预防三种病毒性肿瘤病方面要承担的责任。实际上，在过去十多年中，我国规模化养鸡企业陷入的许多经济纠纷都与这几种病毒性肿瘤病相关，自然也就与种鸡公司相关。这就是为什么对种鸡公司来说，这三种病毒性肿瘤病是种鸡场疫病防控中最应予以关注的疫病之一。虽然在前面强调了，鸡群的这三种病毒性肿瘤病的预防控制措施是密切相关的，但是在具体实施过程中，还必须分别对待。

第一节 我国鸡群马立克氏病防控的综合措施

一、免疫失败原因分析

虽然马立克氏病病毒是在自然界特别是养鸡场周边环境中普遍存在着的病毒，但从全球养鸡业看，马立克氏病已在规模化养殖的鸡群中得到了有效控制。这主要得益马立克氏病疫苗的不断改进，特别是在过去二十多年中，普遍采用了用液氮保存的 CVI988/Rispens 株疫苗或其相关的二价、三价疫苗。在我国也是一样，只要所选用的疫苗产品质量符合规定的标准，这类疫苗对大多数地区大多数鸡场的保护性免疫效果都很好。疫苗免疫虽然不能保证百分之百不发病，但从大多数鸡场的应用实践看，凡是确实经免疫的鸡群，通常很少再会有 MDV 诱发的肿瘤发生，至少其发病率不超过 3%。如果超过这个比例，就应看作存在着免疫失败。

造成马立克氏病免疫失败的原因可能有多种，主要有：①疫苗产品本身的问题，即疫苗生产过程中污染了 REV 等外源病毒。②经疫苗免疫的雏鸡免疫功能不健全。③免疫注射过程有技术性错误，诸如在稀释液中加入了不应加的抗生素，导致细胞活性下降甚至死亡，没有按厂家的要求使用与相应疫苗匹配的稀释液，从液氮中取出时没有按疫苗厂商的要求融化疫苗等。此外，在对大群鸡免疫注射过程中，有一定比例的鸡没有接种足够剂量疫苗。④相应地区或鸡群可能出现了能抵抗 CVI988/Rispens 保护性免疫力的新的野毒株。下面将针对这几个主要问题，提出相应的对策。

二、严格预防生产和使用有外源病毒污染的 MDV 疫苗和其他弱毒疫苗

MDV 疫苗病毒都是在鸡胚成纤维细胞上生产的。在生产每批疫苗时，都需要使用许多鸡胚，如果这些鸡胚中有一个感染了可垂直传播的病毒，就可能污染整批疫苗。可能感染鸡胚的垂直传播性病毒有 REV、ALV、CAV 和 ARV 等，这些病毒可以在鸡胚或鸡胚成纤维细胞上复制，但往往不产生细胞病变。如果不采用特殊的检测手段，是无法发现这些病毒感染的。由于这些病毒对成年鸡不具有致病性或致病性很弱，母鸡在感染后不仅不会有明显的临床病理变化，还可能继续正常产蛋，并将病毒传递到所产的种蛋中。但这些病毒对雏鸡具有致病性，特别是免疫抑制作用，其中以 REV 对雏鸡的免疫抑制作用最强（见第四章）。这些病毒感染诱发的免疫抑制，足以大大减弱或完全阻止 MDV 疫苗免疫接种后诱发的对 MDV 感染及致病作用的预防效果。

（一）疫苗厂家应严格防止生产过程的外源病毒污染

在整个生产过程中，可能发生污染外源病毒的主要有两个环节：一是种毒污染，二是作为生产疫苗用原材料的 SPF 种蛋感染了相关病毒。在一些有长期生产历史的大型疫苗厂家，前一问题已不会再发生。因为一旦发现污染，并予以彻底解决后，相关的种毒可在液氮中保存许多年，不会再发生污染。但后一个问题比较难以预防和解决。这是因为，没有哪个提供 SPF 种蛋的企业能绝对保证每一批 SPF 种蛋中没有相关外源病毒的感染。因此，疫苗生产厂商都要按疫苗生产规程自行作安全检测。即将每一批成品疫苗接种 3～6 周 SPF 鸡，观察 3～6 周，观察有无抗体反应。当然生产企业也可以用其他方法来检测。这就要求疫苗厂家在生产过程中不断检测每一批 SPF 鸡胚或鸡胚成纤维细胞。这时，除了绝大部分细胞用于生产 MDV 疫苗外，留下一小部分（如 1%左右）不接种种毒，继续培养 7～14d。在这期间，为防止细胞单层老化，可消化后再传 1～2 代。然后，再用相应病毒的特异性抗体作间接免疫荧光抗体反应检测，或用相关病毒的特异性引物和核酸探针做 PCR（RT-PCR）＋斑点分子杂交，用于检测原材料细胞中有无外源病毒污染（详见第六章）。

（二）大型种鸡场应检测每一批疫苗是否有外源病毒污染

虽然疫苗厂家在疫苗出厂前应该对每批疫苗都进行外源病毒的检测，但这仍不能绝对保证市场上的 MDV 疫苗都没有外源病毒污染。一旦使用了被外源病毒污染 MDV 疫苗或其他相关疫苗，对种鸡场来说不仅会带来极大的直接经济损失，而且也将对种鸡场的信誉带来极大的负面影响。因此，种鸡场特别是大型种鸡场也必须对每一批疫苗采用相应的方法自行检测。种鸡场如果对各种疫苗都采用接种 SPF 鸡观察有无抗体反应的经典方法来检测，这是不太可行的，因为这要持续一个半月左右。最理想的方法是直接从商品疫苗中检测病毒。可以将 MDV 疫苗细胞的裂解物或其他疫苗接种相应的细胞培养，在外源病毒复制后再用特异抗体做间接免疫荧光抗体反应检测。但是，针对不同的外源病毒，需要选用相应的易感细胞来分离和检测。如分离和检测 REV 和 ALV、ARV，可用鸡胚成纤维细胞或 DF1 细胞；分离和检测 CAV，应选用 MSB1 细胞。这也需要持续 15d 左右才能完成。比较简单的是采用特异性引物作 PCR（RT-PCR）结合特异性核酸探针做斑点分子杂交，3d 内即可完成（详见第六章）。由于技术难度较大和准确性要求高，最好请专业化的实验室完成这些检测。

三、保证雏鸡阶段正常的免疫功能

高质量的MDV疫苗的保护性免疫效果还取决于被免疫鸡群的免疫功能。由于MDV疫苗多是接种1日龄的雏鸡，因此，雏鸡的健康状态和免疫功能将显著影响疫苗的免疫效果。在雏鸡期间的饲养管理对雏鸡的免疫功能影响极大。

（1）必须保障育雏期的鸡舍温度。如果育雏最初几天不能按饲养标准保障必要的温度，则可能严重破坏雏鸡免疫功能的正常发育。

（2）避免喂饲霉变饲料及过量的抗生素。一些霉菌毒素有很强的免疫抑制作用，因此，必须严格保证雏鸡饲料的质量。有些抗生素的过量使用，也会产生免疫抑制作用，因此，应严格防止过量喂饲。

（3）预防免疫抑制性病毒感染。常见的垂直传染性病毒往往都有不同程度的免疫抑制作用，如REV、ALV、CAV和ARV等，其中以REV的免疫抑制作用最强（见第四章）。因此，在购买苗鸡时，从洁净度好的种鸡公司选择好的种源是很重要的。

此外，在没有母源抗体时，雏鸡对环境中的CAV和ARV也很易感。因此，在引进苗鸡前，一定要对育雏鸡舍作彻底的清洁和消毒。

还要再强调一下，避免使用可能感染REV等外源病毒的其他弱毒疫苗，特别是在雏鸡期间使用的疫苗，如禽痘疫苗。

四、继续改进MDV疫苗

现有的CVI988/Rispens株细胞结合型疫苗的保护性免疫效果还是很好的，但我们必须为出现致病性更强的MDV野毒做好技术储备。

（一）警惕致病性更强的MDV的出现

正如在第三章所述，自从20世纪70年代欧美等发达国家开始研发和使用马立克氏病疫苗以来，随着鸡群普遍免疫，在免疫选择压作用下，鸡群中MDV的流行株的毒力也在不断增强。不断演变出能突破疫苗保护性免疫的强毒（vMDV）、超强毒（vvMDV）和特超强毒（vv+MDV）。面对20世纪70～90年代鸡群中MDV野毒的致病性不断增强的现实，禽病和病毒学专家们不断改进疫苗，1970—1990年，仅美国就研发和推广出了三代疫苗。即Ⅲ型HVT疫苗、Ⅲ型HVT+Ⅱ型SB1的二价苗和Ⅰ型CVI988疫苗。这三代疫苗分别可有效地预防vMDV和vvMDV两类致病性野毒MDV感染及其肿瘤。但是，在欧洲和美国广泛使用CVI988/Rispens疫苗后数年内，在一些局部地区又出现了能突破CVI988/Rispens保护性免疫力的vv+MDV毒株。由于欧美国家养殖业采取的生物安全措施比较到位，因此，这些新出现毒株并没有流行开来。

在过去十多年中，由于广泛应用CVI988/Rispens株疫苗，我国大多数地区鸡群中的MDV感染都得到了有效控制。然而，近两年来，在一些地区，特别是在一些小规模蛋鸡个体户比较集中的地区，马立克氏病肿瘤的投诉有明显增加的趋势。这是否与MDV野毒株的毒力显著增强有关？我国是否已出现了能突破CVI988/Rispens株保护性免疫的毒力更强的新的致病型MDV？阐明这一流行病学问题，对于更有效地控制MDV是很重要的。

（二）研发新疫苗、构建技术储备

针对可能在鸡群中出现的能突破CVI988/Rispens保护性免疫的致病性更强的新变异株

的潜在危险，国际上许多从事 MDV 研究的实验室都在研发新的疫苗，特别是利用现代细菌染色体克隆（BAC）技术构建 MDV 感染性克隆，通过将敲除野毒株肿瘤基因 meq 的方法来构建新的候选疫苗株。例如，美国科学家利用超强毒株 Md5 构建了敲除 meq 基因的疫苗候选株，这一 Meq 基因缺失病毒不再有致肿瘤作用，但能诱发比 CVI988/Rispens 株更好的保护性免疫力。可惜，这一毒株本身对 SPF 鸡还有一定程度的免疫抑制作用，至今还没有用于商品化研究。与此类似，我们也利用细菌染色体载体构建了 MDV 的中国野毒株 GX0101 的感染性克隆，并在此基础上又进一步构建了敲除了两个 meq 基因的基因缺失株（图 7-1）。这一毒株不仅没有致肿瘤性，也没有免疫抑制活性（表 7-1、图 7-2）。结果表明，与对照组相比，SPF 鸡感染 GX0101 后，28、35d 时的 AIV（H5/H9）、NDV 血凝抑制抗体效价均显著下降（$P<0.01$），AIV 与 NDV 疫苗的抗体效价受到显著抑制。而感染 GX0101Δmeq 组 AIV（H5/H9）、NDV 血凝抑制抗体与对照组在统计学上没有差异（$P>0.05$）。而且在免疫 SPF 鸡后，其对超强毒 Md5 的保护性免疫力也好于 CVI988/Rispens。我们又进一步敲除了在基因操作过程中在这一毒株插入的卡那霉素抗性基因，得到 SC9-1 株病毒（图 7-3），同样表现出比 CVI988/Rispens 株疫苗更好的保护性免疫效果（表 7-2）。

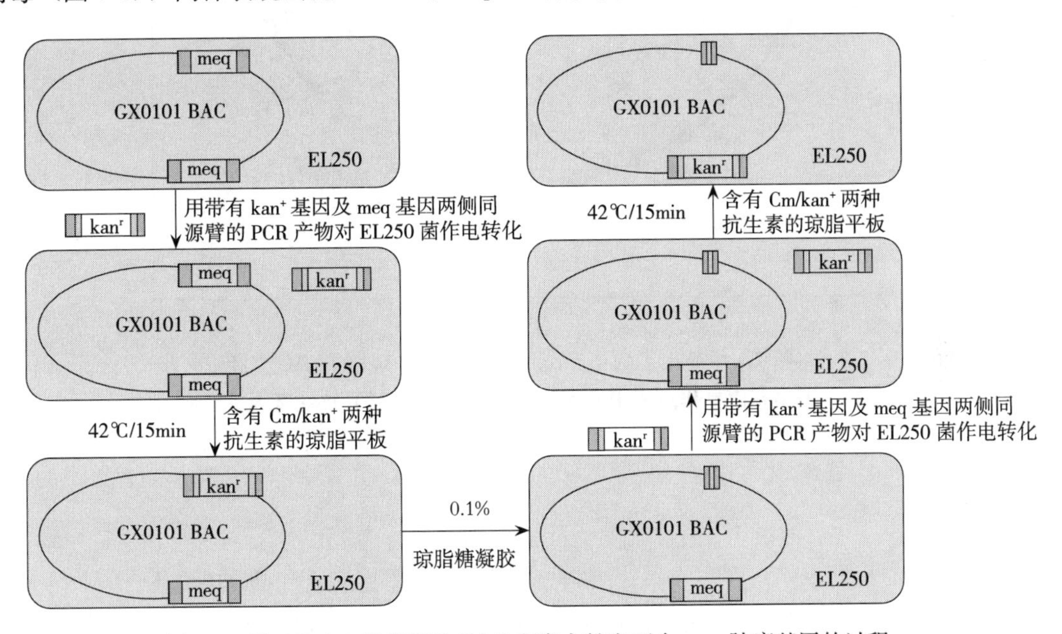

图 7-1　从 GX0101 株病毒的 BAC 克隆中敲出两个 meq 肿瘤基因的过程

表 7-1　接种 bac-GX0101 和 SC9-1 株病毒的 SPF 鸡法氏囊和胸腺与体重比（$n=20$）

病毒株	体重（g）	胸腺/体重（%）	法氏囊/体重（%）
bac-GX0101	91.9±9.1[a]	0.21±0.06[a]	0.2±0.07[a]
SC9-1	116.6±11.9[b]	0.42±0.08[b]	0.38±0.08[b]
对照	125.9±16.7[b]	0.48±0.09[b]	0.45±0.12[b]

注：1. 所有 1 日龄 SPF 鸡分别经腹腔接种1 000pfu 的 bac-GX0101 或 GX0101Δmeq 株（SC9-1）病毒。在 3 周龄时称体重，扑杀后取胸腺和法氏囊称重。

2. 表中数字为平均蚀斑数±标准差。右上角字母不同，表明差异非常显著（$P<0.01$）；相同字母表示差异不显著（$P>0.05$）。

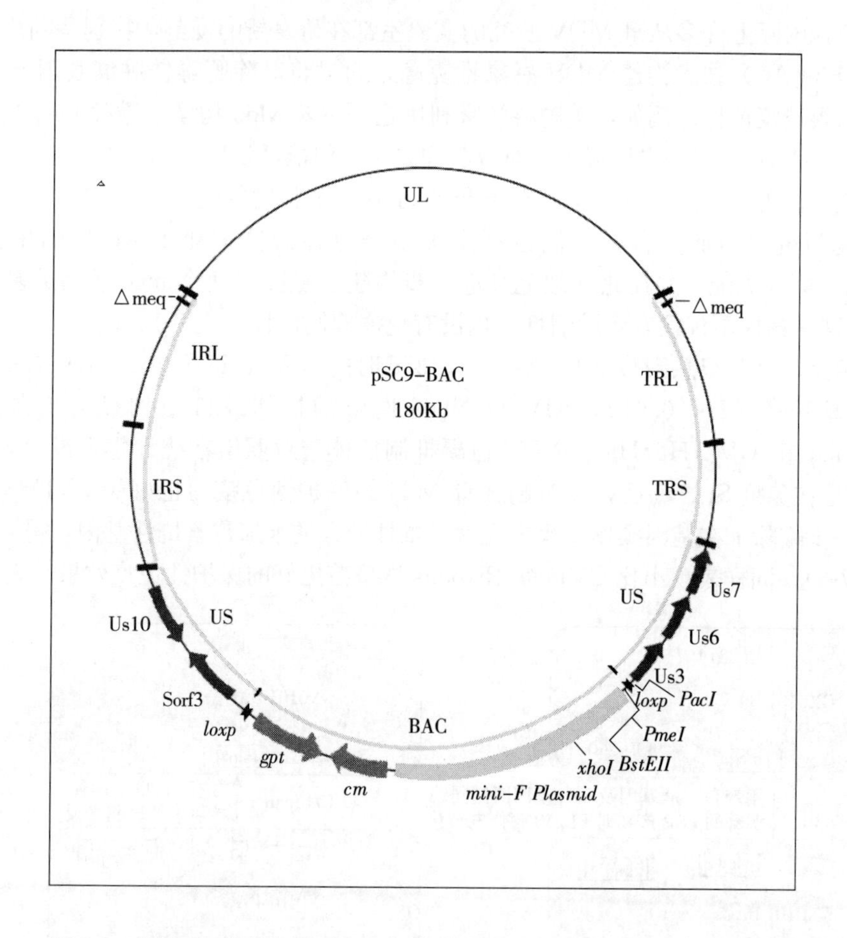

图 7-2　将图 7-1 中敲出了两个 meq 肿瘤基因 GX0101 的 BAC 克隆进一步敲出基因操作过程中插入的 kan⁺（卡那霉素）抗性基因后形成的疫苗毒 SC9-1（GX0101ΔmeqΔkan）的 BAC 克隆模式图

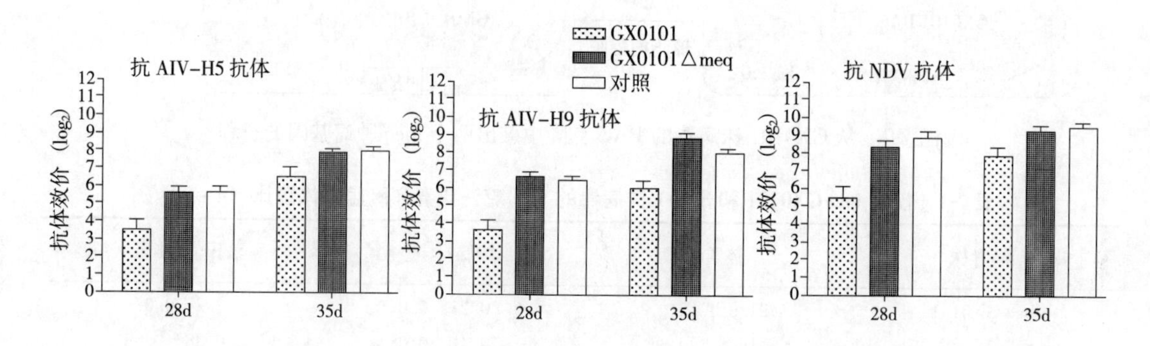

图 7-3　敲除了 2 个 meq 肿瘤基因后的 GX0101 的突变株 GX0101Δmeq 与 GX0101 原始毒对抗体反应的影响的比较

注：1 日龄 SPF 鸡感染 GX0101 与 GX0101Δmeq 后 7d 用 AIV（H5/H9）、NDV 灭活油乳苗肌内注射，在免疫 28、35d 后分别采集血清检测 AIV（H5/H9）、NDV 血凝抑制抗体效价。

表 7-2　SC99-1 株与其他毒株对 SPF 鸡的致病性和保护性免疫效力的比较

免疫（腹腔注射）		强毒攻毒（腹腔注射）		死亡率	马立克氏病肿瘤率（%）	保护指数（%）
疫苗病毒	剂量（pfu）	强毒株	剂量（pfu）			
GX0101Δmeq	2 000	rMd5	1 000	0/30（0）	0/30（0）	100
SC9-1	2 000	rMd5	1 000	0/30（0）	0/30（0）	100
CVI988/Rispens	2 000	rMd5	1 000	3/30（10）	4/30（13）	87
攻毒对照	—	rMd5	1 000	25/30（83）	29/30（97）	—
阴性对照	—	—	—	0/30（0）	0/30（0）	—
SC9-1	2000	—	—	0/30（0）	0/30（0）	—

注：1 日龄 SPF 鸡分别腹腔接种2 000pfu 的不同疫苗用病毒 GX0101Δmeq、SC9ΔMeqΔkan^r 和 CVI988/Rispens。在 5 日龄时分别接种1 000pfu 的 MDV 超强毒株 rMd5。连续观察和记录 13 周的死亡率，对死亡鸡均剖检，观察有无肿瘤，并作组织切片，观察有无肿瘤病变。在 13 周时，扑杀所有鸡，肉眼观察有无肿瘤并记录。马立克氏病肿瘤率，是死亡鸡显现肿瘤和 13 周后扑杀鸡中出现肿瘤的总和。保护指数是根据对肿瘤发生率的预防作用计算的。

现在，这种疫苗株的毒种已转让给某动物疫苗厂商，正在中试中。预计 2～3 年内可完成中试并正式申报新兽医生物制品证书。

我们希望目前正在研发的这种新疫苗可以作为一种技术储备，当出现突破了 CVI988 株疫苗的保护性免疫力的新的强毒株时，这种新的疫苗能发挥作用。经这种疫苗免疫的鸡既能抵抗超强毒 MDV，也能抵抗特超强毒株的攻毒。

五、生物安全

虽然 MDV 在环境中普遍存在，但如能做好鸡舍周围小环境的清洁、消毒，特别是鸡舍内部的清洁、净化也是很重要的。最近几年中，马立克氏病的免疫失败主要见于小型蛋鸡养殖户，这显然与鸡舍局部环境中积累的病毒量显著增大有关系，这些鸡舍都不实施全进全出制度，也不彻底清洁、消毒，积累了大量携带有传染性 MDV 病毒粒子的羽毛囊。

虽然马立克氏病疫苗免疫后诱发的免疫保护力可保护鸡群免于感染 MDV，但它的作用毕竟是相对的。当鸡群环境中存在的 MDV 野毒株毒力增强时，当环境中积累的病毒量（特别是带毒鸡随羽毛囊排出大量病毒）显著增加时，一些免疫功能较低的鸡群就有可能发生感染，而且也可能发病。

第二节　我国鸡群禽白血病的防控净化策略

相比鸡马立克氏病，在现阶段禽白血病在我国鸡群中的感染面和发病死亡率要高得多。另外，由于现在还没有疫苗预防禽白血病。因此，采取严格的生物安全措施对于预防控制鸡群白血病来说是最为重要的。这包括种源的净化、鸡舍环境的隔离、防止使用被外源性 ALV 污染的疫苗等。此外，为了加快种群的净化，也可考虑在育雏阶段适当应用一些抗反转录病毒的药物，用以抑制或减缓 ALV 在雏鸡中的横向传播。对选用的后备种鸡，也可考虑研发和应用相应的灭活疫苗提高其血清抗体水平，以此来减少对雏鸡的垂直传播及在雏鸡中的横向传播。图 7-4 和图 7-5 分别概述了 2011 年前和今后针对我国不同类型鸡群的综合性预防措施。

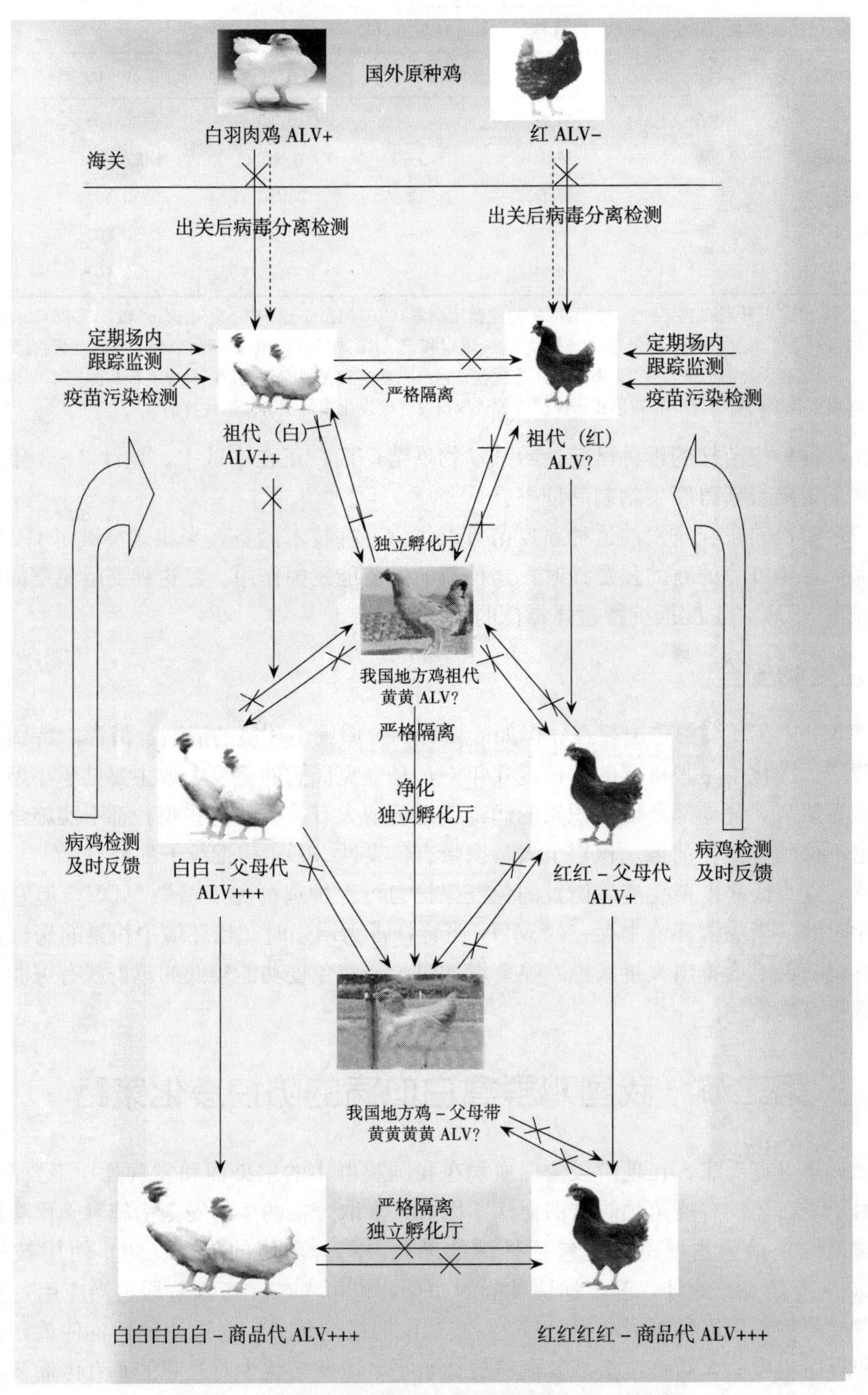

图 7-4　我国鸡群防控白血病综合措施（2011 年前）

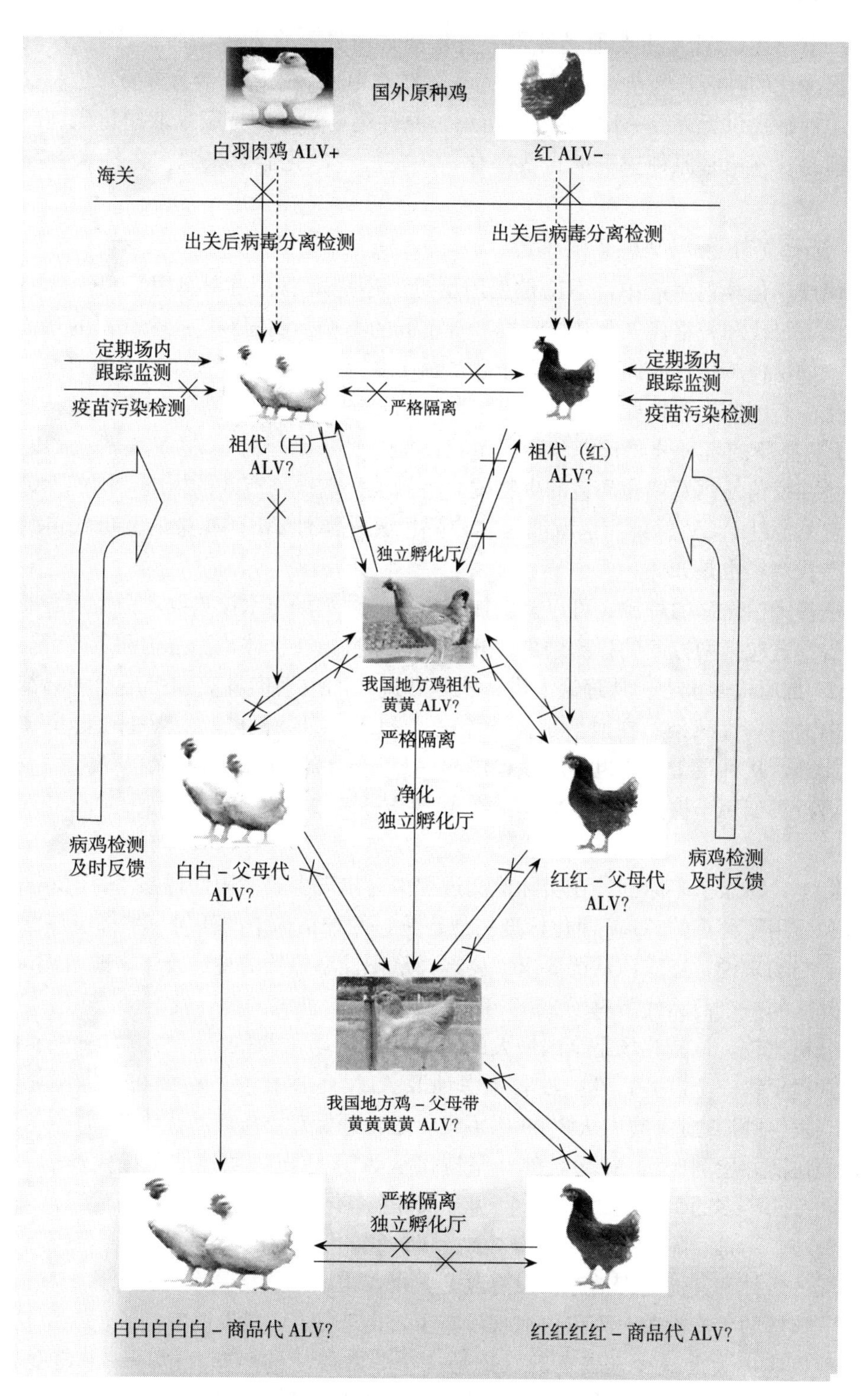

图 7-5　我国鸡群防控白血病综合措施（2011 年后）

一、选择净化的种源及净化原种群

如第二章所述，ALV 主要通过种蛋垂直传播，而且经垂直传播的雏鸡也最容易发病。因此，选择净化的种源作为苗鸡的来源，对于预防鸡白血病来说是最为重要，也是最关键的措施。为了保证提供无外源 ALV 感染的苗鸡，原种鸡场，必须持续采取净化措施净化核心种鸡群。但是，不论是原种鸡群的自我净化，还是选择净化雏鸡来源，在技术上都是很复杂的。

（一）选择无外源 ALV 感染的种源

在现代规模化养鸡生产中，不论是蛋用型鸡，还是黄羽、白羽肉用型鸡，分别有商品代、父母代、祖代和曾祖代（及其核心群）等不同的类型。我国对前三个代次的鸡的饲养数量都很大。如祖代鸡每年的饲养量或更新数量约 120 万羽。对饲养量如此大的鸡群，是无法做自我净化的。因此，对饲养祖代及其以下代次的鸡场来说，为了预防鸡白血病，必须从无外源性 ALV 感染的育种公司选择和购入苗鸡。如果是从无外源性 ALV 育种公司购入的祖代苗鸡，且在疫苗使用及鸡舍环境的生物安全控制上采取严格有效的措施，则能保证祖代鸡本身不会有外源性 ALV 感染，也就能为客户提供无外源性 ALV 感染的父母代苗鸡。对父母代和商品代鸡场也是如此。

为了选择无白血病的种源，可以要求提供苗鸡的种鸡场出示该鸡群禽白血病毒感染状态的检测报告。这包括两方面的检测结果：开产后种鸡群血清抗体检测报告和所产种蛋蛋清中 ALV 的 p27 抗原检测报告。从理论上讲，从国外进口的白羽肉种鸡和蛋用型种鸡都不应该有外源性白血病病毒感染。在血清抗体检测时，ALV-A/B 亚群或 ALV-J 亚群抗体都应呈现阴性。此外，从种蛋蛋清中也不应该检测出 ALV 的 p27 抗原，或至少不高于 1%。现在市场上都可以买到用于检测 ALV-A/B 亚群或 ALV-J 亚群抗体及 p27 抗原的 ELISA 检测试剂盒。

但实际上，由于诸多原因，在实际检测过程中会出现少数假阳性现象。目前农业部对白羽肉种鸡和蛋用型种鸡的 ALV 净化标准的规定是，两种指标中的任何一种都应该低于 2%。当然，对于鸡场来说，还应该从严要求，要选择从阳性率最低的种鸡公司采购苗鸡。我们曾对在北京郊区的一个商品代蛋鸡场 2009 年前后几年内的种源来源、发病动态和生产性能做了系统的分析比较。该蛋鸡场是全国最大的规模化、自动化养殖场，鸡场 2009 年前一直采取严格的常规生物安全措施，唯独没有考虑种源 ALV 的净化度。在 2009 年前，连续多批商品代蛋鸡发生肿瘤/血管瘤。从 2009 年下半年起，开始对供应商品代雏鸡的种鸡公司的种鸡亲自采集血清并检测血清 ALV 抗体，坚持仅从 ALV-J 抗体阴性的父母代鸡场引进商品代雏鸡。随后两年多的生产实践证明了，从 ALV-J 净化的种鸡场引进商品代雏鸡，配合相应的鸡舍清洁、消毒、隔离措施，可有效地预防商品代蛋鸡的 ALV-J 肿瘤/血管瘤。2009 年前后鸡场的条件和其他管理措施都没有改变，仅仅采取了严格的净化种源这一项措施，就完全改变了该场的生产面貌。不仅白血病没有了，由于 ALV 感染诱发的鸡群免疫功能下降带来的其他疫病也大大减少（表 7-3）。这是一个非常成功的经验，也是一个典型的实例，证明了选择净化种源是控制疫病的最重要的措施。证明了选择好的种源可以大大减少商品代蛋鸡中的白血病。

表 7-3　ALV-J 阳性和阴性种鸡场来源的海兰褐鸡蛋生产全程发病和生产性能比较

雏鸡来源	群数	总鸡数（万）	150 日龄抗体阳性率（%）			死淘率（肿瘤发生率）		产蛋性能		
			ALV-J	ALV-AB	REV	0～17周龄	18～76周龄	平均产蛋率（%）	料蛋比	高峰维持时间（周）
A公司	6	58.6	18.21	13.09	2.59	2.16（0.99）	12.52（4.23）	79.2	2.16	16
B公司	6	56	0	0.73	0.27	1.45（0）	4.18（0）	83.9	2.00	27
海兰褐生产标准			0	0		3.0（0）	5.5（0）	81.7	2.04	16

注：A公司种鸡群未经 ALV-J 抗体检测；B公司鸡群经两次采血检测，ALV-J 抗体均为阴性（引自李晓华、崔治中等，2012）。

如果对供应雏鸡的种鸡公司的检测报告不太放心，各公司可自行采样检测。虽然客户要求进入上一代种鸡场去采集血清样品不具有可操作性，但是可以要求上一代种鸡场提供种蛋，由采购苗鸡的公司自行检测蛋清中 ALV 的 p27 抗原。虽然客户不能到上一代种鸡场去采集种鸡血清，但可以直接检测上一代种鸡场提供的苗鸡。通常出壳后 36～48h，雏鸡血清中 ALV-A/B 及 ALV-J 的抗体水平与其相应种鸡的血清抗体水平有很高的平行性。或直接从种蛋的卵黄中检测 ALV 抗体。只要方法妥当，卵黄抗体与种鸡血清中的 ALV 抗体也有较高的相关性，但要检测的数量较大，如 200 只左右。否则，不容易发现阳性样品。

（二）对种鸡场 ALV 感染状态作定期检测

如前所述，对所有类型和代次的鸡场来说，都要重视雏鸡种源的选择。正因为如此，不同类型的祖代或父母代鸡场都应该对鸡群定期作外源性 ALV 感染状态的检测，随时发现问题并作相应处理。这是对下一代客户鸡场负责任的一种表现，同时对于保护和维持一个种鸡场在客户中的信誉也是极为重要的。如果自觉或不自觉地将带有外源性 ALV 感染的种鸡群所生产种蛋孵出的雏鸡销售给客户，这不仅会给客户带来很大的直接经济损失，同时也可能把种鸡公司自身带入经济纠纷，严重伤害自己的商业信誉。

为了掌握种鸡群是否有外源性 ALV 感染，通常可在种鸡群开产后，在将要对收集的种蛋孵化时，采集 200 份左右血清样品，用商品化的 ELISA 试剂盒分别检测 ALV-A/B 及 ALV-J 抗体。同时，采集种蛋，用商品化的 ALV-p27 抗原检测试剂盒检测蛋清中的 p27 抗原。

对于经营进口业务的白羽肉用型种鸡场或蛋用型种鸡场，如果血清抗体阳性率或蛋清 p27 抗原阳性率超过 1%，应请专业实验室做进一步病毒分离后，再决定相应对策。

在现阶段，在我国大多数黄羽肉鸡鸡场或地方品种鸡鸡场，检测发现鸡群血清中 ALV 抗体或蛋清中 p27 抗原的阳性率均高于 1%，因此，鸡场管理者更应咨询专业实验室和专家，采取相应的措施。

二、原种鸡场的核心群外源性白血病病毒的净化

（一）原种鸡群白血病净化的重要性

对不同类型不同品系原种鸡场核心群的外源性 ALV 的净化，是预防鸡白血病的最基本、最重要的一环。经过近二十年到三十年的努力，目前国际大型育种公司保留下来的不同

品系的白羽肉用型种鸡群或蛋用型种鸡群都已基本净化了各种亚群的外源性白血病。但即使如此，这些育种公司仍然在通过抽检的方法监控核心群中是否会出现新的外源性白血病病毒感染。

但在我国，各地还饲养着不同品种、品系的地方品种鸡及培育的黄羽肉用型鸡。由于历史原因，我国自繁自养的这些鸡群大多都不同程度感染了经典的A或B亚群ALV，甚至还有一些尚未鉴定的亚群，而且又从未做过任何净化工作。在过去十多年中，随白羽肉鸡从国外传入的J亚群ALV，也传入了这些我国自繁自养的鸡群中。因此，白血病的净化将是我国自繁自养品种品系鸡育种公司的一项长期艰巨的任务。

（二）鸡群白血病净化的标准方法

国际跨国育种公司在过去二十多年中在鸡白血病净化方面取得了非常成功的经验，他们总结出一套以从血浆分离病毒为主，结合胎粪棉拭子检测p27抗原，从核心种鸡群中检出和淘汰外源性ALV感染鸡的标准方法。这一套方法虽然都是经典的技术，也很繁琐，但却是最可靠的。在这一标准方法中，最基本的是采集核心群每只种鸡血浆接种于DF1细胞，在接种血浆样品后1d换液，再将细胞持续培养9d不换液。然后，再收集培养上清液，用ELISA检测试剂盒检测p27抗原。这一检测可在10周龄、25周龄和40周龄左右进行。

（三）鸡群白血病净化技术的改进

随着现代生物学技术及设备的改进，也结合我国国情的特点和需求，我们也在不断地改进与净化种鸡群白血病相关的检测技术。对于原种鸡场核心群的ALV净化来说，由于不可能将所有带毒鸡在一次检测中全都检出，因此，对一个污染了外源性ALV的鸡群来说，往往需要4～5个生产周期。如果能提高检出率即减少每一生产周期的漏检率，就可能缩短周期。其关键点是现行的标准方法中分离病毒过程中的DF1细胞培养维持9d这一点。这是因为，要将DF1细胞在接种血浆样品后持续培养9d不换液，然后再收集培养上清液，用ELISA检测试剂盒检测p27，在操作过程中是有一定技术难度的。这一技术并不复杂，但需要一个训练有素且经验丰富的实验员来操作才易成功。否则，或在七八天时细胞单层脱落无法检测，或个别血浆样品污染后影响整块细胞板的检测。而且，由于ALV生长复制很慢，当接种样品中病毒含量很少时，即使持续培养9d后，对上清液作p27的ELISA检测，也不一定达到阳性水平。为了改进检测技术，我们已在以下几方面作了进一步的研究：①从市场上选择最灵敏的p27抗原ELISA检测试剂盒。②用特异性抗体作IFA检测DF1细胞培养中的ALV感染。③用RT-PCR结合特异性核酸探针做分子杂交，直接从血浆样品中检测外源性ALV。

上述几方面研究的具体进展和操作方法详见第六章。

三、严格预防使用被外源性ALV污染的弱毒疫苗

这一点与第一节中马立克氏病的防控措施相似。但是，在第一节中重点关注的是，在生产和选用马立克氏病疫苗时，不应有外源性ALV污染。而对于鸡群白血病防控来说，不仅要维持马立克氏病疫苗中不能有外源性ALV污染，鸡群中应用的其他弱毒疫苗中也绝不能有外源性ALV的污染。这是因为，我们已在种鸡群特别是原种鸡群的净化及其持续监控上花费了很长的周期和很高的成本，一旦使用被外源性ALV污染的疫苗，将使种鸡群重新感染外源性ALV，使原来已在净化方面所做的努力前功尽弃。为了保证避免使用被ALV污

染的疫苗，应从严做好以下几方面的检测。

（1）将候选疫苗的样品接种 DF1 细胞（如果可能的话），将细胞连续扩增传 1～2 代（细胞传细胞），经 14d 后，再用 ALV-p27 抗原 ELISA 检测试剂盒检测上清液中的 p27，或用 ALV 特异性抗体（单抗或单因子血清）对接种的细胞做 IFA（见第六章）。

（2）通过 RT-PCR＋斑点分子杂交，直接检测疫苗外源性 ALV。如出现阳性，可通过 RT-PCR 扩增 ALV 的 env 基因，克隆后再测序验证（见第六章）。

（3）通过鸡体应用试验，根据是否产生抗体反应来排除疫苗污染 ALV 的可能性。对于已净化或正在净化过程中的原种鸡场的核心群来说，在用以上两种方法检测后还不能掉以轻心。应选用经以上两种方法检测阴性并已在祖代或曾祖代鸡群使用证明确实无 ALV 污染的同一批疫苗。

四、鸡舍的环境控制

虽然 ALV 的横向传播能力很弱，但由于外源性 ALV 的携带者（如某些昆虫）也可能传播 ALV，因此，在种鸡场核心群的鸡舍，最好能密封饲养。如做不到密闭饲养，也应有隔离用的纱窗门，防止蚊虫的侵入。

五、抗病毒药物的预防控制作用

对鸡白血病的发病鸡或感染的鸡群，药物治疗是没有意义的。但是，对于有待净化的原种鸡场来说，特别是 ALV 感染严重且正处在净化初期阶段的原种鸡场来说，可考虑对雏鸡群选用适当的抗白血病病毒药物，以减弱病毒在雏鸡群中的横向传播。因为白血病病毒是一类反转录病毒，所以可以参照用于治疗人的艾滋病的抗病毒药物，选择某些具有抗反转录酶或抗蛋白酶活性的药物。我们的试验也证明，在细胞培养上一些药物确实有抗鸡白血病病毒复制的功能。

六、疫苗免疫的预防作用

（一）我国养鸡业对 ALV 疫苗的可能期待

鉴于鸡白血病仍然是危害我国养鸡业的一种重要疫病，我国商业化的黄羽肉鸡及地方品种鸡群中 ALV 感染仍然很普遍，在全国范围内完成 ALV 净化还有很长的路要走，因此，对 ALV 疫苗仍然还有所期待。这种期待不是像对其他疫病那样依靠 ALV 疫苗作为预防控制白血病的主要手段，而是通过疫苗免疫核心种鸡群来提高种鸡群中 ALV 抗体阳性率的比例，从而减少可能的带毒鸡的排毒率，同时也能提高带有 ALV 母源抗体的雏鸡在育雏期间对横向感染的抵抗力。

（二）ALV 疫苗研发的困难性

迄今为止，在我国流行的大多数病毒性传染病都已有并已用相应的疫苗免疫来达到预防控制的目的。但还没有专门的疫苗用于预防鸡白血病，虽然该病在我国流行并造成的危害已持续 20 年了。早在 20 年前，欧美国家就有学者研制鸡 ALV 疫苗，但没有成功。随着 ALV 在商业化鸡群被基本净化，就不再做 ALV 疫苗的研究了。

（三）ALV 疫苗研发的近期进展

1. 不同疫苗免疫后的抗体反应性　近年来，我们分别实验了 A、B、J 亚群 ALV 感染细胞的灭活疫苗及与病毒中和反应相关的 gp85 亚单位疫苗的免疫效果。

结果表明，鸡体对不同亚群 ALV 灭活疫苗或亚单位疫苗的免疫反应性都很差。但经过重复免疫后，还是能诱发一定水平抗体的形成，而且有助于缩短攻毒后病毒血症的持续期。但鸡群对不同亚群 ALV 的反应性不同。相对而言，对 ALV-B 的抗体反应性较好。如果再辅以相应的核酸疫苗注射，种鸡的抗体水平更好。

2. 母源抗体对雏鸡的保护作用 不仅鸡只对 ALV-B 的灭活疫苗的抗体反应较好，而且，一旦在开产前产生抗体反应，种鸡的母源抗体也能转移到种蛋卵黄中。由此提供的母源抗体可为雏鸡提供一定的保护作用，即大大缩短了雏鸡在接种 ALV-B 后病毒血症的持续时间，即有可能预防或减少横向感染（表 7-4）。

表 7-4 有和无母源抗体的雏鸡 1 日龄接种 ALV-B 后的病毒血症动态比较

组别	鸡号	周龄											
		3	4	5	6	7	8	9	10	11	12	13	14
含母源抗体组	A1	－	－	－	－	＋	＋	＋	＋	－	－	－	－
	A2	－	－	－	－	－	－	－	－	－	－	－	－
	A3	－	－	－	－	－	－	－	－	－	－	－	－
	A4	－	－	－	－	－	－	－	－	－	－	－	－
	A5	－	－	－	－	－	－	＋	＋	＋	－	－	－
	A6	－	－	－	－	－	－	－	－	－	－	－	－
	A7	－	－	－	－	－	－	－	＋	－	－	－	－
	A8	－	－	－	－	－	－	＋	＋	＋	＋	－	－
	A9	－	－	－	－	－	－	－	－	－	－	－	－
	A12	－	－	－	－	－	－	－	－	－	－	－	－
	A15	－	－	－	－	－	－	－	－	－	－	－	－
	A16	－	－	－	－	－	－	－	－	－	－	－	－
不含母源抗体组	B1	－	－	－	＋	＋	＋	＋	＋	＋	＋	＋	＋
	B2	－	－	＋	＋	＋	＋	＋	＋	＋	＋	＋	＋
	B4	－	－	－	＋	＋	＋	＋	＋	＋	＋	＋	＋
	B5	－	－	－	＋	＋	＋	＋	＋	＋	＋	＋	＋
	B7	－	－	＋	＋	＋	＋	＋	＋	＋	＋	＋	＋
	B8	－	＋	＋	＋	＋	＋	＋	＋	＋	＋	＋	＋
	B9	－	－	－	－	－	＋	＋	＋	＋	＋	＋	＋
	B11	－	＋	＋	＋	＋	＋	＋	＋	＋	＋	＋	＋
	B13	－	－	－	＋	＋	＋	＋	＋	＋	＋	＋	＋

注：分别在相应周龄采血接种 DF1 细胞分离和检测相应病毒。

3. 应用前景 从上述研究进展可以看出，至少在 ALV-B 感染的原种鸡场，应用本场分离的流行株制成相应的灭活疫苗及核酸疫苗可用于免疫育成期以后各种鸡，在诱发抗体形成后，可减少感染鸡的带毒率和排毒率。而且，由此提供的母源抗体可降低 ALV 在雏鸡间的横向传播能力。因此，在种鸡群免疫后，如果选择抗体反应好且病毒检测阴性的鸡，采集种蛋，作为下一批核心鸡群的来源，就可能显著降低 ALV 的垂直感染率，也可预防由于漏检感染鸡造成的横向传播。因此，可提高核心种鸡群净化的效率、缩短净化的周期。

第三节　鸡群禽网状内皮增生病的预防控制

在第四章中已有数据显示，鸡群中禽网状内皮增生病病毒（REV）的自然横向感染力并不强，但 REV 可通过多种不同的方式在鸡群中传播。在不同的地区不同的种鸡场，鸡群对 REV 的感染状态可呈现很大的区别。随传播年龄和方式不同，其危害也不同。我国近二十年来，鸡群中 REV 感染的最大危害来自污染了 REV 的疫苗，特别 1 日龄用的马立克氏病疫苗，其次是在小鸡阶段用的禽痘疫苗。因此，针对 REV 的不同传播方式，我们要分别采取不同的防控措施。

一、避免使用污染 REV 的弱毒疫苗

（一）预防 REV 污染弱毒疫苗的重要性

我们在 2004—2005 年的血清流行病学调查显示，我国南方鸡群中 REV 抗体的阳性率较高，而在东北地区则很低，相当多的鸡场为阴性。但近两年的血清学调查表明，东北地区一些鸡群 REV 的抗体阳性率也可高达 60%。这显然与使用了被 REV 污染的弱毒疫苗相关。此外，在过去十多年中，在青年鸡群中曾发生过多起由于出现免疫抑制和生长迟缓综合征造成极大经济损失的经济纠纷，后来证明都与使用了被 REV 污染的疫苗相关。在本章第一节中已特别强调了要预防生产和使用被其他外源病毒污染的马立克氏病疫苗，其中最主要的外源病毒就是 REV。

本节则是再次特别强调鸡群在选用各种弱毒疫苗时，一定要对疫苗的 REV 污染状态作严格的检测。如前所述，如果在雏鸡阶段使用了被 REV 污染的疫苗，会导致鸡群发生免疫抑制和生长迟缓，并伴以继发细菌感染造成大批死亡。如果是后备鸡群，可能会出现短暂的病毒血症，但多能耐过 REV 感染。其中一部分还能性成熟并产蛋，但会对后代造成垂直感染。即使在开产的成年母鸡，使用了被 REV 污染的疫苗，也可能有一部分鸡会有短暂的病毒血症，并也会导致部分种蛋发生 REV 的垂直传播。

（二）如何判断是否使用了 REV 污染的疫苗

疫苗中 REV 的检测是一项技术性非常强的工作，不仅需要一定的实验室设备和相应的技术，更重要的是还需要有经验的人对检测结果作出判断。大型种鸡公司可以建立相应的诊断实验室来定期检测所选用的疫苗中是否有 REV 污染。但大多数养鸡公司和鸡场不必专门为此建立实验室，可请有资质的专业实验室代为检测。对于我国大多数中小型养鸡公司和鸡场来说，不必自己对每一批疫苗都做检测，可咨询本公司或鸡场苗鸡的供应公司，其会提供最可靠的信息，从哪个疫苗公司购买的哪一批疫苗是安全的。

判断一批疫苗是否有 REV 污染，在鸡群使用后可根据两方面来判断。如果相关疫苗是在 1 周内对雏鸡实施免疫，在免疫后 2～3 周开始出现鸡群个体大小差异显著等生长迟缓症候，或继发细菌感染造成肝周炎、心包炎的死淘率明显上升，就应怀疑使用了被 REV 污染的疫苗。这时应将同批疫苗及死亡鸡送专业实验室检测。如果鸡群在 3～4 周内生长正常，就可认为疫苗中基本没有 REV 污染。

如果疫苗是在 2～3 周龄以上鸡群使用的，可在疫苗使用后 3～4 周采血检测血清 REV 抗体。当抗体阳性率达到 40%～50%或更高时（样品数应在 30 只以上），就应怀疑疫苗中

有 REV 污染，并将保留的疫苗送专业实验室检测。

（三）如何检测疫苗中的 REV

1. 用 SPF 鸡做接种试验 用 5～10 倍规定剂量的弱毒疫苗，分两点肌内或皮下注射 8～10 只 4～6 周龄以上的 SPF 鸡。在接种后 3～6 周采血，分别用 REV 抗体 ELISA 检测试剂盒或 IFA 检测是否有 REV 抗体。如果疫苗中有 REV 污染，通常大多数被接种鸡在接种后 3～4 周内产生 REV 抗体。具体方法详见第六章附件 2。这一方法适用于所有疫苗，但成本高、持续时间长。

2. 用细胞培养法从疫苗中分离病毒 针对不同的疫苗，将疫苗做相应处理后接种 SPF 鸡胚来源的鸡胚成纤维细胞（CEF)。4～5d 后将 CEF 单层消化后再传至另一块新鲜的细胞培养皿，并如此重复一次后，用针对 REV 的单克隆抗体做 IFA 检测有无 REV，详见第六章附件 2。这一方法的优点是成本低，持续时间短（只需要 2 周时间)。但需要相应的设备和技术，而且有些弱毒疫苗病毒如禽痘疫苗病毒本身就能在 CEF 上复制，并很快诱发细胞病变，从而会干扰 REV 的复制和检测。

3. PCR（或 RT-PCR）＋特异性核酸探针斑点分子杂交法 这是我们研发的一种新方法，这一方法可直接从疫苗中检测 REV 病毒粒子中基因组 RNA 或 REV 前病毒 cDNA。如果操作得当，这一方法灵敏度很高且特异性强。本方法实验室设备要求简单但操作技术要求高，需要训练有素的技术人员操作。详细方法见第六章。

二、预防带有 REV 全基因组的重组鸡痘病毒野毒株的流行

如第四章所述，REV 还有一种非常特殊的传播方式，即带有 REV 全基因组的鸡痘病毒野毒株在感染鸡群后，在鸡痘复制的同时还能产生有独立传染性的 REV。由于鸡痘病毒感染易发于各种年龄的鸡，当不同年龄鸡群感染这种天然的重组病毒后，就像人工接种 REV 一样感染了 REV。虽然大多数感染鸡在血清出现抗体后不会再维持 REV 病毒血症，但在抗体出现前短暂的病毒血症期间所产的蛋，仍有垂直传播的可能。

为了预防这种途径传播 REV，还必须有效预防鸡群鸡痘感染。

三、控制鸡舍蚊子等昆虫的传播

如第四章所述，蚊子等昆虫也能携带及传播 REV。我们前几年的流行病学研究发现，我国南方鸡群 REV 抗体的阳性率显著高于北方，当时就推测可能与南方蚊子等昆虫一年四季都很多有关。而且，我们也确实从蚊子体内分离到 REV（见第四章)。此外，我们也曾多次发现，在某一特定局部区域的鸡舍的鸡群，其 REV 抗体阳性率常常突然升高，虽然该鸡群所用的疫苗与其他鸡场的完全一样。从这一现象推测，鸡群 REV 抗体突然升高，可能与某种昆虫传播 REV 相关。因此，为了预防鸡群 REV 感染，在蚊子等昆虫较多的地区，对种鸡群还应做好鸡舍内昆虫的控制。但可惜，我们还不太清楚，除了蚊子以外，还有哪些昆虫可传播 REV。

四、种鸡群净化及种鸡疫苗免疫

如前所述，REV 在鸡群中的自然感染率是很低的。而且迄今为止，还没有 REV 自然感染引发鸡群严重经济损失的先例。虽然在欧洲有少数国家规定进口的种鸡中不得检出 REV

抗体，但还没有哪个国家把 REV 作为种鸡群的净化对象。在我国，现在还更不可能来考虑种鸡群 REV 净化问题。

至于用疫苗免疫来预防 REV 感染问题，我们也曾作为一个研究课题做过研究。早在七八年前，鉴于 REV 主要引起感染雏鸡发病，因此，当时考虑通过接种开产前种鸡 REV 疫苗的方法，使雏鸡获得母源抗体的保护。

我们的研究表明，在种鸡开产前一个半月接种已在细胞培养上连续传了 30 代以上的 REV 后，不仅不会给种鸡的生产性能带来任何不良影响，而且在接种后 2 周内全部产生抗体。此外，经 REV 疫苗免疫的种鸡不会垂直传播 REV。在免疫后 2 周内不再能检出病毒血症，也不会在种蛋中排出 REV。进一步的实验证明，血清 REV 抗体阳性的种鸡不仅所产的蛋中都存在卵黄抗体，而且孵出的苗鸡血清中也有 REV 母源抗体。我们的实验还证明，凡是有母源抗体的雏鸡，即使在 1 日龄接种一定剂量的 REV 野毒，也不会产生任何致病作用。相对于没有接种的鸡，有母源抗体的雏鸡在 1 日龄人工接种 REV 后，其生长速度、中枢免疫器官指数及对常用的灭活疫苗免疫后的抗体反应，都与对照鸡无显著差异（见第四章，表 4-22 至表 4-27）。

第八章

我国鸡群病毒性肿瘤病研究展望

在发达国家，由于高度重视规模化养鸡业中生物安全措施在疫病预防控制中的重要作用，也由于这些措施基本上都能具体落实，近十多年来，鸡的三种病毒性肿瘤病已得到了较好控制。然而在我国，整个养鸡业一直对生物安全措施不够重视，导致许多疫病难以得到有效控制，这也包括鸡的病毒性肿瘤病。在过去二十年中，相比之下，我国对鸡群的马立克氏病的控制较有成效。自从推广液氮保存的CVI988/Rispens株细胞结合疫苗以来，在我国大多数地区大多数鸡场，马立克氏病的肿瘤发病率均处在较低水平。然而，在一些小型鸡场，马立克氏病肿瘤还仍然常见，而鸡群禽白血病病毒和网状内皮增生病病毒感染更是相当普遍。总的来说，鸡的病毒性肿瘤病还仍然是各类种鸡场将要面对的最重要的疫病之一。因此，在今后一段时期内，对困扰养鸡业生产中的这一问题，还有许多研究工作有待深入开展。其中有些是直接为生产服务的，有些则涉及现代生物学的一些基本问题。

第一节　继续跟踪我国鸡群中肿瘤性病毒感染的流行趋势

和其他常见病毒一样，鸡的肿瘤性病毒也在不断变异和演变中。此外，影响病毒感染鸡群的一些流行病学因素也会发生变化，认识其流行趋势，将有助于采取更有效的防控措施。

一、我国鸡群禽白血病病毒的演变趋势

禽白血病病毒（ALV）本身就是一种最易变的病毒。可以从多方面来研究鸡群ALV的变异和演变。

1. 鸡群中主要流行亚群的变异　目前已知在鸡群分离鉴别出的ALV有A、B、C、D、E和J六个亚群。在20世纪80年代前，我国与全球一样，各类鸡群中流行的ALV以A和B亚群为主。但从20世纪90年代起，新出现的J亚群逐渐成为我国各类鸡群中的主要流行亚群。但流行的主要亚群也是会变化的。我国不仅地域辽阔，涉及不同的气候、地理环境，又涉及不同饲养模式、不同遗传背景、不同类型的鸡。因此，各地不同类型鸡群中的主要流行亚群不仅不尽相同，而且也会随着饲养模式的变化而变化。

2. J亚群ALV的gp85的变异　在过去二十年中，J亚群一直是我国鸡群中的主要ALV亚群。但是，ALV-J流行株的gp85差异也在逐渐增大。如第二章中所述，我国ALV-J流行株间的gp85的同源最低已低至87%左右（表2-33）这可能与免疫选择压相关（Wang等，2007），但是否还与遗传背景、器官或组织的亲嗜性相关，还有待研究。在今后5～10年内，在ALV-J在我国鸡群中继续流行过程中，其gp85会向哪个方向变异并给致病性带来哪些影响，均有待研究。

3. 发现和鉴定我国地方品种鸡群中ALV的新的亚群　如上所述，目前从鸡群发现和报

道的 ALV 有 A、B、C、D、E 和 J 六个亚群。这些亚群都是从欧美国家的有限遗传背景的鸡群中发现和鉴定的。C 和 D 亚群是细胞培养时发现、从自然鸡群中分离到的。到目前为止，我国已发现和报道了 A、B、E、J 四个亚群。

然而，我国饲养的鸡的品种比欧美国家多。我国有相当多的地方品种多是在过去几百年甚至一千多年中独立形成的。在这些不同来源、不同遗传背景的鸡群中，完全可能存在着不同于以上 6 个亚群的新的亚群 ALV。实际上，我们最近已从我国的一个地方品系中分离到 3 个 ALV 野毒株，就可能属于一个独特的亚群。通过 gp85 基因序列比较，它们相互之间的同源性在 98%以上，但是与 J 亚群的所有毒株的同源性均小于 35%。而且，它们的 gp85 与 A、B、C、D、E 亚群的已知代表株的 gp85 的同源性均低于 84.6%。

因此，如果我们能在今后几年内，对我国不同地理环境下的有代表性的地方品种鸡群中 ALV 做系统的病毒分子流行病学调查，将有很大的可能发现 ALV 的新亚群。

4. ALV 流行株的致病性变异　ALV-J 在世界各国流行的最初十多年中，仅发生白羽肉鸡群中，而且主要仅引起髓细胞样细胞瘤。当时即使在人工接种试验中，ALV-J 可在其他类型鸡中发生感染，但很少会发生肿瘤。然而，在过去十年中，ALV-J 不仅已自然传入蛋用型鸡群和我国某些地方品系鸡群中，而且在这些鸡群中诱发的肿瘤死淘率越来越高。不仅有典型的髓细胞样肿瘤，而且还常常出现血管瘤、纤维肉瘤和骨硬化等不同的病理变化（详见第二章相关内容）。可以推测，在今后若干年内，如果我们不能在大多数鸡群中净化外源性 ALV，将会出现其他致病型的 ALV 流行株。我们应随时关注和开展这方面的研究。

二、鸡群马立克氏病病毒感染的变异趋势

马立克氏病病毒（MDV）作为一种双股 DNA 病毒，其基因组相对来说还是比较稳定的。但是，MDV 的基因组很大，约 175kb。基因组任何一个位点不易被发生的突变也可能导致生物学特性的变异。

在过去十多年中，最受关注的生物学特性是其对不同疫苗保护性免疫的突破能力。如第三章中所述，在免疫选择压的作用下，自 20 世纪 60 年代以来，已分别出现了 mMDV、vMDV、vvMDV 和 vv+MDV 四种不同致病型。其中 vvMDV 能突破 HVT 及 HVT+SB1 二价苗的保护性免疫力。从 2000 年初开始，欧美国家分别报道了能突破 CVI988/Rispens 株保护性免疫力的 vv+MDV 株，幸运的是这些毒株还没有流行开来。

我国幅员辽阔，鸡群的遗传背景及饲养管理模式差异很大。在过去十多年中，CVI988/Rispens 株疫苗已广泛应用。虽然每年都有 MDV 疫苗免疫失败的投诉，但我国是否已出现了能突破 CVI988 疫苗保护性免疫力的流行毒株，现在还没有确实的证据。因此，在今后若干年内，应以免疫失败的鸡群分离更多的 MDV 流行株，并比较它们对 CVI988 疫苗保护性免疫力的突破能力，这是我国禽病界对 MDV 病毒学研究和流行病学研究的重点。

三、鸡群禽网状内皮增生病病毒变异趋势

禽网状内皮增生病病毒（REV）虽然属于反转录病毒，但它与 ALV 的诸多特性恰恰相反，REV 比较稳定。病毒分子流行病学研究表明，在过去五十多年中，从世界各地不同禽类分离到的 REV 流行株的基因组和抗原性差异不大。对鸡群 REV 感染的流行病学变异趋

势的研究应着重于如下几方面：

（1）我国其他家禽和野鸟 REV 的带毒状态。

（2）我国不同地理环境下蚊虫等昆虫带毒及其在 REV 传播中的作用。

（3）带有 REV 全基因组的重组禽痘病毒的流行状态。这一现象及其意义已分别在第四章、第七章第三节相关部分做了叙述。我国禽病界需要继续关注的是，这类重组禽痘病毒在我国不同地区的流行趋势、在鸡群自然发生的禽痘中所占的比例，以及这种带有 REV 的重组禽痘病毒与通常的禽痘病毒相比在传播性和致病性方面有什么差异等。

在第四章中已提及了 REV 可感染多种家禽和野鸟。但我们还需进一步查明，在我国其他家禽中的自然感染率和致病作用如何，在我国，有哪些常与鸡群接触的野鸟可感染并向鸡群传播 REV。在第四章中我们已叙述了这一现象。有待进一步阐明的问题是，除了蚊子外，我国鸡群中还有哪些昆虫可以携带并传播 REV？蚊子是仅仅机械携带 REV，还是可复制并传播 REV？

第二节　继续追踪我国鸡群中 MDV 与 REV 或 ALV 间的基因重组

在本书的第三章、第四章、第七章的有关段落已多次提到了 MDV 与 REV 或 MDV 与 ALV 间的自然重组现象。在第三章的第三节更是详细介绍了我们对带有 REV-LTR 的重组 MDV 野毒株 GX0101 的特性及其流行病学意义的详细研究。但这可能不是个别现象。鉴于我国鸡群中 MDV 与 REV 或 MDV 与 ALV 共感染甚为普遍，肯定还有很多不同的病毒间基因组重组发生了，而且有些分别成为了不同的流行株，这都有待更多的研究。

（1）还能从鸡群分离鉴定出更多的带有 REV 基因组的重组 MDV 野毒株吗？

不仅是分离鉴定出更多的与 REV 发生重组的 MDV 野毒株，更重要的是通过对更多这类重组 MDV 的分离鉴定，发现那些在 MDV 基因组上不同位点插入了 REV 不同基因组片段的重组 MDV 野毒株，以此分别比较这类重组病毒的流行病学意义。

（2）能从鸡群中分离到带有 ALV 基因组片段的重组 MDV 野毒株吗？

由于 ALV 也像 REV 一样同是反转录病毒，而且都有 LTR，也应该常与 MDV 发生重组。已有报道显示，通过 PCR 可从 MDV 感染病鸡检测出分别带有 ALV 和 MDV 来源的嵌合体分子，证明在鸡体内确实能发生 MDV 与 ALV 的基因重组。但一直还没有分离到这类病毒。近十多年来，ALV 在我国鸡群中已广泛传播，ALV 与 MDV 共感染也很普遍。因此，完全有可能从我国鸡群中分离鉴定出带有 ALV 某个基因组片段的重组 MDV 野毒株，并进一步阐明这一现象的流行病学意义。

第三节　我国鸡群病毒性肿瘤病防控相关的技术和产品的开发研究

一、新的诊断方法和诊断试剂

（一）禽白血病的诊断方法和诊断试剂

目前市场可提供多种与禽白血病相关的 ELISA 诊断试剂盒，且适宜于大批量样品的检测，但它们有其局限性。这些试剂盒或者仅用于检测血清抗体，只代表鸡群（只）感染过不同亚群的 ALV，不能用于病的鉴别诊断，也不能用于种群的净化。或者能用于检测不同样品中的 ALV 特异性 p27 抗原，但不能将外源性与内源性 ALV 相区别。因此，为了鸡群的净化及禽白血病的鉴别诊断，还需要研发新的更有效的诊断方法和诊断试剂。

1. 需要能识别不同亚群的全套特异性抗体及其商品化的试剂盒　虽然我们现在有针对 ALV-J 的单克隆抗体，而且在 IFA 中显示出很强的特异性（见第六章）。该单抗也已提供给国内许多单位，成功地用于 ALV-J 的分离鉴定，但还有待开发成商业化的试剂盒。针对其他亚群的单克隆抗体也有待研发。我们需要一套完整的特异性抗体及相关的试剂盒用于 ALV 野毒株的鉴别及原种鸡场净化过程中对外源性 ALV 的检测。

2. 直接从病料中检测外源性 ALV 的核酸技术检测方法及试剂盒　虽然特异性抗体可用于鉴别在细胞培养上分离到的 ALV 野毒株，但细胞培养所需的周期较长，而且在面对大量样品时有较大的技术难度。因此，还需要利用现代核酸技术，开发出一种用 PCR（RT-PCR）＋特异性核酸探针做分子杂交的、能从病料样品中直接检测出外源 ALV 特异性核酸的诊断方法和试剂盒。我们在这方面的研究已有了很大进展（见第七章），但也需要把它开发成商品化的试剂盒。

（二）鸡马立克氏病的诊断方法和诊断试剂

我们已有了一套可以鉴别Ⅰ型 MDV 的单克隆抗体，其灵敏度和特异性都很好（第六章）。该单抗也已提供给国内许多单位，成功地用于 MDV 的分离鉴定，但还有开发商品化的试剂盒。此外，还需要解决的问题是：

（1）如何综合利用现有的针对 MDV 的特异性单克隆抗体，直接在病鸡肿瘤病料的组织切片中检测出 MDV 抗原。虽然我们也有用相应的免疫组织化学法或 IFA，成功检测 MDV 抗原的先例，但重要的问题是如何提高这一方法的可重复性，并能广泛推广。

（2）能否用现代核酸技术来对 MDV 肿瘤病料作出鉴别诊断。虽然国外已报道可通过 q-PCR 作出鉴别诊断，但关键问题是如何保证这一方法用于大量临床样品时的可重复性和特异性。

（三）鸡 REV 感染的诊断方法和诊断试剂

（1）单克隆抗体试剂盒的研发。我们已有的 REV 单克隆抗体灵敏度和特异性都很好（见第六章，彩图 6-25，彩图 6-26），该单抗也已提供给国内许多单位，成功地用于 REV 的分离鉴定，但还有待开发商品化的试剂盒。

（2）应用地高辛标记的 REV 特异性核酸探针可大大简化样品中 REV 检出的程序（见第六章，图 6-4 和图 6-5），但这种核酸探针的商品化试剂盒还有待开发。

二、以弱毒 MDV 为载体的新型疫苗的研究

由于 MDV 的基因组约 175kb，足以作为携带多个不同病原基因的表达性载体。MDV 疫苗本身就在有母源抗体的 1 日龄雏鸡应用，如果插入其他病毒的基因，从雏鸡阶段就开始诱发免疫反应。而且，MDV 疫苗一旦注入体内，终身带毒。因此，插入的外源基因可持续不断地表达并刺激免疫反应。为此，近来 MDV 疫苗已被国内外许多疫苗企业选中，作为研发预防多种疫病的新型疫苗的载体，如表达鸡新城疫的 F 基因、HN 基因，禽流感病毒的 HA 基因、鸡传染性法氏囊病病毒的 VP2 基因等。

在这方面，我们已构建了vvMDV的中国野毒株GX0101的BAC克隆，在将其中的两个肿瘤meq基因敲除后，不仅不再有致病性，而且可用作疫苗病毒的候选毒株（见第七章，图7-1，图7-2）。应用这一克隆载体，我们就可用来研发表达鸡新城疫的F基因、HN基因，禽流感病毒的HA基因、鸡传染性法氏囊病病毒的VP2基因等的新型疫苗。

三、不断完善鸡群对病毒性肿瘤病的综合性防控技术

如何将诊断和预防MDV、ALV和REV的各项有效技术更好地集成起来，组合成一个最有效的综合性防控技术，更是我国禽病界面临的一项挑战。在第七章中，已详细叙述了我们在有关的方面的研究进展，但还有待进一步改进。

第四节　MDV基因组及基因功能的进一步深入研究

在20世纪60年代分离鉴定出MDV后，由于在接种鸡时能重复地诱发典型的肿瘤，因此，鸡作为研究肿瘤发生的一种重要的动物模型受到广泛注意和深入研究。但是，从20世纪60年代后，随着肿瘤研究进入分子生物学时代，MDV诱发肿瘤的动物模型的作用明显减弱了。因此，对马立克氏病的研究重点也从肿瘤病理学转入病毒分子生物学。相对于经典病理学研究，在MDV肿瘤分子生物学研究上的进展自然远远落后于人类肿瘤或小鼠肿瘤了。同样，对MDV的分子病毒学研究也大大落后于人类的其他疱疹病毒。

如第一章中所述，MDV的基因组很大，有175kb左右长，其上有将近200个阅读框(ORF)。作为一种α-疱疹病毒，其中大多数基因都与人的疱疹病毒和单纯疱疹病毒HSV类似，称之为HSV类似基因。但是也有一些基因则是MDV特有的，如pp38基因（见第一章概述)。已构建的MDV的细菌染色体克隆（BAC)（如我们的GX0101株BAC克隆)，将会大大加快MDV基因的研究。

虽然在MDV基因组上的HSV类似基因的生物学功能不一定就与HSV相同，但从这类HSV类似基因不大容易得到新的有科学意义的发现。但是，毕竟MDV基因组的大多数基因及其产物的生物学功能还不清楚，还可以做一些深入的研究。这些研究应该着重于MDV特有的基因或与MDV的特殊生物学特性相关的基因。

一、与MDV的严格细胞结合性相关的基因

与其他疱疹病毒相比，MDV最突出的一个生物学特性是其严格的细胞结合性（见第一章)。即在MDV感染的细胞培养中，传染性病毒粒子不会释放到上清液中，仅存在于被感染的细胞内。而且，随着感染细胞的死亡，病毒也失去传染性。同样，在感染的鸡体内，到目前为止还仅能在羽毛囊上皮细胞中发现有感染活性的游离的MDV病毒粒子。在其他细胞包括淋巴细胞或肿瘤细胞中，都不能产生游离的传染性病毒粒子。因此，在从病鸡分离MDV野毒株时，必须采集病鸡血液或肿瘤的活细胞。如果不能立即接种细胞培养，必须将相应细胞在液氮中保存。也正因为如此，CVI988株Ⅰ型MDV弱毒疫苗也必经在液氮中保存。因此，阐明与MDV严格细胞结合性相关的基因或基因片段不仅有科学意义，而且也有助于研发能冻干保存的、可以以游离病毒形式存在的MDV弱毒疫苗。

二、meq 肿瘤基因的生物学活性

迄今为止，在 MDV 的近 100 个已知基因产物中，还只有 meq 基因被证明确实是 MDV 诱发肿瘤的关键基因。在过去二十年中，在对 MDV 的 meq 基因的致肿瘤作用研究上取得了很多进展。但是，利用现在的分子生物学新技术，还可以对 meq 基因的生物学特性做进一步深入研究。特别是，由于 MDV 对鸡诱发肿瘤的可重复性高、可操作性强，而且现在又有了敲除了 meq 基因的 MDV，特别是我们已构建了分别敲除了一个及两个 meq 基因的 GX0101 株的 BAC 克隆，因此，在此基础上，我们还可以做更多的研究。特别是，由于 MDV 的 meq 基因与人类的肿瘤 jun 基因有类似的蛋白质结构，因此，MDV 感染鸡仍然可作为在分子生物学水平研究肿瘤发生的动物模型。

三、MDV 特有的 pp38 基因的生物学功能

自我们在 20 世纪 80 年代末分离鉴定出 pp38 基因以来（Cui 等，1990，1991），还没有从其他任何一种病毒发现与 MDV 的 pp38 有明显同源性的基因，不仅在其他疱疹病毒中没有发现，甚至在Ⅱ型和Ⅲ型 MDV 中也没有发现 pp38 的同源基因。显然，MDV 的 pp38 基因是 MDV 特有的一个基因。此外，MDV 的 pp38 基因还是一个早期表达基因，即在 MDV 感染细胞的早期，pp38 基因就会大量表达。但是，到目前为止，对 pp38 基因的生物学功能还是不清楚。

我们已对 pp38 的生物学功能做了持续十多年的研究，直到 2006 年，我们才发现并用严密的实验证明了，pp38 基因可以与另一个 pp24 基因形成一个异二聚体。该异二聚体可以与 MDV 基因组上 pp38 基因与另一个可能与肿瘤发生相关的 1.8kb mRNA 转录子基因之间的双向启动子结合，作为一种反式转录因子增强该双向启动子的启动活性（图 8-1 和图 8-2）。这一研究已涉及蛋白质与基因组 DNA 分子间的相互作用，但我们更感兴趣的是它在参与感

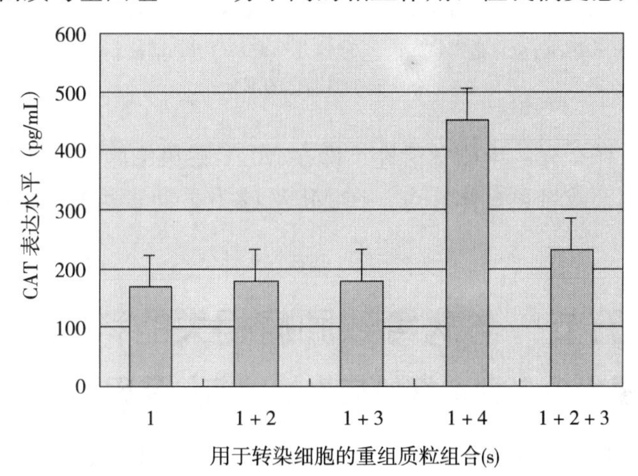

图 8-1　pp38-pp24 异二聚体蛋白对 pP（1.8kb）启动子在启动 CAT 基因表达中的增强作用

注：图中显示的是用不同表达性质粒 DNA 的组合（横坐标）转让 CEF 细胞后，细胞内 CAT 的表达水平（纵坐标）的比较。所用的质粒分别是：1：pP（1.8kb）-CAT；2：pcDNA-pp24；3：pcDNA-pp38；4：pBud-pp38-pp24。由该图可见，当将能同时表达 pp38-pp24 的质粒 DNA 与 pP（1.8kb）-CAT 共转让细胞后，前一质粒表达形成的 pp38-pp24 异二聚体能显著增强 pP（1.8kb）-CAT 中 CAT 的表达活性。说明 pp38-pp24 异二聚体能与启动子 pP（1.8kb）的 DNA 相结合（图 8-2）。

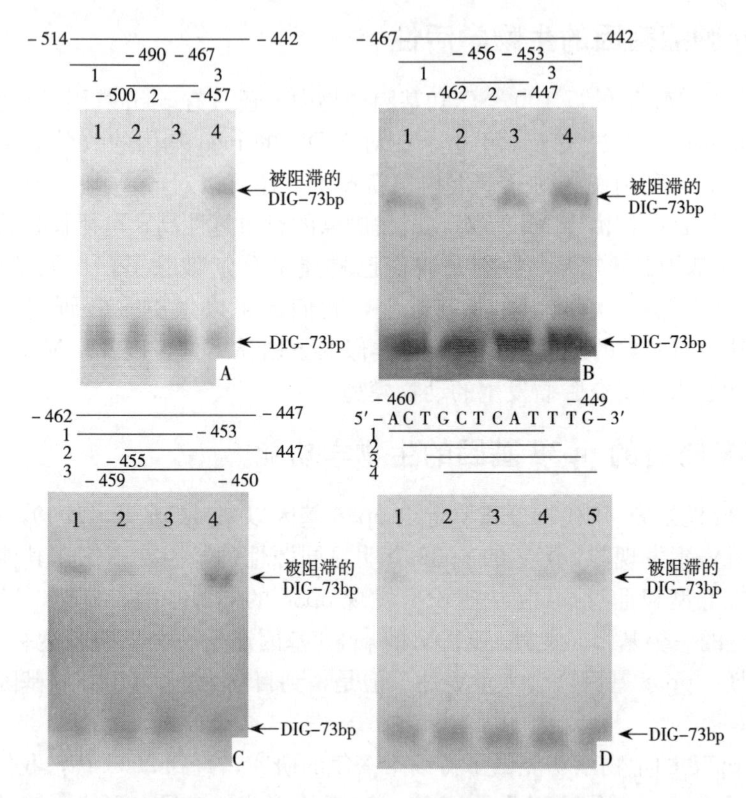

图 8-2 MDV 双向启动子 pP（1.8kb）片段上的不同序列对 pp38-pp24 异二聚体与 pP（1.8kb）相结合的抑制作用比较

注：在 pp38-pp24 异二聚体与 pP（1.8kb）DNA 的混合物中加入 MDV 双向启动子 pP（1.8kb）片段上的从长度 10bp 到 76bp 的不同序列片段，用以抑制 pp38-pp24 异二聚体与 pP（1.8kb）DNA 相互结合。然后，用 DNA 酶消化，将消化产物作电泳、电转引和显色，用以确定 pp38-pp24 异二聚体在 pP（1.8kb）DNA 上的准确结合位点是－459 至－450 这几个碱基位点，即被 pp38－pp24 异二聚体结合后抵抗 DNA 酶消化的部分。

染和致病方面到底有什么样的生物学活性。即在 MDV 感染细胞、致细胞病变、致肿瘤性等方面究竟有什么作用。或者再具体一点，在 MDV 感染早期表达的 pp38 对感染过程究竟起什么作用？

第五节 与病毒致肿瘤相关的科学问题

一、鸡群容易发生多种多样的病毒性肿瘤的原因

全球约 200 多亿羽鸡的年饲养量中，我国约占 1/3。发达国家利用其科学技术、资金和经营管理优势，从 20 世纪 80 年代起已将经典 ALV 从商业鸡群中消灭，已把 MDV 污染控制在很低水平，在消灭新型 ALV-J 的规划中也已取得很大进展。相比之下，我国鸡群肿瘤性病毒感染一直保持在较高水平。这使我国成为这些鸡群肿瘤病毒通过自然突变和通过肿瘤病毒间及病毒与宿主间基因重组而演化出新型病毒的最大自然疫源地，这对我国养禽业及禽病学家都是一个挑战。但是，从另一方面看，现在已没有哪一个国家的科学家能有如此大的

资源和机会可利用现在分子生物学技术来研究这一重要的科学问题。究竟是什么样的生物学机制使鸡群如此容易发生多种病毒性肿瘤？又是什么样的生物学机制使这三种病毒最容易引发造血系统的肿瘤？什么样的生物学机制使鸡在感染这类病毒后能发生如此多种多样细胞类型的肿瘤？这些问题不仅仅是养鸡业的问题，而且也是一个有普遍生物学意义的问题。因为，阐明了这些问题，不仅有助于解决养鸡业中普遍发生的肿瘤性死亡和淘汰带来的严重经济损失，也有助于理解和解决人类的肿瘤发生的原因和解决途径。当然，从宏观角度看，选育的结果使鸡群生产性能显著提高的同时也使抗病性能下降了。鸡群固有的肿瘤性病毒较多，有 MDV、REV、ALV 等，当鸡的饲养群体大而密集时，有助于传染性强的病毒演化为优势群体。这些都可能是导致鸡群易发生肿瘤的因素。但我们还要探索其他生物学机制。鸡群易发肿瘤这一特性，不是只由一个生物学机制决定的，而一定是涉及好多方面的因素。以下几方面的研究进展可能有助于回答为什么鸡容易发生多种多样的病毒性肿瘤，而且可作为进一步研究的切入点。

1. 插入鸡染色体中的特殊的内源性 ALV 对肿瘤发生起着什么样的作用？

现已知，在所有脊椎动物基因 DNA 中，都存在着内源性反转录病毒基因组，人类基因组中有将近 5%的 DNA 与反转录病毒样转座成分及其作用相关，有 0.1%的 DNA 本身或许就直接来自反转录病毒基因组。而最早发现的内源性反转录病毒成分，就是鸡基因组上的 ALV 病毒成分。但是，迄今为止，只有在鸡的基因组上发现能产生传染性病毒粒子的“E”亚群 ALV 的全基因组。通过对来航鸡的基因组分析表明，在不同个体鸡的基因组上，至少已发现 22 个带有内源性白血病病毒的位点，它们分别分布在不同染色体的不同部位。其中大多数 ev 位点并不含有 ALV 的完整基因组，即它们不含有能产生传染性病毒粒子所需要的全部序列，因而属缺陷型基因组。但是，其中有些位点如 ev-2、ev-14、ev-18、ev-19、ev-20 和 ev-21 确实带有能产生 ALV 传染性病毒粒子的全基因组。不过这些鸡基因组上不同位点产生的内源性 ALV 通常致病性很低或完全没有致肿瘤性。但是，根据美国一些学者的研究，在有些遗传品系的鸡，有 E 亚群内源性 ALV 感染的个体或鸡群，往往对其他亚群外源性 ALV 更易感，更容易被诱发肿瘤。显然，在这方面可以做更多的比较实验。

2. 与其他免疫抑制性或肿瘤性病毒的共感染会促进肿瘤的发生吗？

MDV、REV 和 ALV 都有免疫抑制作用，特别是对雏鸡。鸡群中这几种病毒的感染和共感染，以及与其他多种免疫抑制性病毒的共感染也非常普遍（见第五章）。这种共感染可强化相应个体鸡的免疫抑制状态，因而抑制鸡体对潜在发生的肿瘤细胞的免疫监视作用，从而显著提高肿瘤的发病率。在这方面做相应的比较实验，也应该是一项可操作的切入点。

3. 鸡生长发育和鸡群饲养的特点可能影响肿瘤发病率吗？

现代规模化养鸡所采用的品种，虽然都是由不同的配套系经二代杂交而成。但是，每一个群体的生产性能非常一致，这意味着这么大的群体中的个体在遗传背景上是非常相似的。这是否有助于筛选出致病性很强的病毒群体？再说，出壳后雏鸡的免疫功能尚不完全，早期 ALV 或 REV 感染很容易诱发免疫耐受性。ALV 和 REV 都能够垂直感染，在规模化养鸡业生产过程中，出壳后最初 24～48h 雏鸡呈高度密集接触状态。胚胎期的感染不仅诱发免疫耐受性感染，而且导致出壳后雏鸡立即排毒，很容易在高度密集的雏鸡群中引起横向感染，使相当数量的雏鸡被早期感染。ALV 和 REV 的早期免疫耐受性感染均可能抑制鸡体对潜在发生的肿瘤细胞的免疫监视作用。

鸡群中很容易发生多种多样的病毒性肿瘤，这是过去几十年中养禽业和禽病界司空见惯的现象。但奇怪的是，对于鸡群为什么容易发生多种多样的病毒性肿瘤这样一个科学问题，却很少有人关注。因此，当现在提出这个问题时，反而令人感到无从下手，很难找到切入点。上面提到的几个切入点，也只能作为激起人们考虑的几个思路而已。

二、急性致肿瘤性 ALV 发生及致病的生物学机制

早在 100 多年前就已发现了 ALV 诱发的急性肿瘤即急性纤维肉瘤，随后证明，这与 ALV 中整合来自鸡基因组的某种原癌基因相关。这些发现和研究曾分别获得诺贝尔生理和医学奖。近二十年来，在发达国家，随着鸡群中 ALV 的净化，已很少能见到急性 ALV 肿瘤了，因此，国外对它的关注逐渐减弱了。但是，在我国，近二十年对急性 ALV 肿瘤发生的分子生物学机制的研究仍在深入中。

我国鸡群中 ALV 感染还将长期困扰中国的养鸡业。如第二章所述，近年来，在鸡群中还时而发现急性 ALV 肿瘤，这既是对我国禽病专家的挑战，也给我国禽病专家在急性 ALV 致肿瘤的分子生物机制方面的研究提供新的资源和机会。

1. 有可能发现新的鸡原癌基因吗 现已阐明，病毒基因组中的肿瘤基因实际上是来自鸡基因组的某种原癌基因，这些原癌基因往往是与鸡的生长相关的基因或调控这些与生长相关的基因表达水平的调控基因。除了本书列出的我国在过去几十年中已发现的肿瘤基因，还能从我国新出现的不同急性肿瘤病例中发现新的肿瘤基因吗？

2. 更深入地阐明原癌基因整合进 ALV 的分子机制 由于在我国还能不断地发现和收集到急性 ALV 肿瘤的自然病例，因此，我们可以利用最近几年发展起来的最新的分子生物学技术和理论，进一步阐明原癌基因整合进 ALV 基因组的分子机制，甚至可以复制成功一过程。

3. 更深入地阐明急性 ALV 诱发肿瘤的分子机制 基于同样的原因，由于在我国还能不断地发现和收集到急性 ALV 肿瘤的自然病例，因此，我们可以利用最近几年发展起来的最新的分子生物学技术和理论，可进一步阐明某种特定的肿瘤基因是如何诱发某种特定类型细胞发生肿瘤化的分子机制。

4. 急性致肿瘤 ALV 能在鸡与鸡之间传播吗 通常，急性致肿瘤性 ALV 都是复制缺陷性病毒，由于基因组中某部分必需基因被肿瘤基因取代了，因此，失去了自我复制能力，需要利用同一细胞中的辅助病毒的复制而复制（见第一章）。但是，近几年来，在一些鸡群出现了急性 ALV 肿瘤的群发现象。这就提出了一个问题，急性致肿瘤 ALV 能在鸡与鸡之间传播吗？如果能，又是如何发生的。

第八章

结 语

在过去二十多年中，ALV、REV 和 MDV 这三种不同的致肿瘤性病毒感染一直普遍存在于我国不同地区的各种类型的鸡群中。它们在引发不同程度肿瘤的同时，各自还有其他致病作用，但最突出的病变还是肿瘤，而且所引发的肿瘤在病理表现上甚至在病理组织学上也常常类似，难以区别。在这二十年中，我国鸡群的肿瘤发病率和死淘率显著高于世界上其他地区。相对于发达国家在近十年中这三种病毒性肿瘤病已基本得到控制，我国鸡群中三种病毒流行和致病的严重性比较突出。特别是，由 ALV-J 引发的 J 亚群髓细胞样肿瘤在我国鸡群的严重性最为突出，不仅发病面广，而且长期持续存在。

ALV-J 是 1988 年首先在英国的白羽肉鸡中发现的。此后仅几年内，通过种鸡的国际贸易交流而传至全世界各国（包括我国）的白羽肉鸡中。它引发的以 J-亚群髓细胞样细胞肿瘤为特征的新型白血病，死淘率高达 5%～10%，导致许多白羽肉鸡育种公司倒闭。但该病在世界其他地区仅仅在白羽肉鸡中流行，而且到 2004 年前后，在商业运作的全球所有家禽育种跨国公司都已基本上实现了对外源性 ALV（包括 ALV-J）的净化。此后，在由这些跨国育种公司提供的祖代鸡群、父母代蛋用鸡、商品代蛋用鸡和肉用型鸡中，也基本上不再有白血病的流行。可是在我国，ALV-J 却又传进了我国的蛋用型鸡、我国培育的黄羽肉鸡及不少地方品种鸡（俗称“土鸡”）中，并逐渐蔓延，逐渐引发越来越高的发病率和死亡率。

当前，ALV-J 和其他亚群外源性 ALV 仍在我国一些鸡群中流行。即使现在就开始在全国范围内采取净化措施，至少 10 年，我们也很难以全面实现对 ALV 净化。此外，一些鸡场应用了被 REV 污染的疫苗，致使 REV 在我国鸡群中的感染面变广。自 2000 年左右 CVI988/Rispens 细胞结合苗在我国广泛应用以来，大部分鸡场对 MDV 诱发的肿瘤进行了有效控制，但在局部地区还不断有马立克氏病及其相关肿瘤的投诉。

根据我们对这几种病毒性肿瘤病在我国鸡群中广泛流行状态的长期系统跟踪研究，本书已对这些病毒性肿瘤病在我国鸡群中流行和发病特点做了详细的描述。针对这些特点，还介绍了我们在鉴别诊断用试剂和方法及综合防控措施上的研究进展。下面，再将本书主要的论述观点作一归纳。

一、我国鸡群病毒性肿瘤病的普遍性和长期性

在第二章、第三章和第四章中，我们已通过血清流行病学和病原流行病学调查，分别叙述了这三种肿瘤性病毒感染在我国鸡群中的普遍性（在我国各地的各种类型的鸡群中多年来一直都存在着这些病毒性肿瘤病）。在全书的最后，我们要再次强调的是，ALV 和 REV 感染的普遍性是我国鸡群特有的。特别是 ALV-J 感染及其诱发的髓细胞样细胞瘤，不仅发生于白羽肉鸡，而且已普遍发生于蛋用型鸡、黄羽肉鸡及我国特有的地方品种鸡。

本书最后还要特别强调病毒性肿瘤病在我国鸡群中的长期性。其最主要的原因是，我

国除了饲养着大量由每年进口的祖代鸡繁育的后代鸡群外，也还饲养有大量的自繁自养的种鸡群。而且，这些鸡群中大多数已经感染了不同亚群的外源性 ALV。对如此繁多的种鸡群开展 ALV 净化，绝对不是短期内能实现的。此外，REV 感染也会在我国一部分鸡群中长期存在。这不仅因为在短期内，在我国家禽弱毒疫苗市场上还无法完全杜绝 REV 污染的疫苗，还因为在我国鸡群中已存在并流行着带有 REV 全基因组的禽痘病毒的重组野毒株。

二、共感染是我国鸡群中病毒性肿瘤病的流行和发病特点

ALV 和 REV 是两种垂直传播性病毒，而且雏鸡对它们特别易感。在感染后，多数鸡不会很快死亡，但会发生免疫耐受性病毒血症，往往是持续性的病毒血症甚至终身性病毒血症。近十年来，我国一部分鸡群中 REV 和 ALV 感染非常普遍，有的感染率很高，这就使这三种病毒间不同组合的共感染现象非常普遍。我们的研究又进一步证明了，当两种不同的肿瘤性病毒同时感染同一只鸡时，它们在致病作用上呈现显著的协同作用。二重感染时，不仅从临床表现上看，生长迟缓和死亡率上更为显著，而且发生免疫抑制的鸡的病毒血症也更为严重。特别是，REV 的共感染可显著提高 ALV 或 MDV 的病毒血症的水平和持续性。显然，这会显著提高这两种病毒的致死率及肿瘤发生率。此外，在人工感染两种病毒后发病鸡的病理组织切片中，也出现了 REV 与 MDV 或 REV 与 ALV 分别诱发的肿瘤。这是共感染时相互作用的另一种表现。

可以推测，鸡群共感染的普遍性是我国部分鸡群中呈现较高肿瘤发病率的一个重要的流行病学原因。

三、我国鸡群中肿瘤性病毒的变异

病毒在鸡体内复制过程中发生基因组突变是经常发生的。同一株病毒感染细胞后，其后代都可能是一群“准种”。这些“准种群”中的每一个病毒个体的突变是随机的，也是多种多样的，但多数突变株都不能稳定遗传下去。只有那些能给病毒带来竞争优势的突变，才容易稳定遗传，从而相应的“准种”成为优势“准种”。正是由于这一机制，当肿瘤性病毒在我国鸡群中长期流行后，也就更容易发生变异，也确实出现了许多变异株，其中最明显最易变的是 ALV。

在我国鸡群中，已证明存在着 A、B、J 亚群和一个可能属于新的“K”亚群的不同毒株。而且，在对过去十多年中分离到的 ALV-J 的基因组分析也证明了，我国鸡群中流行的 ALV-J 在 gp85 基因上已出现了很大的变异。它们之间最低同源性已降至 87%～88%。此外，在 LTR 片段也有很多的变异。更重要的是，我国已出现了大量对蛋鸡感染性强、致病性强的 ALV-J 流行株，在蛋鸡中造成广泛流行。不仅如此，一些 ALV-J 对蛋鸡的致病性越来越强，可在同一只病鸡多脏器多组织同时引发肿瘤。特别还要提出的是，在我国已出现了可引起急性纤维肉瘤的 ALV，且可局部流行。

迄今为止，我国还没有真正鉴定出像欧美国家那样的特超强毒株 MDV，但从我国的鸡群中却发现了与 REV 发生自然基因重组的带有 REV-LTR 的野毒株。这种重组的 MDV 流行株的致病性还没有增强，但其在鸡群中的横向传播能力确实提高了。

在这三种肿瘤性病毒中，相比之下 REV 还比较稳定，没有出现在抗原性或致病性上有

特殊变异的流行株。但 REV 的中国流行株对鸭却呈现与鸭源 REV 同等程度的致病性，这是过去没有注意到的现象。虽然我们不清楚这是否与病毒变异相关，但这一现象至少说明，REV 可以在鸡鸭间相互传播。

四、适于我国鸡群病毒性肿瘤病的检测试剂和诊断方法

对于肿瘤性病毒的检测来说，将相应病料接种细胞培养后用特异性抗体作 IFA，是检出相应病毒感染的最简单、最特异的方法。我们已分别研发了针对 ALV-J、REV 和 MDV 的单克隆抗体，近二十年来一直成功地用于这几种病毒的检出和鉴定。同时还一直免费提供给国内各兽医实验室，已证明这些单抗在鸡群病毒性肿瘤病中的诊断价值。此外，这些单抗还可成功地用于肿瘤组织切片的免疫组化。这时可在观察肿瘤细胞形态的同时，直接识别出肿瘤细胞中的特异性抗原，从而确认某种肿瘤细胞究竟与哪种病毒感染相关。

除了用 IFA 来检测接种了病料的细胞培养中的特定病毒外，我们还分别研制了用于从病料中直接检测不同肿瘤性病毒的特异性核酸探针。这时，将病料组织中提取的 DNA 或用相应引物作 PCR（RT-PCR）的产物作斑点分子杂交，可检出特异性核酸的存在，从而证明病毒的存在。利用病毒特异性核酸探针做斑点分子杂交，不仅特异性好、灵敏度高，而且不需要做细胞培养，也可同时检测大量样品，特别适用于病原流行病学调查。REV 和 ALV 探针更适用于检测弱毒疫苗中是否有 REV 或外源性 ALV 的污染。此外，在我国原种鸡群外源性 ALV 的净化过程中，用 RT-PCR＋核酸探针斑点分子杂交法检测外源性 ALV，可作为目前标准的细胞培养分离病毒法的一个补充，用以加快对原种鸡群白血病的净化进度。以上这些试剂和方法已开始在一些种鸡公司或疫苗公司试用推广。

五、我国鸡群病毒性肿瘤病的预防控制

虽然对鸡群 ALV、REV 和 MDV 诱发的肿瘤病的预防控制有一个共同的原则，但必须根据这些肿瘤性病毒感染在我国鸡群中的传播特点及我国养鸡业经营模式和经营环境的特点，有针对性地采取相应措施才会取得效果。

根据对我国近二十年的流行病学研究，本书已总结出，不同肿瘤性病毒的共感染是导致我国鸡群中由 MDV 或 ALV 诱发的肿瘤发病率较高的最重要的流行病学因素，特别是与 REV 的共感染。由于弱毒疫苗中污染的 REV 是我国过去十多年中鸡群 REV 感染的主要来源，严格监管和检测各种弱毒疫苗中的 REV 污染是预防鸡群 REV 感染的最重要、也最有可操性的措施之一。当然，带有 REV 全基因组的重组禽痘病毒野毒株在我国鸡群流行的扩大也是我国鸡群 REV 感染率增高的另一个重要因素，因此，做好鸡群禽痘的预防接种，可显著降低这一风险。

然而，在今后相当长的一段时期内，我国对鸡群病毒性肿瘤病的防控中，最艰难的还是对鸡白血病的防控。这涉及不同类型鸡群，也涉及不同地区不同的经营模式。对于祖代鸡完全靠进口的白羽肉用型鸡场和相当一部分蛋用型鸡场来说，最主要的是做好进口祖代鸡 ALV 感染状态的监控。在过去十多年中，我们实验室一直在为部分种鸡公司有选择地检测进口鸡的 ALV 的感染状态。这包括对进口祖代苗鸡采血做病毒分离培养及随后对祖代种鸡场的血清学和蛋清 p27 抗原的跟踪检测。这已为保障相关公司进口种鸡的 ALV 的洁净度发挥了很大作用。虽然近几年来进口的各类祖代鸡 ALV 感染的洁净度状态总的来说还是很好

的，但我们也数次从进口的祖代苗鸡中分离到外源性 ALV。因此，对进口鸡的监控有必要全面进行，并成为政府行为，即政府主管部门需建立相关的条例。

对我国养鸡业来说，在白血病防控上的真正艰巨性在于我国自繁自养的不同类型鸡的原种鸡群 ALV 的净化和维持。我国在这方面才刚刚开始，今后还有很多工作要做。

鉴于我国每年有将近 30 亿只黄羽肉鸡或地方品种鸡上市，它们分别来自分散在全国各地的许多不同品种（品系）的种鸡场，相关原种鸡群的数量极大，保守的估计至少几百个。面对我国养鸡业的这一现实，在最近若干年内（如 5～10 年内），我们只能全力去净化市场占有量最大的 2～3 个培育型黄羽肉鸡的原种鸡场。此外，对我国各种地方品种鸡的基因库种群也要尽快花大力气去实施严格的净化措施。

在种鸡群 ALV 的净化上，国际大型育种公司近 30 年的成功经验已为我国提供了一套可借鉴的方法和程序。即在原种鸡群，对刚出壳的雏鸡取胎粪检测其中的 p27 抗原，淘汰所有阳性鸡及其同一来源母鸡的后代。对 p27 阴性鸡小群隔离饲养，再分别在 10 周龄、20 周龄及留种前 1 个月左右做 2～3 次检测，检出所有带毒鸡。这需要逐只采血接种 DF1 细胞分离病毒。每次检测后，立即淘汰所有阳性鸡。如此连续 4～5 个繁育周期。如果有 3 个繁育周期完全检测不出阳性鸡，则可以将对整个留种鸡群的全面检测改为血清学抽查检测。我们这几年的研究表明，种蛋蛋清中 p27 抗原的检出与种鸡的带毒状态有较高的相关性。为此，我们建议在上述国际标准检测程序中，增加种蛋蛋清 p27 检测。即在种鸡开产后，从每只鸡采集 2 枚蛋，检测蛋清中的 p27。在淘汰 p27 阳性种鸡后再采血分离病毒。在作第 3 次采血分离病毒前（留种前 1 个月），也先做蛋清检测，先淘汰 p27 阳性鸡。增加这一检测程序，不仅提高了带毒鸡的检出率，降低了漏检率，而且也会减少需采血分离病毒的鸡的数量。对我国已开始实施净化的 3 个种鸡群的实践证明，这一方法是切实可行的。在一些暂时还没有条件做细胞培养分离病毒的种鸡场，也可以先用蛋清 p27 检测法来减少原种鸡群中的带毒鸡。

此外，我们还研发了 RT-PCR＋特异性核酸探针斑点分子杂交的方法，用于直接从病料或血清中检测致病性外源性 ALV。利用外源性 ALV 在 LTR 区的核酸序列与内源性 ALV 有显著差异这一特点，我们制备了外源性 ALV 特异性核酸探针。这一方法具有与病毒分离类似的特异性和灵敏度，可与病毒分离法同步使用，尽最大可能地降低漏检率（即假阴性率）。这对于加快净化进度、减少净化周期是很有价值的。这是因为，到了基本净化阶段，即使有 0.1%漏检率，也会对下一个繁育周期的感染率带来很大的负面影响。当然，在暂时还不具备条件做细胞培养分离病毒的种鸡场，更可以用这一方法与蛋清 p27 检测法结合起来提高检出率。

在原种鸡 ALV 净化过程中，还有一个绝对不能忽视的问题是弱毒疫苗中是否有外源性 ALV 污染。这是要绝对防止的问题，否则，前期的净化所付的努力将前功尽弃。同样，上述核酸检测法也可用于对疫苗中可能污染的外源性 ALV 作出初步检测。

附　与本书相关的已公开或发表的资料和论文

给政府主管部门的报告

1. 中国科学技术协会给国务院的报告《预防与控制生物灾害咨询报告（2010）》选篇：

《当前我国蛋鸡群中J-亚群白血病的危害、流行趋势预测及防控措施》

2. 国家科学技术进步奖推荐书（2011年度）：《我国鸡群中白血病流行病学研究及防控措施》（技术报告）

3. 农业公益性行业科研专项经费项目：《鸡白血病流行病学和防控措施的示范性研究（♯200803019）结题报告》（2011.3）

4. 山东省科学技术奖推荐书：《禽白血病流行病学及防控技术》（2009）

5. 山东省农业重大应用技术创新课题：《鸡群免疫抑制性疾病的综合防控技术研究验收材料》（2009）

博士学位论文

陈浩．2012. 致急性纤维肉瘤的缺陷型J亚群禽白血病病毒肿瘤基因的鉴定．泰安：山东农业大学．

陈志琳．2002. 表达马立克氏病病毒gI基因重组鸡痘病毒的构建及其免疫保护作用．扬州：扬州大学．

丁家波．2005. 马立克氏病病毒pp38基因及其上游双向启动子的生物学特性．泰安：山东农业大学．

段玉友．1997. 马立克氏病病毒糖蛋白D基因的克隆、定序和表达及其生物学特性的研究．长春：中国人民解放军兽医大学．

郭慧君．2006. 不同免疫抑制病毒感染及其共感染对鸡细胞免疫反应的影响．泰安：山东农业大学．

李延鹏．2010. 马立克氏病病毒meq基因缺失株生物学特性及其免疫效果研究．北京：中国农业科学院．

柳风祥．2009. 中药提取物免疫调节作用的研究及多糖的提取分离鉴定和分子量测定．泰安：山东农业大学．

秦爱建．1999. 禽白血病病毒J亚群囊膜蛋白基因的生物学和生物化学特性．扬州：扬州大学．

邱玉玉．2011. A亚群禽白血病病毒单克隆抗体的研制及其与J亚群禽白血病病毒共感染相互影响的研究．泰安：山东农业大学．

孙爱军．2009. 马立克氏病病毒野毒株GX0101及其基因敲除株BAC克隆生物学活性的比较研究．泰安：山东农业大学．

孙淑红．2007. 禽网状内皮组织增生病病毒与J-亚群白血病病毒的致病性及其疫苗研究．泰安：山东农业大学．

孙亚妮．2011. 免疫组织化学技术在鸡三种病毒性肿瘤病鉴别诊断中的应用．泰安：山东农业大学．

王玉．2005. 网状内皮组织增生症病毒的分子流行病学调查及其在宿主免疫选择压下的分子变异．泰安：山东农业大学．

韦平．2002. 马立克氏病病毒meq基因功能的研究．扬州：扬州大学．

张青婵．2010. A亚群禽白血病病毒不同分离株的基因组和生物学特性比较．泰安：山东农业大学．

张志．2004. 我国今年来马立克氏病病毒野毒株分子流行病学和生物学特性的研究．泰安：山东农业大学．
赵冬敏．2010. B 亚群禽白血病病毒分离株的生物学特性．泰安：山东农业大学．
郑玉姝．2006. 免疫抑制性病毒感染对 SPF 鸡脾细胞 IFN-γ 产生的影响．泰安：山东农业大学．
朱国强．1998. Ⅰ型马立克氏病病毒不同弱毒株 pp38 基因同源物的克隆、定序和表达研究．长春：中国人民解放军兽医大学．

硕士学位论文

陈浩．2009. 从种蛋中分离的新城疫病毒抗原性及其 F 和 HN 基因的分析．泰安：山东农业大学．
郭桂杰．2009. J 亚群禽白血病病毒蛋鸡分离株 SD07LK1 全基因组核苷酸序列的比较分析．泰安：山东农业大学．
吉荣．2002. 禽网状内皮组织增生症病毒分子生物学特性的研究．扬州：扬州大学．
李传龙．2012. J 亚群禽白血病病毒相关的鸡急性纤维肉瘤人工造病试验．泰安：山东农业大学．
李艳．2007. 黄羽肉鸡 ALV-J 的分离鉴定及免疫选择压下 ALV-J gp85 的变异．泰安：山东农业大学．
李余慰．2002. 马立克氏病病毒 CVI988 株 pp24 基因的克隆、表达及部分生物学活性的研究. 扬州：扬州大学．
李中明．2010. 某蛋种鸡群 ALV 流行病学及生物学特性的初步研究．泰安：山东农业大学．
孙贝贝．2009. 不同日龄 SPF 鸡感染 ALV-J 后病毒血症和抗体反应的动态比较．泰安：山东农业大学．
孙淑红．2003. 中国传染性法氏囊病病毒野毒株致病性的流行病学研究．泰安：山东农业大学．
王辉．2008. ALV-J 和 REV 的分离及蛋鸡群白血病 J 亚群病毒的序列分析和致病性试验．泰安：山东农业大学．
王建新．2003. J 亚群禽白血病病毒感染对肉鸡生长和免疫功能的影响及其 env 基因的克隆．泰安：山东农业大学．
王丽．2012. A 和 B 亚群禽白血病病毒 gp85 基因的表达及其抗血清的亚群特异性比较．泰安：山东农业大学．
王鑫．2011. 不同来源纤维肉瘤的鉴别诊断及人工致病试验．泰安：山东农业大学．
王增福．2005. 在抗体免疫选择压下 ALV-J gp85 基因的变异及中国野毒株的分离鉴定．泰安：山东农业大学．
吴永平．2004. 中国株 J 亚群禽白血病病毒全基因组序列的测定与分析．泰安：山东农业大学．
武专昌．2012. 一株 B 亚型 ALV 的分离、前病毒全基因组序列分析和感染性克隆的构建．泰安：山东农业大学．
许晓云．2009. 带有 REV-LTR 的 MDV 重组野毒株生物学特性的研究．泰安：山东农业大学．

杨明．2010. 鸡传染性贫血病毒与其他免疫抑制性疾病共感染的相互作用．泰安：山东农业大学．

张恒．2012. 禽白血病A亚群病毒gp85单因子血清和疫苗的制备及其效果鉴定．泰安：山东农业大学．

张纪元．2005. J亚群白血病病毒NX0101株感染性克隆化病毒的构建及其生物学特性．泰安：山东农业大学．

张志．2001. 我国J亚群禽白血病病毒的流行病学调查和囊膜蛋白env基因的克隆及序列分析．泰安：山东农业大学．

赵文明．2001. 网状内皮组织增生病病毒的不同鉴定方法及其长末端重复序列的克隆和序列分析．扬州：扬州大学．

朱美真．2010. 山东某地方品系鸡鸡胚中禽白血病病毒的分离及序列分析．泰安：山东农业大学．

朱素娟．2000. 马立克氏病病毒囊膜糖蛋白E基因的克隆、序列分析和表达．扬州：扬州大学．

发表论文

Aijun Sun, Yanpeng Li, Jingyan Wang, Shuai Su, Hongjun Chen3, Hongfei Zhu, Jiabo Ding, Zhizhong Cui. 2010. Deletion of 1. 8-kb mRNA of Marek's disease virus decreases its replication ability but not oncogenicity, Virology Journal, 7: 294.

Cui Z, Sun S., Wang J. 2006. Reduced serological responses to Newcastle disease virus in broiler chickens exposed to a Chinese field strain of subgroup J avian leukosis virus. Avian Diseases, 50: 191-195.

Cui Z., L. F. Lee, R. F. Silva, and R. L. Witter. 1986. Monoclonal antibodies against avian reticuloendo-theliosis virus: identification of strain-specific and strain-common epitopes. J. Immunology, 136: 4237-4241.

Cui Z., D. Yan, and L. F. Lee. 1990. Marek's disease virus gene clones encoding virus-specific phosphory-lated polypeptides and serological characterization of fusion proteins. Virus Genes, 3 (4): 309-322.

Cui Z., D. Yan, L. F. Lee. 1988. Marek's disease virus gene clones constructed in bacteriophage and identified with monoclonal antibodies (Abstract). Proceeding of American Veterinary Medical Association Meeting.

Cui Z., L. F. Lee, E. J. Smith, R. L. Witter, and T. S. Chang. 1988. Monoclonal-antibody-mediated enzyme-linked immunosorbent assay for detection of reticuloendotheliosis viruses. Avian Diseases, 32: 32-40.

Cui Z., L. F. Lee, J. L. Liu, and H. J. Kung. 1991. Structural analysis and transcriptional mapping of the Marek's disease virus gene encoding pp38, an antigen associated with transformed cells. J. Virology, 65: 6509-6515.

Cui Zhizhong et al. 2010. Molecular and biological characterization of a Marek's disease virus field strain with reticuloendotheliosis virus LTR insert. Virus Genes，40（2）：236-243.

Cui Zhizhong，Duan Yuyou，Qin Aijian，Lu Changmin. 1998. Effect of envelope glycoproteins B and D of Marek's disease viruses in infection and anti-infection. Science foundation in China，6（1）：32-33.

Cui Zhizhong，Jin Wenjie，Cai Jiaqian，Du Yan. 2000. Multiple immunosuppressive virue infections in chicken flocks in China，Sino-Danish Workshop on Animal Husbandry and Veterinary Medicine. July 2-8.

Cui Zhizhong. 2000. Multiple infections in chickens with immunosuppressive and egg transmitted viruses. Asian Poultry，July/August 32-36.

Cui，Z.，A. Qin，L. F. Lee. 1992. Expression and processing of Marek's disease virus pp38 gene in insect cells and immunological characterization of the gene product. Proceedings 19th World's Poultry Congress，Vol. I：123-126. Amsterdam.

Cui，Z.，Y. You，L. F. Lee. 1992. Identification and localization of the Marek's disease virus group-common antigen p79 gene. Proceedings 19th World's Poultry Congress，Vol. I：89-92. Amsterdam.

Cui，Z. and Qin，A. 1996. Immunodepressive effects of the recombinant 38 kd phosphorylated protein of Marek's disease virus，In：Silva R.（eds），Current Research on Marek's Disease，Rose

Cui，Z.，Lu，C.，Qin，A.，Duan，Y.，Lee，L. F. 1996. Monoclonal antibodies against serotype 1- specific and group-common epitopes on the glycoprotein B of Marek's disease viruses，In：Silva R.（eds），Current Research on Marek's Disease，Rose Printing Company，Inc.，Tallahassee，Florida，USA，233-238.

Cui，Z.，Qin，A.，Duan，Y.，and Lu，C. 1996. Adhesion to chicken white blood cells of the recombinant glycoprotein B of Marek's disease virus and its protective immunity. In：Silva R.（eds），Current Research onMarek's Disease，Rose Printing Company，Inc.，Tallahassee，Florida，USA，239-244.

Cui，Z.，W. Jin，Y. Liu，Y. Xu，Y. Li，C. Zhu. 1999. Multiple infections with immunosuppressive viruses in chickens in China. Pp153-157，Proceedings 99 International Conference and Exhibition on Veterinary Poultry，Beijing.

Cui，Z.，A. Qin，L. F. Lee，P. Wu，H. J. Kung. 1999. Construction and characterization of a H19 epitope point mutant of MDV CV1988/Rispens strain. Acta Virologica，43：169-173.

Ding J，Cui Z，Jiang S，Li Y. 2008. Study on the structure of heteropolymer pp38/pp24 and its enhancement on the bi-directional promoter upstream of pp38 gene in Marek's disease virus. Science in China Series C：Life Sience，51：767-782.

Ding J，Cui Z，Lee L. 2007. Marek's disease virus unique genes pp38 and pp24 are essential for transactivating the bi-directional promoters for the 1. 8kb mRNA transcripts. Virus Genes，35：643-650.

Ding J，Cui，Z.，Jiang，S.，Reddy，S. 2006. The enhancememt effect pp38 gene product on the activity of its upstream bidireciotional promoter in Marek's disease virus. Science in China：sereies C Life Sciences，49：53-62.

Ding J.，Cui Z. Lee L. Cui X.，Randy S. 2006. The role of pp38 in regulation of Marek's disease virus bi-directional promoter between pp38 and 1. 8-kb mRNAl. Virus Genes，32：193-201.

Liu Fengxiang，Sun Shuhong，Cui Zhizhong. 2010. Analysis of immunological enhancement of immunosuppressed chickens by Chinese herbal extracts. Journal of Ethonophar mocology，127：251-256.

Printing Company，Inc.，Tallahassee，Florida，USA，278-283.

Qin，A. and Cui，Z. 1994. Purification of recombinant 38- kDa phosphorylated protein of Marek's disease virus from insect cells through an affinity column. Chinese Journal of Biotechnology (English version published in SanFransisco)，10 (3)：195-201.

Sun Aijun，Lawrence Pethebridge，Zhao Yuguang，Li Yanpeng，NAIR Venugopal K，Cui Zhizhong. 2009. A BAC clone of MDV strain GX0101 with REV-LTR integration retained its pathogenicity. Chinese Science Bulletin，54：2641-2647.

Sun Aijun，Xu Xiaoyun，Petherbridge Lawrence，ZhaoYuguan，Nair Venugopal，Cui Zhizhong. 2010. Functional evaluation of the role of reticuloendotheliosis virus long terminal repeat (LTR) integrated into the genome of a field strain of Marek's disease virus. Virology：270-276.

Sun Shuhong，Cui Zhizhong，Wang Jiao，and Wang Zhiliang. 2009. Protective efficacy of vaccination against highly pathogenic avian influenza is dramatically suppressed by early infection of chickens with *reticuloendotheliosis*. Avian Pathology，38：31-34.

Sun Shuhong，Cui Zhizhong. 2007. Epidemiological and pathological studies of subgroup J avian leukosis virus infections in Chinese local "yellow" chickens，Avian Pathology，36 (3)：221-226.

Wang Yu，Cui Zhizhong and Jiang Shijin. 2005. Sequence analysis for the complete proviral genome of reticuloendotheliosis virus Chinese strain HA9901. Science in China Ser. C Life Sciences，48 (6)：1-9.

Wang Z.，Cui Z. 2006. Evolution of gp85 gene of subgroup J avian leukosis virus under the selective pressure of antibodies. Science in China：Series C life Sciences，49：1-8.

Yanpeng Li，Aijun Sun，Shuai Su，Peng Zhao，Zhizhong Cui，HongfeiZhu. 2011. Deletion of the Meq gene significantly decreases immunosuppression in chickens caused by pathogenic Marek's disease virus. Virology，8：2.

Z. Cui. 2001. Multiple Immunosuppressive Virus Infections of Chickens China in Recent Years，2ND INTERNATIONAL CONGRESS/13TH VAM CONGRESS AND CVA-AUSTRALA SINOCEANIAREGIONAL SYMPOSIUM，27-30AUGUST，KUALA LUMPUR：116-118.

Zhang zhi，Cui Zhizhong. 2005. Isolation of recombinat field strains of Marek's disease virus integrated with reticuloendotheliosis virus genom fragments. Science in China Ser. C Life

Sciences，48：81-88.

Zhizhong Cui，Aijian Qin，Xiaoping Cui，Yan Du，and L. F. Lee. 2001. molecular ideentification of 3 epitopes on 38kd phosphorylated proteins of mared's disease viruses，Current Progress on Marek's Disease Research，edited by K. A. Schat et al. American Association of Avian Pathologists，Inc. 103-107.

Zhizhong Cui，Shuhong Sun，Zhi Zhang，Shanshan Meng. 2009. Simultaneous endemic infections with subgroup J avian leukosis virus and reticuloendotheliosis virus in commercial and local breeds of chickens. Avian Pathology，38（6）：443-486.

Zhizhong Cui，and Jun Yin. difeerntiaal viremia dynamics for virulent and vaccine strains of marek's disease viruses，Current Progress on Marek's Disease Research，edited by K. A. Schat et al.，American Association of Avian Pathologists，Inc. 273-278.

陈浩，王一新，赵鹏，李建亮，李德庆，崔治中 . 2010. 禽白血病/肉瘤病毒肿瘤基因及其与致肿瘤机制的关系 . 畜牧兽医学报，43：336-342.

陈志琳，崔治中，秦爱建，韩凌霞，吉荣，刘岳龙，金文杰 . 表达马立克氏病病毒 gI 基因的重组鸡痘病毒的构建 . 扬州大学学报，2002，23（1）：6-8.

陈志琳，崔治中，秦爱建，张志，吉荣，刘岳龙，金文杰 . 2002. 表达马立克氏病病毒 gI 基因的重组鸡痘病毒的免疫原性 . 扬州大学学报，23（2）：10-12，16.

成子强，张利，刘思当，张玲娟，崔治中 . 2005. 中国麻鸡中发现禽 J 亚群白血病 . 微生物学报，45（4）：584-587.

成子强，张玲娟，刘 杰，刘思当，赵振华，张 利，崔治中 . 2006. 蛋鸡中发现 J 亚群白血病与网状内皮增生症自然混合感染 . 中国兽医学报，26（6）：586-590.

崔治中，Lee，L. F. 1999. 表达强毒 pp38 决定簇的马立克病病毒疫苗毒 CVI988 点突变株的构建和特性 . 病毒学报，15（2）：148-153.

崔治中，Lee，L. F.，H. J. Kung. 1991. 马立克病病毒 pp38 基因的编码序列及译读框 . 江苏农学院学报，12（3）：1-5

崔治中，Lee，L. F. 1992. 用荧光抗体试验筛选能表达鸡马立克病病毒 pp38 基因的重组昆虫杆状病毒 . 江苏农学院学报，13（1）：1-5.

崔治中，段玉友，Lee，L. F. 1993. 马立克病病毒群共同性抗原 P79 蛋白质基因的鉴定和定位. 病毒学报，1：66-72.

崔治中，段玉友 . 1992. 马立克病病毒糖蛋白 B 抗原基因克隆的酶切分析 . 江苏农学院学报，13（2）：1-5.

崔治中，张志，杜岩 . 2002. 我国肉用型鸡群中 J 亚群白血病流行现状的调查 . 中国预防兽医学报，24（04）：292-294.

崔治中，Lee，L. F. 1995. 用单克隆抗体识别出一种与马立克病肿瘤细胞相关的淋巴细胞表面抗原 . 畜牧兽医学报，26（2）：139-146.

崔治中，Lee，L. F. 1991. 用非放射性的 Digoxigenin 标记的 DNA 探针检出马立克病病毒 DNA. 江苏农学院学报，12（1）：1-6.

崔治中，Lee，L. F. 1992. 用杆状病毒为载体在昆虫细胞中表达马立克病病毒 PP38 基因 . 中国病毒学，7（1）：106-112.

崔治中，Lee，L. F. 1992. 用荧光抗体试验筛选能表达鸡马立克病病毒 pp38 基因的重组昆虫杆状病毒．江苏农学院学报，13（1）：1-5.

崔治中，杜岩，赵文明，吉荣，柴家前．2000. 网状内皮增生病病毒感染和鸡群的免疫抑制，中国兽药杂志，34（1）：1-3.

崔治中，段玉友，Lee，L. F. 1998. 马立克病病毒群共同性抗原 P79 蛋白质基因的鉴定和定位．病毒学报，9（1）：67-72.

崔治中，段玉友．1992. 马立克病病毒糖蛋白 B 抗原基因克隆的酶切分析．江苏农学院学报，13（2）：1-5.

崔治中，郭惠君，孙淑红．2009. 鸡白血病的流行现状和防制对策．中国兽药杂志，43（10）：37-41.

崔治中，秦爱建，Lee，L. F. 2000. 马立克病病毒疫苗株 CVI988 的 38kd 磷蛋白基因双氨基酸突变株．山东农业大学学报，31（3）：231-235.

崔治中，秦爱建，段玉友，李毅，陆长明．1997. 马立克病病毒糖蛋白在感染和抗感染中的作用．中国科学基金，（2）：133-136.

崔治中，秦爱建．1997. 马立克病病毒的 38kd 磷蛋白基因重组产物对雏鸡的免疫抑制作用．畜牧兽医学报，28（1）：71-76.

崔治中，秦爱建．2000. 决定抗原表位特异性的氨基酸组成．生命科学，12（4）：155-156.

崔治中，张志，杜岩．2002. 我国肉用型鸡群中 J 亚群白血病流行现状的调查．中国预防兽医学报，24（4）：292-294.

崔治中，张志，秦爱建．2003. 马立克氏病病毒 38kd 磷蛋白 H19-和 T65-抗原表位分析及鸡对该抗原表位点突变病毒的免疫反应．中国科学，33（3）：263-272.

崔治中，赵鹏，孙淑红，王鑫，李文平．2011. 鸡致病性外源性禽白血病病毒特异性核酸探针交叉斑点杂交检测试剂盒的研制．中国兽药杂志，45（8）：5-11.

崔治中，郑明，陈永僩．2000. 发挥单克隆抗体在我国兽医诊断试剂中的作用——我国单抗有多少？用了多少？．中国兽药杂志，34（2）：43-46.

崔治中，朱承如，孙怀昌．1987. 禽白血病及禽网状内皮细胞增生病感染情况的调查．中国畜禽传染病（1）：37-38.

崔治中．2003. 免疫抑制性病毒多重感染在鸡群疫病发生和流行中的作用．畜牧兽医学报，34（5）：417-421.

崔治中．1991. 马立克病病毒 pp38 基因的编码序列及译读框．江苏农学院学报，12：1-5.

崔治中．1992. 用非放射性 DNA 探针从感染鸡羽囊中检出 Ⅰ 型马立克氏病病毒．中国兽医科技，22（9）：20-21.

崔治中．1993. 马立克氏病防制研究的进展．广西畜牧兽医，9（1）：44-48.

崔治中．1995. 马立克病病毒感染和致肿瘤作用的分子生物学．中国兽医报，15（3）：306-312.

崔治中．1997. 马立克病病毒 CVI988 株 38kd 磷蛋白基因突变型的构建．江苏农学院学报，18：58-62.

崔治中．1999. 马立克氏病分子生物学研究进展和展望．养禽与禽病防治（9）：8-10.

崔治中 . 2000. 鸡的多重感染与免疫抑制性病毒 . 广西畜牧兽医，16（4）：3-7.
崔治中 . 2000. 鸡群中免疫抑制性病毒蛋传病毒的多重感染 . 中国家禽，22（5）：17-18.
崔治中 . 2000. 特超强毒型马立克病病毒囊膜糖蛋白 I 基因序列及与其他致病型毒株的比较 . 中国病毒学，15（2）：180-187.
崔治中 . 2001. 禽肿瘤性病毒研究的回顾和展望 . 生命科学，13（2）：64-88.
崔治中 . 2001. 我国养禽业面临的疫病新问题 . 中国家禽，23（14）：6-10.
崔治中 . 2003. 免疫抑制性病毒多重感染在鸡群疫病发生和流行中的作用 . 畜牧兽医学报，34（5）：417-421.
崔治中 . 2003. 免疫抑制性病毒多重感染在鸡群疫病发生和流行中的作用 . 中国家禽，25（20）：1-4.
崔治中 . 2004. 鸡肿瘤病的鉴别诊断与我国鸡群中肿瘤病发生的现状（二）. 中国家禽，26（12）：34-35.
崔治中 . 2004. 鸡肿瘤病的鉴别诊断与我国鸡群中肿瘤病发生的现状（一）. 中国家禽，26（10）：53-54.
崔治中 . 2004. 马立克氏病病毒 38kD 磷蛋白表达产物的细胞质亲和性 . 病毒学报，20（1）：52-57.
崔治中 . 2006. 当前美国禽病研究的动向 . 中国家禽，28（21）：46.
崔治中 . 2006. 禽反转录病毒与 DNA 病毒间的基因重组及其流行病学意义 . 病毒学报，22（2）：150-154.
崔治中 . 2010. 我国不同品种鸡群中禽白血病的流行情况及诱发肿瘤的多样性 . 中国家禽，32（19）：40-42.
崔治中 . 2010. 我国鸡群中病毒性肿瘤病的流行动态及其防控措施 . 中国家禽，32（23）：68-70.
崔治中 . 2010. 种鸡场的疫病净化 . 中国家禽，32（17）：5-6.
崔治中 . 2011. 我国鸡白血病的流行状况、危害及其防控策略 . 北方牧业，21：15.
崔治中 . 2011. 我国禽病流行现状与开展科学研究的思考 . 中国家禽，33（2）：1-3.
崔治中 . 2001. 禽肿瘤性病毒研究的回顾和展望 . 生命科学，13（2）：64-66。
崔治中 . 2011. 鸡为什么易发多种病毒性肿瘤//“10000 个科学难题”农业科学编委会 . 10000 个科学难题：农业科学卷 . 北京：科学出版社：1109-1112.
崔治中 . 2012. 禽白血病病毒的过去、现在和将来 . 生命科学，24：305-309.
代阳，杨其峰，王波，刘绍琼，王秀臻，柴家前，崔治中，孙淑红 . 2010. 不同地区海兰褐蛋鸡中 J 亚群-禽白血病病毒株 gp85 基因的分子演化分析 . 畜牧兽医学报，41（5）：635-638.
丁家波，崔治中，姜世金，孙爱军，孙淑红 . 2005. 马立克氏病病毒 pp38 基因和 1. 8kb 转录子之间双向启动子的特性研究 . 微生物学报，45（3）：363-367.
丁家波，姜世金，孙淑红，王增福，张纪元，崔治中 . 2004. 马立克氏病病毒 pp38 基因启动子和增强子的部分功能 . 中国兽医学报，24（1）：6-8.
丁家波，赵文明，姜世金，张纪元，王增福，崔治中 . 2004. 马立克氏病病毒 pp38 基因启动子和增强子的克隆和序列分析 . 畜牧兽医学报，35（1）：93-96.

丁家波，崔治中，姜世金，Sanjay Reddy. 2005. 马立克氏病病毒 pp38 基因产物对其上游双向启动子活性的增强作用．中国科学 C 辑生命科学，35 (6)：519-526.

丁家波，崔治中，孙淑红，姜世金．2004. 马立克氏病病毒 pp38 基因上游的一个双向启动子研究．微生物学报，44 (2)：162-166.

丁家波，崔治中，韦平，卢银华，赵文明，韩凌霞，吉荣．2001. 马立克氏病病毒广西株 G2 囊膜糖蛋白 gI 基因的克隆和表达．中国兽医学报，21 (2)：109-112.

丁家波，崔治中，徐建生，韦平，卢银华，赵文明，韩凌霞，吉荣．2001. 马立克氏病病毒 648 株囊膜糖蛋白 gI 基因的克隆和表达的研究．中国预防兽医学报，23 (1)：7-10.

丁家波，崔治中．2001. pGEX 载体表达马立克氏病病毒囊膜糖蛋白 gI 基因的最佳条件．微生物学报，41 (5)：567-572.

丁家波，姜世金，朱鸿飞，崔治中．2007. 区分马立克氏病病毒疫苗株 CVI988 与其他毒株的 PCR 方法的建立及应用．中国兽医学报，27 (1)：39-42.

丁家波，李延鹏，杨明，李中明，孙爱军，崔治中．2009. 马立克病 1.8kb mRNA 对其上游双向启动子活性的影响．中国兽医学报，29 (11)：1369-1372.

丁家波，赵文明，崔治中，韦平，吉荣，卢银华．2000. 马立克氏病病毒疫苗 CVI988 株囊膜糖蛋白 gI 基因的序列分析．扬州大学学报，3 (2)：30-33.

丁家波，赵文明，吉荣，金文杰，崔治中．2001. 不同毒株马立克氏病病毒囊膜糖蛋白 gI 基因的克隆和序列分析．江苏农业研究，22 (1)：66-69.

董宣，刘娟，赵鹏，苏帅，杜燕，李薛，崔治中．2011. J 亚群禽白血病病毒 NX0101 株的 $TCID_{50}$ 与 p27 抗原之间的相关性研究．病毒学报，27 (6)：521-525.

杜岩，崔治中，秦爱建，R. F. Silva，L. F. Lee. 2000. 鸡的 J 亚群白血病病毒的分离及部分序列比较．病毒学报，16 (4)：341-346.

杜岩，崔治中，秦爱建，诸长贵．1999. 从市场商品肉鸡中检出 J 亚群白血病病毒．中国家禽（学报版），3 (1)：1-4.

杜岩，崔治中．2002. J 亚群禽白血病病毒中国分离毒 SD9902 株 env-gp85 基因的克隆及表达. 中国兽医学报，22 (1)：3-6.

杜岩，崔治中．2002. J 亚群禽白血病病毒中国分离株的人工致病性试验．中国农业科学，35 (4)：430-433.

段玉友，崔治中，秦爱建，殷震，杨冠珍，吴祥甫．1998. 由反转录病毒载体转移的马立克病毒糖蛋白 D 基因在感染细胞中的表达．病毒学报，14 (2)：151-157.

段玉友，崔治中，秦爱建，殷震．1996. 马立克病毒糖蛋白 D 基因转入感染细胞 DNA 的研究．江苏农学院学报，17 (4)：51-54.

段玉友，崔治中，殷震．1996. 用 PCR 扩增和克隆马立克氏病病毒糖蛋白 D 基因．中国病毒学，11 (2)：176-182.

段玉友，崔治中，殷震．1997. 马立克氏病病毒（MDV）糖蛋白 D 基因的分离克隆、定序及其在大肠杆菌中的表达．中国兽医学报，17 (6)：544-550.

段玉友，刘晓文，潘志明，肖雪君，崔治中．1996. 用 digoxigenin 标记 DNA 探针检测 Ⅰ 型马立克病病毒感染．天津畜牧兽医，13 (4)：20-21.

甘军纪，张如宽，崔治中．1993. 马立克氏病超强毒株的特性及其防制的措施．中国畜禽传染病（6）：58-60.

郭桂杰，孙淑红，崔治中．2009. J亚群禽白血病病毒蛋鸡分离株SD07LK1全基因组核苷酸序列的比较分析．微生物学报，49（3）：400-404.

郭慧君，崔治中，孙淑红，姜世金．2007. REV和ALV-J感染对肉用型鸡细胞免疫反应的影响．中国兽医学报，27（5）：632-639.

郭慧君，李中明，李宏梅，柴家前，马诚太，王洪进，崔治中．2010. 3种ELISA试剂盒检测不同亚型外源性鸡白血病病毒的比较．畜牧兽医学报，41（3）：310-314.

郭文龙，朱瑞良，崔治中，闫振贵，马荣德，谭燕玲，朱明华，王新建．2011. AA肉种鸡内源性类ALV-J gp85基因及其抗原表位的分析．中国兽医学报，31（4）：539-543.

韩凌霞，丁家波，陈雷，崔治中．2001. 马立克氏病病毒囊膜糖蛋白B基因原核表达产物单抗的制备．动物医学进展，22（4）：51-53，58.

韩凌霞，丁家波，陈雷，崔治中．2002. 马立克氏病病毒囊膜糖蛋白B基因原核表达产物单克隆抗体的制备．中国兽医学报，22（6）：547-549.

吉荣，崔治中，丁家波，等．2003. 禽网状内皮组织增生症病毒囊膜糖蛋白gp90的原核表达．中国兽医学报，23（1）：28-30.

吉荣，崔治中，丁家波，秦爱建，刘岳龙，金文杰，张志，姜世金．2002. Ⅰ型马立克氏病病毒特异性核酸探针试剂盒的制备和应用．中国预防兽医学报，24（4）：263-266.

姜世金，丁家波，孟珊珊，崔治中，杨汉春．2005. Ⅰ型马立克氏病病毒pp38和pp24基因的真核共表达．中国病毒学，20（4）：404-407.

姜世金，孟珊珊，崔治中，田夫林，王增福．2005. 我国自然发病鸡群中MDV、REV和CAV共感染的检测．中国病毒学，20（2）：164-167.

姜世金，崔治中，张志，丁家波，王玉，杨汉春．2004. Ⅰ型马立克氏病病毒不同致病型参考株与中国分离株pp24基因的克隆与序列分析．病毒学报，20（1）：46-51.

姜世金，丁家波，张 志，孙淑红，王 玉，杨汉春，崔治中．2004. 马立克氏病病毒pp38基因真核表达质粒的构建及其在鸡胚成纤维细胞中的表达．中国兽医学报，24（2）：117-119.

姜世金，田夫林，崔治中．2004. 传染性腺胃炎发病鸡中MDV REV CAV共感染的检测．中国兽医杂志，40（4）：10-12.

姜世金，杨汉春，崔治中．2005. 超强毒型马立克氏病病毒Md11株pp24基因的真核表达．中国预防兽医学报，27（5）：326-328.

姜世金，崔治中，丁家波，孟珊珊，杨汉春．2004. 马立克氏病病毒Md11株pp24基因的原核表达．中国病毒学，19（4）：369-372.

姜世金，张志，孙淑红，杨汉春，崔治中．2003. 用斑点杂交法同时检测鸡群中的CAV MDV和REV. 中国兽医杂志，39（5）：6-8.

金文杰，崔治中，刘岳龙，秦爱建，吉荣，王启顺，吴力力．2001. 四株不同来源鸡传染性法氏囊病病毒的致病病理变化比较．中国家禽，23（22）：134-136.

李传龙，张恒，赵鹏，崔治中．2012. ALV-J相关的鸡急性纤维肉瘤发病模型的建立．中国农业科学，45（3）：548-555.

李宏梅，成子强，刘建柱，刘法孝，郭慧君，崔治中．2009. REV与ALV-J共感染对肉鸡T

淋巴细胞免疫功能与组织病理学的影响．中国农业科学，42（9）：3296-3304.
李晓华，王海旺，袁正东，袁玉仲，杨书展，张小丽，崔治中，佘锐萍．2012. J 亚群禽白血病对商品蛋鸡生产性能影响的研究．中国家禽，34（2）：9-14.
李延鹏，康孟佼，苏帅，丁家波，崔治中，朱鸿飞．2010. 马立克氏病病毒 meq 基因敲除株感染性克隆的免疫效果评价．微生物学报，50（7）：942-948.
李艳，崔治中，孙淑红．2007. 黄羽肉鸡 J 亚群白血病病毒的分子生物学特性和致病性．病毒学报，23（3）：20
李毅，崔治中，隋德新，L. F. Lee. 1994. 以杆状病毒为载体在昆虫细胞中表达鸡马立克病病毒糖蛋白 B 抗原基因．病毒学报，10（1）：24-32.
李余慰，崔治中，吉荣，秦爱建．2003. 马立克氏病病毒 CVI988 株 pp24 基因的克隆与表达. 中国预防兽医学报，25（2）：88-91.
李中明，王景艳，张青婵，赵冬敏，崔治中．2011. 蛋用型祖代鸡群禽白血病病毒感染状态的持续观察．中国兽医学报，31（6）：795-798.
刘绍琼，王波，张振杰，王健，孙淑红，崔治中．2011. 817 肉杂鸡肉瘤组织分离出 A、J 亚型禽白血病病毒．畜牧兽医学报，42（3）：396-401.
刘玉洁，常维山，杨宪勇，崔治中．2007. ALV-J 和 REV 诱导雏鸡胸腺细胞凋亡．中国兽医学报，27（1）：51-53.
刘岳龙，崔治中，何良梅，朱素娟，秦爱建．2001. 特超强毒 648 株马立克氏病病毒的囊膜糖蛋白 gE 基因的克隆和序列比较．微生物学报，41（2）：155-161.
刘岳龙，赵文明，吉荣，金文杰，秦爱建，崔治中．2002. 免疫失败种鸡群中鸡贫血病毒感染的检测．中国兽医杂志，38（3）：17-18.
柳凤祥，崔治中，郭慧君．2009. 复方中药提取物对 REV 诱发的免疫抑制鸡的免疫增强作用．中国农业科学，42（6）：2164-2171.
陆长明，崔治中，秦爱建，段玉友．1996. 亲和层析法提纯鸡马立克病毒 gB 基因重组产物．江苏农学院学报，17（2）：25-27.
陆长明，崔治中，秦爱建．1997. 马立克氏病病毒囊膜糖蛋白 B 抗原 E 型特异性和群共同性决定簇的单克隆抗体．中国兽医学报，17（4）：316-319.
孟珊珊，崔治中，孙淑红．2006. REV 和 ALV-J 共感染鸡病毒血症及抗体反应的相互影响．中国兽医学报，26（4）：363-366.
秦爱建，崔治中，Lucy Lee，Aly Fadly. 2001. 禽白血病病毒 J 亚群 env 基因的克隆和序列分析．中国病毒学，16（1）：68-73.
秦爱建，崔治中，Tannock A Greg. 1997. 用 Western Blot 法鉴定感染鸡外周血淋巴细胞中马立克氏病毒抗原．畜牧兽医学报，28（6）：524-529.
秦爱建，崔治中，段玉友，陆长明．1996. MDV gB 对鸡白细胞的粘着作用及其抗病毒免疫原性．中国兽医学报，16（5）：424-427.
秦爱建，崔治中，段玉友．1994. Ⅰ型马立克氏病毒 38kD 磷蛋白Ⅱ与和Ⅲ型病毒间的交叉免疫反应．微生物学报，34（5）：393-397.
秦爱建，崔治中．1994. 应用亲和层析法提纯 pp38 鸡马立克氏病病毒基因重组产物．生物工程学报，10（3）：239-243.

秦爱建，崔治中 . 1998. 三种不同方法检测鸡马立克氏病毒的效果比较 . 扬州大学学报自然科学版，1 (1)：9-12.

秦爱建，崔治中 . 2001. 抗 J 亚群禽白血病病毒囊膜糖蛋白特异性单克隆抗体的研制及其特性 . 畜牧兽医学报，32 (6)：556-562.

秦爱建，万洪全，段玉友，崔治中 . 1994. 用重组基因产物 pp38 作为抗原检测抗鸡马立克氏病毒抗体 . 中国兽医杂志，20 (2)：3-4.

邱玉玉，李晓霞，武专昌，崔治中，孙淑红，张显忠 . 2011. 一株 A 和 B 亚群禽白血病病毒特异性单克隆抗体的制备及其特性 . 中国免疫学杂志，27 (7)：639-641.

沈保山，崔治中 . 1994. 马立克氏病病毒 p79 抗原基因在大肠杆菌中的表达特性分析 . 江苏农学院学报，15 (1)：63-68.

苏帅，李延鹏，孙爱军，赵鹏，丁家波，朱鸿飞，崔治中 . 2010. 敲除 meq 的鸡马立克氏病毒强毒株对超强毒的免疫保护作用 . 微生物学报，50 (3)：380-386.

孙爱军，李延鹏，崔治中 . 2009. 带有 REV-LTR 片段的 MDV 野毒株 GX0101 BAC 克隆的构建及拯救病毒的致病性分析 . 科学通报，54 (11)：1541-1546.

孙贝贝，崔治中，张青婵，娄本红 . 2009. ALV-J 人工感染鸡病毒血症和抗体反应动态 . 中国农业科学，42 (11)：4069-4076.

孙淑红，柴家前，王波，孙洪磊，王晓云，崔治中 . 2010. 表现腺胃炎的蛋用型鸡 J 亚群白血病病毒的分离与鉴定 . 畜牧兽医学报，41 (2)：251-254.

孙淑红，崔治中，王辉 . 2009. 不同来源禽网状内皮增生病病毒株的致病性比较 . 畜牧兽医学报，40 (11)：1658-1661.

孙淑红，赵鹏，刘绍琼，崔治中 . 2010. 禽网状内皮增生病病毒对不同日龄 SPF 鸡的致病性比较 . 畜牧兽医学报，41 (6)：774-777.

王洪进，张青婵，赵冬敏，柴家前，常维山，崔治中，郭慧君 . 2011. 我国近 10 年鸡白血病流行病学报道与研究分析 . 中国兽医学报，31 (2)：292-296.

王辉，崔治中 . 2008. 蛋鸡 J 亚群白血病病毒的分离鉴定及序列分析 . 病毒学报，24 (5)：369-375.

王建新，崔治中，张纪元，王增福，陈本龙，王锡乐 . 2003. J 亚群禽白血病病毒与禽网状内皮增生症病毒共感染对肉鸡生长和免疫功能的抑制作用 . 中国兽医学报，23 (3)：211-213.

王丽，张青婵，赵鹏，武专昌，崔治中 . 2011. A 和 B 亚群禽白血病病毒 gp85 基因的表达及其抗血清的亚群特异性比较 . 中国动物传染病学报，19 (3)：8-13.

王鑫，杜燕，李传龙，赵鹏，崔治中 . 2012. 发酵床连续养殖对白羽肉鸡病毒感染状态影响的分析 . 中国畜牧兽医，39 (7)：241-243.

王鑫，李德庆，边小明，何羽婷，赵鹏，崔治中 . 2012. 海兰褐产蛋鸡 ALV-J 亚型相关纤维肉瘤的鉴别诊断及人工造病试验 . 中国兽医科学，42 (6)：582-586.

王鑫，齐鹏飞，杜艳，王丽，李传龙，李德庆，赵鹏，崔治中 . 2011. 一例 A 亚型禽白血病病毒引起的纤维肉瘤的病理学和病毒学分析 . 中国动物传染病学报，19 (1)：11-16.

王玉，崔治中，姜世金 . 2005. 网状内皮组织增生病病毒中国分离株 HA9901 全基因组核苷酸序列的测定和分析 . 中国科学 C 辑，35：340-348.

王增福，崔治中，张志，吴永平．2005. 我国 1999—2003 年间 ALV-J 野毒株 gp85 基因变异趋势．中国病毒学，20（4）：393-398.

王增福，姜世金，崔治中，Bublot Michel. 2004. 不同致病型马立克氏病病毒 DNA 聚合酶基因序列比较．中国病毒学，19（3）：259-263.

王增福，崔治中．2006. 在抗体免疫选择压作用下鸡 J 亚群白血病病毒 gp85 基因的变异．中国科学 C 辑生命科学，36（1）：9-16.

韦平，崔治中，L. F. Lee. 2003. 马立克病病毒 meq 基因功能研究．广西科学，10（1）：52-62.

韦平，崔治中，L. F. Lee. 2003. 马立克氏病病毒致瘤基因 meq 功能研究的概述．广西畜牧兽医，19（2）：51-52.

韦平，崔治中，龙进学，金文杰，刘岳龙．2002. 马立克氏病病毒 meq 蛋白单克隆抗体的制备及应用研究．广西大学学报，27（1）：5-9.

韦平，崔治中．2002. 马立克氏病病毒不同致病型 meq 基因的比较研究．中国预防兽医学报，24（2）：88-92.

吴天威，林广津，张胜斌，吕礼芳，梁胜龙，韦天超，杜杰，韦平，崔治中．2011. 广西麻（花）鸡禽白血病净化研究初报．广西畜牧兽医，27（1）：6-9.

吴永平，崔治中．2004. 鸡胚中人工感染网状内皮增殖病病毒的检测．中国预防兽医学报，26（1）：55-57.

吴玉宝，朱美真，崔治中．2009. 雏鸡母源抗体滴度与抗禽网状内皮增生病病毒感染间的相关性分析．中国预防兽医学报，31（9）：671-674.

武专昌，朱美真，边晓明，马诚太，赵鹏，崔治中．2011. 二株 B 亚群禽白血病病毒全基因组序列及其在细胞上的复制性比较．病毒学报，27（5）：447-455.

肖庆利，季平，何家禄，崔治中，秦爱建，吴祥甫．1997. 禽马立克氏病毒糖蛋白 B 基因在家蚕中的表达．蚕业科学，23（2）：104-108.

许晓云，孙爱军，崔言顺，崔治中．2009. 带有 REV-LTR 片段的马立克氏病病毒重组野毒株与超强毒株致病性和横向传播性比较．微生物学报，49（4）：540-543.

杨明，崔治中，苏帅，张恒，王鑫．2010. 鸡传染性贫血病毒与马立克氏病病毒共感染 SPF 鸡群免疫抑制协同作用的研究，中国动物传染病学报，18（4）：1-5.

殷俊，崔治中．2001. 接种不同毒力的马立克氏病病毒后鸡病毒血症的动态比较．中国病毒学，16（1）：59-63.

张志，崔治中．2004. 整合进禽反转录病毒基因组片段的鸡马立克氏病病毒重组野毒株的发现．中国科学 C 辑生命科学，34（4）：317-324.

张恒，李传龙，杨明，崔治中．2011. 禽白血病 A 亚群病毒 gp85 的单因子血清制备及其特异性鉴定．微生物学报，51（1）：134-140.

张纪元，丁家波，崔治中，姜世金，Bublot Michel. 2005. 不同致病型马立克氏病病毒 1. 8kb 基因家族序列比较．中国病毒学，20（3）：277-282.

张振杰，刘绍琼，王波，崔治中，张永光，孙淑红．2011. 地方品种皖南黄肉种鸡 ALV-J 与 REV 的共感染及其分子变异分析．中国农业科学，44（11）：2379-2386.

张志，崔治中，姜世金．2004. 从 J 亚群禽白血病肿瘤中检测出禽网状内皮组织增生症病毒．

中国兽医学报，24（1）：10-13.

张志，王锡乐，庄国庆，姜世金，崔治中．2005. 商品代肉鸡群中禽网状内皮组织增生病病毒和马立克氏病病毒的混合感染．中国预防兽医学报，27（1）：39-41.

张志，赵宏坤，崔治中．2004. J 亚群禽白血病的诊断和防制．中国兽医杂志，40（3）：36-37.

张志，庄国庆，孙淑红，崔治中．2005. 禽网状内皮组织增生病病毒和马立克氏病病毒共感染对鸡的致肿瘤作用．畜牧兽医学报，36（1）：62-65.

张志，崔治中，姜世金，周蛟．2003. 鸡肿瘤病料中马立克氏病病毒和禽网状内皮组织增生症病毒共感染的研究．中国预防兽医学报，25（4）：274-278.

张志，崔治中，赵宏坤，王海荣，许益明．2002. 商品代肉鸡亚群禽白血病的病理及病毒分离鉴定．中国兽医杂志，38（6）：6-8.

张志，崔治中，赵宏坤．2003. 我国 2000—2001 年 J 亚群禽白血病病毒分离株 gp85 基因的序列比较．中国兽医学报，23（1）：25-27.

张志，赵宏坤，崔治中．2002. 宁夏肉用种鸡 J 亚群禽白血病的实验室诊断．中国兽医科技，32（11）：25-26.

张志，赵宏坤，崔治中．2002. 双价苗中马立克氏病病毒含量．黑龙江畜牧兽医，（9）：28-29.

张志，赵宏坤，崔治中．2003. J 亚群禽白血病病毒 gp37 基因的克隆和序列分析．中国预防兽医学报，25（1）：36-39.

张志，赵宏坤，崔治中．2003. 用 IFA 和 PCR 对部分省区肉鸡白血病的调查．动物医学进展，24（5）：112-113.

赵冬敏，张青婵，崔治中．2010. 芦花鸡中 B 亚群禽白血病病毒的分离与鉴定．病毒学报，26（1）：53-57.

赵文明，丁家波，崔治中．2001. 网状内皮组织增殖病病毒（REV）不同分离株 LTR 基因的序列分析．上海交通大学学报（农业科学版），19（1）：13-15.

周淑萍，崔治中．2003. 马立克氏病病毒感染鸡对新城疫疫苗和法氏囊疫苗免疫反应的影响．中国预防兽医学报，25（6）：473-475.

朱国强，王永坤，崔治中，殷震，肖庆利，何家禄．2000. MDV Ⅰ型疫苗株 pp38 基因同源物在家蚕细胞中的表达．扬州大学学报，3（4）：20-24.

朱国强，王永坤，崔治中，殷震．1999. 以杆状病毒为载体在昆虫细胞中表达致弱Ⅰ型马立克氏病病毒 pp38 基因同源物．中国兽医学报，19（6）：526-530.

朱国强，王永坤，崔治中，殷震．1999. 马立克氏病病毒Ⅰ型疫苗毒克隆株 pp38 基因同源物的扩增和克隆．江苏农业研究，20（2）：10-13.

朱国强，王永坤，崔治中，殷震．1992. 致弱Ⅰ型 MDV pp38 基因同源物的克隆和序列分析．扬州大学学报：自然科学报，2（2）：29-32.

朱美真，吴玉宝，崔治中．2009. 地方品系鸡中一株 A 亚群鸡白血病病毒的分离和鉴定．中国动物传染病学报，17（4）：31-35.

朱素娟，崔治中，刘岳龙，金文杰，韩凌霞．2002. 马立克氏病病毒 gE 基因在大肠杆菌中的融合表达．扬州大学学报，23（4）：4-7.

朱素娟，宋晓森，韩凌霞，刘岳龙，崔治中 . 2002. 马立克病病毒囊膜糖蛋白 E 基因的克隆及序列分析 . 扬州大学学报，23（1）：9-12.
庄国庆，孙淑红，崔治中，曲立新 . 2006. 鸡马立克氏病毒和网状内皮增生病毒感染肉鸡时的相互作用 . 中国病毒学，21（2）：157-162.

图书在版编目（CIP）数据

中国鸡群病毒性肿瘤病及防控研究/崔治中著．—
北京：中国农业出版社，2012.12
ISBN 978-7-109-17311-8

Ⅰ.①中…　Ⅱ.①崔…　Ⅲ.①鸡病－动物病毒病－肿瘤病－防治　Ⅳ.①S858.31

中国版本图书馆CIP数据核字（2012）第256115号

中国农业出版社出版
（北京市朝阳区农展馆北路2号）
（邮政编码100125）
责任编辑　颜景辰　刘　玮

北京通州皇家印刷厂印刷　　新华书店北京发行所发行
2013年1月第1版　　2013年1月北京第1次印刷

开本：787mm×1092mm　1/16　　印张：15　　插页：40
字数：350千字
定价：168.00元

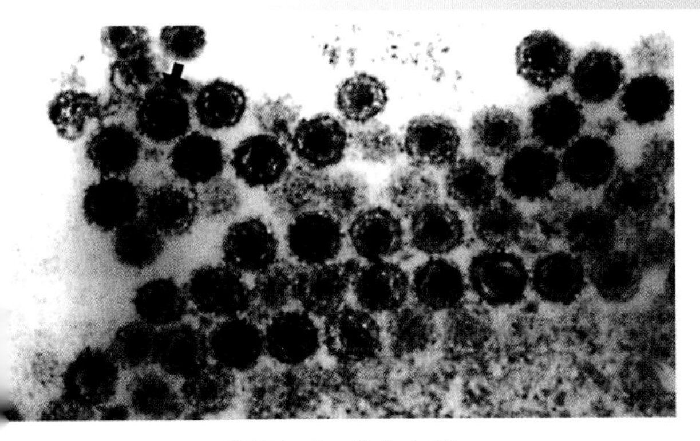

彩图1-1　禽白血病

鸡白血病病毒感染鸡成纤维细胞的超薄切片。细胞外间隙中的圆形病毒，核芯位于粒子中央部（箭头）（李成 摄）。

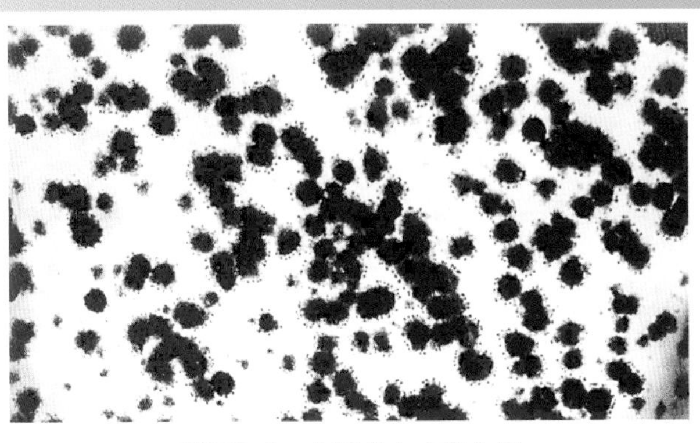

彩图1-2　禽网状内皮增生病

在电子显微镜下观察到的鸡网状内皮增生病病毒，用REV囊膜蛋白特异性单克隆抗体作免疫金染色后显示的病毒颗粒。病毒颗粒表面一圈的小颗粒为免疫金颗粒（崔治中 摄）。

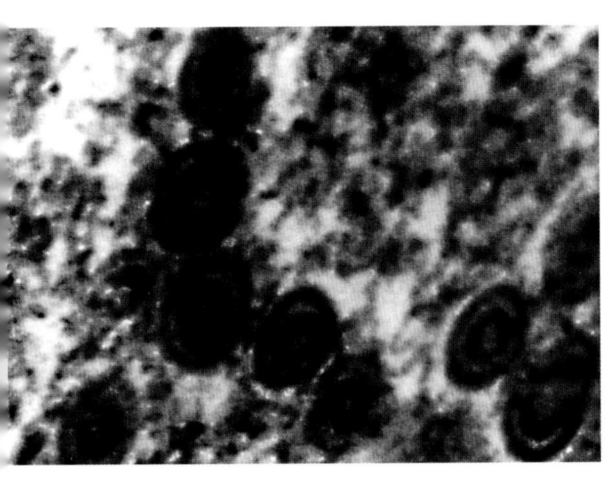

彩图1-3　鸡马立克氏病

羽毛囊上皮负染，可见直径为273～400nm的有囊膜的马立克氏病病毒粒子，表现为不定结构（刘秀梵 提供）。

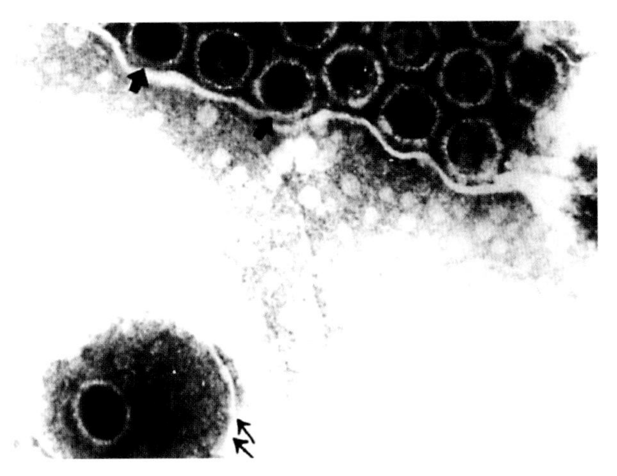

彩图1-4　鸡马立克氏病

在感染的鸡成纤维细胞培养物中，可观察到聚堆的未成熟火鸡疱疹病毒（原来分类为Ⅲ型MDV）粒子（箭头）。另外，还可观察到含有病毒核衣壳的大囊膜疱疹病毒粒子（双箭头），负染色（李成 摄）。

彩图1-5　禽白血病

ALV-J诱发的脑壳髓样细胞瘤（刘思当 提供）。

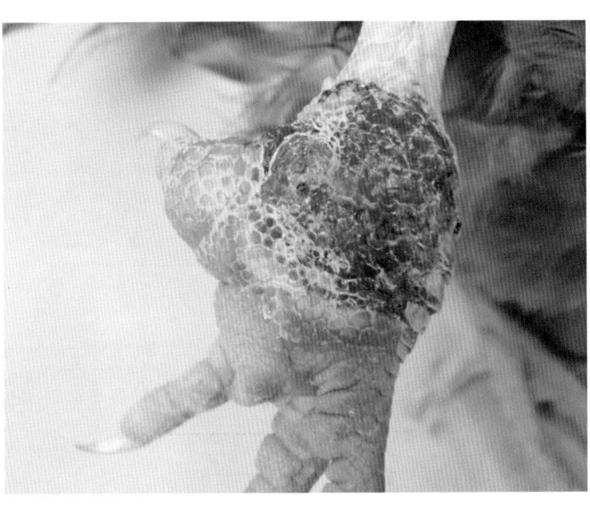

彩图1-6　禽白血病

ALV-J诱发海兰褐蛋鸡脚爪血管瘤（崔治中 摄）。

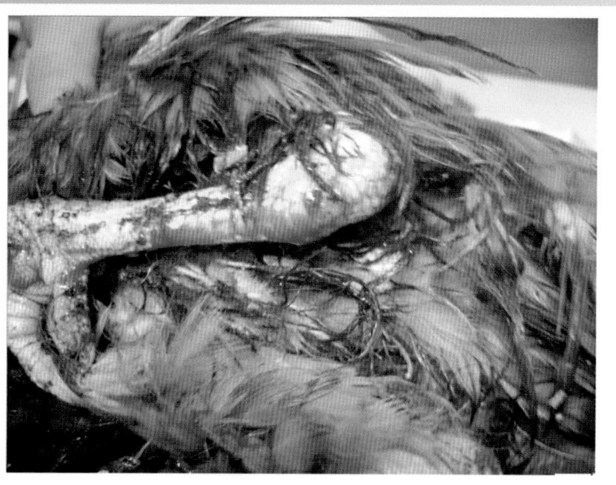

彩图1-7　禽白血病
ALV-J引发海兰褐蛋鸡皮肤出血（崔治中 摄）。

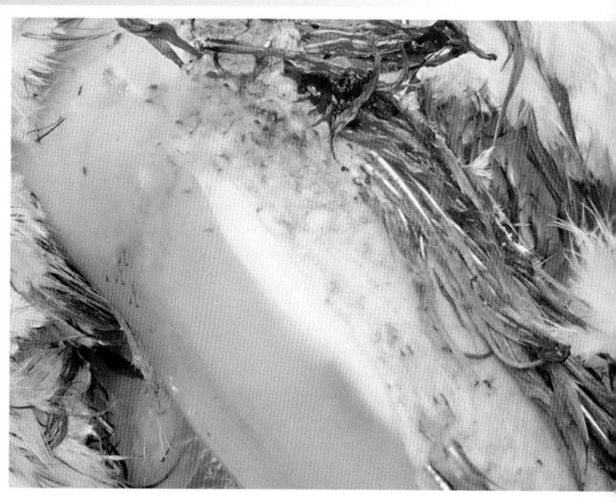

彩图1-8　禽白血病
黄羽肉鸡皮肤肌肉出血（崔治中 摄）。

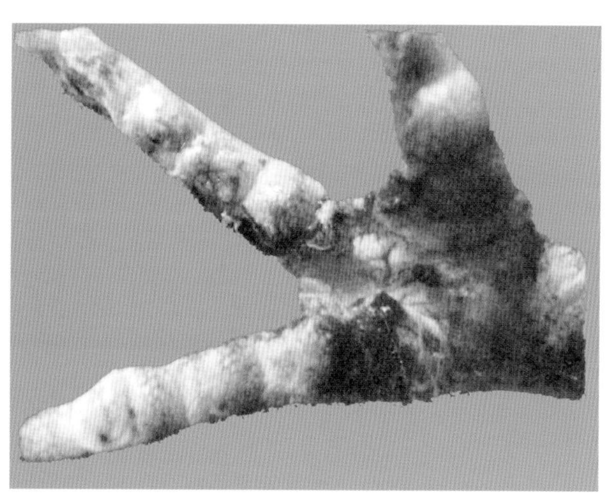

彩图1-9　禽白血病
ALV-J引发海兰褐蛋鸡脚掌出血（崔治中 摄）。

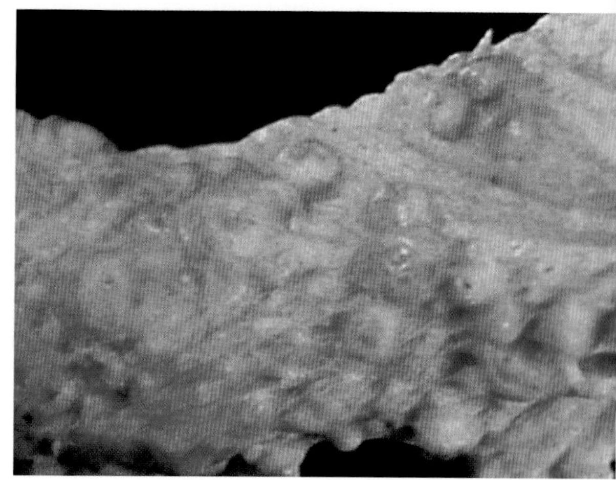

彩图1-10　鸡马立克氏病
皮肤型，在皮肤上有大小不等的肿瘤，羽毛囊肿大（杜元钊 摄）。

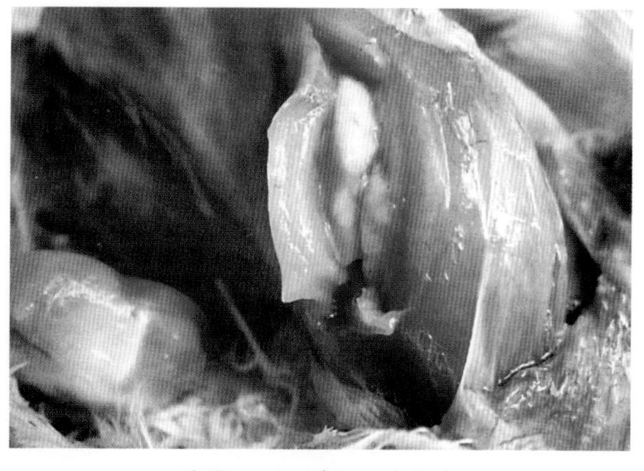

彩图1-11　鸡马立克氏病
胸肌肿瘤块局部切开的剖面，可见正常的肌肉组织下的乳白色肿瘤组织（崔治中 摄）。

彩图1-12　禽白血病
海兰褐蛋鸡胫骨肿大（崔治中 摄）。

彩图1-13　禽白血病
ALV-J诱发的海兰褐蛋鸡腿骨硬化（崔治中 摄）。

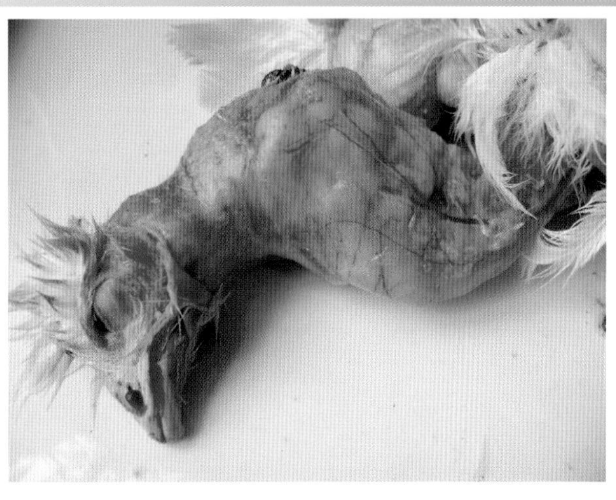

彩图1-14　禽白血病
ALV-J相关的蛋鸡颈部纤维肉瘤（崔治中 摄）。

彩图1-15a　鸡马立克氏病
眼型：右眼角膜浑浊，虹膜边缘不整齐（苏帅　崔治中 摄）。

彩图1-15b　鸡马立克氏病
眼型：同一只鸡正常的左眼（苏帅　崔治中 摄）。

彩图1-16　鸡马立克氏病
神经型：病鸡坐骨神经麻痹，瘫痪或呈劈叉姿势（崔治中 摄）。

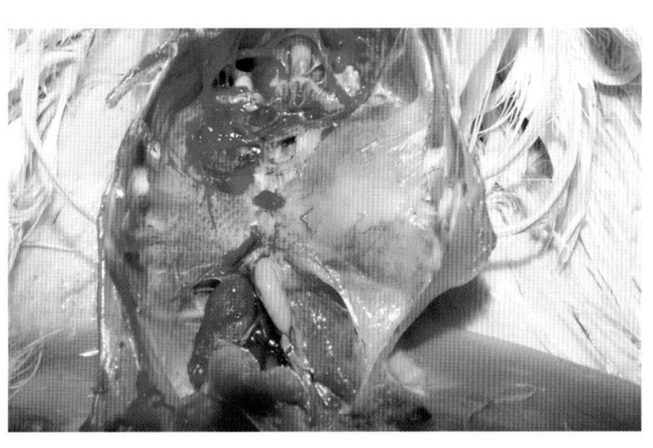

彩图1-17　鸡马立克氏病
一侧肺叶由于淋巴细胞增生而呈现白色肉样（崔治中 摄）。

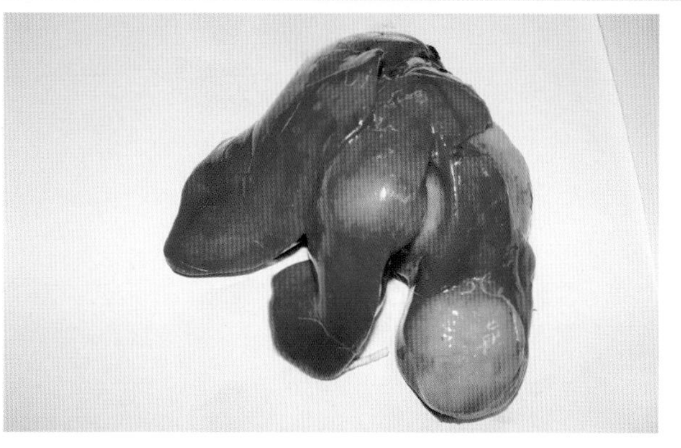

彩图1-18　鸡马立克氏病
肝脏上的2个大肿瘤块，边缘整齐（崔治中　摄）。

彩图1-19　禽白血病
ALV-J诱发的白羽肉鸡的肝脏肿大，其上布满白色细小的髓细胞样肿瘤结节，还见几个血管瘤（崔治中　摄）。

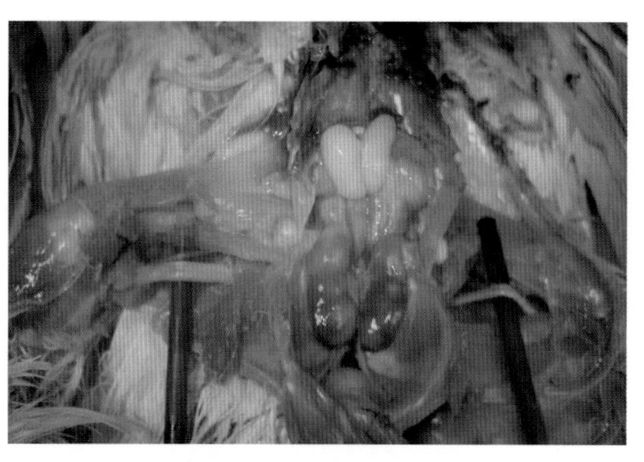

彩图1-20　鸡马立克氏病
神经型：一侧坐骨神经肿大（崔治中　摄）。

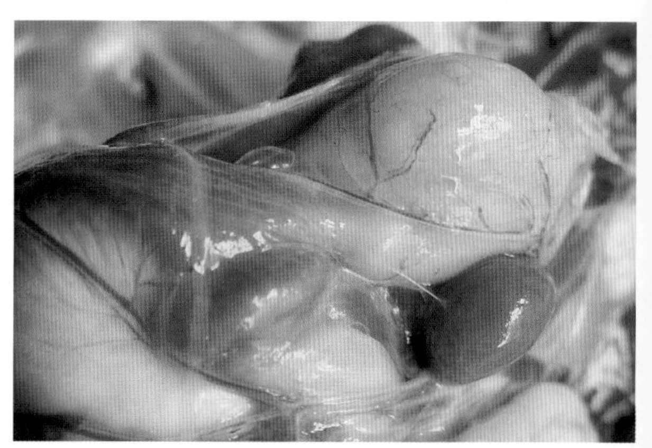

彩图1-21　鸡马立克氏病
SPF鸡人工接种MDV强毒后约2个月，腺胃肿大，几乎近球状（崔治中　摄）。

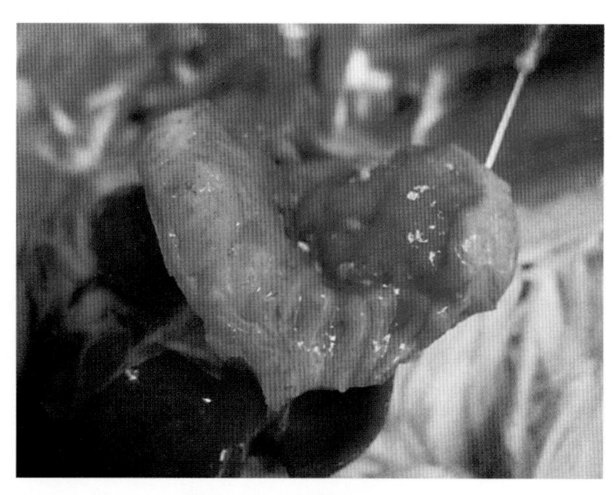

彩图1-22　鸡马立克氏病
显著增厚的腺胃壁（崔治中　摄）。

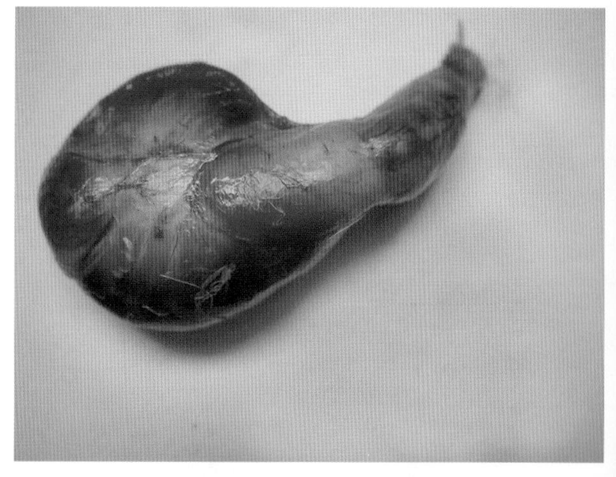

彩图1-23　鸡马立克氏病
腺胃上可见几个肿瘤结节（崔治中　摄）。

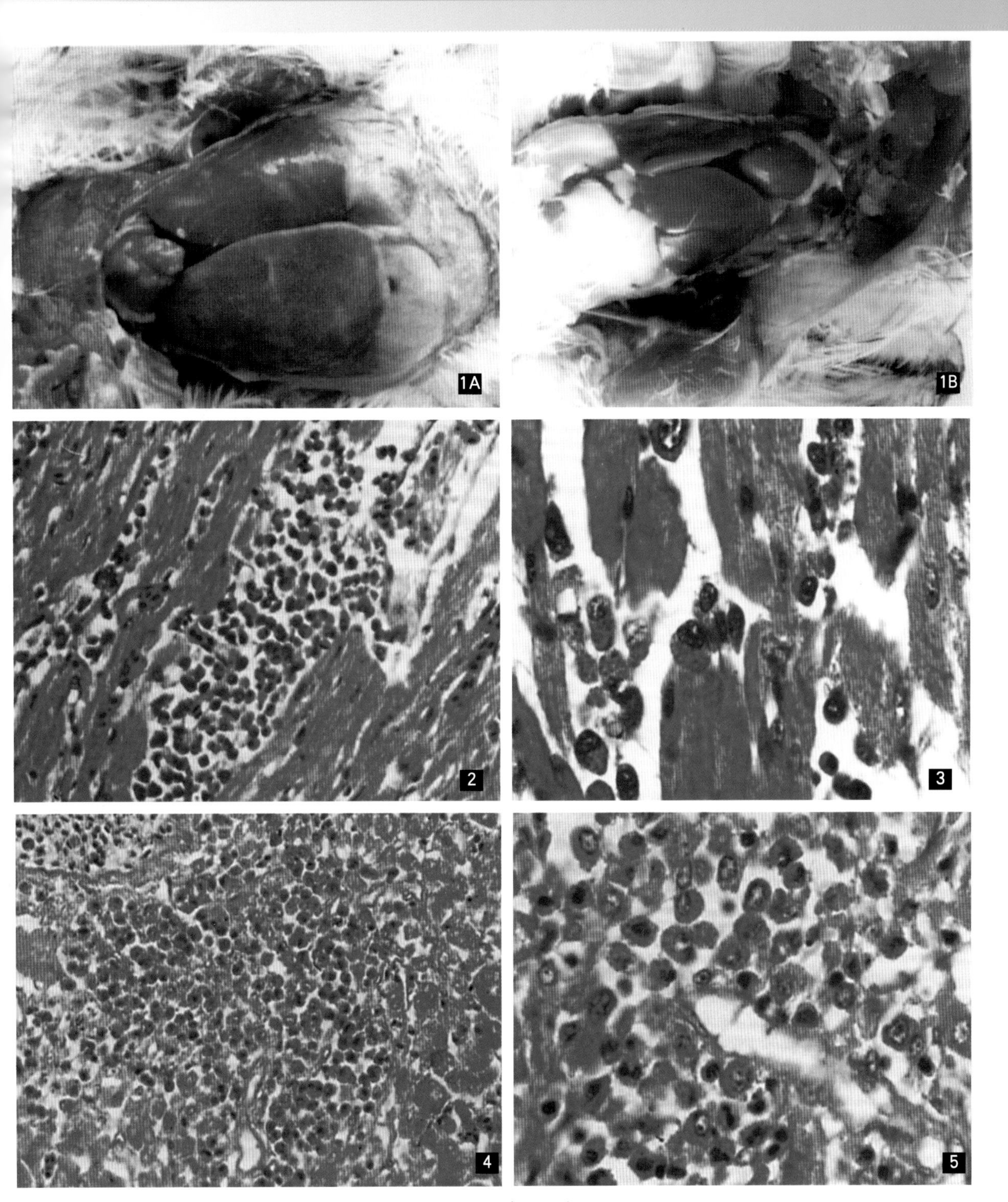

彩图2–1　鸡白血病

1日龄感染SD9902株ALV–J后发病死亡的AA肉用型鸡的剖检变化：1A.1日龄感染SD9902株ALV–J后35d死亡的AA肉用型鸡，肝脏肿大,呈现弥漫性白色结节；1B.同日剖杀的未攻毒的实验肉鸡作为阴性对照；2.1日龄感染SD9902株ALV–J后32日龄死亡的AA肉用型鸡的心肌组织，HE，400×；3.1日龄感染SD9902株ALV–J后，32日龄死亡的AA肉用型鸡的骨骼肌组织，HE，1 000×；4.1日龄感染SD9902株ALV–J后30d死亡的AA肉用型鸡的肝脏，HE，400×；5.1日龄感染SD9902株ALV–J后30d死亡的AA肉用型鸡的肝脏，HE，1 000×（杜岩　崔治中，2002）。

彩图2-2　鸡白血病

自然发病的35周龄白羽肉用型种鸡，肝脏显著肿大，上有多个细小的白色增生性结节，为典型的ALV-J诱发的髓细胞样肿瘤结节。同时还有数个血管瘤（崔治中　摄）。

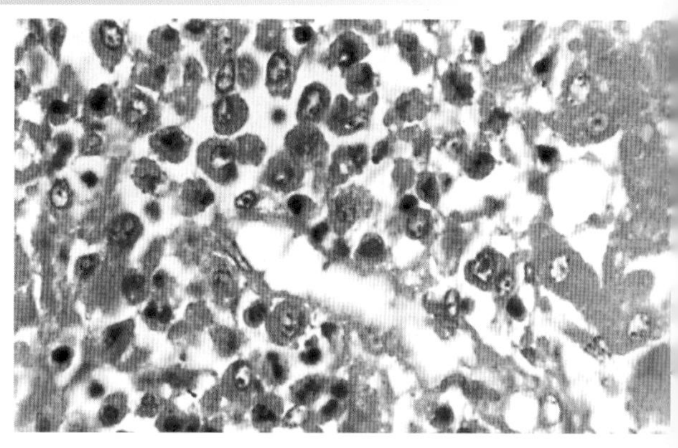

彩图2-3　鸡白血病

前一图肝脏的组织切片，见大量典型的髓细胞样瘤细胞，其细胞质中有非常典型的嗜酸性颗粒，HE，1 000×（崔治中 摄）

彩图2-4　鸡白血病

与前图为同一只鸡，脾脏肿大（崔治中 摄）。

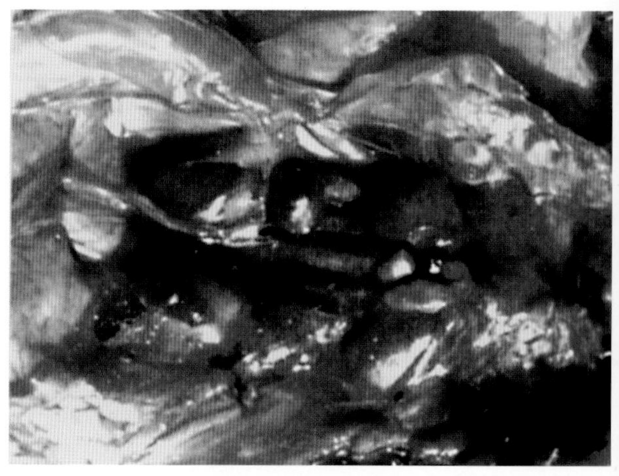

彩图2-5　鸡白血病

与前图为同一只鸡，肾脏肿大，可见乳白色的增生性肿瘤块（崔治中 摄）。

彩图2-6　鸡白血病

另一只ALV-J自然感染发病鸡，睾丸因髓细胞样瘤细胞增生而显著肿大（崔治中 摄）。

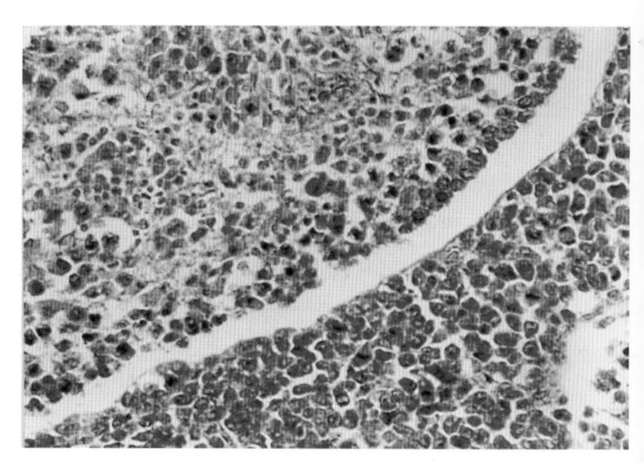

彩图2-7　鸡白血病

前图肿大睾丸的组织切片，见大量髓细胞样瘤细胞，HE，400×（崔治中 摄）。

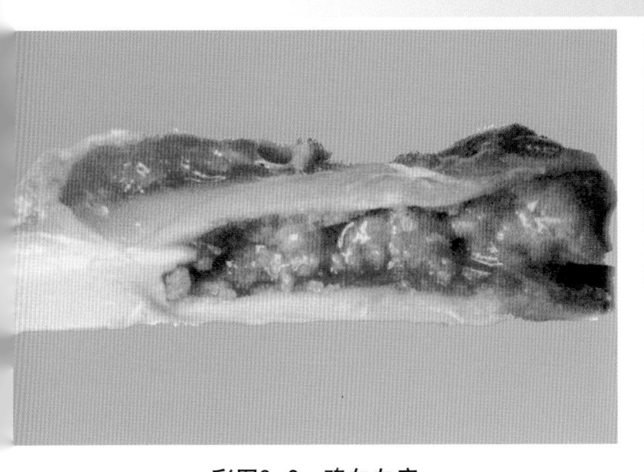

彩图2-8　鸡白血病

ALV-J自然感染发病的白羽肉种鸡，由于髓细胞样瘤细胞增生，使骨髓变黄色（崔治中 摄）。

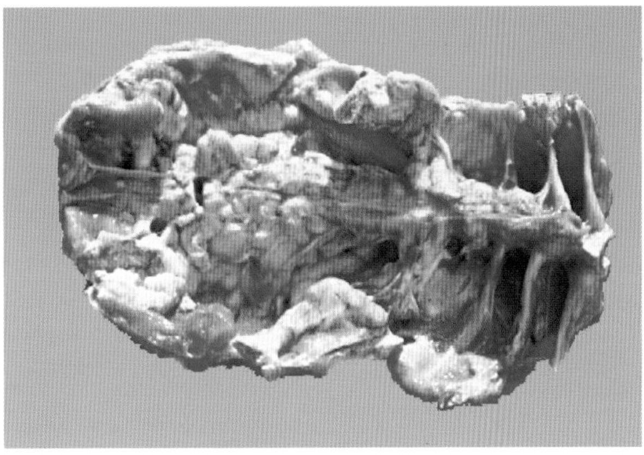

彩图2-9　鸡白血病

ALV-J自然感染发病的白羽肉鸡，见脊椎、骨膜的髓细胞样瘤细胞增生物（崔治中 摄）。

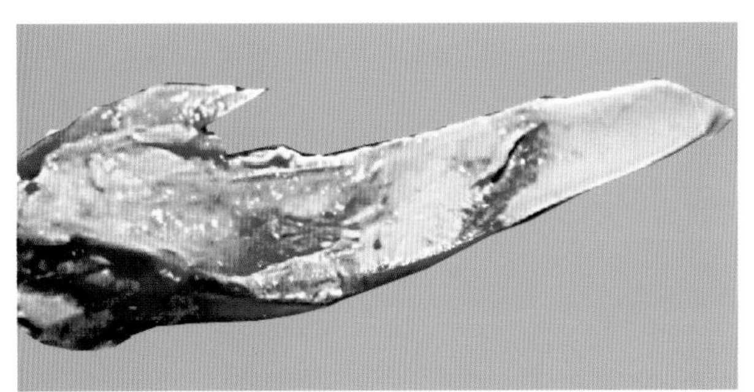

彩图2-10　鸡白血病

ALV-J自然感染发病的白羽肉鸡，见胸骨上的髓细胞样瘤细胞增生引起的赘生物（崔治中 摄）。

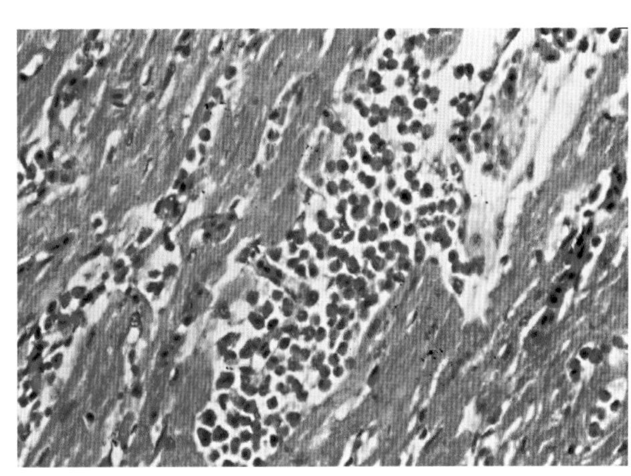

彩图2-11　鸡白血病

ALV-J人工感染的白羽肉鸡的心肌组织切片，见心肌纤维间髓细胞样瘤细胞浸润，HE，400×（崔治中 摄）。

彩图2-12　鸡白血病

ALV-J感染诱发的黄羽肉鸡肝脏肿大，髓细胞样瘤（崔治中 摄）。

彩图2-13　鸡白血病

前一图的肝脏剖面，显示绿豆大小的肿瘤结节（崔治中 摄）。

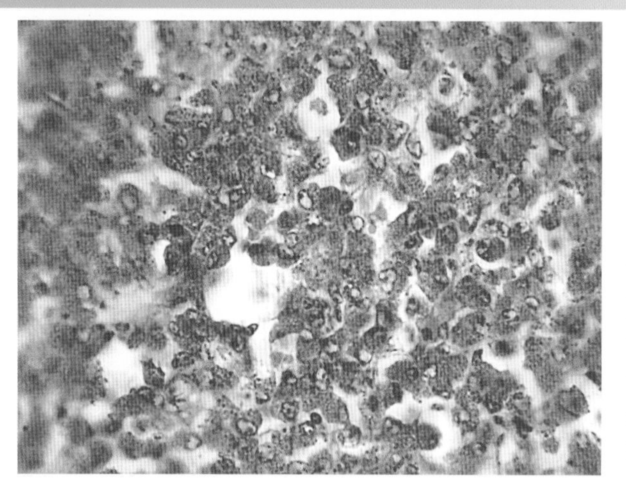

彩图2-14　鸡白血病

ALV-J诱发25周龄黄羽肉鸡肝脏髓细胞样瘤，图示肿瘤块里的肿瘤细胞，HE，1 000×（崔治中 摄）。

彩图2-15　鸡白血病

ALV-J诱发的黄羽肉鸡肝脏髓细胞样瘤，除肿瘤结节外，还有很大的肿瘤块（崔治中 摄）。

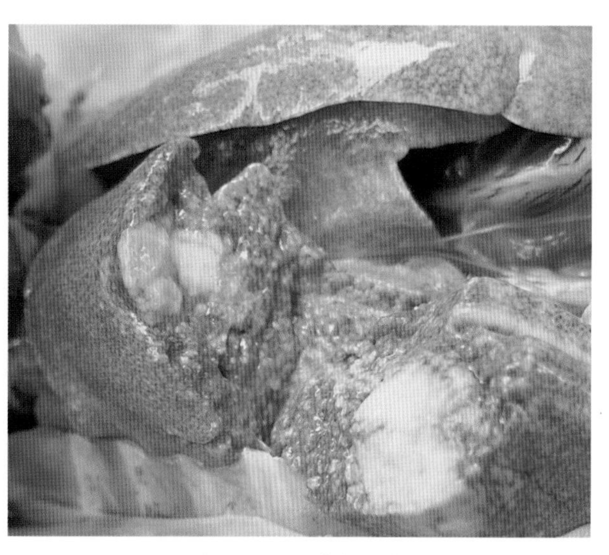

彩图2-16　鸡白血病

ALV-J诱发27周龄黄羽肉用型种鸡肝脏肿大，剖面呈现髓细胞样肿瘤块（崔治中 摄）。

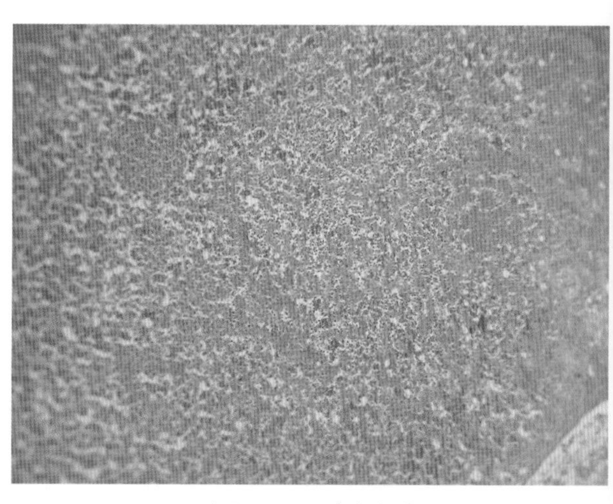

彩图2-17　鸡白血病

为前一图同一肝脏切片的不同视野，在显示髓细胞样肿瘤细胞的同时还有淋巴细胞浸润，HE，100×（崔治中 摄）。

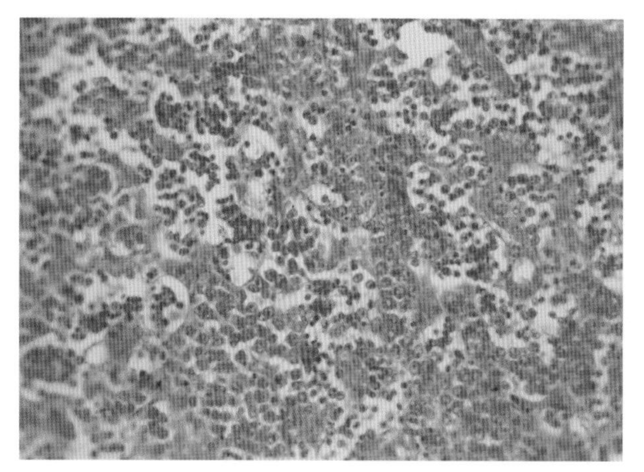

彩图2-18　鸡白血病

同前图同一切片，进一步放大，HE，400×（崔治中 摄）。

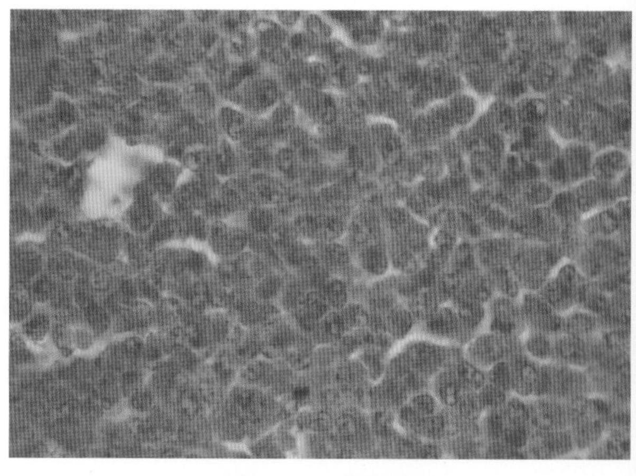

彩图2-19　鸡白血病

前一图的同一视野放大，更清楚地显示髓细胞样肿瘤细胞的细胞质的嗜酸性颗粒，HE，1 000×（崔治中 摄）。

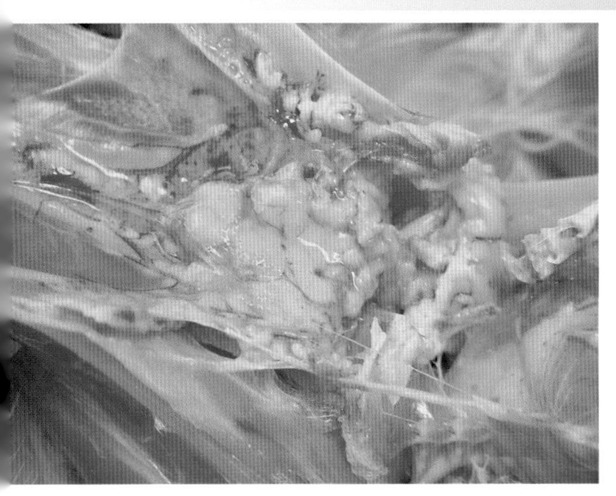

彩图2-20　鸡白血病

ALV-J诱发黄羽肉鸡的胸骨上的髓细胞样肿瘤赘生物（崔治中 摄）。

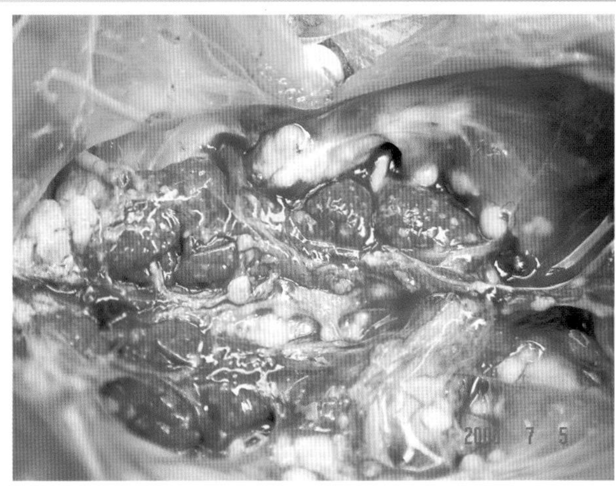

彩图2-21　鸡白血病

ALV-J诱发黄羽肉鸡肋骨上的髓细胞样肿瘤增生，同时还见肾脏上的肿瘤结节（崔治中 摄）。

彩图2-22　鸡白血病

ALV-J诱发的25周龄黄羽肉鸡胸腺髓细胞样肿瘤（崔治中 摄）。

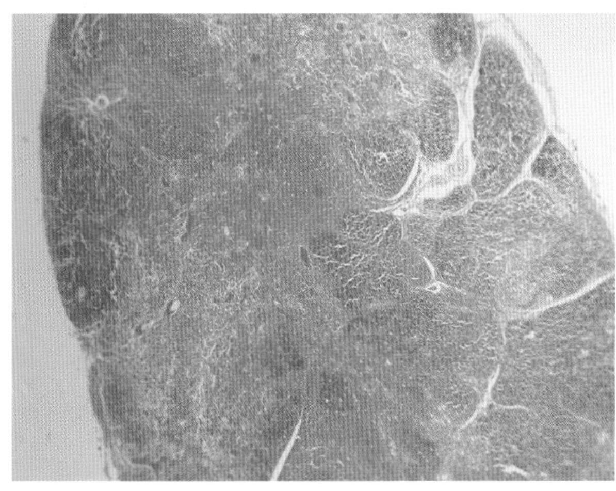

彩图2-23　鸡白血病

组织切片观察，显示胸腺左侧的髓细胞样肿瘤结节，HE，50×（崔治中 摄）。

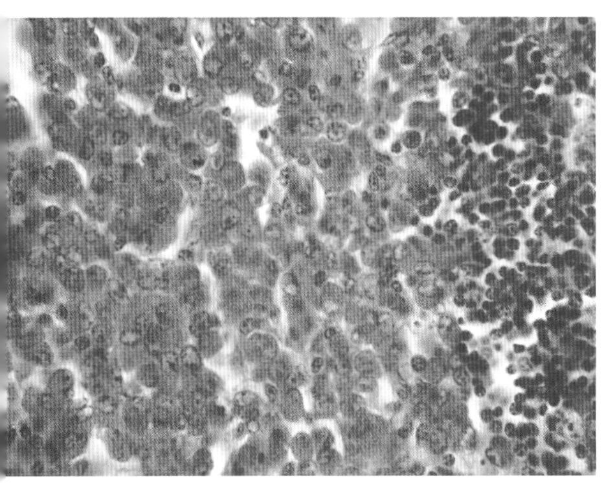

彩图2-24　鸡白血病

前一图的放大，左侧大部分为ALV-J诱发黄羽肉鸡胸腺髓细胞样瘤细胞，右侧为正常的胸腺滤泡中的淋巴细胞，HE，1 000×（崔治中 摄）。

彩图2-25　鸡白血病

黄羽肉鸡法氏囊髓细胞样肿瘤结节（崔治中 摄）。

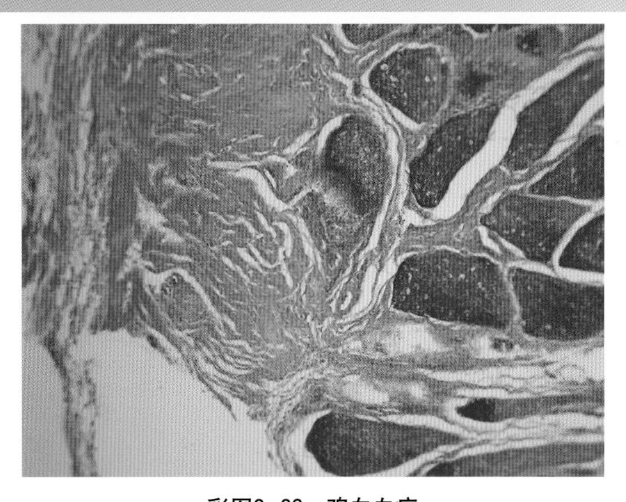

彩图2-26　鸡白血病

法氏囊肿瘤部位组织切片，显示部分正常淋巴滤泡（右侧），另一部分为髓细胞样肿瘤细胞浸润，HE，400×（崔治中 摄）。

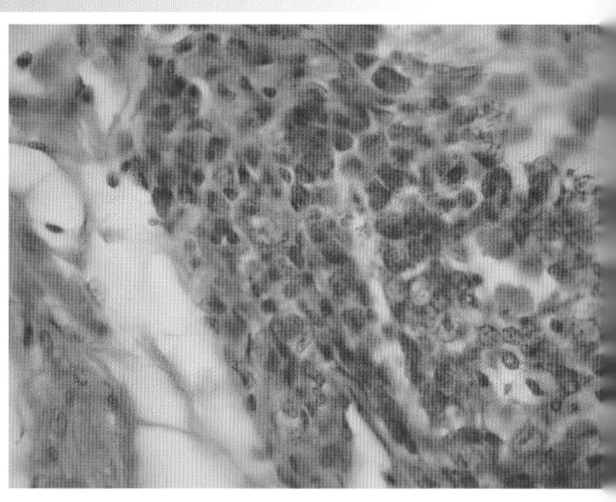

彩图2-27　鸡白血病

法氏囊髓细胞样肿瘤的组织切片，HE，1 000×（崔治中 摄）。

彩图2-28　鸡白血病

ALV-J感染鸡群胸部和脚爪出血（崔治中 摄）。

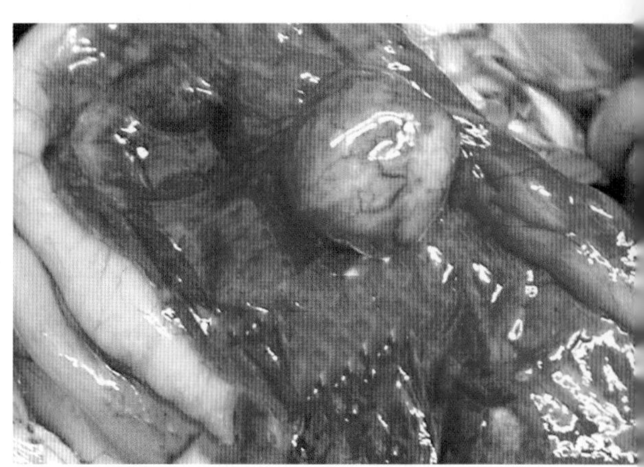

彩图2-29　鸡白血病

ALV-J诱发的蛋鸡肠系膜纤维肉瘤（急性）（崔治中 摄）。

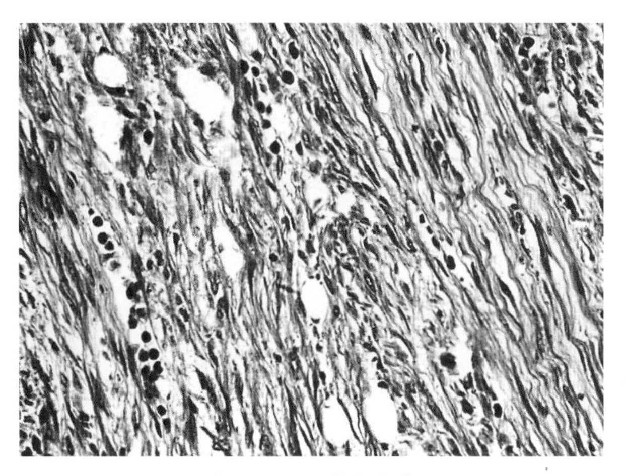

彩图2-30　鸡白血病

ALV-J诱发的蛋鸡肠系膜纤维肉瘤，HE，200×（崔治中 摄）。

彩图2-31　鸡白血病

40周龄海兰褐商品代蛋鸡肝脏肿大，弥漫性分布许多针头至绿豆大小的白色增生性结节（崔治中 摄）。

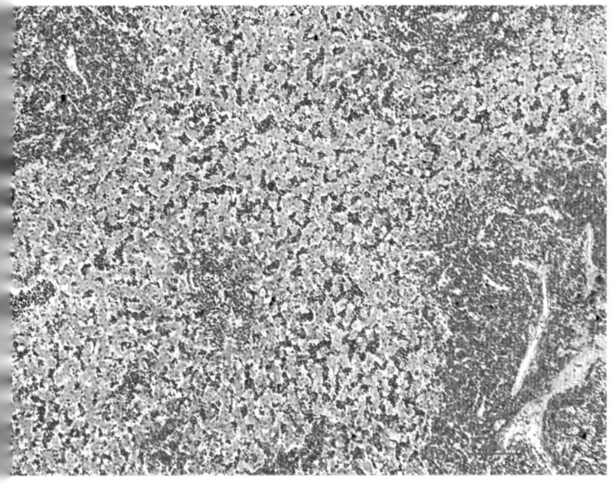

彩图2–32　鸡白血病

来自前图同一肝脏的组织切片，见一个明显的髓细胞样瘤细胞结节（红色）。在肝细胞索间，还有弥漫性淋巴细胞浸润，但未见典型的结节，HE，100×（崔治中 摄）。

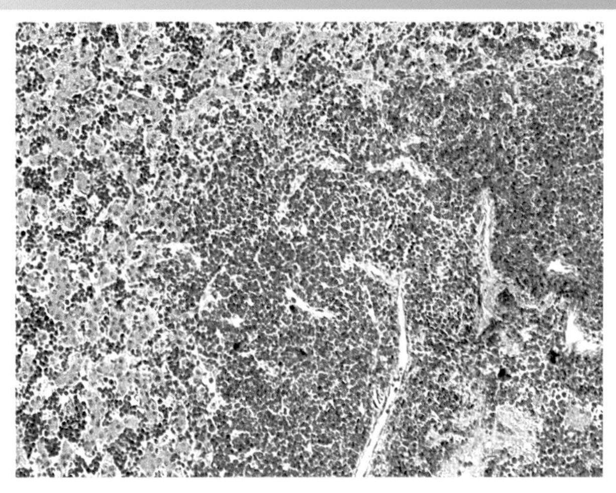

彩图2–33　鸡白血病

与彩图2–32为同一视野，但进一步放大，显示一个髓细胞样肿瘤细胞结节，HE，200×（崔治中 摄）。

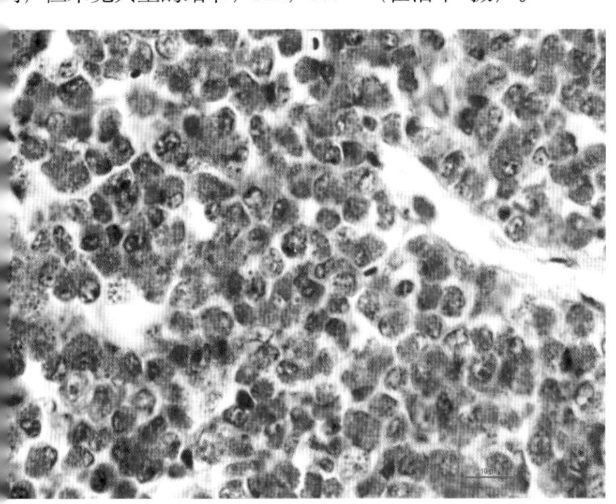

彩图2–34　鸡白血病

与彩图2–33为同一视野，进一步放大，见肿瘤结节中几乎都是典型的髓细胞样肿瘤细胞，在细胞质内含有许多红色的嗜酸性颗粒，细胞核较小、较淡，形状不规则，HE，1 000×（崔治中 摄）。

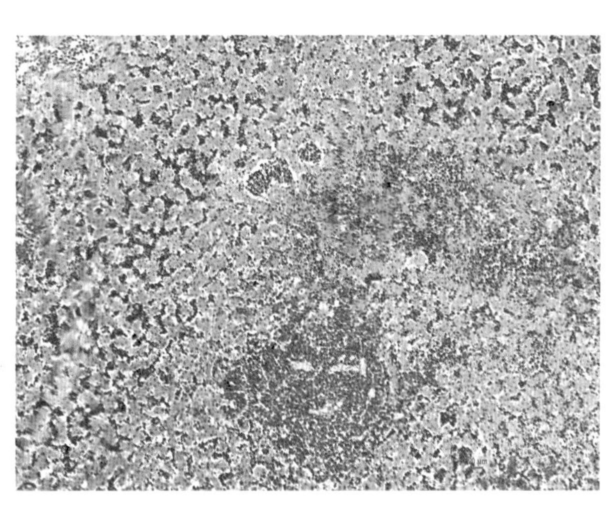

彩图2–35　鸡白血病

与彩图2–32同一肝脏切片的不同视野，除了一个典型的髓细胞样肿瘤结节外，还出现了淋巴细胞结节，HE，100×（崔治中 摄）。

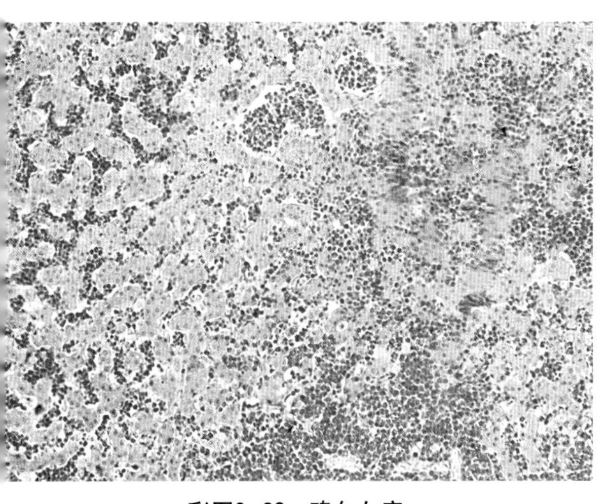

彩图2–36　鸡白血病

与前一图同一视野，进一步放大，HE，200×（崔治中 摄）。

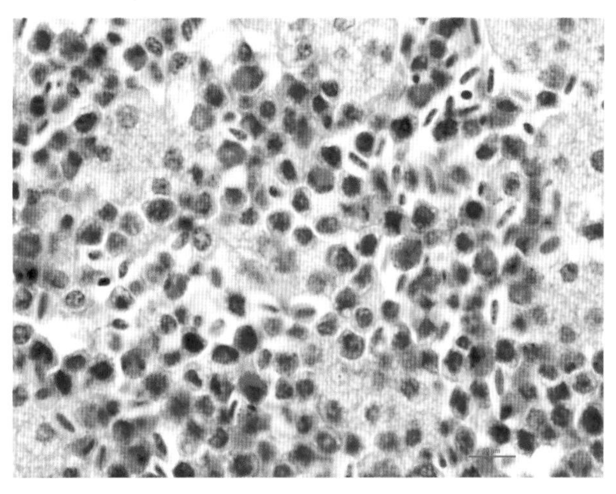

彩图2–37　鸡白血病

彩图2–36进一步放大，在肝细胞索间浸润的细胞成分大部分为淋巴细胞，HE，1 000×（崔治中 摄）。

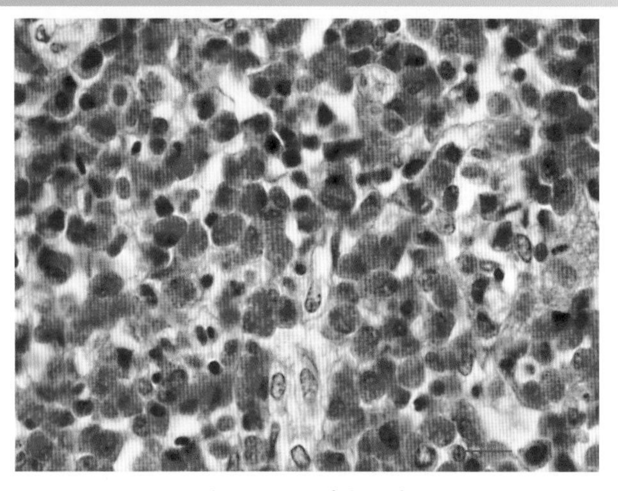

彩图2-38　鸡白血病

与彩图2-37同一切片的不同视野，浸润细胞以髓细胞样肿瘤细胞为主，HE，1 000×（崔治中　摄）。

彩图2-39　鸡白血病

与彩图2-31同一只鸡，脾脏肿大，只有零星散在的白色增生结节（崔治中　摄）。

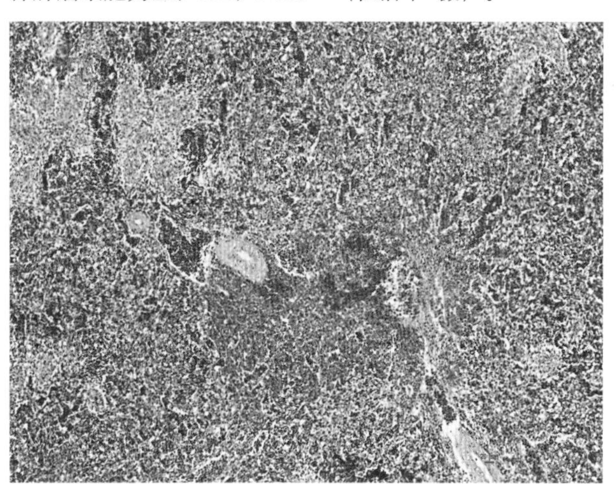

彩图2-40　鸡白血病

脾脏的组织切片，可见一个明显的髓细胞样肿瘤结节，HE，100×（崔治中　摄）。

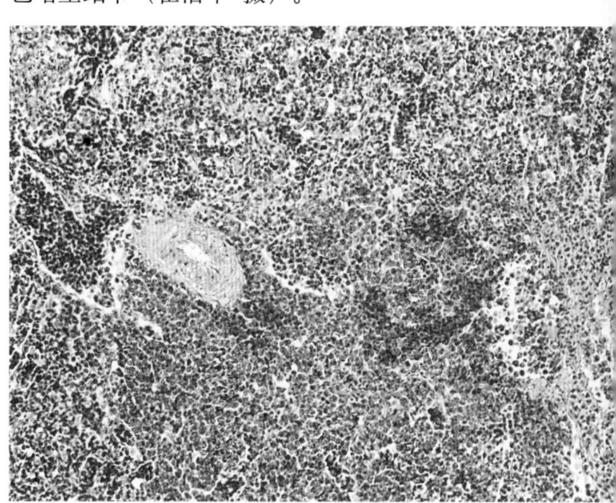

彩图2-41　鸡白血病

前图进一步放大，视野中下半部分为肿瘤结节，上半部分为脾脏中正常的淋巴组织，但其间也有髓细胞样瘤细胞浸润，HE，200×（崔治中　摄）。

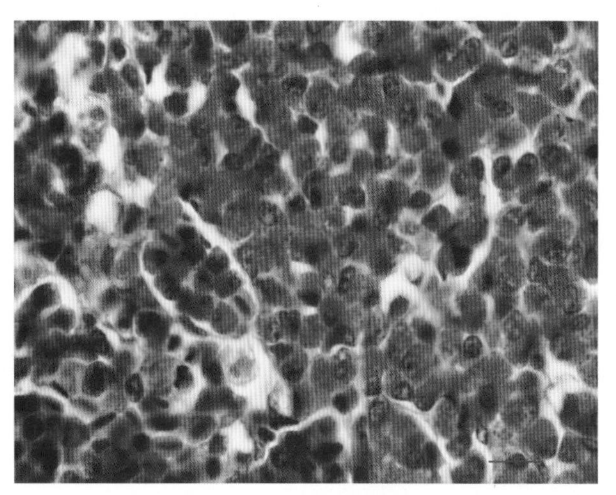

彩图2-42　鸡白血病

彩图2-41进一步放大，显示肿瘤结节中髓细胞样瘤细胞是主要细胞成分，与肝脏中的完全相同，HE，1 000×（崔治中　摄）。

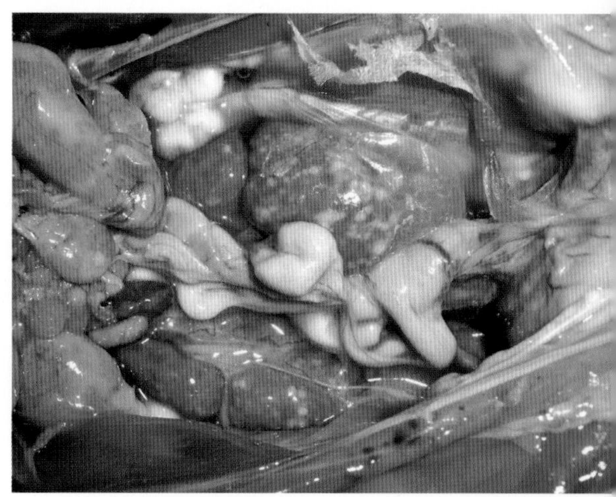

彩图2-43　鸡白血病

与彩图2-42为同一只鸡，肾脏肿大，每个肾叶都有许多大小不一的独立的肿瘤结节或融合后不定形的肿瘤块（崔治中　摄）。

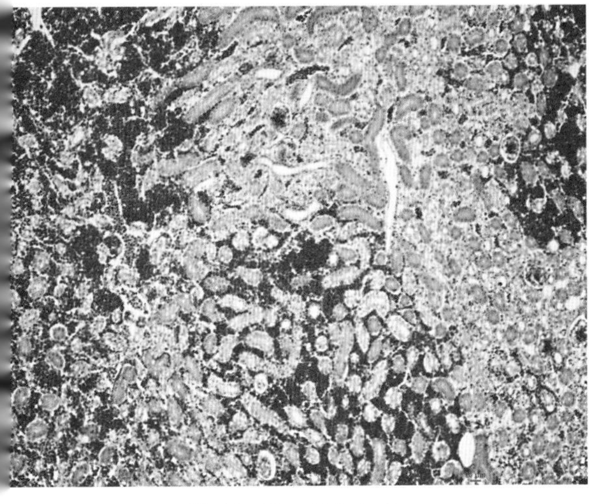

彩图2-44　鸡白血病

肾脏组织切片，在正常的肾小管与肾小球间均为髓细胞样瘤胞形成的髓细胞样肿瘤结节，HE，100×（崔治中 摄）。

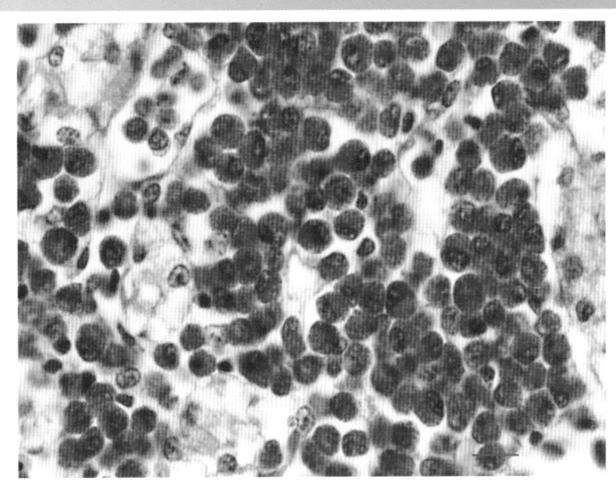

彩图2-45　鸡白血病

肾脏组织切片进一步放大，显示肿瘤结节中均为髓细胞样瘤细胞，其形状结构与肝脏中的完全相同，HE，1 000×（崔治中 摄）。

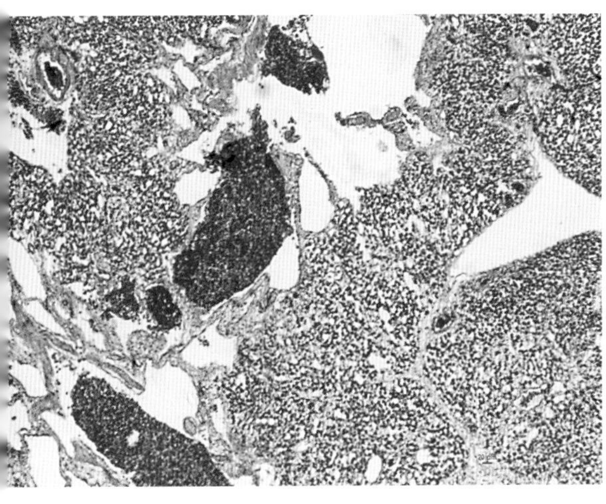

彩图2-46　鸡白血病

同一只鸡的肺脏组织切片，可见到淋巴细胞浸润结节，也有髓细胞样瘤细胞浸润，HE，100×（崔治中 摄）。

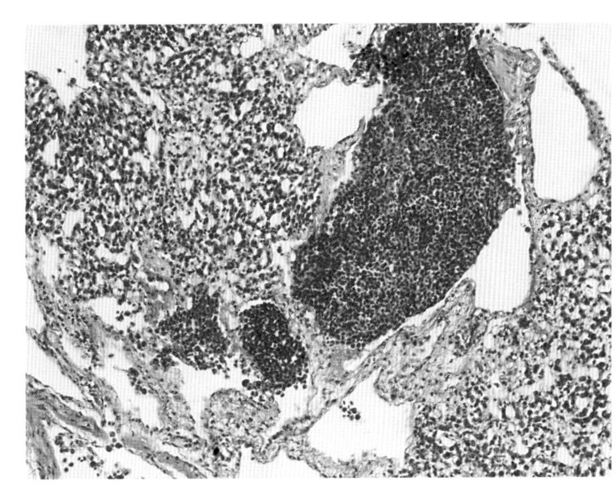

彩图2-47　鸡白血病

前图同一视野进一步放大，HE，200×（崔治中 摄）。

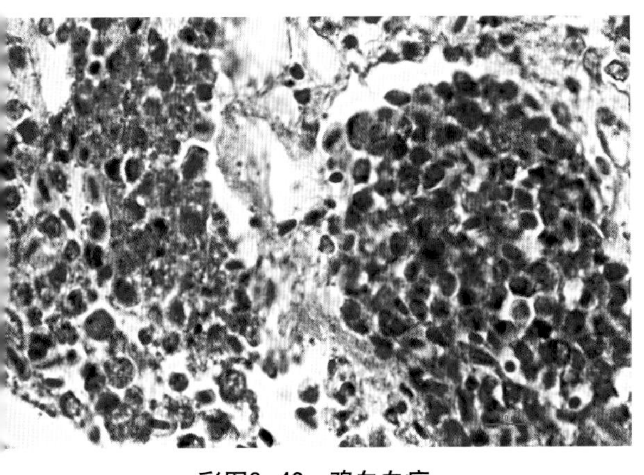

彩图2-48　鸡白血病

彩图2-47同一视野进一步放大，见两种不同类型细胞分别形成的结节，但均有相互浸润现象，HE，1000×（崔治中 摄）。

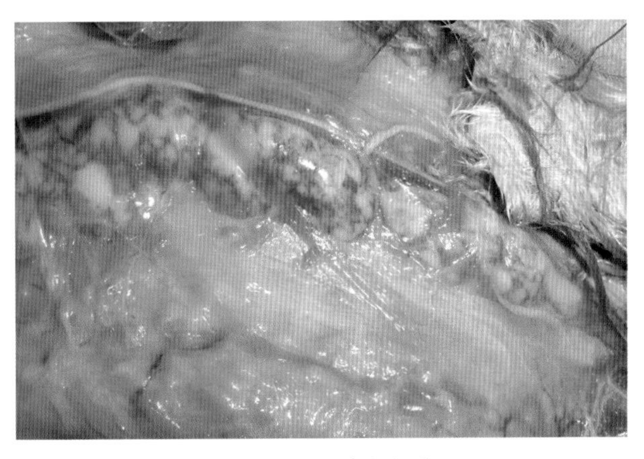

彩图2-49　鸡白血病

同一只鸡的一侧胸腺，多个小叶均肿大，呈红白色斑状，白色部分为增生的肿瘤组织（崔治中 摄）。

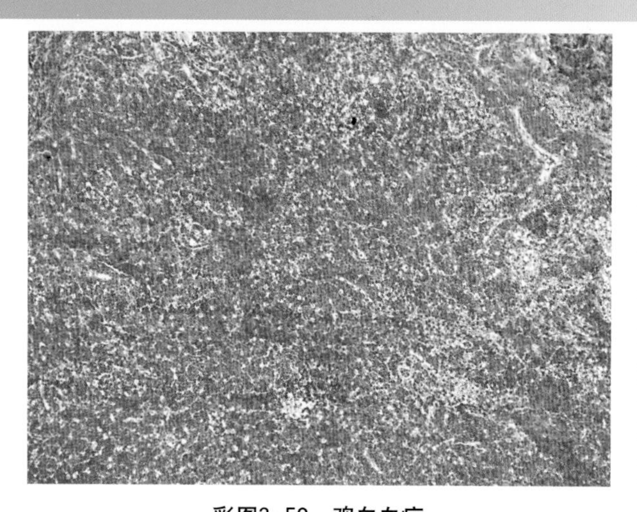

彩图2-50　鸡白血病

胸腺组织切片，正常的淋巴细胞组织已被髓细胞样瘤细胞所取代，HE，100×（崔治中 摄）。

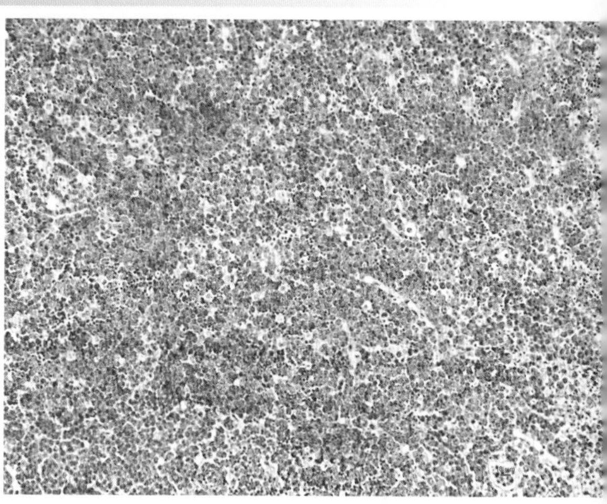

彩图2-51　鸡白血病

前图进一步放大，HE，200×（崔治中 摄）。

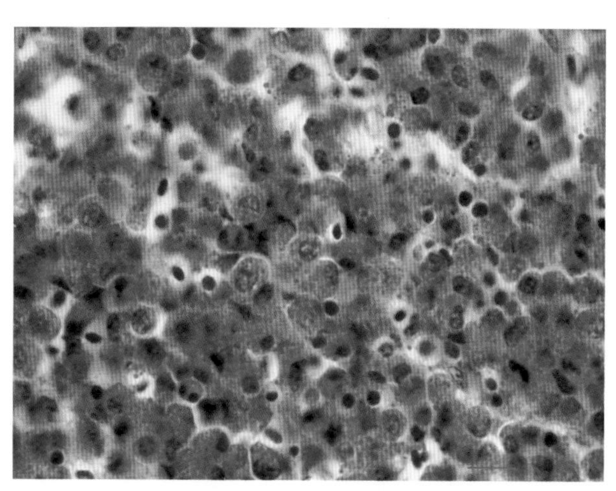

彩图2-52　鸡白血病

彩图2-51进一步放大，HE，1 000×（崔治中 摄）。

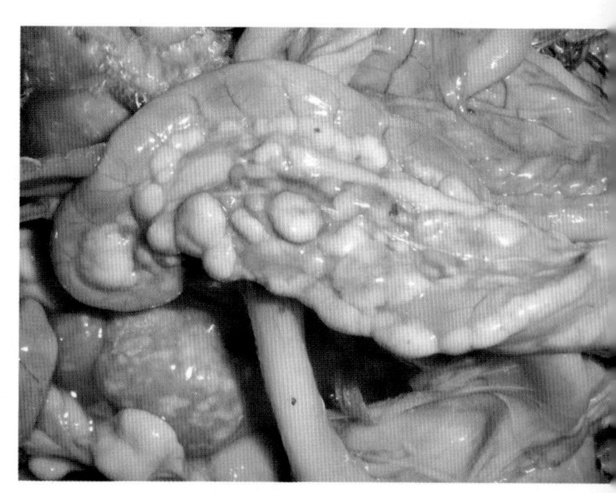

彩图2-53　鸡白血病

同一只鸡肠系膜髓样细胞肿瘤结节（崔治中 摄）。

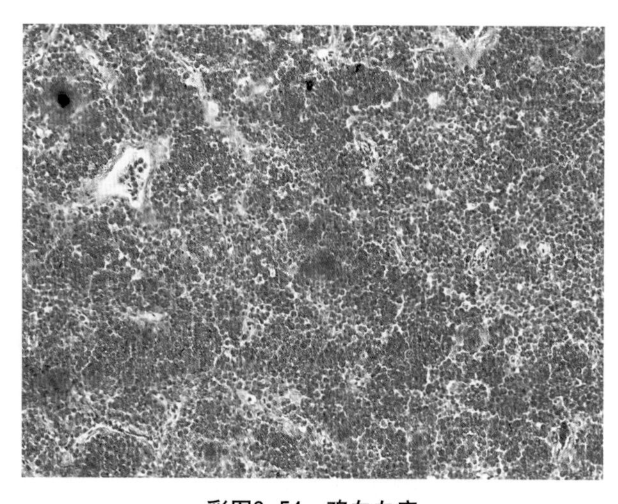

彩图2-54　鸡白血病

肠系膜肿瘤组织切片，视野中全部为髓细胞样瘤细胞，HE，200×（崔治中 摄）。

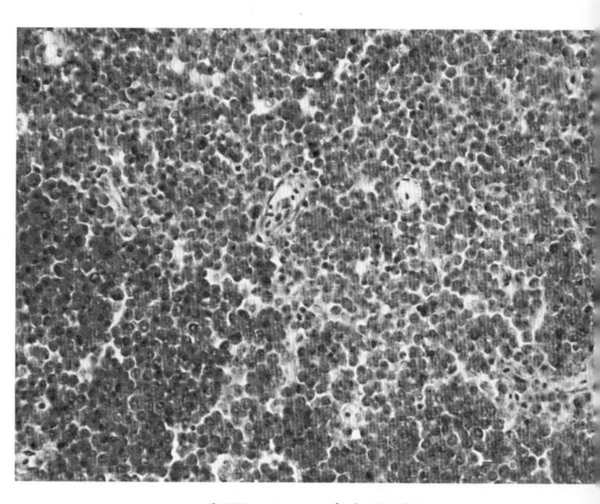

彩图2-55　鸡白血病

前图进一步放大，HE，400×（崔治中 摄）。

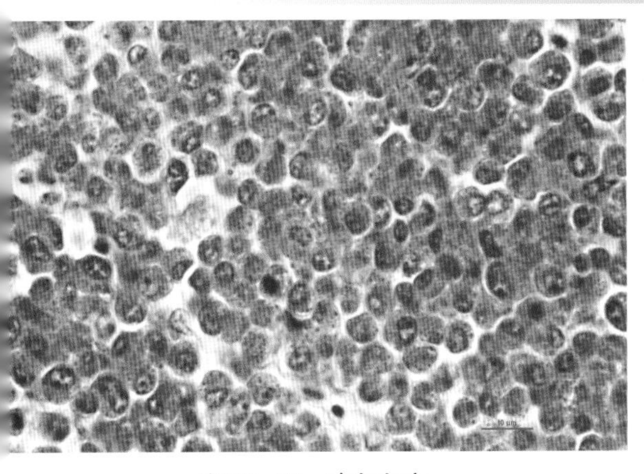

彩图2-56　鸡白血病

彩图2-55进一步放大，髓细胞样肿瘤细胞的形态结构与肝脏、脾脏、肾脏中的完全一致，HE，1 000×（崔治中 摄）。

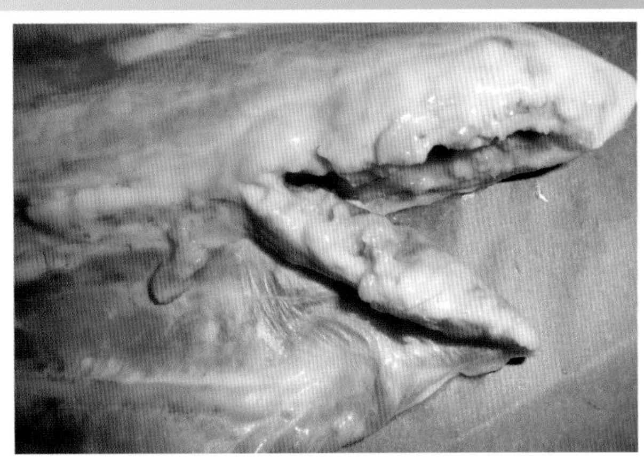

彩图2-57　鸡白血病

同一只鸡的胸骨突起部分的白色肿瘤样赘生物（崔治中 摄）。

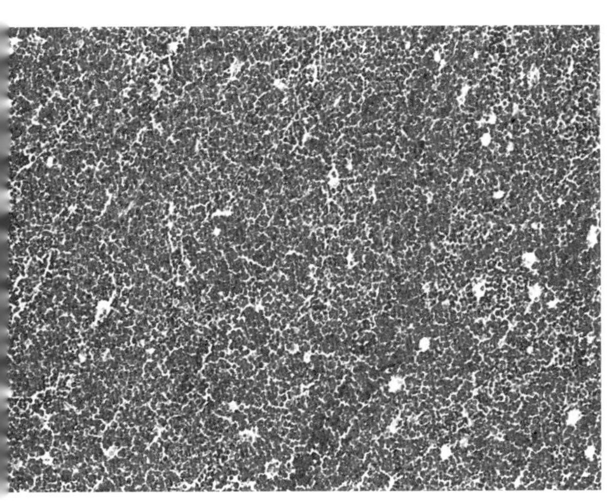

彩图2-58　鸡白血病

胸骨表面赘生物切片，大片的细胞成分均为髓细胞样肿瘤细胞，但也间杂着少量淋巴细胞结节，HE，200×（崔治中 摄）。

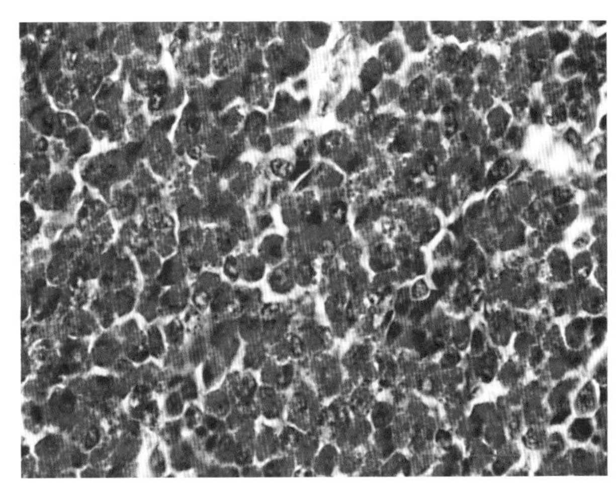

彩图2-59　鸡白血病

前图放大，视野中大多数为细胞质中有嗜酸性颗粒的典型的髓细胞样肿瘤细胞，HE，1 000×（崔治中 摄）。

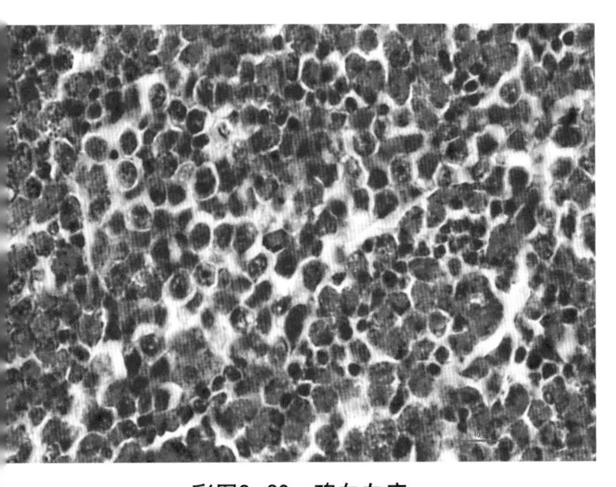

彩图2-60　鸡白血病

与彩图2-59同一切片的不同视野，同时显示髓细胞样肿瘤结节与淋巴细胞结节，HE，1 000×（崔治中 摄）。

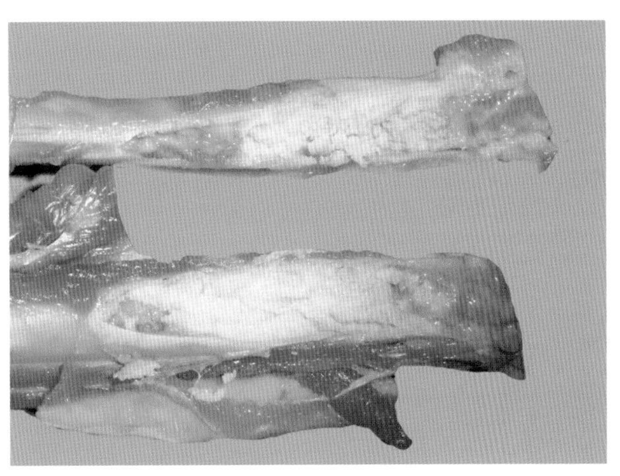

彩图2-61　鸡白血病

同一只鸡的两侧跖骨纵切后显示病变的骨髓。两侧蹠骨骨髓均因肿瘤细胞增生取代了正常骨髓组织后呈白色（中央）或粉红色（两端）。但下部蹠骨显得更粗一点，而且白色肿瘤细胞增生区的比例更大（崔治中 摄）。

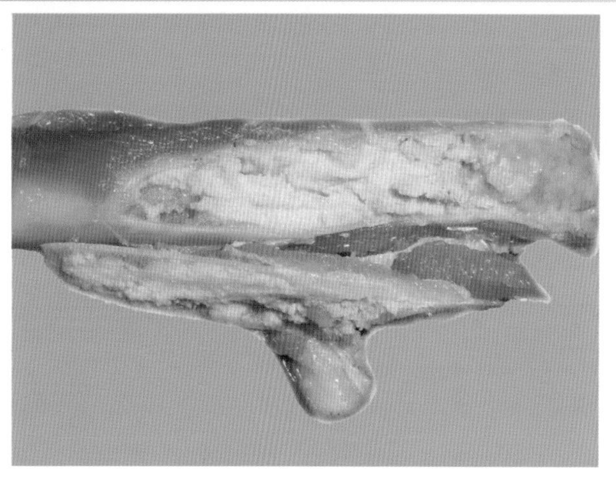

彩图2-62　鸡白血病

彩图2-61中的下方跖骨放大，更清晰地显示病变骨髓的质地和结构。中间部分完全呈白色肉质瘤样质地，两端呈粉红色，两者之间为淡黄色。大部分白色区域有反光性，但其右侧一小块显得粗糙，无反光性（崔治中 摄）。

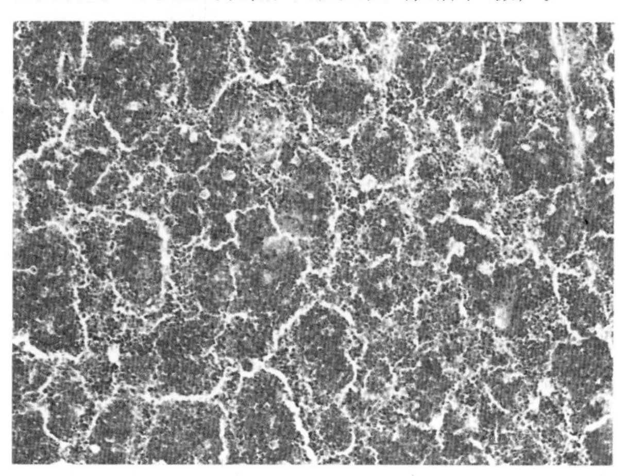

彩图2-64　鸡白血病

彩图2-63进一步放大，HE，200×（崔治中 摄）。

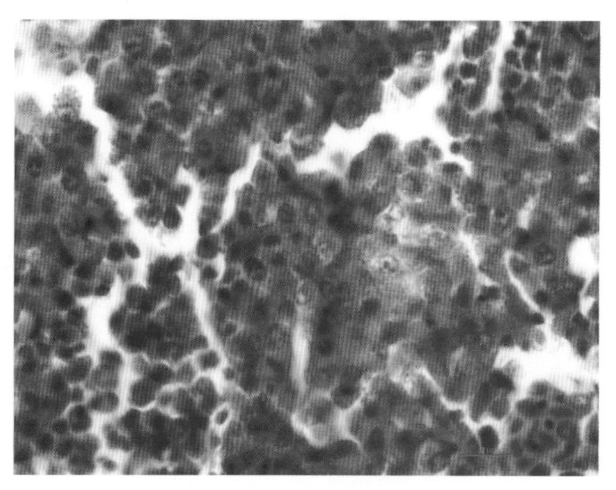

彩图2-66　鸡白血病

同一切片另一视野，除了典型的髓细胞样瘤细胞结节外，还可见小的淋巴细胞结节（左下）及红细胞（右下），HE，1 000×（崔治中 摄）。

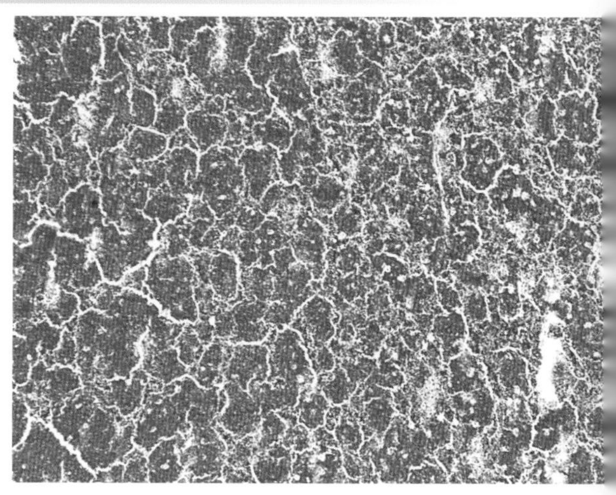

彩图2-63　鸡白血病

彩图2-62中跖骨骨髓粉红色区域的组织切片，骨髓的大部分区域已为髓细胞样瘤细胞所取代，同时还有少量淋巴细胞浸润，而正常骨髓细胞只有零星散在，HE，100×（崔治中 摄）。

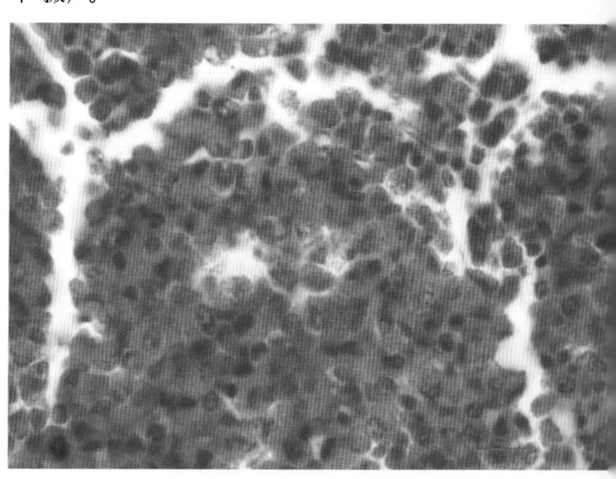

彩图2-65　鸡白血病

彩图2-64进一步放大。显示与肝脏、脾脏、肾脏、胸腺中所见到的同样的典型的髓细胞样瘤细胞。在不同的髓细胞样肿瘤细胞结节之间可见到少量红细胞或其他类型的细胞，HE，1 000×（崔治中 摄）。

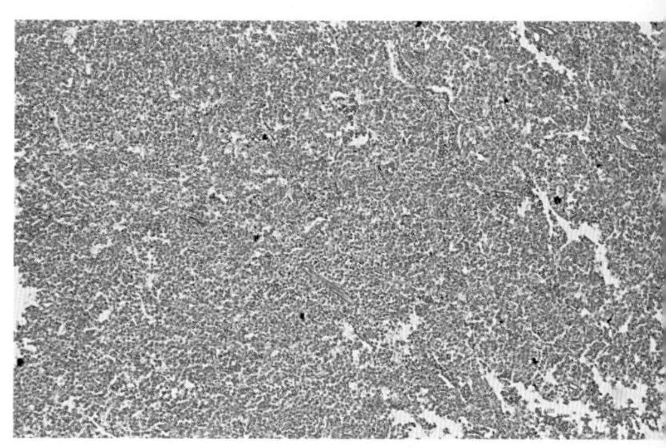

彩图2-67　鸡白血病

彩图2－62中跖骨骨髓白色部分的左侧无反光性的粗糙区组织切片，仍显细胞轮廓和细胞核结构，但细胞质已不被着色，完全不显嗜酸性颗粒，可能与细胞变性和钙化相关，HE，100×（崔治中 摄）。

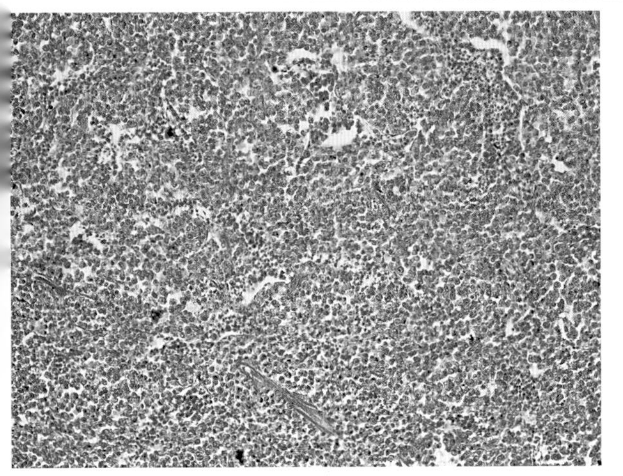

彩图2-68　鸡白血病

彩图2-67进一步放大，HE，200×（崔治中 摄）。

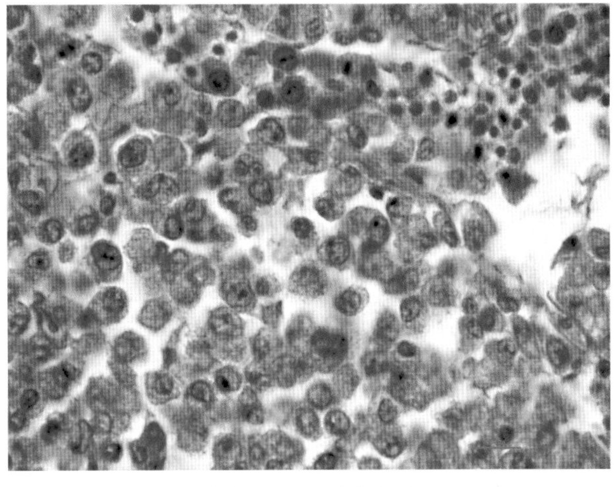

彩图2-69　鸡白血病

彩图2-68进一步放大，细胞质中着色的颗粒已自溶消失，HE，1 000×（崔治中 摄）。

彩图2-70　鸡白血病

与彩图2-31鸡来自同一鸡群的病鸡，显示肝脏显著肿大，布满弥漫性细小的白色增生结节，也有个别绿豆大小白色增生结节。在两侧肋骨长出许多典型的ALV-J相关的白色赘生物，即髓细胞样肿瘤结节。此外，胸骨和心脏上也出现肿瘤结节（崔治中 摄）。

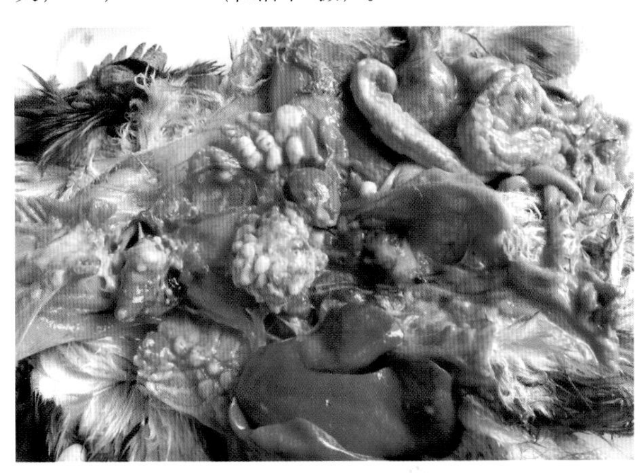

彩图2-71　鸡白血病

与前一图为同一只鸡，将肝脏移出腹腔后，显示其他脏器的病变。见肠系膜及肠管壁长满肉瘤样结节。此外，脾脏肿大，肾脏肿大，也出现白色肿瘤结节，胸骨突起的内侧有白色增生物（崔治中 摄）。

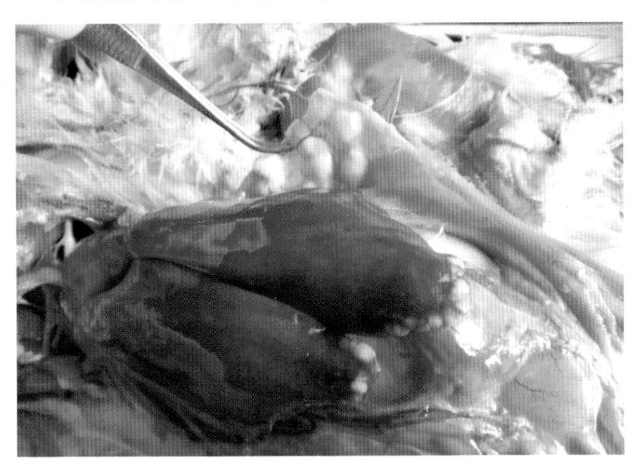

彩图2-72　鸡白血病

来自另一鸡场一只40周龄海兰褐商品代蛋鸡，显示肝脏肿大，弥漫性布满针头、针尖大小的白色增生性结节，但在肝脏的边缘可见许多大小不一的白色肿瘤块。同时，肋骨内侧也有多个很大的白色肿瘤块（崔治中 摄）。

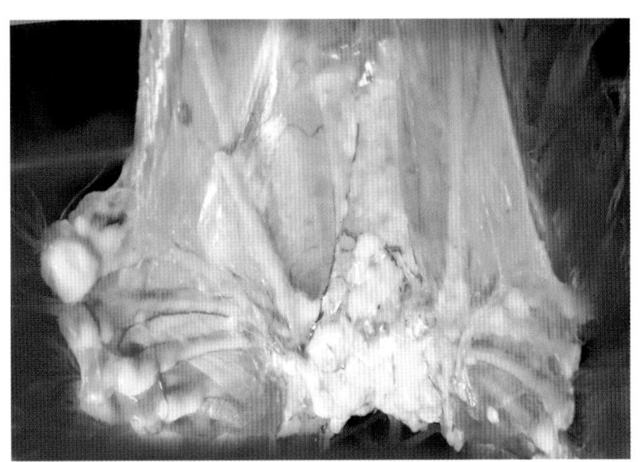

彩图2-73　鸡白血病

与彩图2-72为同一只鸡。打开腹腔后，将胸骨掀起，可见胸骨基部已长出很大的白色肿瘤增生物，两侧肋骨内膜上都有肿瘤结节（崔治中 摄）。

彩图2-74　鸡白血病

43周龄海兰褐商品代蛋鸡场，病鸡肝脏高度肿大，且已长满芝麻大、绿豆大小的白色增生性结节，很多肿瘤结节已相互融合。白色肿瘤结节间有红色的出血灶。此外，上下两叶各有一个血管瘤。腹腔有积血块，表明有血管瘤破裂（崔治中 摄）。

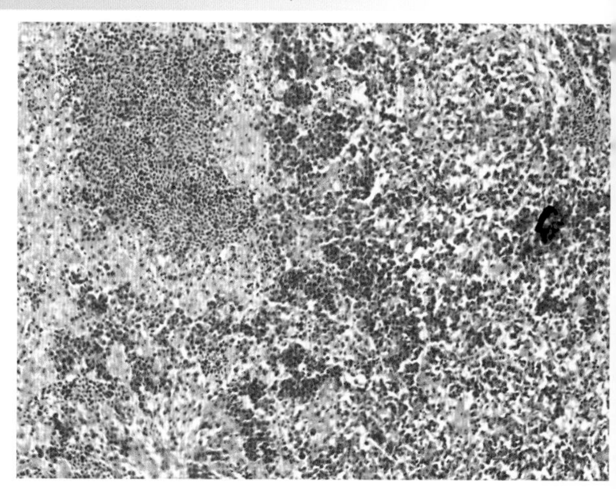

彩图2-75　鸡白血病

前图肝脏的组织切片，右侧约2/3区域为髓细胞样肿瘤细胞结节，左上方有一血管瘤区（出血区），二者之间还可见肝细胞索，HE，200×（崔治中 摄）。

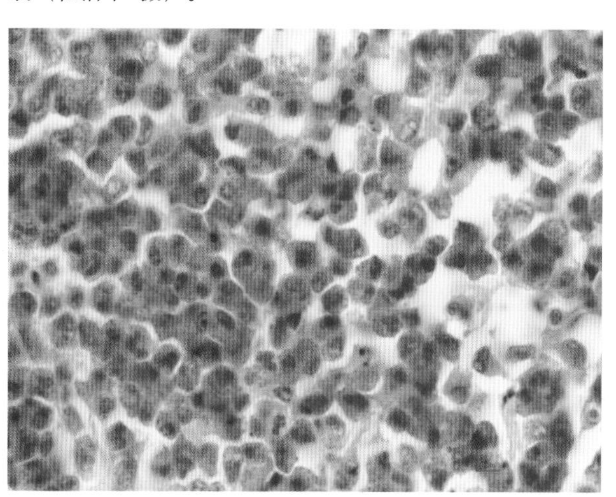

彩图2-76　鸡白血病

彩图2-75进一步放大，可见大量细胞质中含有嗜酸性颗粒的典型的髓细胞样肿瘤细胞，HE，1 000×（崔治中 摄）。

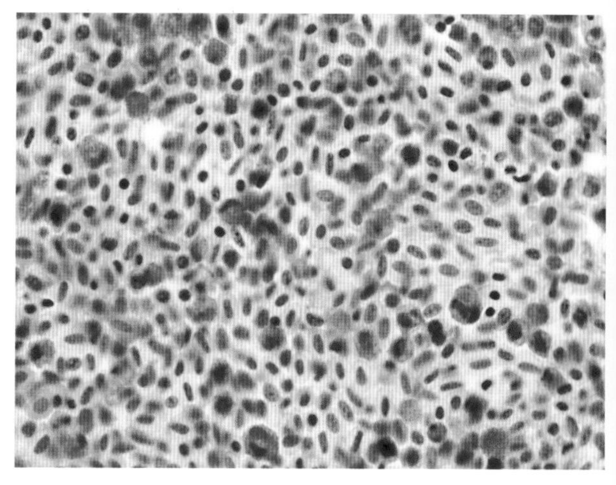

彩图2-77　鸡白血病

为彩图2-75中左上角出血区，见大量的红细胞，少量的其他类型的细胞，也有少量髓细胞样肿瘤细胞，HE，1 000×（崔治中 摄）。

彩图2-78　鸡白血病

同一只鸡肿大的脾脏，只有白色增生性结节（崔治中 摄）。

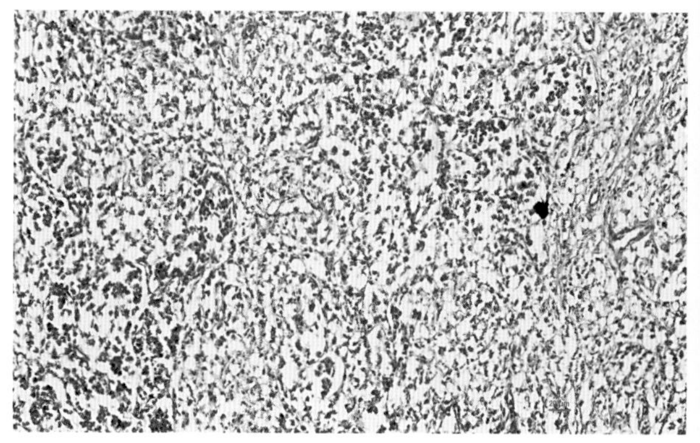

彩图2-79　鸡白血病

前图脾脏组织切片，已失去正常脾脏细胞结构，多为纤维状细胞，还有一些细胞已变性，其细胞类型已很难确定HE，200×（崔治中 摄）。

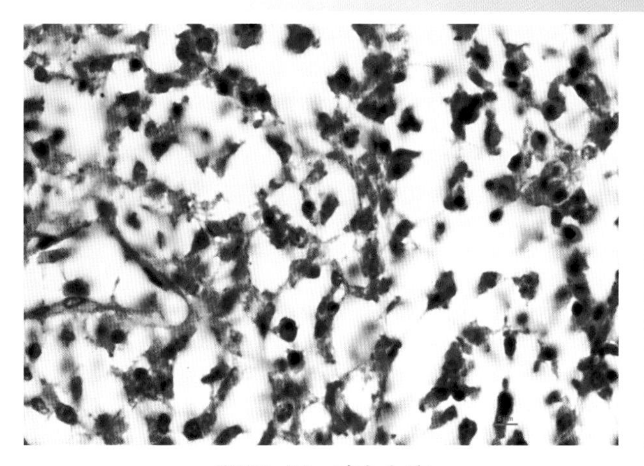

彩图2-80 鸡白血病

彩图2-79进一步放大，已看不出正常脾脏细胞结构，仅见梭状或纤维状细胞，HE，1 000×（崔治中 摄）。

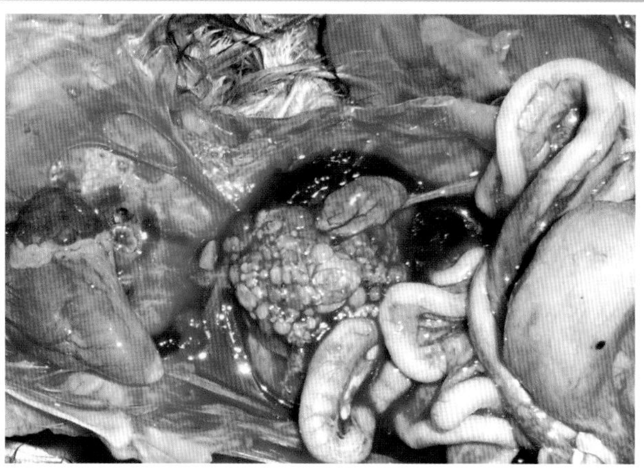

彩图2-81 鸡白血病

同一只鸡的肠管，可见肠壁上有许多增生区域，肠管浆膜粗细不一，有凸起部（崔治中 摄）。

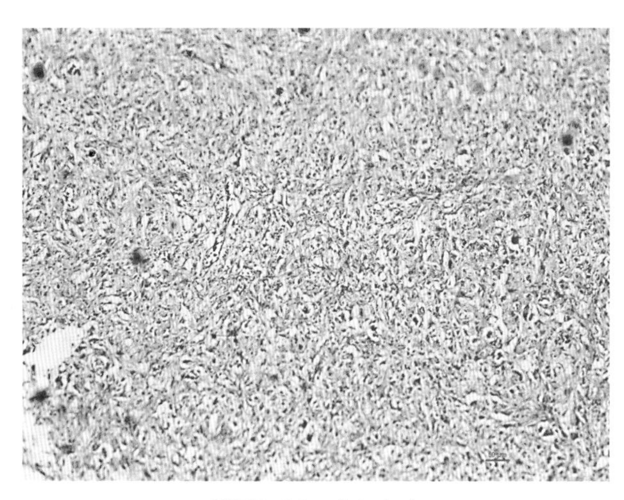

彩图2-82 鸡白血病

前图中肠管壁呈现增生区域的组织切片，均为纤维状细胞，HE，100×（崔治中 摄）。

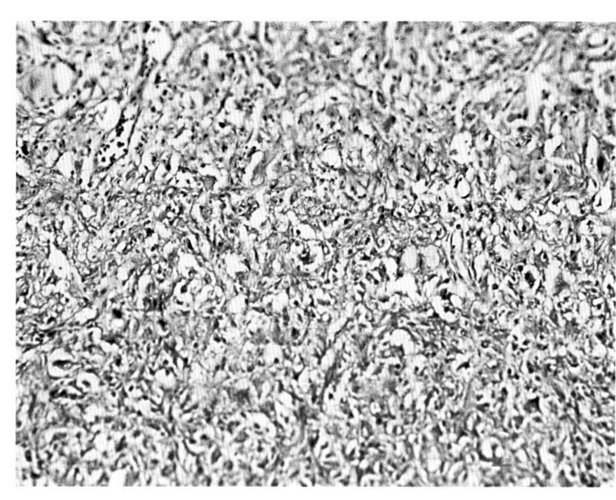

彩图2-83 鸡白血病

彩图2-82进一步放大，均为很难确定细胞类型的纤维状细胞，HE，200×（崔治中 摄）。

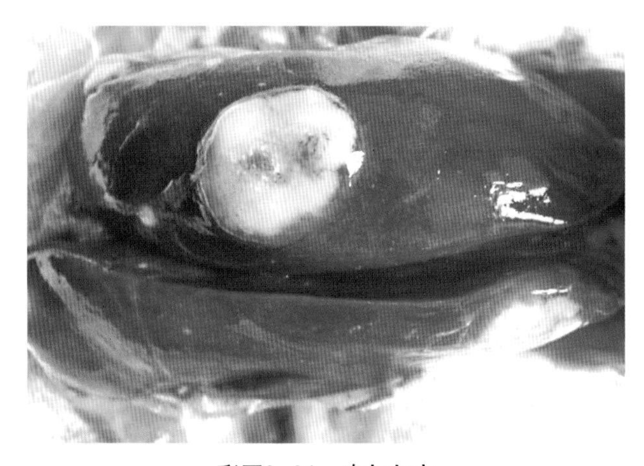

彩图2-84 鸡白血病

卵黄囊人工接种ALV-A后6个月发生的肝脏肿瘤块（崔治中 摄）。

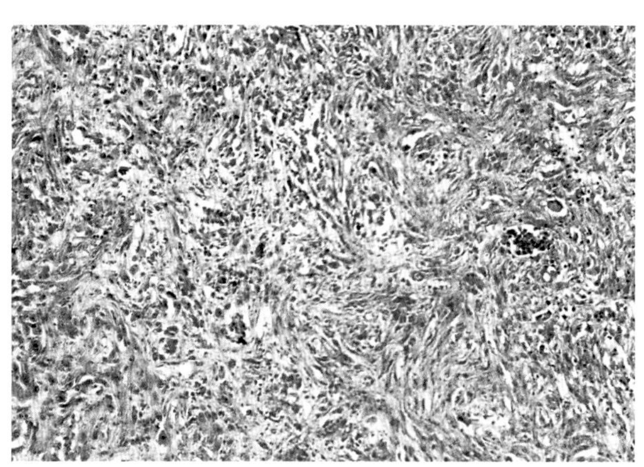

彩图2-85 鸡白血病

肝脏肿瘤块组织切片，显示是纤维肉瘤，HE，200×（崔治中 摄）。

彩图2-86　鸡白血病

同一只鸡，摘出的肝脏、肾脏的腹面，显示更多肿瘤块。肾脏肾叶均肿大，呈现不同程度的肿瘤增生，其中有3个肾叶几乎完全肿瘤化，呈白色（崔治中 摄）。

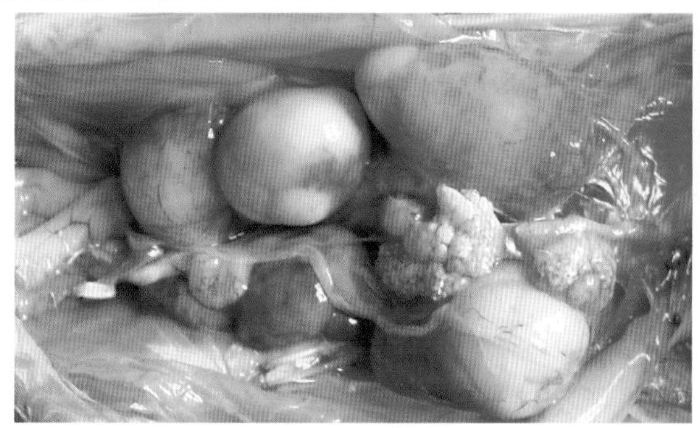

彩图2-87　鸡白血病

与前图为同一只鸡，将内脏取出腹腔后，显示肾脏的几个大的肿瘤块，有3个肾叶已几乎完全肿瘤化（崔治中 摄）。

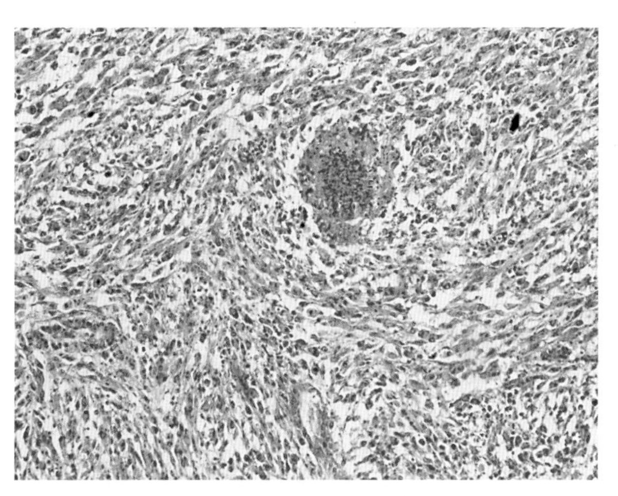

彩图2-88　鸡白血病

彩图2-87肾脏组织片，视野中可见两个肾小管的结构，但大部分区域均被成纤维细胞所取代，HE，200×（崔治中 摄）。

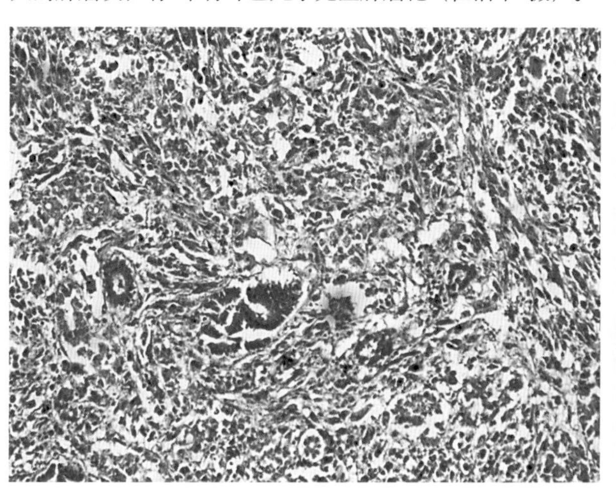

彩图2-89　鸡白血病

为彩图2-88同一切片的不同视野，可见几个肾小管的结构，但大部分区域均被成纤维细胞所取代，HE，200×（崔治中 摄）。

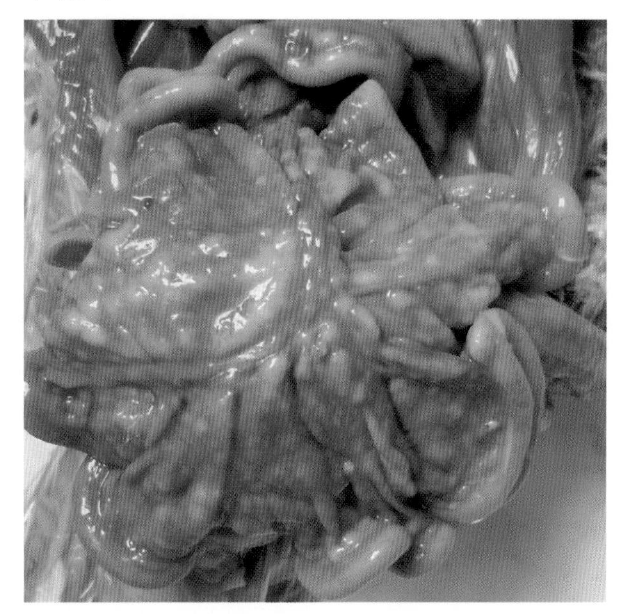

彩图2-90　鸡白血病

尼克鸡5日龄鸡胚卵黄囊接种ALV-B，孵出后6个月出现肠系膜肉瘤（崔治中 摄）。

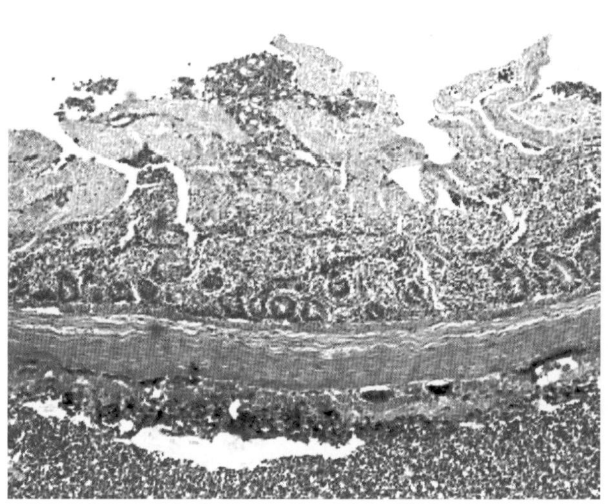

彩图2-91　鸡白血病

尼克鸡（与前图同一只鸡）卵黄囊接种ALV-B后，孵出后30周肠系膜肉瘤的组织切片，见大片浸润的淋巴细胞，HE，200×（崔治中 摄）。

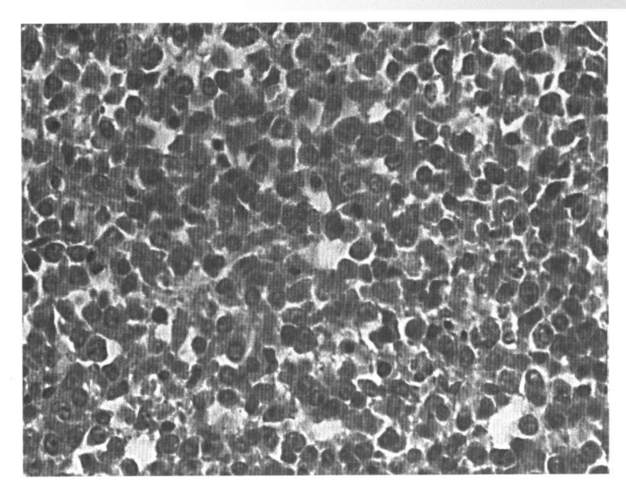

彩图2−92　鸡白血病

彩图2−91放大，可见大量浸润的淋巴细胞，HE，400×（崔治中　摄）

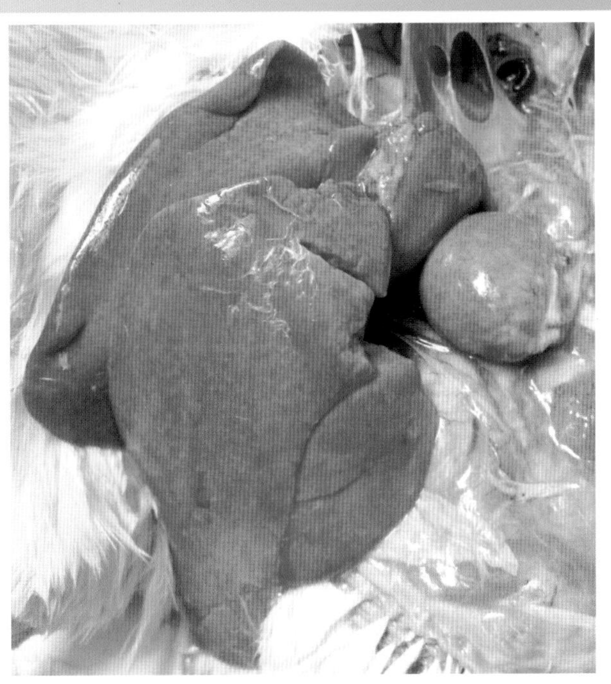

彩图2−93　鸡白血病

同一只鸡肝脏和脾脏肿大（崔治中　摄）。

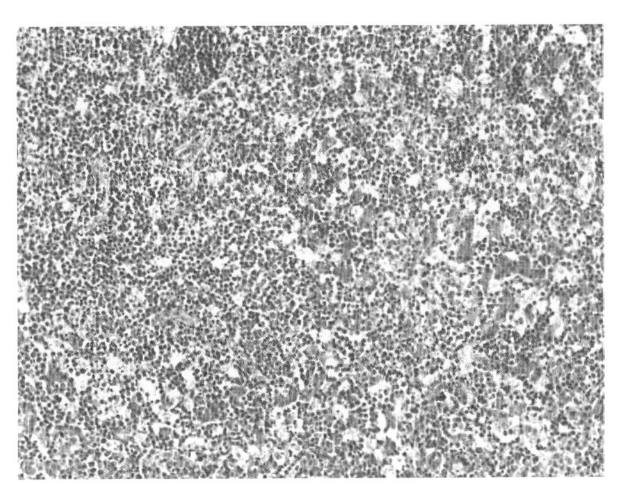

彩图2−94　鸡白血病

前一图肝脏的组织切片，大量浸润的淋巴细胞取代了正常的肝细胞索，HE，200×（崔治中　摄）。

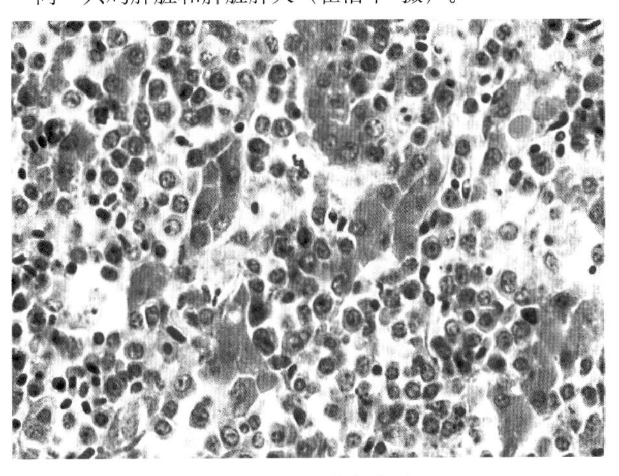

彩图2−95　鸡白血病

彩图2−94进一步放大，比较清楚地看到了在肝细胞索间的大量淋巴细胞浸润，HE，400×（崔治中　摄）。

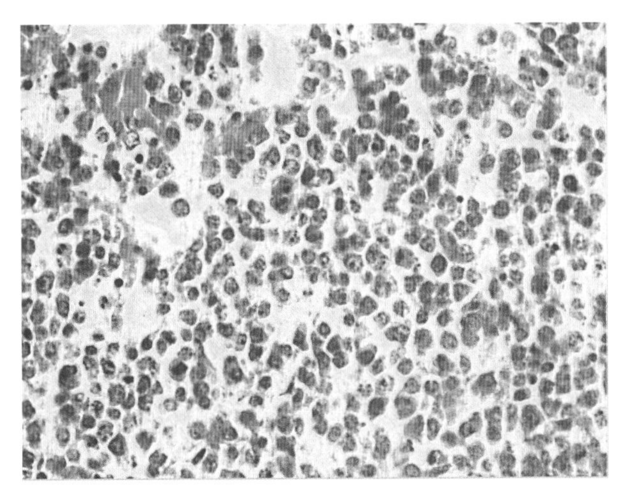

彩图2−96　鸡白血病

与彩图2−95同一肝脏的另一块组织切片，肝细胞索已被破坏，均为浸润的淋巴细胞，HE，400×（崔治中　摄）。

彩图2−97　鸡白血病

与彩图2−93同一只鸡的脾脏组织切片，视野中均为淋巴样单核细胞，正常的脾脏结构被破坏，红细胞也减少，HE，200×（崔治中　摄）。

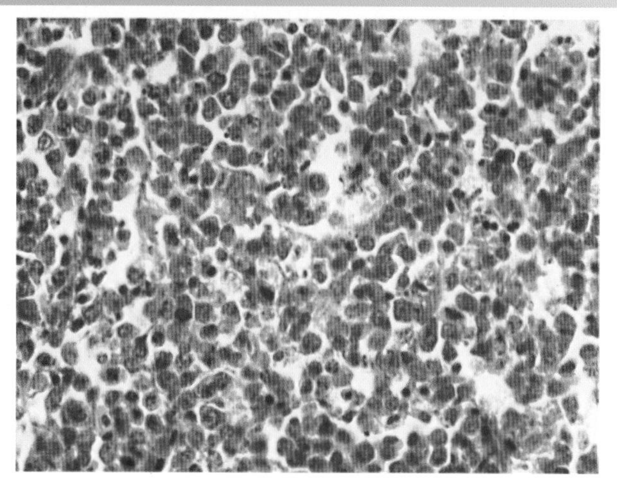

彩图2-98 鸡白血病

彩图2-97进一步放大，HE，400×（崔治中 摄）。

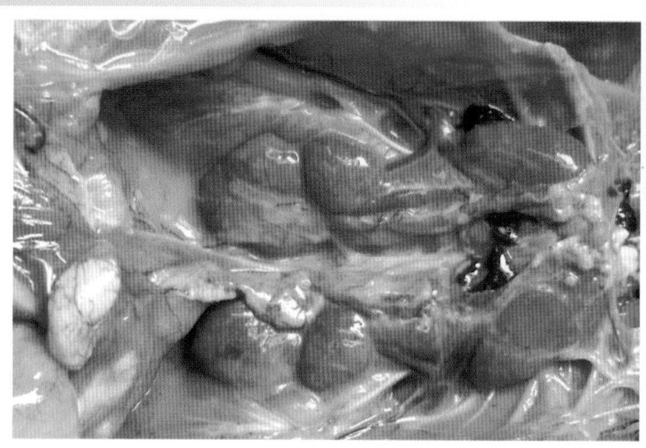

彩图2-99 鸡白血病

同一只鸡，肾脏肿大，肺脏也有白色增生性结节（崔治中 摄）。

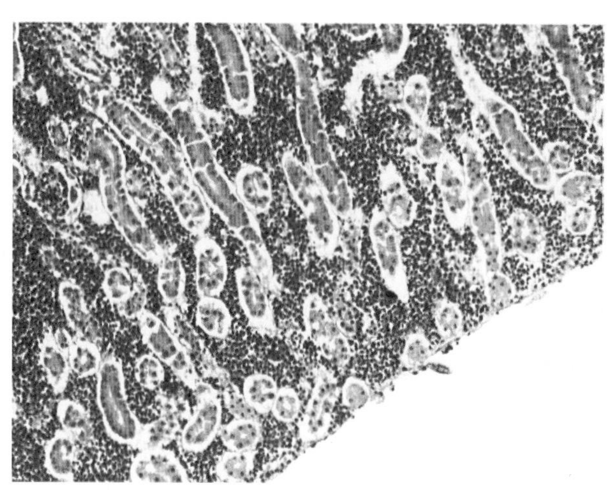

彩图2-100 鸡白血病

前一图中肾脏的组织切片，可见肾小管间大量淋巴细胞浸润，HE，200×（崔治中 摄）。

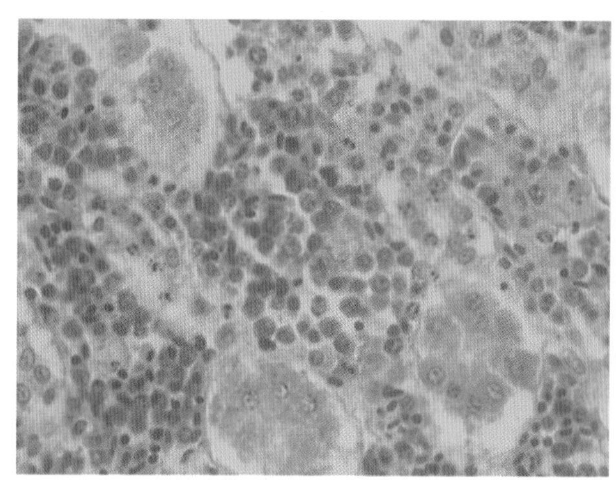

彩图2-101 鸡白血病

彩图2-100的肾组织切片进一步放大，HE，400×（崔治中 摄）。

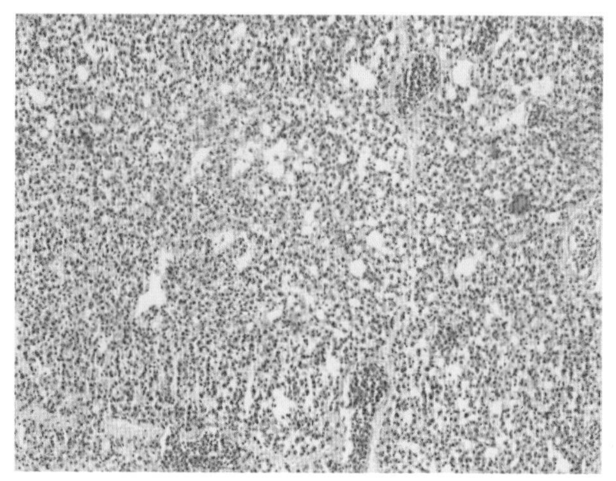

彩图2-102 鸡白血病

彩图2-99肺脏中白色增生性结节的切片，亦为淋巴细胞浸润，HE，200×（崔治中 摄）。

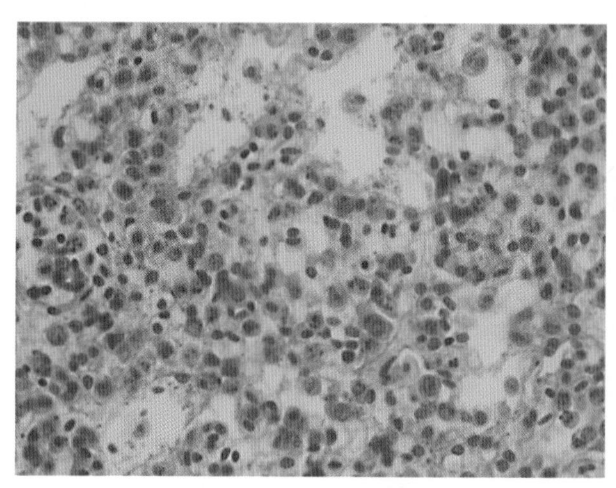

彩图2-103 鸡白血病

前一图放大，见肺泡间的淋巴细胞浸润，HE，400×（崔治中 摄）。

彩图2–104　鸡白血病

SPF来源种蛋卵黄囊接种ALV–B后，孵出的23周龄鸡，头颅上显著突起的血管瘤（崔治中 摄）。

彩图2–105　鸡白血病

前一图中头颅上血管瘤剖开，见血凝块（崔治中 摄）。

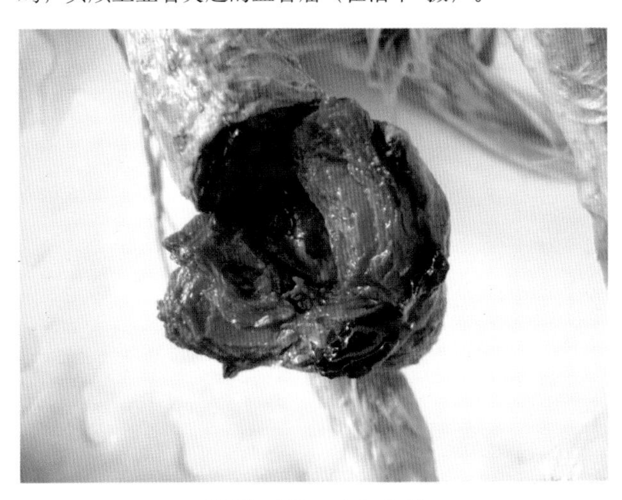

彩图2–106　鸡白血病

同一只鸡腿部肌肉内的血管瘤，剖开后的血凝块（崔治中 摄）。

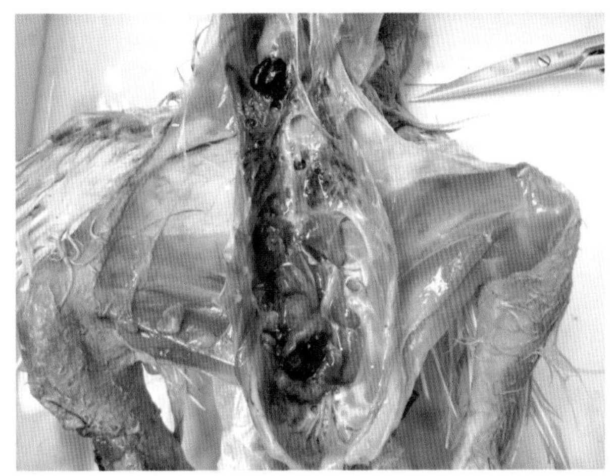

彩图2–107　鸡白血病

同一只鸡，可见肺脏上许多血管瘤及肾脏上的血管瘤（崔治中 摄）。

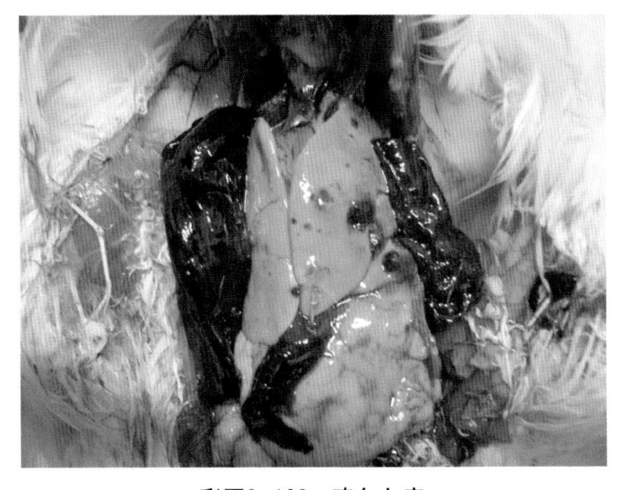

彩图2–108　鸡白血病

另一只同样方式接种了ALV–B的SPF来源种蛋孵出的20周龄鸡，肝脏上有许多大小不一的血管瘤，由于某个大的血管瘤破裂导致大量出血，腹腔中有大量血凝块，并导致肝脏色泽变黄（崔治中 摄）。

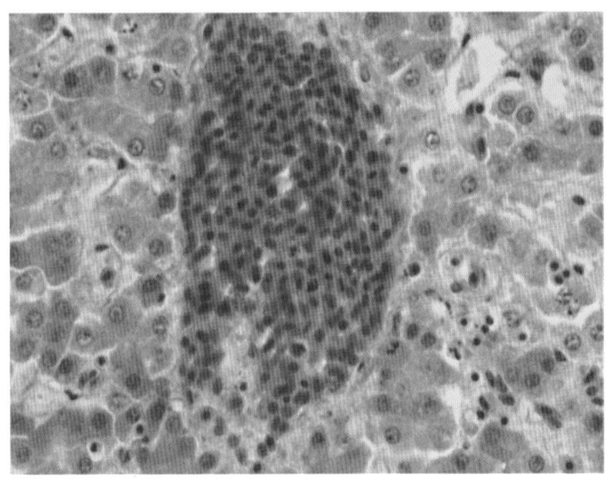

彩图2–109　鸡白血病

前一图中肝脏的组织切片，见一个明显的血管瘤区HE，400×（崔治中 摄）。

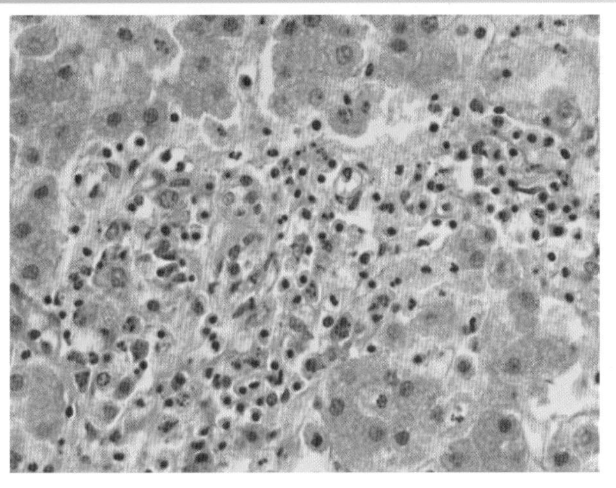

彩图2–110　鸡白血病

与彩图2-109为同一肝脏组织切片的不同视野，在肝细胞索中已出现单核细胞浸润，HE，400×（崔治中 摄）。

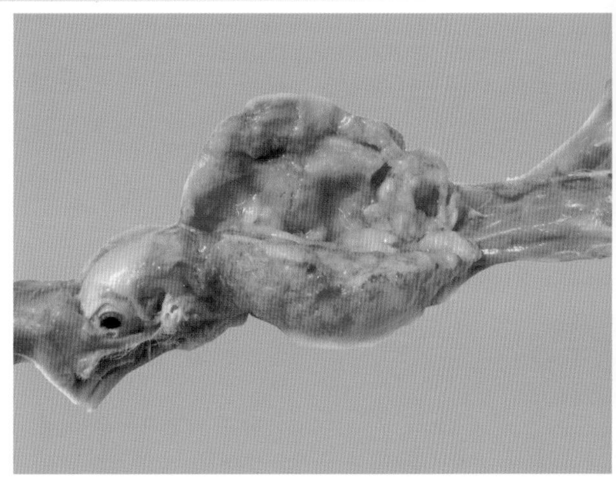

彩图2–111　鸡白血病

2月龄蛋鸡颈部纤维肉瘤剖面（崔治中 摄）。

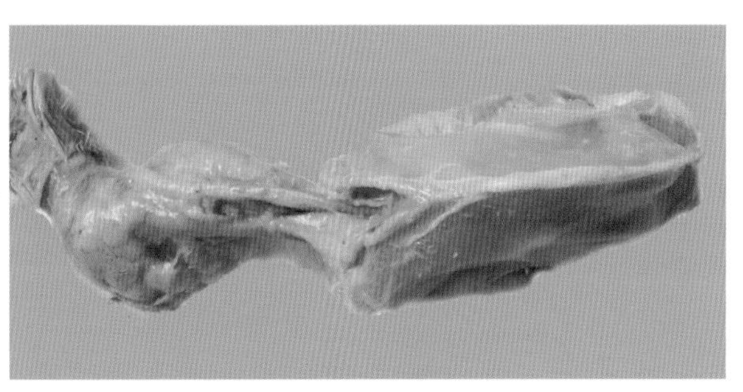

彩图2–112　鸡白血病

与彩图2-111中病鸡来自同一群鸡，颈部皮下肉瘤略小。取病料作组织切片，证明是纤维肉瘤（崔治中 摄）。

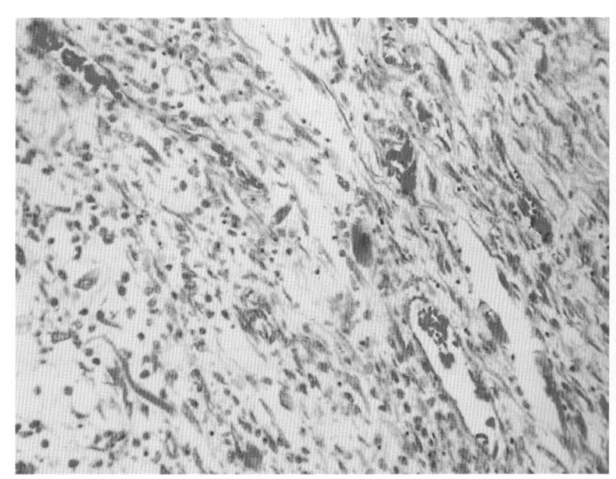

彩图2–113　鸡白血病

前图中肉瘤组织切片，显示纤维状细胞，HE，400×（崔治中 摄）。

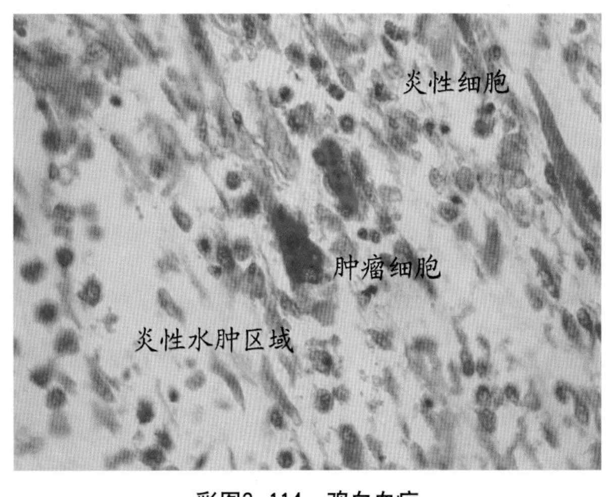

彩图2–114　鸡白血病

彩图2-113的进一步放大。除了纤维状细胞外，还有几个类似的髓样细胞瘤的细胞，HE，1 000×（崔治中 摄）。

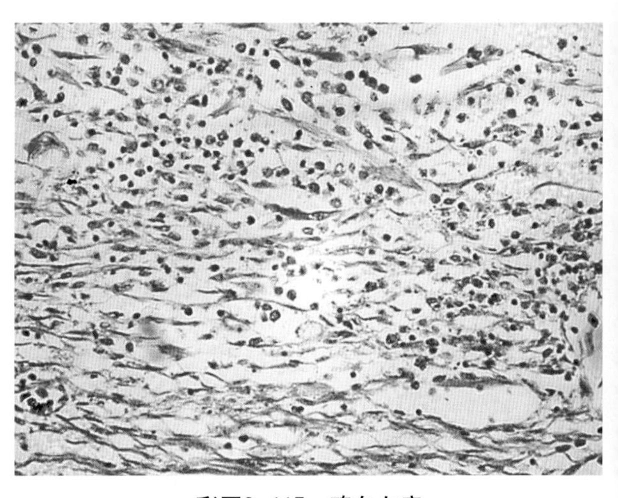

彩图2–115　鸡白血病

“817”肉杂鸡颈部肉瘤组织切片，可见纤维肉瘤，HE，400×（崔治中 摄）。

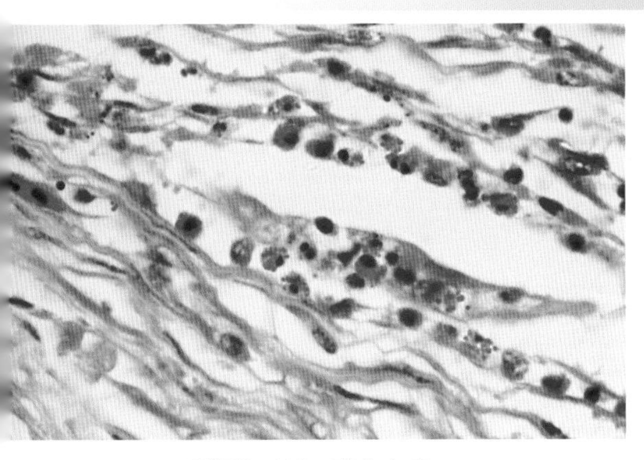

彩图2–116　鸡白血病

彩图2–115放大，除了纤维状细胞外，还可见典型的髓细胞样瘤细胞，HE，400×（崔治中 摄）。

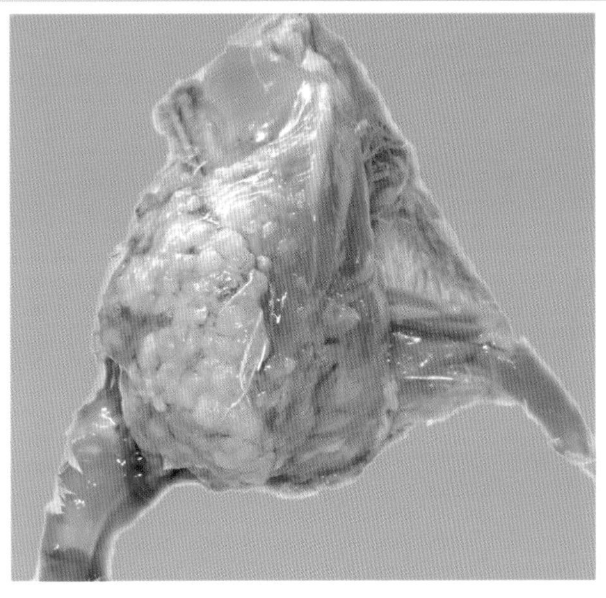

彩图2–117　鸡白血病

将经冰冻保存的来自“817”肉杂鸡的颈部肉瘤融化后研磨，经0.22 μm滤器过滤,取滤过液腹腔接种2日龄“817”肉杂鸡后40d，在注射部位出现的肉瘤。但内脏未见眼观病变（崔治中 摄）。

彩图2–118　鸡白血病

前图中肉瘤的组织切片，见纤维肉瘤细胞，HE，200×（崔治中 摄）。

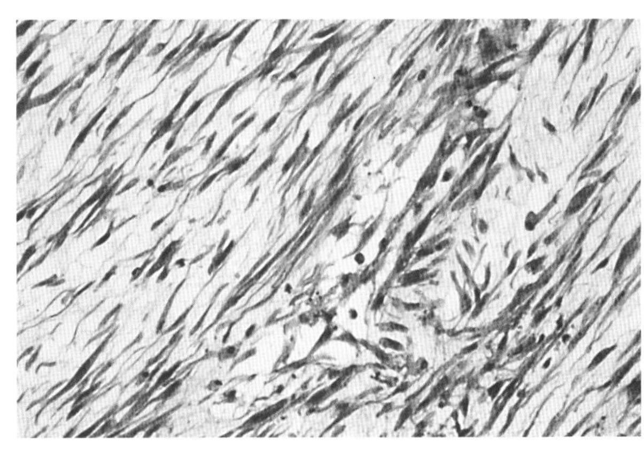

彩图2–119　鸡白血病

彩图2–118放大，都为典型的成纤维细胞，HE，400×（崔治中 摄）。

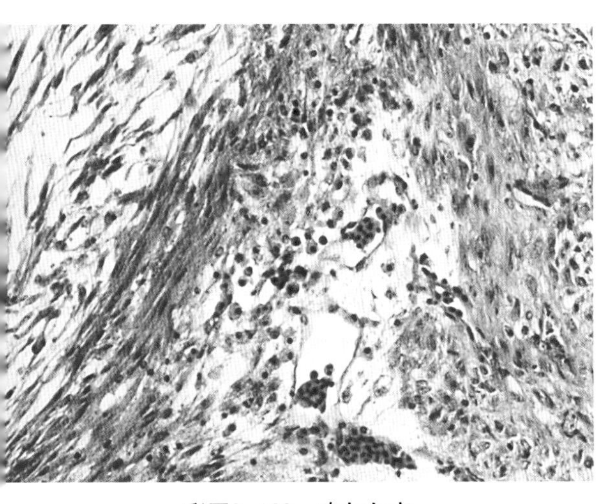

彩图2–120　鸡白血病

与彩图2–119同一组织切片的不同视野，除了典型的成纤维细胞外，还有形状不同的处于不同分化时期的细胞，HE，400×（崔治中 摄）。

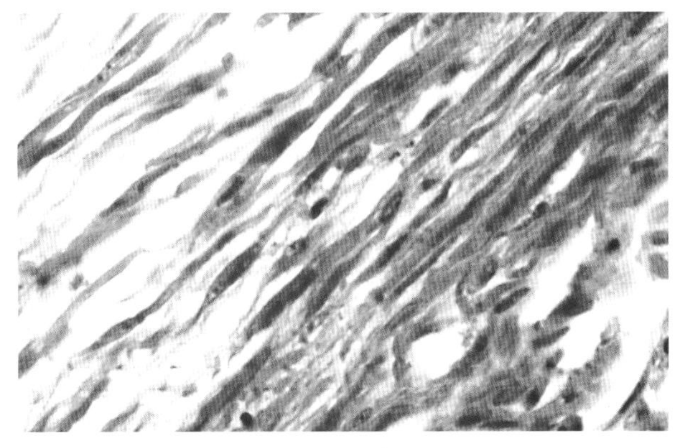

彩图2–121　鸡白血病

彩图2–119进一步放大，显示更清晰的成纤维细胞结构，HE，1 000×（崔治中 摄）。

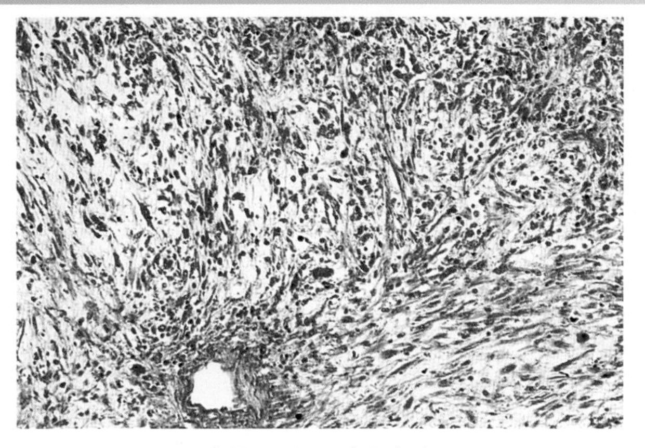

彩图2–122　鸡白血病

与彩图2–113同一只鸡的肝组织切片，在图的下3/4部分见一淋巴小管周围形成的成纤维细胞区，其余的上1/4区域可能为典型的成纤维细胞分化前期细胞，HE，400×（崔治中 摄）。

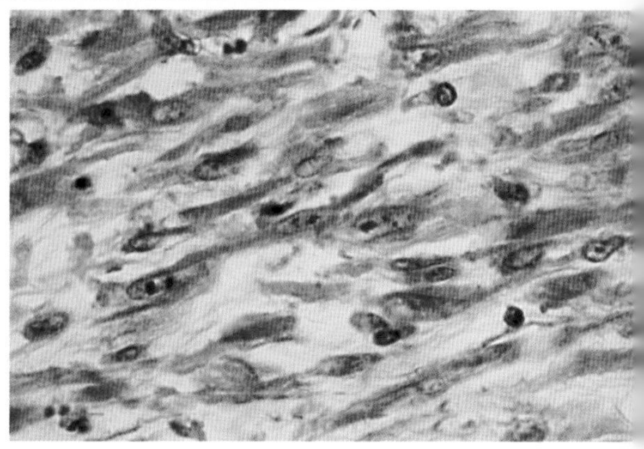

彩图2–123　鸡白血病

前一图进一步放大，显示更清晰的成纤维细胞，HE，1 000×（崔治中 摄）。

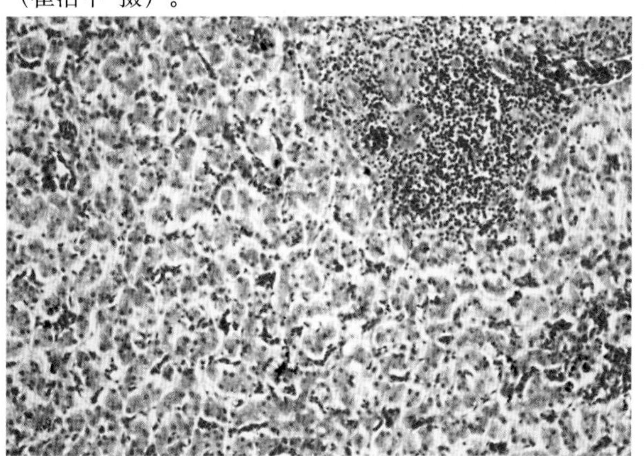

彩图2–124　鸡白血病

与彩图2–122肝脏同一切片不同视野，可见淋巴细胞结节，HE，200×（崔治中 摄）。

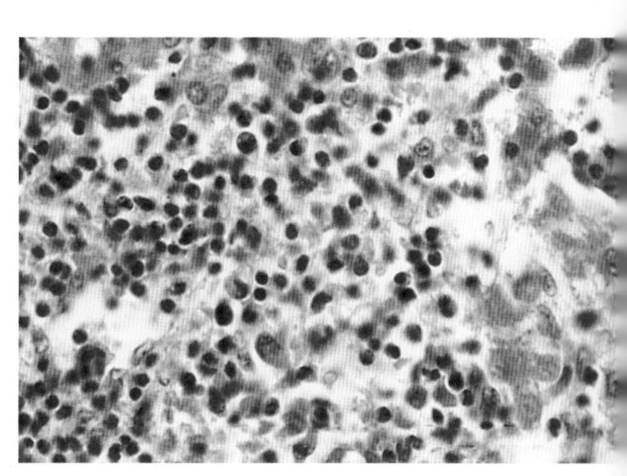

彩图2–125　鸡白血病

前一图的放大，显示淋巴细胞结节，HE，1 000×（崔治中 摄）。

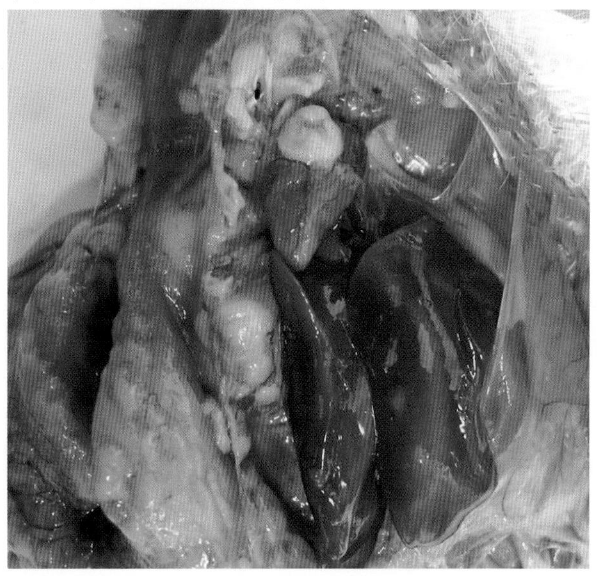

彩图2–126　鸡白血病

在腹腔注射一侧的腹壁，注射肉瘤浸出液后20d产生很厚的肉瘤块。此外，在心脏也出现白色肉瘤，肝脏的左叶外侧下部也有一小块肉瘤（崔治中 摄）。

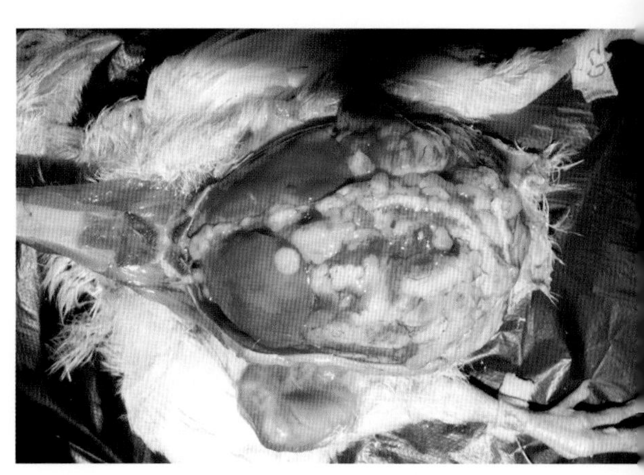

彩图2–127　鸡白血病

经腹腔注射的另一只鸡，注射后22d，腹腔内布满已融合的肉瘤块，在肝脏表面也可看到圆形的白色肉瘤块（崔治中 摄）。

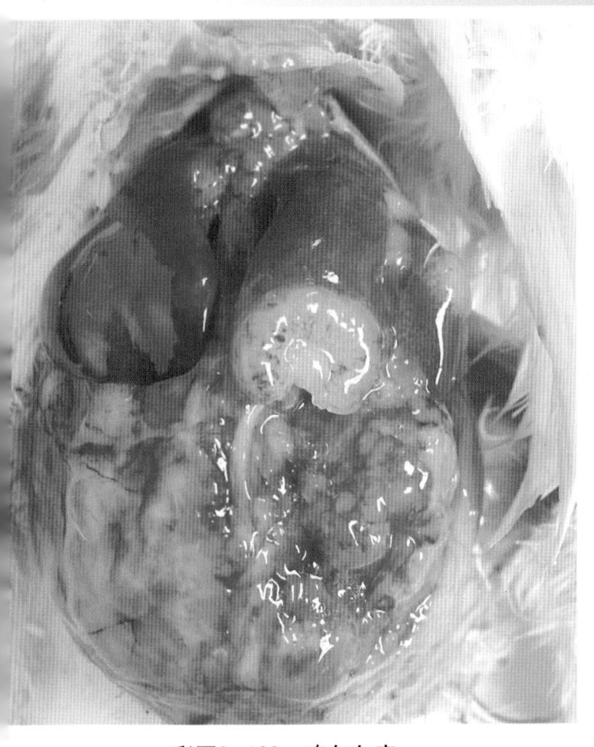

彩图2-128　鸡白血病

经腹腔注射的又一只鸡，注射后20d，在肝脏表现及整·内脏表面形成大块肉瘤（崔治中 摄）。

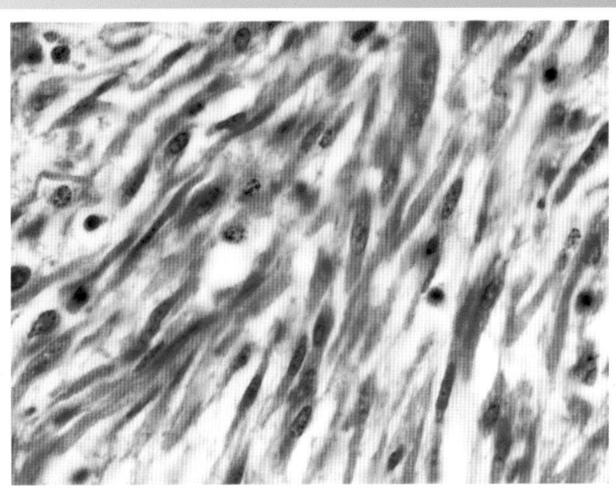

彩图2-129　鸡白血病

彩图2-126肉瘤的组织切片，显示典型的成纤维细胞，HE，1 000×（崔治中 摄）。

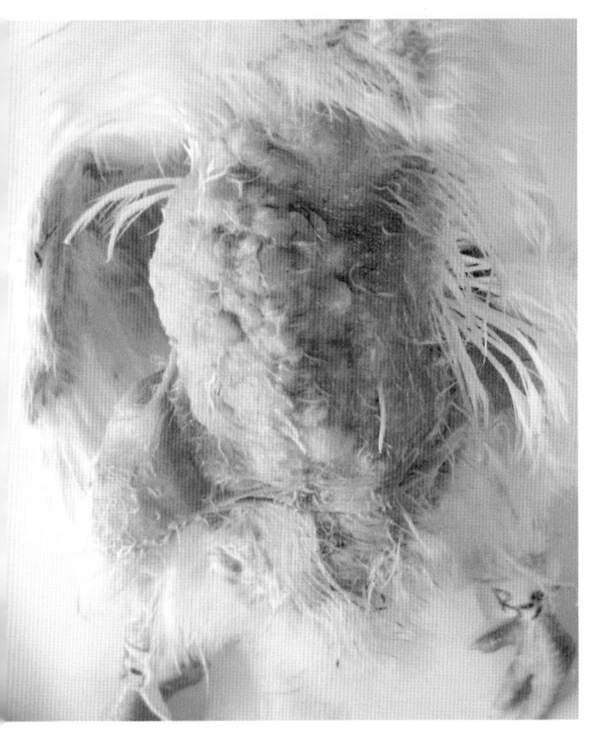

彩图2-130　鸡白血病

表2-10人工接种试验中的B鸡场一只鸡，于接种后1d，接种侧腹壁呈现多结节性肉瘤（崔治中 摄）。

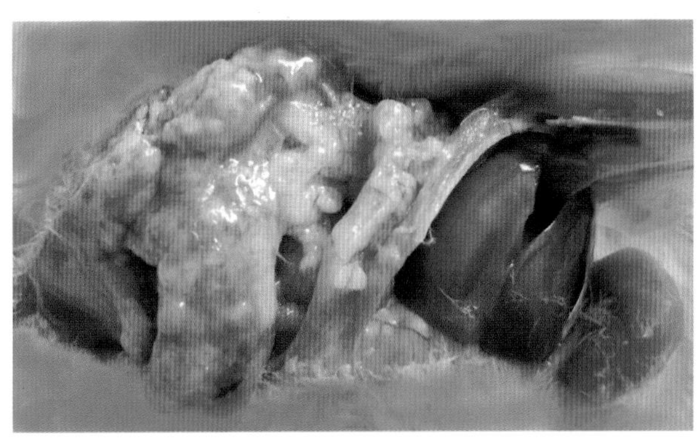

彩图2-131　鸡白血病

表2-10 C鸡场一只鸡，病料接种后21d，一侧腹壁上融合的多结节肉瘤（崔治中 摄）。

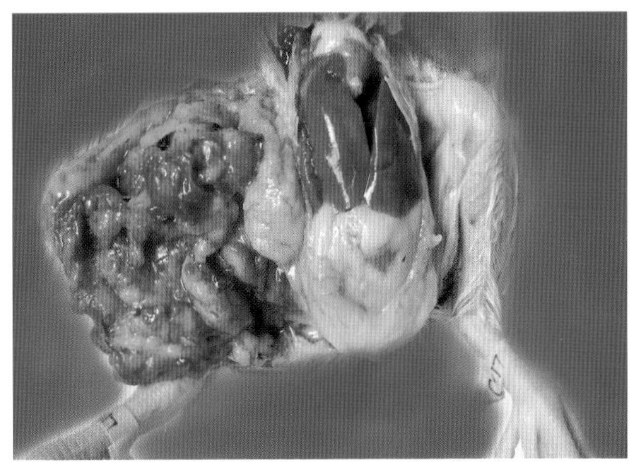

彩图2-132　鸡白血病

表2-10 C鸡场另一只鸡，接种后21d，腹壁上的多结节肉瘤，内脏正常（崔治中 摄）。

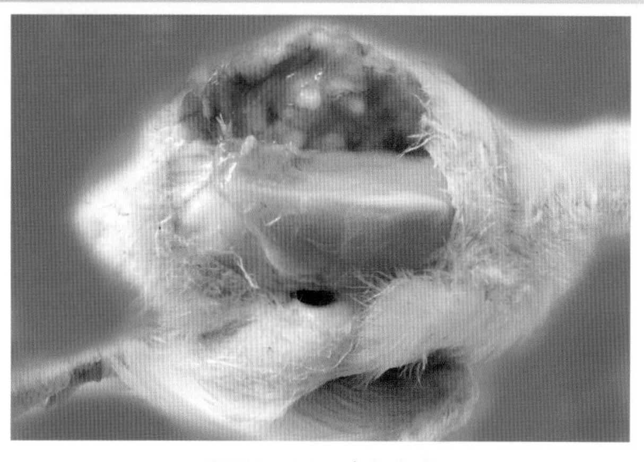

彩图2-133　鸡白血病

表2-10 D鸡场一只鸡，接种后21d，一侧皮下腹壁外的多结节肉瘤（崔治中 摄）。

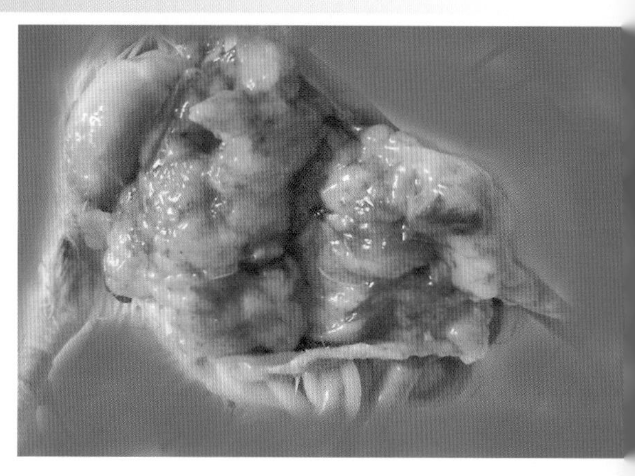

彩图2-134　鸡白血病

表2-10 D鸡场另一只鸡，接种后21d，腹腔内多结节瘤（崔治中 摄）。

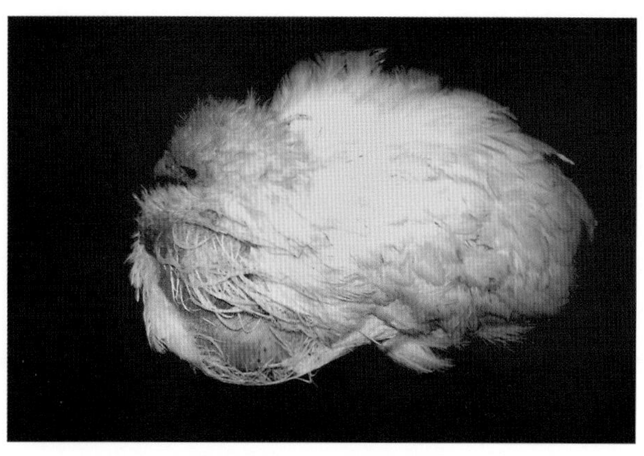

彩图2-135　鸡白血病

将肉瘤浸出液接种DF1细胞，培养7d后，取上清液接种1日龄SPF鸡，在颈部皮下接种部位长出很大的肉瘤（崔治中 摄）。

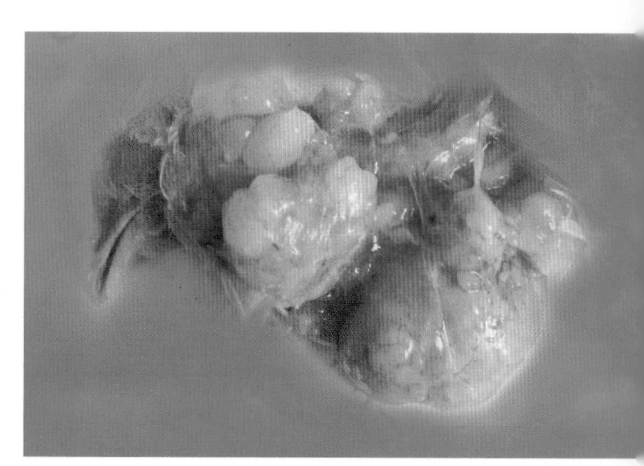

彩图2-136　鸡白血病

将前图肉瘤剖开后的结构，可见形成7个独立的肉瘤节（崔治中 摄）。

彩图2-137　鸡白血病

另一种鸡接种同样细胞培养上清液后10d的临床表现，已在颈部接种一侧出现明显的肿瘤（崔治中 摄）。

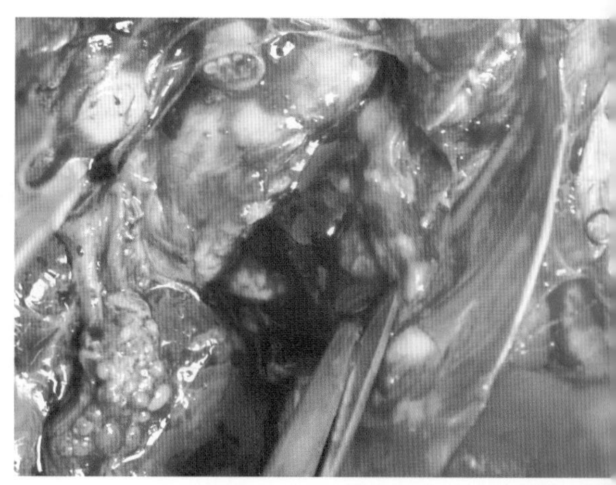

彩图2-138　鸡白血病

140日龄海兰褐商品代蛋鸡，打开腹腔后见腰椎下白肉瘤样团块（崔治中 摄）。

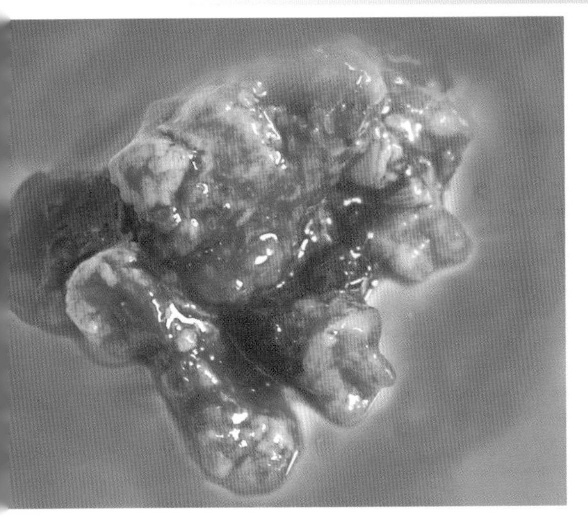

彩图2-139　鸡白血病
从腹腔中取出的肉瘤团块（崔治中　摄）。

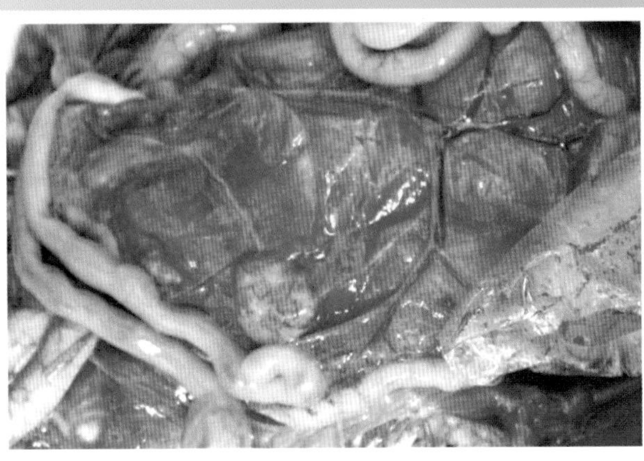

彩图2-140　鸡白血病
在肠襻中的肉瘤团块，其中有一个肉瘤块相对独立，边界清楚（崔治中　摄）。

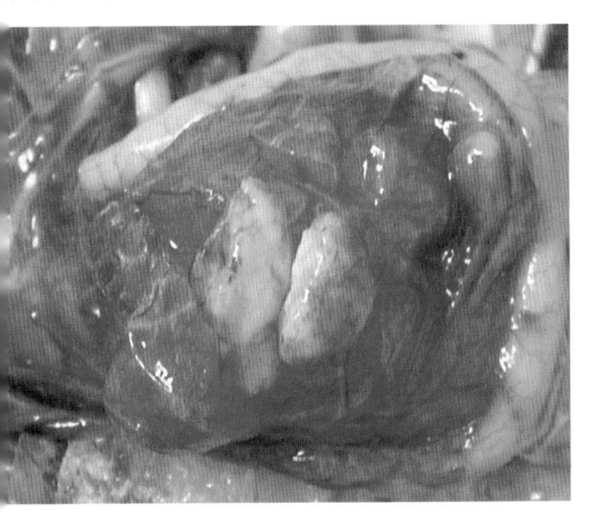

彩图2-141　鸡白血病
彩图2-140独立的肉瘤团块的剖面（崔治中　摄）。

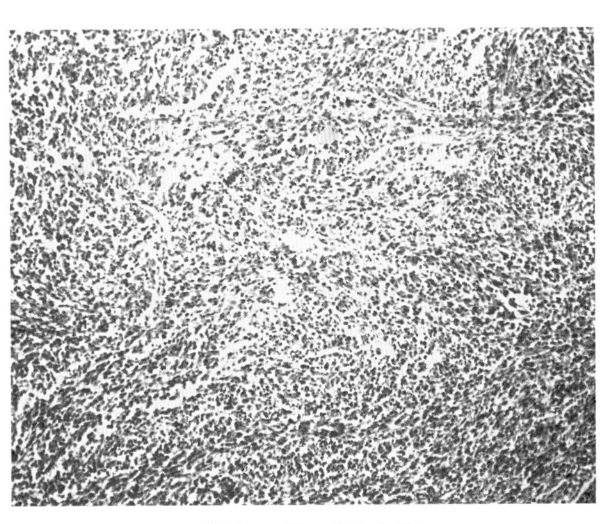

彩图2-142　鸡白血病
前图切开的肉瘤块的组织切片，可见以不同方式不同方向排列、形态不一的细胞，有的已呈典型的成纤维细胞样，HE，100×（崔治中　摄）。

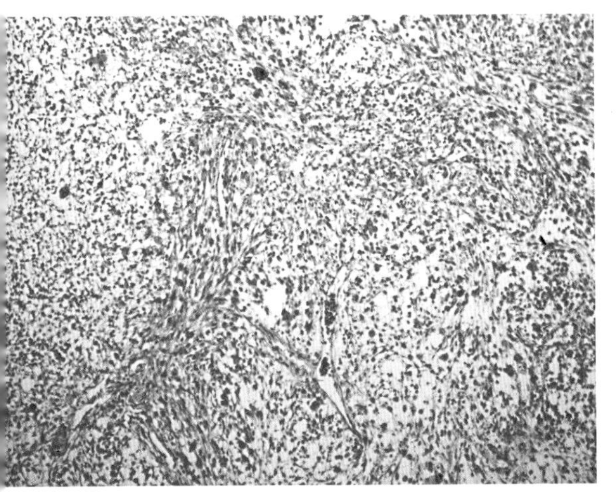

彩图2-143　鸡白血病
彩图2-142同一切片的不同视野，成纤维细胞更加明显，数量更多，已成一片，HE，100×（崔治中　摄）。

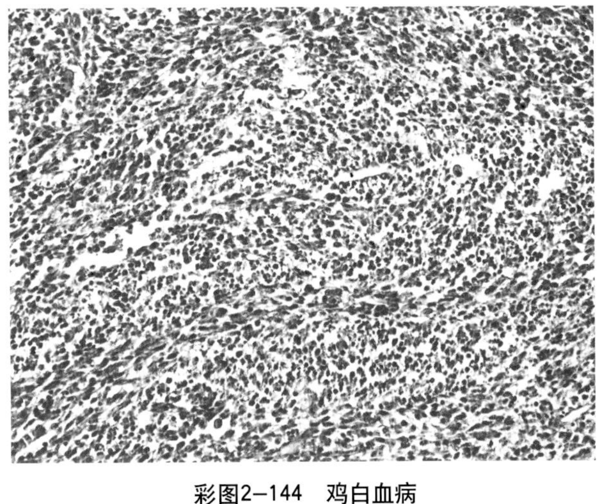

彩图2-144　鸡白血病
同一切片的不同视野，见处于不同分化阶段的细胞，分别呈圆形、锥形、梭形、长纤维形，HE，200×（崔治中　摄）。

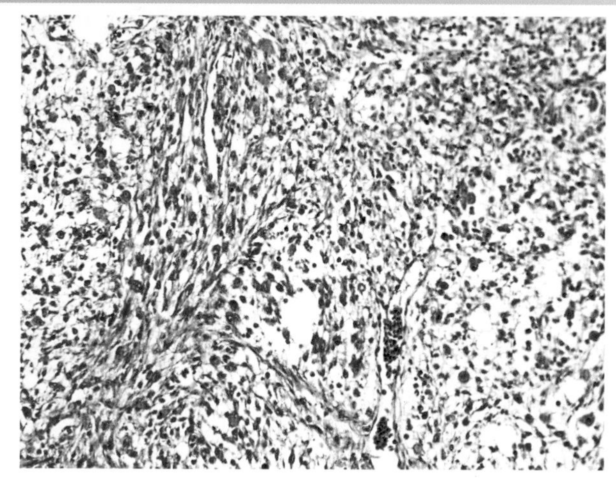

彩图2-145　鸡白血病

同一切片不同的视野，纤维样细胞更明显，但亦可见其他形态细胞，HE.200×（崔治中　摄）。

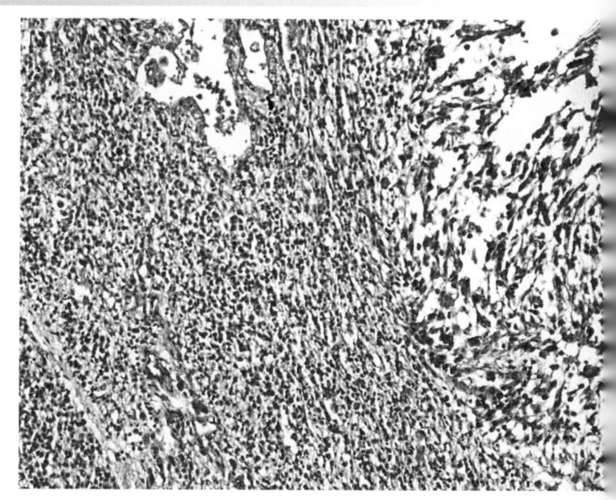

彩图2-146　鸡白血病

同一切片的不同视野，右侧为成纤维状细胞，左侧是不同化阶段不同形态细胞的混合区，HE，200×（崔治中　摄）。

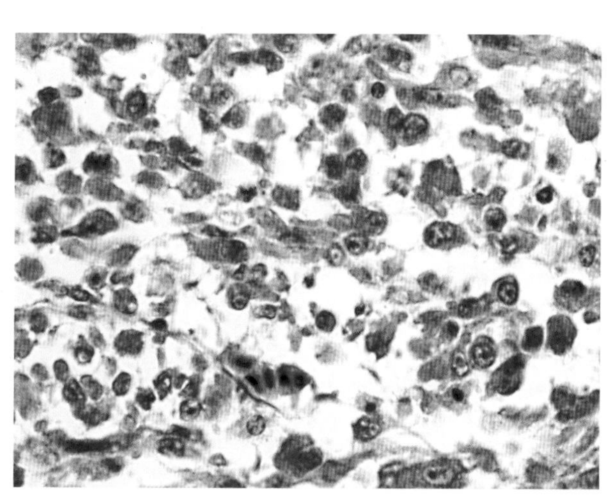

彩图2-147　鸡白血病

前图进一步放大，以圆形和锥形细胞为主，但也有少数纤维状细胞，HE，1 000×（崔治中　摄）。

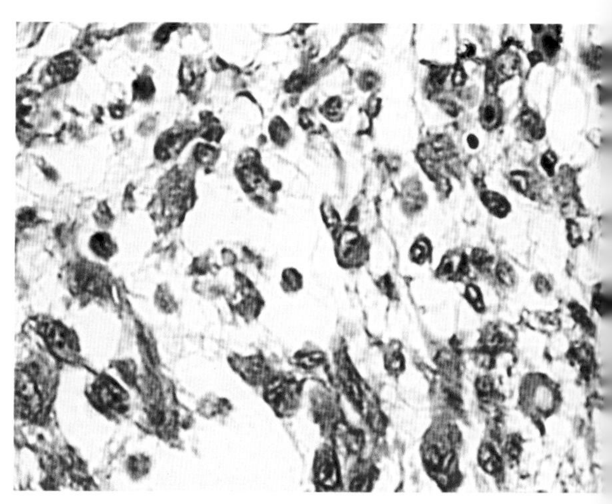

彩图2-148　鸡白血病

另一个视野，细胞较稀疏，以圆形、锥形为主，有的维状，HE，1 000×（崔治中　摄）。

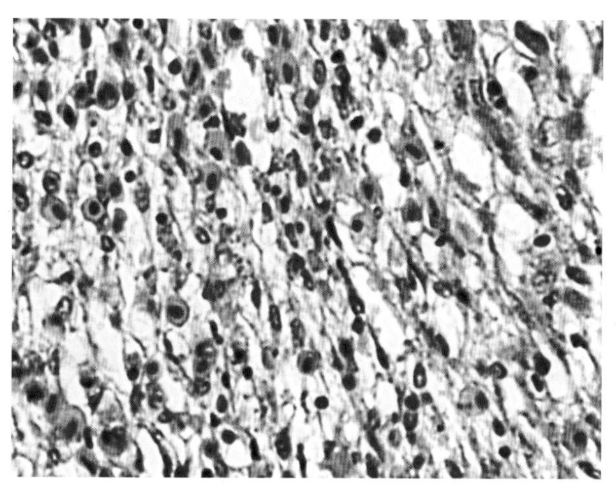

彩图2-149　鸡白血病

另一个视野，主要有两种类型细胞，一种细长、已纤维细胞化，另一种圆形，细胞核居中或偏一侧，HE，1 000×（崔治中　摄）。

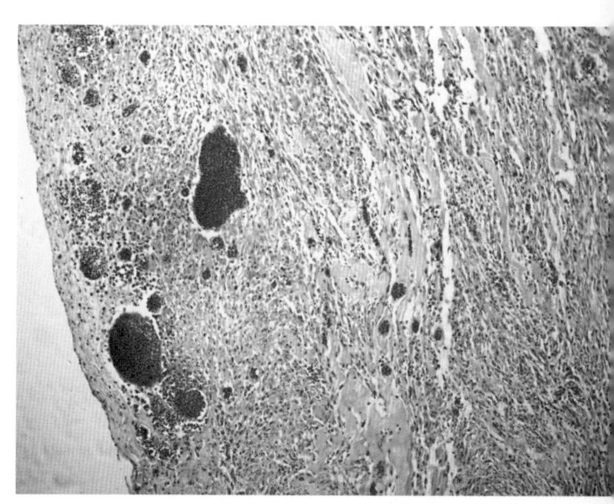

彩图2-150　鸡白血病

从彩图2-139的肠襻间肿瘤团块中另取一块做组织片，见不同分化期的成纤维细胞，其间有多个大小不一血管瘤，HE，100×（崔治中　摄）。

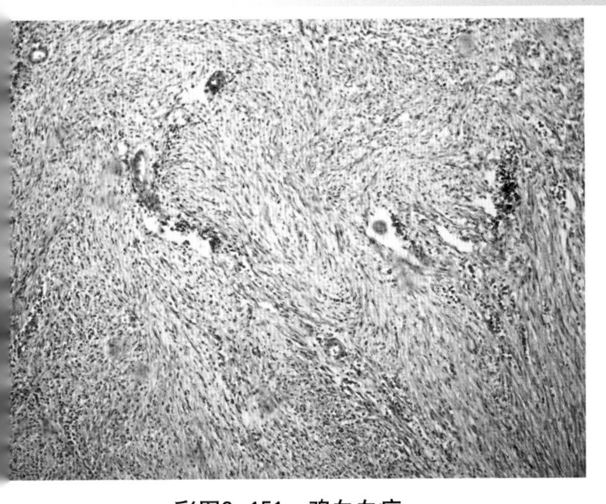

彩图2-151　鸡白血病

彩图2-150同一切片的不同视野，可见更典型的成纤维细胞样细胞，HE，100×（崔治中 摄）。

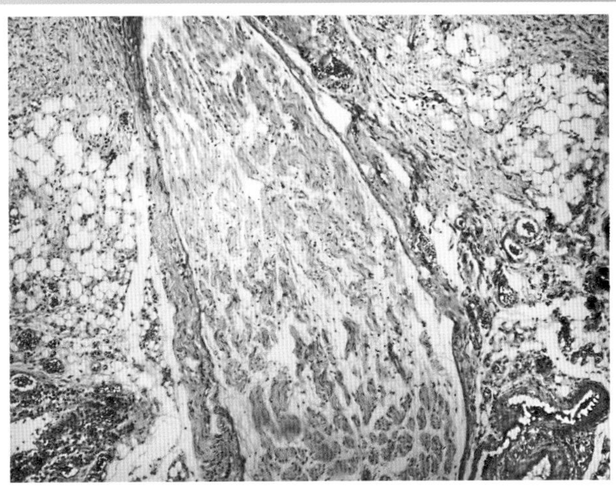

图2-152　鸡白血病

不同视野，显示肿瘤块内成纤维细胞，HE，100×（崔治中 摄）。

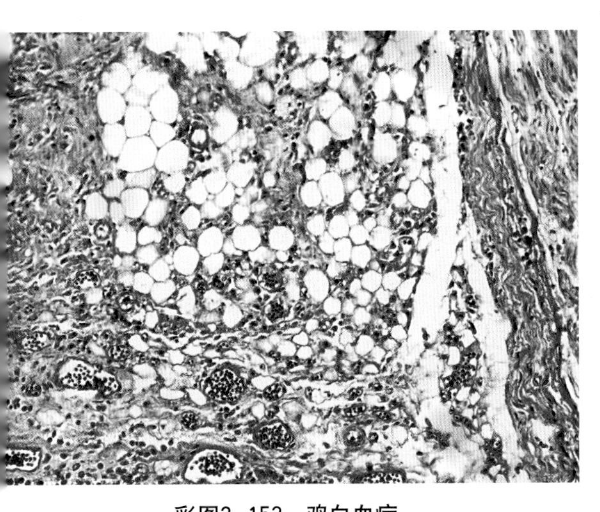

彩图2-153　鸡白血病

同一切片进一步放大，右侧为典型的成纤维细胞，其他部位为圆形或锥形不同分化阶段的细胞，中间的空泡可能与黏液瘤细胞相关，HE，200×（崔治中 摄）。

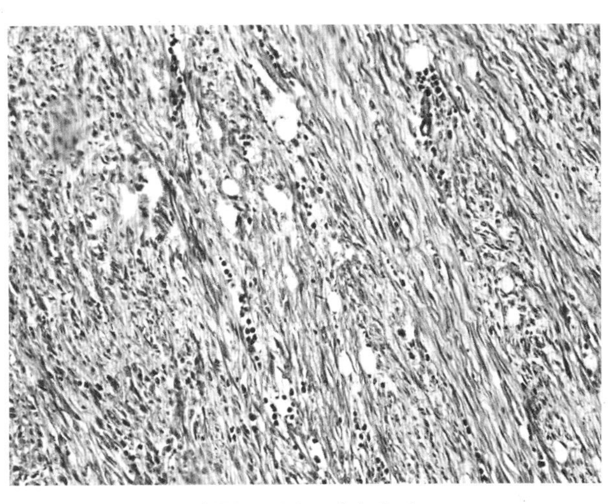

彩图2-154　鸡白血病

同一切片的不同视野，比较典型的成纤维细胞瘤的结构，HE，200×（崔治中 摄）。

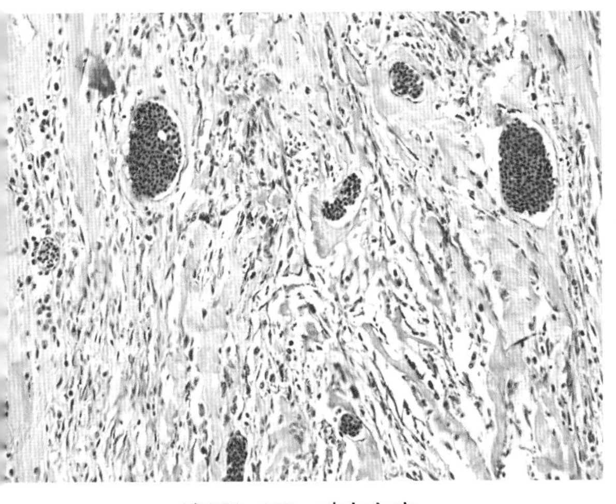

彩图2-155　鸡白血病

不同视野，显示成纤维细胞瘤间有大小不一的血管瘤，HE，200×（崔治中 摄）。

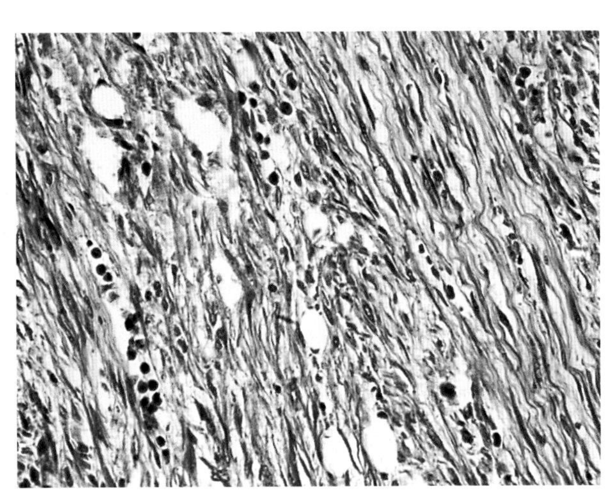

彩图2-156　鸡白血病

前图放大，更清晰显示成纤维细胞，HE，400×（崔治中 摄）。

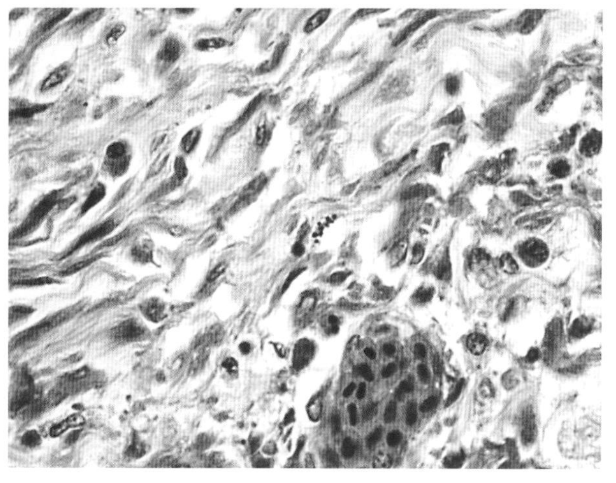

彩图2-157　鸡白血病

彩图2-156进一步放大，显示成纤维细胞内结构，其间有少量细胞呈锥形，血管瘤内均为红细胞，HE，1 000×（崔治中 摄）。

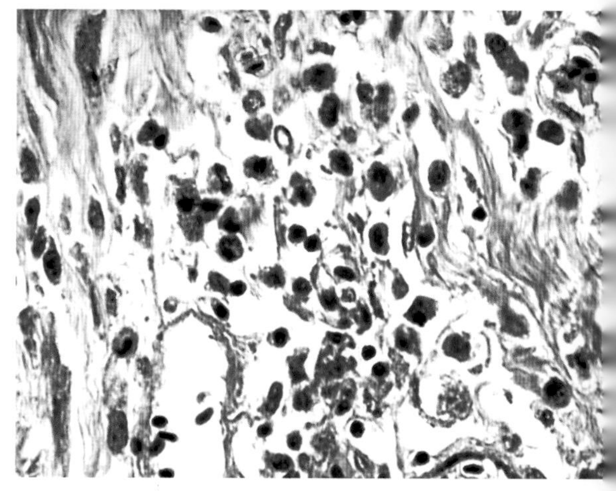

彩图2-158　鸡白血病

另一放大视野，显示包括成纤维细胞在内的不同形状的细胞，还可见个别类似髓细胞样肿瘤细胞，HE，1 000×（崔治中 摄）。

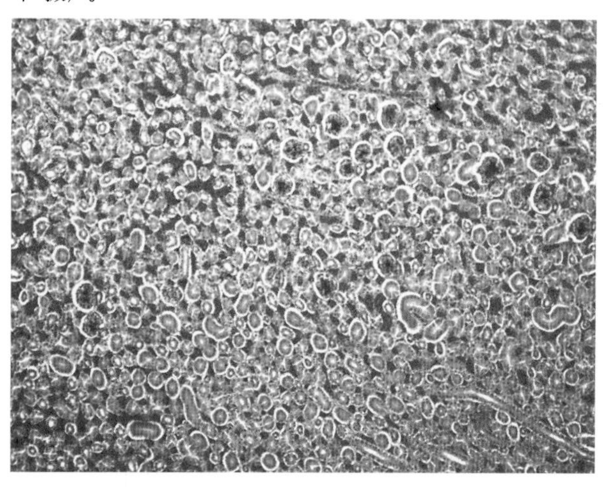

彩图2-159　鸡白血病

同一病鸡肾脏切片，显示在肾小管间出血、充血，可能与血管瘤发生相关，HE，100×（崔治中 摄）。

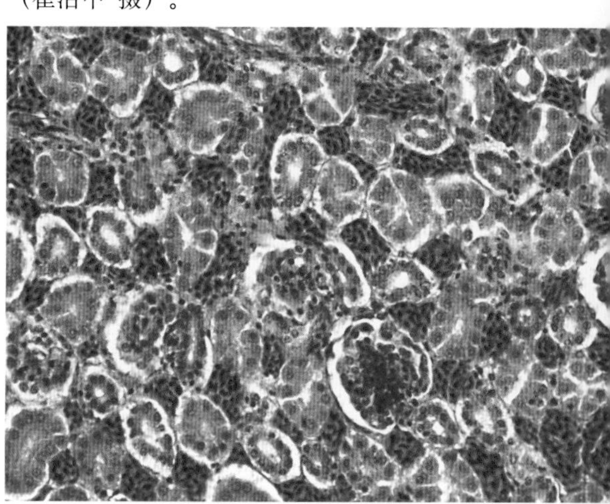

彩图2-160　鸡白血病

前图放大，HE，400×（崔治中 摄）。

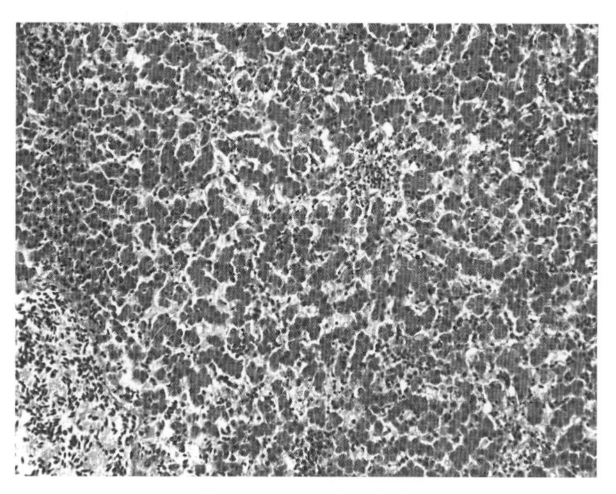

彩图2-161　鸡白血病

同一病鸡肝脏切片，肝脏无明显眼观病变，其组织切片中也未见髓细胞样瘤细胞，但可见几个血管瘤初发灶，HE，200×（崔治中 摄）。

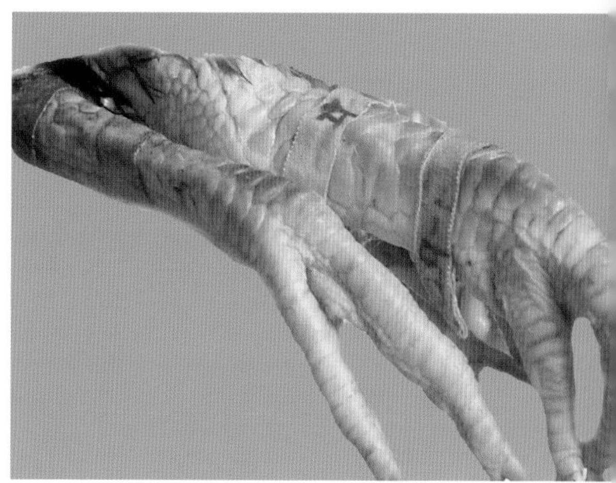

图2-162　鸡白血病

同一病鸡两脚跖骨粗细不一，一肢变得很粗（崔治中 摄）。

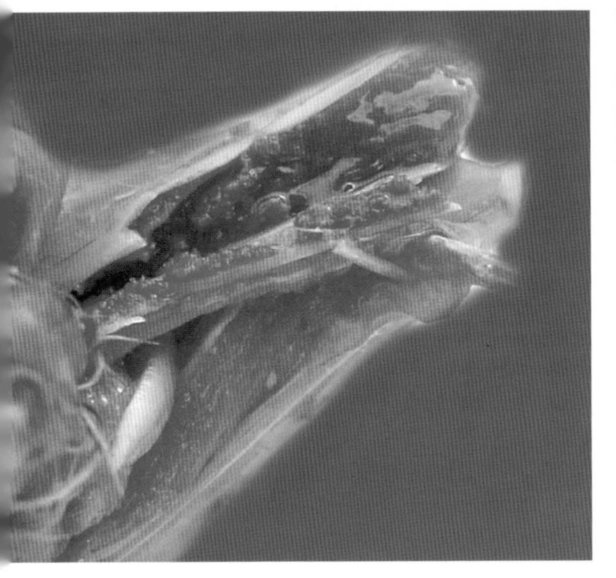

彩图2-163　鸡白血病

变粗跖骨纵剖面，显示骨髓左半面色泽变淡，有白色斑点，可能发生了髓细胞样肿瘤增生（崔治中　摄）。

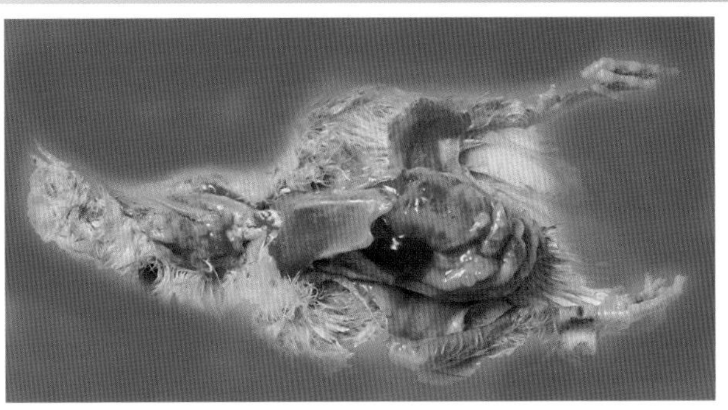

彩图2-164　鸡白血病

用第一次人工接种鸡出现的肉瘤浸出物过滤液，再次接种1日龄鸡，见颈部接种部位及肝脏表面出现典型的肉瘤。腹腔下侧还可见大块血凝块，表明在肝脏已有血管瘤破裂（崔治中　摄）。

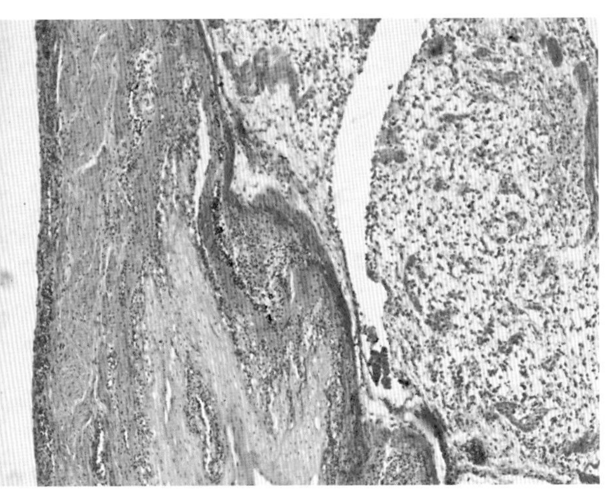

彩图2-165　鸡白血病

前一图同一只鸡颈部肉瘤的组织切片，显示不同层次的以成纤维细胞为主的组织结构，HE，100×（崔治中　摄）。

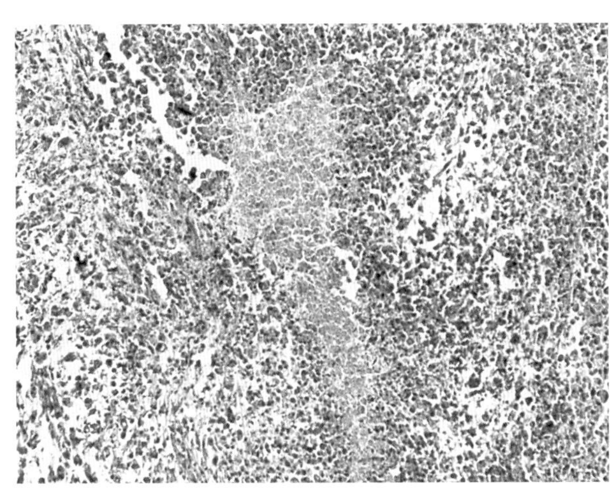

彩图2-166　鸡白血病

彩图2-165的放大，既显现出纤维状细胞，也有其他形态的细胞（代表不同分化阶段），HE，400×（崔治中　摄）。

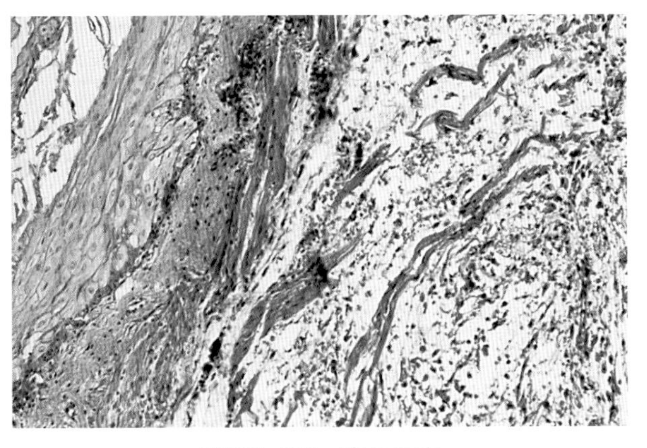

彩图2-167　鸡白血病

彩图2-166视野进一步放大，比较清楚地显示按不同结构排列的成纤维细胞，HE，1 000×（崔治中　摄）。

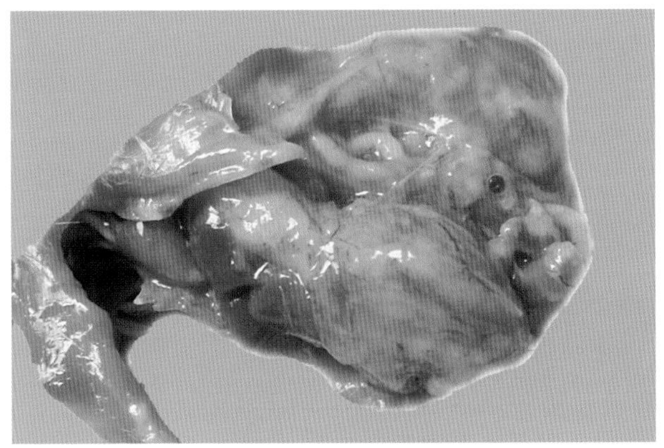

彩图2-168　鸡白血病

同样接种物接种后14d，病鸡腹腔内的肉瘤（崔治中　摄）。

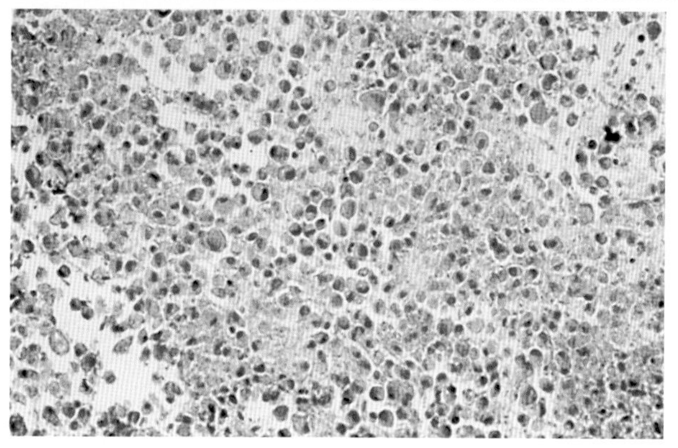

彩图2-169　鸡白血病

彩图2-168肉瘤的组织切片，显示圆形、锥形、梭形细胞。HE，400×（崔治中 摄）。

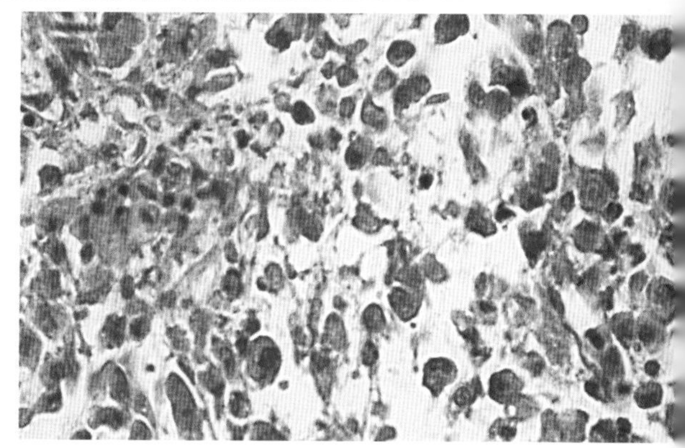

彩图2-170　鸡白血病

彩图2-169进一步放大，显圆形、梭形和纤维状等不同形态细胞（代表不同分化期），HE，1 000×（崔治中 摄）。

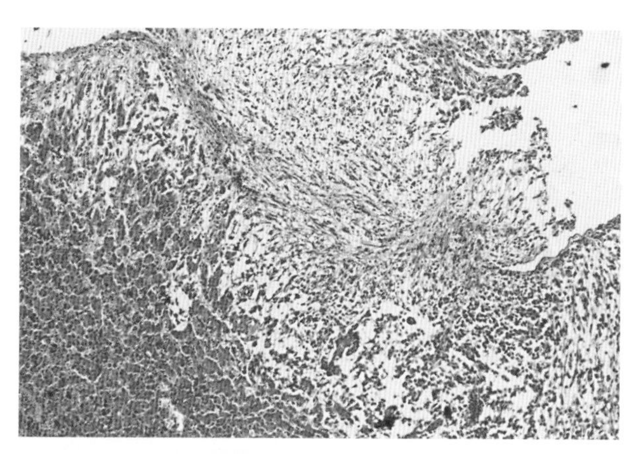

彩图2-171　鸡白血病

同一肉瘤切片的不同视野，显示处于不同分化期的不同形态细胞（崔治中 摄）。

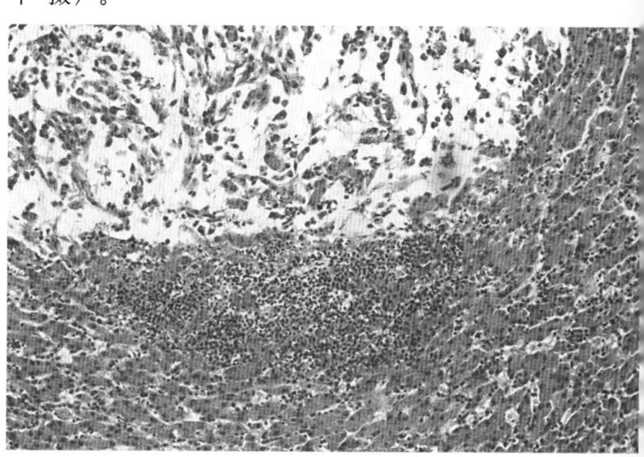

彩图2-172　鸡白血病

同一视野进一步放大，除了不同类型细胞构成的区域外，还有一个血管瘤，HE，200×（崔治中 摄）。

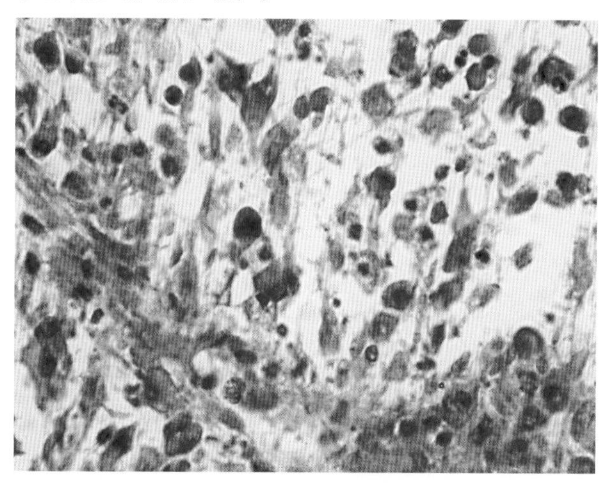

彩图2-173　鸡白血病

前一图的视野再放大，见多种不同类型的细胞，其中一个细胞的细胞质中带有嗜酸性颗粒，类似髓细胞样肿瘤细胞，HE，1 000×（崔治中 摄）。

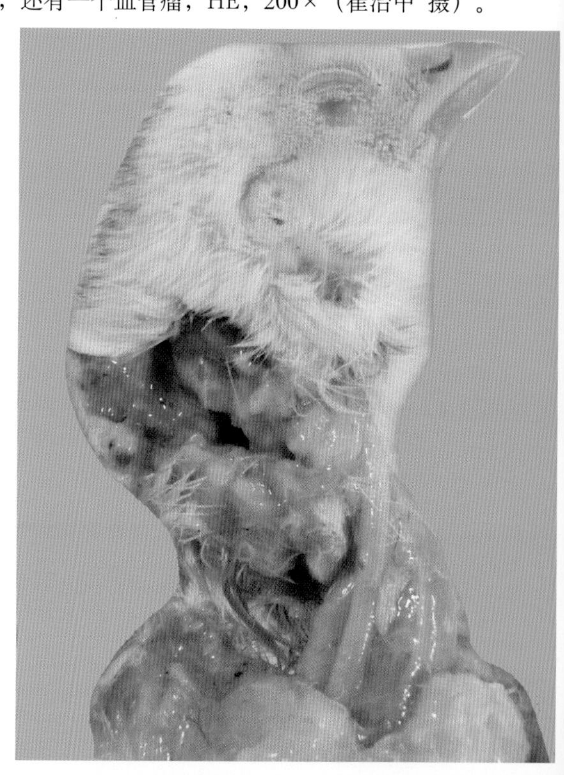

彩图2-174　鸡白血病

将彩图2-164中的肉瘤浸出液再次接种1日龄雏鸡，同样在接种后16d于颈部出现肉瘤（崔治中 摄）。

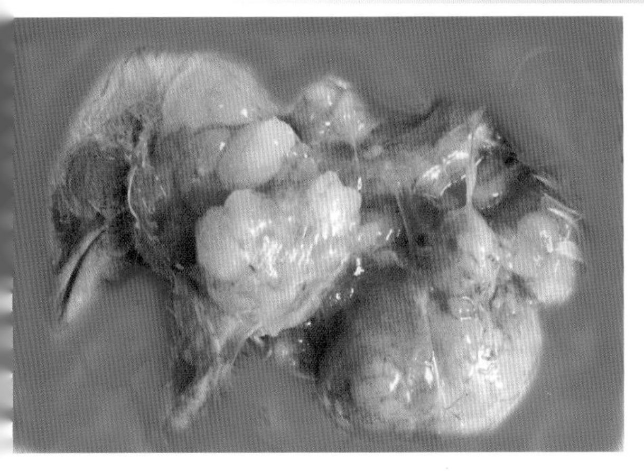

彩图2-175　鸡白血病

将彩图2-164中的肉瘤浸出液再次接种另一只1日龄雏鸡，同样在接种后21d于颈部出现肉瘤（崔治中 摄）。

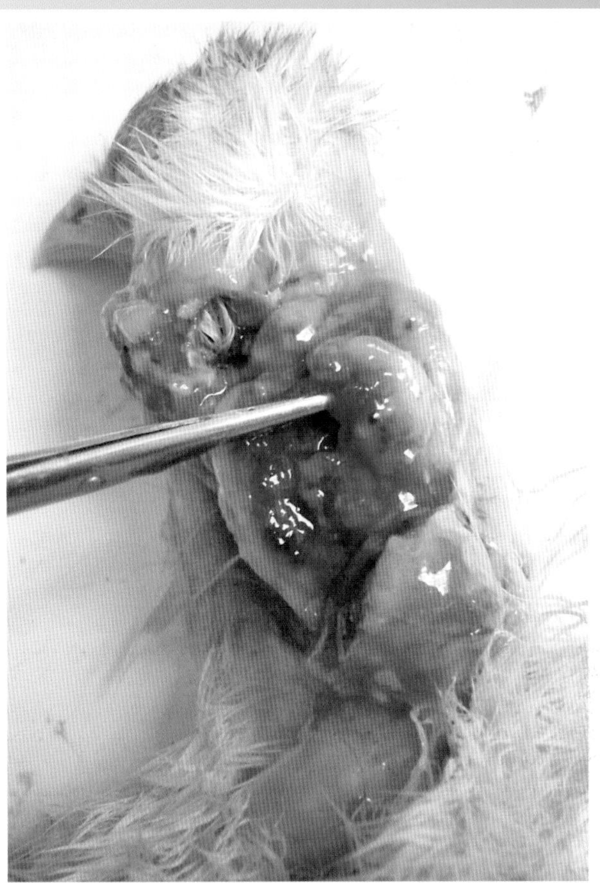

彩图2-176　鸡白血病

同前图鸡接种同样肉瘤滤液的另一只鸡的肉瘤剖面（崔治中 摄）。

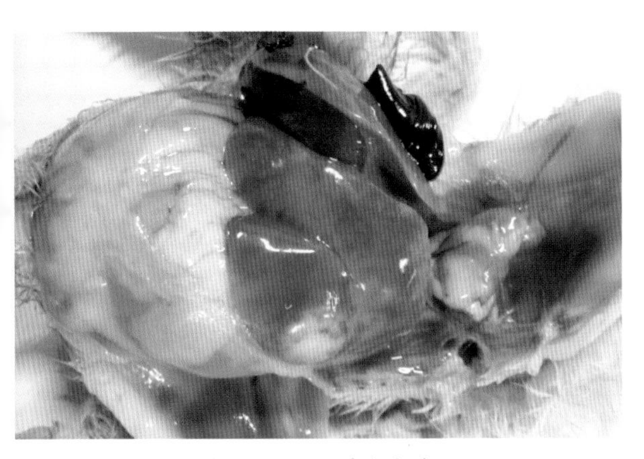

彩图2-177　鸡白血病

与彩图2-176为同一只鸡，肝脏和心脏表面都形成了肉瘤块。此外，还有血管瘤破裂后形成的凝血块（崔治中 摄）。

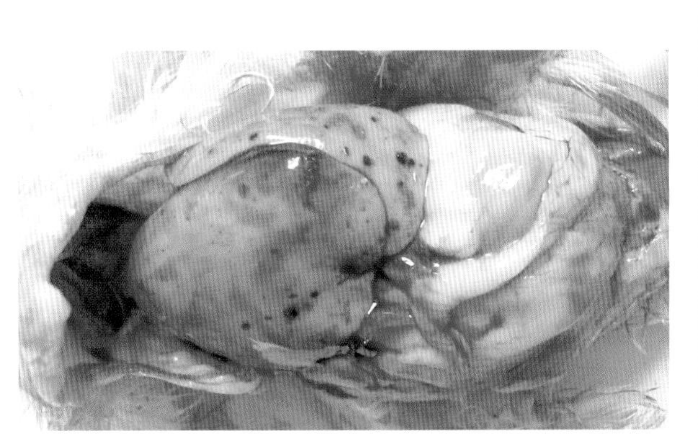

彩图2-178　鸡白血病

另一只鸡肝脏上多发性血管瘤（崔治中 摄）。

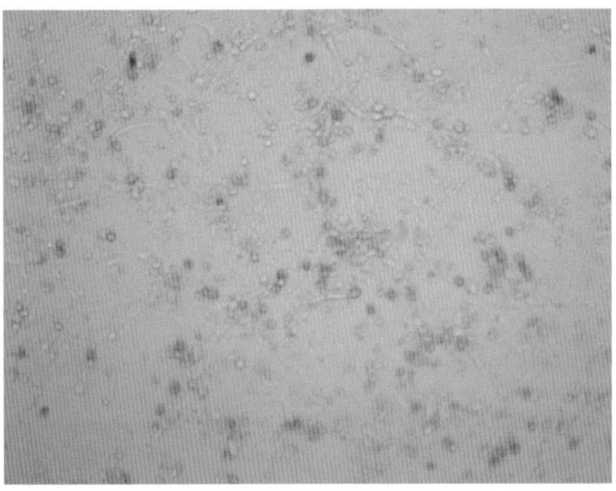

彩图2-179　鸡白血病

取彩图2-164新鲜肉瘤组织做成细胞悬液，接种于细胞培养皿后48h形成的细胞单层的显微镜照片。视野中有不同形态的细胞，椭圆形、梭形、长纺锤形。还有一些死亡细胞团块，100×（董宣　崔治中 摄）。

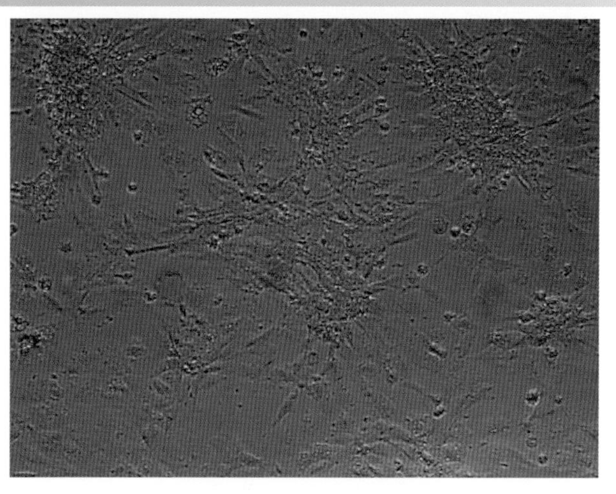

彩图2-180　鸡白血病

将彩图2-179中的细胞单层消化后再传代的第5代细胞，维持9d后的细胞单层。多为长纺锤形细胞，成簇状排列，100×（董宣　崔治中 摄）。

彩图2-181　鸡白血病

传至第10代的细胞培养单层，多为典型的成纤维细胞样，200×（董宣　崔治中 摄）。

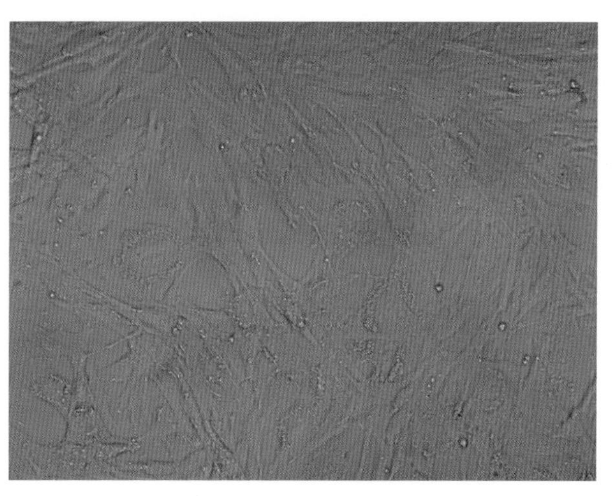

彩图2-182　鸡白血病

传至第26代的细胞培养单层，100×（董宣　崔治中 摄）。

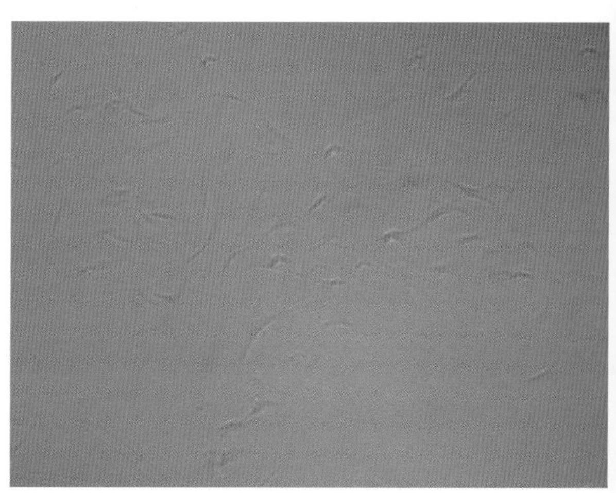

彩图2-183　鸡白血病

传至第35代的细胞（董宣　崔治中 摄）。

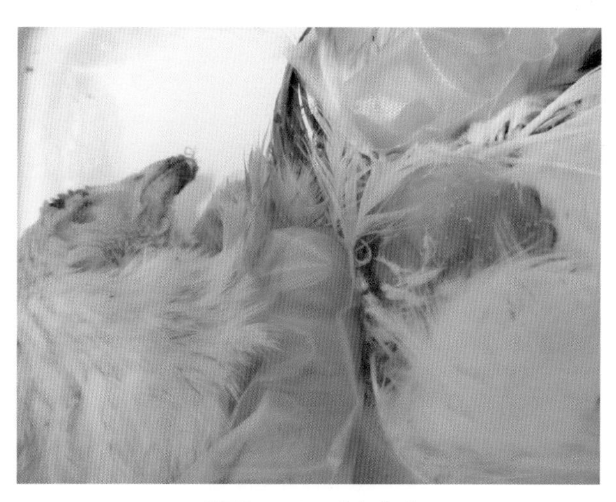

彩图2-184　鸡白血病

用肉瘤细胞的第26代细胞培养上清液颈部皮下注射9周龄SPF鸡后30d，在注射部位形成的肉瘤（崔治中 摄）。

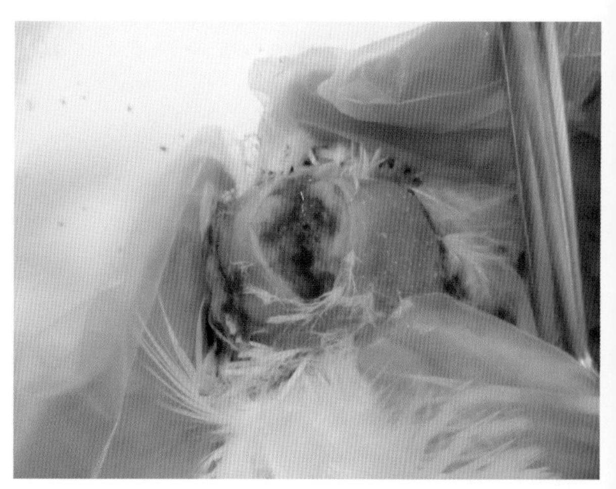

彩图2-185　鸡白血病

将前图中的肉瘤剖开，见肉瘤内的病理表现（崔治中 摄）。

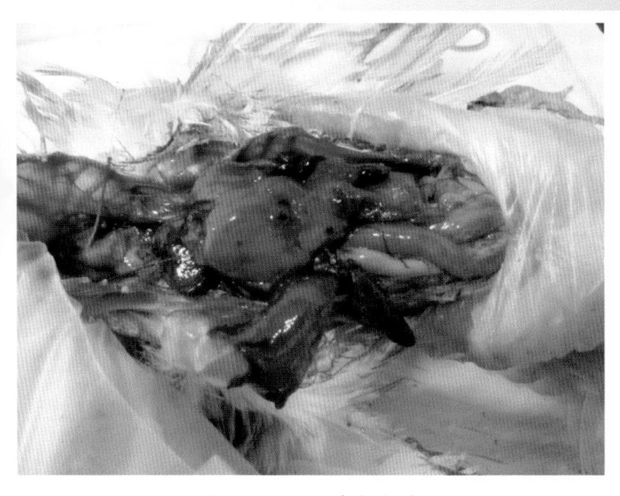

彩图2–186　鸡白血病

同一只鸡，还同时显示肝脏血管瘤及血管瘤破裂大量出血产生的凝血块（崔治中 摄）。

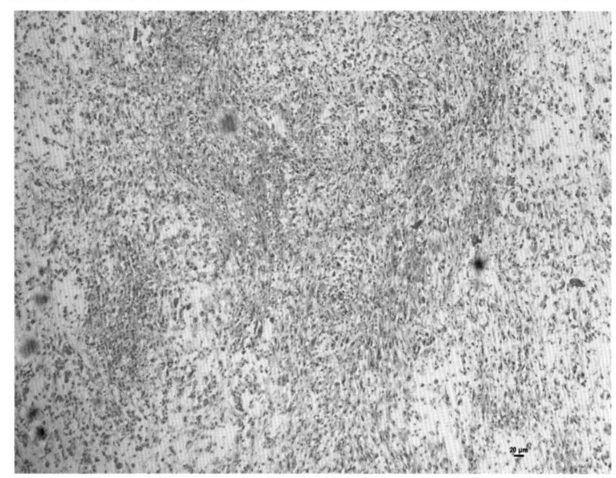

彩图2–187　鸡白血病

为彩图2–185中肉瘤的组织切片，可见不同形态的细胞，但仍以梭状或成纤维细胞样细胞为主，HE，100×（崔治中 摄）。

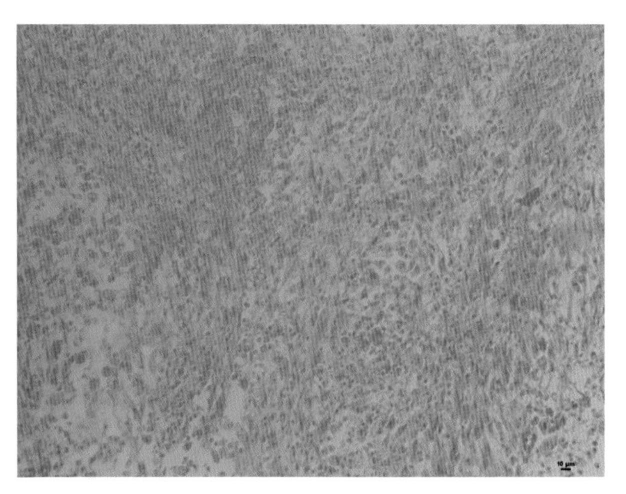

彩图2–188　鸡白血病

前图放大，HE，200×（崔治中 摄）。

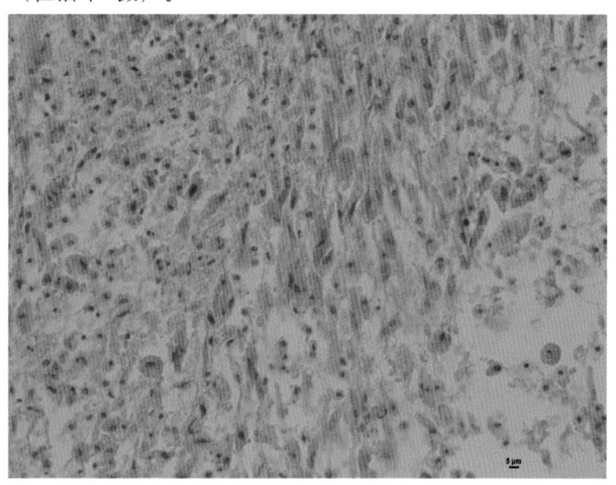

彩图2–189　鸡白血病

彩图2–188放大，可以更清楚地看到不同形态的细胞，但是以梭状细胞或成纤维细胞样细胞为主，HE，400×（崔治中 摄）。

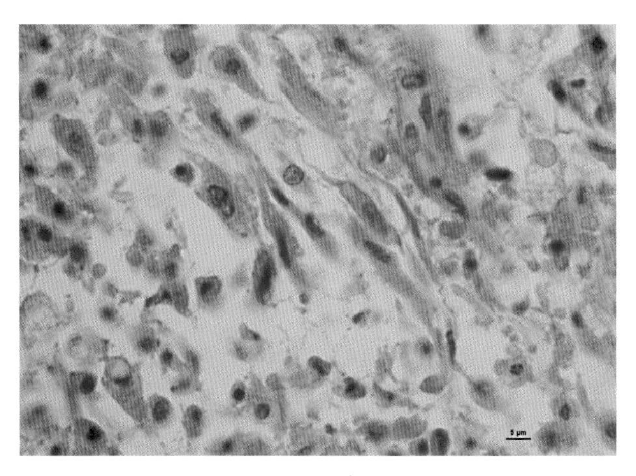

彩图2–190　鸡白血病

彩图2–189进一步放大，更清楚显示细胞的形态和结构，除了梭形和成纤维细胞样细胞外，还有一定数量的单核状细胞，可能是淋巴细胞，HE，1 000×（崔治中 摄）。

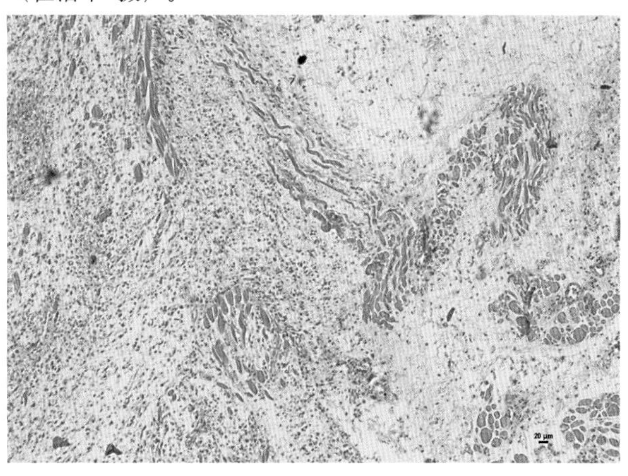

彩图2–191　鸡白血病

同彩图2–187同一细胞单层的不同视野，但显出不同的组织结构。其左侧与彩图2–187类似，以梭形或成纤维细胞样细胞为主。但右侧则表现为不同结构，似乎像皮下组织，HE，100×（崔治中 摄）。

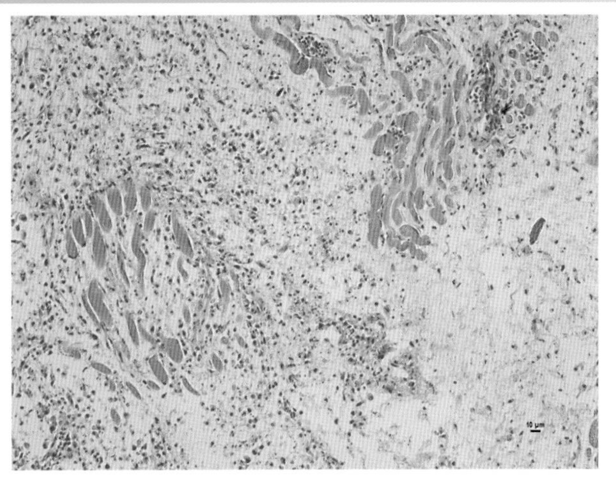

彩图2-192 鸡白血病
彩图2-191放大，主要显示上图的右侧部分的结构，HE，200×（崔治中 摄）。

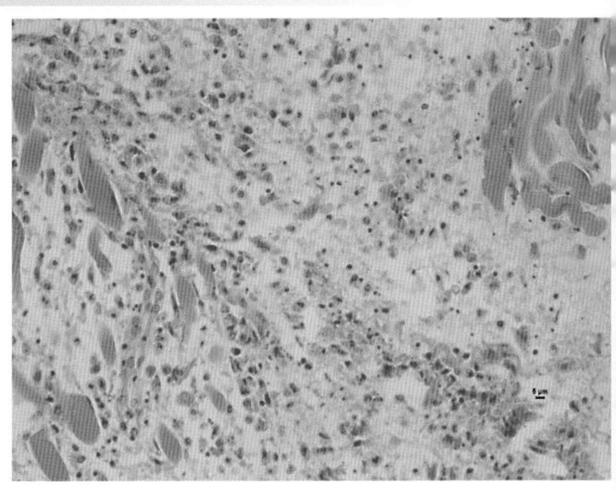

彩图2-193 鸡白血病
前图再放大（崔治中 摄）。

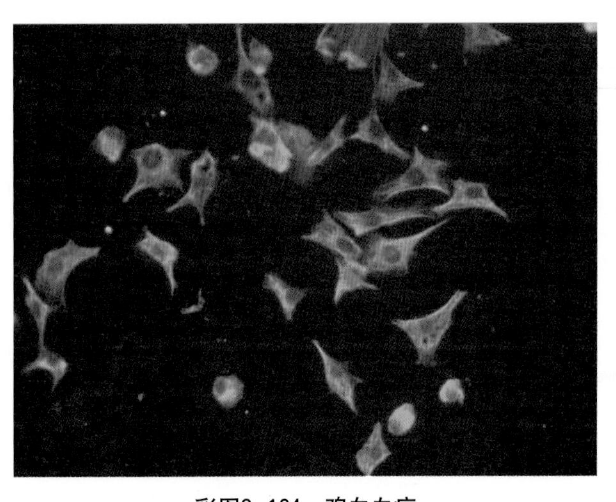

彩图2-194 鸡白血病
将肉瘤的原代细胞培养的细胞单层，用抗fps小鼠血清做IFA，显示荧光的肿瘤基因fps表达产物。虽然肉瘤组织中以长梭状细胞为主，但利用肉瘤组织制备的原代细胞培养中细胞多为锥形，200×（董宣 崔治中 摄）。

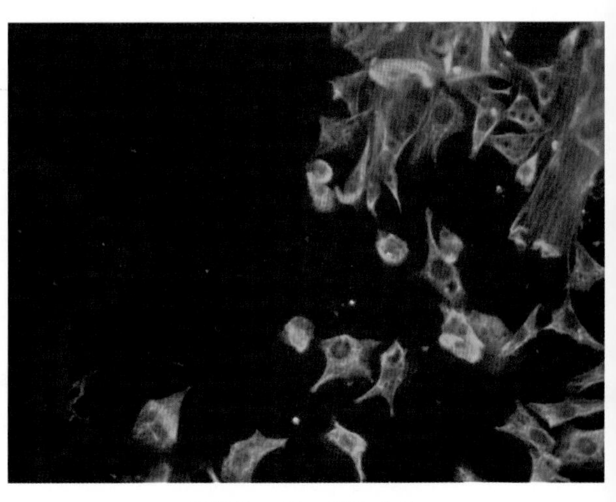

彩图2-195 鸡白血病
前图另一个视野，200×（董宣 崔治中 摄）。

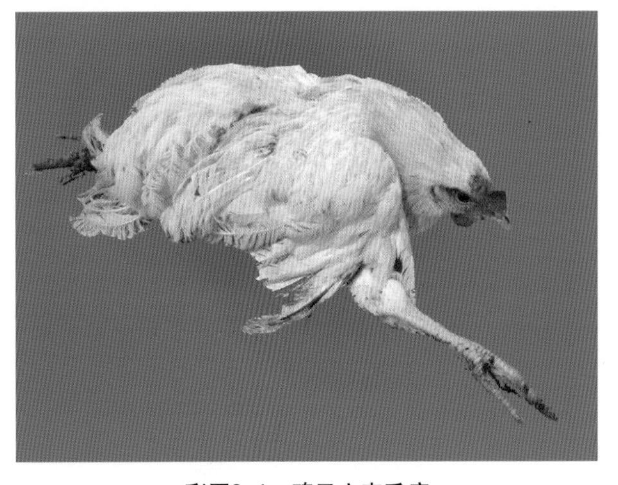

彩图3-1 鸡马立克氏病
1日龄SPF鸡接种GX0101株vvMDV后，由于坐骨神经炎导致脚麻痹，卧下不起，两腿呈劈叉状（崔治中 摄）。

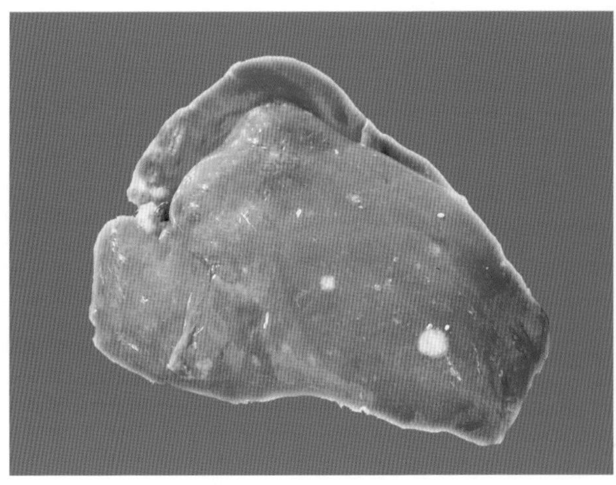

彩图3-2 鸡马立克氏病
1日龄SPF鸡接种GX0101株vvMDV后68d扑杀，肝脏上呈现大小不一的白色肿瘤块或肿瘤结节（崔治中 摄）。

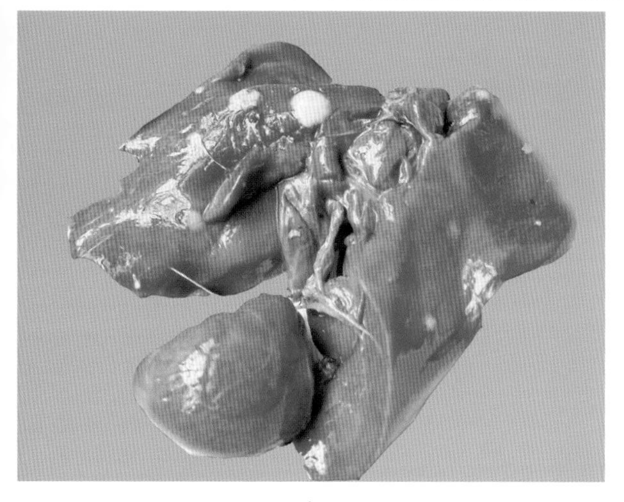

彩图3-3　鸡马立克氏病

同一只感染鸡肝脏腹面，显示几个形态更大的白色肿瘤块，且略微凸出肝脏表面。同时见脾脏肿大（崔治中 摄）。

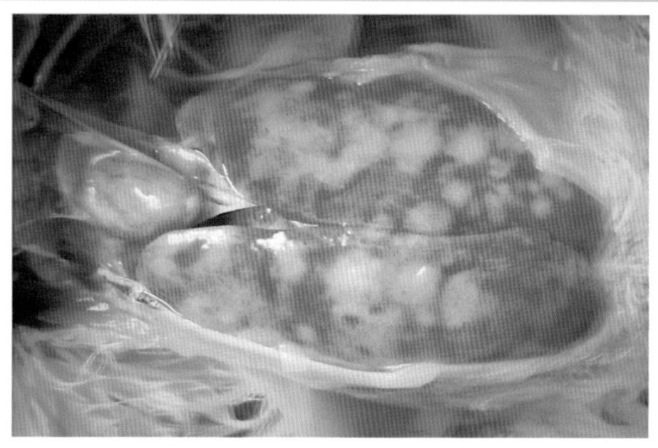

彩图3-4　鸡马立克氏病

另一只1日龄SPF鸡接种GX0101株vvMDV后68d扑杀，肝脏上布满白色肿瘤块，有的相互之间已融合（苏帅　崔治中 摄）。

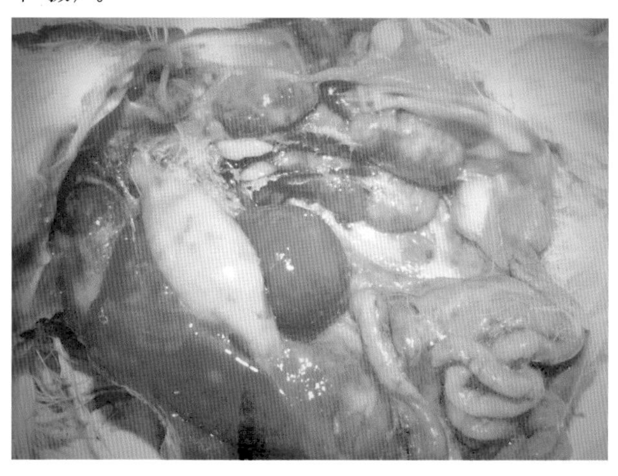

彩图3-5　鸡马立克氏病

1日龄SPF鸡接种GX0101株vvMDV后34d死亡，可见肾脏上的白色、已融合的肿瘤结节或肿瘤块。此外，脾脏肿大，但不见明显肿瘤结节。肝脏显示出形态不规则的白色增生性斑块（崔治中 摄）。

彩图3-6　鸡马立克氏病

又一只1日龄SPF鸡接种GX0101株vvMDV后68d扑杀，肝脏边缘显示形态不规则的肿瘤块，同时还有1～2个肿瘤结节，略凸起。在肝脏剖面上亦可见绿豆大小的白色肿瘤结节（崔治中 摄）。

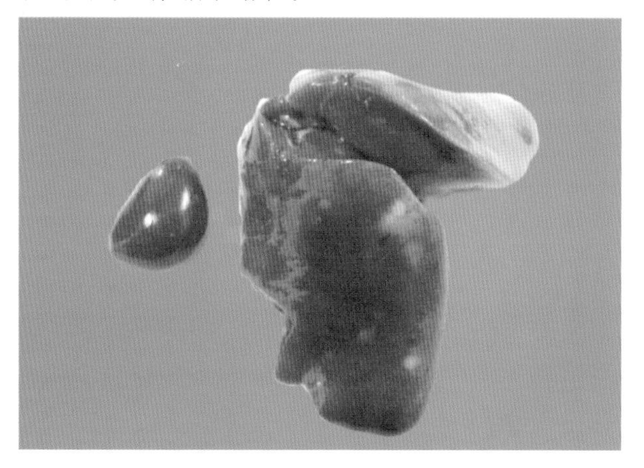

彩图3-7　鸡马立克氏病

又一只GX0101株vvMDV感染鸡的肝脏，可见散在的几个绿豆大小、白色的肿瘤结节（崔治中 摄）。

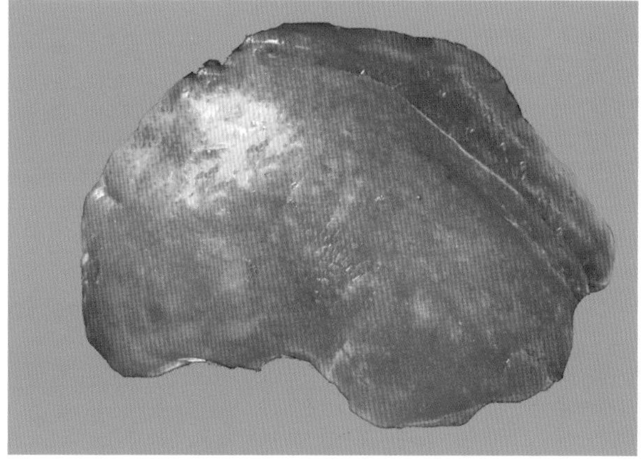

彩图3-8　鸡马立克氏病

另一只GX0101株vvMDV感染鸡的肝脏，略显肿大，表面不平整，肝脏不同部位分别出现形状不规则的、颜色变淡的斑块（崔治中 摄）。

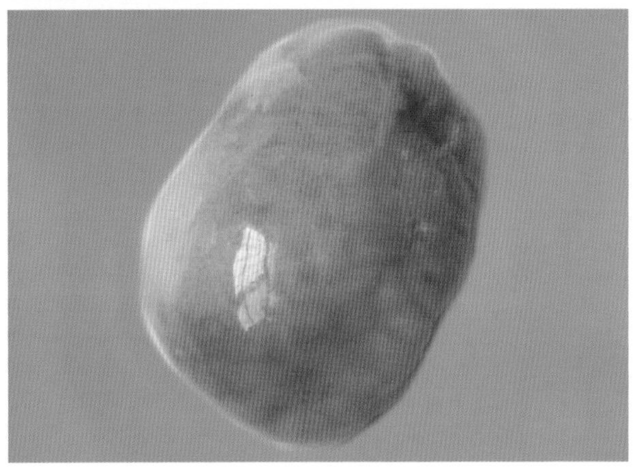

彩图3-9　鸡马立克氏病

从一只经GX0101株vvMDV感染鸡的肾脏上割下的白色肿瘤块（崔治中 摄）。

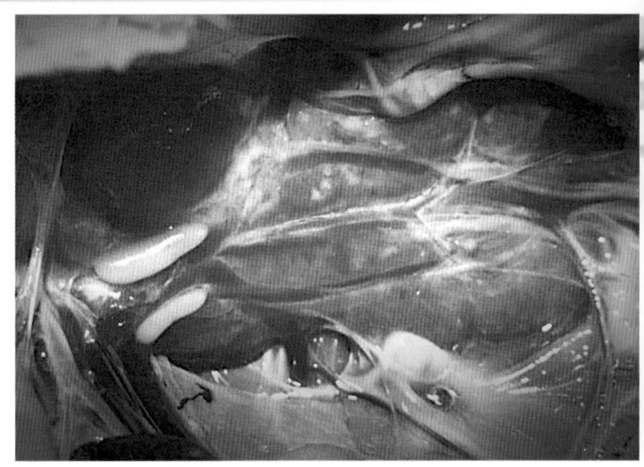

彩图3-10　鸡马立克氏病

1日龄SPF鸡接种GX0101株vvMDV后于93日龄扑杀，肾脏肿大，显现出白色、不规则的增生性肿瘤斑块。另外，睾丸增生肿大（崔治中 摄）。

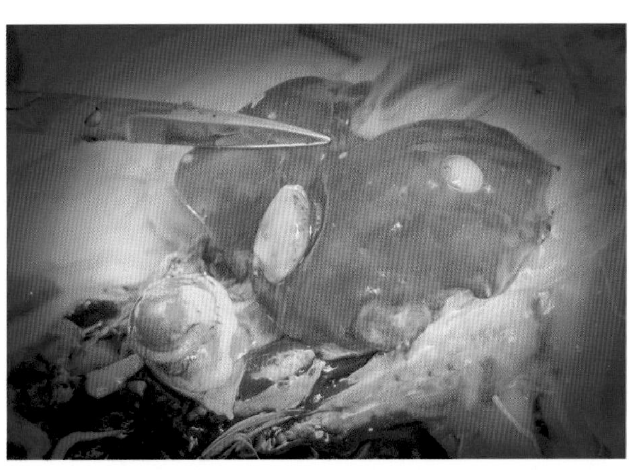

彩图3-11　鸡马立克氏病

另一只日龄SPF鸡接种GX0101株vvMDV后于93日龄扑杀，脾脏显著肿大，有多个大小不一的白色肿瘤结节（崔治中 摄）。

彩图3-12　鸡马立克氏病

1日龄SPF鸡接种GD0202株MDV后38d死亡，可见肾脏上有白色肿瘤结节。腺胃肿大。脾脏肿大，有几个芝麻大小、白色肿瘤结节（崔治中 摄）。

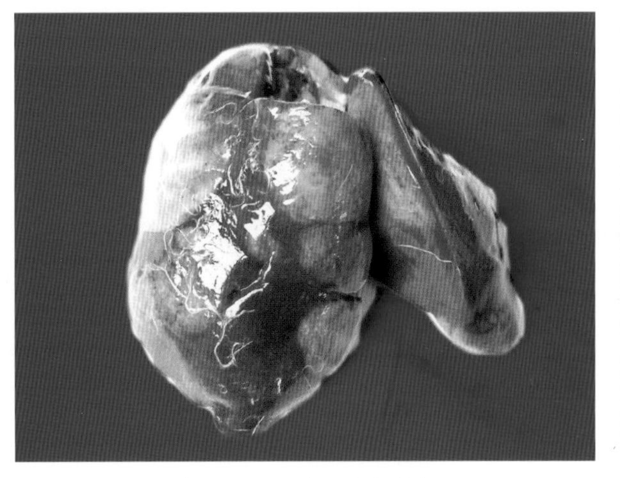

彩图3-13　鸡马立克氏病

1日龄SPF鸡人工接种RBIB株vvMDV，肝脏肿大，有几个很大的白色肿瘤块（崔治中 摄）。

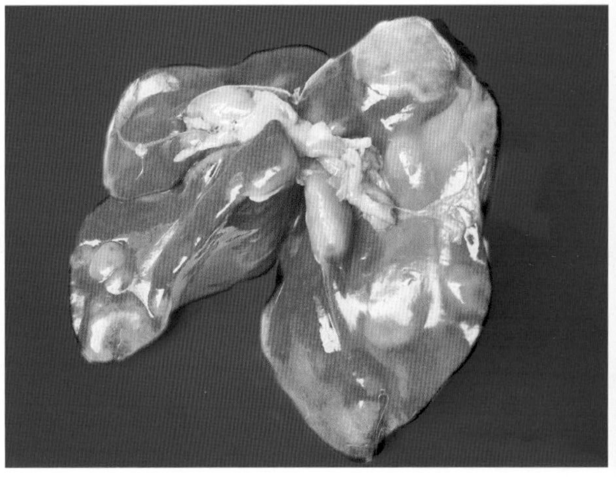

彩图3-14　鸡马立克氏病

1日龄SPF鸡人工接种RBIB株vvMDV，死亡鸡肝脏的腹面上有多个形态规则、略凸起的白色肿瘤块（崔治中 摄）。

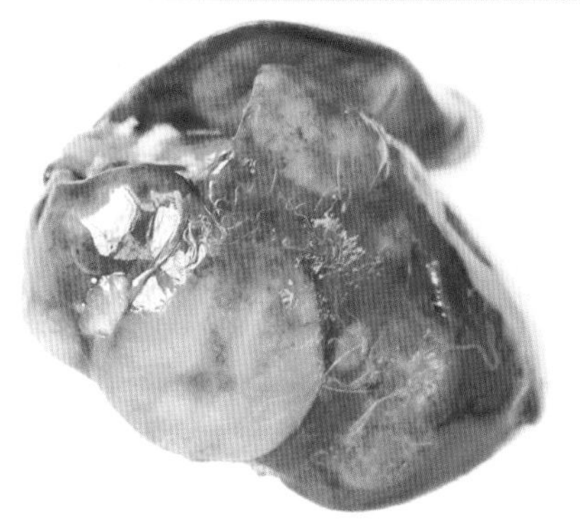

彩图3-15　鸡马立克氏病

与彩图3-14为同一肝脏的肿瘤的剖面（崔治中 摄）。

彩图3-16　鸡马立克氏病

1日龄SPF鸡人工接种RBIB株vvMDV，另一只死亡鸡，显示肝脏几个大的白色肿瘤块，其中一个肿瘤块大部分凸出于周围肝组织（崔治中 摄）。

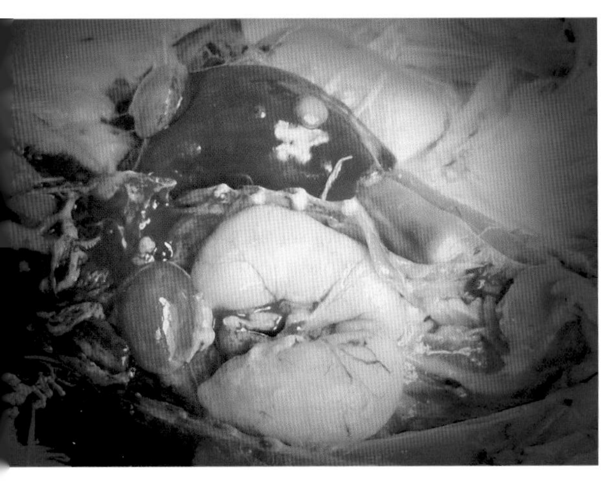

彩图3-17　鸡马立克氏病

与前图为同一只鸡，除肝脏肿瘤外，还显示脾脏肿大，睾丸肿大显著（崔治中 摄）。

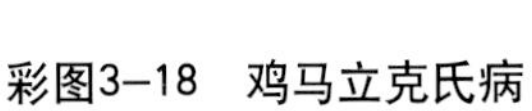

彩图3-18　鸡马立克氏病

1日龄SPF鸡人工接种RBIB株vvMDV，又一只死亡鸡，肝脏肿大，在肝脏表面可见许多大小不一的白色肿瘤块和肿瘤结节（崔治中 摄）。

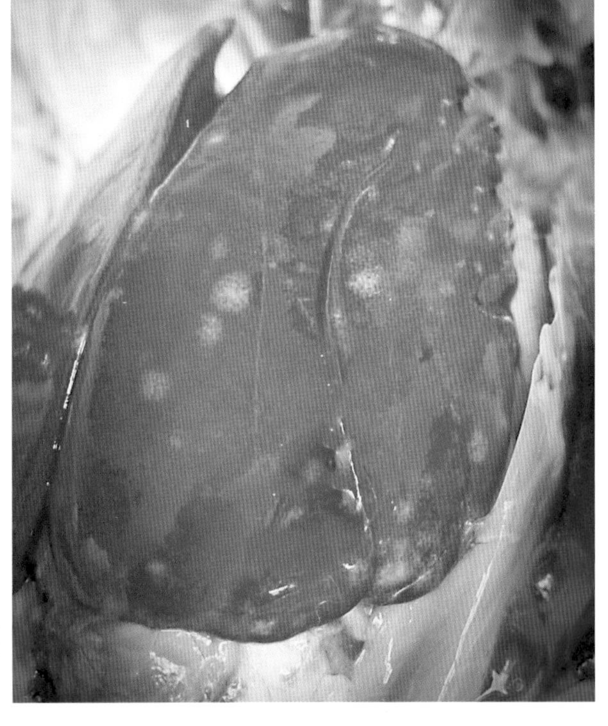

彩图3-19　鸡马立克氏病

从不同角度看同一肝脏上的肿瘤结节，同时见下面肿大的腺胃（崔治中 摄）。

彩图3-20　鸡马立克氏病

1日龄SPF鸡人工接种RBIB株vvMDV，又一只死亡鸡，肝脏肿大，但没有典型的肿瘤结节。脾脏极度肿大，大部分已从紫红色变为白色（崔治中 摄）。

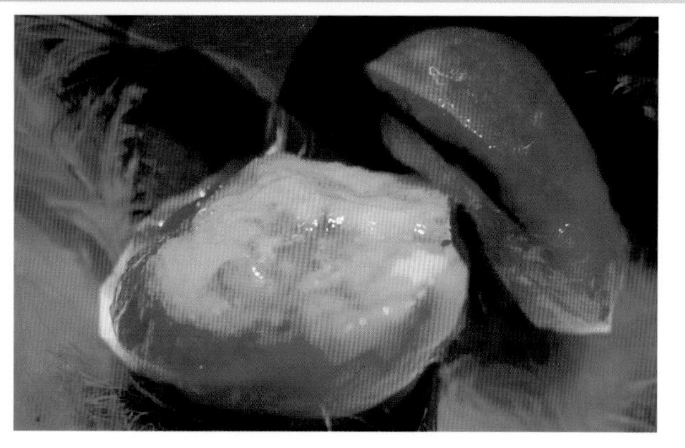

彩图3-21　鸡马立克氏病

与彩图3-20同一脾脏的剖面（崔治中 摄）。

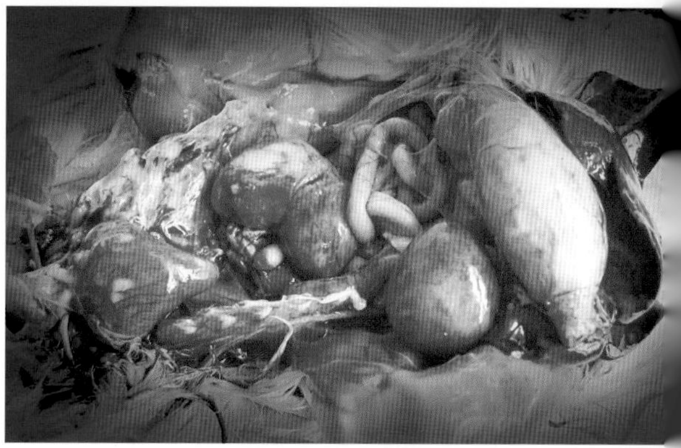

彩图3-22　鸡马立克氏病

与前图同一只鸡，可见一侧因肿瘤高度肿大的睾丸覆盖肾脏，另一侧睾丸大小正常（下）。同时，见已移到腹腔外的肿大的脾脏和腺胃（崔治中 摄）。

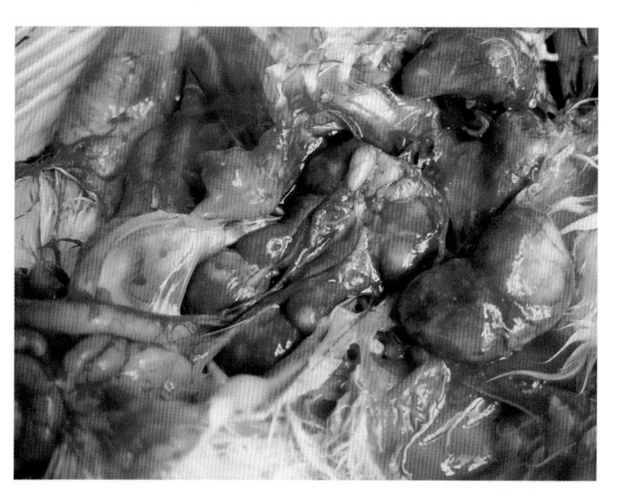

彩图3-23　鸡马立克氏病

与彩图3-22同一只鸡，已将肿大睾丸翻到一侧腹腔外（图右下方），显出各个肾小叶上的白色肿瘤块。一侧仍在原位的睾丸正常，已移到腹腔外的另一个睾丸极度肿大（图右下），红白相间，其大部分结构已被白色肿瘤块所取代（崔治中 摄）。

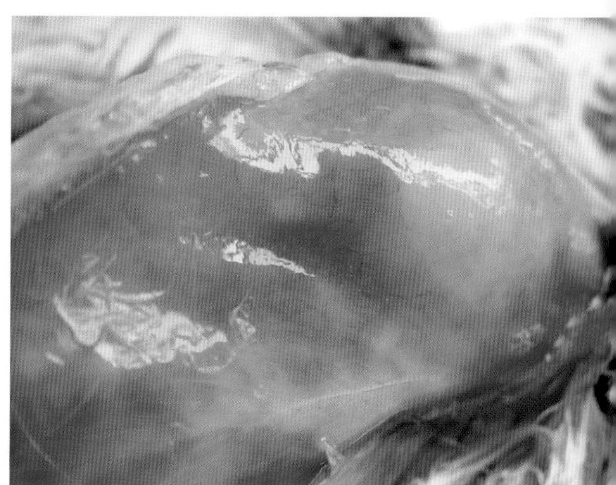

彩图3-24　鸡马立克氏病

1日龄SPF鸡接种Md5株vvMDV后，在胸肌上显出的肿瘤（崔治中 摄）。

彩图3-25　鸡马立克氏病

与前图同一只鸡，将胸肌切开，显示胸肌内的白色肿瘤块（崔治中 摄）。

彩图3-26　鸡马立克氏病

1日龄SPF鸡接种Md5株vvMDV后，又一只鸡胸肌部突起的肿瘤。该鸡较消瘦，致使凸出的肿瘤非常明显（崔治中 摄）。

彩图3-27　鸡马立克氏病

彩图3-26中的肿瘤块切开后显示剖面（崔治中　摄）。

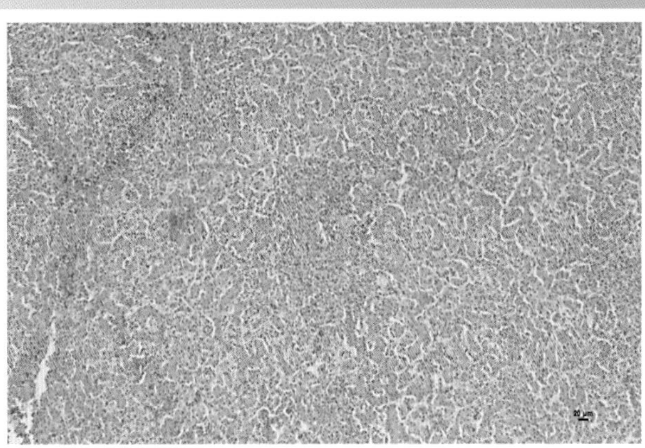

彩图3-28　鸡马立克氏病

1日龄SPF鸡人工接种vvMDV中国株GX0101后于93日龄扑杀（1号鸡），显示肿瘤结节的肝脏组织切片，见增生的淋巴细胞结节，其四周为正常肝细胞索，其中也弥漫性散布浸润性淋巴细胞，HE，100×（崔治中　摄）。

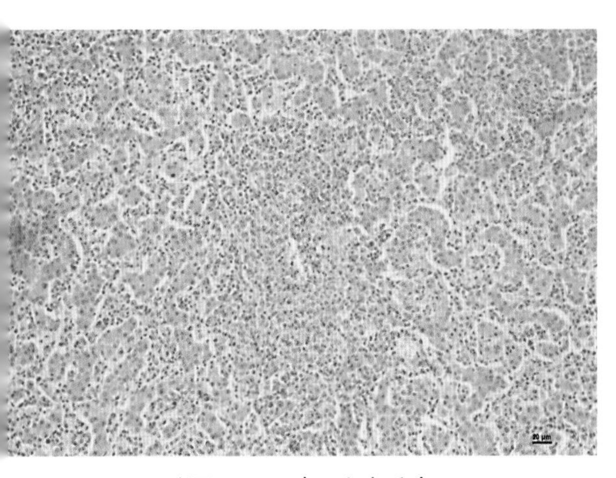

彩图3-29　鸡马立克氏病

前一图进一步放大，显示淋巴细胞肿瘤结节，HE，200×（崔治中　摄）。

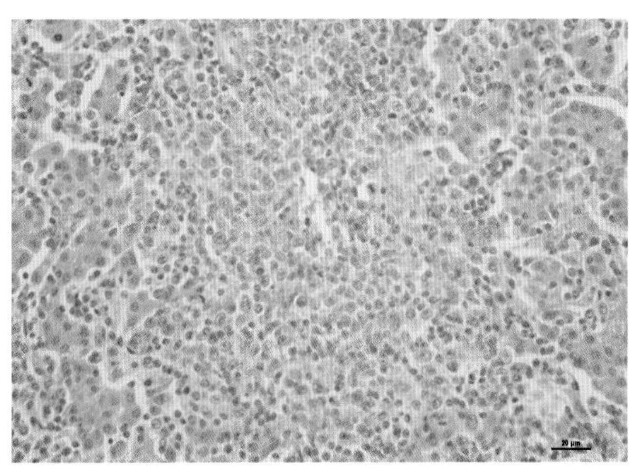

彩图3-30　鸡马立克氏病

彩图3-29进一步放大，显示淋巴细胞肿瘤结节，HE，400×（崔治中　摄）。

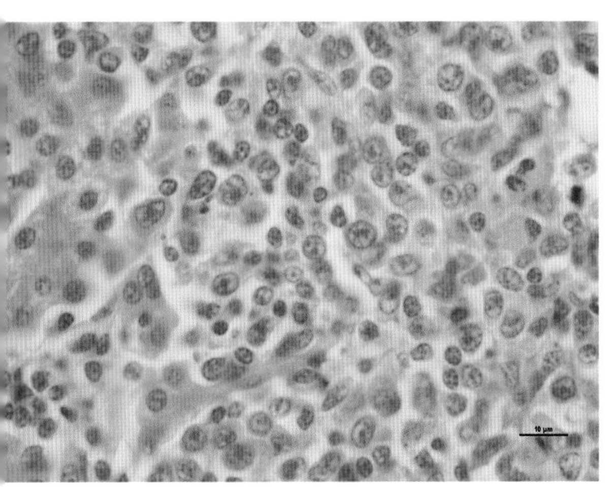

彩图3-31　鸡马立克氏病

彩图3-30进一步放大，更清楚地显示肿瘤结节中不同大小的淋巴细胞的形态，HE，1 000×（崔治中　摄）。

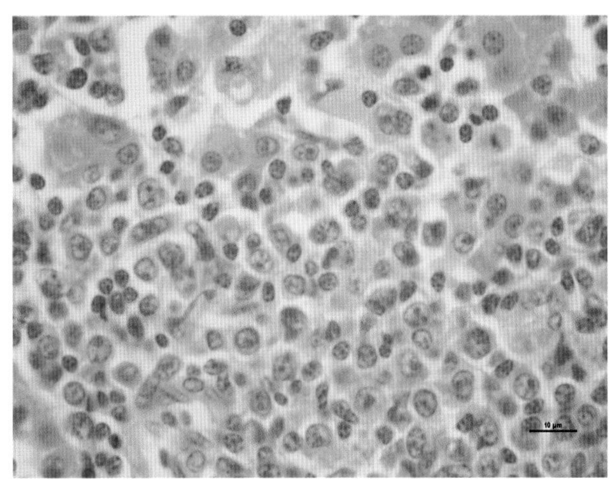

彩图3-32　鸡马立克氏病

彩图3-31的不同视野，显示不同肿瘤结节的淋巴细胞的形态、大小，HE，1 000×（崔治中　摄）。

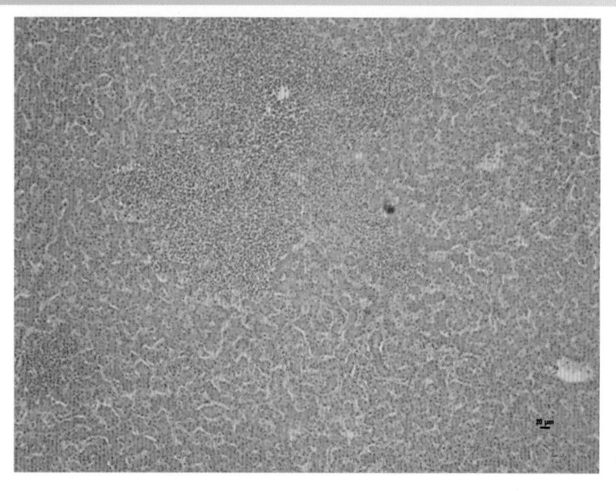

彩图3-33 鸡马立克氏病
1日龄SPF鸡人工接种vvMDV中国株GX0101后于93日龄扑杀（2号鸡），出现肿瘤结节的肝脏组织切片，显示淋巴细胞肿瘤结节的不同形态，HE，100×（崔治中 摄）。

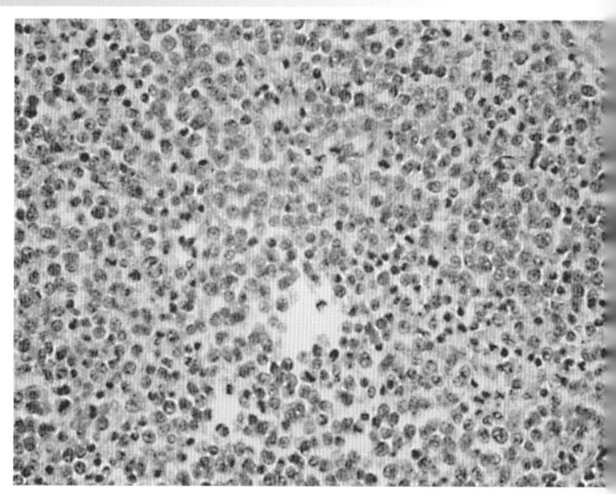

彩图3-34 鸡马立克氏病
前一图进一步放大，更清楚显示淋巴细胞肿瘤结节的形态结构，HE，400×（崔治中 摄）。

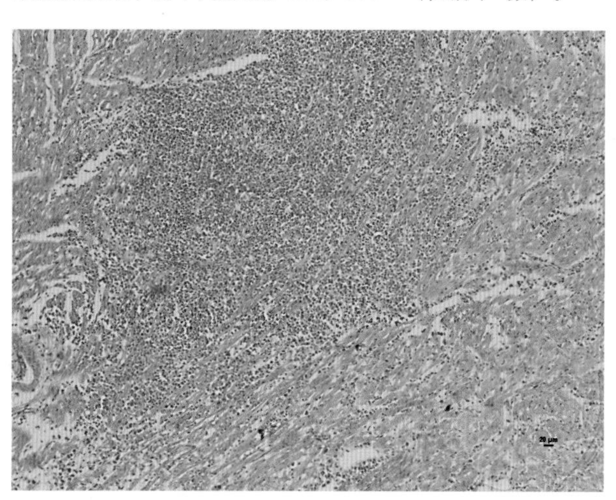

彩图3-35 鸡马立克氏病
以上1号鸡显示肿瘤结节的心脏组织切片，在纵切的心肌纤维样细胞间大量增生的淋巴细胞，HE，100×（崔治中 摄）。

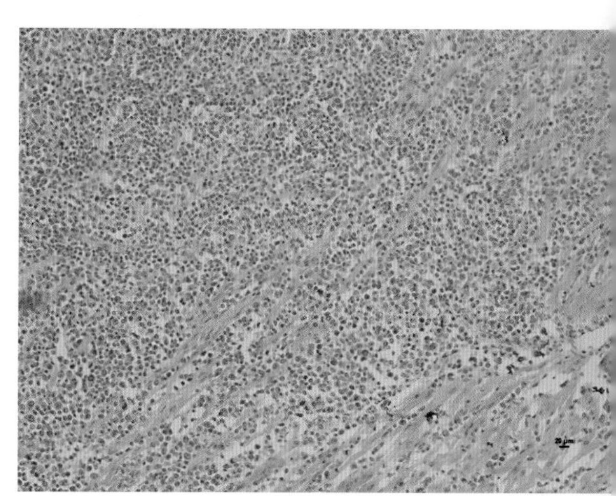

彩图3-36 鸡马立克氏病
前一图进一步放大，HE，200×（崔治中 摄）。

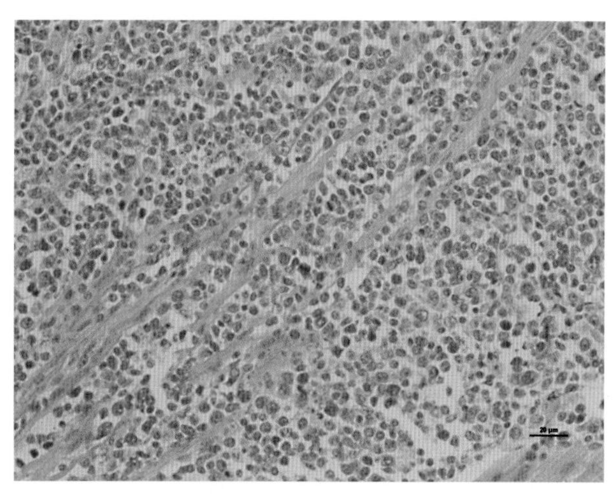

彩图3-37 鸡马立克氏病
彩图3-36进一步放大，HE，400×（崔治中 摄）。

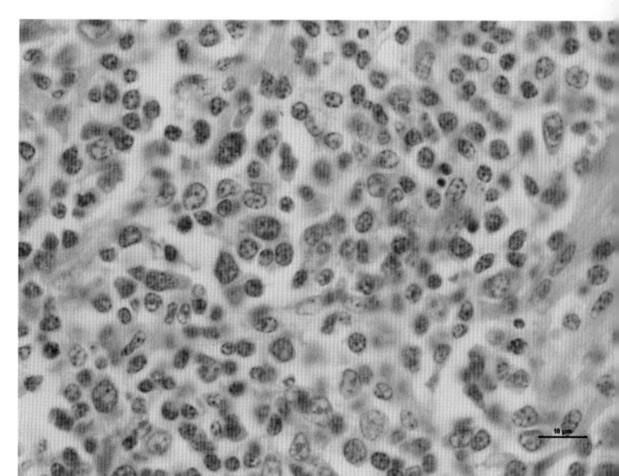

彩图3-38 鸡马立克氏病
彩图3-37进一步放大，显示淋巴细胞肿瘤结节中不同大小的淋巴细胞的形态，HE，1 000×（崔治中 摄）。

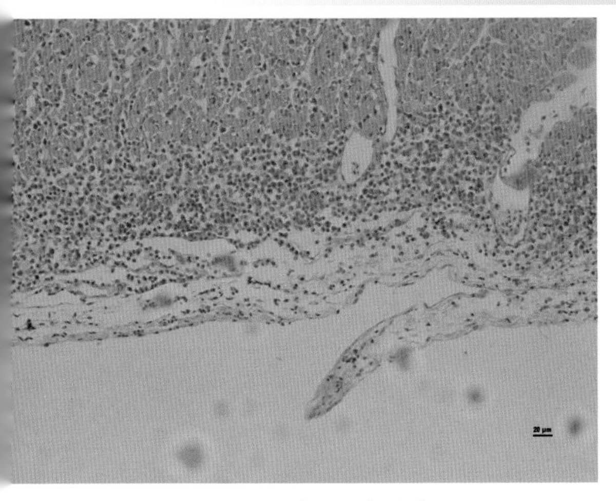

彩图3-39　鸡马立克氏病

彩图3-38的不同视野，显示横切的心肌纤维样细胞间大量增生的淋巴细胞，HE，200×（崔治中 摄）。

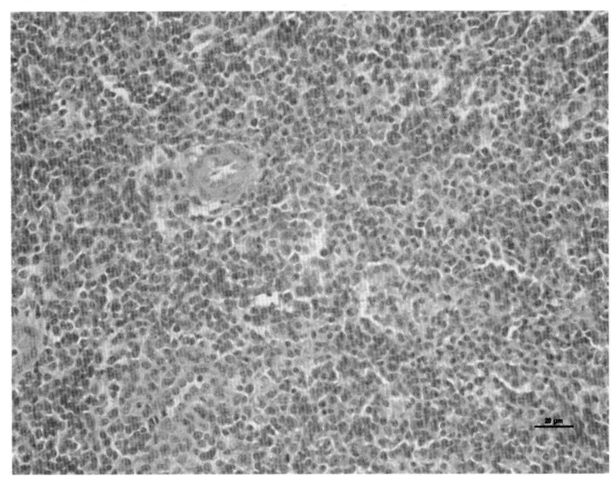

彩图3-40　鸡马立克氏病

以上1号鸡肿大并显示白色肿瘤结节的脾脏组织切片，布满增生的淋巴细胞，已失去正常的脾髓结构，HE，400×（崔治中 摄）。

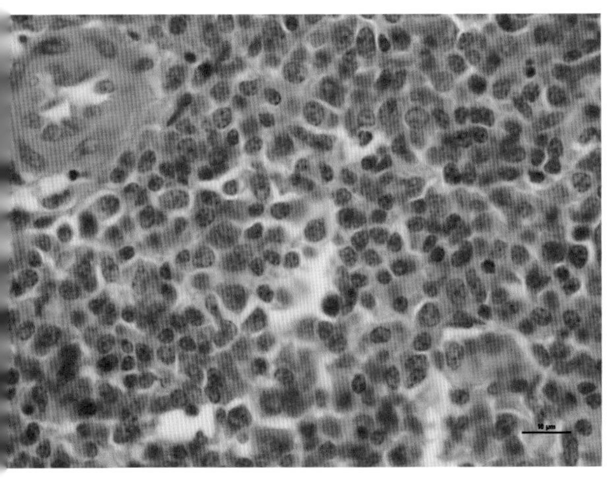

彩图3-41　鸡马立克氏病

前一图进一步放大，更清楚地显示增生的淋巴细胞的形态、大小和结构，HE，1 000×（崔治中 摄）。

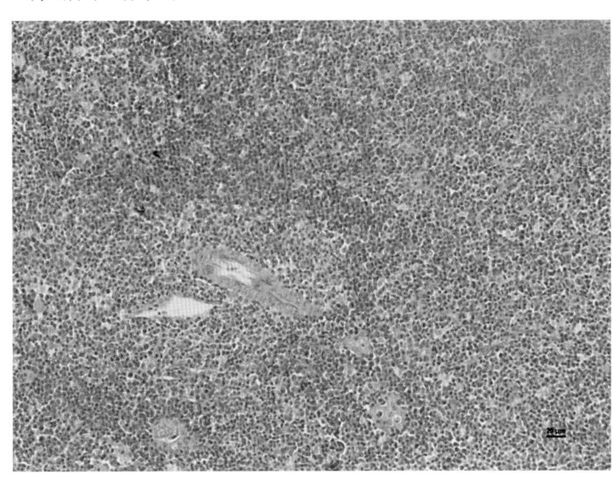

彩图3-42　鸡马立克氏病

以上1号鸡肿大并显示白色增生性变化的胸腺组织切片，布满增生的淋巴细胞，已失去正常的滤泡结构，200×（崔治中 摄）。

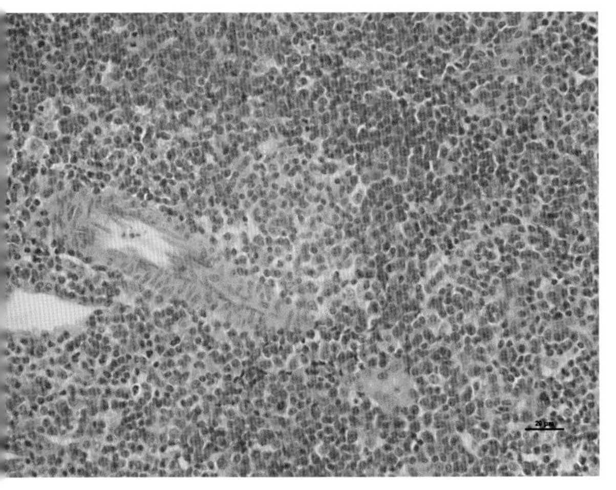

彩图3-43　鸡马立克氏病

前一图进一步放大，HE，400×（崔治中 摄）。

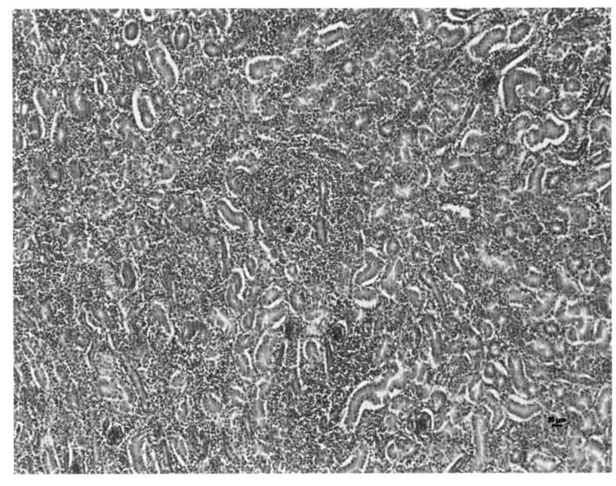

彩图3-44　鸡马立克氏病

1日龄SPF鸡人工接种vvMDV中国株GX0101后于93日龄扑杀（4号鸡），显示肿瘤的肾脏组织切片，在正常的肾小管间充满了增生的淋巴细胞，100×（崔治中 摄）。

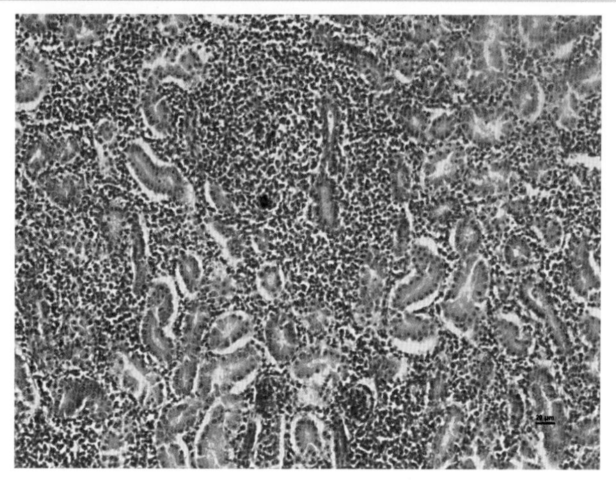

彩图3-45 鸡马立克氏病

彩图3-44进一步放大，HE，200×（崔治中 摄）。

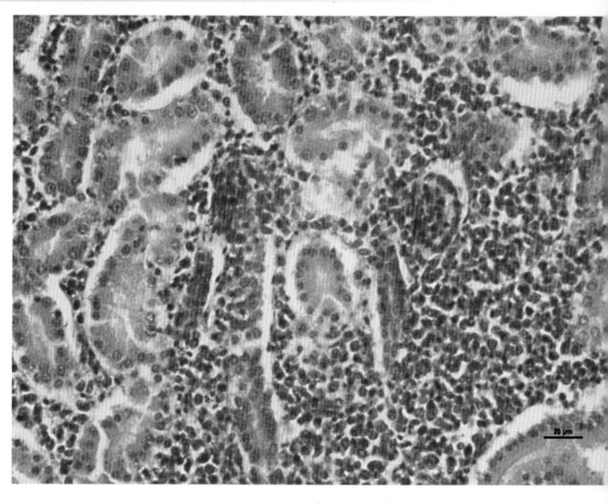

彩图3-46 鸡马立克氏病

彩图3-45进一步放大，HE，400×（崔治中 摄）。

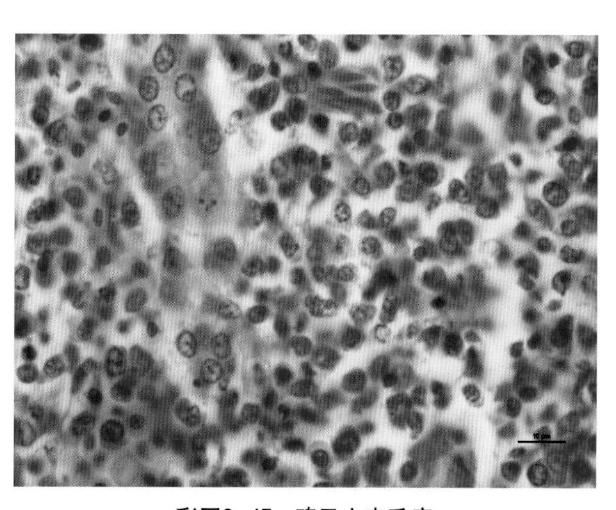

彩图3-47 鸡马立克氏病

彩图3-46进一步放大，更清楚地显示增生的淋巴细胞的形态、大小的多样性，HE，1 000×（崔治中 摄）。

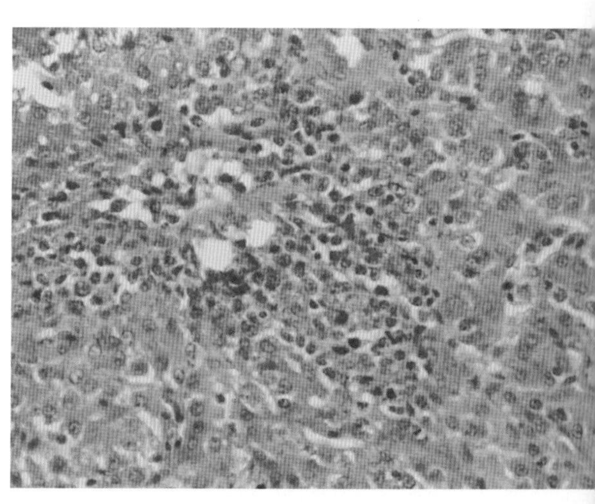

彩图3-48 鸡马立克氏病

人工接种中国分离毒GD0203株MDV后死亡鸡肝脏组织切片，位于中间的是浸润的淋巴细胞结节，其四周为正常肝细胞索，HE，400×（崔治中 摄）。

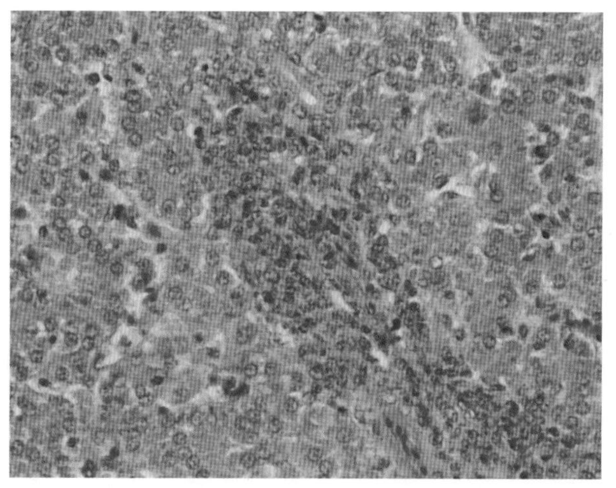

彩图3-49 鸡马立克氏病

同一肝脏切片的不同视野，显示肝脏中形成的不同形态的淋巴细胞肿瘤结节，HE，400×（崔治中 摄）。

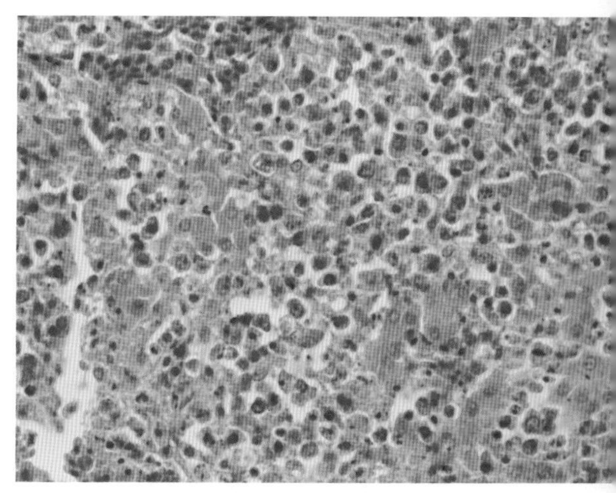

彩图3-50 鸡马立克氏病

同一肝脏切片的不同视野，视野中主要为淋巴细胞结节，部分淋巴细胞已浸润到肝细胞索间，HE，400×（崔治中 摄）。

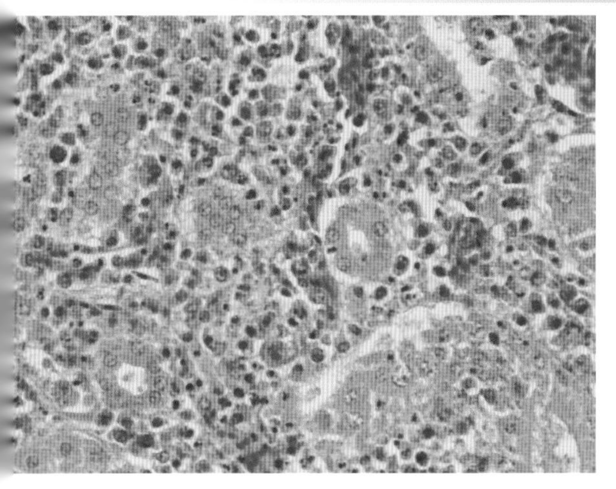

彩图3-51　鸡马立克氏病

同一只鸡肾脏切片的不同视野，见一个独立的淋巴细胞肿瘤结节，四周为正常的肾小管结构，HE，400×（崔治中 摄）。

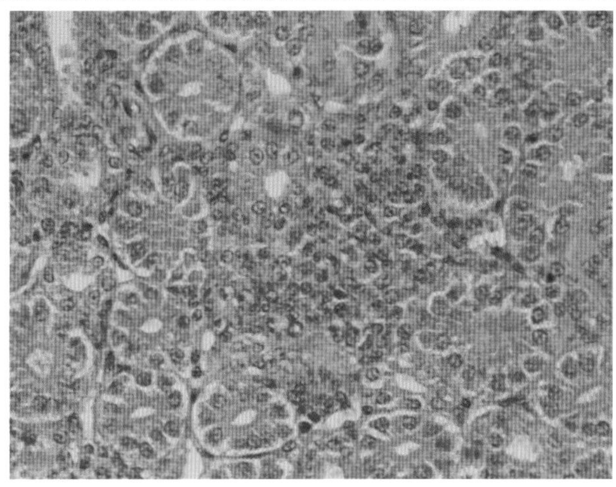

彩图3-52　鸡马立克氏病

人工接种GD0203株MDV后死亡鸡肾脏肿瘤切片，显示形态、大小不同的淋巴样细胞浸润于肾小管之间，HE，400×（崔治中 摄）。

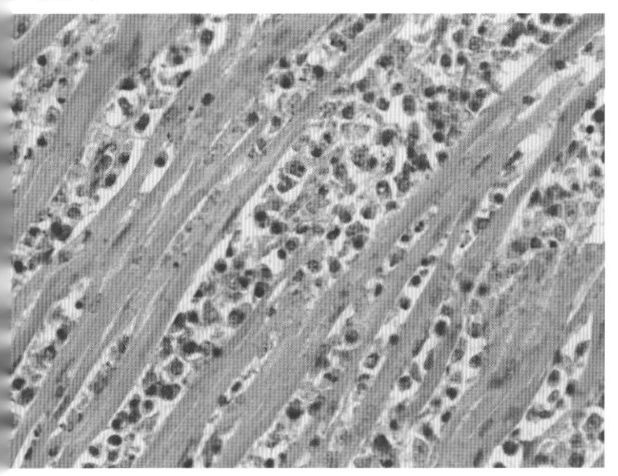

彩图3-53　鸡马立克氏病

人工接种GD0203株MDV后死亡鸡心脏切片，可见心肌纤维间有不同数量的形态大小不一的淋巴细胞结节，HE，400×（崔治中 摄）。

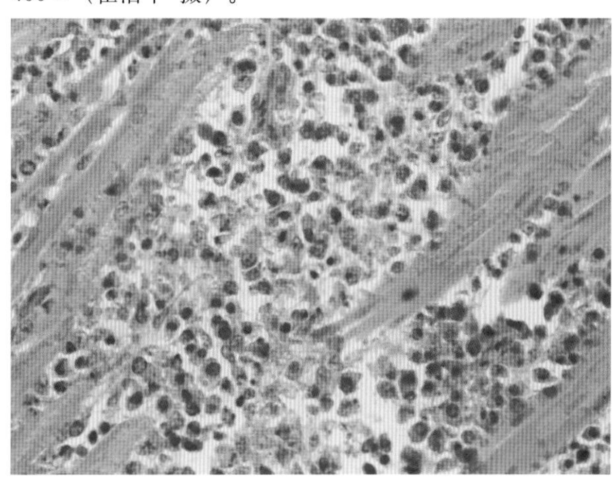

彩图3-54　鸡马立克氏病

同一心脏切片的不同视野，可见在心肌纤维间有一个较大的淋巴细胞结节，细胞大小和形态不一，HE，400×（崔治中 摄）。

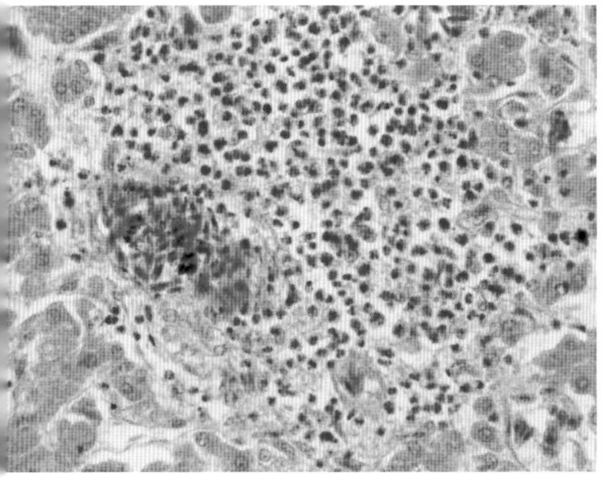

彩图3-55　鸡马立克氏病

1日龄SPF来航鸡接种国际参考毒Md5株vvMDV后62d剖杀，肝组织切片，可见很多大小形态不一的淋巴细胞组成的肿瘤结节，HE，400×（崔治中 摄）。

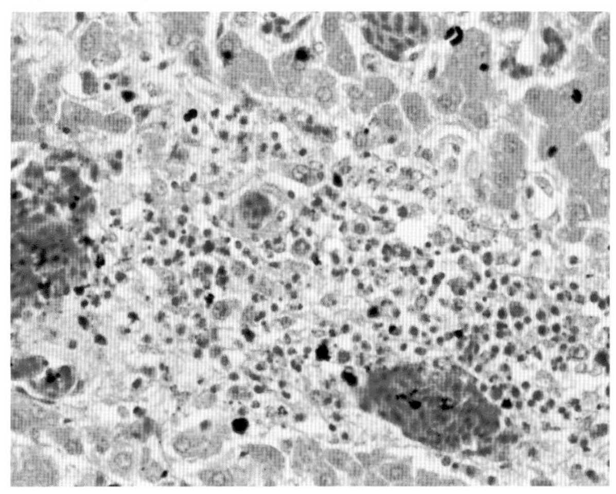

彩图3-56　鸡马立克氏病

1日龄SPF来航鸡接种同样病毒，另一只鸡肝脏切片，亦见许多形态大小不一的淋巴细胞组成的肿瘤结节，HE，400×（崔治中 摄）。

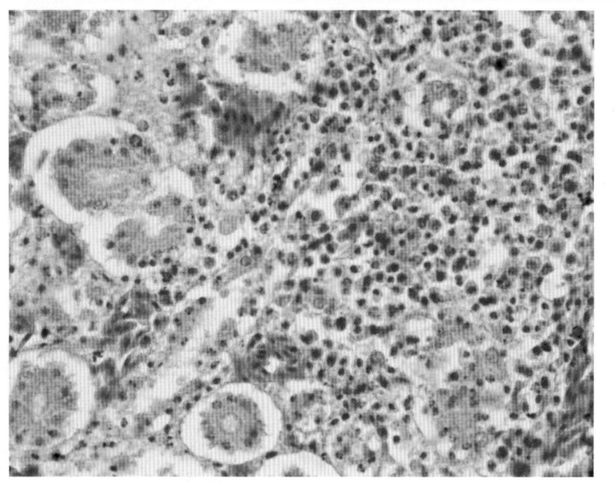

彩图3-57　鸡马立克氏病

1日龄SPF来航鸡接种Md5株vvMDV后62d剖杀，肾脏组织切片，亦见大小不一的淋巴细胞组成的肿瘤结节，HE，400×（崔治中 摄）。

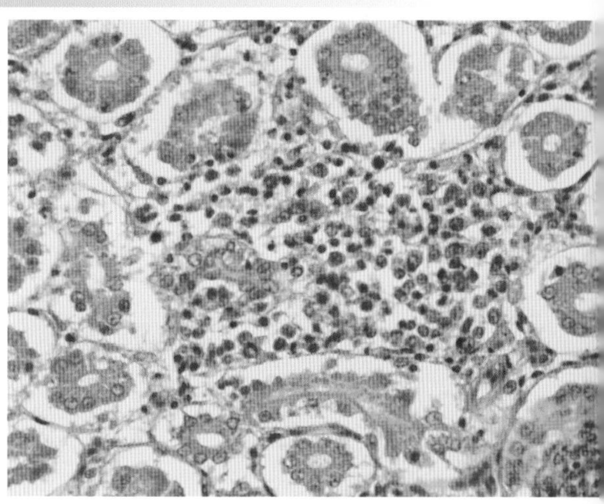

彩图3-58　鸡马立克氏病

1日龄SPF来航鸡接种同样病毒，另一只鸡肾脏切片，亦见典型的淋巴肿瘤结节，四周的肾小管还保持着正常结构，HE，400×（崔治中 摄）。

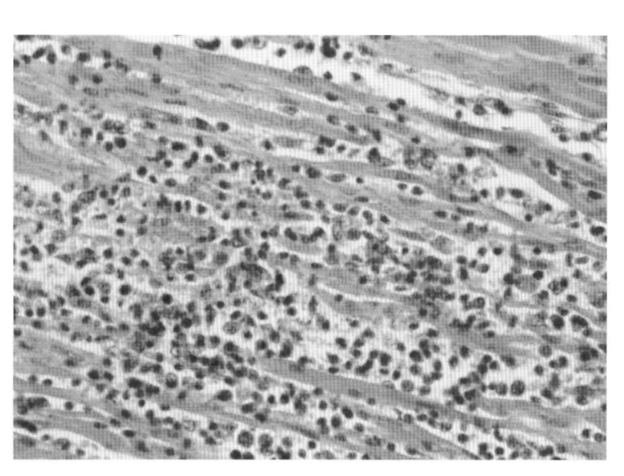

彩图3-59　鸡马立克氏病

1日龄SPF来航鸡接种Md5后62d剖杀，心脏切片，可见心肌纤维的纵截面，其间有大量的淋巴细胞浸润，HE，400×（崔治中 摄）。

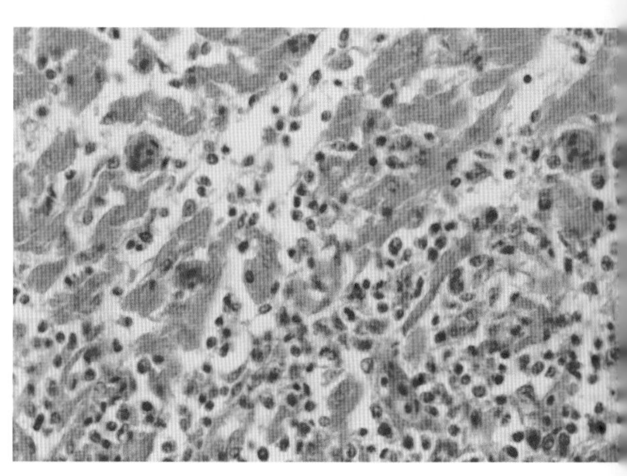

彩图3-60　鸡马立克氏病

1日龄SPF来航鸡接种Md5，另一只鸡心脏切片，可见心肌纤维的横切面，心肌纤维间有大量的淋巴细胞浸润，HE，400×（崔治中 摄）。

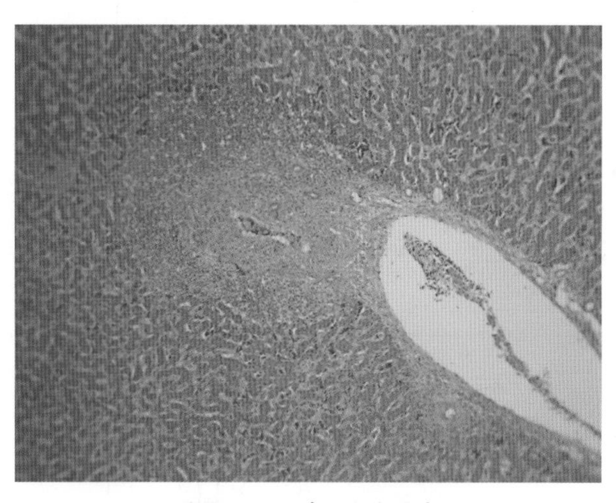

彩图3-61　鸡马立克氏病

感染vvMDV的SPF鸡肝脏肿瘤切片，见门静脉周围典型的淋巴细胞肿瘤结节，HE，400×（崔治中 摄）。

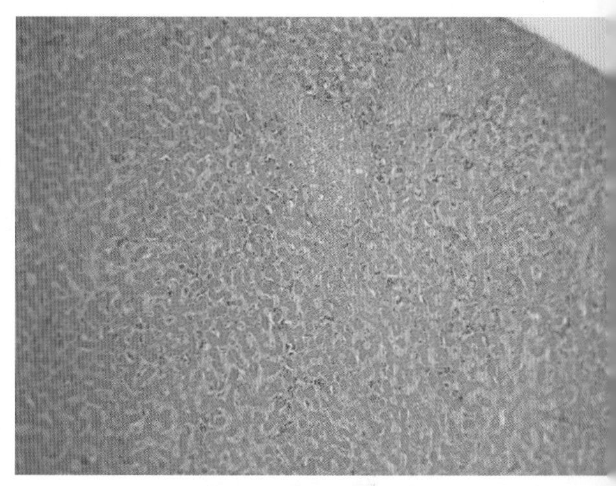

彩图3-62　鸡马立克氏病

显示前图另一个视野的淋巴细胞肿瘤结节，视野中有两个肿瘤结节，HE，100×（崔治中 摄）。

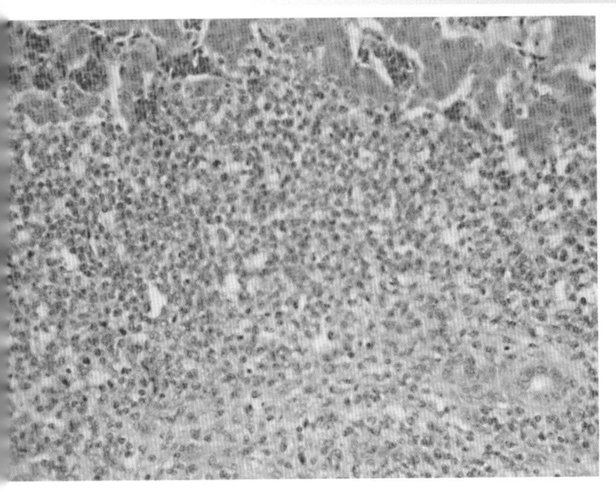

彩图3-63　鸡马立克氏病

彩图3-62进一步放大，HE，400×（崔治中 摄）。

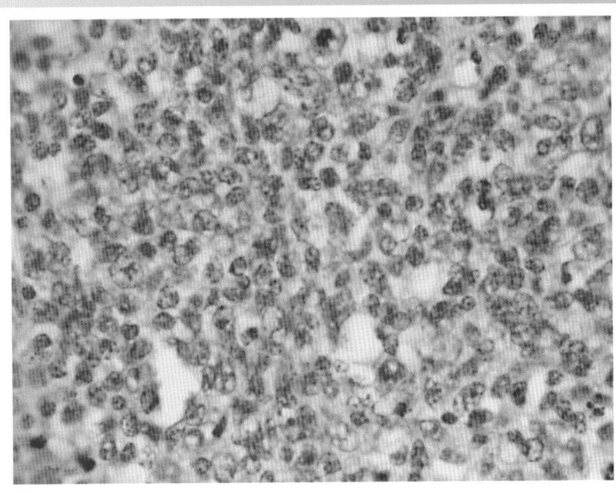

彩图3-64　鸡马立克氏病

彩图3-63淋巴细胞肿瘤结节进一步放大，显示细胞形态，HE，1 000×（崔治中 摄）。

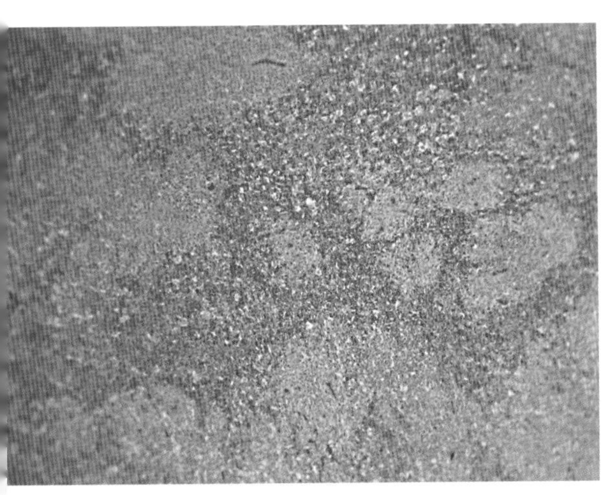

彩图3-65　鸡马立克氏病

感染vvMDV的SPF鸡脾脏肿瘤的组织切片，可见整个淋巴细胞特别密集的肿瘤结节，HE，100×（崔治中 摄）。

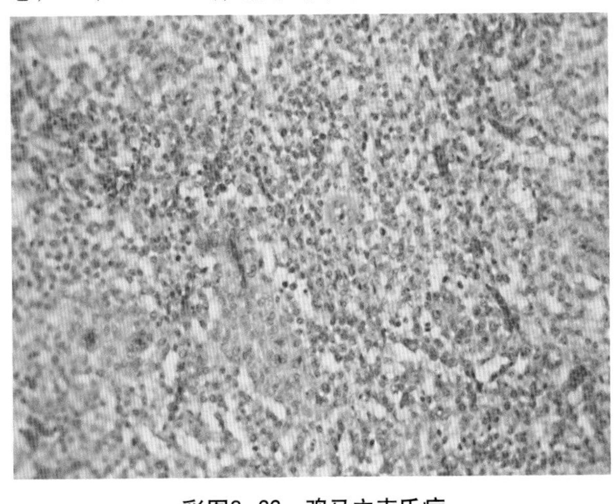

彩图3-66　鸡马立克氏病

前图进一步放大，显示肿瘤结节中密集的淋巴细胞，HE，400×（崔治中 摄）。

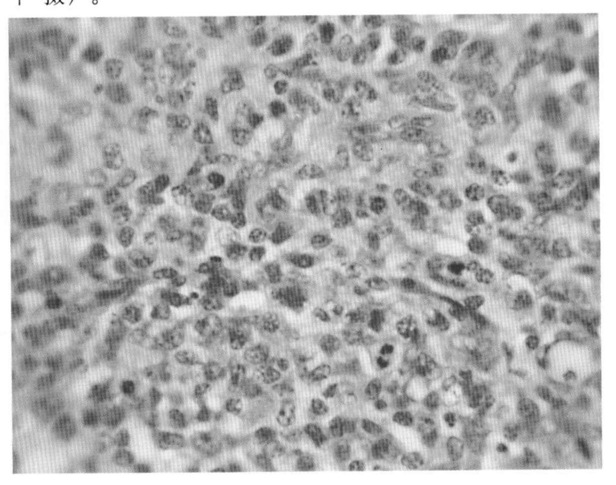

彩图3-67　鸡马立克氏病

彩图3-66进一步放大，显示细胞形态，可见淋巴细胞大小不一，其中有一个细胞正在发生有丝分裂，在细胞内有两个已分开的对称的细胞核结构（图右下方），HE，1 000×（崔治中 摄）。

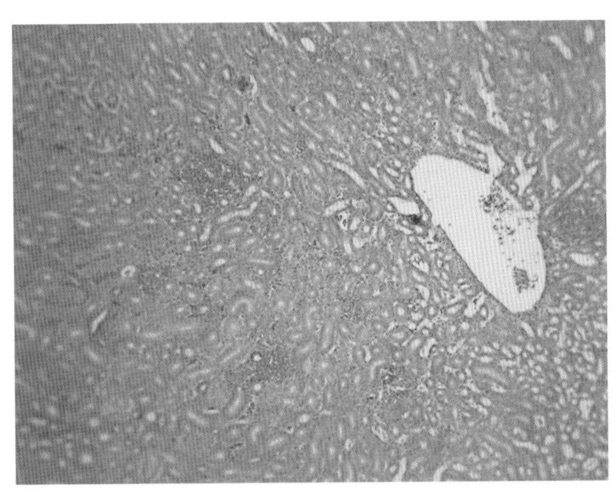

彩图3-68　鸡马立克氏病

vvMDV感染鸡肾脏肿瘤组织切片，正常的肾小管结构仍清楚可见，同时又有若干个淋巴细胞肿瘤结节，HE，100×（崔治中 摄）。

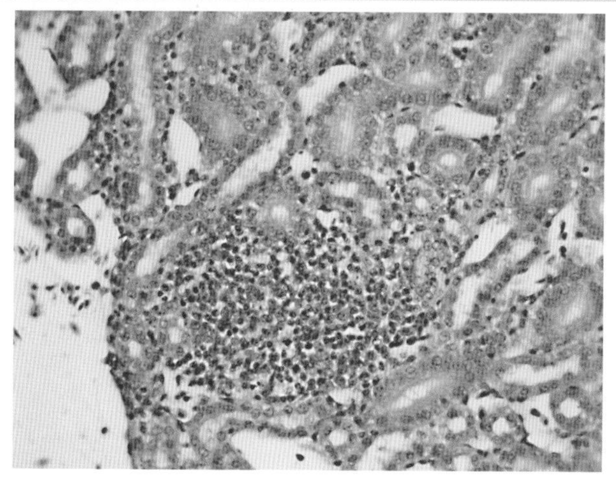

彩图3-69　鸡马立克氏病

与彩图3-68同一切片的同一视野进一步放大，HE，400×（崔治中 摄）。

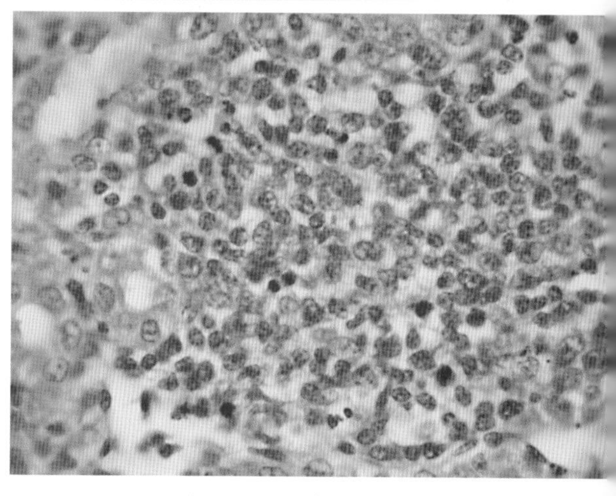

彩图3-70　鸡马立克氏病

与彩图3-69同一切片的同一视野进一步放大，更清楚地看到肿瘤结节中淋巴细胞的大小和形态，HE，1 000×（崔治中 摄）。

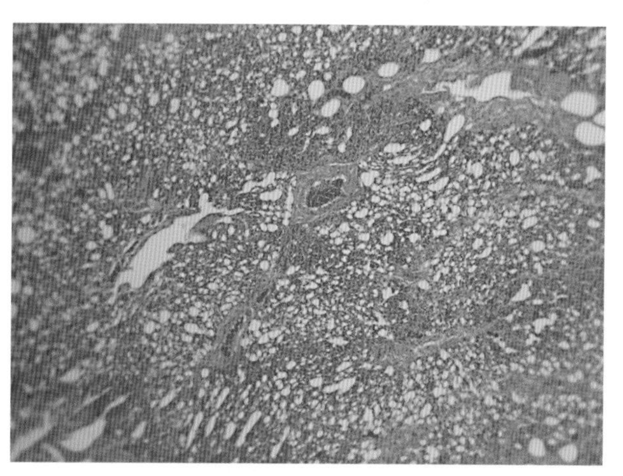

彩图3-71　鸡马立克氏病

感染vvMDV的SPF鸡肺脏组织切片，可见正常的肺泡结构，但其间有大量浸润的淋巴细胞，HE，100×（崔治中 摄）。

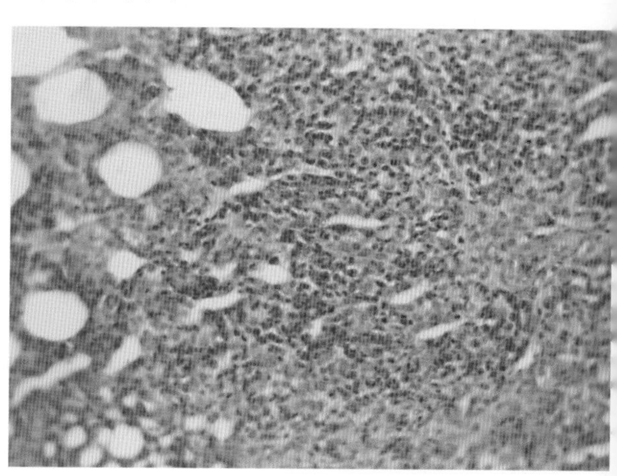

彩图3-72　鸡马立克氏病

前图进一步放大，肺脏肿瘤组织，HE，400×（崔治中 摄）。

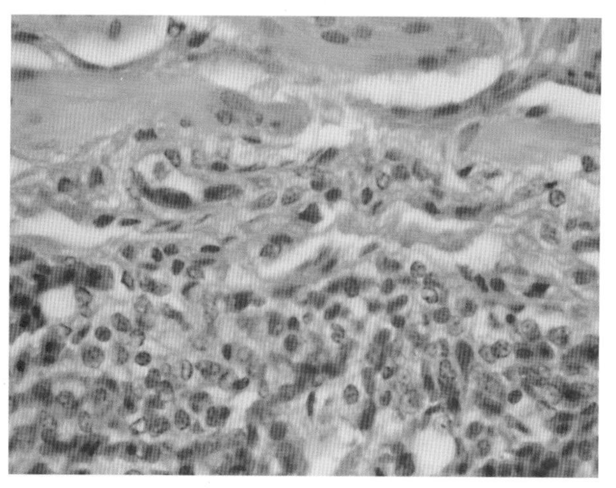

彩图3-73　鸡马立克氏病

彩图3-72进一步放大，为肺泡上皮及相关的间质组织的细胞，其间有大量浸润的形态大小不一的淋巴细胞和红细胞，HE，1 000×（崔治中 摄）。

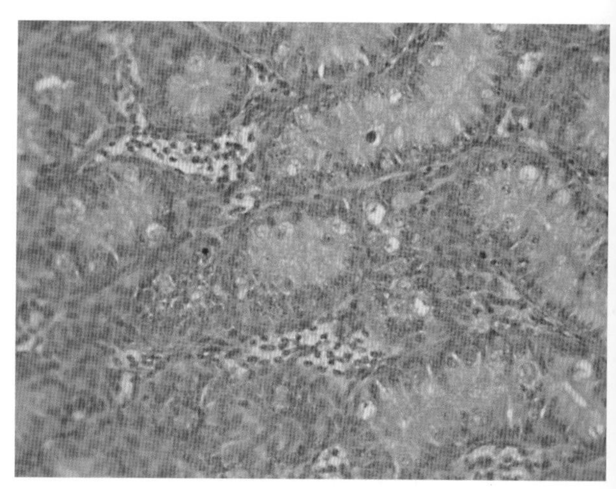

图3-74　鸡马立克氏病

与彩图3-73为同一只鸡，肿大的睾丸组织切片，可见睾丸组织间浸润的淋巴细胞，HE，400×（崔治中 摄）。

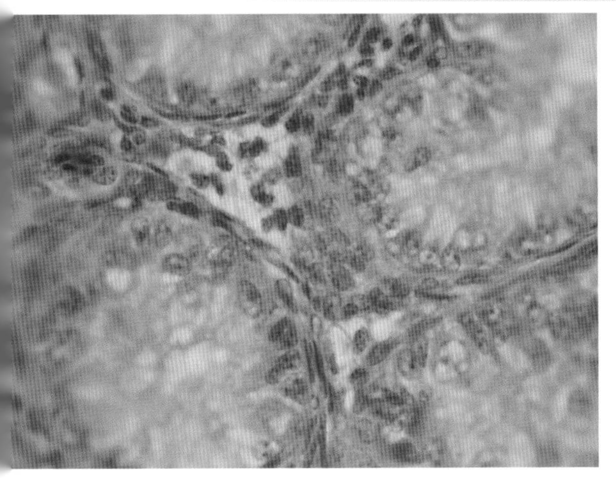

彩图3-75　鸡马立克氏病

彩图3-74同一视野进一步放大，显示睾丸组织间浸润的淋巴细胞，HE，1 000×（崔治中 摄）。

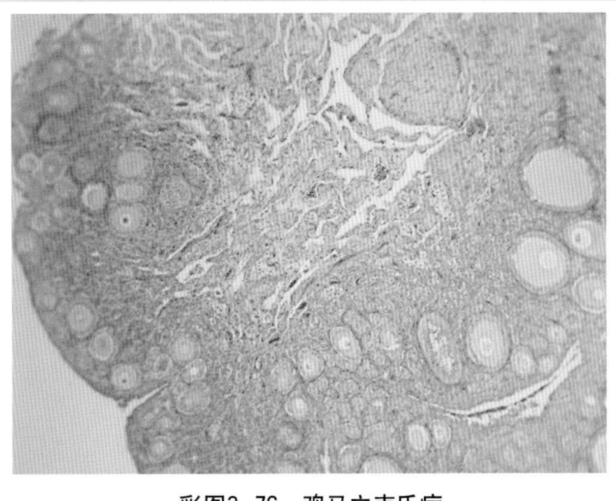

彩图3-76　鸡马立克氏病

人工接种vvMDV后的另一只鸡的卵巢肿瘤组织切片，在卵泡滤泡间有许多浸润的淋巴细胞，HE，100×（崔治中 摄）。

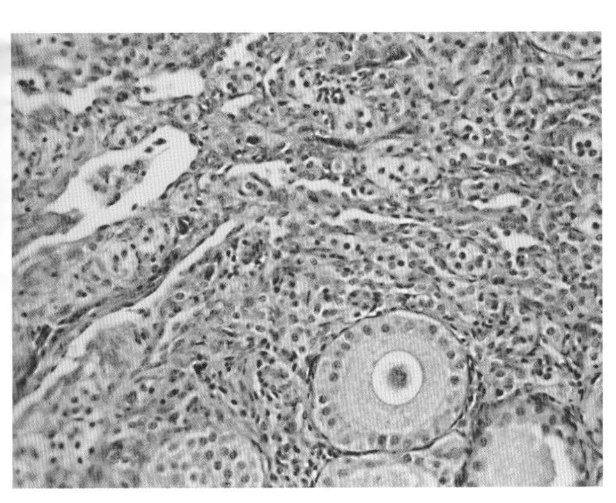

彩图3-77　鸡马立克氏病

前图视野进一步放大，HE，400×（崔治中 摄）。

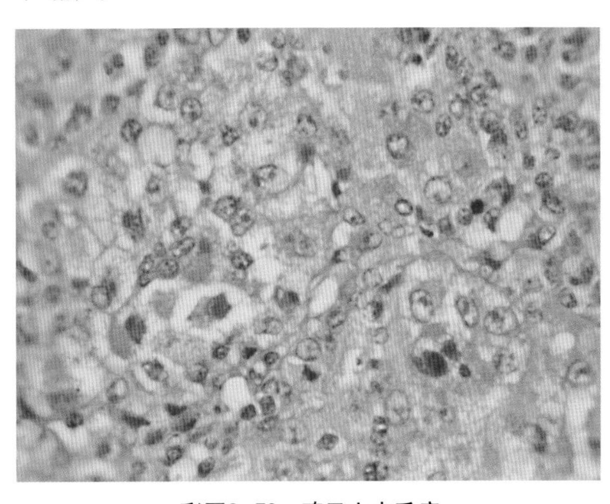

彩图3-78　鸡马立克氏病

彩图3-77进一步放大，显示浸润性淋巴细胞的形态大小，HE，1 000×（崔治中 摄）。

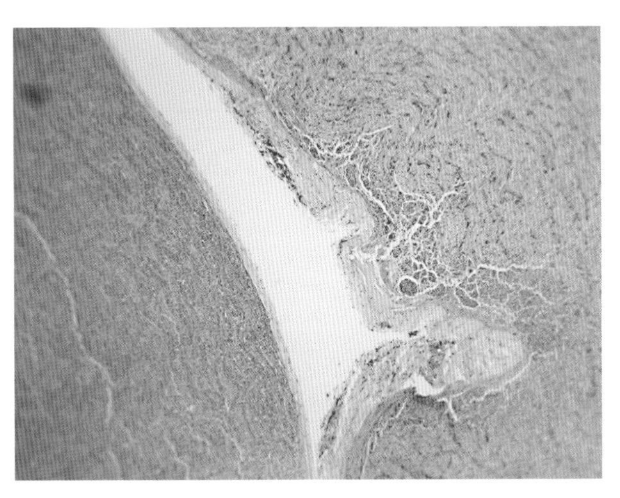

彩图3-79　鸡马立克氏病

vvMDV感染的另一只鸡，肿大的迷走神经组织切片，见不同部位的迷走神经纤维间布满浸润的淋巴细胞，HE，100×（崔治中 摄）。

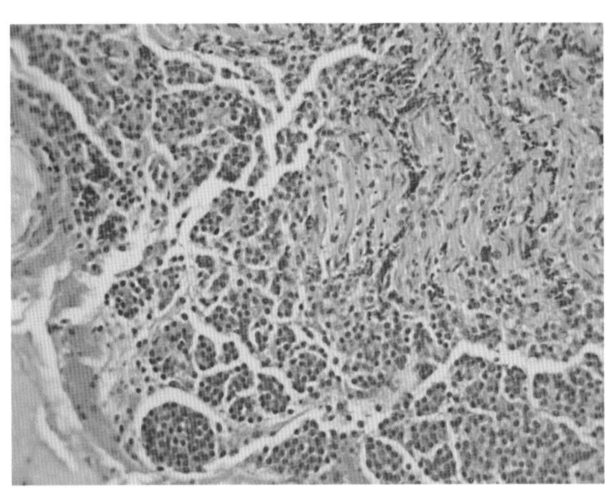

彩图3-80　鸡马立克氏病

前图进一步放大，视野显示迷走神经横截面，见大量浸润淋巴细胞，HE，400×（崔治中 摄）。

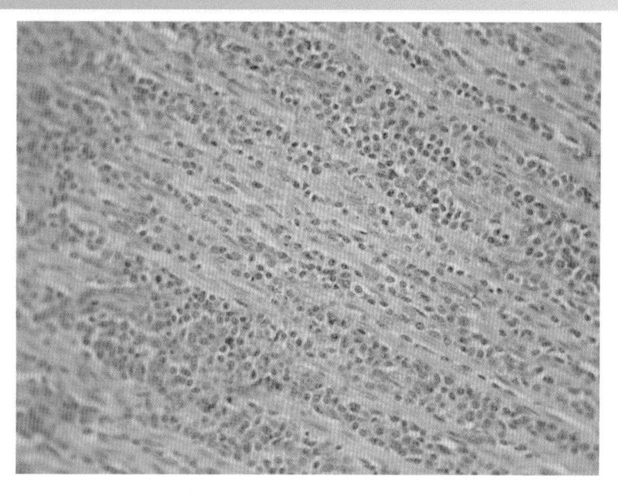

彩图3-81 鸡马立克氏病

另一视野，显示迷走神经纤维纵切面，纤维间大量浸润淋巴细胞，HE，400×（崔治中 摄）。

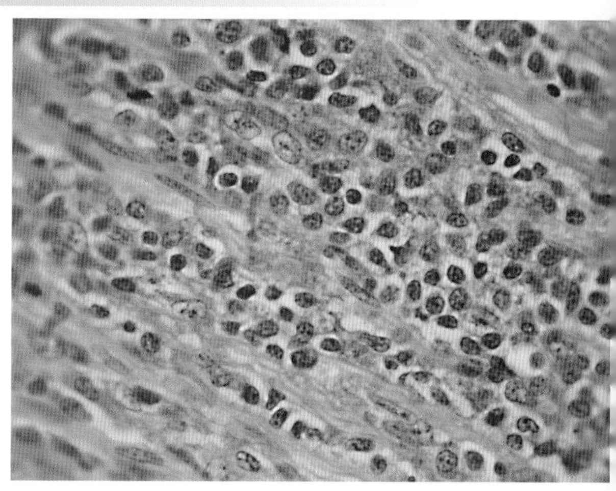

彩图3-82 鸡马立克氏病

前图视野进一步放大，更清楚地显示迷走神经纤维间浸润的淋巴细胞的形态大小，HE，1 000×（崔治中 摄）。

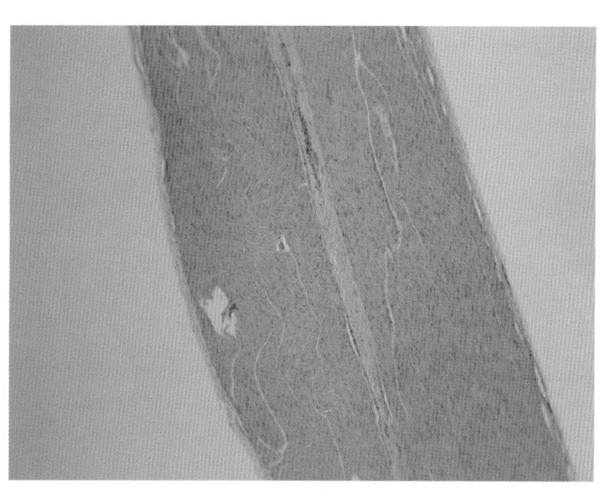

彩图3-83 鸡马立克氏病

同年龄未感染SPF鸡迷走神经的组织切片，HE，100×（崔治中 摄）。

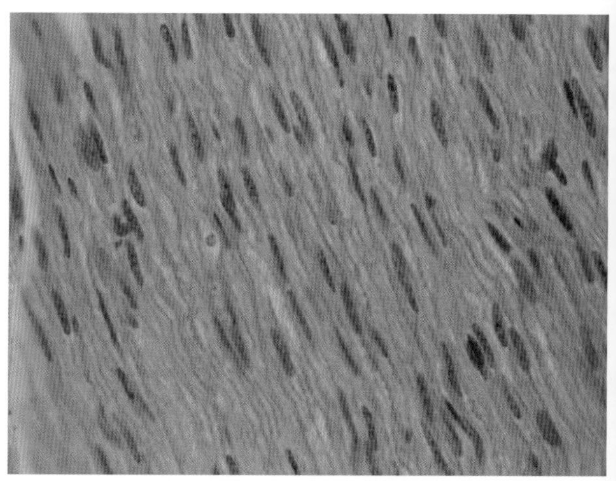

彩图3-84 鸡马立克氏病

前一图的放大，可见清晰的神经纤维细胞及其长长的细胞核，其中没有圆形的淋巴细胞，HE，1 000×（崔治中 摄）。

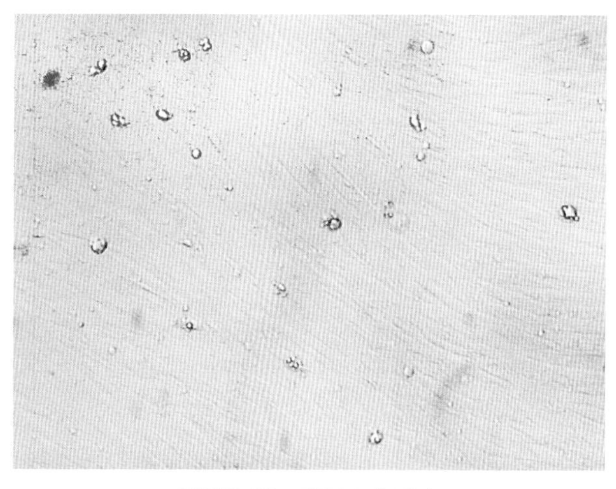

彩图3-85 鸡马立克氏病

未接毒的CEF，没有蚀斑的阴性对照（崔治中 摄）。

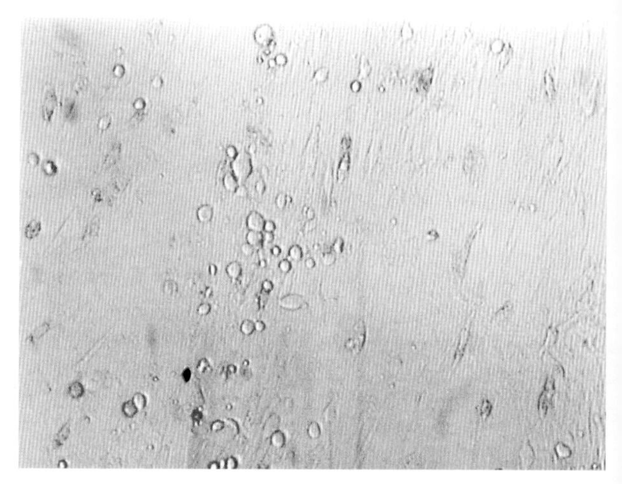

彩图3-86 鸡马立克氏病

GX0101株vvMDV接种CEF后120h呈现的病毒蚀斑（崔治中 摄）。

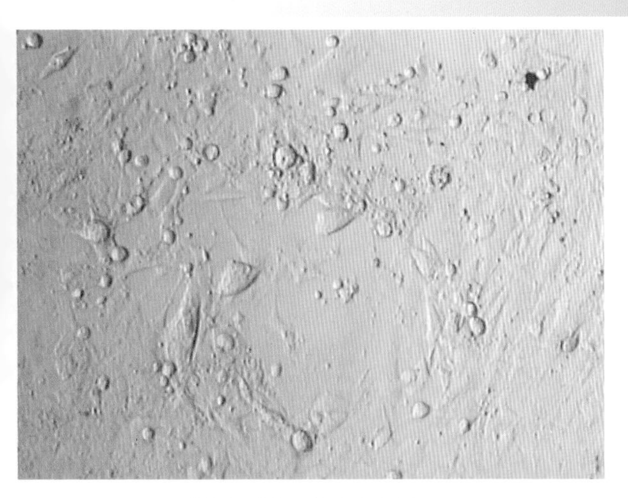

彩图3-87　鸡马立克氏病

GX0101株vvMDV接种在DEF中培养时呈现的病毒蚀斑（崔治中 摄）。

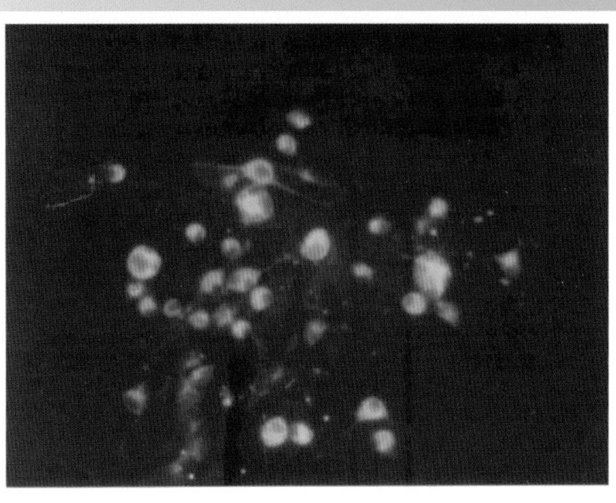

彩图3-88　鸡马立克氏病

用单抗BA4作IFA显示中国毒GX0101株vvMDV感染CEF上的蚀斑（崔治中 摄）。

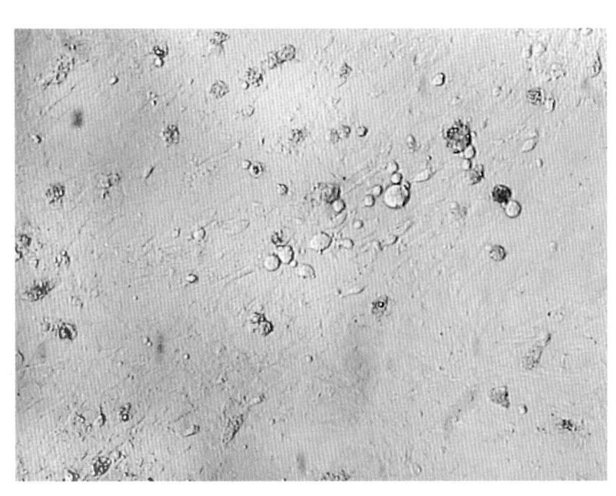

彩图3-89　鸡马立克氏病

GX0102株MDV接种CEF后120h呈现的病毒蚀斑（崔治中 摄）。

彩图3-90　鸡马立克氏病

用单抗BA4作IFA显示中国毒GX0102株MDV感染CEF上的蚀斑（崔治中 摄）。

彩图3-91　鸡马立克氏病

GD0202株MDV接种CEF后120h呈现的病毒蚀斑（崔治中 摄）。

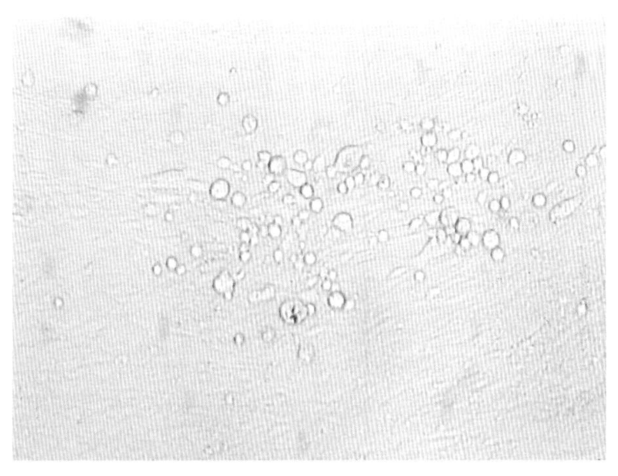

彩图3-92　鸡马立克氏病

GD0203株vMDV接种CEF后120h呈现的病毒蚀斑（崔治中 摄）。

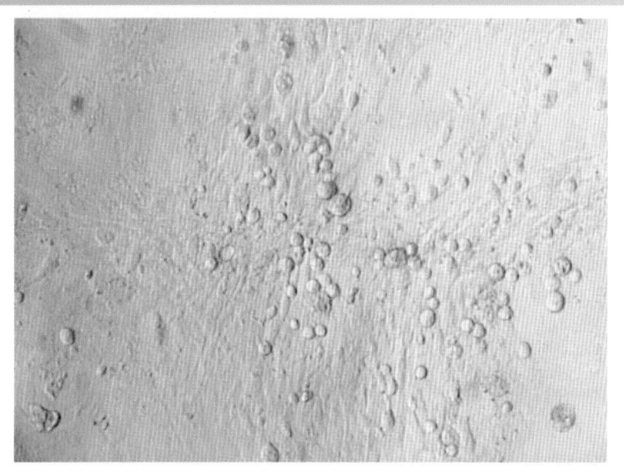

彩图3-93 鸡马立克氏病

BJ0101株vMDV接种CEF后120h呈现的病毒蚀斑（崔治中 摄）。

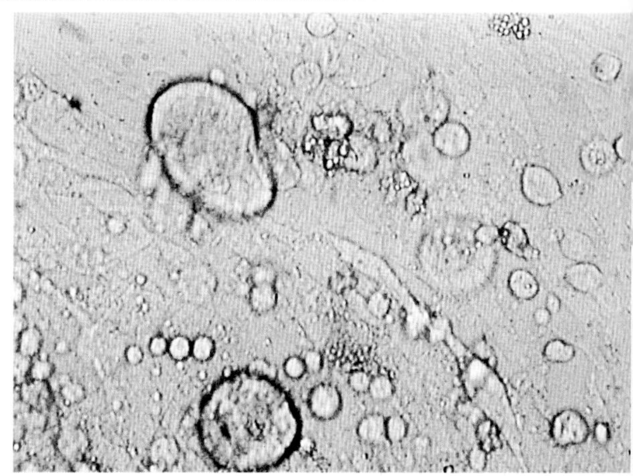

彩图3-94 鸡马立克氏病

HN0201株vMDV接种CEF后60h呈现的病毒蚀斑（崔治中 摄）。

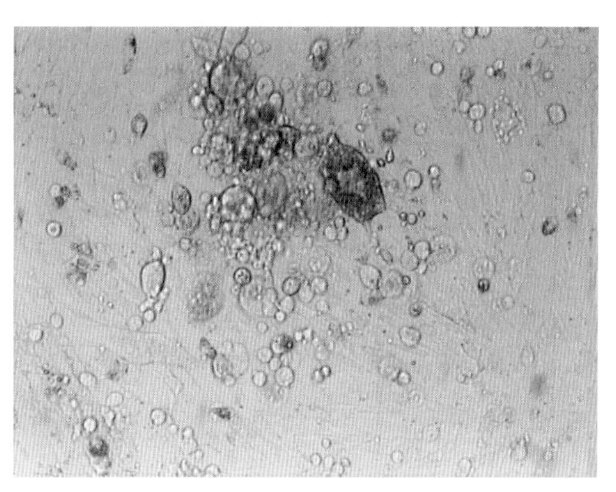

彩图3-95 鸡马立克氏病

HN0201株MDV接种CEF后72h呈现的病毒蚀斑（崔治中 摄）。

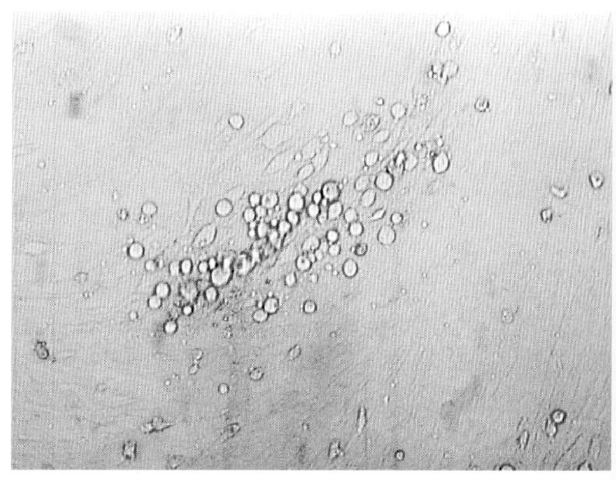

彩图3-96 鸡马立克氏病

疫苗CVI988毒株mMDV接种CEF后24h呈现的病毒蚀斑（崔治中 摄）。

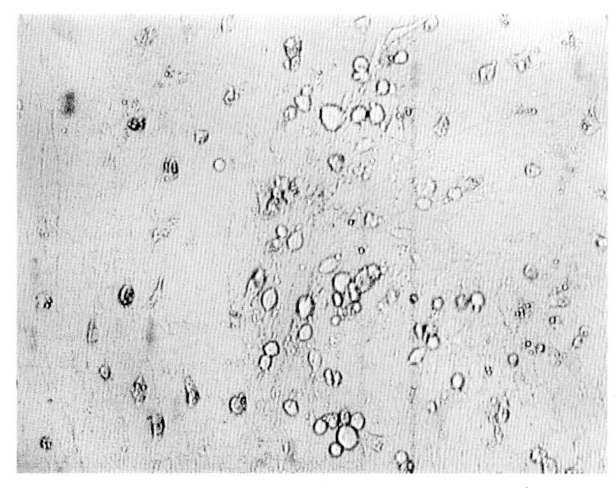

彩图3-97 鸡马立克氏病

国际参考毒GA株vMDV接种CEF后48h呈现的病毒蚀斑（崔治中 摄）。

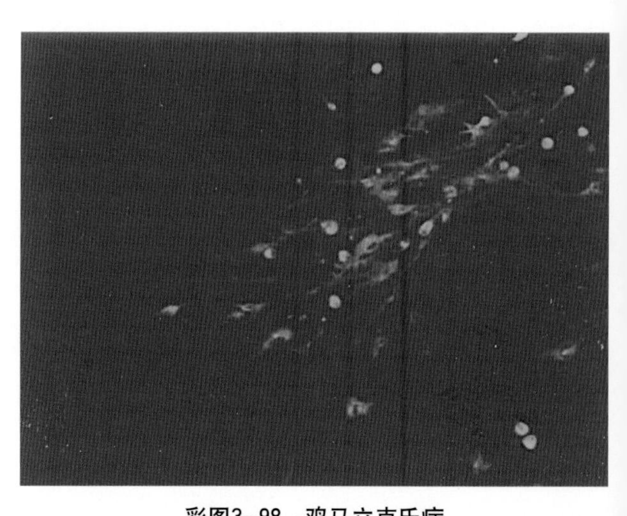

彩图3-98 鸡马立克氏病

用单抗H19作IFA显示MDV感染的CEF上的蚀斑（崔治中 摄）。

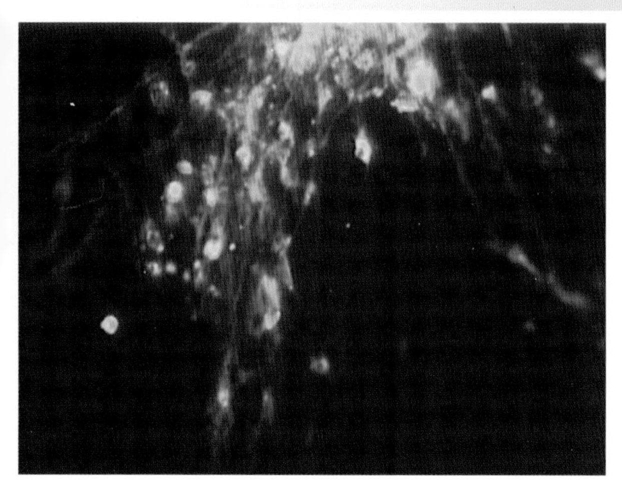

彩图3-99 鸡马立克氏病

用单抗T65作IFA显示MDV感染的CEF上的蚀斑（崔治中 摄）。

彩图3-100 健康鸡

4月龄汶上芦花鸡（崔治中 摄）。

彩图3-101 健康鸡

4月龄济宁百日鸡（崔治中 摄）。

彩图3-102 健康鸡

4月龄寿光黑鸡（崔治中 摄）。

彩图3-103 健康鸡

4月龄SPF白来航鸡（崔治中 摄）。

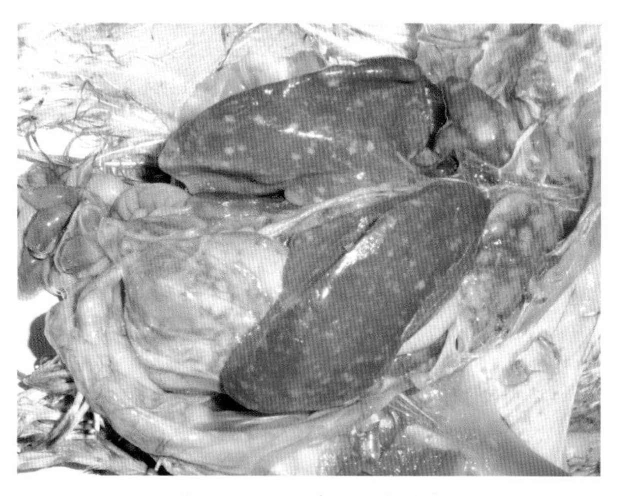

彩图3-104 鸡马立克氏病

与1日龄接种Md5的同批汶上芦花鸡同笼饲养被横向感染的1号汶上芦花鸡，在119日龄死亡，剖检后显示肝脏上有许多不同形态和大小的肿瘤块和肿瘤结节（崔治中 摄）。

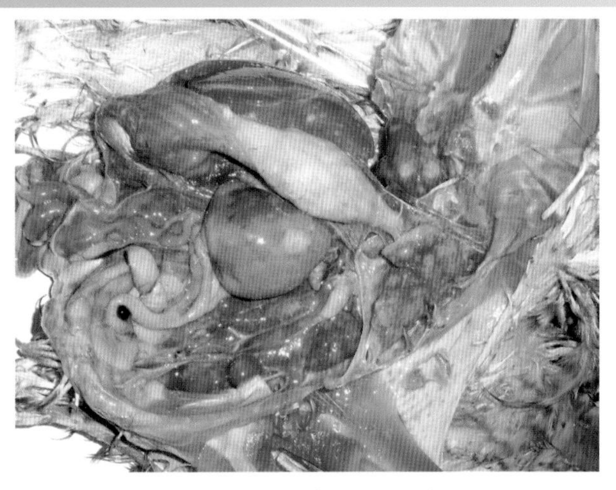

彩图3-105　鸡马立克氏病

1号汶上芦花鸡，显示脾脏、肾脏和腺胃均有肿瘤病变（崔治中 摄）。

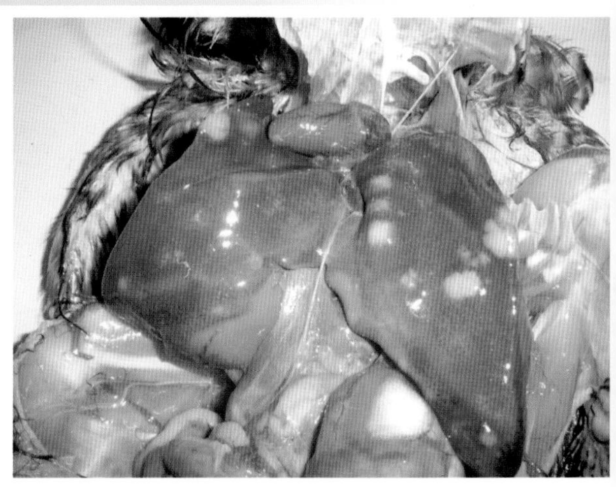

彩图3-106　鸡马立克氏病

与1日龄接种Md5的同批汶上芦花鸡同笼饲养被横向感染的2号汶上芦花鸡，在119日龄发病死亡，显示在肝脏上有多个很大的肿瘤块，有的已凸出肝脏表面（崔治中 摄）。

彩图3-107　鸡马立克氏病

2号汶上芦花鸡，在119日龄发病死亡，在肾脏和卵巢上出现白色的增生区（崔治中 摄）。

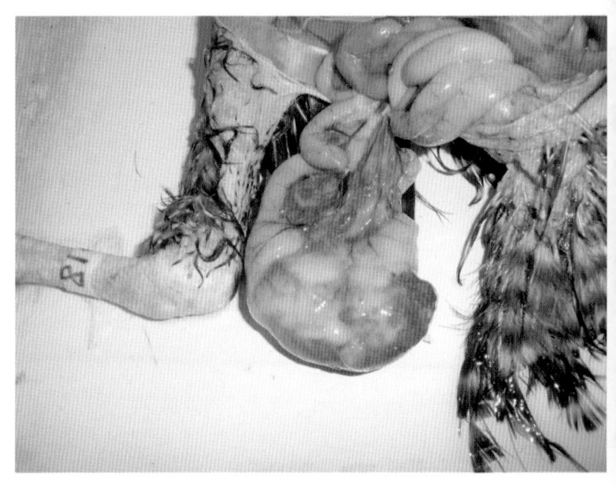

彩图3-108　鸡马立克氏病

2号汶上芦花鸡，在119日龄发病死亡，显示肠道壁上形成的很大的肿瘤块（崔治中 摄）。

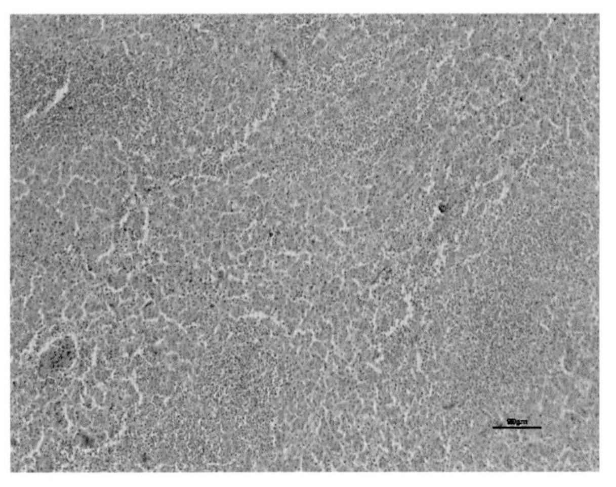

彩图3-109　鸡马立克氏病

1号汶上芦花鸡肝脏组织切片，可见若干个由淋巴细胞组成的形状不规则的肿瘤结节，HE，100×（崔治中 摄）。

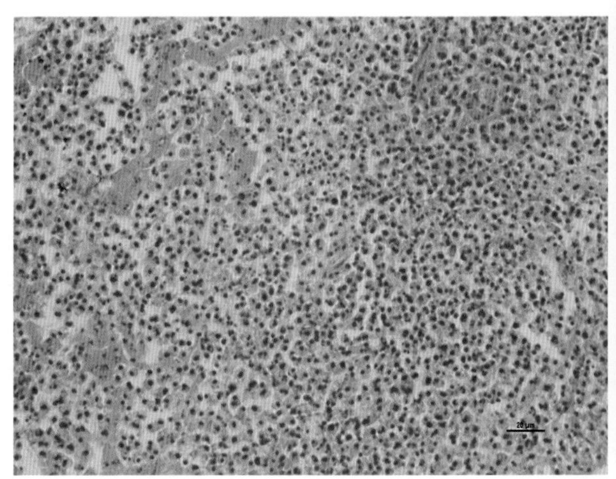

彩图3-110　鸡马立克氏病

前图进一步放大，显示一个肿瘤结节中大量的不同大小的淋巴细胞，HE，400×（崔治中 摄）。

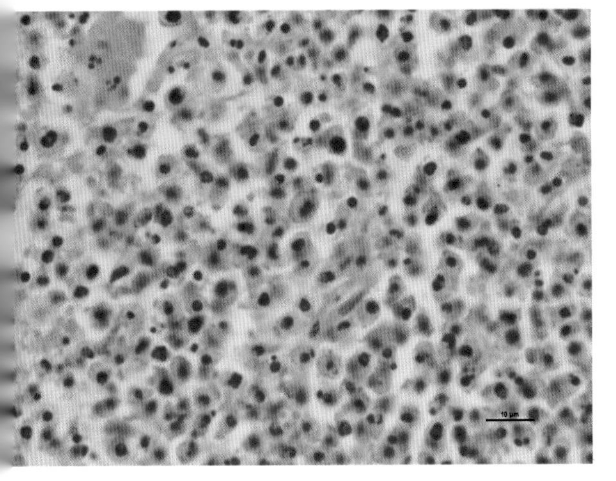

彩图3-111　鸡马立克氏病

彩图3-110进一步放大，更清楚显示肿瘤结节中淋巴细胞的形态和大小差异。在图中可见许多肿瘤细胞的细胞核浓缩、颜色变深，这与肿瘤细胞在死后比正常细胞更容易发生自溶作用相关，HE，1 000×（崔治中 摄）。

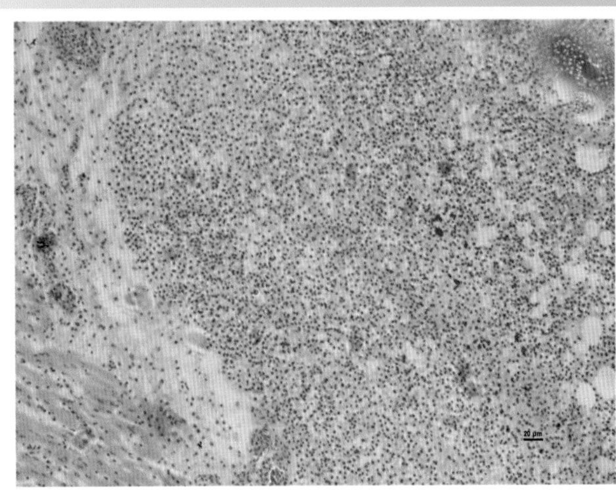

彩图3-112　鸡马立克氏病

同一只鸡心脏切片，左侧为心肌纤维，右侧为增生的淋巴细胞，HE，200×（崔治中 摄）。

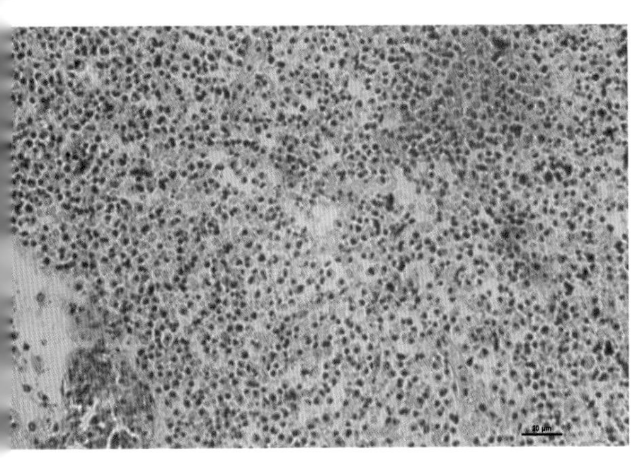

彩图3-113　鸡马立克氏病

前图进一步放大，显示组织肿瘤结节的淋巴细胞的形态和大小差异，HE，400×（崔治中 摄）。

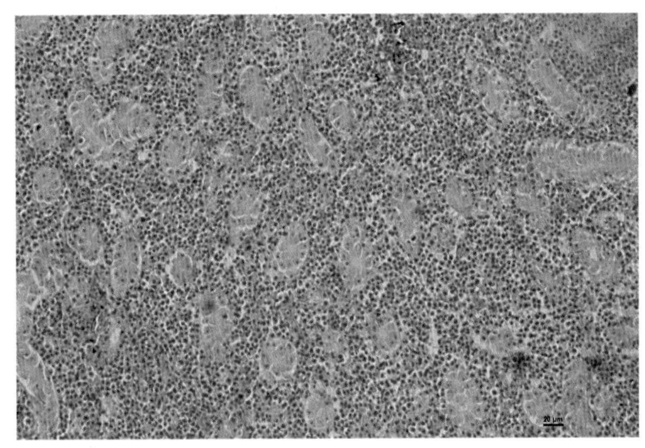

彩图3-114　鸡马立克氏病

同一只鸡的肾脏切片，肾小管间已充满浸润的淋巴细胞，HE，100×（崔治中 摄）。

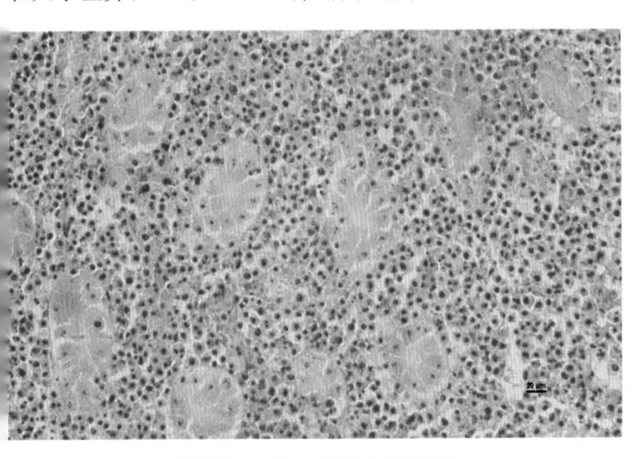

彩图3-115　鸡马立克氏病

前图进一步放大，HE，400×（崔治中 摄）。

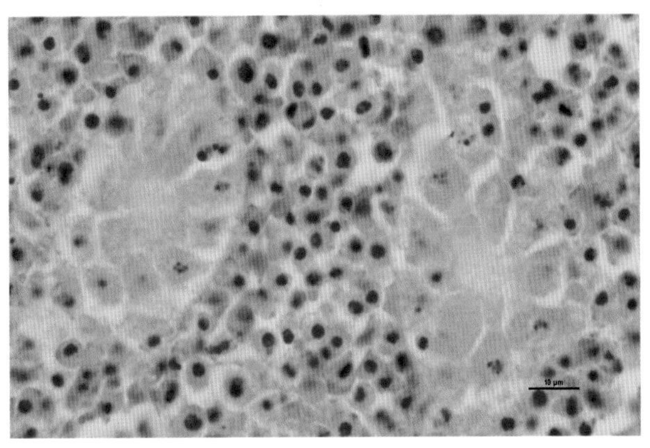

彩图3-116　鸡马立克氏病

彩图3-115进一步放大，更清楚显示浸润的淋巴细胞的形态和大小差异。在图中可见许多肿瘤细胞的细胞核浓缩、颜色变深，这与肿瘤细胞在死后比正常细胞更容易发生自溶作用相关。但在两个肾小管间仍然可见一个正处在有丝分裂期的淋巴细胞，显示一个细胞内两个对称的细胞核，HE，1 000×（崔治中 摄）。

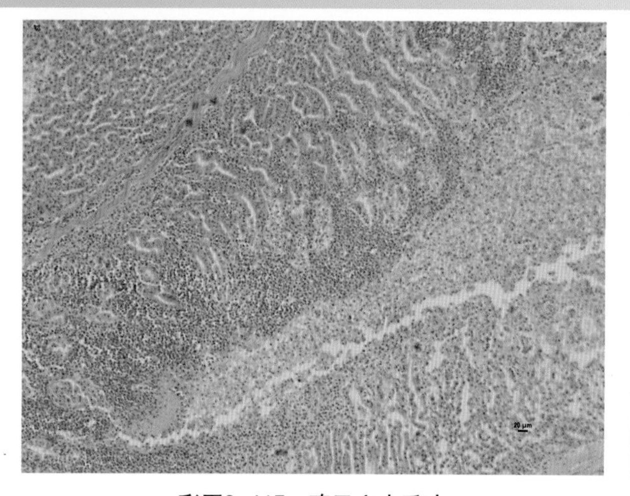

彩图3-117　鸡马立克氏病
同一只鸡的腺胃切片，见黏膜下腺区充满浸润的淋巴细胞，HE，100×（崔治中 摄）。

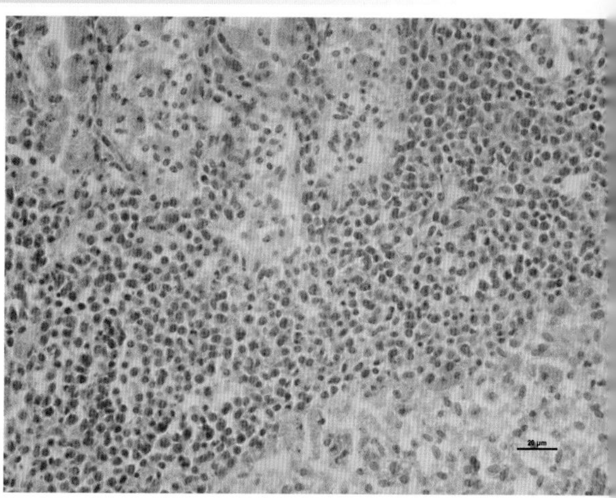

彩图3-118　鸡马立克氏病
前图进一步放大，HE，400×（崔治中 摄）。

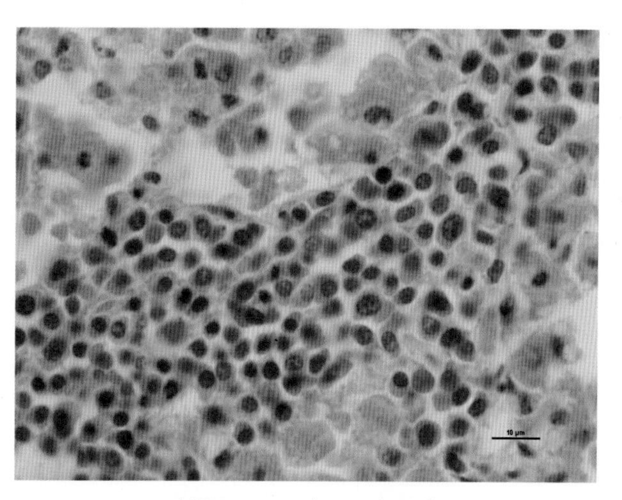

彩图3-119　鸡马立克氏病
彩图3-118进一步放大，HE，1 000×（崔治中 摄）。

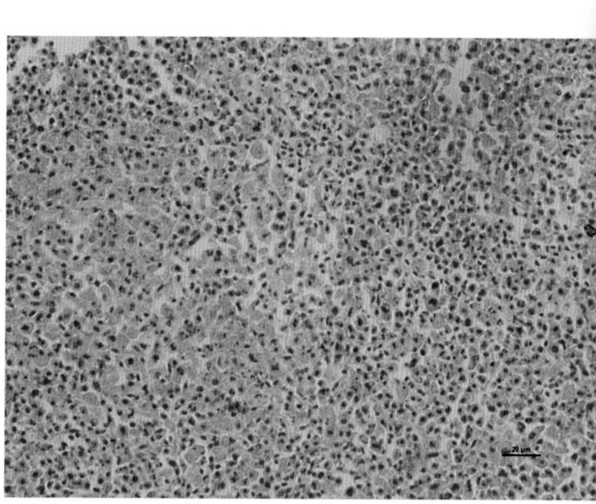

彩图3-120　鸡马立克氏病
同一只鸡肿大的脾脏组织切片，HE，400×（崔治中 摄）。

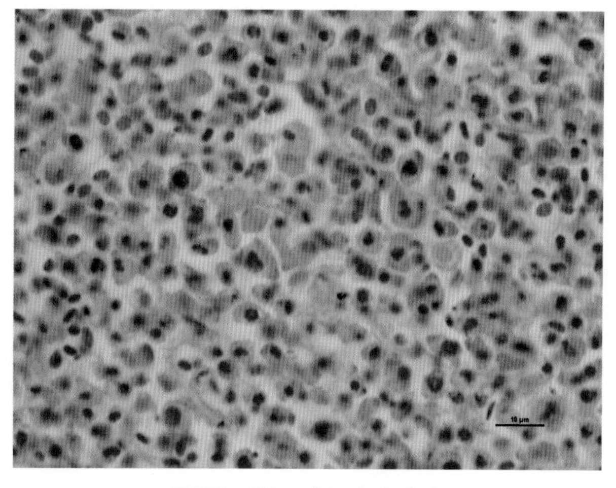

彩图3-121　鸡马立克氏病
前图进一步放大，更清楚显示浸润的淋巴细胞的形态和大小差异。由于肿瘤细胞在死后比正常细胞更容易发生自溶作用，许多细胞的细胞核或浓缩或不再显出，HE，1 000×（崔治中 摄）。

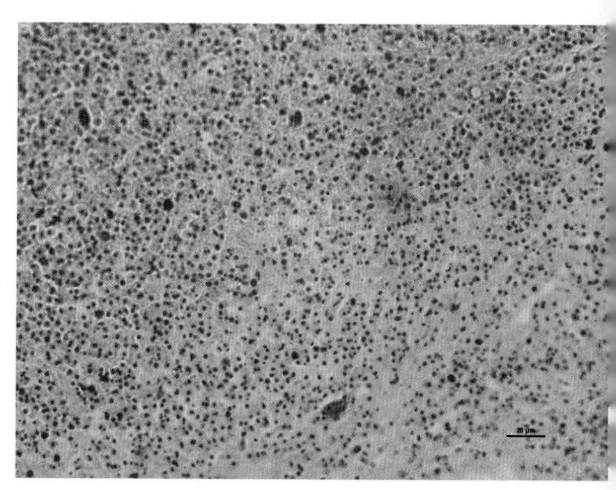

彩图3-122　鸡马立克氏病
皮肤肿大的毛囊切片，见各种不同大小的单核细胞，HE，400×（崔治中 摄）。

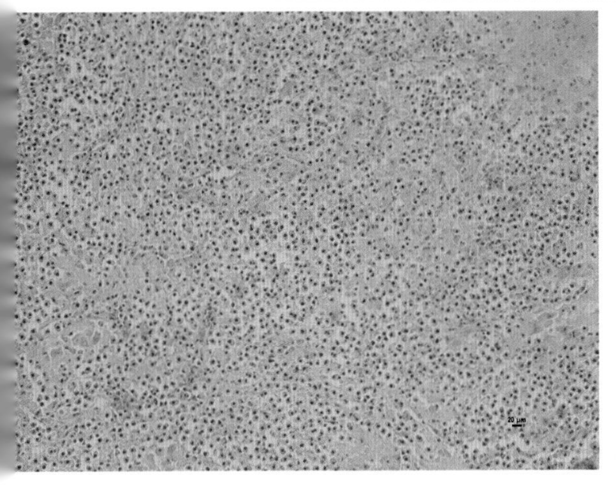

彩图3-123　鸡马立克氏病

2号汶上芦花鸡肝脏组织切片，见增生的单核细胞弥漫性浸润于肝细胞索间，HE，200×（崔治中 摄）。

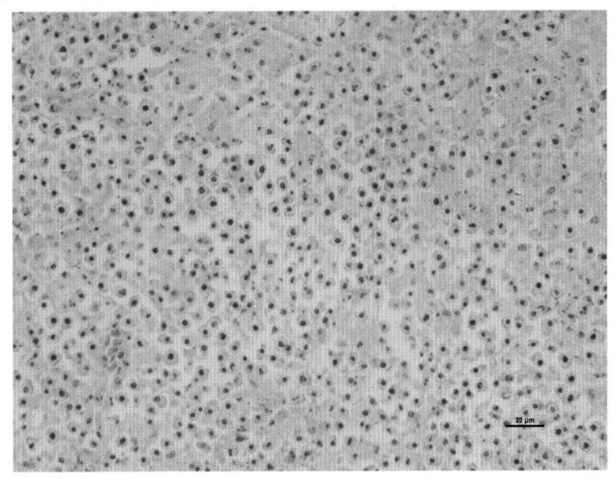

彩图3-124　鸡马立克氏病

前图进一步放大，HE，400×（崔治中 摄）。

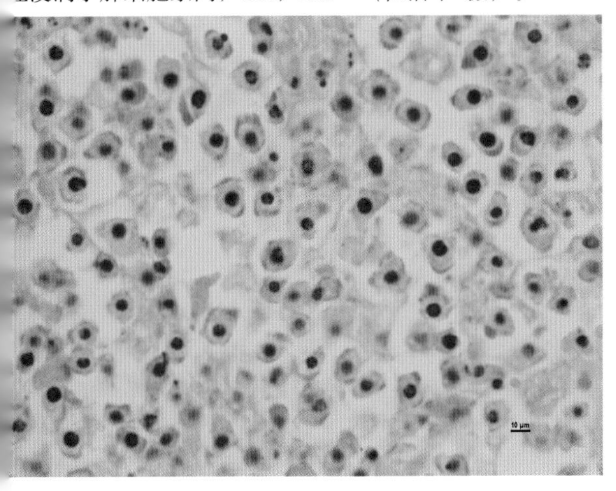

彩图3-125　鸡马立克氏病

彩图3-124进一步放大，很多淋巴细胞的细胞核有所变形，细胞核的核质均浓缩呈圆形、色深，与细胞质之间形成一色泽更淡的空白区，HE，1 000×（崔治中 摄）。

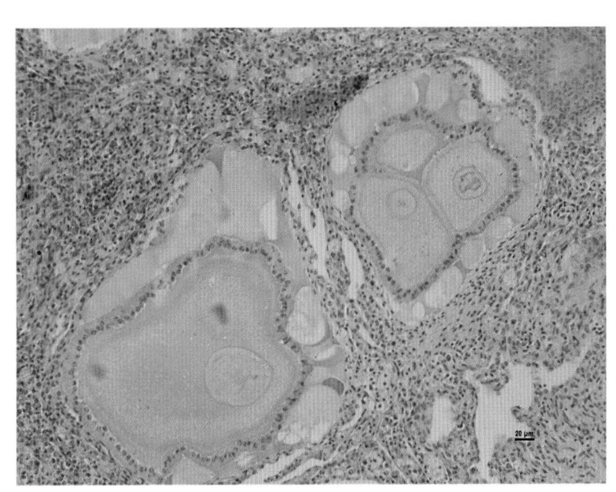

彩图3-126　鸡马立克氏病

2号汶上芦花鸡卵巢的白色区切片，卵泡间组织的淋巴细胞呈弥漫性浸润，HE，200×（崔治中 摄）。

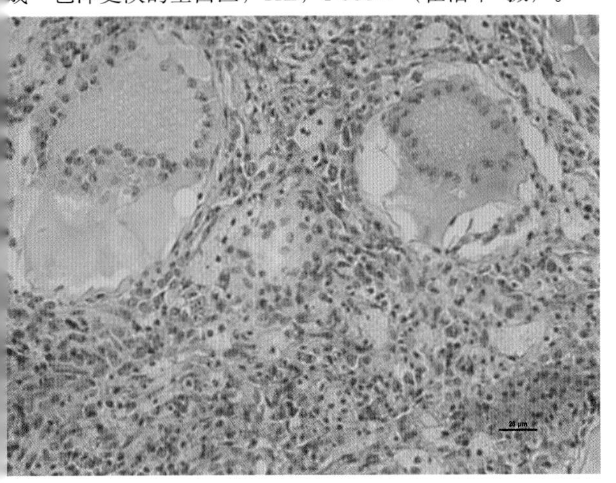

彩图3-127　鸡马立克氏病

前图进一步放大，HE，400×（崔治中 摄）。

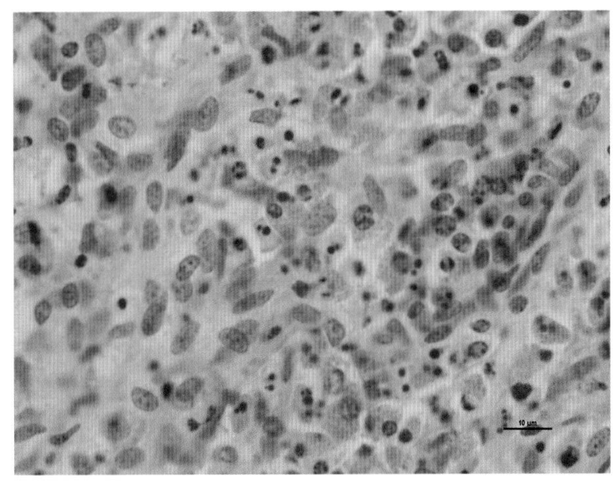

彩图3-128　鸡马立克氏病

彩图3-127进一步放大，更清楚显示细胞大小和形态。视野中还可见到许多细胞质中有嗜酸性颗粒的细胞，表明这只鸡还可能同时有白血病病毒感染诱发的肿瘤，HE，1 000×（崔治中 摄）。

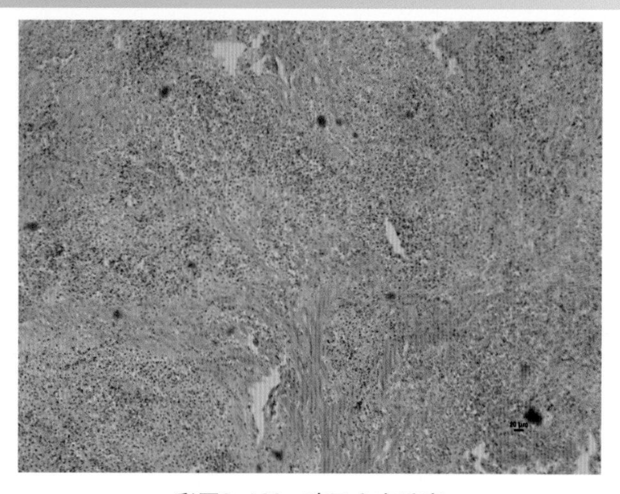

彩图3–129　鸡马立克氏病

2号汶上芦花鸡肠管切片，肠壁组织间充满增生性淋巴细胞，HE，400×（崔治中 摄）。

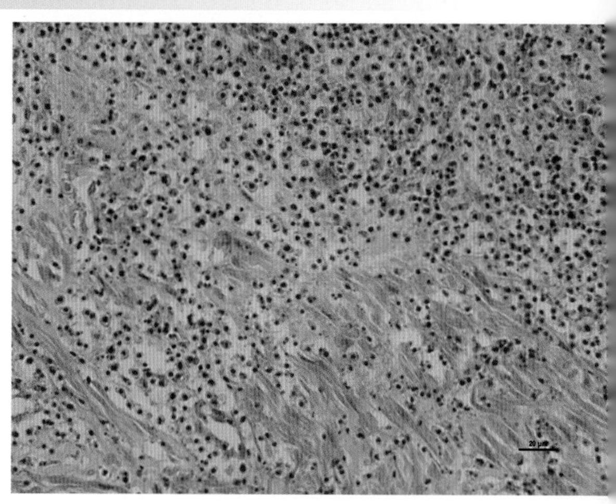

彩图3–130　鸡马立克氏病

前图进一步放大，HE，400×（崔治中 摄）。

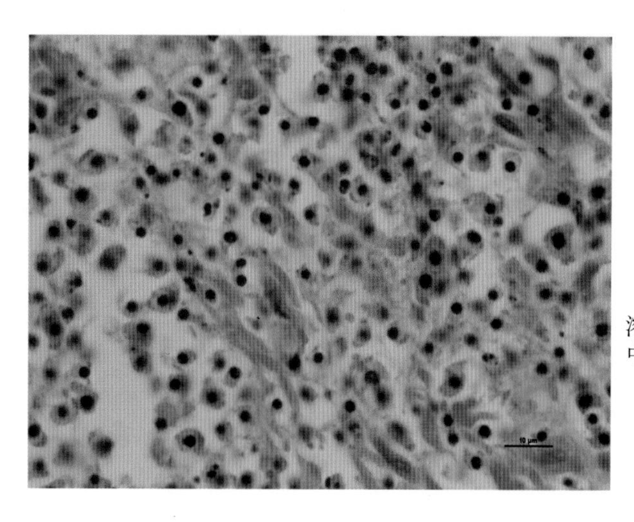

彩图3–131　鸡马立克氏病

彩图3–130进一步放大，同样也见到由于肿瘤细胞自溶作用，细胞核浓缩、颜色变深，HE，1 000×（崔治中 摄）。

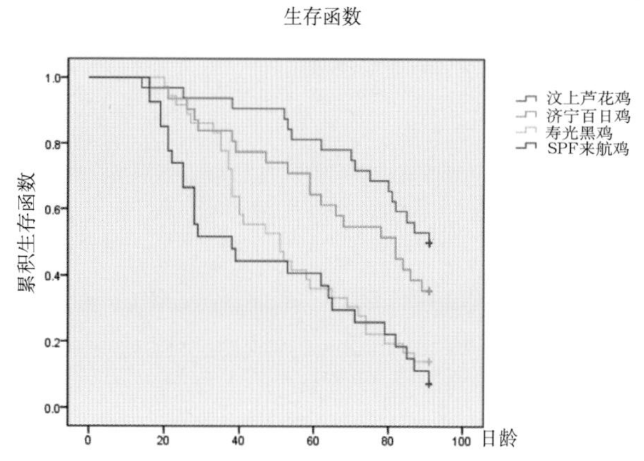

彩图3–132　鸡马立克氏病

4个不同品种鸡在1日龄接种500pfu的Md5后存活率

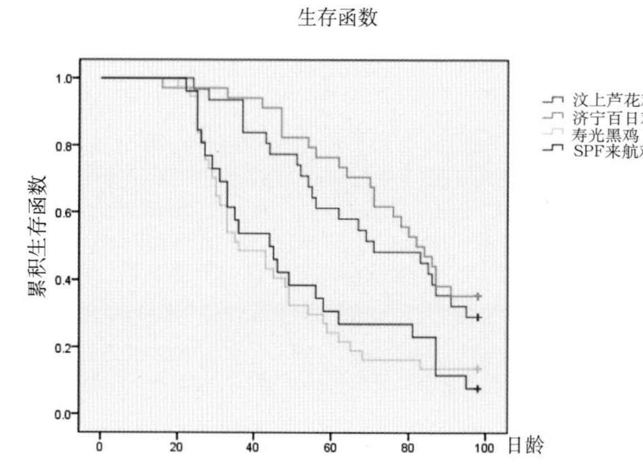

彩图3–133　鸡马立克氏病

4个不同品种鸡在7日龄接种1 000pfu的Md5后存活率

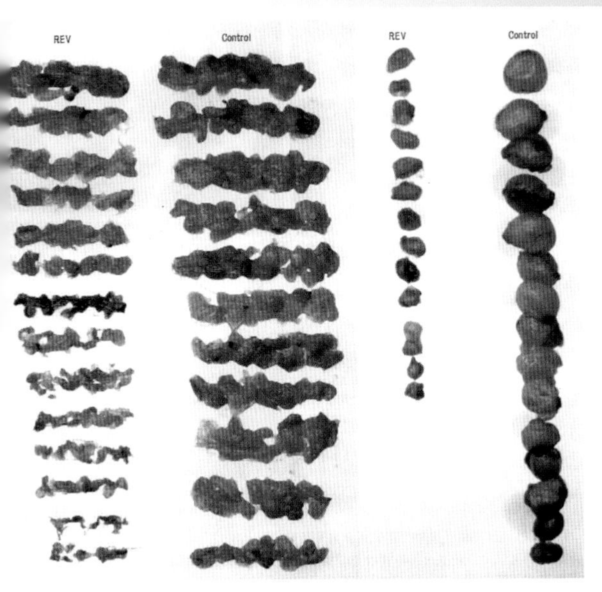

彩图4-1　鸡网状内皮增生病

1日龄SPF鸡人工接种REV后引起的法氏囊和胸腺萎缩(左侧均为攻毒组，右侧均为对照组)（崔治中 摄）。

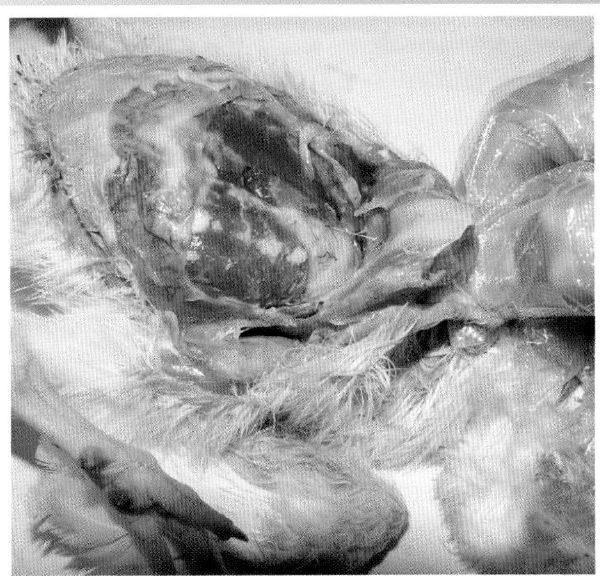

彩图4-2　鸡网状内皮增生病

1日龄商品代肉鸡接种REV后4周死亡，显示肝周炎（崔治中 摄）。

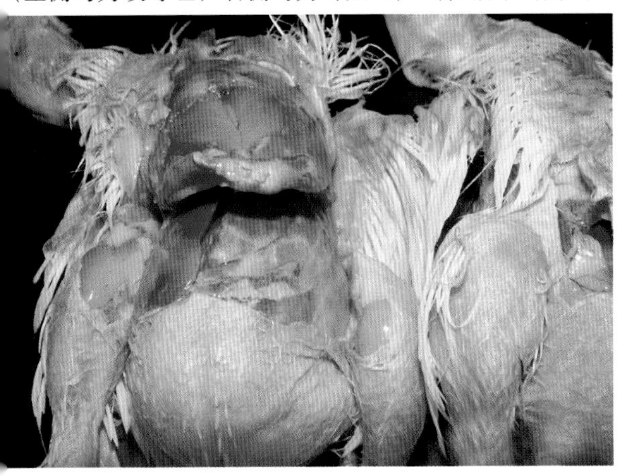

彩图4-3　鸡网状内皮增生病

另一只1日龄商品代肉鸡鸡接种REV后4周死亡，显示肝周炎（崔治中 摄）。

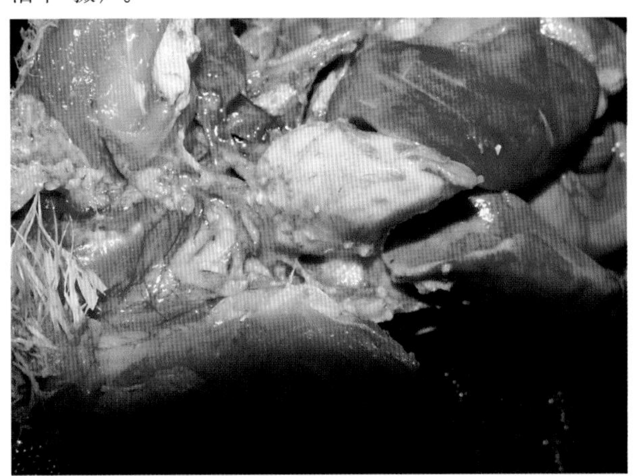

彩图4-4　鸡网状内皮增生病

另一只1日龄商品代肉鸡接种REV后4周死亡，显示心包炎，炎性渗出物呈黄色（崔治中 摄）。

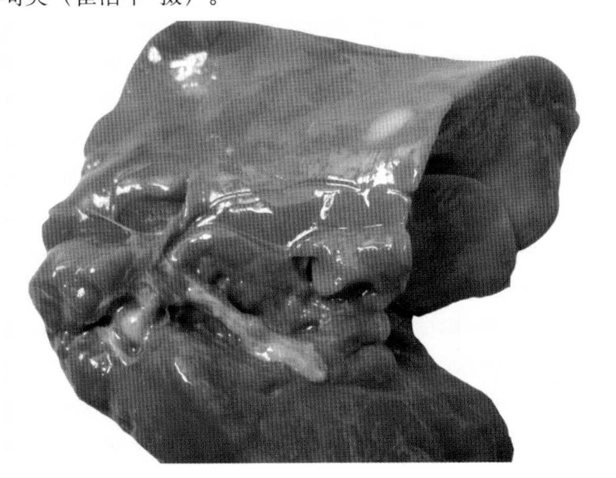

彩图4-5　鸡网状内皮增生病

7日龄SPF鸡接种500个$TCID_{50}$ REV后于110d死亡，肝脏有两个肿瘤斑块，一个形态规则、边缘清楚，另一个形态不规则、边界不清楚（崔治中 摄）。

彩图4-6　鸡网状内皮增生病

为前图肝肿脏瘤结节处的组织切片，大部分肝细胞索结构已被破坏，其间有大量的淋巴细胞浸润，HE，100×（崔治中 摄）。

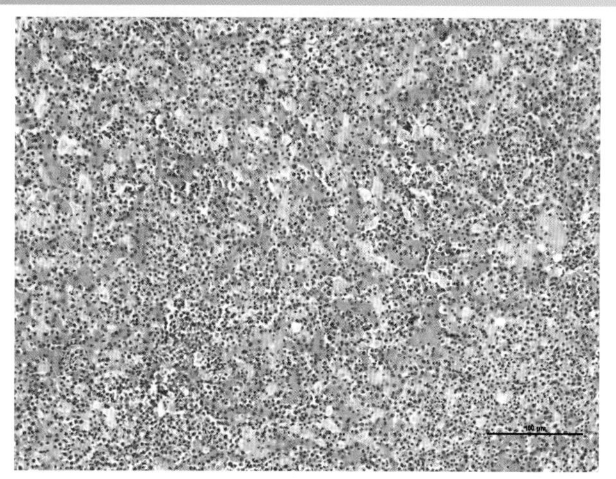

彩图4-7 鸡网状内皮增生病
彩图4-6放大，HE，200×（崔治中 摄）。

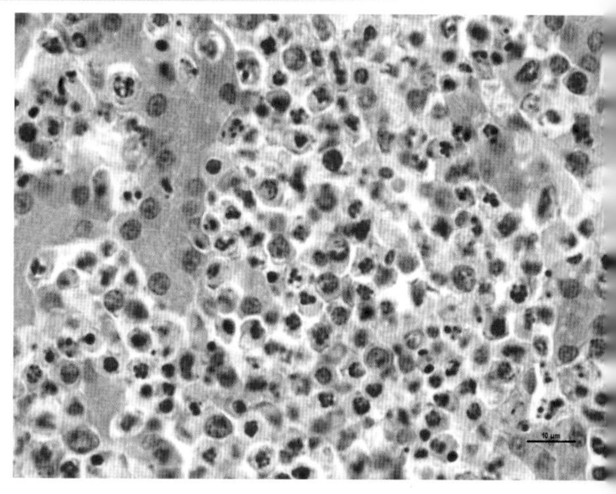

彩图4-8 鸡网状内皮增生病
彩图4-7进一步放大，可见肿瘤结节是由大量大小形态不一的淋巴细胞组成的，其中很多细胞因自溶作用而导致细胞核浓缩，HE，1 000×（崔治中 摄）。

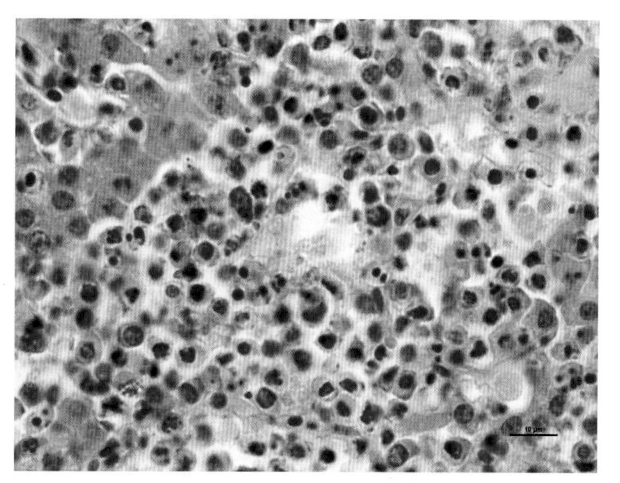

彩图4-9 鸡网状内皮增生病
同上，另一个视野，HE，1 000×（崔治中 摄）。

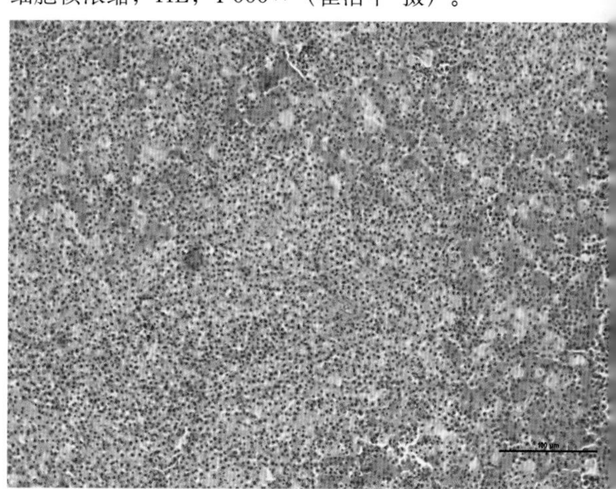

彩图4-10 鸡网状内皮增生病
同一肝脏边缘的形态不规则肿瘤块的组织切片，同样为大量浸润的淋巴细胞，中间部分的肝组织已失去细胞索的结构，HE，200×（崔治中 摄）。

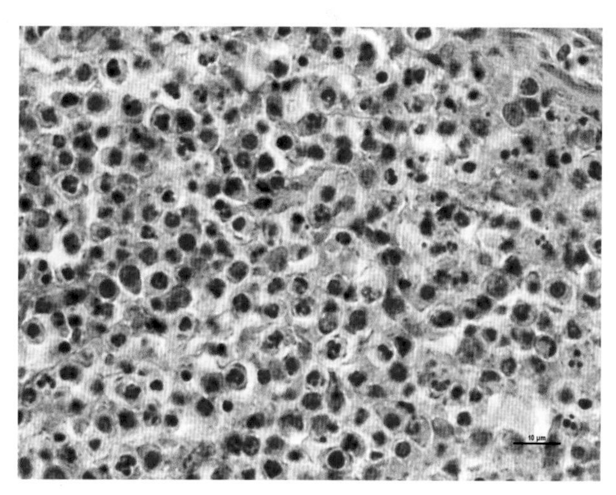

彩图4-11 鸡网状内皮增生病
前图进一步放大，更清楚地显示肿瘤结节中淋巴样细胞的形态和大小，少数细胞的细胞核已浓缩，HE，1 000×（崔治中 摄）。

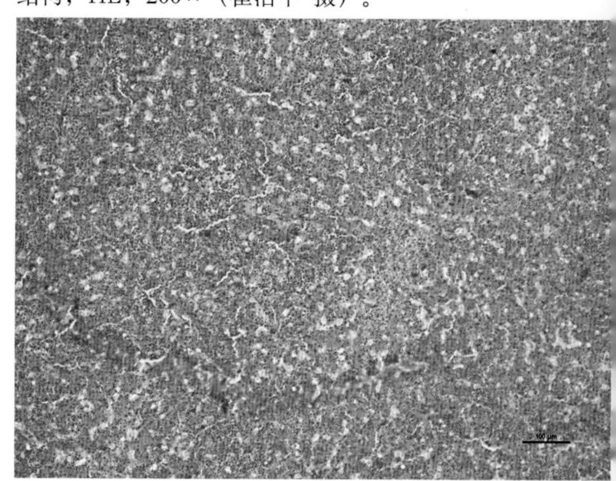

彩图4-12 鸡网状内皮增生病
同一肝脏的眼观正常部位的组织切片，同样也已有大量的淋巴细胞浸润，HE，100×（崔治中 摄）。

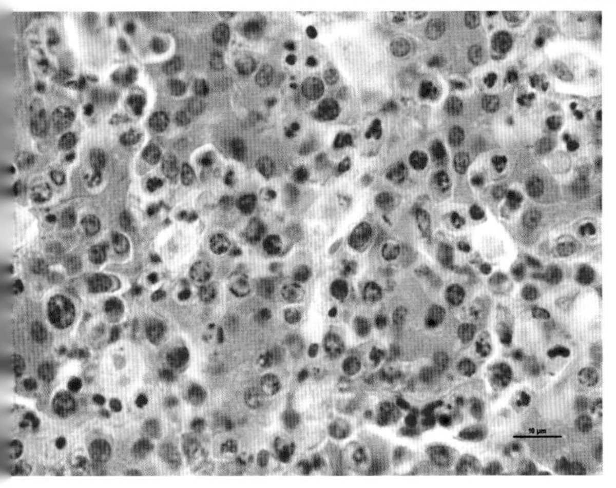

彩图4-13　鸡网状内皮增生病

彩图4-12放大，HE，1 000×（崔治中 摄）。

彩图4-14　鸡网状内皮增生病

与上同一只鸡的腺胃，黏膜上乳头肿大（崔治中 摄）。

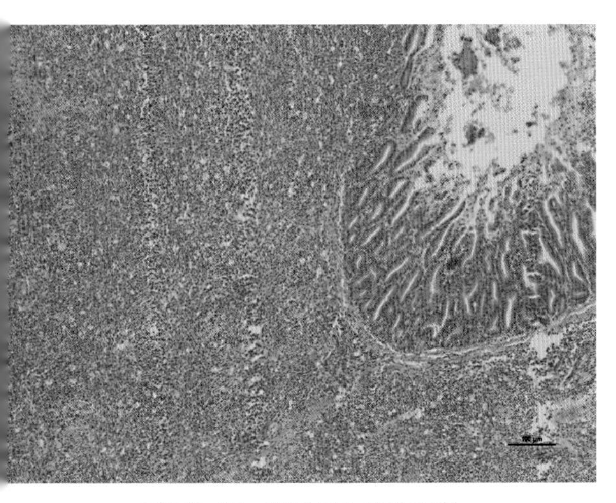

彩图4-15　鸡网状内皮增生病

腺胃组织切片，见黏膜绒毛及黏膜下层的大量淋巴细胞浸润，HE，100×（崔治中 摄）。

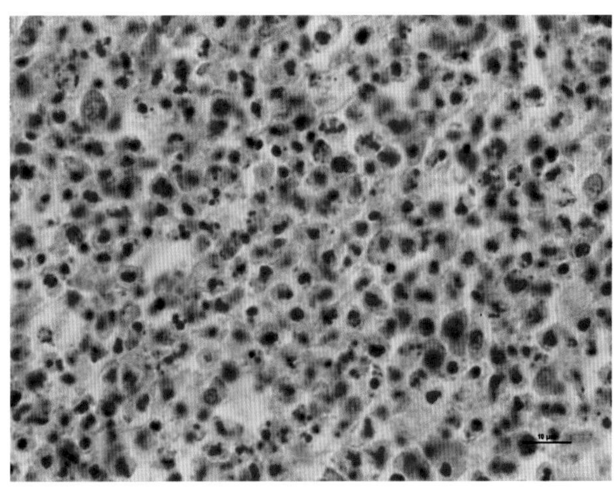

彩图4-16　鸡网状内皮增生病

前图进一步放大，其中很多淋巴细胞因自溶作用而导致细胞核浓缩，HE，1 000×（崔治中 摄）。

彩图4-17　鸡网状内皮增生病

胸腺增生肿大（崔治中 摄）。

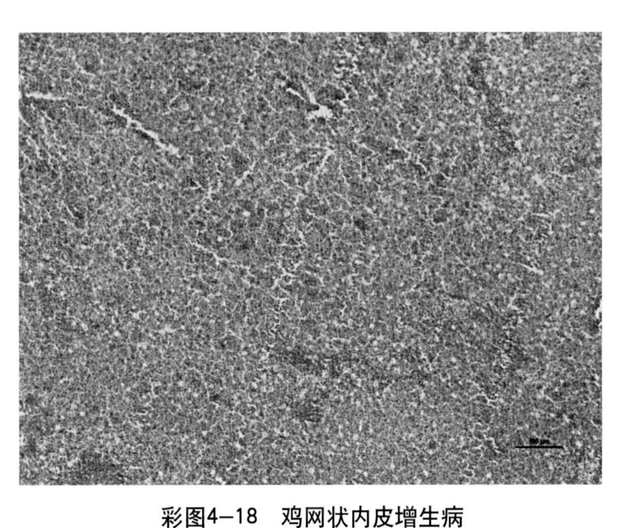

彩图4-18　鸡网状内皮增生病

胸腺组织切片，已失去正常的淋巴滤泡结构。但可见深蓝色且形态比较规则的淋巴细胞群及周围的淋巴细胞区（因细胞质较多因而色泽较淡），HE，100×（崔治中 摄）。

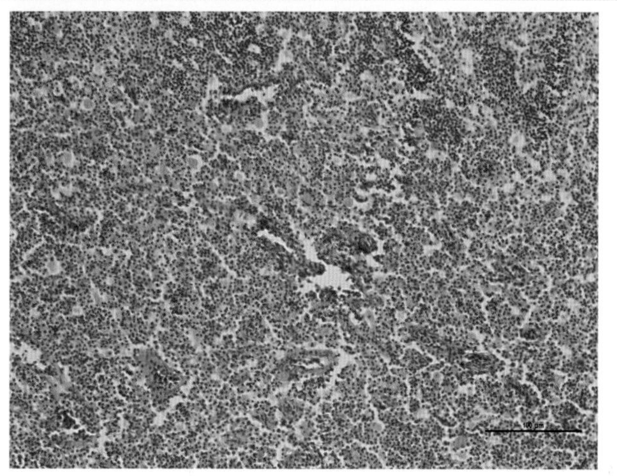

彩图4-19　鸡网状内皮增生病

彩图4-18放大，HE，200×（崔治中 摄）。

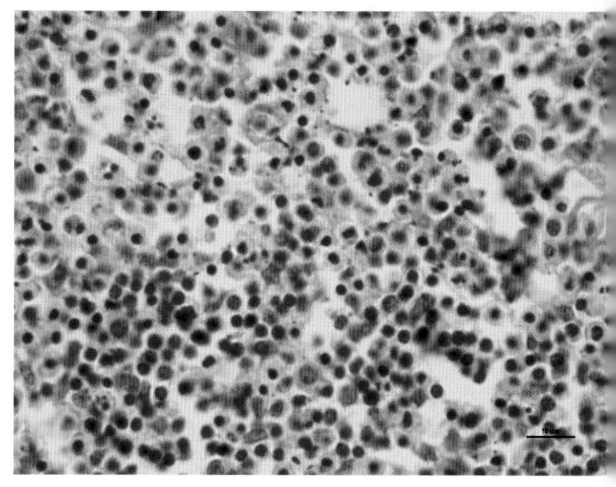

彩图4-20　鸡网状内皮增生病

彩图4-19进一步放大，可见两种类型的单核细胞。下半部分为形态大小较均一的细胞质很少的比较典型的淋巴细胞，可能是正常胸腺的淋巴滤泡的细胞。上半部分是一些细胞质较多的、形态多样的单核样细胞，应属于增生的肿瘤性淋巴细胞，HE，1 000×（崔治中 摄）。

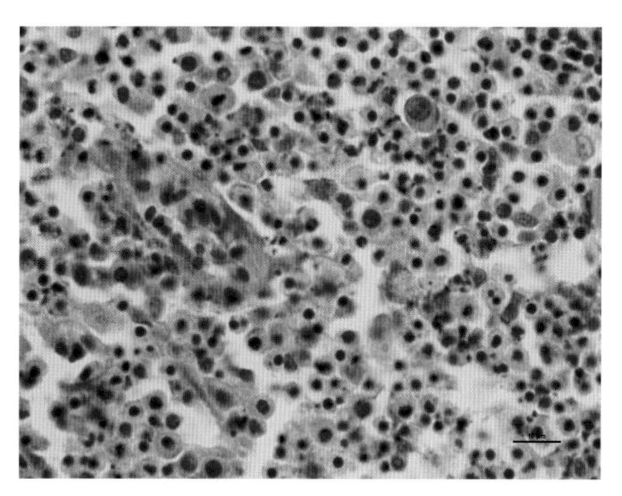

彩图4-21　鸡网状内皮增生病

与前图类似，不同视野。该视野内可见大小不一的多形态单核样细胞，而且许多细胞由于自溶作用而呈现核浓缩现象。此外，在此图中还可见一个正处于有丝分裂的细胞（右下2/5处）。将此图与前一图相比，不同于前一图下方的形态和大小比较一致的淋巴细胞区，而与上方的细胞类似，由此推测，这部分单核样细胞更像是肿瘤性的淋巴细胞浸润，HE，1 000×（崔治中 摄）。

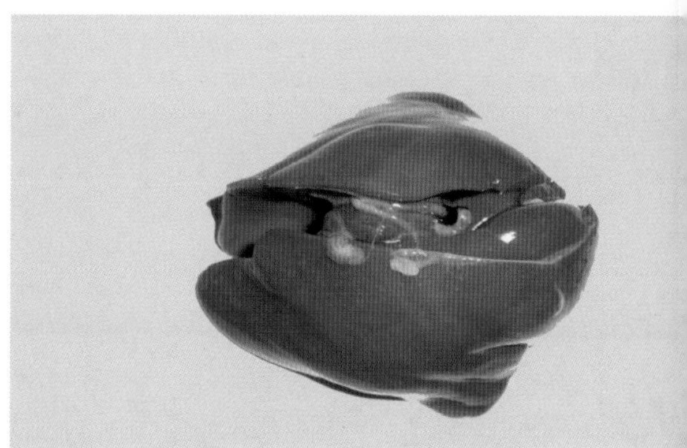

彩图4-22　鸡网状内皮增生病

7日龄SPF鸡接种REV后，于105日龄死亡，肝脏略肿大，弥漫性分布着许多形态不规则的小的白色增生性斑点（崔治中 摄）。

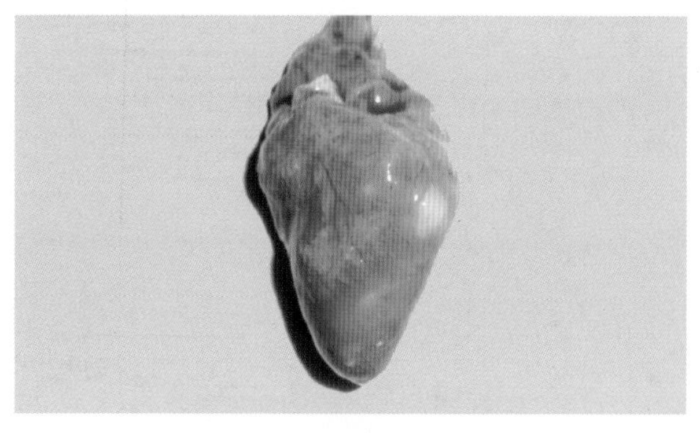

彩图4-23　鸡网状内皮增生病

与前图同一只鸡的心脏，心肌表面明显可见白色增生斑块（崔治中 摄）。

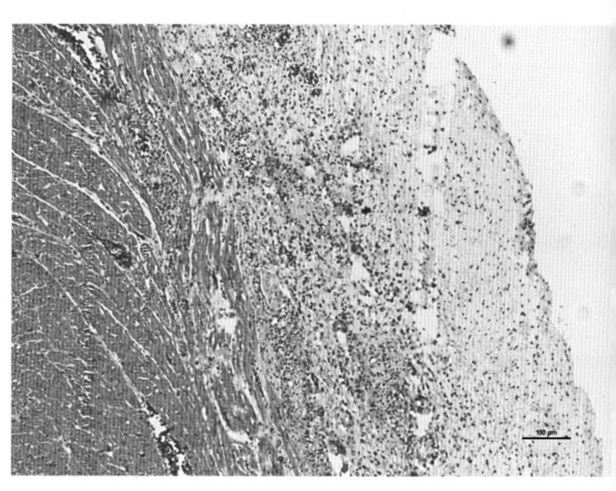

彩图4-24　鸡网状内皮增生病

彩图4-23心肌白色斑块组织切片，见心外膜下及心肌纤维间有大量淋巴细胞浸润，HE，100×（崔治中 摄）。

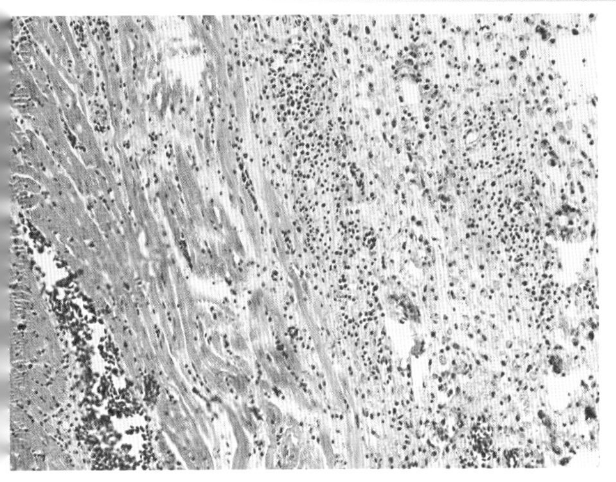

彩图4-25　鸡网状内皮增生病

彩图4-24放大，HE，200×（崔治中　摄）。

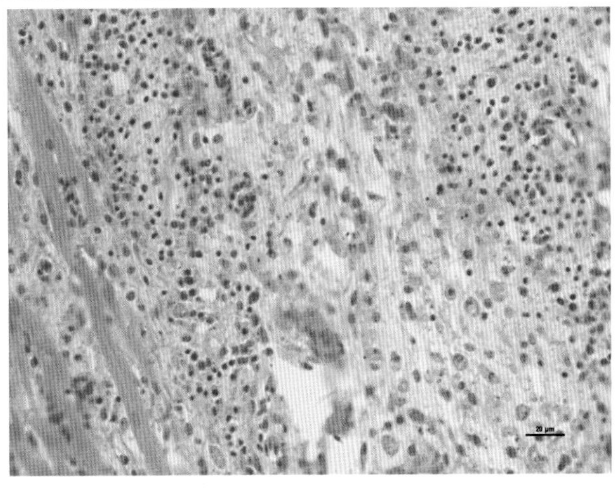

彩图4-26　鸡网状内皮增生病

彩图4-25进一步放大，HE，400×（崔治中　摄）。

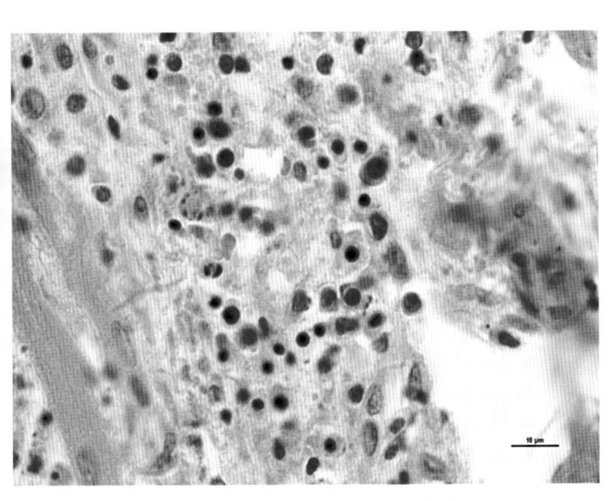

彩图4-27　鸡网状内皮增生病

彩图4-26进一步放大，更清楚地显示浸润的单核样细胞的大小和形态。这也是一类多形态的淋巴细胞浸润，其中有的细胞核呈浓缩变化，HE，1 000×（崔治中　摄）。

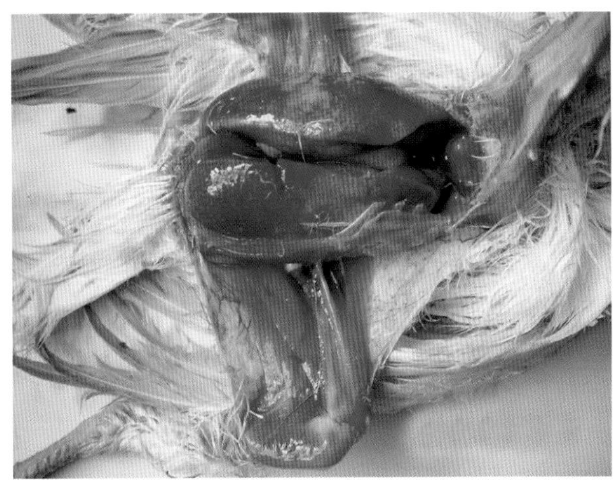

彩图4-28　鸡网状内皮增生病

1日龄SPF鸡接种1 000TCID$_{50}$ SNV株REV后于96日龄死亡，见肿大的肝脏，其上可见形态不规则的大片白色增生性斑块（崔治中　摄）。

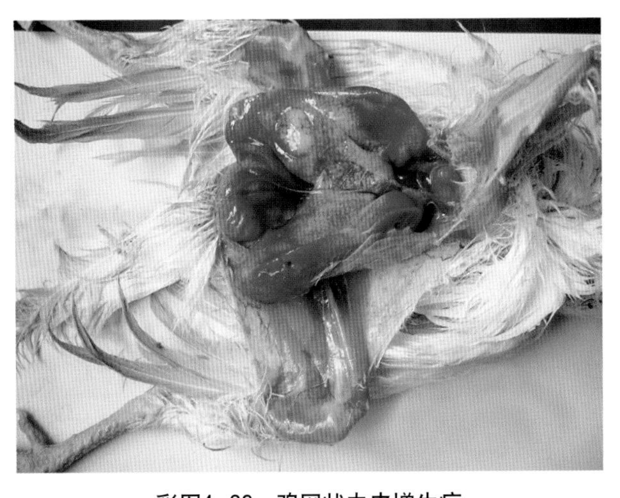

彩图4-29　鸡网状内皮增生病

同一肝脏腹面，部分撕裂后已显出许多白色绿豆大小的增生结节（崔治中　摄）。

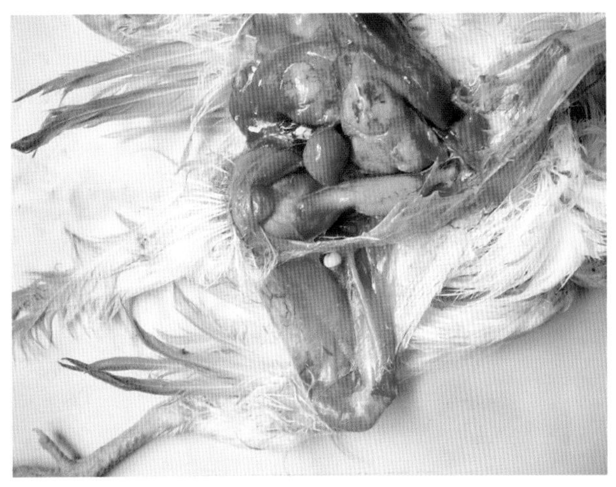

彩图4-30　鸡网状内皮增生病

1日龄SPF鸡接种1 000 TCID$_{50}$ SNV株REV后100日龄死亡，显示肝脏肿大，其腹面均已为白色增生物所取代，脾脏轻度肿大（崔治中　摄）。

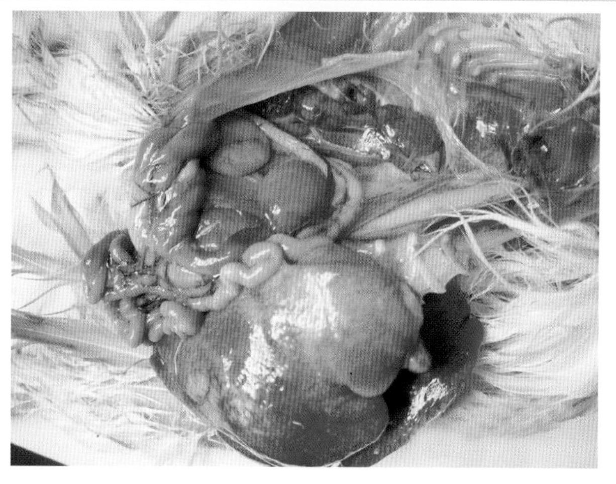

彩图4-31　鸡网状内皮增生病

与彩图4-30为同一只鸡，将肝脏移出腹腔外，显示脾脏肿大和肾脏上的白色增生性结节（崔治中 摄）。

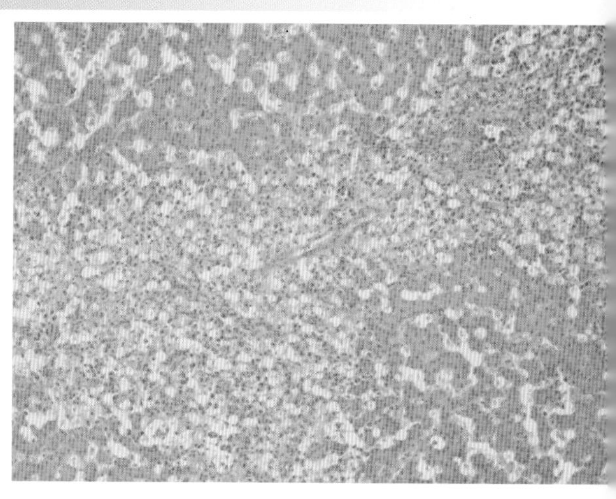

彩图4-32　鸡网状内皮增生病

前图肝脏的组织切片，见淋巴细胞增生性结节，HE，100×（崔治中 摄）。

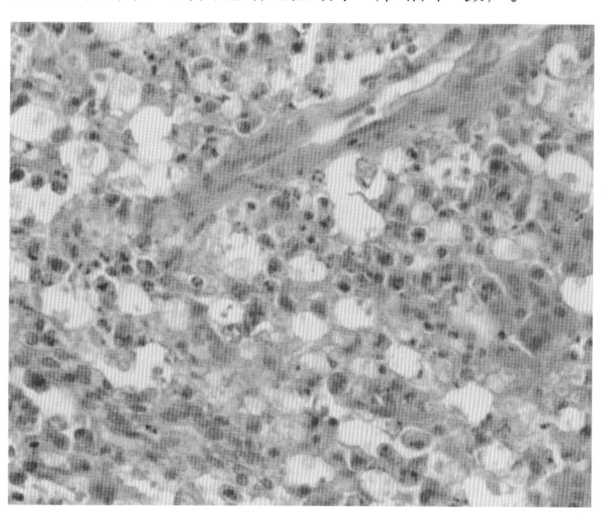

彩图4-33　鸡网状内皮增生病

彩图4-32放大，HE，400×（崔治中 摄）。

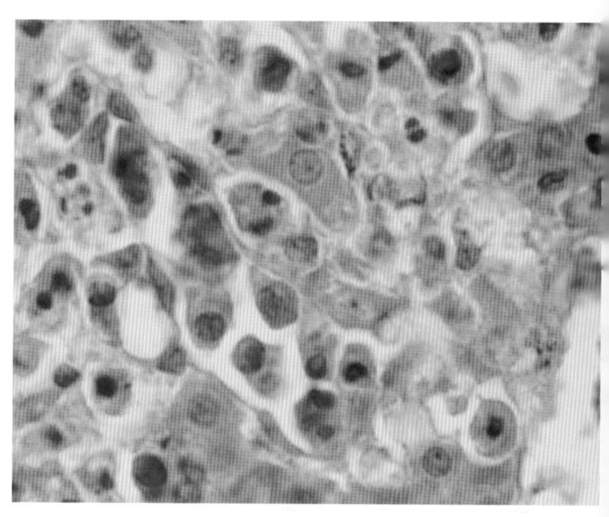

彩图4-34　鸡网状内皮增生病

彩图4-33进一步放大，显示肝细胞与浸润的淋巴细胞相互交织在一起，有些淋巴细胞的核浓缩变形，HE，1 000×（崔治中 摄）。

彩图4-35　鸡网状内皮增生病

同一只鸡肾脏组织切片，仍可见正常的肾小球，但肾间质中已充满了浸润的淋巴细胞，HE，100×（崔治中 摄）。

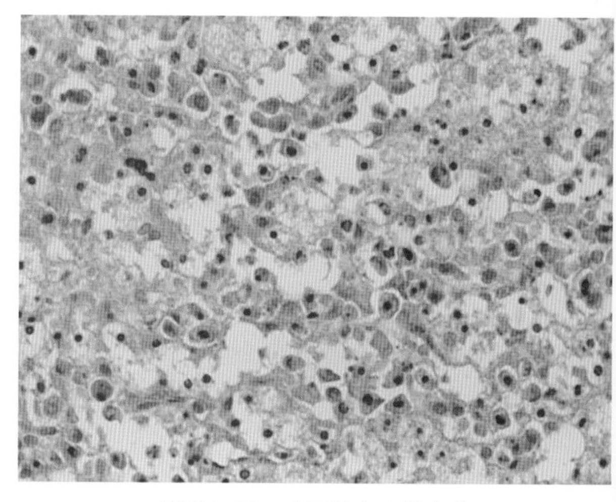

彩图4-36　鸡网状内皮增生病

前图放大，由于死后自溶作用，肾组织有点变性，淋巴细胞多有核浓缩现象，HE，400×（崔治中 摄）。

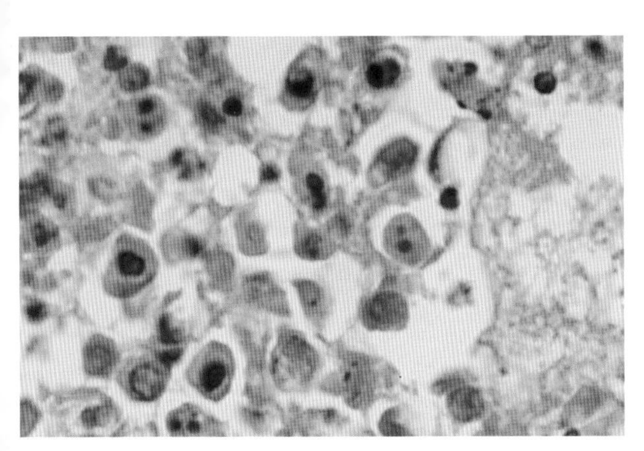

彩图4-37　鸡网状内皮增生病

进一步放大，更清楚地现示细胞的核浓缩，在核与细胞质间有一空白带，HE，1 000×（崔治中 摄）。

彩图4-38　鸡网状内皮增生病

同批另一组于1日龄接种REV的SPF鸡，96d后死亡。取出肿大的肝脏、脾脏、肾脏（取出一叶肾），上面均可见几个绿豆大小的白色肿瘤结节（崔治中 摄）。

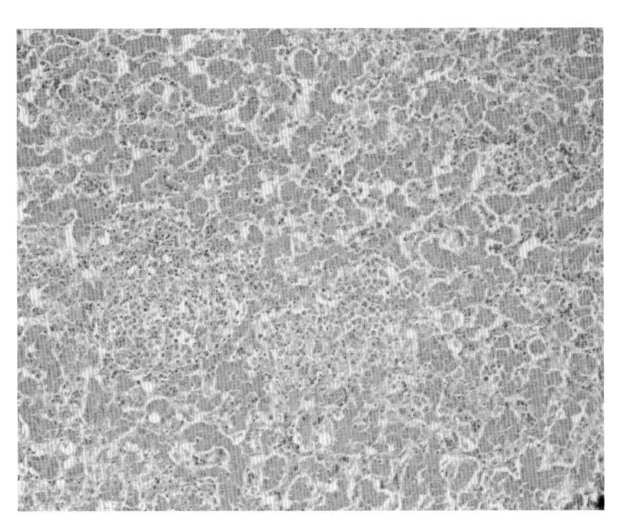

彩图4-39　鸡网状内皮增生病

与前图同一鸡的肝脏组织切片，见淋巴细胞增生性结节，周围是正常的肝细胞索，HE，200×（崔治中 摄）。

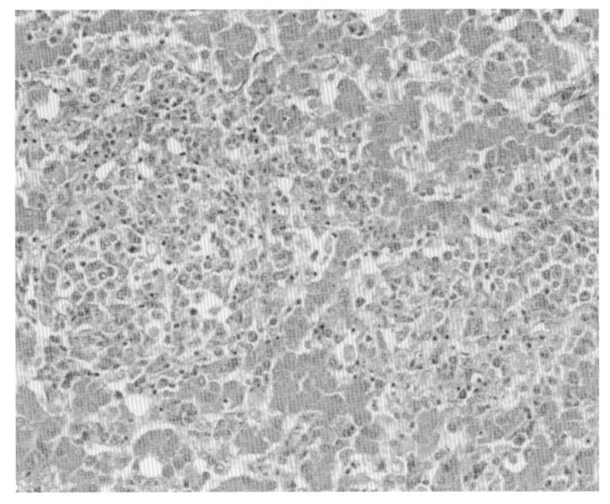

彩图4-40　鸡网状内皮增生病

彩图4-39进一步放大，更清楚显示肿瘤结节中的淋巴细胞，周围肝细胞索仍正常，HE，400×（崔治中 摄）。

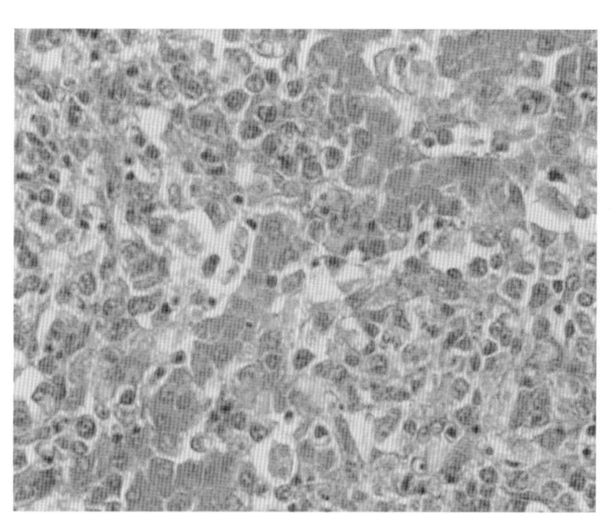

彩图4-41　鸡网状内皮增生病

彩图4-40进一步放大，淋巴细胞结节中部分细胞有核浓缩现象，HE，1 000×（崔治中 摄）。

彩图4-42　鸡网状内皮增生病

同一只鸡的肾脏组织切片，肾组织变性，但仍可见少数肾小球及肾小管结构，左下方为淋巴细胞增生性结节，HE，100×（崔治中 摄）。

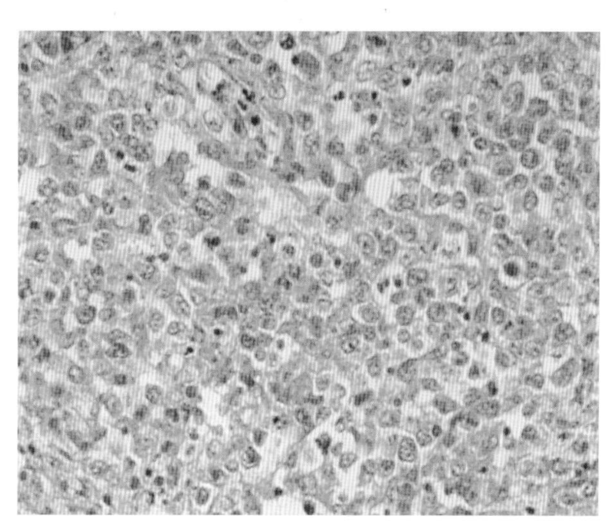

彩图4-43　鸡网状内皮增生病

前图放大，HE，400×（崔治中 摄）。

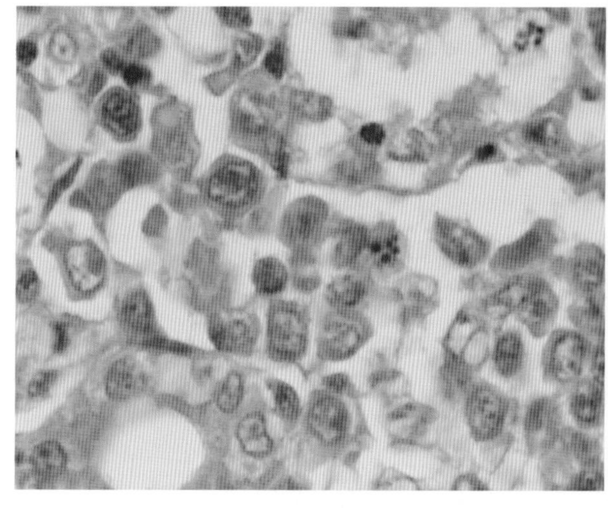

彩图4-44　鸡网状内皮增生病

彩图4-43放大，显示两个肾小管腔间的几个浸润的淋巴细胞，个别淋巴细胞由于死后自溶作用已发生核浓缩，HE，1 000×（崔治中 摄）。

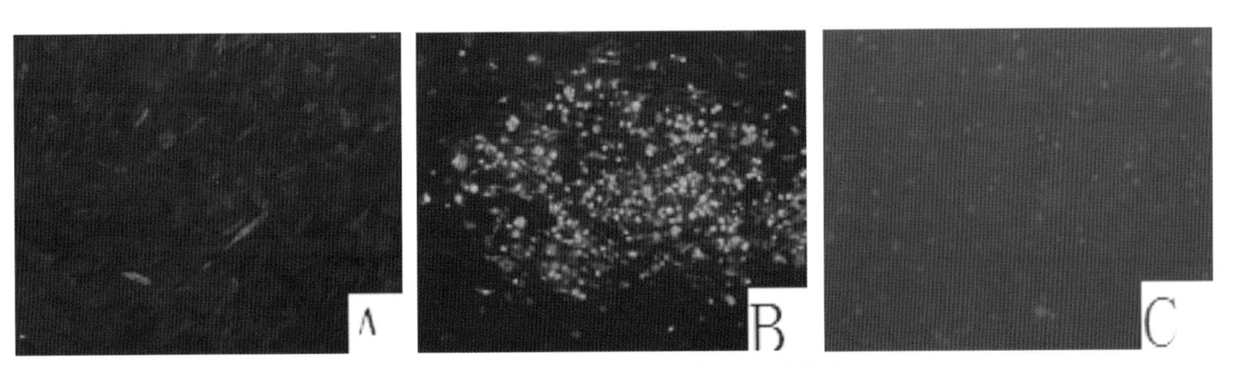

彩图5-1　海兰褐商品代蛋鸡群病毒分离鉴定

同一只鸡同一份血浆接种细胞后培养14d，当看到病毒蚀斑后，取出培养皿中带有细胞单层的盖玻片，分别用ALV-J（A）、MDV（B）和REV（C）的特异性单克隆抗体作IFA，显示各自识别的感染细胞。其中ALV-J和MDV为阳性，REV为阴性（苏帅　崔治中）。

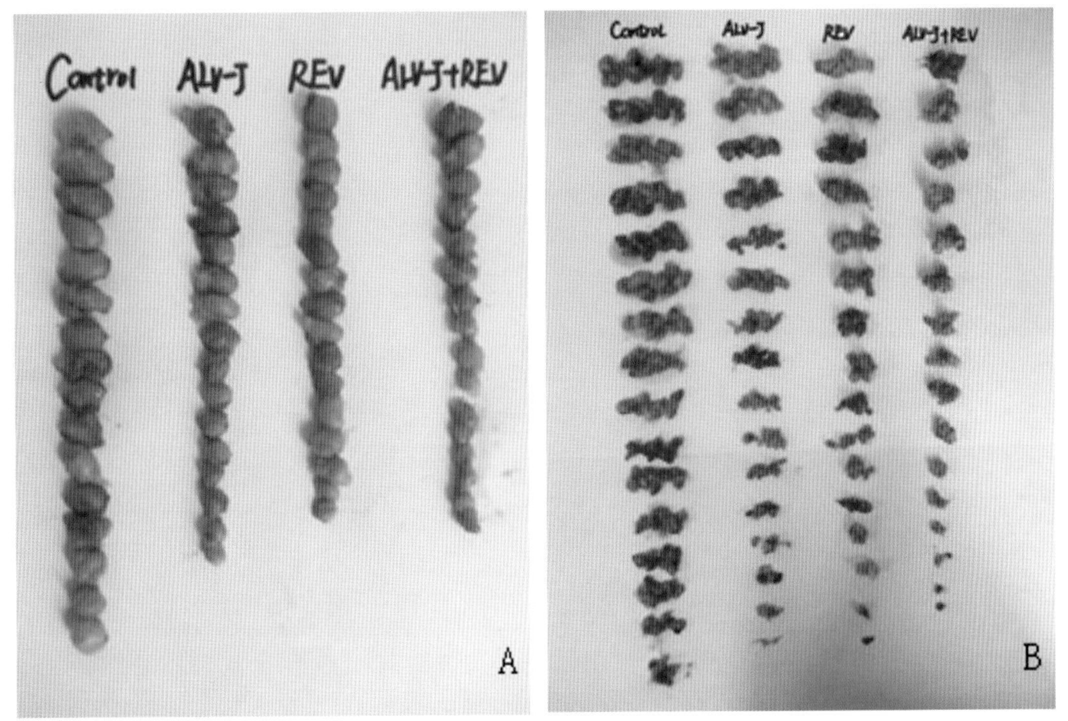

彩图5-2　单独接种REV或ALV-J 1日龄SPF鸡及同时接种两种病毒鸡的法氏囊（左）和胸腺（右）的形态大小比较

每组有30只鸡，REV接种剂量为每只400个$TCID_{50}$，ALV-J的接种剂量为3 000个$TCID_{50}$。对试验鸡在6周龄试验结束时扑杀取样（董宣　崔治中）。

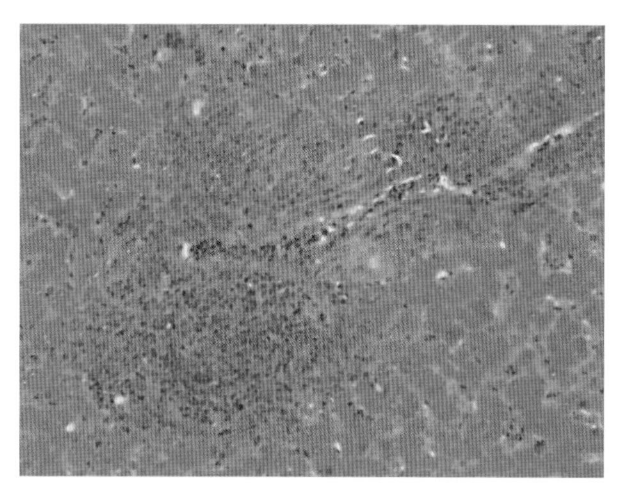

彩图5-3　共感染

用同时有REV共感染的MDV中国分离株GD0203接种1日龄SPF鸡后100d扑杀，显示肝肿瘤的组织切片。在正常的肝细胞索的背景上，可见由染成深蓝色的增生性淋巴细胞密集排列在一起形成的肿瘤结节。但该淋巴细胞结节的上方及其四周还包围着另一种形态的增生性肿瘤细胞，其伊红着色的细胞质在细胞中占很大比例，使得肿瘤细胞结节呈红色，但不同于肝细胞索。而在右上角，则是两类细胞混合在一起形成的肿瘤结节，HE，200×（张志　崔治中 摄）。

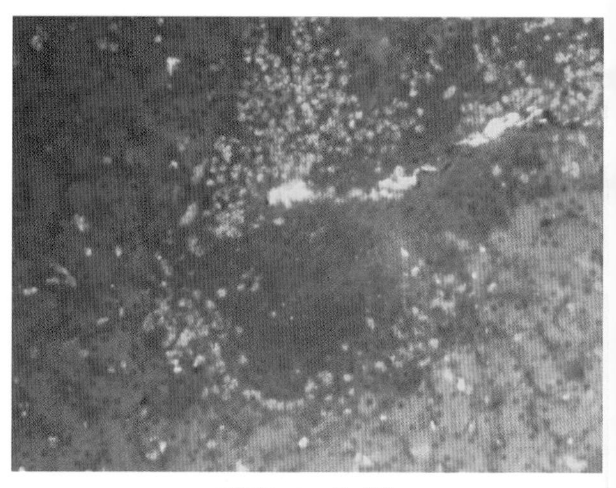

彩图5-4　共感染

与前一图为同一肝组织蜡块的紧紧相连的连续切片，可视为同一视野。用REV特异性单抗11B118作IFA。只有相当于上图中的伊红着染的细胞质为主的肿瘤细胞被显示荧光，正常的肝细胞索不被着色，在中央的淋巴细胞结节也不着色，而且肿瘤结节的形态都与经HE染色的彩图5-1相同。这可以很清楚地区别这一视野里的肿瘤细胞结节的两类细胞，400×（张志　崔治中 摄）。

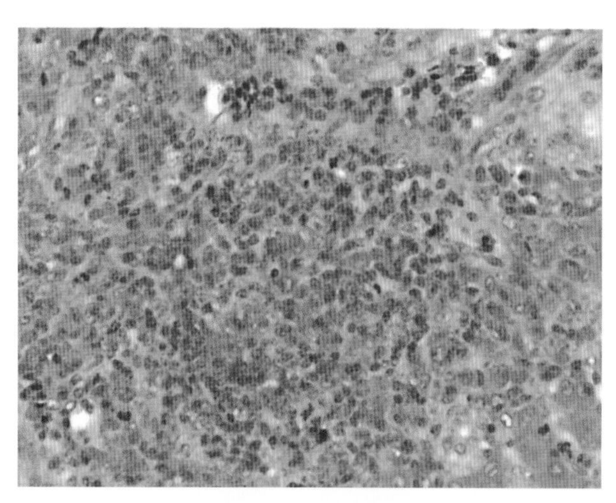

彩图5-5　共感染

为彩图5-3的进一步放大，显示肿瘤结节中两类不同细胞的形态和着色上的明显差别。中央是典型的MDV诱发的淋巴细胞，蓝色染色的细胞核占了细胞的大部分，使得整个肿瘤结节呈深蓝色。但其周围的另一类型细胞，伊红染色的细胞质占细胞的大部分，而细胞核较小，HE，1 000×（张志　崔治中 摄）。

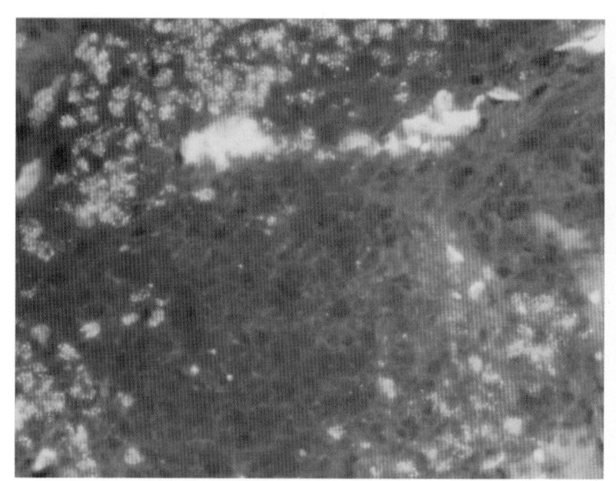

彩图5-6　共感染

与彩图5-4为同一经IFA染色的切片，进一步放大，可以更清楚地看到不被荧光着色的中央淋巴细胞肿瘤结节周围的另一类型肿瘤细胞的细胞质中的荧光颗粒，而且肿瘤结节的形态都与经HE染色的彩图5-7相同，1 000×（张志　崔治中 摄）。

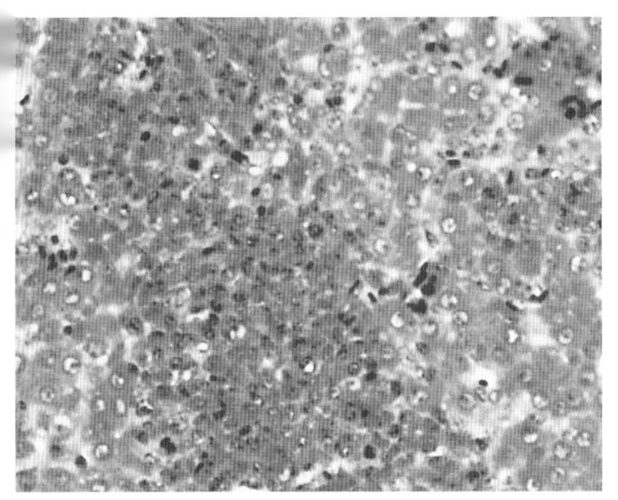

彩图5-7 共感染

1日龄SPF鸡接种vMDV参考株GA和SD9901株REV后67d死亡，显示肝脏肿瘤的组织连续切片，见一个由许多伊红着色的细胞质在细胞中占很大比例的不能确定类型的细胞形成的肿瘤细胞结节，HE，400×（张志 崔治中 摄）。

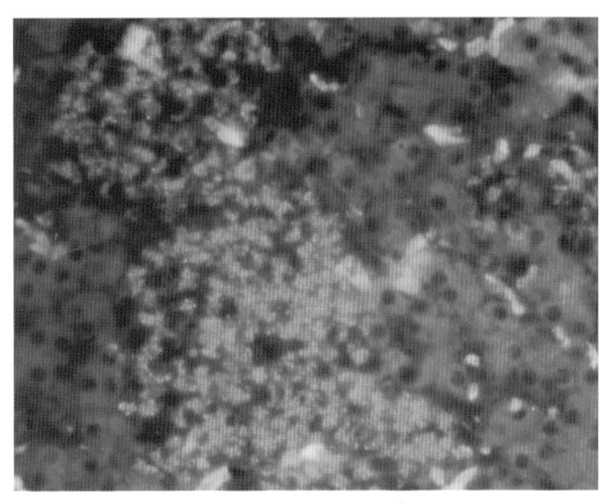

彩图5-8 共感染

为前一图的同一肝脏肿瘤组织蜡块的连续切片，可视为同一视野。用REV特异性单抗作IFA。在这些不确定细胞类型的肿瘤结节中每个细胞均显示REV特异性荧光，而且肿瘤结节的形态都与经HE染色的彩图5-7相同。正常的肝细胞索不被着色，400×（张志 崔治中 摄）。

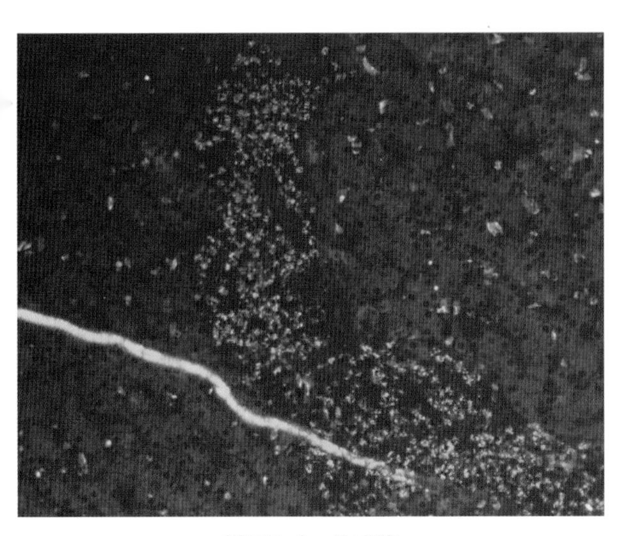

彩图5-9 共感染

又一只MDV与REV共感染死亡鸡的肝脏肿瘤切片，用REV特异性单抗11B118作IFA，显示REV相关的肿瘤结节。正常的肝细胞索不被着色，200×（张志 崔治中 摄）。

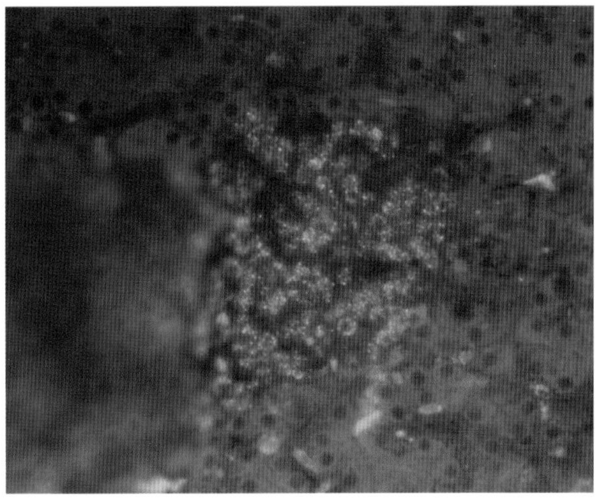

彩图5-10 共感染

MDV与REV共感染死亡鸡肝脏肿瘤切片，与彩图5-9为同一切片的不同视野。用MDV特异性单抗BA4作IFA，显示MDV相关的肿瘤结节。正常的肝细胞索不被着色，400×（张志 崔治中 摄）。

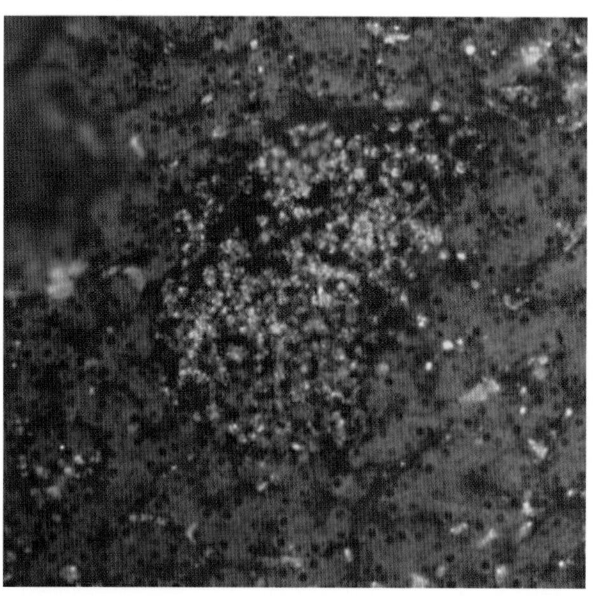

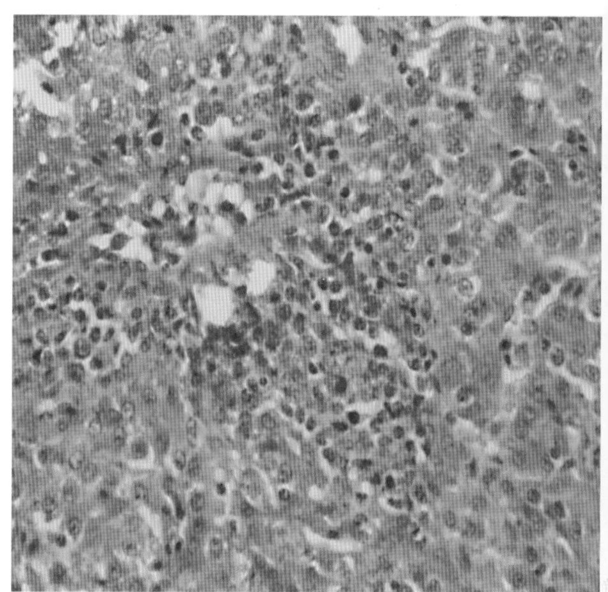

彩图5-11　共感染

1日龄SPF鸡接种vMDV参考株GA和SD9901株REV后67d死亡，显示同一肝脏肿瘤组织蜡块的2张不连续切片。右为HE染色的切片，可见淋巴细胞肿瘤结节，肝细胞索结构有点变形。左为用MDV特异性单抗BA4作IFA的结果，肿瘤结节中所有淋巴细胞都显示MDV特异性荧光，但周围的肝细胞索均不被着色（张志　崔治中 摄）。

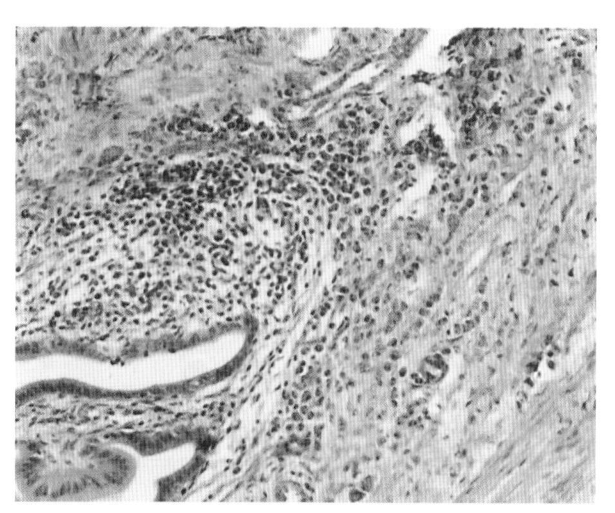

彩图5-12　共感染

1日龄SPF鸡接种vMDV参考株GA和SD9901株REV后67d死亡的另一只鸡的显示肿瘤的腺胃组织切片，除了淋巴细胞肿瘤结节外，还有少量的伊红着色为主的另一类未定型的肿瘤细胞，HE,400×（崔治中 摄）。

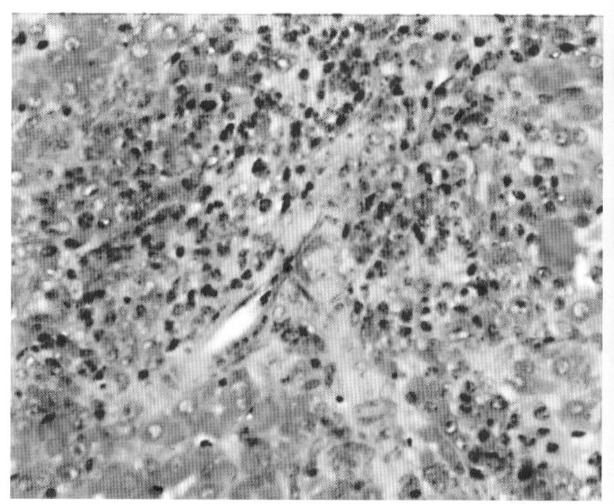

彩图5-13　共感染

1日龄SPF鸡接种vMDV参考株GA和SD9901株REV后67d死亡的另一只鸡的显示肿瘤的肝脏组织切片，除了淋巴细胞肿瘤结节外，还有少量的伊红着色为主的另一类未定型的肿瘤细胞，HE,400×（崔治中 摄）。

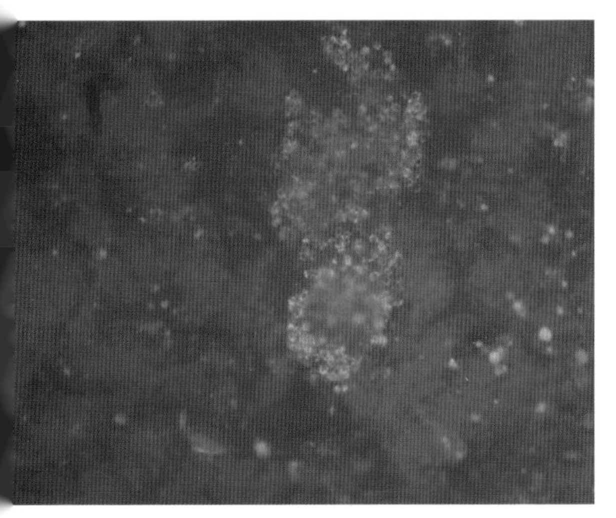

彩图5-14　共感染

1日龄SPF鸡同时接种ALV-J和REV后，显示肿瘤的肝触片。用ALV-J特异性单抗JE9作IFA，可见显示ALV-J特异性荧光的ALV-J诱发的肿瘤细胞结节。正常的肝细胞索不被着色，400×（崔治中 摄）。

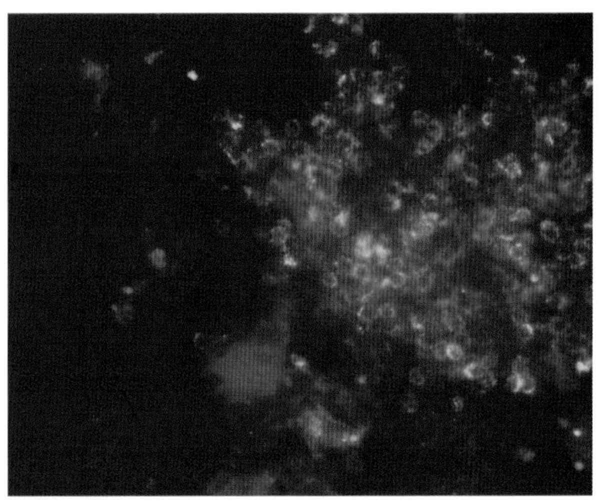

彩图5-15　共感染

1日龄SPF鸡同时接种ALV-J和REV后，显示肿瘤的肝触片。用REV特异性单抗11B118作IFA，可见显示REV特异性荧光的REV诱发的肿瘤细胞结节。正常的肝细胞索不被着色，400×（崔治中 摄）。

彩图6-1　鸡大肝大脾病

显示大肝大脾病病鸡肝脏的肿大、变性、发脆（崔治中 摄）。

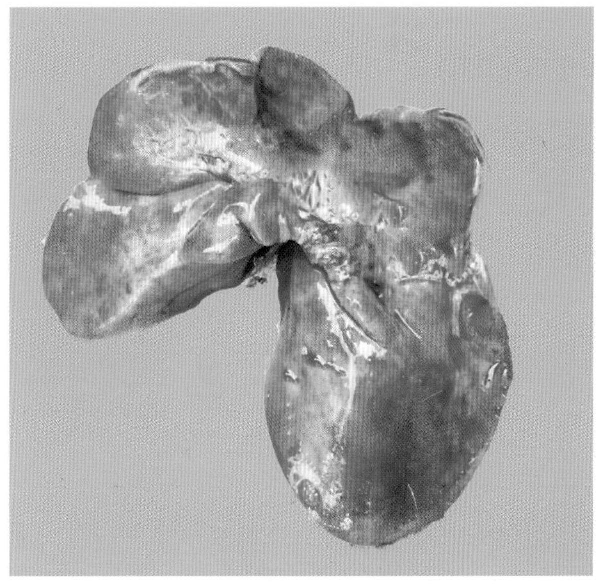

彩图6-2　鸡大肝大脾病

大肝大脾病病鸡的肝脏肿大、变性的又一种表现，大片白色变性区与增生性肿瘤很难区别（崔治中 摄）。

彩图6-3　鸡大肝大脾病

又一只表现大肝大脾病病鸡的肝脏肿大、变性，红白色相间（崔治中 摄）。

彩图6-4　鸡大肝大脾病

又一只表现大肝大脾病病鸡的肝脏肿大、变性（崔治中 摄）。

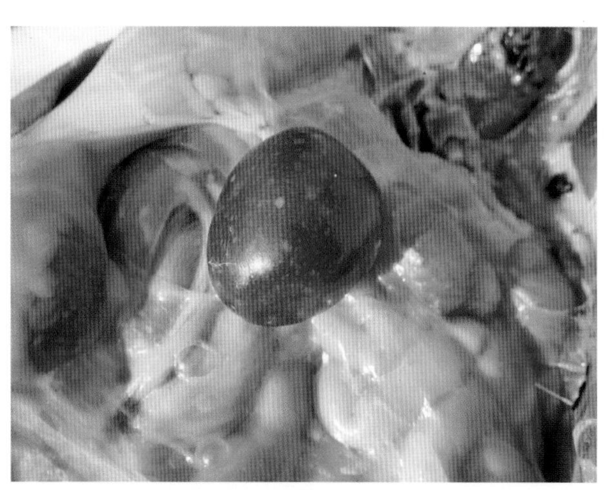

彩图6-5　鸡大肝大脾病

鸡的脾脏肿大，有白色增生性变化（崔治中 摄）。

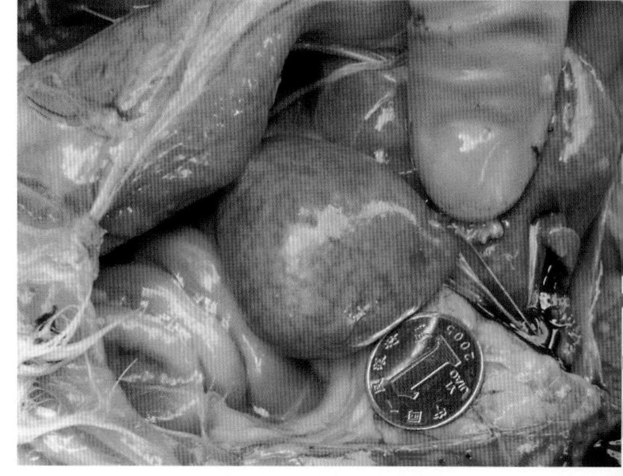

彩图6-6　鸡大肝大脾病

另一只大肝大脾病病鸡的脾脏肿大，有白色增生性变化（崔治中 摄）。

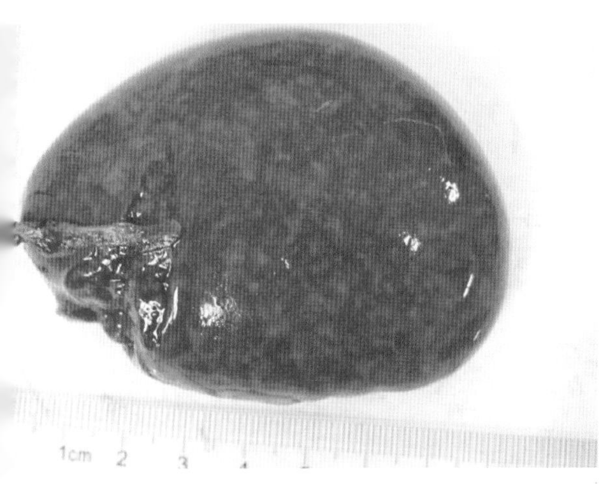

彩图6-7　鸡大肝大脾病

又一只表现大肝大脾病病鸡的脾脏肿大，有白色增生性变化（崔治中 摄）。

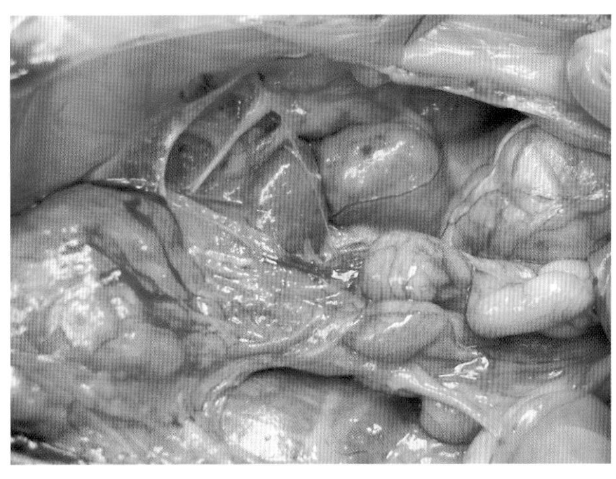

彩图6-8　鸡大肝大脾病

大肝大脾病病鸡的肾脏肿大，有白色增生性变化（崔治中 摄）。

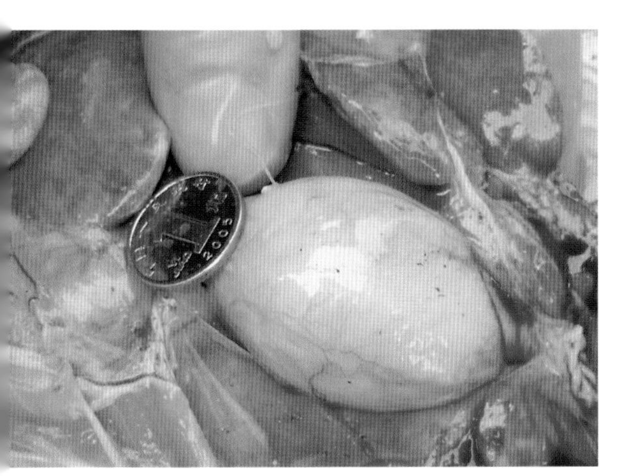

彩图6-9　鸡大肝大脾病

大肝大脾病病鸡的腺胃肿大（崔治中 摄 ）。

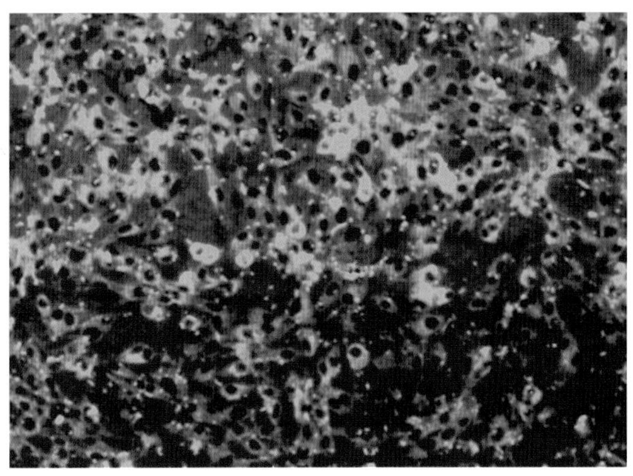

彩图6-10　用IFA检测鸡血清中的ALV-A/B特异性抗体

所用抗原为SDAU09C2株ALV-B感染的DF1细胞。

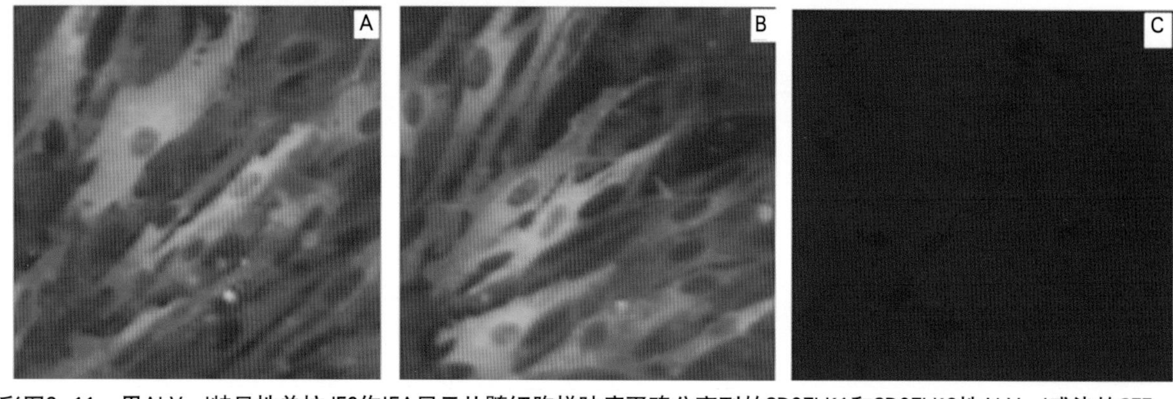

彩图6-11　用ALV-J特异性单抗JE9作IFA显示从髓细胞样肿瘤蛋鸡分离到的SD07LK1和SD07LK2株ALV-J感染的CEF（A和B）及未感染的CEF（C）

感染的CEF细胞质显示黄绿色荧光。

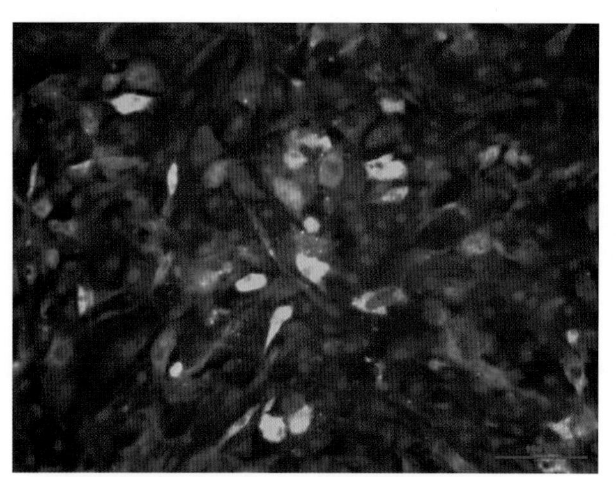

彩图6-12　小鼠抗ALV-A囊膜蛋白单因子血清与SDAU09E1株ALV-A感染CEF的IFA　（200×）

彩图6-13　小鼠抗ALV-A囊膜蛋白单因子血清与SDAU09C1株ALV-A感染的CEF的IFA　（200×）

彩图6-14　小鼠抗ALV-A囊膜蛋白单因子血清与SDAU09C2株ALV-B感染CEF的交叉IFA　（200×）

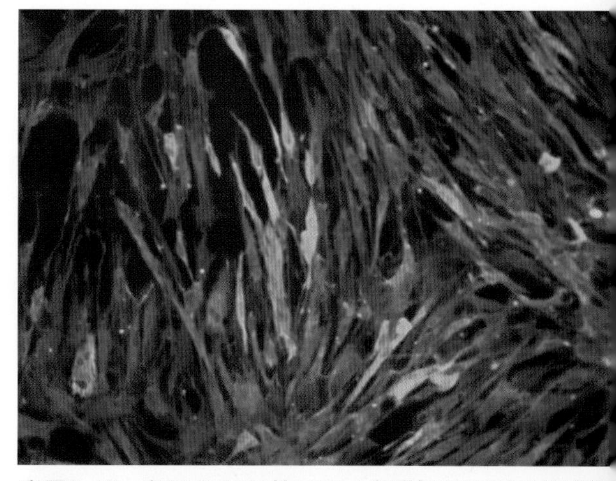

彩图6-15　兔SDAU09C1株ALV-A血清与SDAU09C1株感染的CEF的IFA（200×）

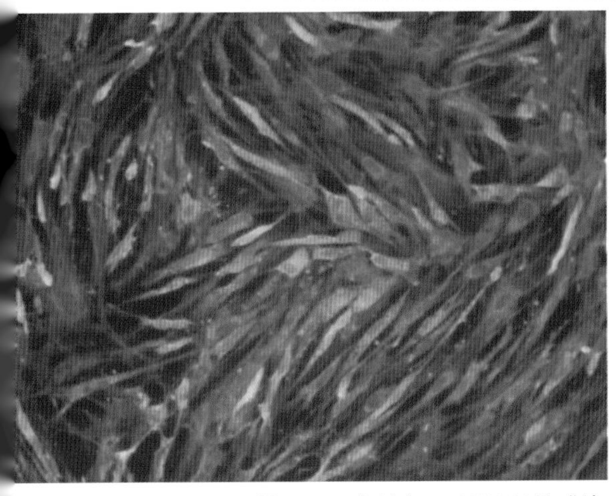

彩图6-16　兔SDAU09C2株ALV-B血清与SDAU09C2株感染的CEF的IFA（200×）

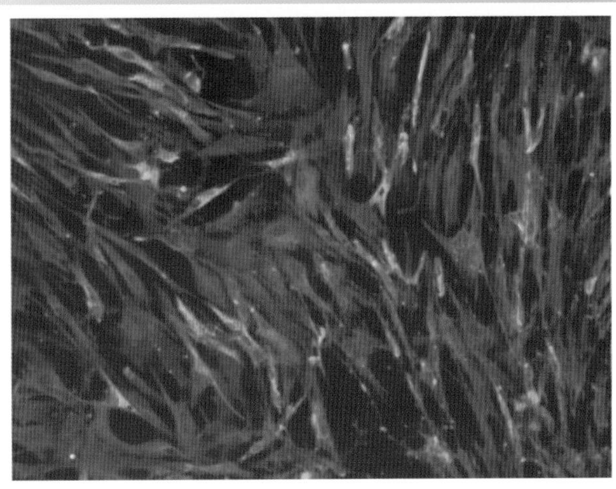

彩图6-17　抗SDAU09C1株ALV-A兔血清与SDAU09E2株ALV-A感染的CEF的IFA（200×）

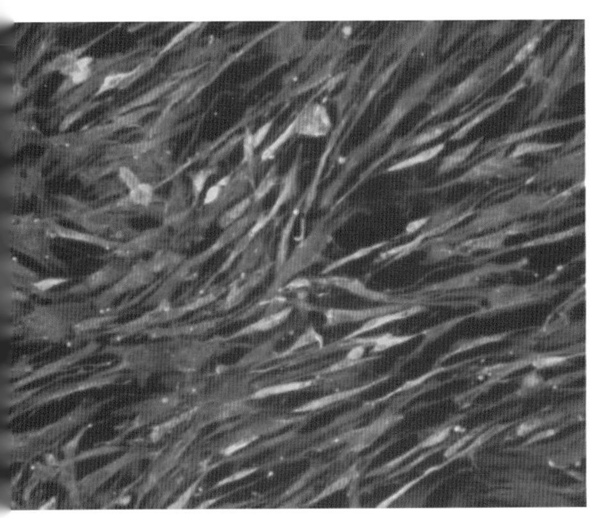

彩图6-18　抗SDAU09C1株ALV-A兔血清与SDAU09C2株ALV-B感染的CEF的交叉IFA（200×）

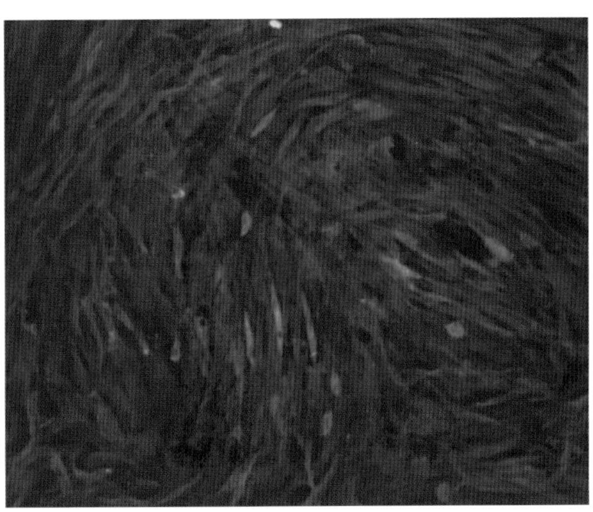

彩图6-19　抗SDAU09C2株ALV-B兔血清与SDAU09C1株ALV-A感染的CEF的交叉IFA（200×）

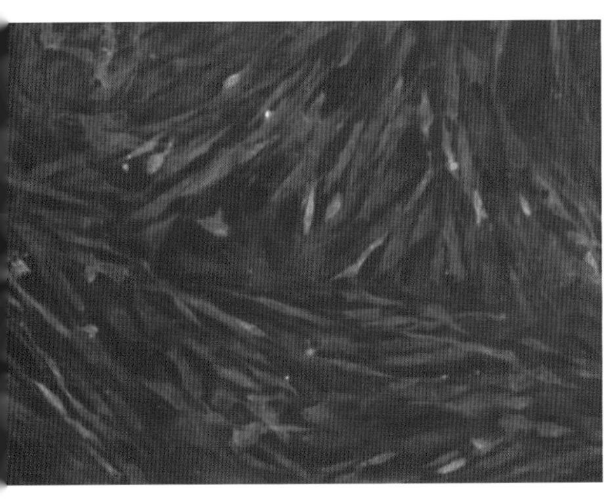

彩图6-20　抗SDAU09C2株兔ALV-B血清与SDAU09C3株ALV-A感染的CEF的交叉IFA（200×）

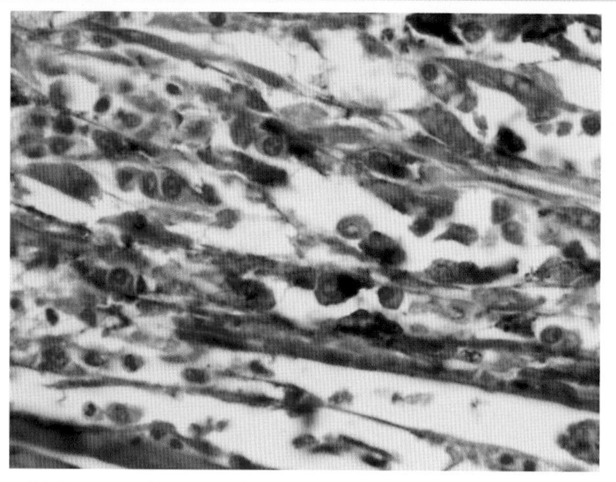

彩图6-21　应用ALV特异性单抗JE9对急性肉瘤组织切片做免疫组织化学反应

可直接看到在成纤维细胞状细胞里的ALV抗原　（HE，1 000×）。

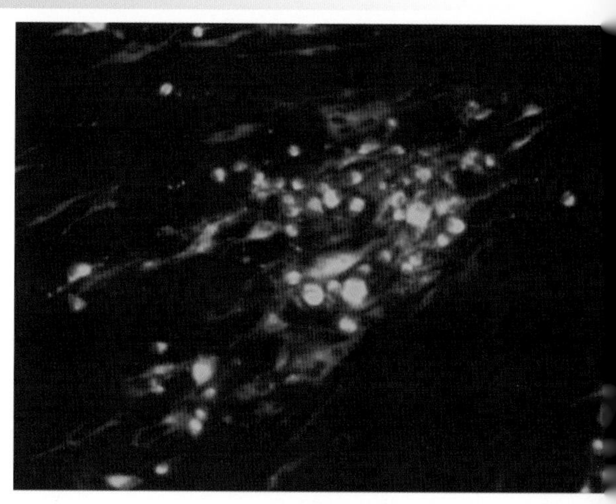

彩图6-22　用Ⅰ型MDV特异性单抗BA4显示在细胞培养形成的病毒蚀斑

彩图6-23　Ⅰ、Ⅱ、Ⅲ型MDV共同性单抗BD8与HVT（Ⅲ型MDV）感染的CEF的IFA

A和B为小鼠血清阴性对照，C为BD8单抗显示的HVT在CEF上形成的病毒蚀斑。

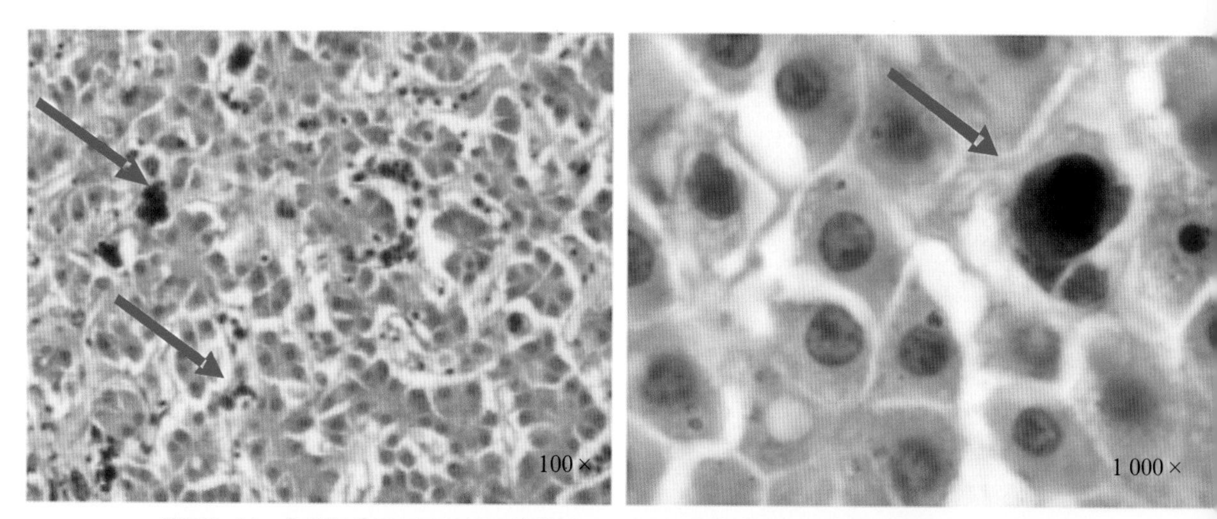

彩图6-24　免疫组化显示MDV特异性单抗BA4对MDV感染鸡肝脏肿瘤切片中MDV抗原的识别

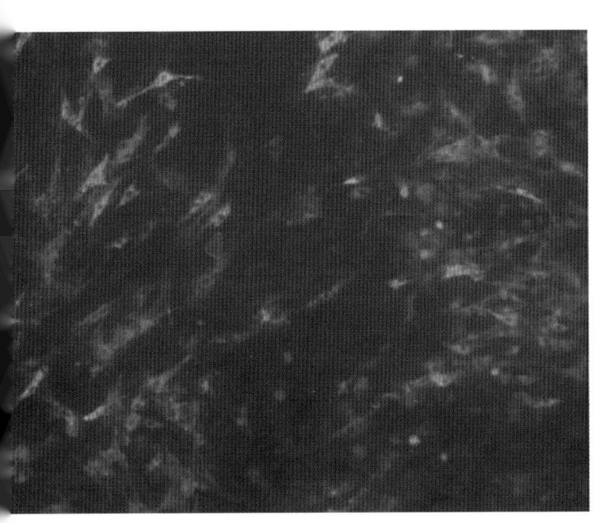

彩图6-25 用REV特异性单抗11B118在IFA中显示REV感染的CEF（200×）

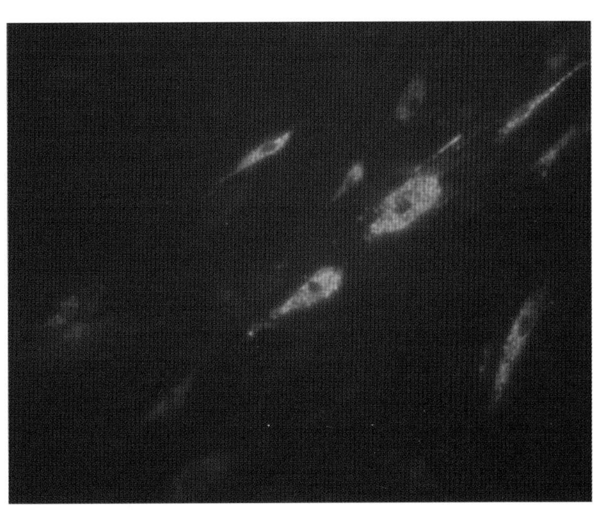

彩图6-26 用REV特异性单抗11B118在IFA中显示REV感染的CEF中呈现荧光颗粒的REV抗原（400×）

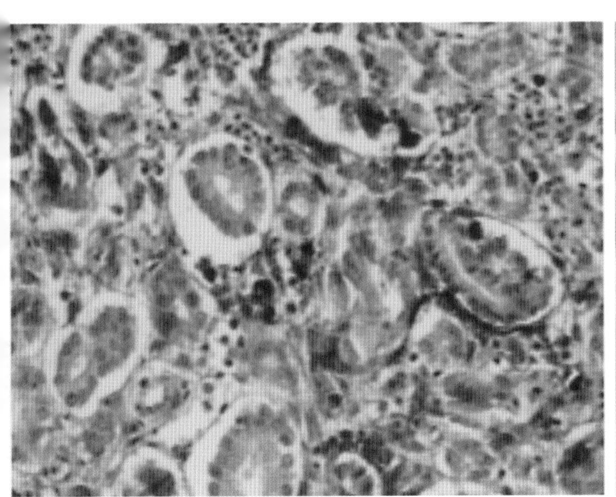

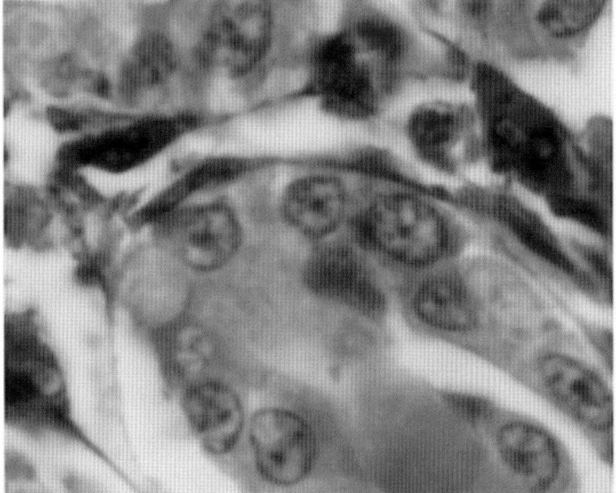

彩图6-27 免疫组化显示REV特异性单抗11B118对REV感染鸡肾肿瘤切片中REV抗原的识别

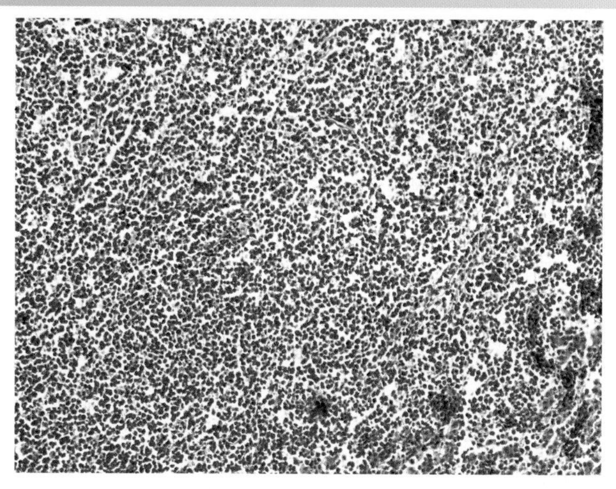

彩图6-28 鸡大肝大脾病
肝组织内的炎性淋巴细胞浸润，HE，200×（崔治中 摄）。

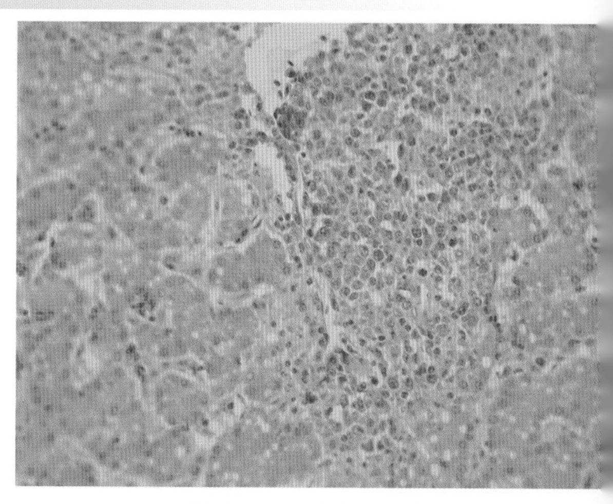

彩图6-29 鸡大肝大脾病
肝组织内的炎性淋巴细胞浸润，HE，400×（崔治中 摄）。

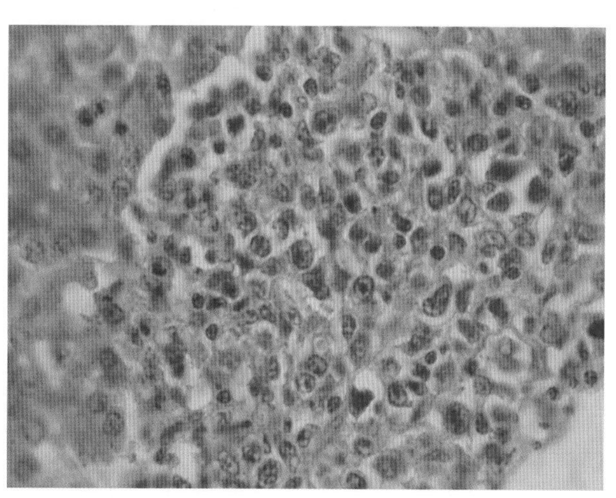

彩图6-30 鸡大肝大脾病
肝组织内的炎性淋巴细胞浸润，HE，1000×（崔治中 摄）。

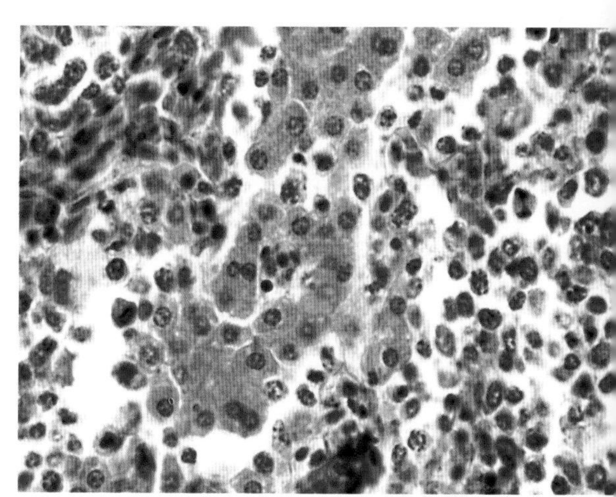

彩图6-31 鸡大肝大脾病
肝组织内浸润的炎性淋巴细胞，HE，1000×（崔治中 摄）。

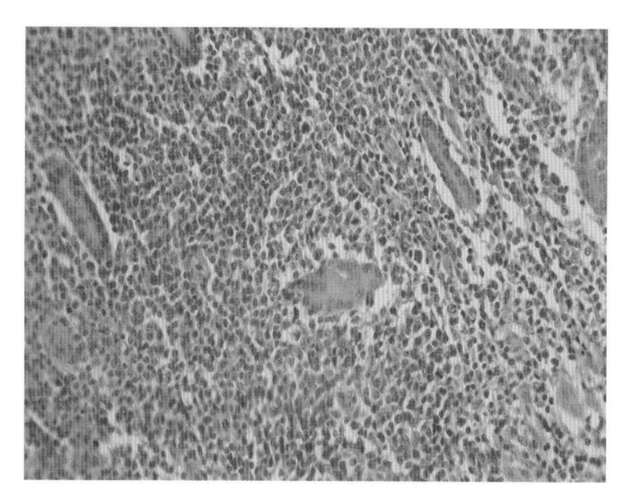

彩图6-32 鸡大肝大脾病
肿大的腺胃切片，见大量的炎性淋巴细胞浸润，HE，400×（崔治中 摄）。

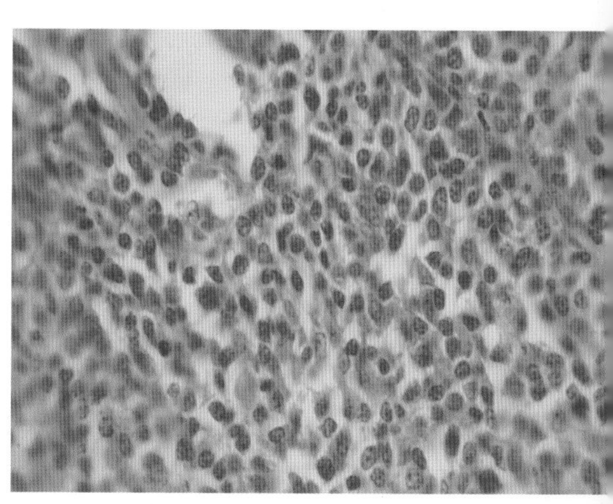

彩图6-33 鸡大肝大脾病
肿大的腺胃的另一张切片，见大量的炎性淋巴细胞浸润，HE，1 000×（崔治中 摄）。